武器毁伤与评估

卢芳云　李翔宇　田占东　蒋邦海　程湘爱　编著

U0178751

科学出版社
北　京

内 容 简 介

本书定位于武器毁伤效应及其作战运用，希望打通从武器原理到作战运用的知识链路。主要内容包括常规、核和新概念武器等弹药/战斗部及其毁伤效应的相关概念与科学原理，以及毁伤效能评估相关知识等。使读者形成对武器高效毁伤的科学认识，理解毁伤评估的内涵，建立基于毁伤效能评估进行火力筹划的理念，探讨对打击方案进行量化计算的技术途径。

本书可作为军事指挥人员系统理解武器战斗部及其毁伤效应、分析评估武器毁伤效能的参考书，也可作为战斗部技术和武器毁伤相关专业本科生的教材，还可为从事武器毁伤试验鉴定及相关领域研究的工程技术人员提供参考。

图书在版编目(CIP)数据

武器毁伤与评估/卢芳云等编著. —北京：科学出版社，2021.2

ISBN 978-7-03-067745-7

Ⅰ. ①武…　Ⅱ. ①卢…　Ⅲ. ①武器-战斗部-毁伤-评估　Ⅳ. ①TJ410.3

中国版本图书馆 CIP 数据核字 (2020) 第 272349 号

责任编辑：刘凤娟　杨　探／责任校对：杨　然
责任印制：赵　博／封面设计：无极书装

科学出版社出版
北京东黄城根北街 16 号
邮政编码：100717
http://www.sciencep.com
北京厚诚则铭印刷科技有限公司印刷
科学出版社发行　各地新华书店经销
*
2021 年 2 月第　一　版　开本：720 × 1000　1/16
2025 年 1 月第五次印刷　印张：29　插页：1
字数：568 000

定价：149.00 元

(如有印装质量问题，我社负责调换)

序

2017 年 7 月，在习主席和军委机关的关怀领导下，我军调整组建了新的军事科学院、国防大学、国防科技大学。院校改革是军队改革的一个重要环节，对这三所院校的重塑，体现了习主席和军委机关对开创军事人才培养和军事科研新局面、全面实施科技兴军的殷切期望。

自调整组建以来，在军委机关的指导下，国防科技大学认真落实习主席的训词，努力建设高素质新型军事人才培养高地和国防科技自主创新高地，切实抓好通用专业人才和联合作战保障人才培养，新建了武器系统与工程、作战目标工程、作战运筹与任务规划等专业，向实战聚焦，全面加强了直接服务于联合作战保障的专业、课程体系及实践教学环境的建设。

现代化的联合作战包括“侦、控、打、评”四个环节，其中“打”和“评”环节必须基于武器弹药/战斗部的毁伤机理、目标易损性等专业知识才能高效而科学地实施。美国早在 20 世纪 60 年代，就在作战需求的驱动下，建立了弹药效能联合技术协调组来解决武器毁伤效能预测评估问题，至今已发布了多个版本的《联合弹药效能手册》和联合武器效能评估系统，并在多场高科技局部战争中发挥了重要作用。

自“十一五”以来，国防科技大学源自爆炸力学专业的教学科研团队，就开始面向军兵种作战需求，紧跟学科技术前沿，针对性地攻关武器弹药/战斗部的毁伤机理及目标易损性分析、毁伤仿真、毁伤效能评估等方面的教学科研问题。当前，在新的形势下，该团队不断梳理总结教学科研成果，基于近十多年针对本科生和各级继续教育学员开展毁伤系列课程教学的经验，组织精干教学与科研力量，编著了新教材《武器毁伤与评估》。

该书立足于新军事变革下我军建设和训练改革实践，紧扣联合作战需求背景，重点阐述了常规弹药/战斗部与核武器的科学原理和毁伤效应，讨论了进行目标易损性分析、武器毁伤仿真和效能评估等的方法途径，体现了科学技术对作战运用的直接支撑。教材教学定位明确、内容科学先进、应用性强、时代特色鲜明，较好地满足了当前联合作战保障人才培养之急需，也可以作为作战规划和武器装备试验鉴定等科研工作的重要参考。

武器毁伤效能评估是当前军事工程和军事指挥相结合的热点领域，仍然有很多理论和工程问题亟待解决。军事科学院的有关院所也在积极与国防科技大学等兄弟单位开展合作，共同加快相关能力建设，服务于部队新质战斗力生成，争取为科技兴军做出更大的贡献。

军事科学院院长 

2020 年 9 月

前 言

信息和火力仍然是现代战争的两大支柱。现代战争是核威慑条件下的信息化战争，如果说信息主导了战争的侦察、监视、通信和指挥控制等环节，那么火力则与武器运用的终极目的——对目标实施毁伤密切相关。因此可以说，武器毁伤是信息化作战流程中火力运用的“临门一脚”，是打击防护的核心，也是决定战争胜负的重要因素，值得各级军事指挥员、武器操作员和武器研制人员去了解、学习、掌握和研究。同时还要看到，当前信息技术也赋予了武器与毁伤新的特征和内涵，如信息化弹药的设计理念、武器威力的有效发挥、火力打击的方案筹划等，都需要融合信息，都离不开信息技术的有力支撑。所以，在信息化战争条件下，如何科学地运用武器实现高效毁伤，是对当代军事指挥员的基本要求，也是军事职业教育的重要内容。

在这样的大背景下，加强武器毁伤与评估领域的人才培养，具有十分重要的现实意义。为此，我们基于前期武器毁伤系列课程的教学经验，结合毁伤与评估人才培养的新需求，在进一步综合国内外相关优秀教材的基础上，重新组织编著了本书。本书内容定位于武器毁伤效应及其作战运用，希望能为武器试验鉴定和联合作战保障的毁伤评估与火力筹划提供知识支撑。全书共 9 章，旨在通过介绍相关概念和科学原理，使读者获得有关武器弹药/战斗部及其毁伤效应的基础知识，形成对武器高效毁伤的科学认识，进一步理解毁伤评估的内涵，建立基于毁伤效能评估进行火力筹划的理念，探讨对打击方案进行精算、深算、细算、快算的技术途径。

本书的主要内容和逻辑关系如下。第 1 章为绪论，介绍武器弹药/战斗部、毁伤效应和目标分类与易损性等基本概念，建立起武器高效毁伤是毁伤技术与作战运用相结合的观念。第 2 章为武器投射精度，主要分析毁伤效果受到武器命中精度、弹目交会条件及投射方式等因素的影响，介绍精度分析相关概念和方法、几种典型的投射方式及其精度特点。第 3 章至第 8 章归类介绍典型常规战斗部、核武器和新型/特种武器的毁伤效应及其装备发展。我们认为爆炸冲击和动能侵彻是常规战斗部最基本的毁伤机制，其他毁伤效应都可以通过这两种基本毁伤机制组合与派生，所以第 3 章系统介绍爆炸与冲击的相关知识和基本理论，形成爆炸冲击毁伤效应的理论基础，特别介绍了爆炸与冲击在不同介质中的效应特点及对应的装备应用。第 4 章至第 6 章落脚在动能侵彻效应，分别对破片、金属射流 (包括射弹) 和穿甲/侵彻体的驱动方式、运动特点及毁伤效应进行讨论，部分内容涉及引战配合、侵彻-爆炸联合毁伤和超高速撞击效应等，体现了武器运用的实际背景和毁伤技术的新发展。为了呼应核威慑条件下的现代战争特点，第 7 章比较系统地介绍了核武器基本原理、效应和防护等，并简单介绍了核武器试验工程的基本知识。第 8 章为新型/特种武器毁伤效应，主要介绍以声光电为毁伤原理的定向能新概念武器，以及生化武器、非致命性武器的科学原理及其毁伤效应，此外，本书还特别加入了信息攻击技术的相关知识，扩展了关于武器毁伤的视野。第 9 章为武器毁伤效能评估，从目标易损性分析、武器毁伤效能分析的角度阐述武器毁伤的运用问题，参考近年来国内外相关领域的发展，归纳了当前毁伤效能评估的主要思路和主流方法，给出了基于毁伤效能评估进行用弹量测算的可参考技术手段，深度体现了武器毁伤与实战运用的结合。

本书的编写思想可以用“清晰简明阐述毁伤原理、贴近实际解读装备应用、聚焦实战研讨效能评估”来概括，希望打通从武器原理到作战运用的知识链路。本书可作为军事指挥人员系统理解武器战斗部及其毁伤效应相关知识、分析评估武器毁伤效能的参考书，也可作为战斗部技术和武器毁伤相关专业本科生的教材，还可为从事武器毁伤试验鉴定以及相关专业研究的工程技术人员提供参考。

本书是团队智慧和辛勤劳动的成果，不同专业的多名教员参与了本书的编著和研讨，并付出了极大的努力。本书第 1 章、第 2 章的内容由卢芳云编写，第 3 章、第 4 章由李翔宇编写，第 5 章、第 6 章由田占东编写，第 7 章、第 9 章由蒋邦海编写，第 8 章由程湘爱和卢芳云编写。全书由卢芳云统稿、定稿。

本书部分内容是在作者前期教材《武器战斗部投射与毁伤》的基础上进行修改、增删和扩充形成的，在编写过程中又参考了国内外大量的书籍和资料 (已在参考文献中列出)，在此，我们特别感谢前期教材的作者张舵、林玉亮和冉宪文等几位教授，他们的贡献为新书稿的编著奠定了很好的基础，还要感谢舒挺教授对第 8 章做出的宝贵修改，并对参考文献和资料的作者表示衷心的感谢！

由于编著者知识水平所限，尽管倾注了极大的精力和努力，但书中难免存在不妥之处，敬请读者批评指正，从而使得本书在使用过程中得到不断完善。

卢芳云

2020 年 3 月

目　　录

第 1 章 绪　论

信息和火力仍然是现代战争的两大支柱。武器毁伤是信息化作战流程中火力运用的“临门一脚”，是打击防护的核心，也是决定战争胜负的重要因素。弹药作为武器的核心组成部分，执行着赋予武器的根本使命——打击目标，是实现毁伤的最终手段。弹药通常指含有金属或非金属壳体，装有火药、炸药或其他装填物，能对目标起毁伤作用或完成其他作战任务 (如电子对抗、信息采集、心理战、照明等) 的军械物品。从武器的作战运用角度来看，武器的发射装置或运载工具将弹药投送至既定的作战目标区，弹药在目标区的预定位置解体、爆炸、产生并驱动毁伤元与目标发生作用，从而毁伤目标，完成具体的战斗使命。

本章从弹药切入，介绍武器弹药/战斗部结构组成、武器毁伤效应和目标分类与易损特性的基本概念，建立武器高效毁伤是毁伤技术与作战运用相结合的观念，最后介绍毁伤技术的发展趋势和武器作战运用的现代模式。

1.1 武器弹药 [1–5]

1.1.1 弹药基本分类

一般来说，武器可以分为常规武器、核武器和新概念/特种武器三大类型。现代战争是核威慑条件下的信息化战争，在可预见的未来战争中，常规武器仍然是主战装备。作为常规武器和核武器的有力补充，各种新概念、新毁伤原理/特种武器不断涌现，在一定条件下显现出奇制胜的作战效果，在多样化军事行动中发挥着独到的作用，也因此，弹药类型繁多，其作用原理和威力性能差别巨大。就常规弹药而言，从几克的子弹到数吨的航空炸弹，从几十米射程的手榴弹到上万千米的洲际导弹，均是弹药大家族的成员。弹药可以按多种方式进行分类，如按装填物类型分类、按投射方式和使用用途分类等。

1. 按装填物类型分类

按装填物类型可将弹药划分为常规弹药、核弹药、生化弹药等。一些新概念武器往往在结构上颠覆了弹药装填物的概念，在这里就不展开了。

常规弹药——其战斗部内装有非核、生、化填料的弹药总称。一般以火炸药、烟火剂为主体装填物，还可能含各类预制毁伤元。

核弹药——其战斗部内装有核装料，引爆后能自持进行原子核裂变或聚变反应，瞬时释放巨大能量。

生物弹药——其战斗部内装填生物战剂，例如，致病微生物毒素或其他生物活性物质，用以毁伤人、畜，破坏农作物，并能引发疾病的大规模传播。

化学弹药——其战斗部内装填化学战剂，借助爆炸、加热或其他手段，形成弥散性液滴、蒸气或气溶胶等，黏附于地面、水中，悬浮于空气中，经接触使人员染毒、装备致瘫。

虽然核弹药威力巨大，但由于众所周知的原因，在实际作战中应用概率较低；生化弹药或生化武器，由于环境污染严重，被划为“大规模杀伤破坏性武器”一类，其使用受到国际舆论的广泛谴责。为此，国际社会先后签订了一系列国际条约，限制这类武器的试验、扩散、部署和使用。目前常规弹药仍然是应用最广泛的实战武器。

2. 按投射方式分类

按照武器平台的投射方式，可将弹药分为四种基本类型。

投掷式弹药——如从飞机上投放的航空炸弹，人力投掷的手榴弹，利用膛口压力或子弹冲击力抛射的枪榴弹等。这类弹药靠外界提供的投掷力或赋予的速度实现飞行运动。

射击式弹药——指从各种身管武器发射的弹药，如枪弹、炮弹、榴弹发射器用弹。其特点是初速大、经济性好，是战场上应用最广泛的一类弹药，适用于各军兵种。

自推式弹药——这类弹药自带推进系统，典型的有火箭弹、导弹、鱼雷等。自推式弹药可具有各种结构形式，易于实现制导，具有广泛的战略战术用途。

布设式弹药——指各种雷，如地雷、水雷等，这类弹药采用人工或专用设备、工具布设于要道、港口、海域、航道等预定地区，构成雷场。

上述按投射方式而划分的四类弹药属于基本类型。随着现代弹药的迅速发展和功能提升，某些弹药会兼有多个基本类型的混合特征，如火箭增程弹、炮射布雷弹等。

3. 按使用用途分类

按弹药使用用途可将弹药分为主用弹药、专用弹药、辅用弹药三种类型。

主用弹药——战场上对目标起毁伤作用的战斗弹药，如爆破弹、破片弹、穿甲弹、破甲弹、燃烧弹、子母弹等，是使用最广的常规主用弹药。

专用弹药——为完成某种特定战场目的而使用的特种弹药，如照明弹、发烟弹、宣传弹、电视侦察弹、战场监视弹、干扰弹等，均属此类。

辅用弹药——用于部队演习、训练、靶场试验或进行教学目的的非战斗用弹。

1.1.2 弹药发展历程

武器弹药的发展历经了古代弹药、近代弹药和现代弹药三个时期。

1. 古代弹药

9 世纪初，中国发明了黑火药。10 世纪，黑火药开始应用于军事目的，作为发射药、燃烧或爆炸装药等，在武器和弹药发展史上起到了划时代的作用。13 世纪初，中国发明爆炸武器“震天雷”，13 世纪末制成发射弹丸的金属管火器。13 世纪，黑火药及火器技术传到欧洲。15 世纪以后，弹药在欧洲有了较大的发展。16 世纪下半叶出现了在球形铸铁壳内装填炸药的爆破弹，后来称为榴弹。l8 世纪初出现了利用滑膛炮发射、装填了炸药的球形杀伤弹和爆破弹。19 世纪初，英国人研制出第一种预制破片杀伤炮弹。1846 年出现了线膛炮发射的长形旋转稳定炮弹，增大了射程、火力密集度和爆炸威力。1868 年，英国人发明了鱼雷。

2. 近代弹药

近代弹药一般指 20 世纪初至第二次世界大战结束这一阶段的弹药。19 世纪末至 20 世纪初先后发明了无烟火药和硝化棉、苦味酸、梯恩梯 (TNT) 等猛炸药，并应用于军事，是弹药发展史上的一个里程碑。无烟火药使火炮的射程几乎增大一倍，猛炸药代替黑火药装填于各种弹药，使爆炸威力大大提高。第一次世界大战期间，深水炸弹开始用于对潜作战，化学弹药开始用于战场。随着飞机、坦克的投入使用，航空弹药和反坦克弹药得到发展。第二次世界大战期间，各种火炮弹药迅速发展，出现了反坦克威力更强的次口径高速穿甲弹和基于聚能效应的破甲弹。航弹的品种也大量增加，除了爆破杀伤弹以外，还发展了反坦克炸弹、燃烧弹、照明弹等。反步兵地雷、反坦克地雷以及鱼雷、水雷性能得到提高，分别在陆战、海战中大量使用。第二次世界大战后期，原子弹研制获得成功，并在实战中得到应用；制导弹药也开始用于战争，除了德国的 V-1 飞航式导弹和 V-2 弹道导弹以外，德国、英国和美国还研制并使用了声自导鱼雷、无线电制导炸弹等。受当时技术水平所限，早期制导弹药的制导系统比较简单，命中精度低。

3. 现代弹药

现代弹药一般指第二次世界大战结束以后的弹药。第二次世界大战结束后，电子技术、光电技术、火箭技术和新材料技术等高新科技的发展成为弹药发展的推动力。一方面核武器技术一度得到大力发展，另一方面制导弹药是这个时期弹药发展的一个显著特点，特别是 20 世纪 70 年代以来，各种精确制导弹药迅速发展并在局部战争中得到实用。精确制导弹药除了命中精度高的各种导弹以外，还发展了制导炸弹、制导炮弹、制导子弹和有制导的地雷、鱼雷、水雷等。与此同时，弹药增程技术、子母弹技术和新型战斗部技术也得到相应发展，出现了一系列新型弹药，以及威力更大、杀伤力更强的新型战斗部。

制导炸弹是最早发展的精确制导弹药，一般是利用普通低阻炸弹加装制导系统和控制翼面构成。20 世纪 60 年代中期，美国研制成“白星眼”电视制导炸弹和“宝石路”激光制导炸弹 (laser-guided bomb, LGB)，并在越南战争中使用。以后经不断改进和更新换代，制导炸弹又在海湾战争、科索沃战争中大量使用，效果远高于普通炸弹。美军在科索沃战争中还使用了新研制的“联合直接攻击弹药”(JDAM)，采用的是惯性加全球定位系统 (GPS) 卫星制导。苏联、法国、以色列等国家也在 20 世纪 60 年代至 70 年代先后开始研制和装备了制导炸弹。

制导炮弹是带有制导系统和控制翼，发射后在弹道末段能自主寻的的炮弹，又称为末制导炮弹。美国在 20 世纪 70 年代开始研制制导炮弹，1982 年开始装备 155mm“铜斑蛇”半主动激光制导炮弹。苏联 1984 年开始装备 152mm 口径“红土地”半主动激光制导炮弹。此外，美国、英国、法国、联邦德国、瑞典等国家还研制了红外制导、毫米波制导或激光制导的反装甲迫击炮弹。

除了发展制导弹药以外，其他弹药技术也有长足的发展。火炮弹药广泛采用增程技术，出现了火箭增程弹、冲压发动机增程弹和底部排气弹等增程炮弹。为应对坦克装甲防护能力的不断提高，研制了侵彻能力更强的长杆式次口径尾翼稳定脱壳穿甲弹和能对付反应装甲的串联式聚能装药破甲弹。穿甲弹的弹芯除传统的钨合金弹芯以外，新发展了贯穿力更强的贫铀穿甲弹芯。为满足打击不同类型目标的作战需求，新发展了集束炸弹、反跑道炸弹、燃料空气炸弹、石墨炸弹、钻地弹等航弹新品种。为适应高速飞机外挂和低空投弹的需要，在炸弹外形和投弹方式上也作了改进，出现了气动外形好的低阻炸弹和减速炸弹。火箭弹品种增多，除地面炮兵火箭弹以外，还发展了航空火箭弹、舰载火箭弹、单兵使用的反坦克火箭弹，以及火箭布雷弹、火箭扫雷弹等。进入 21 世纪以后，弹药技术更明确地呈现出智能化毁伤的发展趋势，“远程打击、精确命中、高效毁伤”能力成为弹药先进性的重要标识。

1.2 战斗部结构组成 [5−9]

1.2.1 弹药基本组成

现代弹药通常由战斗部、投射部、导引部、稳定部等几个部分组成。这些组成部分按各自的功能执行相应的任务，使整个武器系统更好地完成所赋予的作战使命。典型制导弹药的结构组成如图 1.2.1 所示，其中除战斗部以外，推进对应投射部，制导/驾驶对应导引部，操纵对应稳定部。

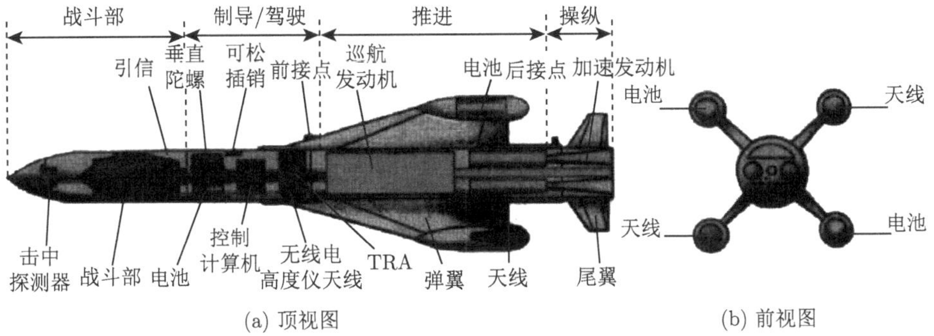

图 1.2.1 典型制导弹药的结构组成图

1. 战斗部

战斗部是武器弹药毁伤目标的结构单元。武器平台借助各自相应的投射系统，将弹药准确投射到预定目标处或目标附近,然后适时引爆战斗部并产生毁伤元 (冲击波或高速侵彻体等)，实现对目标的毁伤。毫无疑问，战斗部是各类弹药的一个重要部件。某些弹药 (如一般的地雷、水雷) 仅由战斗部单独构成。

典型战斗部的基本组成有壳体、装填物、传爆序列、安全执行机构 (保险装置) 和引信，其中壳体和装填物是毁伤元和毁伤能量的主要来源，传爆序列、保险装置和引信是保证弹药平时安全、战时可靠发挥作用的机构。

2. 投射部

投射部是弹药系统中提供投射动力的装置，使弹药具有射向预定目标的飞行速度和飞行距离。投射部的结构类型与武器的发射方式紧密相关。典型的弹药投射部有发射药筒、火箭发动机等。发射药筒适用于枪、炮等射击式弹药，固体火箭发动机适用于自推式弹药。某些弹药，如普通航空炸弹、手榴弹、地雷、水雷等是通过工具运载或人力投掷、埋设，无须投射动力，故无投射部。

3. 导引部

导引部是弹药系统中导引和控制弹药进行正确飞行运动的结构单元。对于无控弹药，简称导引部；对于制导弹药，简称制导部。它可以为一个完整的制导系统，也可以与弹外制导设备联合组成制导系统。

导引的作用是使弹药尽可能沿着事先设定好的理想弹道飞向目标，实现对弹药的正确导引。炮弹的导引部主要是在弹体表面做成上下定心突起或定心舵形式的定心部；无控火箭弹则做成导向块或定位器的形式与发射器相契合。导弹的制导部通常由测量装置、计算装置和执行装置三个主要部分组成。根据导弹类型的不同，相应的制导方式亦不同，主要有自主制导、寻的制导、遥控制导、复合制导等四种制导方式。

4. 稳定部

弹药在发射和飞行过程中，由于各种随机因素的干扰和空气阻力的不均衡作用，导致弹药飞行状态发生不稳定变化，使其飞行轨迹偏离理想弹道，降低命中概率。稳定部则是保持弹药在飞行中具有抗干扰特性，以稳定的飞行状态、尽可能小的攻角和正确的姿态接近目标的装置。典型的稳定部结构形式主要有旋转稳定和尾翼稳定两类。旋转稳定是按陀螺稳定原理，赋予弹丸旋转运动的装置，如一般炮弹上的弹带，或某些弹药上的涡轮装置。尾翼稳定是基于箭羽稳定原理的尾翼装置，在火箭弹、导弹及航空炸弹上被广泛采用。

接下来，本节将重点介绍战斗部的相关知识。

1.2.2 战斗部子系统

在武器系统中，关于战斗部的界定，有狭义和广义两种观点。狭义的观点认为，战斗部一般只由壳体、装填物和传爆序列组成；广义的观点认为，战斗部是弹药或导弹的一个子系统，除了包含狭义的战斗部以外，还包括一些必要的辅助部件 (主要是保险装置和引信)。实际应用中，上述关于战斗部的狭义和广义的观点并不矛盾，这两种观点只是反映了研究的侧重不同。在本书中，把狭义的战斗部称为战斗部，将广义的战斗部称作战斗部子系统。

1. 战斗部组成

战斗部一般由壳体、装填物和传爆序列组成，图 1.2.2 是典型破片战斗部的结构组成示意图。

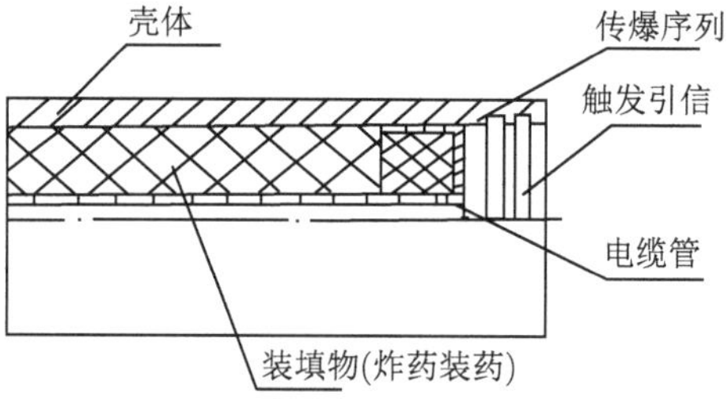

图 1.2.2 典型破片战斗部的结构组成示意图

1) 壳体

壳体是战斗部的基体，是容纳装填物的容器，也起到支撑体和连接体的作用 (在有的导弹上，壳体使战斗部与导弹舱体连接，并成为导弹外壳的一部分，是导弹的承力构件之一)。另外，在战斗部被引爆后，壳体破裂可形成能毁伤目标的高速破片或其他形式的毁伤元。

战斗部壳体需要满足各种过载条件下 (包括弹药发射和飞行过程中、重返大气层和撞击目标时) 的强度要求；若战斗部位于弹药的头部，还应具有良好的气动外形。战斗部壳体形状因其性能和毁伤机制的不同而有所不同，一般有圆柱形、鼓形和截锥形等。所用材料根据不同实际需要，可采用优质金属合金或新型复合材料等。对于再入大气层的战斗部，一般还要在壳体外面加装热防护层。

2) 装填物

装填物是战斗部毁伤目标的能源物质，其作用是将本身储藏的能量 (如化学能或核能) 通过剧烈的反应 (化学反应或核反应) 释放出来，形成能毁伤目标的毁伤元。

常规战斗部的主要装填物为高能炸药 (high explosive)，在引爆后，炸药通过剧烈的化学反应释放出能量，并产生金属射流、破片、冲击波等毁伤元。核战斗部的主要装填物为核装料 (核裂变和核聚变材料)，引爆后，核装料通过剧烈的核反应 (核裂变和核聚变反应) 释放出巨大能量，并引发一系列复杂的物理过程，产生热辐射 (光辐射)、冲击波、核辐射、核电磁脉冲及放射性尘埃等毁伤元。对于其他特种战斗部，其装填物还可能是各种化学、生物战剂，比如化学毒剂、细菌、病毒，以及燃烧剂、发烟剂等。也有的装填物是为了完成其他战斗任务如电子对抗、信息采集、心理战等所需的装置或物质。

3) 传爆序列

战斗部的传爆序列是把引信接收到的起始信号转变为爆轰波 (或火焰)，并逐级放大，最终引爆战斗部主装药的装置。它通常由雷管 (或火帽)、主传爆药柱、辅助传爆药柱和扩爆药柱等组成。其工作过程一般是，当引信被触发并输出电脉冲或其他物理信号时，雷管 (或火帽)、传爆药柱和扩爆药柱相继爆炸，最后引发主装药的爆炸，如图 1.2.3 的部分 Ⅱ 所示。在传爆序列中，雷管是非常重要的火工品。战斗部中常用的雷管有电雷管，电雷管内部装有适量的对热能较敏感的起爆药，并在其中埋置桥式电阻丝。当电雷管接收到引信输出的电脉冲时，电阻丝被灼热，使雷管中的起爆药爆炸，继而引发后续传爆药柱和其他爆轰元件的爆炸。

对传爆序列的要求是：结构简单、便于储存，平时安全、作用可靠。传爆序列通常作为战斗部的一个单独组件设计，对于现代智能化的战斗部，可能还需要采用更加复杂的传爆序列，以实现多模起爆或者保证起爆的可靠性，如采用爆炸逻辑网络。

2. 保险装置

战斗部子系统中有大量的火工品，在平时日常勤务中需要保证其安全，而在战时应用中 (如战斗部与目标交会时) 则需要保证其可靠工作，这个任务就是由保险装置来完成的。保险装置通常是一个机械系统，主要由底座、活塞、壳体、惯性块和电磁装置等组件组成，保险装置在平时通过隔离引信的信号来保证安全，战时可通过弹药发射时的后坐力、弹簧储能和气压的变化来触发并自动解除保险。

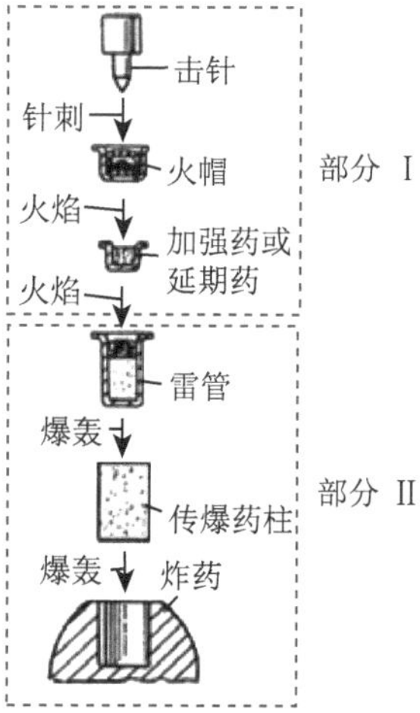

图 1.2.3　机械触发引信 (部分 I) 及传爆序列 (部分 Ⅱ) 工作过程示意图

3. 引信

引信是能感知环境和目标信息，使战斗部从安全状态转换到待发状态，适时启动并控制弹药发挥最佳作用的一种装置。其作用是使战斗部按预定的最恰当时间和地点起爆，以达到所预期的毁伤效果。引信对战斗部起爆的优化控制能够实现对目标的最大程度毁伤。例如，引信可以根据需要，控制战斗部在撞击目标之前 (离目标一定距离处)、撞击的瞬时和撞击之后起爆。这些时间特性和战斗部的毁伤机理有关，例如，聚能破甲战斗部要求一触即发，在战斗部未回跳之前爆炸而将目标毁伤；深侵彻战斗部要求引信延时，待战斗部侵入目标内部一定深度后再起爆，以达到更好的毁伤效果；而当毁伤飞行目标时，战斗部直接撞击目标是困难的，此时则要求在一定距离内非接触引爆，等等。

随着信息技术、光电技术的发展，先进的引信系统不断涌现，为战斗部高效毁伤提供了更多样和有效的技术支撑。

1.2.3　引信技术及其应用

引信是使战斗部按预定的策略 (预定的时间和地点) 实施起爆的控制装置，在战斗部子系统中是一个非常重要的专用装置，可置于弹体内的不同位置，如弹头、弹底 (尾)、弹身 (侧面引爆)、复合位置 (多点/多向引爆) 等。它是一个小型的精密器件，要求具有高度的准确性和可靠性。有时火工品和主传爆药柱都装设在引信里面，成为引信的一个组件。按作用原理，引信的种类可分为触发引信、非触发引信和执行引信等。下面简要介绍几种主要引信的原理。

1. 触发引信

触发引信靠撞击产生的信号引爆战斗部。

1) 机械触发引信

机械触发引信的典型构成参见图 1.2.4。该引信的作用原理是，当弹着角较大时，惯性击针座在引信撞击目标时使击针刺入火帽；当弹着角较小时，惯性力的侧向分量使惯性环压倒叉头保险装置后产生侧移，迫使环上的衬筒连同击针座一起上移，完成针刺动作。图上的安全销是在发射前预先拔除掉的。机械触发引信常用于各类炮弹、火箭弹、航空炸弹及导弹上。

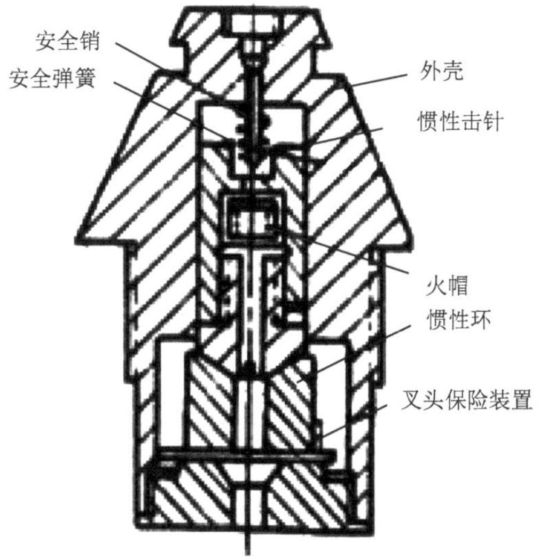

图 1.2.4 头部触发引信的结构图

2) 电触发引信

触发引信也可以设计成电触发方式。比如采用电流通过时引发电雷管，而不是由击针引发火帽再起爆雷管。电流的接通是当战斗部撞击目标时通过一个触点被闭合而实现的。电触发引信常应用于破甲战斗部等。

3) 压电引信

压电晶体在撞击压力作用下能产生高压电流将电雷管引爆。利用压电触发的引信瞬发性很好，完成引爆只需几十微秒。压电引信的工作原理示意图如图 1.2.5 所示，图上两个开关的实线位置是短路保险状态，虚线位置是解除保险状态。

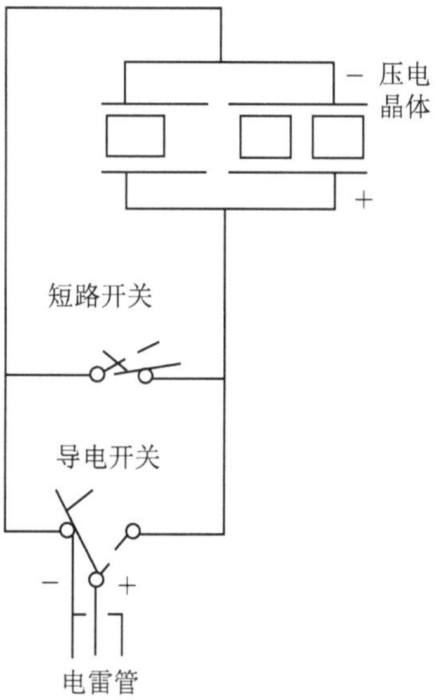

图 1.2.5　压电引信的工作原理示意图

2. 非触发引信

非触发引信受传媒信息的作用引爆战斗部，有时也称为近炸引信或近感引信。根据信息的形成方式不同，有主动式、被动式和半主动式非触发引信，根据传媒信号的不同，可分为无线电引信、光引信等。

1) 无线电引信

无线电引信，又称雷达引信，是指利用无线电波感应目标的近炸引信，一般是主动式非触发引信，其工作原理与雷达相同。其中米波多普勒效应无线电引信，由于简单可靠，应用较为广泛，其结构组成框图参见图 1.2.6。目前，随着微电子技术的发展，无线电引信朝着新频段、集成化、多选择、自适应的方向发展，而提高抗干扰能力始终是其发展过程中需要解决的关键问题。

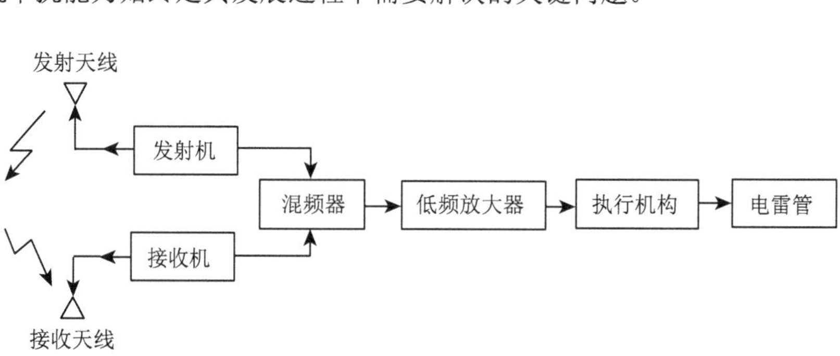

图 1.2.6　无线电引信的组成及工作原理示意图

2) 红外光引信

红外光引信是指依据目标本身的红外辐射特性而工作的光近炸引信，通常特指被动红外光引信。工作过程中，引信的红外接收器 (光敏电阻元件) 感知目标辐射来的红外线能量，并将其转变为电信号，经放大后引爆电雷管。图 1.2.7 是一种红外光引信引爆过程示意图。引信接收到 β_1、β_2 两处的信号后再延迟 t_2 时间，并满足弹目距离等于或小于杀伤半径 R 的条件时引爆战斗部。

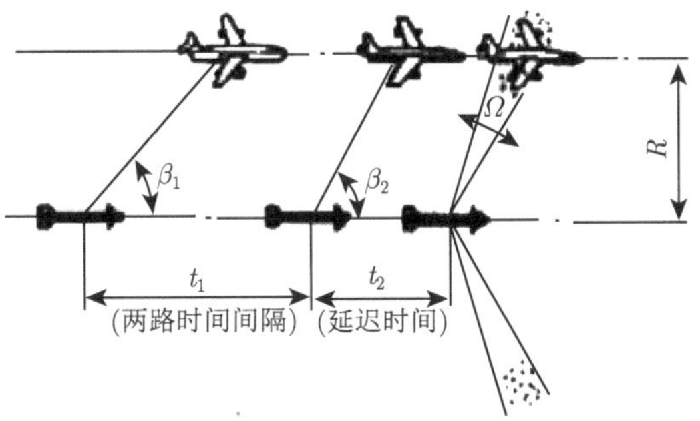

图 1.2.7 红外光引信引爆过程示意图

红外光引信的优点是不易受外界电磁场和静电场的影响，抗干扰能力强；缺点是易受恶劣气象条件的影响，对目标红外辐射特性的依赖性较大。近年来出现了红外成像引信，其目标探测识别能力显著提高，发展前景被看好。

3) 激光引信

激光引信是利用激光束探测目标的光引信，属于主动式非触发引信，其工作框图见图 1.2.8，激光引信具有全向探测目标的能力和良好的距离截止特性。对于周视探测的激光引信和前视探测的激光引信都可采用光学交叉的原理实现距离截止。

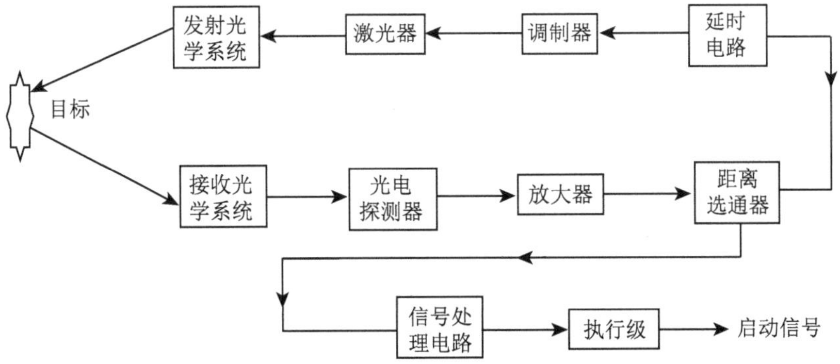

图 1.2.8 激光引信的组成和工作原理

激光引信对电磁干扰不敏感，因此可广泛配用于反辐射导弹。配用于空空导弹、地空导弹的多象限激光引信，与定向战斗部相匹配，对提高导弹对目标的毁伤效能具有重要作用。激光引信配用于反坦克导弹，可进一步提高定距精度，并避免与目标撞击引起弹体变形。激光引信的缺陷是易受到气象环境的干扰，主要是在中、高空受阳光背景干扰，在低空受云、雾、烟、尘等大气悬浮颗粒的影响及地/海杂波干扰和人工遮蔽式干扰等，所以激光引信的进一步发展是如何提高抗干扰能力。

3. 执行引信

执行引信是指直接获取专门设备发出的信号而作用的引信，按获取的方式可分为时间引信和指令引信。

时间引信——指按预先装订的时间而作用的引信。该引信的计时方式有机械式 (钟表式)、火药式 (火药燃烧药柱长度计时) 和电子式 (电子计时) 等。

指令引信——指利用接受遥控 (无线或有线遥控) 系统发出的指令信号 (声、光、电、磁信号等) 而动作的引信，该引信需要设置接受指令信号的装置。指令引信一般用在雷达指令制导的地-空导弹上，雷达根据测到的弹目运动参数发出制导指令，将导弹导引到目标附近，在达到合适的弹目交会条件时，雷达再发出引信发火指令，触发导弹战斗部爆炸。

4. 现代先进的引信系统

在实际应用中，上述不同原理的引信可组成相应的引信系统，以实现战斗部起爆的智能、可靠控制。

1) 触发、近炸引信的智能化复合引信

触发、近炸引信的复合化和智能化，在提高导弹跟踪目标能力和控制战斗部可靠起爆方面具有很多优点，能够推动武器毁伤能力整体水平的显著提高。俄罗斯的 “SA-16” 便携式防空导弹，其引信就采用了触发和激光近炸复合引信。该激光近炸引信动作带有一定的延迟，在此延迟时间内如果触发引信动作就断开激光引信的起爆电路；触发引信从动作到引爆战斗部也有一定延迟，以保证导弹深入到目标的内部再爆炸。该激光近炸引信的延迟时间自适应可调，以保证与触发引信的最佳配合。

2) 灵巧智能引信

灵巧智能引信包括能控制侵彻弹药炸点的硬目标智能引信和末端敏感的近炸引信等。

硬目标智能引信是以加速度计为基础的电子引信，常配用于侵彻弹药，以打击地下单层或多层硬目标。在弹药/战斗部侵彻硬目标的瞬态冲击过程中，该引信不但能承受强烈的冲击载荷，而且还能感知弹体周围介质的性能，并将侵彻过程的有关测量值与弹内的数据库进行比较，确定弹药所处位置的介质类型、探知介质内的空气层以及对多层介质的层数进行计数，以便在最佳的深度起爆弹药，达到所期望的毁伤效果。配装该类引信的侵彻弹药是打击防护工事、地下指挥所、通信中心和舰船 (具有多层间隔结构) 的有力武器装备。

末端敏感弹药近炸引信是利用毫米波或厘米波无线电、红外线或复合光电探测原理，能够对目标进行探测、识别的智能引信。通常，配装该类引信的弹药战斗部被投射到地面目标 (坦克、装甲车) 的上空，在目标上空对目标区域进行螺旋式扫描探测和实时识别，当判定为真实目标时，引信起爆战斗部，形成初速为 1400~3000m/s 的爆炸成型弹丸 (explosively formed projectile, EFP) 射向目标，从顶部攻击目标。

3) 弹道修正引信

弹道修正引信是指测量弹体空间坐标或姿态，对其飞行弹道进行修正，同时具有传统引信功能的引信。弹道修正引信配用于榴弹炮、迫击炮、火箭炮等地面火炮弹药，特别是增程弹药上，用以提高对远距离面目标的毁伤概率。

1.2.4 战斗部分类

对应 1.1 节的弹药类型，图 1.2.9 给出了弹药战斗部的一种分类列表，下面作一个简单介绍。

- 弹药战斗部
  - 常规战斗部
    - 爆破战斗部
    - 聚能破甲战斗部
    - 破片战斗部
    - 穿甲/侵彻战斗部
    - 子母弹战斗部
    - 综合作用战斗部
  - 核战斗部
    - 原子弹、氢弹
    - 中子弹
  - 特种战斗部
    - 光辐射、X射线、发烟战斗部
    - 化学毒剂、生物战剂、燃烧战斗部

图 1.2.9 战斗部分类

1. 常规战斗部

1) 爆破战斗部

爆破战斗部主要用于摧毁地面、地下、水面或水下的目标，如各类作战阵地、机场、交通枢纽、舰船及相关人员目标等。

爆破战斗部对目标的破坏主要依靠爆轰产物 (高温高压气体)、冲击波和爆炸时产生的破片等的作用。如 TNT 炸药爆炸时，其爆炸中心形成的压力可达 19.6GPa，温度达 3200K，所形成的空气冲击波具有较高的超压 (超出大气压的压力值) 和比冲量 (单位面积上所受作用力对作用时间的积分)，可将地面建筑物推倒，使有生力量伤亡。图 1.2.10 示出的是一种典型的爆破战斗部结构。

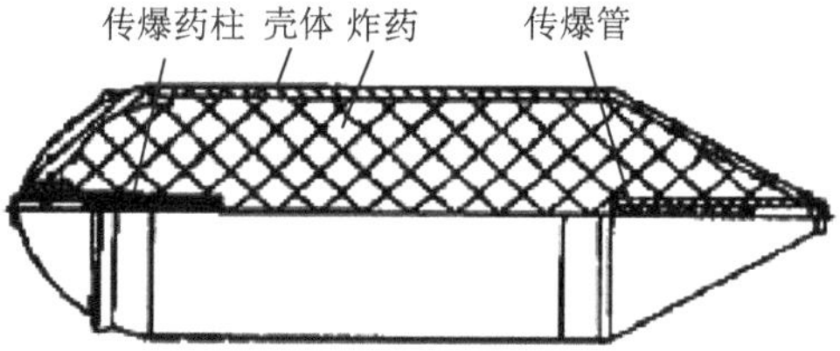

图 1.2.10 典型的爆破战斗部结构图

在爆破战斗部中，炸药占战斗部质量的绝大部分，而壳体只是在满足强度要求的前提下作为炸药的容器，也可把壳体加厚，使之兼有破片杀伤作用，以增大战斗部的破坏力。美国的“红眼睛”、“尾刺” 等都采用了爆破战斗部。

2) 破片战斗部

破片战斗部主要用于攻击空中、地面和水上作战装备及有生力量，如飞机、导弹、地面武器、舰船和人员等。

破片战斗部是应用爆炸方法产生高速破片群，利用破片对目标的高速撞击侵彻、引燃和引爆作用来毁伤目标。破片可以设计成不同的形状，常规的有球形、立方形或多面体等，新近又发展了如离散杆和自锻破片之类的杀伤元；也可以用特殊材料制成，以实现引燃、引爆等其他功能。

图 1.2.11 是一种典型预制破片战斗部结构图。苏联的萨姆-2 系列、萨姆-6，美国的霍克、爱国者，法国的响尾蛇等导弹都装配了这种战斗部。

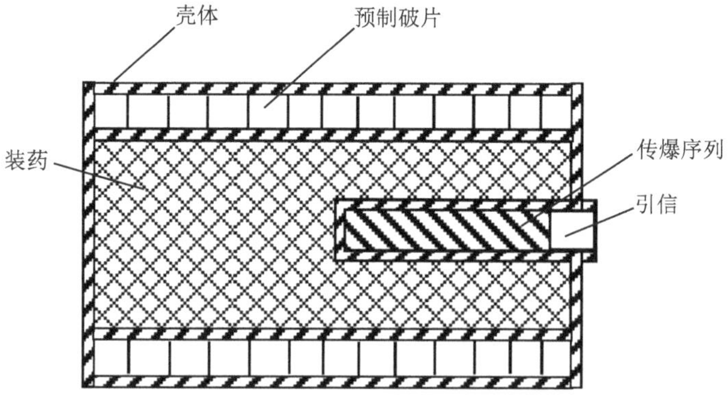

图 1.2.11 典型预制破片战斗部结构图

3) 聚能破甲战斗部

聚能破甲战斗部主要用于反装甲目标和复合结构战斗部的前期开坑。

聚能破甲战斗部利用带金属药型罩 (liner) 的成型装药爆轰形成金属射流，侵彻贯穿装甲目标而造成破坏效应。这种射流的能量密度大，头部速度可达 7~9 km/s，对装甲的贯穿能力很强，破甲深度可达数倍甚至十倍以上药型罩口径。聚能破甲战斗部典型结构如图 1.2.12 所示。

聚能破甲原理在战斗部结构中应用很广，除了破甲毁伤作用以外，还用于半预制破片、导弹开舱解锁机构和反恐攻坚装置等。在石油工业中聚能装药 (shaped charge) 结构用于射孔弹设计。

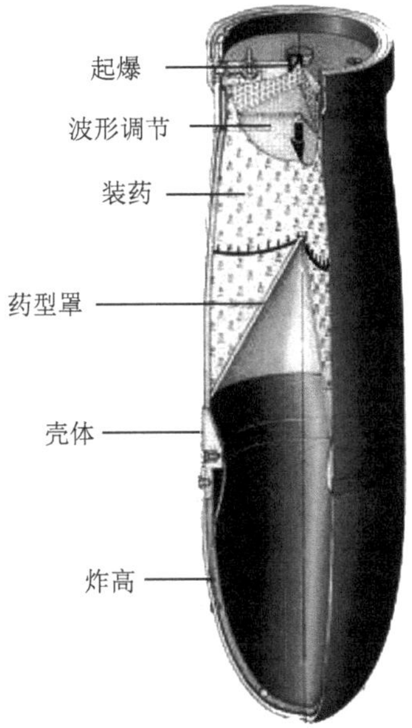

图 1.2.12 聚能破甲战斗部典型结构

4) 穿甲/侵彻战斗部

穿甲/侵彻战斗部主要借助弹体的高动能或高的断面比动能贯穿各类装甲、混凝土结构，以攻击如坦克类的重装甲目标和防御工事、地下指挥所等硬目标。用于攻击装甲目标的动能战斗部称为穿甲战斗部，用于攻击混凝土类硬目标的动能战斗部称为侵彻战斗部，用于反导和反卫的动能战斗部称为动能拦截器。除了弹靶材料性能以外，穿甲能力主要取决于战斗部命中目标瞬间的动能和命中角。

穿甲战斗部的结构有装药式和实心式、钝头型和尖头型之分，图 1.2.13 是尖头穿甲战斗部的典型结构图。图 1.2.14 是一种半穿甲战斗部的典型结构，所谓半穿甲即先穿甲后再爆炸杀伤。法国 AS-15TT 反舰导弹就采用了半穿甲战斗部。侵彻战斗部用于钻地弹时，其结构更接近于半穿甲战斗部。

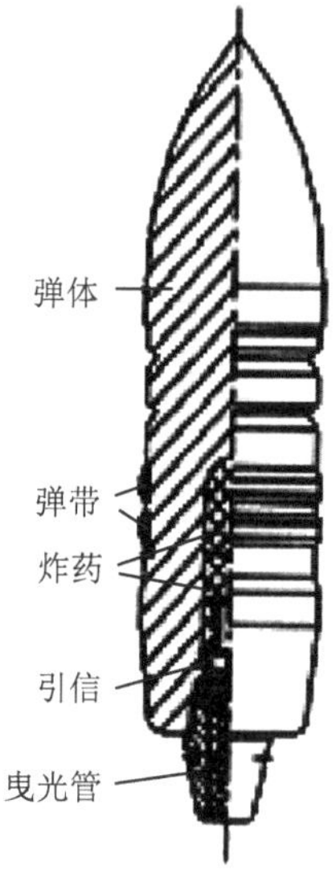

图 1.2.13 尖头穿甲战斗部的典型结构图

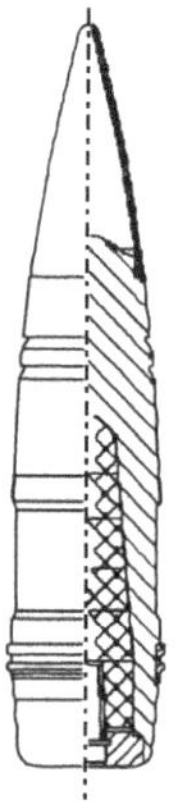

图 1.2.14 半穿甲战斗部的典型结构图

5) 子母弹战斗部

在战斗部壳体内装有若干小战斗部 (子弹) 的弹药结构称为子母弹，用于攻击集群目标。其作用原理是，当子母弹飞抵目标区上空时解爆母弹，将子弹全部抛撒出来，并按一定的散布规律落下，靠子弹分别毁伤目标。图 1.2.15 是典型子母弹毁伤目标的过程示意。子母弹的使用可以增大武器的杀伤面积，提高毁伤效率。

图 1.2.15 典型子母弹毁伤目标的过程示意图

子母弹战斗部一般由母弹和子弹、子弹抛射系统、障碍物排除装置等组成，其子弹可以是杀伤弹、爆破弹、破甲弹或其他弹种。如果是破片式子弹，则子弹群爆炸后，可在空间形成范围很大的破片杀伤区。每个子弹带有自己的引信，子弹内也可装有定向和稳定机构，以及遥感传感器，能自动捕获和跟踪目标，适时引爆子弹，如末端敏感子弹。

子母弹按控制方式主要分为集束式多弹头、分导式多弹头、机动式多弹头等几种类型。集束式子母弹的子弹既没有制导装置，也不能作机动飞行，但可按预定弹道在目标区上空被同时释放出来，用于袭击面目标；分导式子母弹通过一枚火箭携带多个子弹分别瞄准不同的目标，或沿不同的再入轨道到达同一目标，母弹有制导装置，而子弹无制导装置；机动式多弹头子母弹的母弹和子弹都有制导装置，母弹和子弹都能作机动飞行。

2. 核战斗部

核战斗部一般分为核裂变战斗部与核聚变战斗部两大类，它们分别主要以核裂变和核聚变反应所释放出的巨大能量作为其毁伤目标的能量来源。

1) 原子弹

使用核裂变战斗部的弹药俗称原子弹。基本原理是，重原子核如铀 235、钚 239 等在中子的轰击下发生链式分裂反应而释放出巨大能量，威力可达几百吨至几万吨 TNT 当量，可造成大规模的破坏和杀伤。关于核裂变的链式分裂反应示意图如图 1.2.16 所示。

发生核裂变爆炸的主要机制是，中子轰击铀或钚的原子核使核分裂成裂变产物，同时产生 2~3 个中子并释放出能量；新生中子又进行二次轰击，如此继续下去，形成链式分裂反应，并释放出巨大的能量。保证链式反应得以持续的条件是新生中子的一代代增殖。为此，要求核装料具有高纯度，并且不小于临界质量或密度，以减少中子的损失。如图 1.2.17 所示为原子弹的一个典型结构，图中把核装料做成两块均小于临界质量的核装料，启动时先引爆普通炸药，靠爆炸力使两块核装料结合到一起达到临界质量，促成裂变发生。

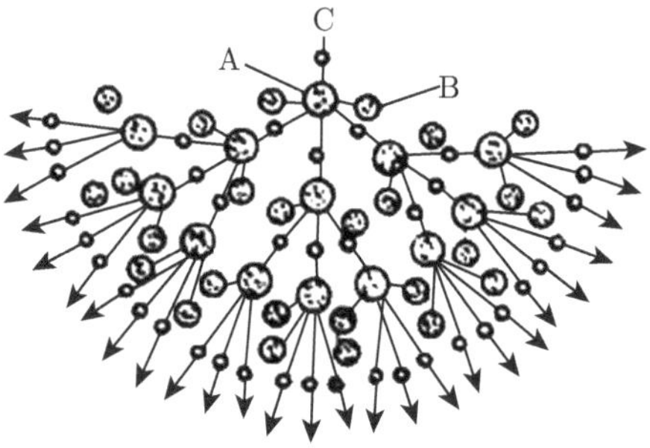

图 1.2.16　核裂变的链式分裂反应示意图

A-分裂前的原子核；B-分裂后的新原子核；C-中子

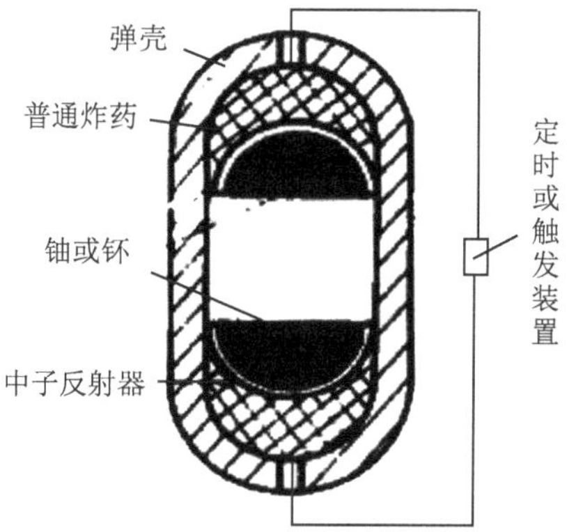

图 1.2.17　原子弹的一个典型结构原理示意图

2) 氢弹

使用核聚变战斗部的弹药俗称氢弹。氢弹是比原子弹威力大数倍的核武器，威力可达几十万吨到几千万吨 TNT 当量。基本原理是，利用轻原子核聚合成较重的原子核 (即聚变) 时释放的能量造成杀伤和破坏。

氢本身就是一种轻原子，它的同位素氘 (重氢) 和氚 (超重氢) 也是轻原子。氘和氚在超高压和超高温条件下能聚合成较重的氦原子并释放出巨大的能量，如图 1.2.18 所示。正因为聚变反应是在超高温下发生的，故又称之为热核反应，氢弹也称作热核武器。

图 1.2.19 示出了氢弹的结构原理示意图。由于引发聚变反应所需的温度太高，图中通过设置一颗小型原子弹来实现核爆，然后引发聚变。因此，可以说氢弹就是由原子弹加核聚变装料构成的。

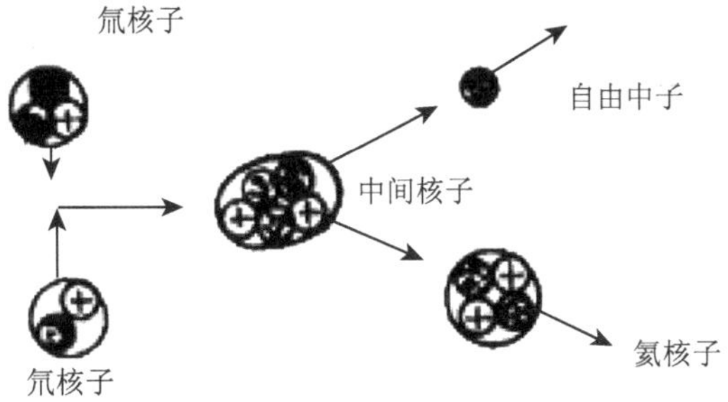

图 1.2.18 核聚变反应示意图

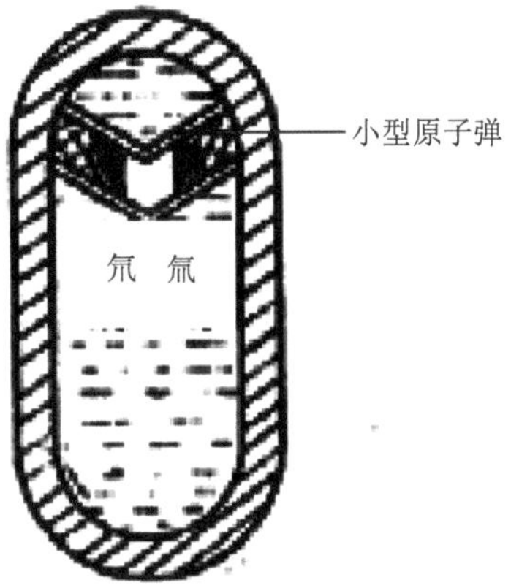

图 1.2.19 氢弹的结构原理示意图

3) 中子弹

中子弹也是一种利用聚变反应的热核战斗部，而且是实现一种纯聚变反应，即所谓干净的小型氢弹，其核装料主要是氘、氚混合物。纯聚变的能量约有 80%以高能中子的形式释放出来。原理上，中子弹的光辐射和冲击波相对来说比较弱，只有普通核爆炸的 1/10，其放射性沾染也很小。中子弹的威力一般在 1000 吨 TNT 当量以下，其主要杀伤元是爆炸后释放出来的大量高速中子流。它在一定范围内形成浓密的中子雨，中子进入人体后会引起体内氢、碳、氮的原子发生某种核反应，使细胞组织受到破坏，特别是中枢神经受中子辐射后会发生痉挛和间歇昏迷，严重者在几天内甚至几小时内死亡。中子的辐射能力很强，能穿透建筑物、地堡和装甲，但作用时间很短。被中子弹袭击过的地区，几小时后即可进入。因此，它一般用于战术导弹。

3. 特种战斗部和新概念武器

特种战斗部有光辐射战斗部，能发出强光束，如激光束，以此致伤有生力量或致盲精密武器；X 射线战斗部，能发出大剂量的 X 射线杀伤有生力量；化学毒剂战斗部，能施放毒剂，如芥子气 (糜烂性毒剂)、二甲胺基氰磷酸乙酯 (神经麻痹性毒剂)、氢氰酸 (全身中毒性毒剂)、苯氯乙酮 (催泪剂) 等；生物战剂战斗部，能施放生物战剂，如细菌、病毒等；其他还有燃烧战斗部、发烟战斗部和侦察用战斗部等。

近年来，新型和新概念武器在不断发展，特别是软杀伤 / 新概念武器值得关注和重视。携带导电碳纤维、燃料空气炸药、温压炸药等装填物的新型弹药已走向成熟，电磁脉冲、强光致盲、复合干扰和电子诱饵等新概念武器等在实战中得到了应用和验证。有的武器正在从概念研究转向应用，如激光武器、高功率微波武器；有的还在不断地更新观念寻求实用，如金属风暴和粒子束武器等。另一方面，国防安全与公共安全并重是各国安全策略的共识，所以除传统的武器弹药以外，软杀伤技术也是武器毁伤发展的一个重要方向。典型的软杀伤武器有声能武器、激光晕眩武器、电磁拒止系统，以及用于反恐防暴的各种非致命武器等。

1.3 武器毁伤效应基本知识 [6,10−17]

1.3.1 概述

武器毁伤效应是指，武器弹药在与目标发生相互作用的过程中，将自身释放出的能量作用于目标，使目标产生结构或功能损伤破坏的现象，是武器对目标的毁伤机制及其对目标造成的破坏特征的总称。从作战角度，毁伤效应是指武器产生的毁伤元作用于目标，对目标造成的摧毁、破坏、杀伤、压制、妨碍、失能等各种效应的总称。毁伤元是指武器/战斗部释放的用于毁伤目标的物质或能量载体。

毁伤机制不同，呈现出的毁伤效应也不同。典型的有如下所示。

力学破坏效应：可分为爆炸冲击毁伤效应和动能侵彻毁伤效应。前者是指战斗部装药在不同介质中或界面处爆炸后所形成的爆轰产物和冲击波作用于目标所引起的破坏现象；后者表示战斗部爆炸后所形成的杀伤元 (如破片、金属射流等)，依靠动能贯穿或侵入目标所引起的破坏现象。

光、热 (辐射) 效应：利用战斗部爆炸时所产生的强烈光谱、热流，或高速粒子流的撞击，使目标在高温条件下产生气化或融化，进而造成烧蚀、击穿破坏等毁伤现象。

放射性效应：利用战斗部核装料爆炸后所产生的 γ 射线和中子流的贯穿辐射，以及 α 射线和 β 射线的沾染来毁伤目标的现象。

下面简要介绍常规武器和核武器的基本毁伤效应。

1.3.2 常规武器的基本毁伤效应

在弹道终点处，常规战斗部将发生爆炸或与目标发生撞击，依托爆炸能产生毁伤元 (冲击波、破片和射流等) 或利用其自身的动能，对目标进行力学的、热学的破坏，使之暂时或永久、局部或全部丧失正常功能，失去作战能力。所以，常规战斗部的基本毁伤效应主要是爆炸冲击效应和动能侵彻效应，根据侵彻体的机制不同又可以有破片侵彻毁伤、破甲侵彻毁伤和穿甲/侵彻毁伤等，其他毁伤效应可归为这两种毁伤效应的组合和派生。

1. 爆炸冲击效应

爆炸冲击效应主要是指战斗部在介质 (空气、水、岩石等) 中爆炸产生的爆轰产物、冲击波对目标形成的破坏作用，是常规战斗部最基本的毁伤效应，并以空气中的爆炸冲击效应最为典型，多用于毁伤地面有生力量、建筑物等目标。下面重点讨论空气中的爆炸冲击效应。

爆轰产物和冲击波是爆炸冲击效应中主要的毁伤元。爆轰产物是炸药爆炸产生的高温高压气体，爆炸发生后将向四周急速膨胀，并对周围介质做功，在介质中引发冲击波的传播。常规战斗部在地面上空气中爆炸产生的爆轰产物和冲击波阵面如图 1.3.1 所示。图中发光的部分即为爆轰产物，这是由于其高温而产生的光辐射；图中的一个清晰界面即为冲击波波阵面，这是由于波前波后空气密度发生突跃变化，使得波前波后空气对光的折射率不同而引起的现象。

图 1.3.1 常规战斗部地面上空气中爆炸的图像

一般军用猛炸药的爆轰产物温度可达 3000K 以上，压力为 20~40GPa，其膨胀速度约 1500m/s，膨胀距离为装药半径的 10~15 倍，能对距爆点较近的目标实施力-热效应的毁伤。冲击波阵面是一个引起空气流场压力、密度、温度等物理参量发生突跃变化的高速运动界面。冲击波引起的压力突变称为超压Δp，定义为冲击波波后压力 p 与环境压力 p_0(大气压) 的差 ($\Delta p = p - p_0$)，是描述冲击波特性的重要参数之一，表征了冲击波的强度。冲击波超压与炸药爆炸能量、传播距离都有关，爆炸能量越大超压越大，冲击波强度随传播距离增加而显著衰减。相对于爆轰产物而言，冲击波能够传播到较远的距离，对距爆点较远的目标实施力学效应的毁伤，例如，使目标变形、位移、抛掷等。

2. *动能侵彻效应*

动能侵彻效应是指侵彻体，如高速飞行的破片、射流、穿甲弹等，利用其动能，对目标实施撞击并侵入或贯穿而产生的破坏作用。侵彻体的动能可以来自战斗部装药爆炸的能量，也可以来自弹药的发射和推进过程。动能侵彻效应也是常规战斗部的基本毁伤效应之一，可用于毁伤有生力量、装甲目标和硬目标等。

侵彻体是动能侵彻效应的毁伤元。按照侵彻体的不同，动能侵彻效应可分为破片毁伤效应、破甲毁伤效应和穿甲毁伤效应。本节仅对破片毁伤效应进行简介，破甲和穿甲毁伤效应将在第 5 章和第 6 章详细讨论。

如前所述，炸药装药一般被装入由战斗部壳体构成的容器中。炸药爆炸时，爆炸能量使战斗部壳体破裂并形成若干碎片。在爆轰产物的驱动下，壳体破裂后形成的碎片向四周高速飞散，这就是破片，如图 1.3.2 所示。按破片大小、质量是否可控，可以分为自然破片和可控破片。前者由壳体自然破裂产生 (图 1.3.2(b))，破片大小随机分布；后者人为预制了破片的大小，破片尺寸较为均匀。更多关于自然破片和可控破片的内容将在第 4 章介绍。

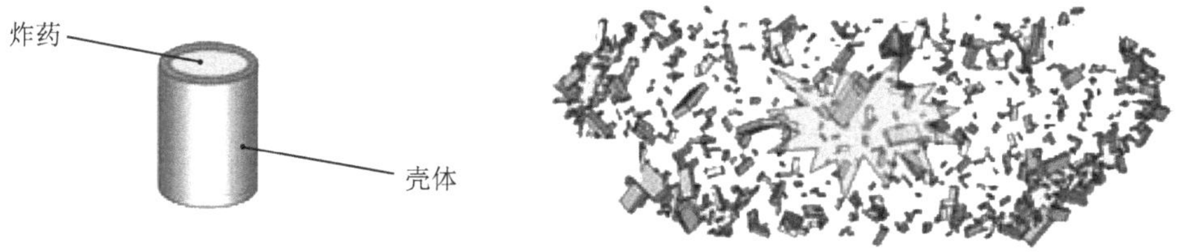

(a) 爆炸前的战斗部装药　　(b) 爆炸后产生的向四周飞散的破片

图 1.3.2　常规战斗部爆炸产生破片示意图

高速飞散的破片若撞击到目标，将形成对目标的侵彻毁伤效应，主要是击穿目标的表层或内部部件，并导致进一步的次生毁伤效应 (如击穿飞机油箱可能导致引燃效应、击穿导弹战斗部舱段壳体可能导致引爆效应等)。通常情况下，破片的初始速度可以达到 2000m/s 左右。在破片飞散过程中，由于空气阻力的作用，其速度将很快衰减，破片动能下降，毁伤能力降低。因此，破片也是在有限距离内毁伤目标，但这个距离比爆轰产物和冲击波的作用距离要大很多。

1.3.3 核武器的基本毁伤效应

由于核爆炸具有极高的能量密度，而且还伴随着剧烈的核反应过程 (核裂变与核聚变)，同时放射出高能粒子流和高能射线脉冲，因此核战斗部爆炸不但与常规战斗部爆炸一样将产生冲击波 (但冲击波更强，毁伤区域更大)，而且还产生其他多种毁伤元，这些毁伤元造成的毁伤效应有些是瞬时的，有些则可持续数天、数十天、数月甚至数十年。从这一点来讲，核战斗部的毁伤效应比常规战斗部的毁伤效应更为复杂，影响也更为深远。

以原子弹为例，从核爆炸的发展过程可知，核战斗部爆炸产生的毁伤元主要有热辐射 (光辐射)、冲击波、早期核辐射、核电磁脉冲和放射性沾染 (剩余核辐射)，这几种毁伤元将导致不同的毁伤效应。其中热辐射 (光辐射)、冲击波、核电磁脉冲、早期核辐射在核爆炸后几秒或几分钟内发生，称为瞬时毁伤元，一般产生瞬时毁伤效应，而放射性沾染则形成较长期的毁伤效应。需要指出的是，不同的核爆炸方式 (指核战斗部在地下或水下、地面、空中空间爆炸等)，其产生的毁伤元的能量分配是有差异的。

下面对核战斗部爆炸产生的几种主要毁伤元所造成的毁伤效应做一个简要介绍，更具体的情况可以参考相关专著，本书的第 7 章也有较详细的介绍。

1. 热辐射 (光辐射) 效应

核爆炸瞬时产生闪光，随即形成明亮的火球，闪光和火球就是核爆炸光辐射的光源。由于光辐射是热传导的方式之一，它使被辐照的材料受热并迅速升温，从而使材料焦化或燃烧造成毁伤，因此，核爆炸的光辐射也称为热辐射。核爆的热辐射 (光辐射) 是引起人员烧伤，造成武器装备、物资器材和其他易燃物燃烧、引发火灾的主要原因。

2. 冲击波效应

大气层中的核爆炸 (地面、低空、中空核爆) 都会引起空气中冲击波的传播，这是核爆的主要毁伤元，其能量占核爆总能量的一半。在军事上，通常以冲击波的毁伤半径来衡量核爆炸的毁伤效果。总体来讲，核战斗部爆炸冲击波的主要特征和毁伤效应与常规战斗部形成的冲击波类似，但是核爆炸冲击波的强度更大、压力更高，毁伤范围更广。

3. 早期核辐射效应

核爆的早期核辐射 (15s 以内) 主要是中子流和 γ 射线辐射，将对有生力量和武器装备、物资造成毁伤。人员受早期核辐射超过一定剂量后，大量的人体细胞将死亡，人体生理机能发生改变或失调，人员会患上急性放射病，从而丧失战斗力或死亡。武器装备受到早期核辐射会产生感生放射性，可导致照相感光器材或光学观瞄系统失效、电子电气设备故障等问题。对含盐、含碱量较高的腌制食品和含有钠、钾等金属元素的药品，早期核辐射较容易导致其产生感生放射性，需要谨慎使用。

4. 核电磁脉冲效应

核电磁脉冲是核战斗部爆炸时产生的强 γ 射线与空气分子、地磁场相互作用而形成的辐射瞬变电磁场。当这个瞬变电磁场作用于适当的接收体 (比如电子系统) 时，可以在电子器件内产生很高的电压和很强的电流，毁伤电子元器件，使通信、指挥控制和计算机系统失灵。有时，核电磁脉冲在适当条件下还可能点燃燃料、引爆弹药，造成严重的后果。

5. 放射性沾染效应

放射性沾染是指核战斗部爆炸产生的放射性物质对地面、水源、空气和各种物质的污染。放射物质具有核辐射效应，同样可以使人员得放射病。区别于早期核辐射，其作用时间会更长，称为剩余核辐射。剩余核辐射通过 γ 射线的外照射、β 射线对皮肤的烧伤、摄入放射性沾染的食物或吸入放射性沾染的空气引起内照射等方式对人员造成长期的伤害。

1.4 目标分类与易损特性 [6,18,19]

1.4.1 目标的分类

弹药和目标是一对互相对立而又紧密联系的矛盾统一体。不同目标有着不同的功能和防护特性，必须采用不同的弹药对其进行最有效的毁伤。目标的多样性，决定了弹药的多样性。弹药毁伤效率的提高，迫使目标抗弹性能不断改善；而目标的发展与新型目标的出现，又反过来促进弹药的不断发展和翻新。

这里的目标是指战争中打击的军事目标，它们是武器实施毁伤的对象。在作战中，目标所囊括的范围非常广，可以是一个地区、一座综合性建筑物、一个设施、一种装备、一支部队，甚至是一种作战能力和功能。不同的目标，对于特定的毁伤元，其发生毁伤的难易程度有所不同，这就是目标的易损性，也即目标对毁伤的敏感性。

美军对目标特性的研究十分细致，把目标作为机动性、坚硬程度、目标大小三个变量的函数，每个变量可以有不同的取值。其中，机动性分为固定目标、需再定位目标、运动目标；坚硬程度分为超级坚硬、坚硬、中等硬、软目标；目标大小分为点目标、面目标。这些指标将目标分为 15 个等级，见图 1.4.1。图中符号组合的意义是：第一个符号为机动性标识，其中 F 为“固定”，R 为“需再定位”，M 为“运动”；第二个符号为坚硬程度标识，U 为“超级坚硬”，H 为“坚硬”，M

为“中等硬”，S 为“软目标”；第三个符号为目标大小标识，P 为“点目标”，A 为“面目标”。图中还给出了近几次战争中不同目标出现占比的统计结果，其中 7 类固定目标占比 25%，8 类需再定位目标和运动目标占比 75% 。

图 1.4.1 美军对目标划分的 15 个等级

目标可以有多种分类体系和分类方法。本节按目标的位置和易损性特点来分类，并对各类目标的性质作简要描述。

1. 按位置分类

按目标位置可分为空中目标、地面目标和水面/水中目标。

1) 空中目标

广义的空中目标包括各种类型的飞机、飞航式导弹、洲际导弹、高空间谍卫星等空中飞行器。狭义的空中目标是指各类飞机、飞航式导弹，包括直升机和比飞机更轻的飞行器等。

空中目标的特点是，目标尺寸较小，运动速度大，机动性好，部分目标具有一定的坚固性，如低空飞行的武装直升机具有一定的装甲防护。此外，这类目标存在致命性的要害部位，比如飞机的驾驶舱、仪表、发动机、贮油箱等，飞航式导弹的战斗部舱、仪表舱等。为了打击空中目标，导弹武器系统应满足以下要求：首先防空雷达网要迅速发现目标，其次拦击目标的时间应尽可能短，在敌机投弹前 (飞航式导弹应在飞行弹道上) 把它击毁。因此，导弹的射程须大于敌机所用武器的射程，导弹上升的高度须大于敌机可能飞行的高度，导弹的速度和机动性应该大于目标的速度和机动性，导弹命中精度应与其战斗部的威力半径相匹配，以保证所要求的摧毁概率。

2) 地面目标

地面目标类型较多，按照防御能力可分为硬目标和软目标，按照集结程度分为集结目标和分散目标。集结的硬目标包括混凝土、掩体工事、水坝、桥梁、地下发射井、隧道、装甲车辆群等；集结的软目标包括机车群、地面飞机和未加固的建筑物等；分散的硬目标有地下工厂、地下指挥所等；分散的软目标有铁路、公路、炼油厂、弹药库、供应站等，还有地面上的有生力量。

地面目标的特点是，活动范围在有限的二维平面域内。大多数目标是固定的建筑物，面积较大，结构形式多，坚固程度不一；少数为坦克之类的运动点目标。可以认为地面目标大部分是在后方或阵地后方，距离发射阵地远，只有点目标位于离前沿阵地不远的地方。

3) 水面/水中目标

水面/水中目标指各种水面/水中舰艇和其他装备，包括航空母舰、巡洋舰和各种轻型舰艇 (轻型驱逐舰、护卫舰和快艇等)、潜艇、鱼雷、水下无人潜航器等。

军舰目标的特点是，面积小，生命力强，装甲防护和火力装备强。近代军舰的长度一般为 270~360m，宽度为 28~34m。当机房和舱室遭到比较严重的毁伤时仍能保持不沉，这是因为军舰有很多不透水的船舱，而且具有向未毁船舱强迫给水的系统，可以保持军舰平衡防止舰舷倾覆。军舰上还装有防护装甲，如巡洋舰和航空母舰就有两层或三层防弹装甲，典型的第一层防弹装甲厚度为 70~75mm，第二层厚度为 50~60mm，两层间隔 2~3m。

2. 按易损性特点分类

依据目标的易损性特点，一般可将目标分为有生力量、轻装甲目标、重装甲目标、各类建筑物和其他类型目标。可以看出，对一定能量的爆炸冲击波或高速侵彻体而言，有生力量、轻装甲目标、重装甲目标、加固建筑物的毁伤敏感性大体上逐渐减小，所以这种分类方法也能够大体反映目标的防护特性。

有生力量主要指战场上暴露的人员，其特点是通常无装甲防护，移动速度慢。

轻装甲目标主要包括轻型装甲车辆、普通车辆、雷达、防空导弹发射架、导弹、各类飞机等，其特点是具有轻型防护装甲，部分目标具有很强的机动性。

重装甲目标主要包括各类重型坦克、战车、舰艇、自行火炮等，其特点是装甲防护能力强、机动能力较强、对抗性强。

建筑物目标主要包括各类仓库、防御工事、指挥所、桥梁及其他军用建筑物等，其特点是采用混凝土、钢筋等材料构建，结构复杂，通常比较坚固，位置固定，可位于地面和地下。

其他类型目标可以包括电网、机场、大型舰船等，其特点是面积大、功能齐全、形成系统。

1.4.2 典型目标易损性参数

目标的易损性是指目标在特定的毁伤元打击下，对毁伤的敏感性，该性质反映了目标被毁伤的难易程度。因此，易损性不但是目标本身的特性 (与其自身的材料、结构有关)，也与毁伤元 (相应的战斗部) 和弹目交会条件有关。从量化表征目标易损性的角度来理解，可以认为，目标易损性是在一定的毁伤标准 (类型) 下，基于相应的阈值判据，考虑毁伤元作用后的毁伤概率。物理层面上，在毁伤元作用下呈现出部件级破坏的现象，表现形式为变形、穿孔、成坑、震塌等，相应的阈值判据对应于武器威力参数，如冲击波作用下不同冲击波压力-冲量造成的部件的变形挠度、破片作用下的穿孔程度等。功能层面上，毁伤元作用下呈现出系统功能级破坏的情况，表现形式应该是目标功能的损失程度。作为对作战运用的支撑，功能层面上的易损性度量应该对接火力标准中的毁伤定义。

目标易损性分析的难点是，如何将部件的毁伤 (如目标的局部成坑、变形、穿孔等) 与目标的功能损失相关联，这需要对目标有深入的了解，往往需要专家系统的认定；进一步，如何建立部件与目标功能的量化关系，需要发展模型、方法，比如毁伤树方法、层次分析法等，形成易损性结构。

由于目标易损性的复杂性，本小节仅列出几种典型目标在基本毁伤元作用下的物理易损性数据。

1. 冲击波

冲击波对人员和地面建筑物造成毁伤时，冲击波超压是描述目标在冲击波作用下易损性的重要参数，相关易损性数据参见表 1.4.1。空气冲击波超压对人员的杀伤作用主要表现为引起血管破裂致使皮下或内脏出血；内脏器官破裂，特别是肝脾等器官破裂和肺脏撕裂；肌纤维撕裂等。空气冲击波对掩体内人员的杀伤作用要小得多，如掩蔽在堑壕内，杀伤半径为暴露时的三分之二；掩蔽在掩蔽所和避弹所内，杀伤半径仅为暴露时的三分之一。另外，冲击波的持续时间及其传递给目标的比冲量 (超压对持续时间的积分) 也是冲击波毁伤目标的一个关键机制。人员和建筑物构件对冲击波比冲量的易损性数据可参见相关文献。

表 1.4.1 冲击波超压对人员和地面建筑物构件的毁伤判据

超压/MPa	人员毁伤程度	超压/MPa	可毁伤的建筑物构件
0.0138～0.0276	耳膜失效	0.005～0.010	装配玻璃
0.0276～0.0414	出现耳膜破裂	0.005	轻隔板
0.1035	50%耳膜破裂	0.01～0.016	木梁上楼板
0.138～0.241	死亡率 1%	0.025	1.5 层砖墙
0.276～0.345	死亡率 50%	0.045	2 层砖墙
0.379～0.448	死亡率 99%	0.3	0.25m 厚钢筋混凝土墙

2. 破片

破片对目标的力学毁伤采用比动能作为易损性描述准则，引燃效率用比冲量来描述，而对于有生力量则普遍使用能量准则。这里比动能是指目标单位面积上受到的动能，比冲量是指目标单位面积上受到的冲量。表 1.4.2 给出了破片毁伤典型目标的判据。

表 1.4.2 破片毁伤典型目标的判据

毁伤目标	所需破片最小能量或比动能
人员	78J
飞机自封油箱 (低碳钢板)	2.715MJ/m^2
飞机非密封油箱 (低碳钢板)	0.36MJ/m^2
飞机的冷却系统、供给系统等 (铝合金)	2.45MJ/m^2
飞机发动机、机身 (机身蒙皮)	$3.90\sim4.90\text{MJ/m}^2$
火炮大梁、操纵杆等 (4mm 防护装甲)	7.85MJ/m^2
装甲 (12mm 厚)	35.00MJ/m^2

破片对有人员的毁伤，就其本质而言，主要是对活组织的一种机械破坏作用。破片的动能主要消耗在贯穿机体组织及对伤道周围组织的损伤上。由解剖学可知：狗与人相比在骨骼、肌肉、血管、神经等方面尽管存在着不少差别，但在组织结构上仍有许多相近之处，因此，可以通过对狗的杀伤机理研究，近似地了解破片的实际作用原理和结果。破片对狗的致伤所需能量，由于进入机体部位不同，各种组织对破片的抗力不同，差别甚大。因此，分析破片能量与杀伤效果的关系，必须根据伤情和性质合理地加以分类，一般分为：软组织伤、脏器伤和骨折等。

破片对轻装甲防护目标的毁伤主要包括：击穿要害部件造成机械损伤，对应破片的击穿概率；引燃油箱造成起火，对应破片的引燃概率；引爆弹药仓造成爆炸破坏，对应破片的引爆概率。

1.5 武器高效毁伤 [20−23]

1.5.1 高效毁伤的内涵

现代信息化战争中，信息和火力仍然是两大支柱。信息负责准确运送弹药到达目标，火力指发挥战斗部威力实现目标毁伤，两者结合才能实现高效毁伤。因此，火力不但是机械化战争的基本要素，也是信息化战争至关重要的制胜要素。要实现武器高效毁伤，毁伤技术是基础，作战运用是途径。先进的毁伤技术为武器毁伤提供能力保障，而科学地运用武器则是实现毁伤效能最大化的抓手。自然科学技术的进步，尤其是材料科学和信息技术的进步直接影响着毁伤技术的发展。例如，材料科学支撑新型装药的研发，提高弹药的毁伤效能；信息技术通过提高制导、控制、传感等能力，提高武器的毁伤效率。与此同时，信息技术和计算机技术为信息化作战规划提供支撑，为毁伤预测与评估提供保障，使武器的毁伤能力得到最大限度的发挥。也因此，高效毁伤有了高效能和高效率两个内涵。

1. 毁伤技术

1) 武器选择与目标易损性相匹配

目标易损性反映了目标被一种或多种毁伤元击中后发生毁伤的难易程度。因此，不同目标存在最适合、最高效的毁伤元实施毁伤，也因此，一定类型的战斗部适于攻击一定类型的目标，简单的对应列表如表 1.5.1 所示。武器战斗部与目标易损性相匹配是达到高效毁伤战术目的基础。

表 1.5.1 目标与常规战斗部的对应关系

战斗部类型	主要毁伤元	军事目标
爆破战斗部	爆炸冲击波	有生力量、轻装甲目标、建筑物等
破片战斗部	高速破片	有生力量、轻装甲目标等
聚能破甲战斗部	金属射流	重装甲目标、建筑物等
穿甲/侵彻战斗部 (包括半穿甲战斗部和钻地弹)	高速侵彻体、爆炸冲击波	重装甲目标 (坦克、舰船)、轻装甲目标、建筑物 (深层防护工事) 等
子母弹战斗部	组合毁伤元	地面集群目标、机场跑道等

2) 装药能量影响弹药威力半径

弹药对目标的有效毁伤半径可用威力半径 R 来描述。R 与战斗部质量 G_w 存在一定的比例关系，显然 R 随着 G_w 的增加而增大。因此，战斗部质量直接影响着武器系统的毁伤能力，必须以目标毁伤效果为本来反馈对战斗部装药的要求。

与此同时，战斗部质量又直接影响着武器系统的机动性，甚至影响命中精度。这就要求战斗部应该在满足所要求的毁伤概率的情况下，使质量尽可能小，以便增大导弹的射程或改善其机动能力。因此，战斗部改进和发展的中心内容是，在一定质量条件下，采取各种有效的技术手段，尽可能提高毁伤威力。比如，通过高威力炸药、高着靶速度来提高能量；通过新材料、新结构来改进弹体；或另辟蹊径，采用新原理、新理念获得出奇制胜的毁伤效果等。

2. 精度影响

武器的命中精度可以有效弥补战斗部对目标毁伤半径的不足，大大提高毁伤效率。不同的制导体制，会导致精度的差异，需要战斗部的质量可以相差很大。例如，中、远程防空导弹，在射程相同的情况下，寻的制导和指令制导两种体制的导弹，前者的战斗部质量只需后者的 1/3~1/4。

导弹系统各部件由于本身有一定的误差以及控制系统惯性的影响，使导弹的弹着点产生散布。用于对付空中目标的导弹常用散布误差 σ 来表示制导系统的制导精度，σ 事实上是弹着点 (或炸点) 散布的标准差。在导弹武器系统中，一般用摧毁概率 P_0 表示摧毁目标的可能性。当目标确定后，摧毁概率 P_0 是战斗部威力半径 R、弹着点散布误差 σ 或圆概率误差 (circular error probability, CEP) 的函数。

威力半径 R 必须与导弹制导系统的精度相匹配，才能有效摧毁目标。以对付空中目标的导弹为例，假设在制导系统无系统误差的情况下，位于战斗部威力半径 R 内的目标都能被可靠摧毁，则威力半径 R 与制导精度或弹着点散布误差 σ 之间必须满足以下条件：

$$R \geqslant 3\sigma \tag{1.5.1}$$

在上述条件下，单发导弹对目标的摧毁概率可表示成

$$P_0 = 1 - \mathrm{e}^{-\frac{R^2}{2\sigma^2}} \tag{1.5.2}$$

将式 (1.5.2) 中 R 用战斗部质量 G_w 来替换，对于破片式战斗部，当打击歼击机和轰炸机时，其单发导弹摧毁概率为

$$P_0 = 1 - \mathrm{e}^{-\frac{0.8G_w^{1/2}}{\sigma^{2/3}}} \tag{1.5.3}$$

采用爆破战斗部打击歼击机和轰炸机时，其单发导弹摧毁概率为

$$P_0 = 1 - \mathrm{e}^{-\frac{0.8G_w^{1/3}}{\sigma^{2/3}}} \tag{1.5.4}$$

由式 (1.5.3)、式 (1.5.4) 可知，因 σ 的指数为 2/3，大于 G_w 的指数 1/2 和 1/3，说明 σ 的减小比 G_w 的增大更能有效地提高摧毁概率 P_0。

若精度提高受限，则可以考虑多发齐射的打击方式。多发齐射相当于增加了战斗部的威力半径。

另外，战斗部与引信的关系更为密切。引信应当在最能发挥战斗部威力的最佳位置和最佳时间引爆战斗部。引信与战斗部之间的这种配合又称为引战配合，是保证导弹具有较高毁伤效率的重要条件之一。

3. 作战运用

1) 作战模式的改变

相比传统战争而言，信息化战争中的武器毁伤已经发生了前所未有的变化，而变化的驱动力来自于战争本身的需求和技术的促进。随着以信息技术为代表的一系列高新技术的进步，在催生各种先进毁伤技术的同时，也影响着武器的战术运用模式。一个鲜明的特征就是作战任务规划的信息化，而其中作战驱动的毁伤分析与评估成为效果预测的关键环节，受到作战筹划的重视，成为武器运用中实现高效毁伤的直接支撑。

毁伤分析在现代信息化作战中的现实意义可以从侦、控、打、评这个信息化作战流程中得到体现。在信息化作战流程的四个环节中 (图 1.5.1)，侦察预警是前提，指挥控制是关键，打击防护是核心，效果评估是基础。而毁伤分析是“打”和“评”的核心内容。基于毁伤分析，通过毁伤预测支撑打击防护的作战方案制订，通过毁伤评估形成对作战效果的检验，已成为现代作战的一种主流模式。

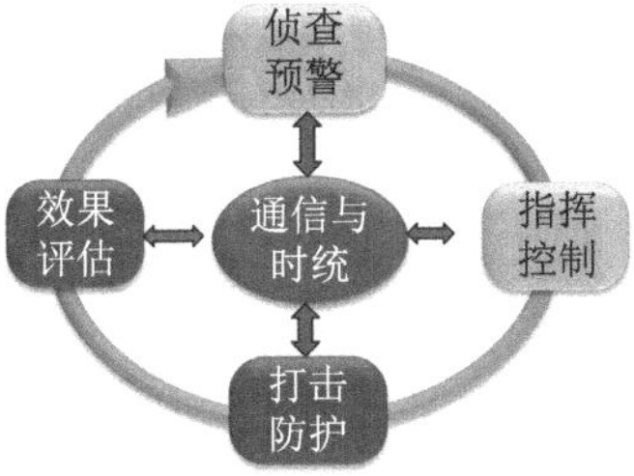

图 1.5.1 信息化作战流程

2) 信息技术的支撑

信息技术为侦察、预警和计算机仿真提供支撑，也同样支撑着毁伤分析，提升武器运用中的毁伤预测与评估能力。目前的发展方向是，将毁伤分析形成子系统，纳入到作战任务规划系统中，科学支撑火力筹划。例如，美军的联合武器效能系统 (JWS) 就是关注武器毁伤效能分析的软件集成平台。

信息技术的渗入使弹药、战斗部的智能化程度极大提升，实现了从“笨弹”到信息化智能弹药的转型。信息化弹药泛指以弹体作为运载平台，能够实现态势感知、电子对抗、精确打击、高效毁伤和毁伤评估功能的灵巧化、制导化、智能化、微型化、多能化弹药。例如，智能反坦克子弹药 (BAT) 集红外和声传感为一体，可以实现搜索、探测、跟踪、打击、摧毁运动中的装甲目标等系列功能。信息化智能弹药的运用大大提高了弹药的毁伤效率，如美国“神剑” (Excalibur) 弹道修正炮弹，在进行落点修正后，同样的命中概率下，摧毁目标所需要的用弹量减少 90%。运用精确打击武器实现高效率毁伤是现代战争的一大特征。

1.5.2 毁伤技术的发展趋势

现代战争对弹药的杀伤威力或毁伤效率提出了更高的要求，也由于高新技术的广泛应用，赋予了传统战斗部新的生命力。信息技术的有力支撑，新材料、新工艺、新原理的广泛应用，促进着高效毁伤弹药的发展，使得战斗部的能力在效能、功能、智能三个方面有了更清晰的定位，毁伤技术的运用朝着更科学、高效和可控的方向发展。

1. 新型高效毁伤战斗部技术

1) 毁伤能量显著提高

常规炸药是现代高效毁伤技术的基础。历史发展表明，炸药能量的每一次重大突破，都会带来弹药威力的显著提升。针对军事目标加固防护能力的提升，国际上的主用炸药从 TNT 开始已发展到了第三代。美国正在推行第三代钝感炸药 CL-20，该炸药相当于 2~3 倍 TNT 当量；已经普及的二代炸药，其主用炸药为黑索金，约 1.5 倍 TNT 当量。未来第四代可能是多氮固体分子炸药，第五代可能是储氢炸药，理论上后者的爆炸威力最大可达 10 倍 TNT 当量。为了满足大威力空爆毁伤和水下爆炸高效毁伤的需求，以主用炸药为基础诞生了许多衍生炸药，如云爆炸药、温压炸药、高爆热炸药等。目前常规弹药中云爆炸药和温压炸药的实用化、二代炸药的普及化正是毁伤能量普遍提高的一个具体体现。

2) 毁伤原理不断创新

除了传统的常规武器和核武器以外，当前各种新概念/特种武器陆续出现，包括激光武器、微波武器、碳纤维弹 (导电纤维弹) 以及各种具有广阔应用前景的非致命性武器等。这类武器是相对于传统武器而言的高新技术武器群体，它们在毁伤原理和作战方式上与传统武器有着显著的不同，在作战中往往可以产生出奇制胜的效果。目前，新概念/特种武器包含的范围很广且在不断发展中，虽然部分已相对成熟，但很多尚处于研制或探索性研究之中，其在战场上大规模使用还有待时日。

3) 发展复合作用和多任务战斗部

为了提高对付地下深埋目标的能力，串联复合侵彻战斗部及其智能引信技术成为一个重要的发展方向。为了增强对掩体和工事内人员、设备的毁伤效果，已发展了具有随进杀伤、燃烧、爆破作用以及模块化侵彻爆炸的攻坚战斗部，既可对付重、轻型装甲目标，也可对付钢筋混凝土目标，同时具有巨大的后效作用。

多任务聚能装药战斗部技术可自适应地用于毁伤装甲和掩体目标，进行城区作战。对付装甲目标时，采用可编程引信，具有高的装甲侵彻能力；对付掩体目标时，采用延时引信，以便战斗部侵入目标后再实施高爆毁伤，实现了一种战斗部对付多种目标的能力。

2. 智能攻击武器技术

1) 信息技术改变毁伤模式并提升毁伤效能

以打击精度为例，各种制导控制技术的进步提高了打击精度，带来了毁伤模式的变革。例如，美军弹道导弹防御系统的地空导弹 “爱国者 2”(PAC-2) 采用的是破片毁伤模式，而 “爱国者 3”(PAC-3) 则采用了 KKV(kinetic killing vehicle) 直接撞击毁伤 (hit-to-kill) 模式，有效保证了毁伤效能。

信息技术支撑下，现代弹药通过引信与各种弹载传感器、制导装置相融合，精确控制弹药的爆炸时间、爆炸地点和飞行弹道，实现弹药的精准打击和高效毁伤；还通过优化起爆策略，结合弹道终点信息，利用多次起爆、多点起爆等方式来提高毁伤效能，典型的装备应用有定向战斗部、多模战斗部等。

2) 采用定向战斗部技术实现高效毁伤

为适应防空导弹小型化的要求，在制导系统日益完善和导引精度不断提高的基础上，利用爆炸控制技术，将战斗部爆炸产生的破坏能量 (爆炸能或杀伤元的动能) 定向于目标方向，使破片的利用率和炸药能量的利用率提高 60%。这样，既可减轻战斗部质量，又可保证对目标的毁伤概率。例如，美国“爱国者 2”导弹和俄罗斯 S-300V 导弹的战斗部都具有破片定向功能。将破片定向及网络起爆技术应用于防空反导战斗部，可通过地面搜索雷达、相控阵雷达对敌方导弹进行目标方位定位，适时设定战斗部对目标的攻击参数，使其在最佳位置起爆并定向释放杀伤破片，从而以最少的战斗部能量达到最大的毁伤效果。

3) 通过先进引信技术使战斗部智能化

随着高新技术的发展，高精度定时、目标识别电子引信以及信息采集和传输技术得到应用，弹药和导弹将广泛采用各种引信启动区的自适应控制技术，即智能化引信，以适应不同的交会条件，提高引战配合效率。这种引信能自动在最佳时刻引爆，使战斗部的装药能量用于形成最佳毁伤元，有效地作用于目标，达到最大的毁伤效率。

4) 结合信息技术实现子母协同毁伤

目前的常规武器子母弹以集束炸弹为主要结构形式，传统集束炸弹母弹的作用主要是携带子弹药，并在目标区域投放，同时尽可能保证子弹药的落点分布合理，以实现子弹药的最佳毁伤效果。后来发展了自寻的末敏弹，子弹药能够自主寻找目标并实施有效毁伤。但由于母弹与子弹药以及子弹药之间并无通信，因此子弹药的任务指向性不一定明确，也很难保证子弹药落点的合理分布。或者可能出现多个子弹药打击同一个目标的情况，造成浪费；或者发生目标遗漏的现象，造成隐患。子母弹的发展将更注重每个子弹药的有效作用，通过建立母弹与子弹药以及子弹药之间的信息交流，来实现对子弹药攻击目标任务分配的科学设计，以确保子母弹的作战效能。

3. 低附带可控毁伤技术

为了实现定点清除，必须提高武器弹药在有限范围内的杀伤能力，同时减少附带毁伤，以控制不希望的非军事影响。因此，低附带可控毁伤已成为未来战斗部设计的一个重要指标。

聚焦杀伤弹 (focused lethality munition, FLM) 通过两个关键技术：密集惰性金属炸药 (dense inert metal explosive, DIME) 技术和非金属复合材料外壳技术，实现在有限范围内提高杀伤能力，在超出一定范围后避免附带毁伤的战术目的，用于反恐、城市作战等军事行动时能有效减少平民伤亡。密集惰性金属炸药是通过在常规炸药中均匀混合惰性金属小颗粒 (如钨粉)，从而产生相对较小但是更有效的爆炸毁伤半径，可以增强近距离的爆炸威力；同时采用碳纤维或玻璃钢或其他非金属壳体以抑制有效破片，进一步限制毁伤范围，减少附带毁伤。

可以预见，在未来，低附带可控毁伤技术应该是一个可期的发展方向。

1.5.3 作战运用的现代模式

1. 基于毁伤效能分析的武器运用

目前世界部分军事强国已经将毁伤效能分析作为火力方案拟制与毁伤评估的基础，效能分析成为作战规划的核心内容。毁伤效能分析的基本内容是武器毁伤能力和目标易损性分析，称为 V/L 分析，其中，V 为 vulnerability，代表目标易损性，L 为 lethality，代表武器毁伤能力。正确的毁伤效能分析一方面构成了毁伤预测的基础，利用 V/L 分析进行多次迭代预测，可以优化火力打击方案从而最大限度地发挥武器的作战效能。另一方面，在侦察信息不充分的情况下，可以辅助判定武器的毁伤效果。美国和欧洲一些国家还研制了大量实用型的 V/L 分析软件系统，例如，瑞典的 AVAL 系统就是一款通用性很强的覆盖多种弹药和多类目标相互作用毁伤效能分析的系统软件。

2. 毁伤评估的内涵与方法

1) 毁伤评估的内涵

毁伤评估有两个重要的范畴，即武器毁伤效能评估 (weapon damage effectiveness assessment，WDEA) 和战场毁伤效果评估 (battle damage assessment，BDA)，这两个范畴有着不同的内涵和侧重。前者 (WDEA) 主要基于武器毁伤能力、目标易损性以及武器对目标的交会条件 (包括精度) 进行分析，进而获得武器对目标毁伤的统计结果，做出毁伤效能的预测结论，通俗地说就是“算一算，该怎么打”，有时称之为基于“演绎 (或推测) 法”的毁伤评估。后者 (BDA) 主要依靠战场侦察手段进行战场毁伤信息的获取、传输、分析和反馈，并给出毁伤状态或程度的评定，通俗地说就是“看一看，打得怎样”，有时称之为基于“归纳法”的毁伤评估。下面仅介绍 WDEA 的方法。

2) 武器毁伤效能评估的方法

在 WDEA 中，V/L 分析处于中心地位。V/L 分析针对 WDEA 中对立而统一的两个对象：武器和目标，一方面可以建立起毁伤效果与毁伤原因之间的联系，支撑作战运用的火力筹划；另一方面服务于反馈武器研制、改进武器毁伤效能。V/L 分析是近年来兴起的研究方向，涉及武器毁伤机理、目标易损性、目标失效树等多个方面，可以采用试验、理论和计算机仿真等手段进行研究，其出发点是目标易损性分析。

易损性分析的总体思路是通过目标的响应来定量描述毁伤机制或者武器的毁伤能力。研究方法大致分为两类。一类是实弹射击，即对目标进行实弹射击，得到统计规律。另一类是仿真计算，当目标不可获取，或者武器不可获取时，运用计算机仿真模拟研究对象，计算获取毁伤效果。随着信息化给战争带来的复杂性和技术性，在不少情况下，仅靠实弹进行易损性分析是不现实的，此时必须依赖仿真计算来增加相关数据，这也使后者成为一个日显重要的易损性分析手段。

仿真结果的合理性与物理模型的准确性密切相关，如何有效地结合理论分析与实测数据，获取准确的毁伤物理模型成为制约仿真成败的关键因素。目前，运用计算机对毁伤效果进行仿真有两个途径，一是数值模拟，另一个是建模与仿真。前者采用一些动力学商业软件，基于描述物理过程的基本方程组，运用有限元等计算方法，实现对局部毁伤过程和毁伤现象的精细数值模拟，特点是计算精度高，但计算资源耗费严重，适用于平时获取毁伤信息和考察相关规律。如果从实战运用的角度考虑，需要快速决策和实时评估，则要考虑另一个思路，即建模与仿真。建模与仿真主要采用快速算法，基于解析表达的工程化毁伤函数，对毁伤效果进行计算，可以获得大场景的毁伤效果预测，综合毁伤概率和用弹量的测算，可以给出武器弹药运用的具体指导和火力打击的优化方案，直接服务于作战规划。这也是当前国际上火力筹划领域的通用做法。

需要说明的是，上述实验和计算的结果，首先展示的是目标的物理毁伤，为了表征目标的功能毁伤，还需要考虑在毁伤的物理现象与功能毁伤的分析模型之间建立起量化的联系，也为了在不同目标或不同武器之间实现易损性的定量比较，还应该定义某个可以度量易损性的术语，而这，是对目标易损性进行评估的最根本的难题。

3. 毁伤效果预测

毁伤效果预测的原理是，基于武器毁伤基本信息，结合特定的计算机随机模拟和毁伤仿真算法，对毁伤效果进行预测。

在给定作战目的的情况下，毁伤效果预测的基本过程有以下几个步骤：

(1) 目标选定——指根据作战目的选定打击目标；

(2) 目标分解——指根据目标的组合及功能分区，对一个复杂目标进行子目标分解；

(3) 弹种选择——指根据各子目标的易损性等数据，分别选择不同的弹种进行打击；

(4) 火力方案的初步确定——指根据目标的特点及相应武器的毁伤能力参数，初步制定火力打击方案；

(5) 毁伤效果的预测——对初步制定的火力打击方案的毁伤效果进行预测。

目前，得益于计算机技术的长足发展，已出现了若干 V/L 分析的软件系统，并在几个主要的军事大国得到应用。这些软件系统能够在充分考虑武器毁伤机制的情况下，对武器毁伤效果进行仿真预测，实现对毁伤效果的快速预测与评估。国外几个有代表性的 V/L 分析软件系统见表 1.5.2。

表 1.5.2　国外代表性的 V/L 分析软件系统

系统名称	国家	主要功能
TANKILL	加拿大	对装甲坦克的易损性分析
TARVAC	荷兰	荷兰应用科学研究组织 (TNO) 实验室研制，对多种类型目标的易损性评估
AVAL	瑞典	瑞典国防装备管理局 (FMV) 研制，能实现对多目标的毁伤预测与易损性评估
BRL-CAD	美国	美国陆军研究实验室 (ARL) 研制，主要用于目标易损性描述
HDBTDC AOA	美国	美国空军战斗司令部 (ACC) 对深埋坚固地下工程的易损性/毁伤效能评估

表 1.5.2 中，瑞典研制的 AVAL 系统集成了多种常规武器毁伤元，包括冲击波、破片、射流、自锻破片 (EFP) 和穿甲弹芯等，考虑了多种毁伤效应，包括侵彻、引爆、引燃、结构损坏和燃油泄漏等，能够针对多种目标 (装甲车辆、飞机、舰船) 进行分析，在作战仿真和支持指挥控制方面具有相当的实用价值。图 1.5.2 是 AVAL 系统功能架构图，图 1.5.3 AVAL 是系统运行的部分截图。

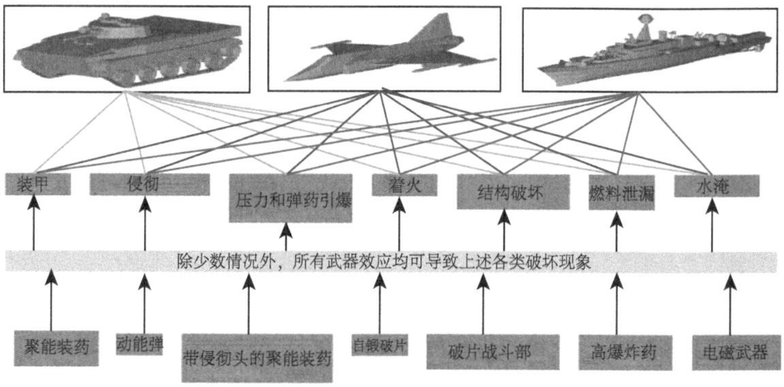

图 1.5.2　AVAL 系统功能架构图

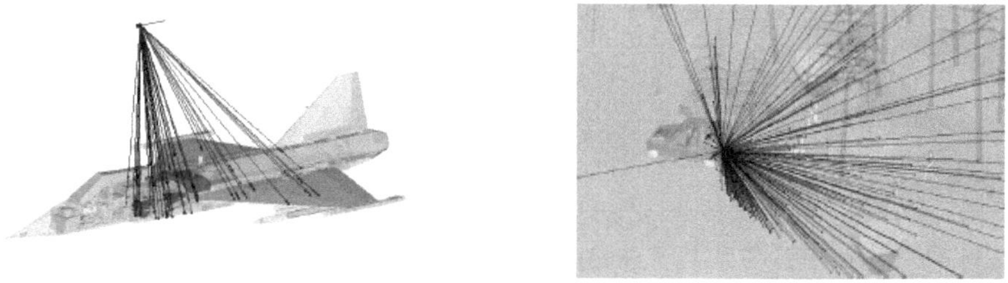

(a) 打击空中目标　　　　(b) 打击地面目标

图 1.5.3　AVAL 系统运行的部分截图

4. 毁伤效果评估

战场毁伤效果评估服务于打击后评估，可为下一轮打击提供依据，在当今信息化作战中，这个环节的重要性日益凸显。评估中采用的侦察手段主要有航天、航空、弹载传感器、无人值守传感器和谍报人员等多种形式。在目前的侦察手段和技术水平下，要想全面获取战场毁伤信息，需要在战场布置大量各种智能传感器才有可能达到目的，这不论是对我国还是其他军事强国，都仍然是一个非常困难的事情。因此，在战争实践中也暴露出诸多不足，主要体现在：火力打击和侦察评估的一体化融合技术有待加强；获取信息的准确性有待提高；过分依赖图像，分析结果的可靠性不足；基于 V/L 系统的毁伤分析对评估的支撑不够。

以伊拉克战争中美军对伊拉克总统府的打击为例，打击前和打击后的卫星侦察照片分别为图 1.5.4(a) 和 (b)。从这组照片可以判断出导弹的打击位置和建筑物顶部的破坏情况，但不能回答建筑物内部的结构破坏程度、人员杀伤范围等问题，也不能给该建筑物一个较为准确的毁伤等级判定。因此，仅靠图像侦察很难完成毁伤评估工作。图像侦察可以获得初步的毁伤信息，但不能构成毁伤评估的全部，必须借助毁伤效能分析这一技术手段，将图像侦察得到的毁伤信息转化为真正有价值的军事情报，从而构成一个完整而科学的毁伤评估流程。

(a) 打击前

(b) 打击后

图 1.5.4 伊拉克总统府打击前后的卫星侦察照片

综上，作战运用与毁伤技术相结合是实现武器高效毁伤的有效途径，因此，需要注重从装备技术角度研究新战法，加强军事与技术的结合。从提升信息化作战水平考虑，应以数字化战场为发展目标，有意识地推进细粒度的作战仿真，提升作战规划的科学性。可以看到，在信息技术的支撑下，毁伤预测的精度和效率都将进一步提高，毁伤效能分析环节与指挥信息系统的融合，将有效发挥毁伤评估对实战的支撑作用，大力提升现代作战的信息化水平。

思考与练习

(1) 请简要说明弹药的分类和基本组成。

(2) 战斗部子系统由哪些部分组成? 各部分有什么作用?

(3) 战斗部可分为哪几大类?

(4) 试简述常规战斗部的基本毁伤效应及其武器运用。

(5) 核爆炸有哪些效应? 大气层核爆炸与高空核爆炸的效应有什么区别?

(6) 核战斗部的能量来源是什么?

(7) 调研我国第一枚原子弹是枪式还是内爆式结构。

(8) 战斗部的毁伤效应有哪些? 各有什么特点?

(9) 你认为武器实现高效毁伤的途径有哪些?

(10) 信息化条件下武器毁伤的技术和运用呈现哪些显著特征?

(11) 试分别从毁伤技术和作战运用两个角度，谈谈你对现代战争火力筹划模式的理解和思考。

(12) 请自行调研战斗部及其毁伤效应研究的发展历史，撰写读书报告。

参 考 文 献

[1] 王志军, 尹建平. 弹药学 [M]. 北京：北京理工大学出版社, 2005.

[2] 王儒策, 赵国志, 杨绍卿. 弹药工程 [M]. 北京：北京理工大学出版社, 2002.

[3] 欧育湘. 炸药学 [M]. 北京：北京理工大学出版社, 2006.

[4] 北京工业学院八系《炸药理论》编写组. 炸药理论 [M]. 北京：国防工业出版社, 1982.

[5] 李向东, 曹兵, 钱建平. 弹药概论 [M]. 北京：国防工业出版社, 2004.

[6] 卢芳云, 李翔宇, 林玉亮. 战斗部结构与原理 [M]. 北京：科学出版社, 2009.

[7] 崔占忠，宋世和，徐立新. 近炸引信原理 [M]. 北京：北京理工大学出版社, 2009.

[8] 总装备部电子信息基础部. 核武器装备//现代武器装备知识丛书 [M]. 北京：原子能出版社，航空工业出版社，兵器工业出版社，2003.

[9] 维基百科 (英文版) 之 “核武器 (nuclear weapon)” 及 “核武器设计 (nuclear weapon design)” 词条.

[10] 北京工业学院八系《爆炸及其作用》编写组. 爆炸及其作用 (上、下册)[M]. 北京：国防工业出版社, 1979.

[11] 张寿齐. 曼 • 赫尔德博士著作译文集① [M]. 绵阳：中国工程物理研究院, 1997.

[12] 隋树元, 王树山. 终点效应学 [M]. 北京：国防工业出版社, 2000.

[13] (美) 陆军装备部. 终点弹道学原理 [M]. 王维和, 李惠昌, 译. 北京：国防工业出版社, 1988.

[14] 赵文宣. 终点弹道学 [M]. 北京：兵器工业出版社, 1989.

[15] 张国伟. 终点效应及其应用技术 [M]. 北京：国防工业出版社, 2006.

[16] 总装备部军事训练教材编辑工作委员会. 核爆炸物理概论 (上、下册)[M]. 北京：国防工业出版社，2003.

[17] http://www.atomicarchive.com(原子档案网站) [OL]. [2020-3].

[18] 韩荣辉，吴锴. 对地！对地！图解空对地作战 [M]. 北京：解放军出版社，2011.

[19] 李向东，杜忠华. 目标易损性 [M]. 北京：北京理工大学出版社，2013.

[20] 周旭著. 导弹毁伤效能试验与评估 [M]. 北京: 国防工业出版社, 2014.
[21] Deitz P H, Jr. Reed H L, Klopcic J T, et al. Fundamentals of Ground Combat System Ballistic Vulnerability/Lethality[M]. Virginia: American Institute of Aeronautics Astronautics , Inc., 2009.
[22] 王正明，卢芳云，段晓君. 导弹试验的设计与评估 [M]. 2 版. 北京：科学出版社，2019.
[23] Driels M R. Weaponeering: Conventional Weapon System Effectiveness[M]. Virginia: American Institute of Aeronautics Astronautics, Inc., 2013.

第 2 章 武器投射精度

从实际应用角度看，由于受到多种因素的影响，任何一种投射方式都不可能使战斗部 (弹药) 百分之百地命中目标，因此都存在精度问题。人们在长期的工程实践中，基于概率和统计理论，对精度描述已形成了具有共性的概念和计算方法，可以用于武器投射精度的分析和计算。很显然，目标处于武器的毁伤半径之内是造成目标毁伤的前提，因此，目标的毁伤效果强烈依赖于武器的命中精度。也由于弹目参数和交会条件的不确定性，使得对目标的毁伤效果分析同样需要考虑概率问题。本章首先介绍精度分析的相关概念和方法，然后具体介绍几种典型的投射方式及其精度特点。

2.1 基本概念 [1,2]

2.1.1 概率论基本知识

1. 概率分布

考虑 155mm 自行加农火炮向目标多次发射单枚非制导炮弹，落点与目标之间的相对位置 (即精度) 是许多参数的函数。如①炮弹所穿过的空气的性质；②火炮与目标位置估算的准确度；③炮管的磨损度；④弹丸的形状精确度和表面粗糙度；⑤推进剂的装填质量；⑥点火后推进剂的燃烧方式，等等。要模拟影响典型炮弹弹道的所有复杂机制几乎是不可能的，但这些参数以及其他未知机制的复合影响，最终将体现在落点的分布上。

将前述炮弹落点的脱靶距离 (MD) x 按给定的范围分组，可以将脱靶距离的分布以图表的形式展示出来，如图 2.1.1 所示的直方图。

在该例中，假定发射炮弹的总数为 100，图中数字 12 表示 0~5m 范围内的落点有 12 个，9 表示落在 5~10m 范围内的落点有 9 个。显然，这些数字的总和等于投掷炮弹的总数 100。

基于这些数据，可以合理地预计，对于任意一次投掷，单枚炮弹落入 0~5m 区域的概率是 12/100(或 12%，或 0.12)，落到 5~10m 区域的概率为 0.09。还可以得到，单枚炮弹落在 0~10m 区域的概率是 0.12+0.09，即 0.21。其数学表述可写为

$$P\left(0<x<10\right)=0.21 \tag{2.1.1}$$

式中，符号 P 表示概率。

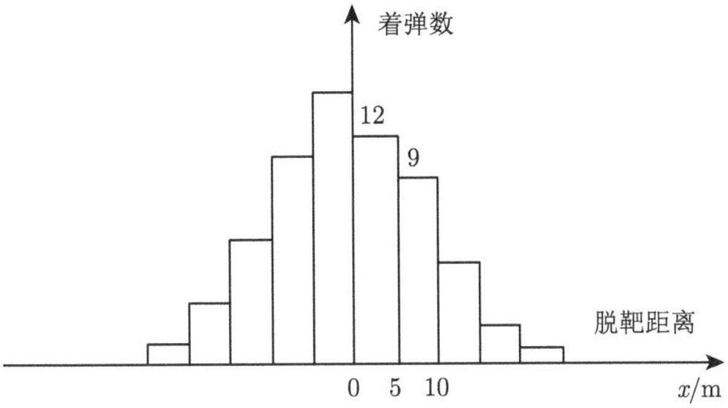

图 2.1.1 着弹数随脱靶距离的分布

如图 2.1.1 所示的“钟形”直方图分布称为正态分布，将这个分布采用连续函数表示，写成概率密度函数 (probability density function，PDF)$f(x)$，有如下形式：

$$f(x)=\frac{1}{\sigma\sqrt{2\pi}}\exp\left[-(x-\mu)^2\Big/2\sigma^2\right] \tag{2.1.2}$$

式中，平均值μ 和方差σ^2 可以从样本数据统计得出。函数 $f(x)$ 的曲线如图 2.1.2 所示。曲线最大值所对应的 x 就是平均值μ，曲线的宽窄反映了方差σ^2 的大小，σ 越大，曲线越扁平。

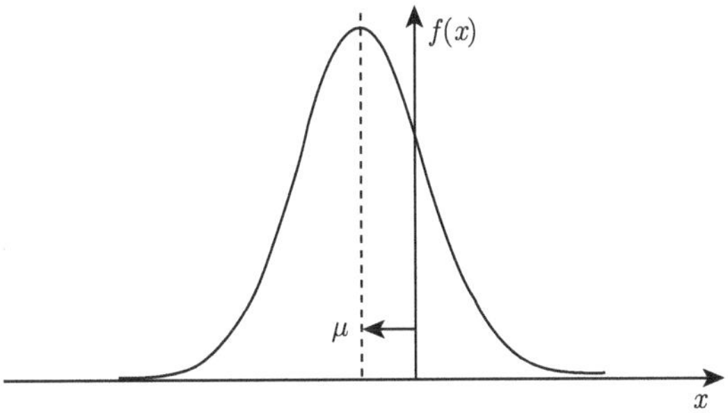

图 2.1.2 正态分布的概率密度函数

炮弹落在任意两个空间坐标之间的概率可直接对概率密度函数进行积分得到

$$P(a<x<b)=\int_{x=a}^{x=b}f(x)\mathrm{d}x \tag{2.1.3}$$

该积分值即为两个坐标之间的曲线下面所覆盖的面积，如图 2.1.3 所示。

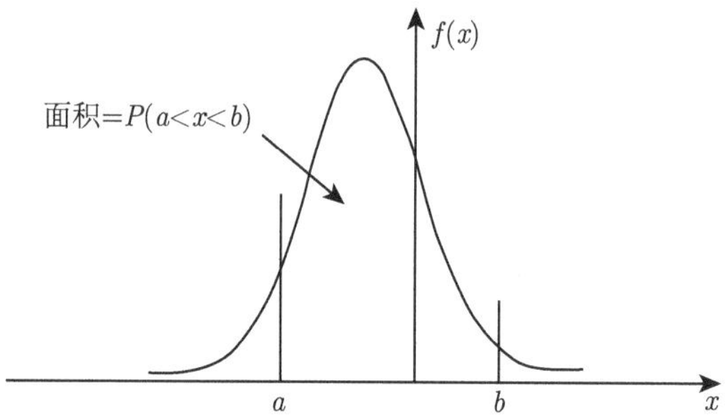

图 2.1.3　用概率密度函数计算概率

不难得出

$$\int_{x=-\infty}^{x=+\infty} f(x)\mathrm{d}x = 1 \tag{2.1.4}$$

且

$$\int_{x=-\infty}^{x=\mu} f(x)\mathrm{d}x = \int_{x=\mu}^{x=+\infty} f(x)\mathrm{d}x = 0.5 \tag{2.1.5}$$

对于正态分布，无论物理域内变量的平均值和标准差是多少，都可以变换成平均值为 0，标准差为 1 的标准正态分布。对于上例，利用下式将物理域内的变量 x (如炮弹的脱靶距离) 进行转换：

$$z = \frac{x-\mu}{\sigma} \tag{2.1.6}$$

如果 x 满足正态分布，则 z 也满足正态分布，且 z 的平均值为 0，标准差为 1。

关于 z 的标准正态分布的概率密度函数可以写成下式：

$$f(z) = \frac{1}{\sqrt{2\pi}}\mathrm{e}^{-z^2/2} \quad (-\infty < z < \infty) \tag{2.1.7}$$

同样，仍有

$$\int_{z=-\infty}^{z=\infty} \frac{1}{\sqrt{2\pi}}\mathrm{e}^{-z^2/2}\mathrm{d}z = 1 \tag{2.1.8}$$

且

$$\int_{z=-\infty}^{z=0} f(z)\mathrm{d}z = \int_{z=0}^{z=\infty} f(z)\mathrm{d}z = 0.5 \tag{2.1.9}$$

定义标准正态分布的累积分布函数：

$$F(Z) = P(z \leqslant Z) = \int_{z=-\infty}^{z=Z} \frac{1}{\sqrt{2\pi}}\mathrm{e}^{-z^2/2}\mathrm{d}z \tag{2.1.10}$$

有

$$P(Z_1 < z < Z_2) = \int_{z=Z_1}^{z=Z_2} f(z)\mathrm{d}z = F(Z_2) - F(Z_1) \tag{2.1.11}$$

图 2.1.4 给出了标准化的概率密度函数和累积分布函数曲线。

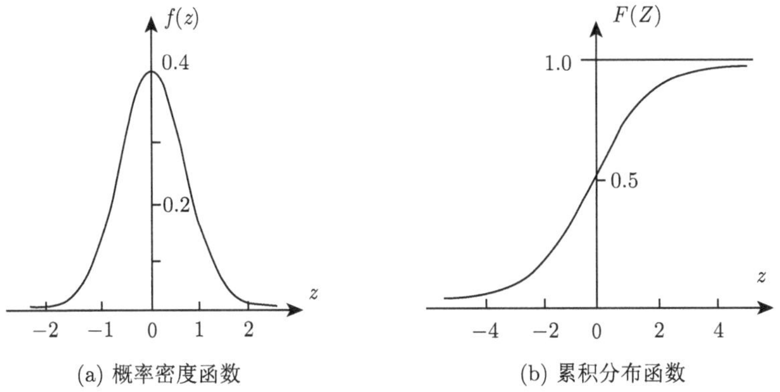

图 2.1.4 标准化的概率密度函数和累积分布函数

式 (2.1.10) 可采用数值方法求解，并建立专门的概率计算表格。借助变量 Z，通过查表可以间接求解式 (2.1.3)：

$$P(a < x < b) = P(Z_1 < z < Z_2) = F(Z_2) - F(Z_1) \tag{2.1.12}$$

其中，

$$Z_1 = \frac{a-\mu}{\sigma},\ Z_2 = \frac{b-\mu}{\sigma} \tag{2.1.13}$$

研究随机变量特性的科学是统计学。前述落点就是一个随机变量，利用统计学的方法，可以确定炮弹落入使目标达到所需毁伤程度的区域的概率。大部分统计估计理论都是通过样本的统计学量来估计总体的统计学量。考虑任意随机变量 x，人们关心总体的两个统计量，平均值μ 和方差σ^2，但通常只能计算样本的平均值 $\bar{x}$ 和方差 S_X^2。在样本数足够多时，两者是趋同的。

2. 概率计算

如果 E 是某个概率事件，该事件发生的概率为 $P(E)$，且 $0 < P(E) < 1$；$P(E)=0$ 表示该事件一定不发生，而 $P(E)=1$ 表示一定发生。互补概率为该事件不发生的概率，定义为

$$P(\text{not } E) = 1 - P(E) \tag{2.1.14}$$

假设一次试验有 n 种可能结果，每个结果发生的概率为 $P_1, \cdots, P_n$，显然有

$$\sum_{i=1}^{n} P_i = 1 \tag{2.1.15}$$

下面给出一些可能会用到的概率公式。为了更好地解释各个公式的含义，采用两个事件 A 和 B 来说明，每个公式都能扩展到多个事件的情况。

定理 1　假设某次试验，事件 A 和 B 发生的概率分别为 $P(\mathrm{A})$ 和 $P(\mathrm{B})$。如果 A 和 B 为相互独立事件，则 A 与 B 同时发生的概率为

$$P\left(\mathrm{A\ and\ B}\right) = P\left(\mathrm{A}\right) \times P\left(\mathrm{B}\right) \tag{2.1.16}$$

例如，投掷两枚硬币，同时出现两个反面的概率为 (1/2)×(1/2)=1/4。

定理 2　如果 A 和 B 为互斥事件，即不能同时发生的事件，则 A 或 B 发生的概率为

$$P\left(\mathrm{A\ or\ B}\right) = P\left(\mathrm{A}\right) + P\left(\mathrm{B}\right) \tag{2.1.17}$$

例如，投掷一枚骰子，数字 4 或 5 朝上的概率为 1/6+1/6=1/3。

定理 3　如果 A 和 B 不相互排斥，即两者有可能同时发生，则 A 或 B 发生的概率为

$$P\left(\mathrm{A\ or\ B}\right) = P\left(\mathrm{A}\right) + P\left(\mathrm{B}\right) - P\left(\mathrm{A\ and\ B}\right) \tag{2.1.18}$$

例如，从 52 张扑克牌中随机抽取一张，则抽到红桃或花牌 (J、Q、K) 的概率分别是 $P\{$抽到红桃$\}$=13/52，$P\{$抽到花牌$\}$=12/52，$P\{$抽到红桃花牌$\}$=3/52，因此，$P\{$抽到红心或花牌$\} = 13/52 + 12/52 - 3/52 = 22/52 = 11/26$。

以上定理可用于多事件的概率计算问题。例如，如果一个目标由多个独立组元构成，它们之中任意一个失效都不会影响到其他组元的正常工作。同时，它们中任意一个的失效都会造成整个系统的失效。那么整个系统失效的概率为

$$P_K = 1 - \prod_{i=1}^{N}(1 - P_{ki}) \tag{2.1.19}$$

其中，P_{ki} 为第 i 个组元的失效概率，$1 - P_{ki}$ 则表示第 i 个组元没有失效的概率，N 表示系统由 N 个组元构成。按照概率论的知识，N 个组元同时没有失效的概率是 $(1 - P_{k1})(1 - P_{k2})(1 - P_{k3})\cdots(1 - P_{kN})$，从而可以得到系统的失效概率为式 (2.1.19)。

2.1.2　武器投射精度相关概念

在实际应用中，战斗部 (弹药) 的投射终点 (或弹道终点) 可能是在水平地面上或斜坡上，也可能是在空中 (如高炮炮弹和地-空导弹的投射终点)，对投射精度进行描述将主要针对这些投射终点的特性。由于绝大多数目标位于地面上，因此水平地面上的投射终点具有典型意义，并且针对水平地面上投射终点的有关分析结论不难推广到其他情况。为简明起见，本小节只对战斗部 (弹药) 在水平地面上

的投射终点进行讨论，这时水平地面称为靶平面，靶平面上的投射终点也称为落点或弹着点。

1. 落点散布特点

若对战斗部进行多次投射，在多种因素 (随机和非随机因素) 的影响下，在靶平面上总会形成如图 2.1.5 所示的落点散布。图中“•”表示落点，如果在靶平面上建立 x-y 平面坐标系，将 x 方向定义为纵向，y 方向定义为横向。对所有落点的 x、y 坐标分别进行平均，得到落点散布中心坐标 $(\bar{x},\bar{y})$(落点散布中心也称为平均落点，用“★”表示)。

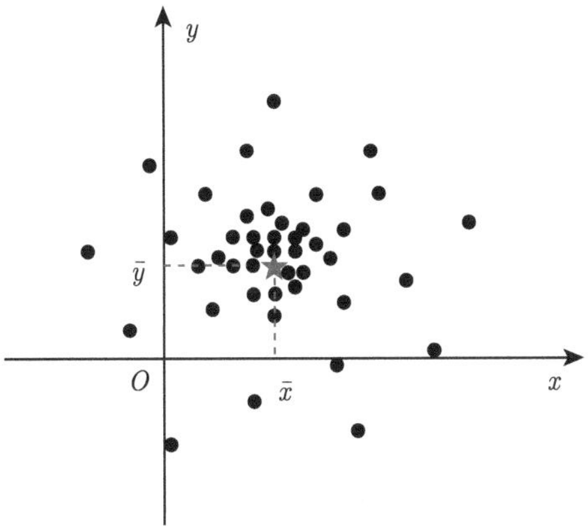

图 2.1.5 落点散布示意图

根据散布中心与瞄准点的关系以及落点散布的疏密程度，一般用准确度和精密度的概念来描述落点散布的特点。不同准确度和精密度 (密集度) 下的落点散布特点如图 2.1.6 所示，图中“+”表示瞄准点，一般作为靶平面的原点。

从如图 2.1.6 所示的落点散布可以看出，落点散布与投射误差是关联的，其中准确度与投射的系统误差相对应，投射系统误差越小，则落点散布中心与瞄准点越接近，表明准确度越好 (图 2.1.6(c) 和 (d))；精密度与投射的随机误差相对应，投射随机误差越小，则落点越密集，表明精密度越好 (图 2.1.6(b) 和 (d))，所以精密度有时也称为密集度。落点的准确度和精密度是投射精度的两个重要指标，对投射精度进行评价，必须综合考虑准确度和精密度的取值。

2. 落点误差描述

在靶平面上建立 x-y 平面坐标系并设定瞄准点为原点，根据落点散布坐标数据，利用统计参量对落点误差进行描述，其中标准差和圆概率误差最为常用。

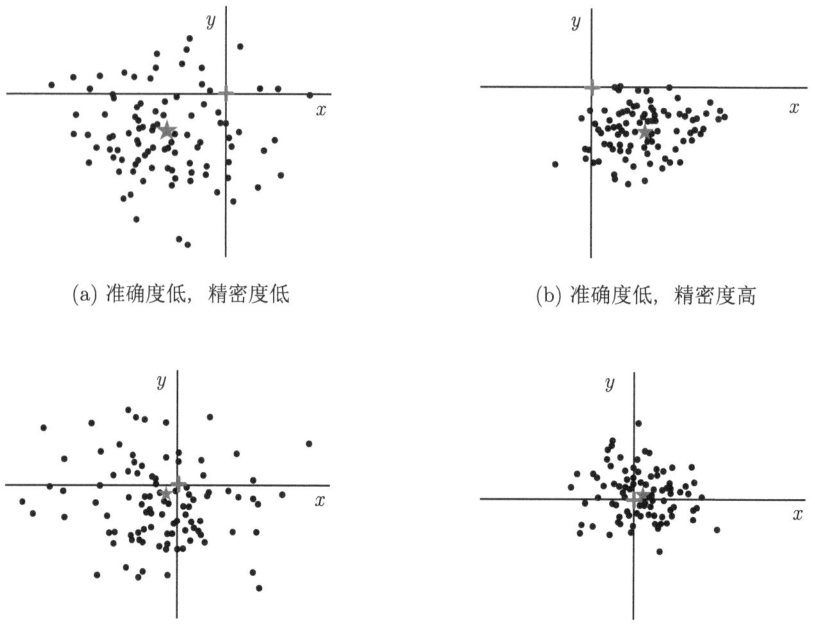

(a) 准确度低，精密度低　　(b) 准确度低，精密度高

(c) 准确度高，精密度低　　(d) 准确度高，精密度高

图 2.1.6　不同准确度和精密度 (密集度) 下的落点散布特点示意图

1) 标准差 (σ)

一般认为，落点的 x、y 坐标为相互独立的随机变量。若投射次数为 n，每次投射的落点坐标为 (x_i, y_i)，当投射次数足够多时，x、y 两个方向的落点方差为

$$\begin{cases} S_x^2 = \dfrac{1}{n-1}\displaystyle\sum_{i=1}^{n}(x_i - \bar{x})^2 \\ S_y^2 = \dfrac{1}{n-1}\displaystyle\sum_{i=1}^{n}(y_i - \bar{y})^2 \end{cases} \tag{2.1.20}$$

如果用σ_x、σ_y 分别表示大量投射次数下的落点在 x 和 y 方向的真实标准差，当 n 足够大时，在样本偏差为 0 的情况下，有

$$\sigma_x^2 = S_x^2, \quad \sigma_y^2 = S_y^2 \tag{2.1.21}$$

所以，方差的平方根就等于标准差，有

$$\begin{cases} \sigma_x = \sqrt{\dfrac{1}{n-1}\displaystyle\sum_{i=1}^{n}(x_i - \bar{x})^2} \\ \sigma_y = \sqrt{\dfrac{1}{n-1}\displaystyle\sum_{i=1}^{n}(y_i - \bar{y})^2} \end{cases} \tag{2.1.22}$$

这样，σ_x、σ_y 就成为描述落点随机误差的重要参数。投射次数 n 越大，σ_x、σ_y 的值越准确。

2.1.1 节中将脱靶距离 x 的分布近似为正态分布，同样可假设横向上的脱靶距离 y 也服从正态分布，但两者的统计量不同，且相互独立。图 2.1.7 为二维正态分布的示意图。

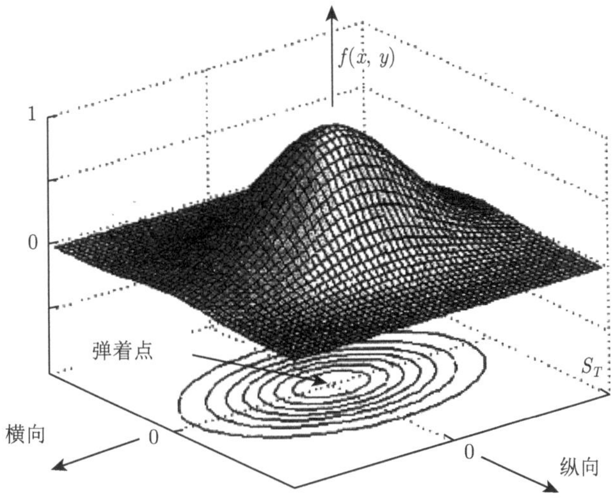

图 2.1.7　二维正态分布

由于 x 和 y 方向的统计量不同，取

$$\mu_x = \bar{x}, \quad \mu_y = \bar{y} \tag{2.1.23}$$

于是二维正态分布的概率密度函数可写成

$$f(x,y) = \frac{1}{2\pi\sigma_x\sigma_y}\exp\left\{-\left[\frac{(x-\mu_x)^2}{2\sigma_x^2}+\frac{(y-\mu_y)^2}{2\sigma_y^2}\right]\right\} \tag{2.1.24}$$

$f(x,y)$ 的等高线为椭圆，该分布也称为椭圆分布，如图 2.1.7 所示。同样有

$$\int_{-\infty}^{\infty}\int_{-\infty}^{\infty} f(x,y)\mathrm{d}x\mathrm{d}y = 1 \tag{2.1.25}$$

二维区间内，落点的概率可以通过下式求解：

$$\begin{aligned}&P\left[(X_1<x<X_2),(Y_1<y<Y_2)\right]\\&=\int_{x=X_1}^{x=X_2}\int_{y=Y_1}^{y=Y_2}\frac{1}{2\pi\sigma_x\sigma_y}\exp\left\{-\left[\frac{(x-\mu_x)^2}{2\sigma_x^2}+\frac{(y-\mu_y)^2}{2\sigma_y^2}\right]\right\}\mathrm{d}x\mathrm{d}y\end{aligned} \tag{2.1.26}$$

以上公式说明，如果通过大量的投射试验，获得落点散布中心坐标 (μ_x, μ_y) 以及 x、y 方向的落点标准差σ_x、σ_y，就可以得到落点散布概率密度函数式 (2.1.24)，然后，对于给定目标或目标区域的外形特征，就可以通过对目标面积 S_T 的积分计算得到某次投射对目标的命中概率。进一步，由于假设样本在纵向和横向的分布是相互独立的，于是该二维分布可以看成是两个独立、相互正交的一维分布。问题就变成：求落点落在以 $(X_2 - X_1)$ 为长，$(Y_2 - Y_1)$ 为宽的矩形内的概率。

例 2.1　假设 x 和 y 均服从正态分布，且μ_x=3m，σ_x=25m，μ_y=−10m，σ_y=100m。求炸弹落在如图 2.1.8 所示矩形内的概率。

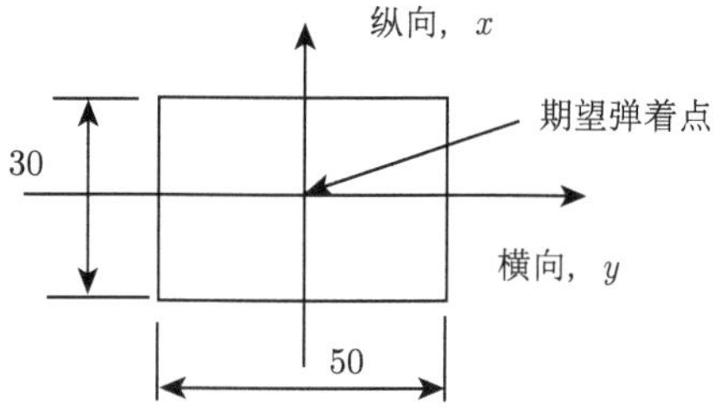

图 2.1.8　落点的期望区域

首先将落点正态分布标准化，取

$$Z_x = \frac{x - \mu_x}{\sigma_x}, \quad Z_y = \frac{y - \mu_y}{\sigma_y}$$

再确定取值区间 $-15 < x < 15$ 和 $-25 < y < 25$，对应 z 的取值范围为 $-0.72 < z_x < 0.48$ 和 $-0.15 < z_y < 0.35$，同时查标准正态分布表，得到在纵向

$$P(-15 < x < 15) = P(-0.72 < z_x < 0.48) = F(0.48) - [1 - F(0.72)] = 0.4486$$

在横向

$$P(-25 < y < 25) = P(-0.15 < z_y < 0.35) = F(0.35) - [1 - F(0.15)] = 0.1964$$

为使炸弹落在矩形区域内，以上两个事件必须同时发生，且已经假定这两个事件为相互独立事件，则应用定理 1 可以得到

$$P(-15 < x < 15 \text{ and } -25 < y < 25) = 0.4486 \times 0.1964 = 0.0881$$

按照二维正态分布规律式 (2.1.24)，如果不考虑系统误差，即μ_x=μ_y=0，则落点位于目标所处平面的分布概率密度函数可写为

$$f(x, y) = \frac{1}{2\pi\sigma_x\sigma_y} \exp\left(-\frac{x^2}{2\sigma_x^2} - \frac{y^2}{2\sigma_y^2}\right) \tag{2.1.27}$$

2) 圆概率误差

在有的情况下,战斗部投射落点分布在 x、y 方向上不存在显著差异,所以从统计上讲,式 (2.1.24) 和式 (2.1.27) 中 x、y 方向的标准差参数可以一致,即$\sigma_x=\sigma_y=\sigma$,这样，在不考虑系统误差时，有如下圆形正态分布概率密度函数:

$$f(x,y)=\frac{1}{2\pi\sigma^2}\exp\left(-\frac{x^2+y^2}{2\sigma^2}\right) \tag{2.1.28}$$

因此，当落点分布在 x、y 方向存在的差异可以忽略时，一般定义圆概率误差 (CEP) 来描述投射落点精度。CEP 是指，在不考虑系统误差时，以瞄准点为中心，以半径 R 作一个圆，在稳定投射条件下多次投射，将有 50%的落点位于这个圆之内。CEP 的大小就用这个圆的半径 R 来度量，有时也记作 $R_{0.5}$，称作 CEP 半径，或直接简称为 CEP。其值越小，表明投射精度越高，如图 2.1.9 所示。

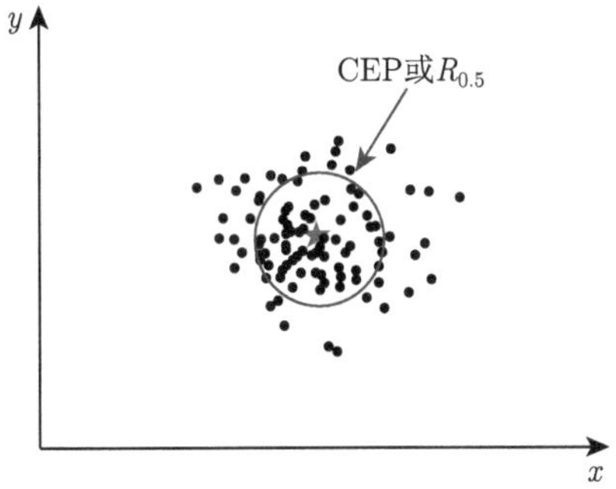

图 2.1.9 落点的 CEP 示意图

在落点呈圆形正态分布的情况下，其标准差σ 和 CEP 半径是相关联的。根据 CEP 的定义，对式 (2.1.28) 在原点位于瞄准中心的圆形区域内进行积分，可以计算得到落点位于圆内的概率

$$P=\iint\limits_{x^2+y^2\leqslant R^2} f(x,y)\mathrm{d}x\mathrm{d}y \tag{2.1.29}$$

通过变量变换：$x=r\cos\theta$，$y=r\sin\theta$，再将式 (2.1.28) 代入式 (2.1.29) 中，则得到概率

$$P=\frac{1}{2\pi\sigma^2}\int_0^R\int_0^{2\pi}\mathrm{d}\theta\exp\left(-\frac{r^2}{2\sigma^2}\right)r\mathrm{d}r \tag{2.1.30}$$

积分得

$$P=1-\exp\left(-\frac{R^2}{2\sigma^2}\right) \tag{2.1.31}$$

按 CEP 的定义，令这个概率 $P=0.5$，得到 CEP 半径为

$$R_{0.5} = \sigma\sqrt{2\ln 2} \approx 1.1774\sigma \tag{2.1.32}$$

由此可知，CEP 半径是标准差的 1.1774 倍。通常认为标准差 σ 实际上是单变量，或一个方向上的散布量度，而 CEP 常被认为是落点二维散布的量度。

根据命中概率，对 CEP 半径又可以作另一种解释，即假定投射系统的设计误差散布等于标准差 σ，如果用该投射系统对一个半径为 $R \approx 1.1774\sigma$，且圆心位于期望落点处的圆形目标进行射击，则命中这个特定目标的概率是 0.5。由此可以预料，有一半的投射将命中目标，而另一半则脱靶。

利用 CEP 作为投射精密性的量度是很方便的，因为 $R_{0.5} \approx 1.1774\sigma$，它与标准差之间有依赖关系，可以互相转换。因此，各类投射方式都广泛采用 CEP 作为落点散布误差的量度。

3) 概率误差

在有的情况下，对落点处于与靶平面纵向 x 轴或横向 y 轴平行的无限长带状区域内的概率比较关注 (该区域要以散布中心为中心)，由此可以定义概率误差 (probability error，PE)。概率误差是指，在不考虑系统误差时，以瞄准点为中心，以 $2E$ 的宽度平行于 x 轴 (或 y 轴) 作一个无限长带状区域，在稳定投射条件下进行多次投射，将有 50%的落点位于这个带状区域之内。这个带状区域宽度的一半即为概率误差，有时也记作 $E_{0.5}$，其值越小表明投射精度越高。通常，平行于 x 轴方向的概率误差 $E_{0.5(y)}$ 与平行于 y 轴方向的概率误差 $E_{0.5(x)}$ 有所不同，如图 2.1.10 所示。

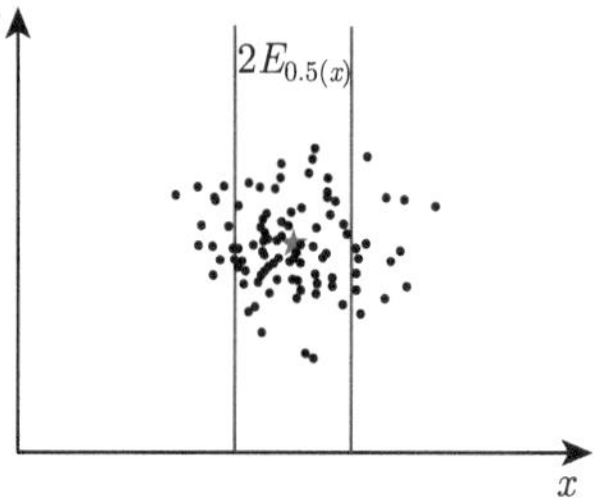

(a) $E_{0.5(x)}$

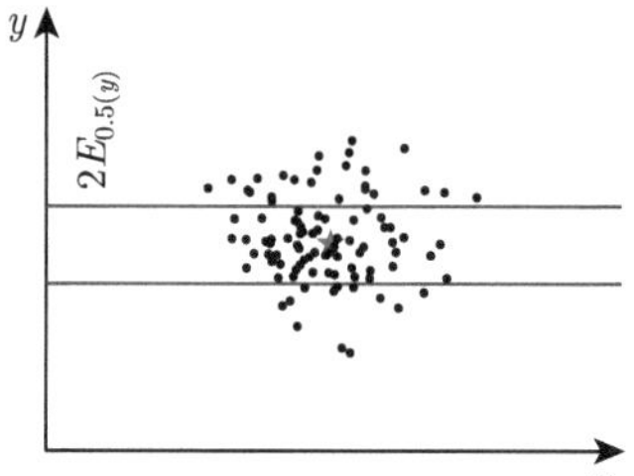

(b) $E_{0.5(y)}$

图 2.1.10　落点的概率误差示意图

在描述炮兵射击的落点散布时，概率误差的概念用得比较多，并被称为中间偏差。如果靶平面 x 方向正向是火炮射击方向，对应的 $E_{0.5(x)}$ 此时被称为距离中间偏差；相应地，$E_{0.5(y)}$ 被称为方向中间偏差。

同样，根据概率论可知，概率误差与标准差 σ 的关系如下：

$$E_{0.5(x)} \approx 0.6745\sigma_x, \quad E_{0.5(y)} \approx 0.6745\sigma_y \tag{2.1.33}$$

4) 其他误差描述

在实际应用中，有时还会使用其他统计量对落点误差进行描述，如径向标准差 (RSD)、平均半径 (MR) 等，这些量在一些特定应用中因为统计简单、使用方便而具有实用性。

2.1.3 命中概率与毁伤概率

1. 总毁伤概率

命中精度直接影响着毁伤概率。若用 P_K 表示目标的总毁伤概率，即目标在战场环境下被毁伤的总概率；用 P_D 表示目标被发现的概率，描述对目标的侦察问题；用 $P_{H/D}$ 表示目标被发现后的命中概率，描述了投射精度问题；用 $P_{K/H}$ 表示目标被命中后的毁伤概率，与目标易损性相关，那么目标的总毁伤概率可以写成

$$P_K = P_D P_{H/D} P_{K/H} \tag{2.1.34}$$

式中，符号缩写下标的含义为，K 表示 kill，D 表示 detect，H 表示 hit。由此可见，投射精度对毁伤概率有着显著的影响。

下面给出两个特殊的例子来说明式 (2.1.34) 的实际意义。

例 2.2 重机枪对人员的毁伤概率计算。

解 这是一个威力与易损性之间过匹配的问题。这时，目标的易损性不再是中心问题，通常假设 $P_{K/H}= 1$。于是式 (2.1.34) 写成

$$P_K = P_D P_{H/D} \tag{2.1.35}$$

从式 (2.1.35) 可以看出，总毁伤概率等于发现概率与发现后的命中概率之乘积，即通常所讲的“命中即毁伤”。

例 2.3 核导弹攻击普通目标 (不考虑被拦截的情况) 的毁伤概率计算。

解 这同样是一个威力与易损性之间过匹配的问题，同时由于核武器毁伤半径足够大，以至于不需要考虑投射精度。这种情况下，可以假设 $P_{H/D}= 1$，$P_{K/H}= 1$。于是式 (2.1.34) 写成

$$P_K = P_D \tag{2.1.36}$$

从式 (2.1.36) 可以看出，总毁伤概率即等于发现概率。这种情况即通常所说的“发现即毁伤”。

上面只是通过两个比较特殊的例子来说明毁伤概率公式的意义，实际情况中，P_D、$P_{H/D}$、$P_{K/H}$ 与战场环境、武器性能和目标特性等因素有关，都需要详细计算才能得到。

2. 用弹量测算

一般情况下，单发武器对目标的毁伤概率难以满足作战要求，这时需要进行多发打击。例如，如果单发武器对目标的毁伤概率为 P_{K1}=0.4，而作战要求毁伤概率大于 P_{K1}(如 P_K=0.7)，则需要使用多枚武器进行打击，可以运用概率论的方法计算所需要的武器数量 n。

从概率分析角度，P(毁伤目标)=1 − P(未毁伤目标)，而 $(1-P_{K1})$ 是单发武器未毁伤目标的概率，对于 n 个独立发射的武器，$(1-P_{K1})^n$ 表示 n 个独立发射的武器均未毁伤目标的概率，于是总毁伤概率可写成

$$P_K = 1-(1-P_{K1})^n \tag{2.1.37}$$

在明确 P_K 和 P_{K1} 的情况下，由式 (2.1.37) 可求出 n 的值

$$n = \frac{\ln(1-P_K)}{\ln(1-P_{K1})} \tag{2.1.38}$$

n 即为达到总毁伤概率要求所需的用弹量。

多发打击时将增加弹药的消耗数。在实战运用中，多发投射除了考虑毁伤概率外，还必须考虑弹药的库存情况。因此，毁伤效果预测中的另一个常见量是，计算当仅有 q 枚武器可用的情况下的毁伤概率，该概率可直接运用式 (2.1.37) 求得

$$P_K = 1-(1-P_{K1})^q \tag{2.1.39}$$

2.2 命中概率计算 [2−4]

2.2.1 单发命中概率

1. 对矩形目标的命中概率

假定对矩形目标投射或射击，瞄准点与散布中心 (期望落点) 重合，即不存在瞄准误差，或者说不考虑系统误差的影响，求命中此目标的概率。

采用由正态分布推得的概率密度函数式 (2.1.24) 及其积分式 (2.1.26)，设散布中心、瞄准中心、矩形中心三者重合点为原点，且矩形的边长分别为 $2a$、$2b$，则命中概率为概率密度函数在矩形区域 $-a \leqslant x \leqslant a$ 和 $-b \leqslant y \leqslant b$ 内的积分

$$P = \frac{1}{2\pi}\int_{-a}^{a}\int_{-b}^{b}\exp\left(-\frac{x^2}{2\sigma_x^2}-\frac{y^2}{2\sigma_y^2}\right)\mathrm{d}\left(\frac{x}{\sigma_x}\right)\mathrm{d}\left(\frac{y}{\sigma_y}\right) \tag{2.2.1}$$

如果 $\sigma_y = \sigma_z = \sigma$，并将式 (2.1.24) 写成标准化形式，则

$$P = \left[\frac{1}{\sqrt{2\pi}}\int_{-a/\sigma}^{a/\sigma}\exp\left(-\frac{x^2}{2}\right)\mathrm{d}x\right]\cdot\left[\frac{1}{\sqrt{2\pi}}\int_{-b/\sigma}^{b/\sigma}\exp\left(-\frac{y^2}{2}\right)\mathrm{d}y\right] \tag{2.2.2}$$

式 (2.2.2) 中包括两个量的乘积，此两个量均可从标准正态分布表中查到，进而求得对矩形目标射击的命中概率。

例 2.4 在利用反坦克炮射击坦克时，设反坦克炮在有效射程范围之内的弹着点散布标准误差为σ_x=σ_y=0.5m，而坦克的正面轮廓可用 1.8m×2.7m 的等效矩形面积来逼近。求此反坦克炮的命中概率 P。

解 假定落点散布中心与坦克等效矩形中心重合，利用式 (2.2.2) 可求得导弹的命中概率 P

$$P = \frac{1}{2\pi}\int_{-0.9/0.5}^{0.9/0.5}\exp\left(-\frac{x^2}{2}\right)\mathrm{d}x\cdot\int_{-1.35/0.5}^{1.35/0.5}\exp\left(-\frac{y^2}{2}\right)\mathrm{d}y = 2\varphi(1.8)\times 2\varphi(2.7) \tag{2.2.3}$$

式中，$\varphi(Z)$ 是从中心算起的标准正态累积分布函数，即

$$\varphi(Z) = \frac{1}{\sqrt{2\pi}}\int_0^Z \exp\left(-\frac{Z^2}{2}\right)\mathrm{d}Z \tag{2.2.4}$$

对照 2.1.1 节介绍的标准化累积分布函数 $F(Z)$，函数 F 和φ 之间的关系为

$$\varphi(Z) = F(Z) - F(0) = F(Z) - 0.5$$

查标准正态分布表或进行数值积分计算，都可得到本例中的 $\varphi(1.8) = 0.4641$，$\varphi(2.7) = 0.4965$，代入式 (2.2.3) 即得

$$P = 0.9217$$

2. 对圆形目标的命中概率

当对半径为 R，圆心在原点上的圆形目标进行射击，并且不考虑瞄准误差，即瞄准中心与期望落点重合时，由式 (2.1.28) 及式 (2.1.29)，在σ_x=σ_y=σ 的情况下有

$$P = \frac{1}{2\pi\sigma^2}\int_0^R\int_0^{2\pi}\mathrm{d}\theta\exp\left(-\frac{r^2}{2\sigma^2}\right)r\mathrm{d}r = 1-\exp\left(-\frac{R^2}{2\sigma^2}\right) \tag{2.2.5}$$

式 (2.2.5) 即为式 (2.1.31)。

例 2.5 利用地空导弹射击飞机，设该导弹战斗部的毁伤半径为 50m，根据脱靶量分析，得出圆概率误差半径为 20m，求该导弹对飞机射击的毁伤概率。

解　假设，只要飞机在战斗部的毁伤半径范围内，导弹即可毁伤飞机，那么毁伤概率即为一发导弹落在以飞机为圆心，以战斗部毁伤半径为半径的圆内的概率。

因为圆概率误差半径 $R_{0.5}$=20m，由式 (2.1.32) 有 $R_{0.5}$=1.1774σ，由此可得 $\sigma = 17$m。将此 σ 和毁伤半径 $R = 50$m 代入式 (2.2.5)，得

$$P = 1 - \exp[-(50)^2/(2 \times (17)^2)] = 0.987$$

同上例，若战斗部毁伤半径为 30m，圆概率误差半径仍为 20m，则

$$P = 1 - \exp[-(30)^2/(2 \times (17)^2)] = 0.789$$

从这个算例也可以看出，相同命中精度下，毁伤半径或威力半径是影响毁伤概率的重要因素。威力半径是武器毁伤能力的一个具体体现，一般而言，大当量的战斗部 (如装药半径大) 可以获得更大的毁伤概率。

3. 对正方形目标的命中概率

当目标外廓是正方形时，不考虑系统误差的情况下，导弹瞄准目标中心射击，其命中概率可根据式 (2.2.2) 计算，令其中 $x = y$，$a = b$，则

$$P = \left[\frac{1}{\sqrt{2\pi}} \int_{-a/\sigma}^{a/\sigma} \exp\left(-\frac{x^2}{2}\right) \mathrm{d}x\right]^2$$

或

$$P = \left[\frac{1}{\sqrt{2\pi}} \int_{-b/\sigma}^{b/\sigma} \exp\left(-\frac{y^2}{2}\right) \mathrm{d}y\right]^2 \tag{2.2.6}$$

例 2.6　求对正方形目标射击的命中概率。设目标正方形外廓面积等于前例中的圆形外廓的面积，即 $\pi R^2 = (2a)^2$，圆概率误差半径 $R_{0.5}$=20m。

解　由例 2.5 知 $\sigma = 17$m。若 $R = 50$m，则 $\pi 50^2 = 4a^2$，$a = 44.311$m，$a/\sigma = 2.6$，代入式 (2.2.6) 有

$$P = \left[\frac{1}{\sqrt{2\pi}} \int_{-2.6}^{2.6} \exp\left(-\frac{y^2}{2}\right) \mathrm{d}y\right]^2 = [2\varphi(2.6)]^2 = [2 \times 0.4953]^2 = 0.981$$

若 $R = 30$m，则 $\pi 30^2 = 4a^2$，$a = 26.587$m，$a/\sigma = 1.564$，同样代入式 (2.2.6) 有

$$\begin{aligned} P &= \left[\frac{1}{\sqrt{2\pi}} \int_{-1.564}^{1.564} \exp\left(-\frac{y^2}{2}\right) \mathrm{d}y\right]^2 = [2\varphi(1.564)]^2 \\ &= [2 \times 0.4406]^2 = 0.777 \end{aligned}$$

从这两个例子比较可以看出，命中圆形区域的概率与命中面积相等的正方形目标的概率相差很小。这个结论可以用来进行一些近似计算或推算。

2.2.2 多发命中概率

一般情况下，进行单发投射的命中概率不可能达到 100%，所以不能保证首发命中目标。在有些情况下，为了保证命中概率，需要进行多发投射，但是多发投射时，消耗弹药也要增加，所以在实际应用中，多发投射时除了考虑命中概率外，也必须考虑弹药消耗的情况，以达到一定的平衡。

多发投射有两种基本投射方式。一种是连续投射，指第一发投射后，经过判断认为没有命中目标，则进行第二发投射，如果还是没有命中目标，再进行第三发投射，以此类推，直到命中目标为止，这种投射简称“连射”。另一种是同时投射，是指若干发弹药同时投射，简称“齐射”。在不同的单发命中概率下，连射和齐射的多发命中概率和弹药消耗量都有所不同。

对于连射，如果单发投射命中概率为 P_0，根据概率论知识分析，其平均命中一个目标需要的射击弹药发数为

$$N_0 = 1/P_0 \tag{2.2.7}$$

对于齐射，同样如果单发投射命中概率为 P_0，则一次进行 n 发弹药齐射时，其命中概率为

$$P_{1n} = 1 - (1 - P_0)^n \tag{2.2.8}$$

假定命中一个目标需要 m 次齐射，则

$$m = \frac{1}{P_{1n}} = \frac{1}{1 - (1 - P_0)^n} \tag{2.2.9}$$

因每次齐射为 n 发弹，所以对于齐射，平均命中一个目标需要的射击弹药发数为 $N_n = nm$，结合式 (2.2.9) 即有

$$N_n = \frac{n}{P_{1n}} = \frac{n}{1 - (1 - P_0)^n} \tag{2.2.10}$$

根据式 (2.2.7) 和式 (2.2.10)，可以得到两种投射方式命中一个目标所需的用弹量的比值

$$\frac{N_n}{N_0} = \frac{nP_0}{1 - (1 - P_0)^n} \tag{2.2.11}$$

由式 (2.2.7) 和式 (2.2.11)，考虑不同的单发命中概率，可得图 2.2.1。图 2.2.1(a) 说明了单发命中概率不同的情况下，齐射命中概率与消耗弹药发数之间的关系；图

2.2.1(b) 说明了齐射与连射用弹量之比关于单发命中概率的关系。由图 2.2.1 知，当单发命中概率较大时，连射相比齐射更经济些，因为这时命中目标齐射要消耗更多的弹，然而对多发命中概率的提升却有限；当单发命中概率较小时，齐射比连射有利，因为此时只要稍许增加弹药发数，就能显著提高命中概率。从战术角度看，齐射有“一锤定音”而不容易暴露自己的优势。

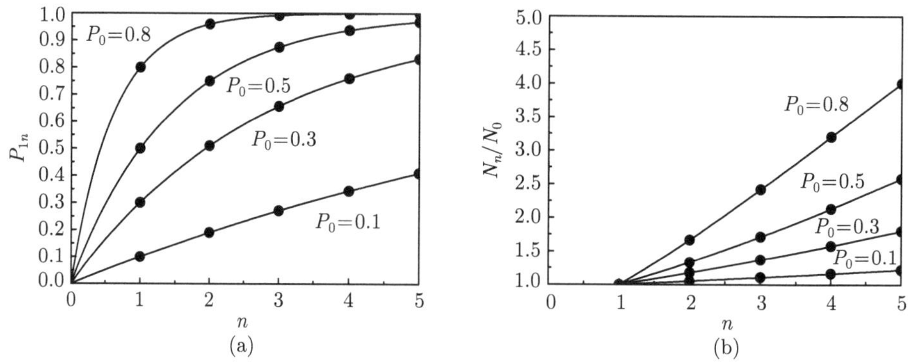

图 2.2.1　齐射命中概率和弹药消耗量关于单发命中概率的规律

2.3　武器投射方式 [2,5–9]

武器的精度与很多因素有关，用什么方式将武器送达目标区域显然是影响精度的直接原因。毫无疑问，武器是否装有制导控制装置一定会影响武器的落点精度，而武器的投射方式则是影响精度的最基本因素，或者说不同投射方式具有各自相应的精度特点。本节介绍武器的投射方式。

武器投射方式可以有多种分类方法，比如按照投射平台的不同，可分为陆基、海基 (舰载) 和空基 (机载) 投射等；按照投射特性和物理原理的差异，可分为投掷式、射击式、自推式和布设式四个基本方式。本节按照后者对投射方式进行分类。

2.3.1　投掷式

1. 特点与科学原理

投掷式投射方式是指，战斗部或弹药依靠人力或其他装置，在无身管膛内作用的情况下，以较小的初速度 (或相对初速度) 离开武器平台 (地面发射装置、载机和舰艇等)，在重力、气动力或水动力的作用下，在空气中或水中以一定的弹道无动力飞行 (或下落、下潜) 并投向目标的投射方式。投掷式投射又可以分为地面投掷、航空投掷和水面-水下投掷等类型。下面主要介绍地面投掷和航空投掷的有关知识和科学原理①。

1) 地面投掷

在地面投掷中，战斗部或弹药的体积和质量都较小，投掷的能量来自于人力、特定的机械装置或火药燃气。由于这个能量一般比较低，所以战斗部或弹药的初速较低 (最高在 300m/s 左右)，其射程也非常有限。在离开投射平台之后，战斗部或弹药自身没有动力，在重力、气动力的作用下自由飞行。

由于战斗部或弹药的初速低，各种随机因素，如阵风和投掷装置的机械稳定性等，对其飞行弹道的影响较为明显，所以地面投掷有精度不高的缺点。考虑到这个原因，在实际应用中，一般不需要对地面投掷弹药的飞行弹道进行精确分析，只需以近似计算结果作为参考即可。所以为了简化计算，通常忽略气动力的影响，只考虑重力的作用。在将弹药作质点近似的情况下，根据牛顿第二定律，其运动方程可写为

$$m\frac{\mathrm{d}\boldsymbol{v}}{\mathrm{d}t}=m\boldsymbol{g} \tag{2.3.1}$$

式中，m 是弹药质量，$\boldsymbol{v}$ 是弹药飞行速度矢量，t 是飞行时间，$\boldsymbol{g}$ 是重力加速度。事实上，式 (2.3.1) 等号两边的 m 可以约去，写在这里是为了体现其物理意义，并与后面表达式保持一致。根据式 (2.3.1) 可分析出，在忽略气动力时，地面投掷弹药沿抛物线弹道飞行。

2) 航空投掷

航空投掷一般依靠飞行的机载平台来提供战斗部或弹药的投掷初速。战斗部或弹药在重力和气动力的作用下离开载机，初始时其绝对速度和机载平台接近，但是相对速度较低。投掷后，战斗部或弹药同样在重力和气动力的作用下沿一定下落路线接近地面或水面目标。

航空投掷的弹药，由于其体积和质量较大，分析其下落弹道时不能忽略气动力的影响。下面讨论航空投掷弹药下落弹道的力学描述。以下内容将涉及弹箭飞行力学和外弹道学的有关知识，部分概念和分析方法在本节后续内容中还要多次用到。

A. 弹药受力分析

图 2.3.1 是典型航空投掷弹药在下落中的受力示意图。从图中可以看到，弹药在下落中，其速度方向不一定与自身弹轴方向平行，速度方向与弹轴的夹角 δ 称为攻角 (或者迎角、冲角)。下落中，如果忽略地球自转所引起的惯性力，弹药主要是受到重力 mg 和气动力 R 的共同作用。重力作用于弹药的任何位置，就平均效果而言，可以认为重力作用于弹药上的 B 点，该点即为弹药的质心。气动力 R

① 水面-水下投掷的科学原理将涉及空中弹道、入水弹道、水中弹道等较多知识，本书不对此进行讨论。

是空气作用于弹药表面的分布压力的合力，同样就平均效果而言，可以认为气动力作用于弹药上的 A 点，该点称为弹药的气动力中心 (以下也称为压心)①。气动力 R 一般可沿与弹药速度的相反方向和垂直方向进行分解。如图 2.3.1 所示，气动力 R 在弹药速度的相反方向的分量是阻力 X，在弹药速度垂直方向的分量是升力 Y。阻力 X 的方向和升力 Y 的方向相互垂直，并以右手法则定义与这两个方向相垂直的方向为 Z 方向。

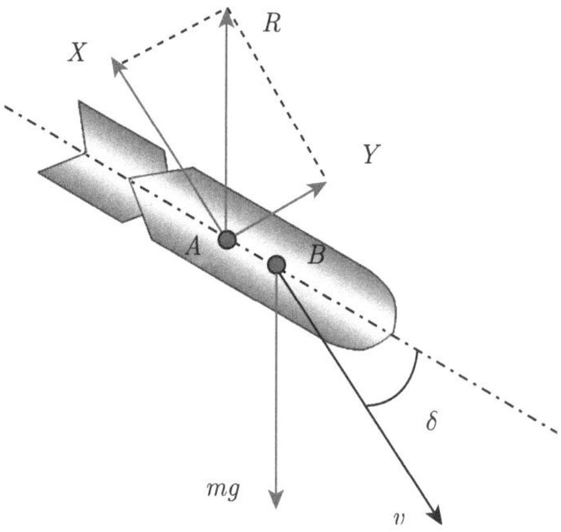

图 2.3.1　航空投掷弹药在下落中受到的力分析

另外还可以看到，弹药下落中，如果以弹药质心 B 为参考点，阻力 X 和升力 Y 还将对弹药产生力矩 M_z，使得弹药的攻角 δ 发生变化，这个力矩也称为俯仰力矩或翻转力矩。在小攻角的条件下 (多数情况下如此)，阻力 X 相对于质心 B 的力臂很小 (图 2.3.1)，所以俯仰力矩主要来自于升力 Y 的贡献。弹药上受到的力决定了弹药质心运动的弹道，弹药上受到的力矩决定了弹药的姿态和飞行稳定性，同时弹药姿态的变化也会造成气动力的变化，又反过来影响弹药质心运动的弹道轨迹。

图 2.3.1 中的重力方向、阻力方向、升力方向都处于由弹药速度方向和弹药自身轴线方向所决定的平面上，所以此时弹药的下落弹道是二维曲线弹道。但实际上由于横风、弹药自身的不对称性等原因，还存在横向的气动力对弹药的作用，并产生相应的力矩，因此弹药的实际下落弹道应该是三维曲线弹道。出于简化问题的需要，下面的讨论暂不考虑横向气动力的作用。

B. 气动力表达式

根据流体力学的伯努利 (Bernoulli) 方程，并考虑多种影响因素 (包括飞行体各部分表面压力差、空气摩擦、附面激波等) 进行修正后，可以得出空气中的飞行

① 严格地讲，重心和气动力中心分别是重力力矩和气动力力矩为 0 的参考点。

体受到的气动力大小表达式为

$$R = C_R \cdot \frac{1}{2}\rho v^2 \cdot S \tag{2.3.2}$$

式中，v 是飞行体速度大小；C_R 是气动力系数，与飞行体形状和飞行速度都有关系，可以通过实验测得；ρ 是当地空气密度，与海拔高度有关；S 是迎风面积，与飞行体形状有关。考虑到气动力 R 可以分解为阻力 X 和升力 Y，根据式 (2.3.2)，可以分别写出阻力 X 和升力 Y 的表达式如下：

$$\begin{cases} X = C_X \cdot \dfrac{1}{2}\rho v^2 \cdot S \\ Y = C_Y \cdot \dfrac{1}{2}\rho v^2 \cdot S \end{cases} \tag{2.3.3}$$

式中，C_X 和 C_Y 分别是阻力系数和升力系数，其他变量的意义与式 (2.3.2) 一致。显然，阻力系数和升力系数都与弹药速度、形状和攻角相关。

C. 飞行稳定性

前面提到，升力 Y 将会对弹药产生以质心为参考的俯仰力矩 M_z，使得弹药的攻角 δ 发生变化。可以简单分析出，弹药受到气动力的压心与其质心的相对位置不同，所产生的俯仰力矩 M_z 对攻角 δ 变化将带来不同的影响。

通常，考虑弹药形状具有对称性，压心和质心都处于弹药轴线上。如果弹药的压心 A 在质心 B 的前面，如图 2.3.2(a) 所示，容易看出，这时升力 Y 引起的俯仰力矩 M_z 将对攻角 δ 产生激励作用，在弹药飞行中，随着时间的推移，攻角将越变越大，如图 2.3.3(a) 所示，这样，飞行中弹药将会产生翻滚，不能保证以预设的姿态着陆，这说明弹药不具备飞行的稳定性。

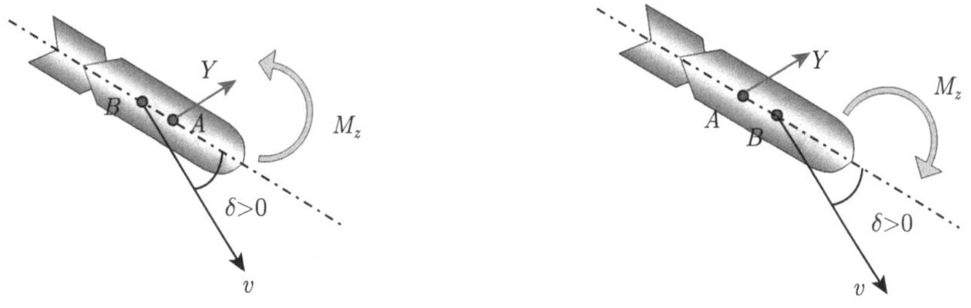

(a) 压心A在质心B之前，飞行不稳定　　(b) 压心A在质心B之后，飞行稳定

图 2.3.2 航空投掷弹药的飞行稳定性示意图

如果弹药的压心 A 在质心 B 的后面，如图 2.3.2(b) 所示，则升力 Y 引起的俯仰力矩 M_z 将对攻角 δ 产生抑制作用，在弹药飞行中，随着时间的推移，攻角

将越变越小，如图 2.3.3(b) 所示。这样，弹药能保证以稳定的姿态飞行，即说明弹药具有飞行的稳定性。在实际应用中，航空投掷弹药只有稳定飞行才能保证以预设姿态着陆，从而被可靠引爆，发挥应有的毁伤作用，所以飞行稳定性是航空投掷弹药的必备条件之一。

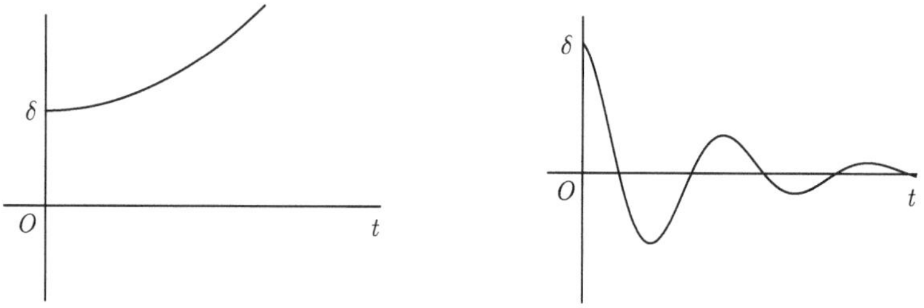

(a) 飞行不稳定时　　(b) 飞行稳定时

图 2.3.3　航空投掷弹药的攻角 δ 随时间 t 变化的示意图

一般可以通过在航空投掷弹药尾部加装宽大尾翼，以改变其气动外形，使得压心 A 位于质心 B 之后，让弹药具备飞行稳定性的条件。在这种情况下，随着时间推移，攻角 δ 将越来越小，直至为 0，这时，弹药的速度方向与弹药轴线方向平行，并将稳定地保持这个姿态飞行 ①。

D. 阻力规律

考虑攻角 δ 为 0 的稳定飞行情况，此时弹药的速度方向和弹药轴线方向平行，气动力 R 指向速度的相反方向，所以气动力仅有阻力 X 分量，升力 Y 为 0，弹药运动仅受到重力 mg 和阻力 X 的影响 ②。阻力 X 的方向与速度方向相反，大小如下所示：

$$X = C_{X0} \cdot \frac{1}{2}\rho v^2 \cdot S \tag{2.3.4}$$

式中，C_{X0} 特指 0 攻角时的阻力系数。

阻力来源于飞行体头尾的压力差、表面空气摩擦和激波 (对超声速飞行体而言) 等因素，可将这些因素的影响都包含在由实验测出的阻力系数 C_{X0} 中。阻力系数与飞行体速度和形状有关。

在工程上，飞行体速度通常用马赫 (Mach) 数 M 来表征，其表达式为

$$M = \frac{v}{c_0} \tag{2.3.5}$$

① 本处所述的飞行稳定性，严格地讲是静态稳定性。实际上，空气中飞行体的稳定性还有动态稳定性，这部分内容在此不作深入讨论。

② 在有的情况下，当航空投掷弹药稳定飞行时，其攻角 δ 和升力 Y 也是不为 0 的，而能保持一个相对固定的值，尤其是对加装了弹翼的滑翔增程弹药而言。本节将不涉及这个问题，仅对攻角 δ 为 0 的情况进行讨论，所以气动力只考虑阻力 X 的影响。

式 (2.3.5) 中，v 是飞行体速度，c_0 是当地声速，标准大气条件下，空气的声速约为 340m/s。

对于不同的飞行体形状，在飞行速度马赫数变化的情况下，其阻力系数的变化曲线如图 2.3.4 所示。

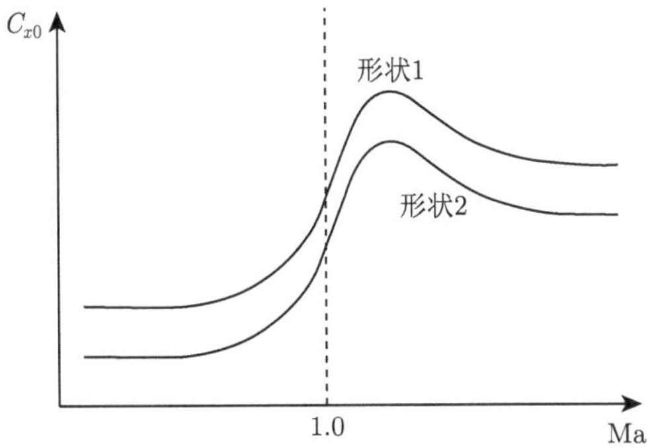

图 2.3.4 不同形状下，阻力系数随飞行速度的变化曲线示意图

从图 2.3.4 中可以看出，阻力系数与飞行速度的关系有以下两个特点：①对于一定的飞行体形状，在飞行速度显著低于声速时 (Ma≪1)，阻力系数随飞行速度几乎没变化，在飞行速度接近声速时 (Ma≈1)，阻力系数随飞行速度急剧增加，随着速度进入超声速状态后持续增加 (Ma >1)，在达到极大值之后开始有所减小，并稳定在一定的数值；②对于不同的飞行体形状 (在相互之间形状差异不是太显著的情况下)，飞行速度由小变大时，其阻力系数变化曲线趋势较为接近，相互之间的比值能基本保持常数。

根据上述的第一个特点，考虑到航空投掷弹药一般飞行速度不大 (大多在声速以下)，所以在形状一定的情况下，可以将阻力系数当做常数看待[①]。根据上述的第二个特点，可以定义弹形系数 i，其表达式如下：

$$i = \frac{C_{X0}}{C_{X0}^{s}} \tag{2.3.6}$$

式中，C_{X0} 是任一弹形的阻力系数，C_{X0}^{s} 是以某型弹药作为标准弹形而测得的阻力系数。这样，弹形系数 i 就可以表征任一弹形与标准弹形的外形相似程度，i 越接近于 1 表明其对应弹形与标准弹形越相似。

E. 航空投掷弹药的弹道计算

基于前面的讨论，当航空投掷弹药以攻角 δ 为 0 的状态稳定飞行时，仅受到重力 mg 和阻力 X 作用，由于此时阻力 X 产生力的矩为 0，可以认为气动压心

① 部分航空投掷弹药也能进行跨声速或超声速飞行，出于简化内容考虑，本书不涉及。

A 和弹药质心 B 重合如图 2.3.5 所示。这样可将弹药近似为质点，其运动方程如下：

$$m\frac{\mathrm{d}\boldsymbol{v}}{\mathrm{d}t} = m\boldsymbol{g} + \boldsymbol{X} \tag{2.3.7}$$

式中，阻力 X 的方向与速度方向相反，大小如式 (2.3.4) 所示，与弹药零攻角阻力系数、迎风面积和速度大小有关。严格地讲，式中的重力加速度 $\boldsymbol{g}$ 不是常数，其方向受到地球曲率的影响，大小与地球纬度和海拔都有关。如果航空投掷弹药的飞行距离不是太长，可以忽略这些因素的影响，认为重力加速度 $\boldsymbol{g}$ 是常数，其方向总是竖直向下，大小约为 $9.8\mathrm{m/s^2}$。

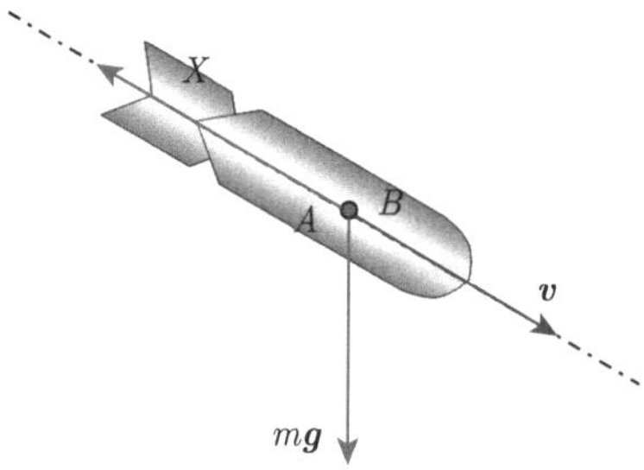

图 2.3.5　0 攻角时航空投掷弹药受力情况

通过求解由式 (2.3.7) 和式 (2.3.4) 组成的常微分方程组，即可计算出航空投掷弹药的质心运动弹道。求解后的典型弹道如图 2.3.6 所示。

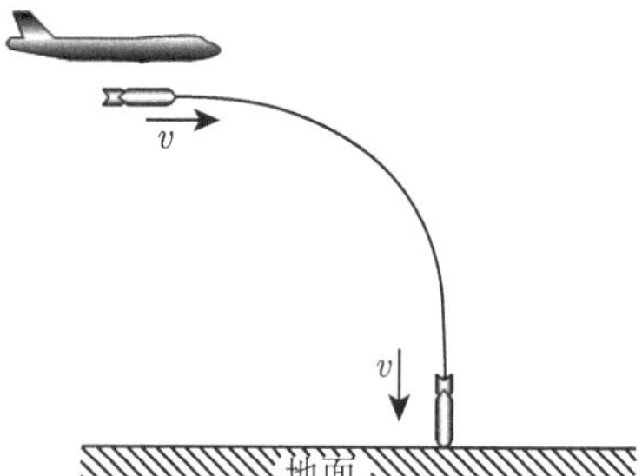

图 2.3.6　航空投掷弹药的典型弹道示意图

2. 典型装备与应用

1) 地面投掷式弹药

A. 手榴弹

手榴弹是通过人力用手投掷的弹药。手榴弹通常具有金属壳体并刻有槽纹，内装炸药，配用 3~5s 定时延期引信，投掷距离可达 30~50m，弹体破片能毁伤 5~15m 范围内的有生力量和轻型技术装备。典型装备如图 2.3.7 所示。

图 2.3.7　手榴弹

B. 枪榴弹和榴弹发射器用弹药

枪榴弹和榴弹发射器用弹药均是现代步兵携带使用的一种近距离弹药，主要用于毁伤有生力量、无装甲和轻型装甲防护车辆、永久火力点等野战工事。

枪榴弹是借助枪射击普通子弹或空包弹从枪口部投掷出的超口径弹药，它由超口径战斗部及外部安装的尾翼片和内部安装的弹头吸收器 (收集器) 尾管构成。发射时，将尾管套于枪口部特制的发射器上，利用射击空包弹的膛口压力或者实弹产生的膛口压力或者子弹头的动能实现对枪榴弹的投掷。枪榴弹初速度一般在 60~70m/s，射程一般在 300~400m，该装备填补了手榴弹和迫击炮弹之间的火力空白，大大提高了步兵在现代战场上的防御和进攻能力。典型装备如图 2.3.8 所示。

图 2.3.8　枪榴弹

2) 航空投掷弹药

航空投掷弹药有很多类型，其中最重要的一类是航空投掷炸弹，可简称为航空炸弹或航弹。航空炸弹是空军的主要机载弹药，可用于空袭轰炸机场、桥梁、交通枢纽、武器库及其他重要目标，或对付地面集群目标。

一般还可以根据所受空气阻力的影响程度，将航空炸弹分为高阻炸弹和低阻炸弹。高阻炸弹的特点是：外形短粗、长细比小、流线型差，所以空气阻力系数大，适合于低速飞机 (通常是大型轰炸机) 内挂使用。低阻炸弹的特点是：外形细长、长细比大、流线型好，所以阻力系数小，适合于高速飞机 (通常是战斗机或攻击机) 外挂使用，如图 2.3.9 所示。

(a) 高阻炸弹　　(b) 低阻炸弹

图 2.3.9　在不同机载平台上使用的高阻和低阻炸弹

航空炸弹弹体上一般有供飞机内外悬挂的吊耳，以及起飞行稳定作用的尾翼。某些炸弹的头部还装有固定或可卸的弹道环，以消除跨声速飞行可能发生的失稳现象。超低空水平投掷的炸弹，在炸弹尾部还加装有金属或织物制成的伞状装置，投弹后适时张开，起增阻减速，增大落角和防止跳弹的作用，同时使载机能充分飞离炸点，确保安全。航空炸弹拥有类型齐全的各类战斗部，其中爆破、破片 (杀伤) 战斗部应用最为广泛。

早期的航空炸弹存在命中精度低的缺点，现代航空炸弹采用了激光制导、电视制导、卫星制导等多种制导方式。有的炸弹还加装了弹翼和舵机，在制导系统的控制下，弹翼使炸弹能做较长距离的滑翔飞行，舵机使炸弹精确地导向目标，因而不但具有很高的命中精度，还具有防区外投射能力，大大地保证了载机的安全。如图 2.3.10 所示为加装了舵机的国产先进的航空制导炸弹“雷石 6”。

图 2.3.10　国产先进的航空制导炸弹“雷石 6”

2.3.2　射击式

1. 特点与科学原理

射击式投射是指，战斗部或弹药在各类身管式武器 (枪、火炮) 的膛管内向外发射，并依靠膛管内火药燃气的压力获得较高的初速度，经过无动力弹道飞行而投向目标的投射方式。下面以火炮为例，对射击式投射的有关科学原理进行讨论。

火炮射击的弹药是炮弹，典型的炮弹主要包括发射药筒和弹丸两大部分，发射药筒位于炮弹的后部，用于装填发射药；弹丸位于炮弹头部，它就是炮弹的战斗部，如图 2.3.11 所示。

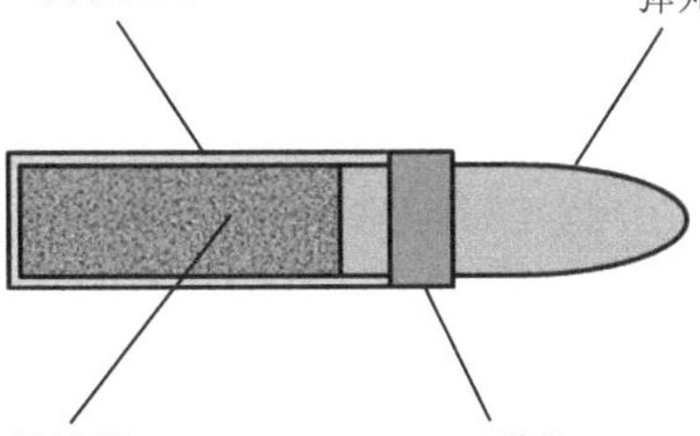

图 2.3.11 典型炮弹的简单结构示意图

要使弹丸在飞行中保持稳定，一般有使之绕轴线旋转和加装尾翼两种方法。若使用前一种方法，炮膛内要有膛线 (这样的火炮称为线膛炮)，弹丸上要有弹带，由弹带和膛线相互作用而使弹丸旋转。弹带一般由延性金属制成，位于弹丸的中后部，如图 2.3.12 所示。炮弹发射前在炮膛内的初始状态如图 2.3.12 所示。若使用后一种方法，炮膛内壁光滑没有膛线 (这样的火炮称为滑膛炮)，但是弹丸上要有尾翼。

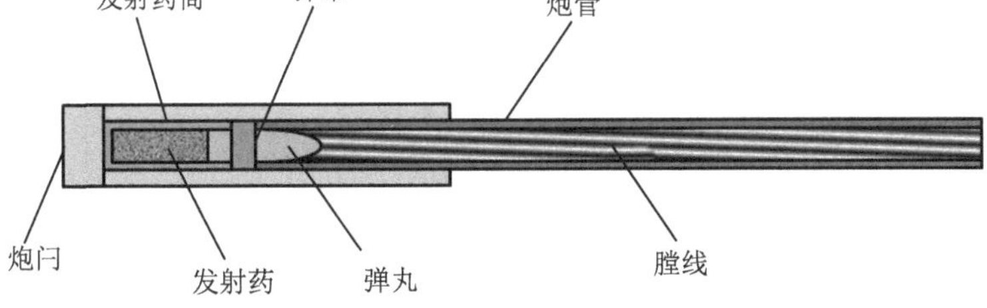

图 2.3.12 炮弹发射前在炮膛内的初始状态示意图

火炮射击的全过程主要包含内弹道、中间弹道和外弹道三个阶段。

1) 内弹道阶段

内弹道阶段是火炮射击过程中的初始阶段，它涉及火药点火与燃烧、弹带受力变形、弹丸和炮管运动、热能-动能转化等多方面的复杂物理过程或现象。目前已经形成了专门的内弹道学学科，它是弹道学的一个重要分支。内弹道学的主要任务是揭示火炮 (或者其他类似的装置) 发射过程中的重要规律，并利用相关数学模型构建和求解内弹道方程组，对弹丸运动规律进行描述。本节以线膛炮为例，对火炮射击内弹道学所涉及的主要物理过程进行简单介绍。

火炮射击内弹道阶段主要包含以下三个过程。

A. 点火过程

炮弹从炮尾装入并关闭炮闩后，便处于待发状态。射击过程从点火开始，通常是利用机械作用使火炮的击针撞击药筒底部的底火，使底火药着火，底火药的火焰又进一步使底火中的点火药燃烧，产生高温高压气体和灼热的小粒子，并通过小孔喷入装有火药的药室，使火药在高温高压作用下着火燃烧，这就是所谓的点火过程，如图 2.3.13(a) 所示。

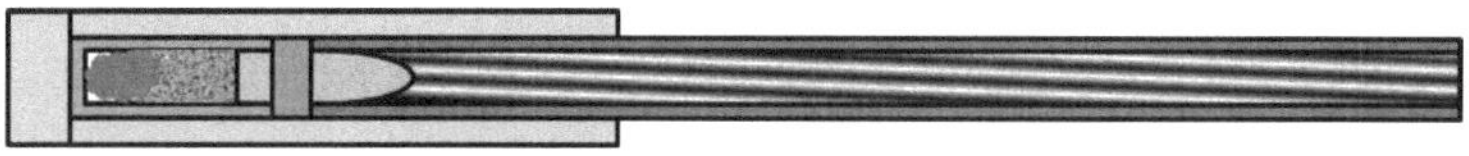

(a) 点火过程

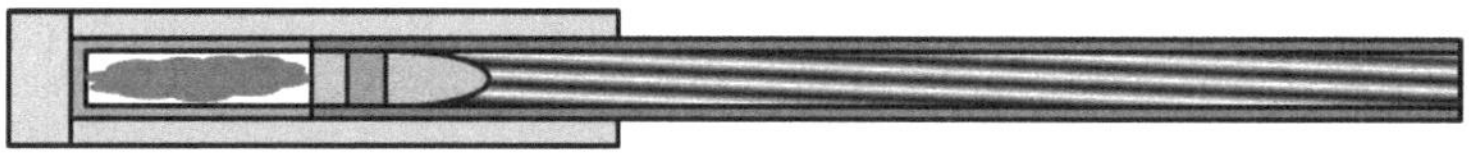

(b) 挤进膛线过程

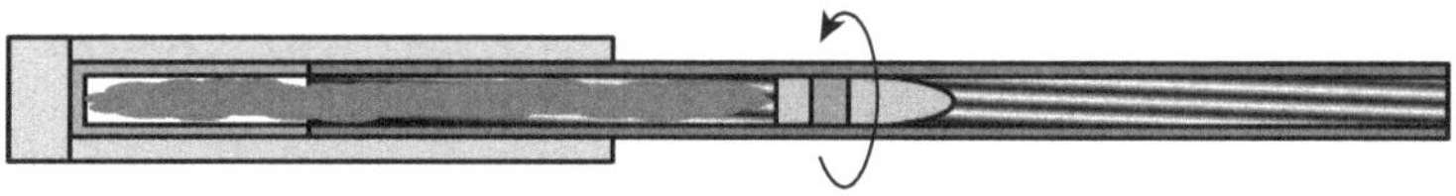

(c) 膛内运动过程

图 2.3.13 炮弹发射的内弹道阶段各过程示意图

B. 挤进膛线过程

在完成点火过程后，火药燃烧产生大量的高温高压气体，推动弹丸运动。此时，弹丸上的弹带将和炮膛内的膛线发生相互作用。所谓膛线，就是缠绕于炮管内壁并与炮管轴线成一个角度的一系列齿槽线，凸起的齿称为阳线，凹进的槽称为阴线。弹丸的弹带直径略大于膛内阳线的直径，因而在弹丸开始运动时，弹带是被逐渐挤进膛线的，阻力不断增加；而当弹带全部挤进 (嵌入) 膛线后，阻力达到最大值，这时弹带上被划出与膛线完全吻合的沟槽，这个过程称为挤进膛线过程，如图 2.3.13(b) 所示。此过程中在膛内运动的弹丸受膛线作用而产生旋转，从而具有陀螺效应，保证了弹丸后续飞行的稳定性。

C. 膛内运动过程

弹丸的弹带全部挤进膛线后，阻力急剧下降。随着火药的继续燃烧，不断产生具有很大做功能力的高温高压气体，在气体压力的作用下，弹丸一方面沿炮管轴线方向向前运动，另一方面又受膛线约束做旋转运动。在弹丸运动的同时，正在燃烧的火药气体也随同弹丸一起向前运动，而炮身则向后运动。所有这些运动都是同时发生的，它们组成了复杂的膛内射击现象，如图 2.3.13(c) 所示。

随着这些过程的进行，膛内气体压力从启动压力 p_0 开始，升高到最大膛压 p_m 后开始下降，而弹丸的速度不断增加，在弹丸底部到达炮口的瞬间，弹丸的速度称为炮口速度。在这之后，弹丸离开炮口在空中飞行。弹丸在膛内运动时，膛内压力 p 和弹丸速度 v 随弹丸行程 l 的变化曲线如图 2.3.14 所示。

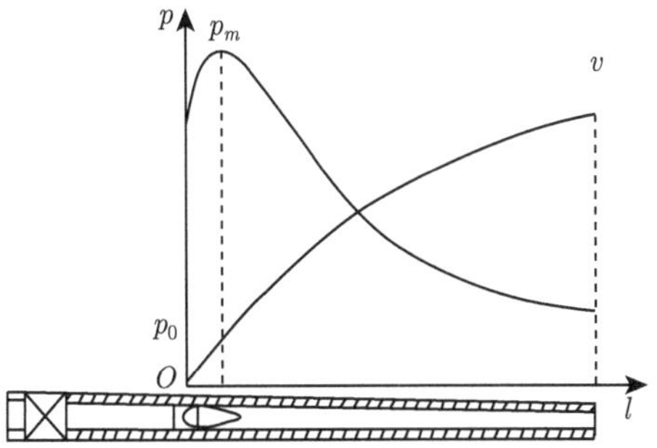

图 2.3.14 膛内压力 p 和弹丸速度 v 随弹丸行程 l 的变化曲线示意图

需要说明，以上所述三个过程是针对线膛炮发射而言的。对于滑膛炮，由于膛内没有膛线，弹丸的飞行稳定性依靠弹丸上的尾翼来实现，所以滑膛炮发射时没有挤进膛线的过程。

2) 中间弹道阶段

经过内弹道阶段，弹丸飞出炮口之后，在一定的时间内火药气体仍会对弹丸产生后效作用，这个作用过程归为中间弹道阶段。弹丸飞出炮口的瞬时，火药气体也随之冲出，此时气体的运动速度大于弹丸的运动速度，对弹丸仍起着推动作用，使弹丸继续加速。但是由于气体流出后将迅速向四周扩散 (膨胀)，因而在距离炮口的某一距离处，火药气体的运动速度将变得小于弹丸的运动速度，对弹丸不再起推动作用。对弹丸来说，当火药气体的推动力与空气对弹丸的气动力和重力的影响相平衡时，弹丸的加速度为零，此时速度达到最大值。表明弹丸运动的最大速度不是在炮口处，而是在出炮口以后的某一弹道点上。尽管弹丸飞出炮口后火药气体对弹丸运动继续起作用的这段弹道不长，但对弹丸运动的影响确实不可忽视。中间弹道阶段的试验图像如图 2.3.15 所示。

传统上，曾经把中间弹道作为内弹道的一个组成部分来对待。在处理具体弹道问题时，将炮口作为内、外弹道的分界，把在外弹道某点处的速度测出以后，考虑弹丸的受力情况，然后再折算到炮口，并把这一折算后的速度 (初速度 v_0) 作为弹丸外弹道的起始条件。这样，火药气体在中间弹道对弹丸运动速度的影响也就被间接地考虑了。在现代，为了进一步认识火炮发射弹丸的物理机制，将中间弹道作为一个单独的阶段来研究，并形成专门的学科，这对火炮炮口结构的设计以及弹丸射击精度的提高都具有重要意义。

图 2.3.15 中间弹道阶段的试验图像

3) 外弹道阶段

弹丸从受火药气体后效作用终止，到飞行命中目标之前，这个阶段的弹道过程都属于外弹道阶段。外弹道阶段是火炮射击过程中弹丸行程最长的阶段，也是最主要的阶段，目前已经形成了较为成熟的火炮射击外弹道学，用于研究和处理外弹道阶段的有关物理问题。

A. 弹丸受力分析

与航空投掷弹药类似，如果忽略地球自转引起的惯性力，弹丸在飞行过程中受到重力 mg 和气动力 R 的作用，如图 2.3.16 所示。图中各符号的意义与图 2.3.1 中完全一致，在此不再赘述。需要说明的是，对于由线膛炮发射的旋转弹丸来说，它还将不可避免地受到 Z 方向横向气动力的作用。这个横向气动力的来源可能是横风、马格努斯 (Magnus) 效应和动平衡角分量引起的偏流等。总体上讲，横向气动力对弹丸外弹道的影响是相对较小的，为简明起见，图 2.3.16 中没有将横向气动力标出，以下的分析中也将其忽略。

B. 弹丸飞行的稳定性

所谓飞行稳定性，是指弹丸在飞行过程中受到扰动后其攻角能逐渐减小，或保持在一个小角度范围内的性能。毫无疑问，飞行稳定是对弹丸的基本要求。如果不能保证稳定飞行，攻角将很快增大，弹丸翻转失控，这样不但达不到预定射程，而且会使落点散布很大。

如前所述，要使弹丸在飞行中保持稳定，一般有使之绕轴线旋转和加装尾翼两种方法。对于加装了尾翼的弹丸，其飞行稳定性原理和加装尾翼的航空投掷弹药一样，都是使压心 A 位于质心 B 之后，以便形成抑制攻角发散的力矩 M_z，达到飞行稳定的目的。对于旋转弹丸，其飞行稳定性是依靠陀螺稳定性原理来实现的。

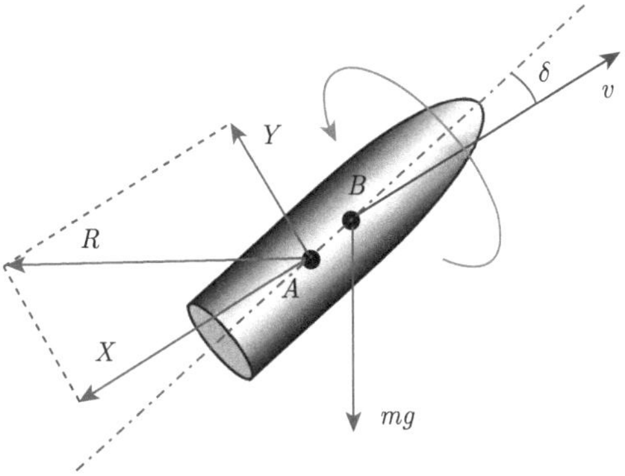

图 2.3.16 弹丸飞行中受力示意图

根据理论力学知识可以知道，当旋转的陀螺在地面上处于倾斜状态时，相对于其地面支撑点，它受到重力力矩的作用，该力矩倾向于使之倒下，但是由于刚体的回转效应，陀螺不会因为重力力矩而倾倒，反而会绕垂直于地面的一个轴线进动，这就是陀螺稳定性原理，如图 2.3.17 所示。飞行中旋转的弹丸就是使用了这个原理。由于其自身旋转，在气动力矩的作用下，弹丸并不会发生翻转，而是绕其速度方向进动 (事实上是摆线进动)。在这个过程中，其攻角 δ 将一直发生变化，虽不能减小到 0，但是却可以保持在一个较小的范围内，从而使得弹丸具有飞行稳定性，这也称为弹丸的陀螺稳定性，如图 2.3.18 所示。

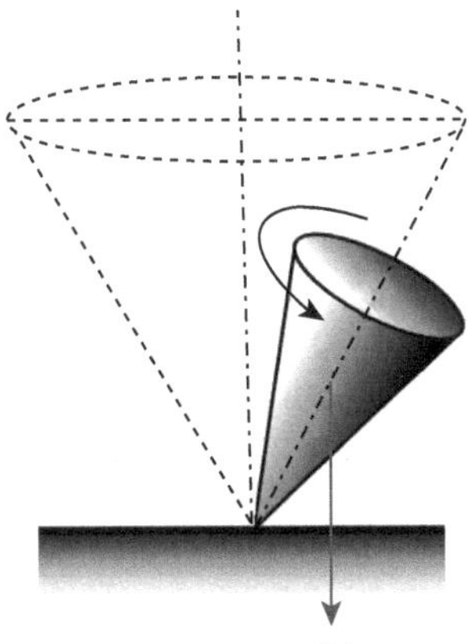

图 2.3.17 陀螺稳定性原理

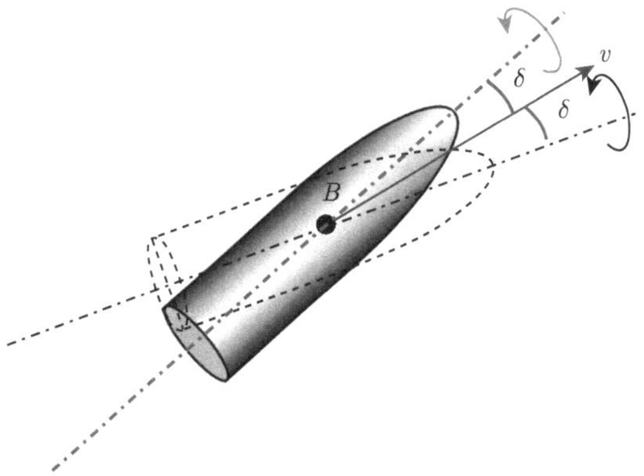

图 2.3.18　旋转弹丸的陀螺稳定性示意图

另外，对旋转弹丸，它的飞行稳定性除了上述的陀螺稳定性外，还有追随稳定性的问题。所谓追随稳定性，是指在弹丸飞行过程中，由于重力的作用，其飞行弹道将向下弯曲 (即弹道切线向下转动)，为使弹丸攻角不至于增大，弹丸的轴线方向必须追随弹道切线向下转动，以保证飞行稳定，如图 2.3.19 所示。当旋转角速度适当时，弹丸能够自然满足追随稳定性。

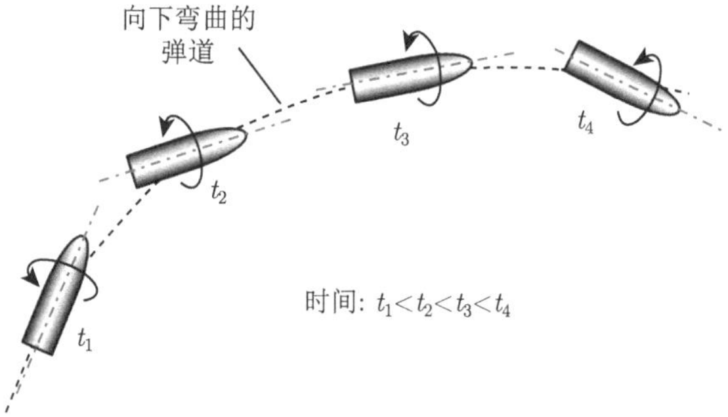

图 2.3.19　旋转弹丸的追随稳定性示意图

旋转弹丸的陀螺稳定性和追随稳定性都会对其飞行稳定性产生影响。要达到稳定飞行的状态，弹丸的陀螺稳定性要求其旋转角速度高于一个下限值，但是不能太高，太高的旋转角速度将造成弹丸陀螺稳定性太强，而失去追随稳定性。弹丸的追随稳定性要求其旋转角速度低于一个上限值，但是不能太低，太低的旋转角速度将造成弹丸陀螺稳定性不强而发生翻转。只有当弹丸旋转角速度适当时，其陀螺稳定性和追随稳定性都能够较好地满足，才具有较好的飞行稳定性。弹丸旋转角速度的上下限将是火炮膛线缠度 (以口径的倍数表示的膛线旋转一周前进的距离) 上下限设计的基础。

C. 质点弹道

根据前面对弹丸受力和飞行稳定性方面的描述，如果进一步忽略对弹丸运动影响较小的力和全部力矩，就可以把弹丸当成质点来看待，这样，弹丸的外弹道就可以近似为质点弹道。对质点弹道的研究将有助于处理简化条件下的弹道计算问题，分析弹道的影响因素，并初步分析形成落点散布和产生射击误差的原因。

质点弹道近似用到的几个主要假设有：①弹丸质量分布均匀，外形对称；②弹丸攻角 δ 为 0；③无风 (符合标准气象条件)；④忽略地球自转、地表曲率以及重力加速度 g 随纬度和海拔变化的影响。根据 2.3.1 节所讨论的知识可知，在上述假定下，气动力只有阻力 X。由于攻角 δ 为 0 时阻力 X 产生的力矩也为 0，所以可以认为气动力压心 A 与弹丸质心 B 重合，如图 2.3.20 所示。

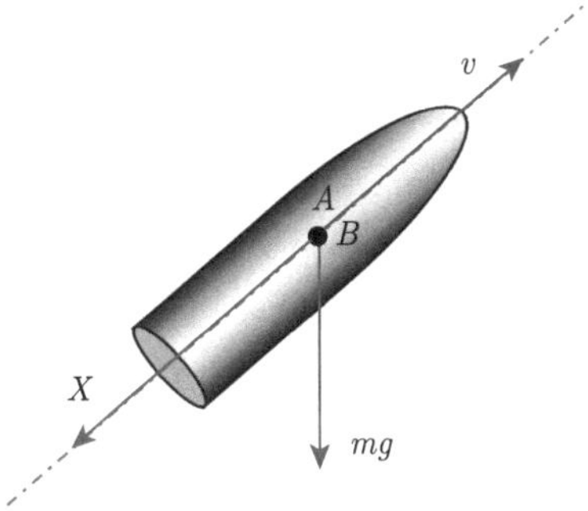

图 2.3.20 质点近似时弹丸的受力示意图

将弹丸作质点近似后，其运动方程与式 (2.3.7) 一致，联合式 (2.3.4) 就可以对弹丸的外弹道进行求解，得到弹丸有空气阻力的弹道。在求解中要注意，由于炮弹弹丸的速度比较大，可能作跨声速飞行，弹丸的阻力系数不能当作常数处理，需要根据如图 2.3.4 所示的阻力系数变化曲线进行取值。如果进一步忽略弹丸受到的空气阻力，其运动方程即为式 (2.3.1)，此时的弹道被称作弹丸的真空弹道，真空弹道是抛物线。弹丸有空气阻力的弹道和真空弹道的对比如图 2.3.21 所示，显然，空气阻力对弹丸的弹道性能 (如射程和最大射高) 有较大影响。对于确定形状的弹丸，空气阻力对其弹道性能影响的程度同样可以用前面介绍的弹形系数 i 来描述。

2. 典型装备与应用

1) 射击式弹药

枪弹和炮弹是常见的依靠射击式进行投射的弹药，它们具有初速度大、射击精度较高、经济性好等特点，是战场上应用最广泛的弹药，适用于各军种。

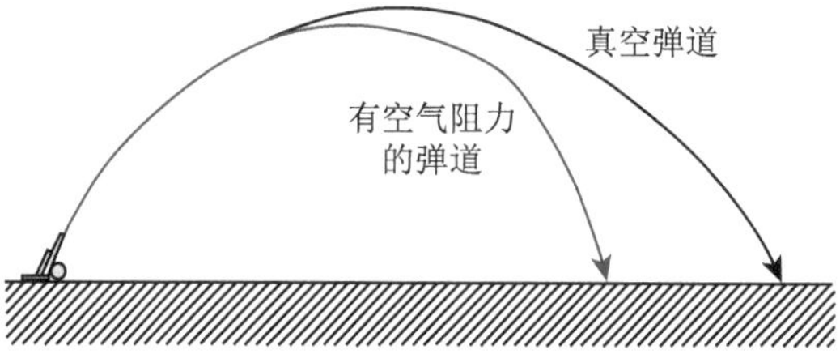

图 2.3.21　弹丸的典型质点弹道示意图

枪弹是指口径在 20mm 以下的射击式弹药，多用于步兵。从严格意义上讲，枪弹可以不归为战斗部的范畴。

炮弹是指口径在 20mm 以上的射击式弹药。炮弹具有战斗部系统的多项特征。炮弹通过火炮射击后，能够在目标处或目标附近形成爆炸冲击波、破片和其他高速侵彻体等毁伤元，主要用于压制敌人火力，杀伤有生力量，摧毁工事，毁伤坦克、飞机、舰艇和其他装备。

炮弹有多种类型，按炮弹实现飞行稳定的方式，可分为旋转稳定炮弹和尾翼稳定炮弹，如图 2.3.22 所示。如果按照发射装药的结构差异，炮弹又可以分为定装式炮弹和分装式炮弹，前者的发射药筒和弹丸整装为一个整体，发射药量固定不变，射击一次只需一次装填；后者的发射药筒和弹丸分开，发射药量可根据需要调整，射击一次需要按弹丸、发射药的顺序实施两次装填。

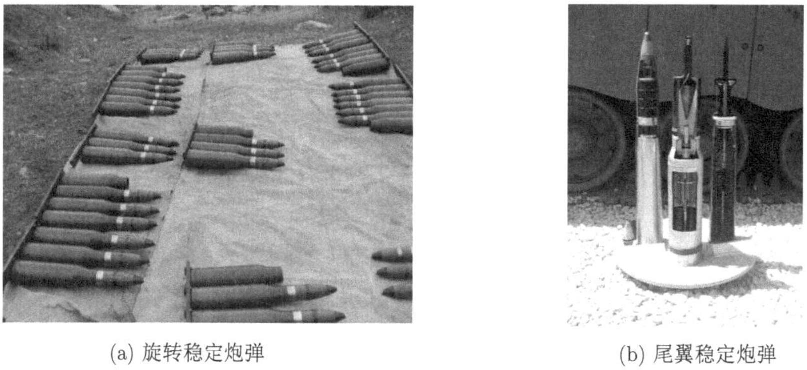

(a) 旋转稳定炮弹　　　　(b) 尾翼稳定炮弹

图 2.3.22　典型的炮弹实图

2) 火炮

火炮是用于射击炮弹的装备，一般能够打击几千米到数十千米范围内的目标，现代火炮如自行火炮和远程火炮追求的射程达上百至数百千米，在各军种都有重要的应用，图 2.3.23 是火炮射击实图。火炮有很多种类，分类方式也多样。对于陆军常用的火炮，一般按照炮弹的弹道特性分为加农炮、榴弹炮和迫击炮。加农炮的弹道低伸平直，名称中的“加农”系英语“cannon”的音译，高射炮、反坦克炮、坦克炮、机载和舰载火炮都具有加农炮的弹道特性。榴弹炮的弹道较为弯曲，射程较远。迫击炮的弹道非常弯曲，射程较近。在有的情况下，加农炮被称为平射炮，榴弹炮和迫击炮被统称为曲射炮。这三种火炮的弹道特性比较如图 2.3.24 所示，其他有关性能的对比见表 2.3.1。需要注意，以上根据弹道特性对火炮的分类只是一种大致参考，不能绝对化，有时各类型之间的差异并不十分明显。比如，现在有的火炮可兼具加农炮和榴弹炮的弹道特性，所以也被称为“加农榴弹炮”或“加榴炮”。

图 2.3.23 火炮射击实图

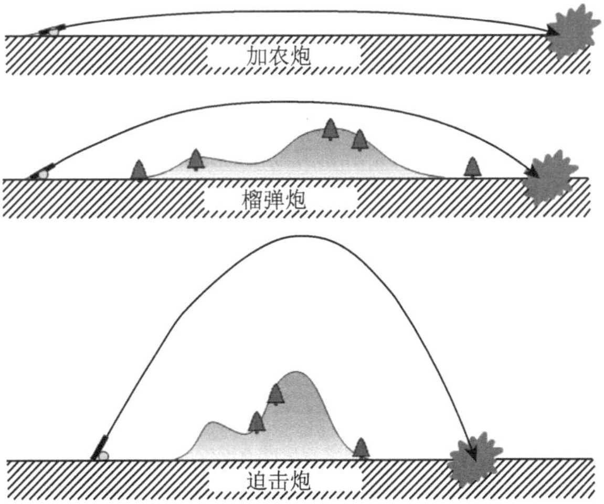

图 2.3.24 陆军常用火炮的弹道特性示意图

表 2.3.1 陆军常用火炮的性能对比

种类	弹道形状	性能特点	结构特点 (d 为火炮口径)
加农炮	低伸平直	初速大 (>700m/s)，射角小 (<45°)，一般采用定装式炮弹，大口径火炮也可采用分装式炮弹	炮身长 (>40d)，比同口径其他火炮重
榴弹炮	弯曲	初速小 (<650m/s)，射角大 (>75°)，多采用分装式炮弹	炮身短 (20~30d)，全炮较轻
迫击炮	很弯曲	初速大，射角范围大 (45°~85°)，多用尾翼稳定炮弹	炮身短 (10~20d)，结构简单，全炮很轻

2.3.3 自推式

1. 特点与科学原理

自推式投射方式是指，战斗部 (弹药) 依靠所处平台自身的推进系统产生的推力，经过全弹道 (或部分弹道) 的自主飞行或巡航后投向目标的投射方式。自推式投射使用的推进系统可以是火箭发动机、喷气发动机 (适用于空中推进)，或者是电力驱动的螺旋桨 (适合水下推进)。火箭弹和导弹是典型的自推式投射的弹药，下面以火箭弹为例来说明自推式投射的有关科学原理。

1) 推进动力

火箭弹的推进动力来自于火箭发动机。火箭发动机的主要结构组成是燃烧室和喷管。燃料 (可以是固体或液体燃料) 在火箭发动机燃烧室内燃烧，生成大量高温、高压燃气，并从喷管高速喷出，产生的反作用力作用于火箭发动机上，形成推力，使火箭弹向喷射气流相反方向运动，如图 2.3.25 所示。

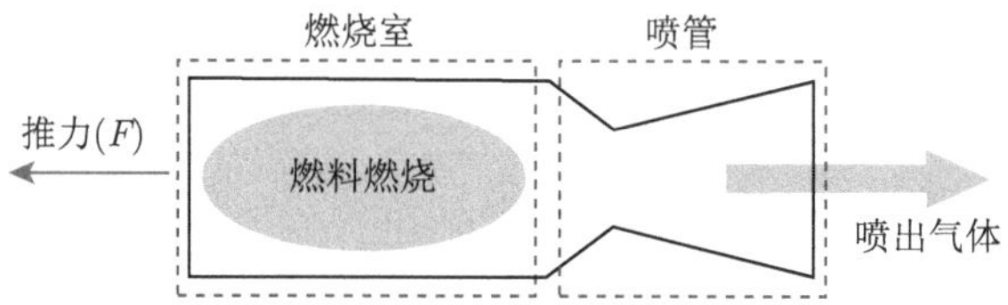

图 2.3.25 火箭发动机原理示意图

根据动量守恒定律，不难分析出火箭发动机推力公式如下：

$$F = \dot{m}v_e + A_e(p_e - p_0) \tag{2.3.8}$$

式中，F 是火箭发动机推力，$\dot{m}$ 是喷管单位时间排出的气体质量 (流量)，v_e 是喷管出口排气面上的排气速度，A_e 是喷管出口排气面面积，p_e 是喷管出口排气面上的气体压力，p_0 是外界环境气体压力，在外太空空间可以认为 p_0 是 0。

由推力公式 (2.3.8) 可知，火箭发动机推力由式 (2.3.8) 等号右边两项作用力组成，其中第一项代表动量推力，它是由高速喷射出的燃气动量变化率产生的，是推力的主要部分，占总推力的 90%以上。第二项代表静推力，这是由喷管出口排气面上气体压力与环境气体压力不平衡引起的。

2) 火箭弹飞行弹道

火箭弹飞行时，其飞行弹道可以根据时间的先后顺序显著地分为主动段和被动段两个阶段。在主动段，火箭发动机处于工作状态，给火箭弹以推进动力；在被动段，火箭发动机由于燃料耗尽而停止工作，或按照预定程序自动关机，火箭做无动力飞行，在大多数情况下，这个阶段是火箭弹飞行弹道的主要阶段。火箭弹在主动段终点处的速度大小、方向和自身的质量、姿态将在很大程度上决定被动段飞行的弹道。在被动段，火箭弹在气动力和重力作用下飞行，一般不对自身弹道进行控制，所以火箭弹也被称为无控火箭弹①。下面从力学原理上讨论火箭弹的飞行弹道。

A. 火箭弹受力分析

与前面讨论类似，火箭弹飞行时，作用在火箭弹上的力有重力 mg、气动力 R(包括升力 Y 和阻力 X，理想情况下暂不考虑 Z 方向横向气动力) 和自身的推力 F(在主动段)，由于攻角 δ 的存在，还有气动力矩作用在火箭弹上，使火箭的姿态 (攻角 δ) 发生变化，如图 2.3.26(a) 所示。由于火箭弹通常都带有尾翼，基于前面的分析，通过尾翼将压心 A 控制在质心 B 之后，火箭弹能够实现攻角很小的稳定飞行。因此，在原理性的分析中，可以认为火箭弹飞行时的攻角 δ 为 0，因而升力 Y 为 0，火箭弹只受重力 mg、阻力 X 和自身推力 F 的作用，如图 2.3.26(b) 所示。如果再采用与炮弹弹丸一样的质点弹道假设，火箭弹的弹道也可以理想化为质点弹道。当火箭弹处于飞行的被动段时，其推力 F 为 0，其他受力情况与主动段相同。

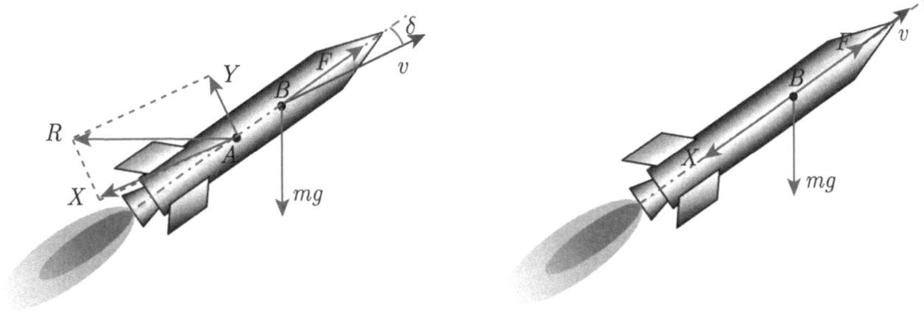

(a) 有攻角　　(b) 0攻角

图 2.3.26　火箭弹主动段飞行时受力示意图

B. 火箭弹飞行运动方程

在质点弹道近似下，主动段火箭弹的飞行运动方程如下：

① 现代先进的火箭弹也可具有根据目标位置对自身弹道进行控制的功能，本书不涉及。

$$m\frac{\mathrm{d}\boldsymbol{v}}{\mathrm{d}t}=m\boldsymbol{g}+\boldsymbol{X}+\boldsymbol{F} \tag{2.3.9}$$

式 (2.3.9) 与式 (2.3.7) 相比，既考虑了重力 mg 和阻力 $\boldsymbol{X}$，还考虑了推力 $\boldsymbol{F}$。阻力 $\boldsymbol{X}$ 的方向与速度相反，大小由式 (2.3.4) 描述，推力 $\boldsymbol{F}$ 的方向与速度方向一致，大小由式 (2.3.8) 描述。

需要注意的是，在式 (2.3.9) 中，质量 m 不是一个常数，而是与时间有关的变量，这是因为火箭发动机在不断消耗燃料来提供推力 $\boldsymbol{F}$，所以还有必要引入下面的质量变化方程：

$$m=m_0-\int_0^t \dot{m}\mathrm{d}t \tag{2.3.10}$$

式中，m_0 是火箭弹的初始总质量。

这样，联立式 (2.3.4) 和式 (2.3.8)～ 式 (2.3.10)，就可以对主动段火箭弹的飞行弹道进行求解。在被动段，设定推力 F 为 0，同时火箭弹质量为定值 (总质量减去消耗掉的燃料质量)，其他不变。

C. 火箭弹的弹道特性

如前所述，火箭弹的飞行弹道与普通炮弹的外弹道相比，最大的特点是火箭弹的弹道具有先后两个连续的阶段——主动段和被动段。在主动段中，火箭发动机工作并提供推力 F，这个推力 F 克服火箭弹受到的重力 mg 和阻力 X，使得火箭弹逐渐爬升并加速。在主动段的末端，火箭弹速度的方向与地面形成预定的倾角，速度大小达到最大值，在这之后，火箭发动机关机，火箭弹进入被动段。在被动段中，由于失去了动力，火箭弹在重力和阻力作用下开始减速，但是在一段时间内，火箭弹仍将继续上升。在上升到弹道顶点处时，火箭弹的速度方向对地面的倾角为 0，速度大小达到最小值，然后火箭弹开始下降，并在重力作用下加速，直至到达地面落点。火箭弹的飞行弹道特性如图 2.3.27 所示，其中 x 表示火箭弹的水平射程，y 表示相对高度，v 表示速度大小。

从图 2.3.27 中可以看到，主动段只占火箭弹飞行弹道的一小部分，被动段是弹道的主要部分。所以在有的分析中，常常忽略主动段，将火箭弹在主动段末端的运动状态作为其弹道飞行的初始条件，这样，火箭弹的飞行弹道特性和炮弹就比较类似了。如果进一步忽略空气阻力的影响，可知火箭弹的弹道是抛物线。

2. 典型装备与应用

火箭弹、鱼雷和导弹都是对战斗部实施自推式投射的典型装备。自推式投射的特点是，在发射时过载低，发射装置对战斗部 (弹药) 的限制少，易于实现制导，能够实现远程投射，具有广泛的战略和战术价值。

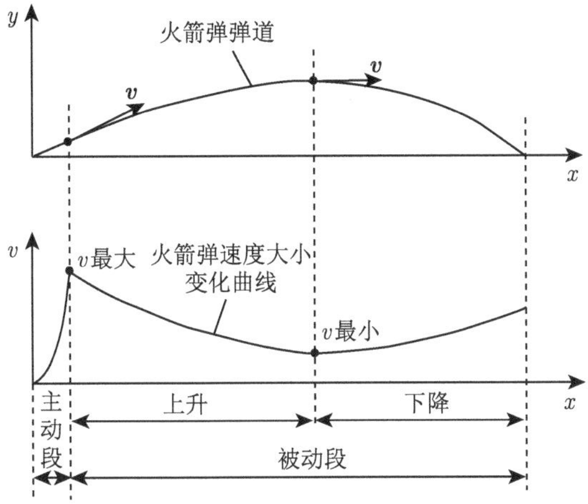

图 2.3.27 火箭弹的飞行弹道特性示意图

1) 火箭弹

火箭弹是指非制导或无控的火箭推进弹药，它利用火箭发动机从喷管中喷出的高速燃气产生推力。重型火箭弹一般采用车载发射，可多发联射，火力猛，突袭性强，适用于压制地面集群目标。轻型火箭弹可采用便携式发射筒以单兵肩扛式发射，射程近，机动灵活，易于隐蔽，特别适用于步兵反坦克作战。典型的火箭弹装备如图 2.3.28 所示。

(a) 车载式火箭弹

(b) 单兵肩扛式火箭弹

图 2.3.28 典型的火箭弹装备

2) 鱼雷

鱼雷是能在水中自航、自控和自导，并在水中爆炸来毁伤目标的武器。鱼雷可以从舰艇上发射，也可以从飞机上发射。从舰艇上发射时，鱼雷以较低的速度从发射管射入水中，依靠热动力或电力驱动鱼雷尾部的螺旋桨或其他动力装置在水中航行。鱼雷战斗部装填高能炸药，主要用于毁伤水面舰艇、潜艇和其他水中目标。典型的鱼雷发射如图 2.3.29 所示。

图 2.3.29　典型的鱼雷发射

3) 导弹

导弹是依靠自身动力系统 (可以是固体或液体火箭发动机、喷气发动机) 推进，在大气层或空间飞行，有制导系统导引、控制其飞行路线并导向目标的武器。在现代战争中，导弹是兼有战略和战术价值的重要武器装备。

A. 导弹的分类

导弹有多种分类方式，通常根据弹道特点的不同，将导弹分为弹道导弹和巡航导弹。弹道导弹依靠火箭发动机推力在弹道初始段加速飞行，在获得一定的速度，并达到预定的姿态后，火箭发动机关机，弹头 (战斗部) 与弹体分离并依靠惯性飞行，直至到达目标。弹道导弹一般要离开大气层进入外太空，然后再入大气层。在再入大气层后的弹道末段，现代先进的弹道导弹弹头 (战斗部) 还可以具有机动和末制导能力。弹道导弹具有飞行速度快、突防能力强、射程远 (能打击几百到几千千米范围内的目标) 等特点，可搭载核战斗部，也可搭载常规战斗部等。图 2.3.30(a) 是我国先进的弹道导弹图片。

与弹道导弹不同，巡航导弹的弹道一般全部处于大气层内部，所以其发动机可以是火箭发动机，也可以是涡轮或冲压喷气发动机。在飞行中，巡航导弹发动机一直处于工作状态，并可以根据需要进行较大范围的机动，因而其弹道曲线复杂多样。从这个角度定义，常见的地-空、空-空、空-地、空-舰等导弹都属于巡航导弹。现代先进的地-地巡航导弹能进行远距离大范围机动飞行 (在几百千米的量级)，并采用多种方式制导 (惯性制导、卫星制导、地形匹配制导、景象匹配制导等)，以较高精度打击目标，是高水平导弹研制技术的集中体现，典型代表如美国的“战斧”巡航导弹 (图 2.3.30(b))。

(a) 弹道导弹

(b) 巡航导弹

图 2.3.30 典型的导弹

B. 导弹的弹道

a. 弹道导弹

弹道导弹的飞行原理与火箭弹大体类似，但它涉及的科学技术和工程环节要复杂得多。弹道导弹的飞行弹道也可以按先后分为主动段和被动段，而根据弹道特性的显著差异，弹道导弹的主动段和被动段又可以分为若干子段。

在主动段，火箭发动机和各种制导控制系统处于工作状态，导弹按照预定的程序飞行，所以主动段也称为程控飞行段，该段的飞行时间在几十到几百秒。主动段又可分为垂直上升段、转弯飞行段和发动机关机段。

弹道导弹实施垂直发射，所以垂直上升段是弹道导弹飞行的初始段。在火箭发动机启动后，只要推力大于起飞重量，导弹就可以缓缓垂直上升，并开始加速。垂直上升段的飞行时间在 4~10s 内，完成该段飞行后，导弹高度达到 100~200m，速度大小达到 30~40m/s。

然后导弹进入转弯飞行段。在这一子段，导弹将在控制系统的作用下，例如，通过偏转尾翼空气舵面或改变发动机喷气方向，开始脱离垂直上升飞行状态，进行缓慢转弯飞行，导向目标方向。为防止出现较大的过载，导弹转弯较慢。在转弯飞行完成后，导弹要达到预定的速度大小和弹道倾角 (指导弹速度方向与地面切线的夹角)，如图 2.3.31(a) 所示。为达到所需速度大小，导弹有可能使用多级火箭推进的技术。

接下来导弹进入发动机关机段，这是主动段的最后一个子段。在这一子段中导弹将保持弹道倾角不变 (即速度方向不变) 进行直线飞行，直到发动机关机。在发动机关机后，弹道导弹一般要实施弹头和弹体的分离，如图 2.3.31(b) 所示。通过精确控制发动机的关机时刻，可以在保持弹道倾角的情况下，根据射程和其他需求，控制弹头在主动段终点的速度大小，此时的速度大小和弹道倾角将在很大程度上决定了弹头的后续飞行弹道。在主动段终点，导弹弹头的速度达到几千米每秒，高度距地面几十到几百千米，弹道倾角在 40° 左右，如果射程增大，则弹道倾角减小，例如，远程战略弹道导弹 (洲际导弹) 的弹道倾角一般在 20° 左右。

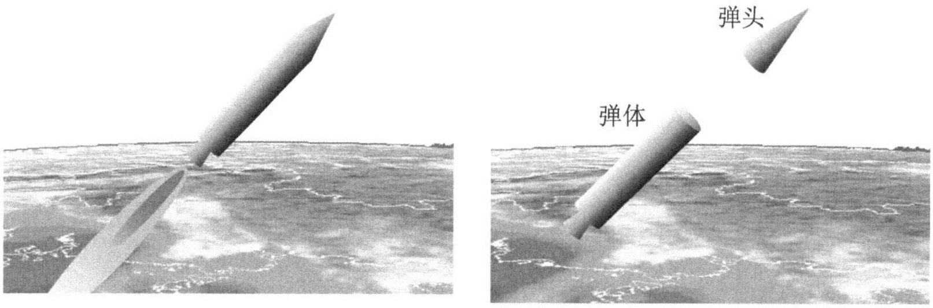

(a) 转弯飞行到一定的弹道倾角　　(b) 弹头和弹体分离

图 2.3.31　弹道导弹转弯飞行和头体分离示意图

主动段完成后，弹道导弹进入被动段，被动段是弹道导弹弹道的主体，占全弹道总长度的 80%～90%。在被动段，导弹的火箭发动机关机，弹头和弹体已经分离，弹头依靠主动段获得的运动状态进行惯性飞行。被动段又可以细分为自由飞行段和再入段。

在自由飞行段，弹头处于距地面很高的高空，空气稀薄，气动力可以忽略，弹头只受到重力的作用。在这一子段，由于弹头飞行高度高、飞行距离长，所以不能把重力看作常数，而应该基于万有引力定律，根据弹头距地心的距离计算重力的大小，并把重力方向考虑为指向地心。因此，弹头在这一段的弹道飞行类似于航天飞行器 (如人造卫星和飞船) 的轨道飞行，各种理论力学和轨道力学专著中对这一段弹道都有较深入的分析，在此不再赘述。

但是弹道导弹与人造卫星等航天器的飞行又有所不同，那就是弹道导弹的飞行要以落回地球为目的，而不是进入绕地球飞行的轨道。所以弹道导弹的自由飞行段要满足下述条件：第一，飞行弹道是椭圆轨道；第二，椭圆轨道的近地点与地心的距离要小于地球半径，如图 2.3.32 所示。以上条件可以通过调整主动段终点时刻的弹头速度大小和弹道倾角来实现。

当弹头经过自由飞行段再次回到大气层时，则进入再入段。在这一子段中，弹头高速进入大气层，将经历剧烈气动阻力、气动热烧蚀、电磁黑障、粒子云侵蚀等恶劣环境。有的弹头上安装的控制发动机会开始工作，使弹头作机动飞行，以对抗导弹防御系统的拦截并提高打击精度。当弹头到达目标处或目标附近发生爆炸时，再入段终止。

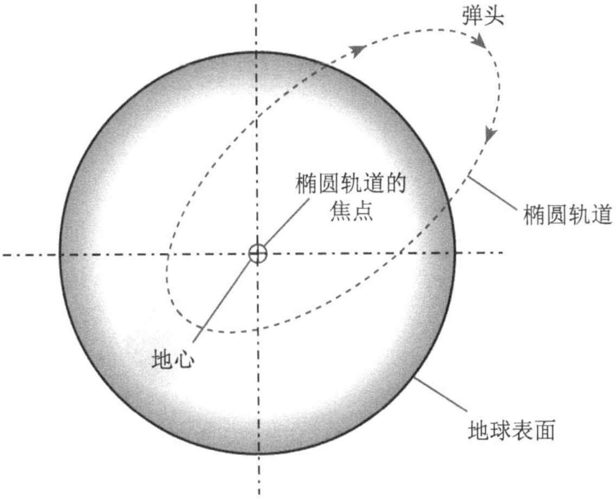

图 2.3.32 弹道导弹自由飞行段椭圆轨道示意图

b. 巡航导弹

与弹道导弹相比，巡航导弹的弹道要复杂得多，不同类型的导弹 (地-地、地-空、空-地等)，其弹道特点也有很大区别，而且它的自主飞行弹道和导引弹道 (即根据制导系统导向目标的弹道) 是耦合在一起的，所以难以形成较为统一的描述，下面只对巡航导弹弹道的一些典型特征做一个简单介绍。

巡航导弹在大气层内飞行，所以像飞机一样，它可以处于平飞状态，也因此具有平飞段是巡航导弹的弹道特征之一。在巡航导弹离开发射平台后，根据飞行的需要，导弹要爬升或下滑，以达到所需的飞行状态，所以巡航导弹又具有爬升和下滑段。另外，有的巡航导弹 (尤其是反舰导弹) 为了增加突防成功率，在接近目标的时候会突然爬升然后俯冲攻击目标，所以巡航导弹还有俯冲段，如图 2.3.33 所示。另外，现代先进的对地攻击巡航导弹能采用包括地形匹配、电视制导在内的多种制导方式，以较高的精度打击目标，其弹道可能更加复杂，如图 2.3.34 所示。由于巡航导弹的弹道变化多样，在飞行弹道变化时导弹要承受各种过载，所以对巡航导弹进行弹道规划时要考虑弹体强度能承受多大过载的问题。

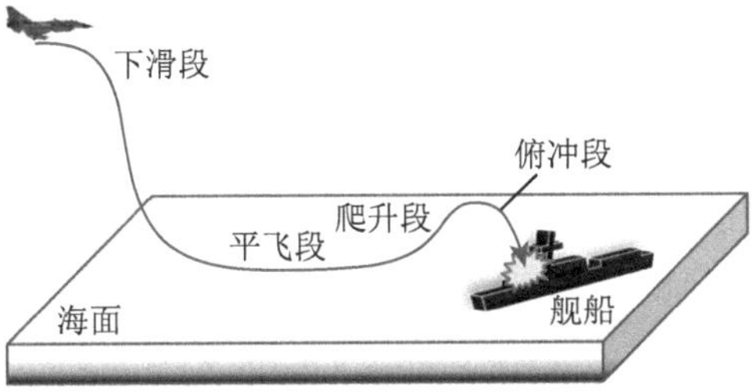

图 2.3.33 典型的空-舰导弹弹道

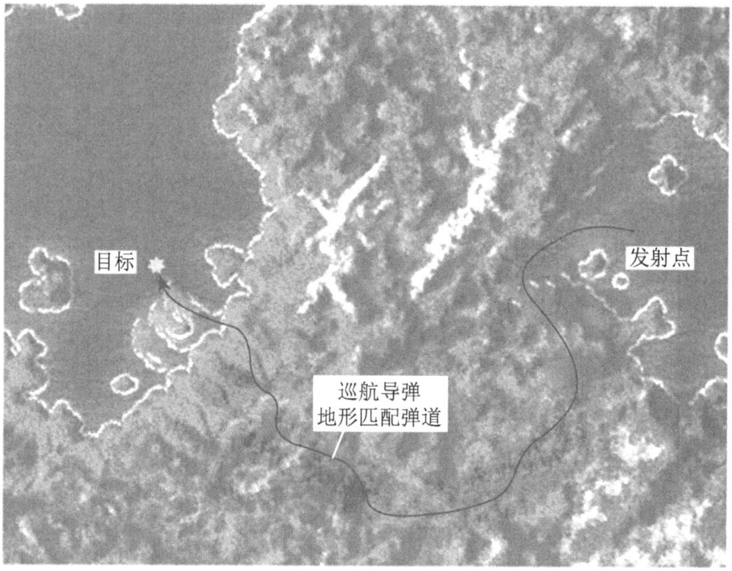

图 2.3.34　巡航导弹的地形匹配复杂弹道

2.3.4　布设式

布设式投射方式与前面所述的投掷式、射击式和自推式投射方式都有差异，前面所述的三种投射方式都是利用各种动力使战斗部 (弹药) 主动接近目标，而布设式投射方式是将战斗部 (弹药) 预先设定在一定的区域 (地域、空域或海域)，然后等待目标接近或通过。当目标接近或通过时，弹药上的引信接收到感应信号并被触发，使战斗部 (弹药) 发生爆炸，从而毁伤目标。

布设式投射方式在将战斗部 (弹药) 预先设定在一定区域的时候，可以使用到前面所述的投掷、射击和自推式等投射方式，所以投射过程中的力学原理与前面所述的三种投射方式类似，本节不再展开叙述。

在典型装备与应用上，地雷、水雷是典型的利用布设式投射的弹药，它们可以利用空投、炮射、火箭布撒或人工布设 (埋设) 等方式预设于一定的地域或海域，用于杀伤步兵，毁伤坦克和水面、水下舰艇等。

地雷是撒布或浅埋于地表待机作用的弹药。反坦克地雷内装高能炸药，能炸坏坦克履带及负重轮；内装聚能装药的反坦克地雷，能击穿坦克底甲或侧甲，还可杀伤乘员及炸毁履带。防步兵地雷还可装简易反跳装置，跳离地面 0.5~2m 高度后在空中爆炸，增大杀伤效果。典型地雷如图 2.3.35(a) 所示。

水雷是布设于水中待机作用的弹药。有自由漂浮于水面的漂雷、沉底水雷以及借助雷索悬浮在一定深度的锚雷，其上安装触发引信或近炸引信。近炸引信可感知舰艇通过时一定强度的磁场、声响及水压场等而作用；某些水雷中还装有计数器和延时器，在目标通过次数或通过时间达到一定数值时才爆发，起到迷惑敌人，干扰扫雷的作用。典型的水雷如图 2.3.35(b) 所示。

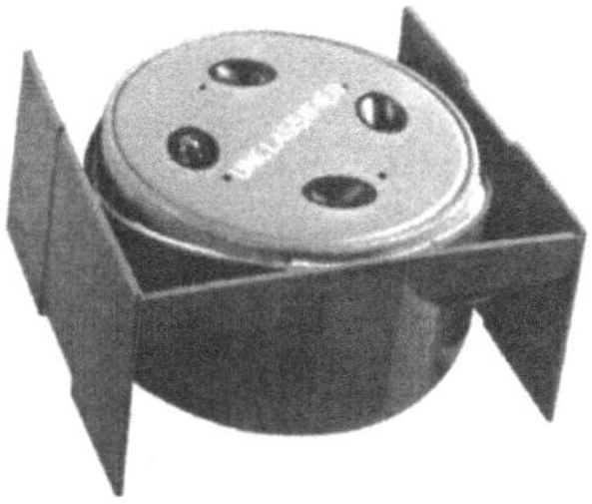

(a) 地雷

(b) 水雷

图 2.3.35 典型的布设式弹药

2.3.5 其他投射方式

在战斗部 (弹药) 打击目标的实际作战应用中，其投射方式实际上是多种多样的。大多数的战斗部 (弹药) 将单纯采用前面所述的投掷、射击、自推和布设式投射方式之一，也有部分战斗部 (弹药) 采用的是几种投射方式的组合，以达到提高打击精度和增强毁伤效能的目的。近年来，随着技术的进步，传统的投射方式有了新的发展，同时也出现了一些新的投射方式。下面做一个简要介绍。

1. 组合式投射

使用组合式投射的典型战斗部 (弹药) 是子母弹。

子母弹以母弹作为载体，内装有一定数量的子弹，投射后母弹在预定位置开舱，抛射子弹，利用子弹完成毁伤目标和其他特殊战斗任务。图 1.2.15 是子母弹的母弹开舱抛射子弹示意图。

子母弹的母弹和子弹可以分别有不同的投射方式，所以其投射方式是组合式的。母弹的投射可以是投掷式 (如航空投掷子母弹)、射击式 (如炮射子母弹) 和自推式 (如火箭或导弹子母弹)。母弹抛撒子弹后，若子弹无动力，子弹的投射是投掷式的 (如集束式子母弹)；若子弹有动力，并可作机动飞行，则子弹的投射又有自推式的特点 (如分导式多机动弹头)。如果一定数量的子弹是预先投射到一定区域，并等待目标接近或通过，那么子弹的投射又是布设式的 (如区域封锁子母弹)。在现代战争中，子母弹已成为压制、杀伤步兵集群，毁伤装甲集群，封锁军用机场的主要弹药，具有显著的实用价值。

除子母弹以外，采用多种投射方式的弹药还有末制导炮弹、炮射导弹、火箭增程炮弹等，这些弹药采用了射击式、自推式、投掷式几种投射方式的组合，具有更高的打击精度、更远的打击距离等优点，已形成了多种著名弹药型号，如美国的 155mm“铜斑蛇” 半主动激光末制导反装甲炮弹、苏联的 152mm “红土地” 半主动激光末制导杀伤爆破火箭增程弹和德国的 155mm“伊夫拉姆”(EPHRAM) 毫米波制导反装甲制导炮弹、英国的 “灰背隼” 毫米波制导迫击炮弹等。

2. 新型投射方式

随着技术的进步，一些新的投射方式不断出现，比如遥控投射、无人平台 (无人机) 投射等。这些新的方式，一般都可归于前面所述四种投射方式之一，但其涉及的科学原理有所不同。下面简要介绍电能投射方式。

电能投射是利用电能 (通常是脉冲放电) 来提供全部或部分能量，从而赋予弹药初速的投射方式。就目前来看，电能投射常用于射击式投射中，典型的装备有电热炮和电磁炮。

1) 电热炮

电热炮是指全部或部分利用电能加热一定的工质从而产生等离子体推进弹丸的发射装置。电热炮又可以分为直热式和间热式电热炮两类。直热式电热炮利用特定的高功率脉冲电源向某些惰性工质放电，通过电的加热效应使工质转变成等离子体，利用等离子体所具有的热能和动能推进弹丸运动。间热式电热炮同样利用高功率脉冲电源对一定的初级工质放电并使其离化成为等离子体，但是这个初级工质等离子体并不直接驱动弹丸，而是对次级工质 (或者是其他含能化学材料，如发射药) 进行加热，再使次级工质离化成等离子体 (或者是使含能化学材料发生化学反应)，借助热气体的膨胀做功来推进弹丸。从能量使用来看，直热式电热炮全部利用电能来推进弹丸，而间热式电热炮不但使用了电能，还使用了化学能 (电能和化学能的比值一般约为 1:4)，所以又称为电热化学炮，其原理如图 2.3.36 所示。

电热炮具有弹丸初速高、内弹道可控性好、有利于改变射程等多个优点，但是目前电热炮仍处于研制试验阶段，还有一系列的工程问题需要解决，比如脉冲电源的小型化问题，能量转化效率的提升问题等。

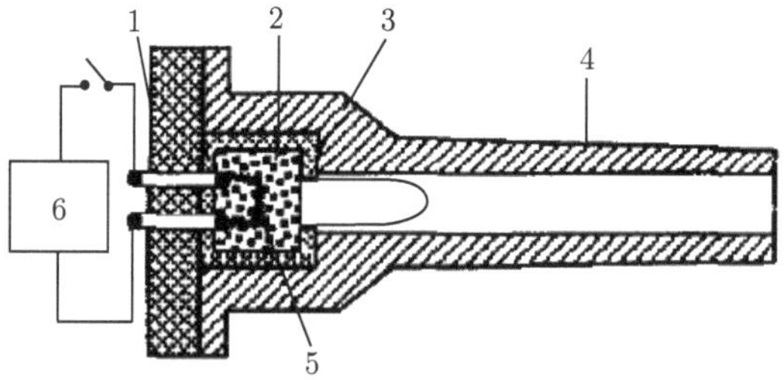

1-电级; 2-第二工质; 3-药筒; 4-身管;
5-第一工质; 6-电源

图 2.3.36 电热化学炮工作原理图

2) 电磁炮

电磁炮又称为电磁发射器，是指完全依靠电能产生电磁效应发射弹丸的新型高速发射装置。根据工作原理的不同，电磁炮又可以分为电磁线圈炮和电磁轨道炮两类。电磁线圈炮的身管由许多个同口径、同轴线圈构成，弹丸上也有线圈，如图 2.3.37(a) 所示。其工作原理是，当身管的第一个线圈输送强电流时形成磁场，弹丸上的线圈产生感应电流，磁场与感应电流相互作用，推动弹丸前进；当弹丸到达第二个线圈时，向第二个线圈供电，再推动弹丸前进，如此反复，逐级将弹丸加速到较高的速度。电磁线圈炮的优点是弹丸与炮管的摩擦小、弹丸质量大、电能利用率高，但供电系统复杂。

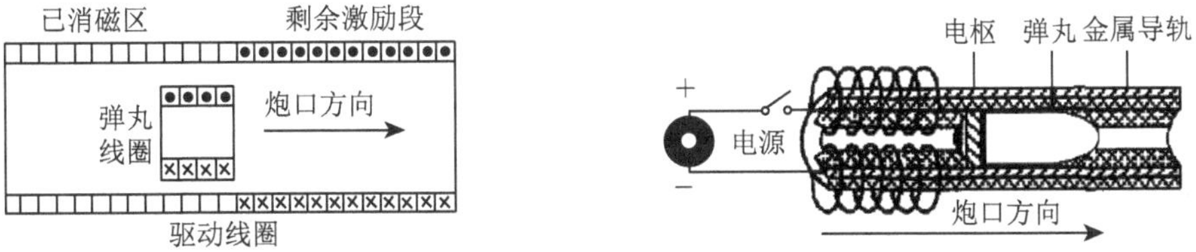

(a) 电磁线圈炮　　(b) 电磁轨道炮

图 2.3.37　电磁炮工作原理图

电磁轨道炮的弹丸位于两根平行的金属导轨中间，其原理结构如图 2.3.37(b) 所示。工作原理为，当强电流从一根导轨经弹丸底部的电枢流向另一根导轨时，在两根导轨之间形成强磁场，磁场与流经电枢的电流相互作用，产生洛伦兹力，推动炮弹从导轨之间发射出去，理论上可推动 10kg 的弹丸达到 6000~8000m/s 的速度。电磁轨道炮具有弹丸初速高、结构简单等优点。近年来美国海军对电磁轨道炮开展了一系列研制和试验工作，并取得了一定的成果。图 2.3.38 是美国海军电磁轨道炮的实物和试验图片。

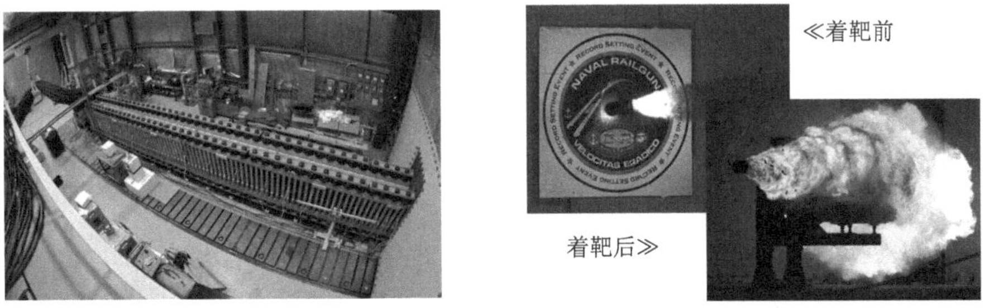

(a) 发射轨道　　(b) 高速弹丸着靶瞬间

图 2.3.38　美国海军试验的电磁轨道炮

此外，空间投射也受到关注。空间投射是指利用在轨卫星携带弹药实施对地攻击的投射方式，具有隐蔽性好、响应快、命中精度高等特点，实现在轨卫星从对地观测、侦察平台向对地打击平台的转变，具有深远的战略意义。

2.4　武器投射精度 [1,6,10]

2.4.1　几种投射方式的精度特点

投掷式、射击式和自推式这三种投射方式都是使战斗部 (弹药) 主动接近目标，而布设式投射则是将战斗部 (弹药) 预设在一定区域并等待目标靠近。所以从主动命中目标这一点来考虑，下面只对投掷式、射击式和自推式这三种投射方式的精度特点及影响因素进行讨论。

1. 投掷式的精度

总体而言，单纯的、不依靠制导的投掷式投射的精度是比较低的。对地面投掷而言，一般谈不上定量精度的概念，比如手榴弹的投掷，由于其射程短，投掷装置 (人力投掷) 的重复性不好，不会在定量上考虑精度问题。对于航空投掷，早期 (20 世纪中期以前) 的投射精度也很低，当时主要以增大弹药威力半径和增加投掷弹药数量来弥补精度低的问题。影响航空投掷精度的因素有载机的飞行稳定性 (速度大小和方向的稳定性)、弹药自身的弹道性能、气象条件 (风力和风向) 等。

在现代，为提高航空投掷的精度，多个国家已经研制和装备了制导炸弹。一般有激光制导炸弹，如美军的“宝石路 III”，其 CEP 可达 0.3~0.6m；也有全球卫星定位和惯性导航组合制导 (GPS/INS 组合制导) 炸弹，如美军的“杰达姆”(JDAM)，它相比激光制导炸弹具有作战能力全天候和射程远的特点，最大射程可达 75~110km，其 CEP 设计值为 13m。

2. 射击式的精度

本节以火炮射击为例来说明射击式的精度。火炮射击落点常常呈现出椭圆形散布，即落点标准差σ_x 和σ_y 之间存在差异。考虑到火炮射击常用中间偏差 (即概率误差) 的概念，根据式 (2.1.33) 可以对火炮射击在 x 和 y 方向的标准差和中间偏差进行换算。例如，根据某型榴弹炮射表数据可知，在 10km 射程时，对应的距离中间偏差为 35m，方向中间偏差为 6.1m，可见火炮射击的方向中间偏差远小于距离中间偏差。在不考虑系统误差时，其落点散布表现为细长的椭圆，椭圆的长轴方向是射击方向。一般来讲，随着射程的增加，火炮射击落点的距离中间偏差和方向中间偏差都会增大，且增大幅度比较接近，其落点散布椭圆会等向膨胀，如图 2.4.1 所示。

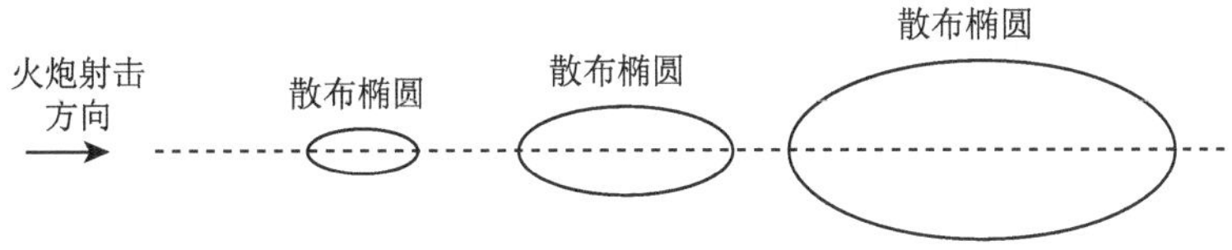

图 2.4.1 火炮射击落点散布随射程增加的变化情况

影响火炮射击精度 (或落点散布) 的因素有很多，归纳起来，通常可以分为以下几个方面。在火炮方面，每次射击时炮管的温度、炮膛的干净程度和炮膛的磨损烧蚀程度的不同，会导致弹丸初速度大小的不一致；每次射击时火炮震动引起的火炮方向指向的细微变化，会导致弹丸初速度方向的不一致。在弹药方面，发射药的质量、温度的细微差异，会引起发射药燃烧速度和火药气体压力的变化，从而引起弹丸初速大小的变化；弹丸自身质量、形状、质心位置和表面光洁程度等细微差异，会导致弹丸气动阻力的差异。在炮手操作方面，每次射击时诸元装订也会有细微差异，导致弹丸初速度的方向变化。在气象方面，每次射击时的风速、气温、气压都会对弹丸飞行弹道产生影响。以上几方面因素的综合作用，导致了火炮射击落点的散布，在应用中需要根据实际情况分析相关因素的影响权重，合理进行修正，减小落点散布，以提高射击精度。

3. 自推式的精度

对自推式投射，以不加制导的火箭弹为例，相比火炮射击而言，其射程远很多，但是精度也比较差，尤其是密集度差。所以火箭弹落点的散布范围大，不适用于对点目标进行打击，否则在用弹量上非常不经济。火箭弹比较适用于对面目标或集群目标进行打击，它能够在较短时间内比较均匀地覆盖目标区域，获得理想的毁伤效果。

与火炮射击一样，火箭弹的落点散布也通常采用距离中间偏差和方向中间偏差来描述。自推式弹药的落点散布特点在近距离上与射击式类似，而且在射程增加时，火箭弹落点的距离中间偏差和方向中间偏差都会增大，所不同的是，方向中间偏差的增加较快，其落点散布椭圆会在垂直于射击方向上拉长，如图 2.4.2 所示。

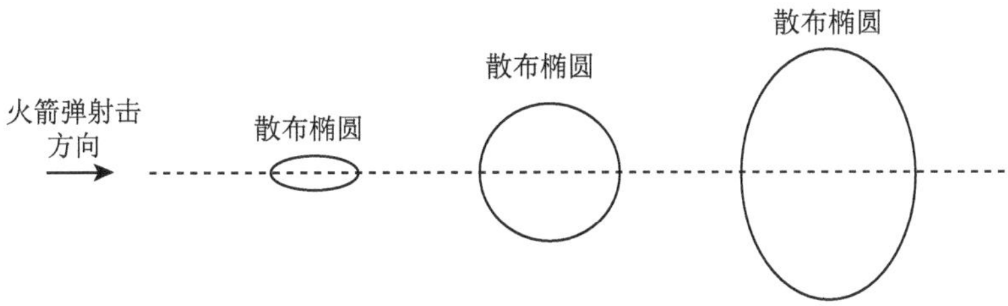

图 2.4.2 火箭弹落点散布随射程增加的变化情况

影响火箭弹精度的因素大体上也可以从弹和气象条件两个方面来说明。在弹方面，推进剂质量差异、比冲量差异、弹丸的质量差异都会影响火箭弹初速度的大小；弹的质量偏心、推力偏心、弹发射离轨的初始扰动会影响火箭弹初速度的方向。在气象条件方面，主要是风速、气温及气压的变化，会影响火箭弹飞行弹道。在实际运用中，目前也有一些可行的办法来减小火箭弹落点散布，并考虑在火箭弹上加装制导系统来提高打击精度。

2.4.2 制导武器的精度特点

1. 制导武器的脱靶距离分布

对于导弹，由于它的伴有制导系统在发挥作用，所以其精度是制导精度，与制导体制密切相关。因此，制导武器的投射精度是武器制导系统、目标位置估值等因素的函数，通常认为与投放武器的平台 (如飞机) 无关。所以制导武器精度没有精度误差的概念，取而代之的是制控误差 (guidance and control error，G&C)。

制导武器的精度取决于武器本身，精度参数通常来自武器研制部门的产品说明书，也可通过真实武器的现场测试进行更新。在这种情况下，现场测试数据的记录方式会使得原本简单的纵向概率误差 (REP)、横向概率误差 (DEP) 和 CEP 变得有些复杂。例如，投放多枚激光制导炸弹攻击坦克，这些炸弹要么击中要么脱靶。对于脱靶的情况，可以像处理非制导武器那样，直接测量其纵向和横向的脱靶距离；但对于命中的情况，无论命中目标的边角还是命中目标的中心都是一样的。

对于制导武器，根据测试数据得到的纵向和横向脱靶距离显然不是正态分布的。其分布如图 2.4.3 的直方图所示，有相当数量的落点直接命中目标；也有一些会出现严重误差，此时武器的落点与目标之间的距离很远。这种误差通常是由于制导系统的严重故障所致，例如，飞行中导弹的寻的器锁定能力丢失或激光制导炸弹的激光制导波束中断等。

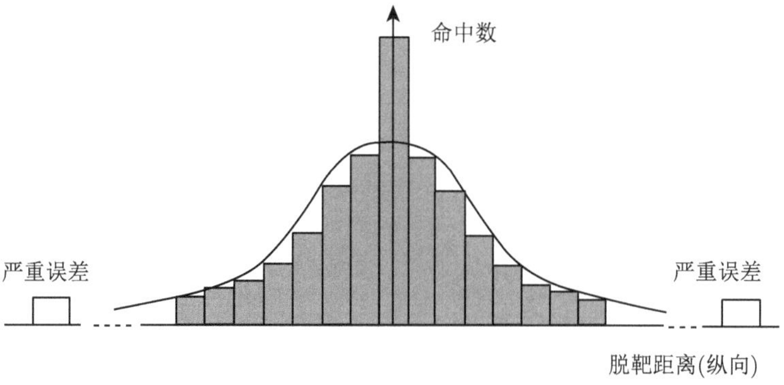

图 2.4.3 制导武器脱靶距离的非正态分布

由此，可归纳制导武器的脱靶距离分布具有以下特征：

(1) 存在一些严重误差；

(2) 一部分落点近似服从正态分布；

(3) 直接命中目标的落点数比第 2 项中的落点多。

下面以 GPS/INS 制导弹药为例，对制导武器的精度特点做一个简要介绍。

2. GPS/INS 制导弹药

GPS/INS 制导弹药是一种组合制导弹药，实际上是由 INS 导引的，所以称其为 GPS 辅助制导更为准确。INS 制导系统的缺点是会随时间发生漂移，因此 GPS 接收器要用精确的位置和速度信息不断更新 INS，由此解决漂移问题。GPS/INS 导航系统的功能如图 2.4.4 所示。

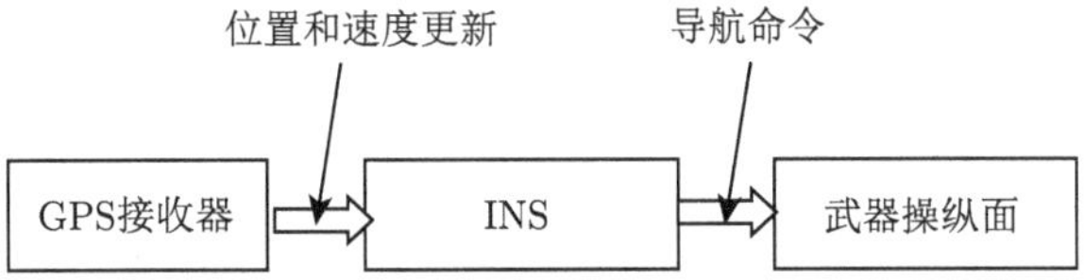

图 2.4.4 GPS/INS 导航系统的功能

更新频率一般是每秒数次，但在出现 GPS 干扰时则只能靠 INS 本身的精度。INS 从干扰开始便出现随时间的漂移，GPS/INS 制导弹药将会带着总误差机动至预设目标。

GPS/INS 制导弹药总误差主要由以下三个因素决定：

(1) 机载武器 GPS 系统的固有精度，称为导航误差 (NAV)；

(2) “已知” 目标坐标的定位精度，称为目标定位误差 (TLE)；

(3) 武器的导航与控制系统机动武器到目标坐标的能力，称为 G&C。

要想预测 GPS 制导弹药的总精度，需要有这三个误差源在水平方向和垂直方向的估值。假设这三个误差源是独立的，则总误差的方程可以写为

$$\text{Error}_{\text{TOTAL}}^2 = (\text{NAV})^2 + (\text{TLE})^2 + (\text{G\&C})^2 \tag{2.4.1}$$

第一个误差源 NAV 取决于各卫星的位置和数量，武器 GPS 根据这些卫星推导出自己的位置。

第二个误差源 TLE 取决于目标坐标的来源。来源不同，误差可能会相差很大。如果仅依据地图来识别目标，则误差可能达到几百米；如果事先对目标进行过测量，则误差可能只有几米。很显然，战时目标位于敌军领地，很难取得准确的目标 GPS 坐标。

第三个误差源是 G&C 误差，取决于系统的控制能力。一般来说，武器制导系统利用 GPS 确定其位置与目标位置之差，并将该信息发送给控制系统，控制系统修改气动面，从而修正弹道。有些弹药在弹丸前面装有小的操纵面，被称为鸭翼，如 155mm XM982 神剑制导炮弹，如图 2.4.5 所示。其他武器在尾部安装机翼操纵面，如图 2.4.6 所示的 GBU-43(MOMA) 的尾部操纵面。

图 2.4.5　155mm XM982 神剑制导炮弹的鸭翼操纵面

图 2.4.6　GBU-43/B(MOMA) 的尾部操纵面

操纵面改变武器弹道的能力取决于操纵面的面积和武器的惯性。武器如果不能按照命令机动，可能导致脱靶，尤其是在弹道末段相对位置发生快速变化时，这种情况比较多见。很难确定误差量值或者进行误差测量，因此武器研制部门通常综合分析许多高保真度交战仿真的结果来提供这些数据。

在武器上实施 GPS/INS 导航有多种方法，比如，根据目标和武器之间的位置误差导航至空间中的一个点；或者采用跟随控制系统，计算出武器发射点到目标之间非制导武器的理想弹道，当发现偏离这条理想轨迹时，对炮弹飞行进行修正，如图 2.4.7 所示。在这个时候，导弹会收到减少其当前位置与理想轨迹之间误差的命令，这个命令包含向左、向下两个操纵指令，以导引导弹到达目标。这种方法一般用于弹道可预测的武器，如炮弹。

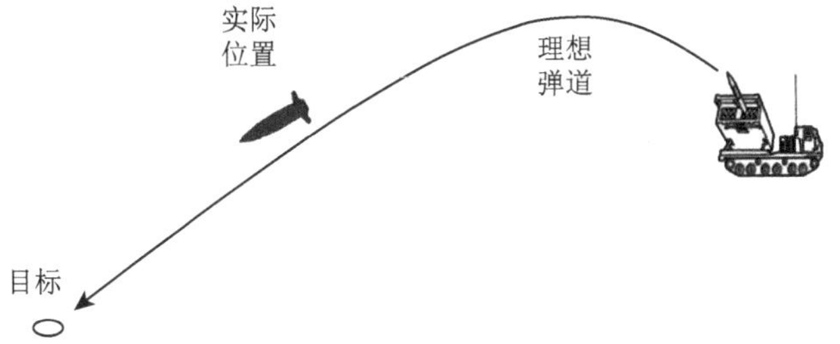

图 2.4.7 跟随控制的弹道

思考与练习

(1) 在武器毁伤分析中为什么要考虑概率？

(2) 武器投射精度对毁伤效果有何影响，在作战中应该如何融合投射精度和毁伤威力进行毁伤效能评估？

(3) 请说明 CEP 的概念？试调研典型的火炮、导弹的 CEP 半径数值。

(4) 若某型弹药的 CEP 半径为 10m，请依据此数值编程产生 1000 个符合此精度描述的随机落点，并作图表示。

(5) 试利用概率论的知识，分析连射和齐射在命中概率上的差异。

(6) 为什么要采取不同的投射方式实现对战斗部的运送？几种投射方式的应用各有什么优缺点？

(7) 典型的战斗部的投射方式有哪几种？它们各自有什么特点？

(8) 你认为投掷式与射击式的区别是什么？请分别列举几个实例。

(9) 攻角是一个什么概念？

(10) 航空弹药飞行稳定性条件是什么？

(11) 根据本章的原理，试分析一下为什么弓箭的尾部要插上翎羽？

(12) 火炮射击分为哪三个阶段？

(13) 某型 122mm 加农炮的炮弹，其弹丸质量为 27.3kg，针对某标准弹的弹形系数 i 为 0.957，该弹丸在海拔 1000m 处 (此高度空气密度为 1.094kg/m^3) 以 776m/s 的速度飞行，在此条件下标准弹的零攻角阻力系数 C_{X0}^{s} 恰为 0.298，试计算弹丸此时受到的空气阻力的大小。

(14) 信息化对武器投射与毁伤产生了哪些影响？你认为现代战争对投射技术有什么新的要求？

(15) 在导弹出现以后，导弹以其射程远、突防能力强等优点，成为远程弹药投射的重要手段，其受关注程度曾经一度大大超过依靠飞机的航空投掷手段，甚至在有的国家还出现了取消航空投掷，仅单纯依靠导弹的极端言论。请调研导弹和航空投掷这两种投射方式的优缺点，对这个“机-弹之争”做出自己的评论。

(16) 你认为武器投射在作战运用中应如何体现信息化的作用？

(17) 试对巡航弹的发展状况进行调研分析。

参 考 文 献

[1] Driels M R. Weaponeering: Conventional Weapon System Effectiveness [M]. Reston: American Institute of Aeronautics Astronautics , Inc., 2013.
[2] 卢芳云，将邦海，李翔宇，等. 武器战斗部投射与毁伤 [M]. 北京: 科学出版社, 2013.
[3] 曹柏桢，凌玉崑，蒋浩征，等. 飞航导弹战斗部与引信 [M]. 北京：中国宇航出版社，1995.
[4] Lloyd R M. Conventional Warhead Systems Physics and Engineering Design [M]. Washington: AIAA, 1998.
[5] 文仲辉. 导弹系统分析与设计 [M]. 北京：北京理工大学出版社，1989.
[6] 文仲辉. 战术导弹系统分析 [M]. 北京: 国防工业出版社, 2000.
[7] 谭东风. 高技术武器装备系统概论 [M]. 长沙：国防科技大学出版社，2009.
[8] 王志军，尹建平. 弹药学 [M]. 北京：北京理工大学出版社，2005.
[9] 赵承庆，姜毅. 火箭导弹武器系统概论 [M]. 北京：北京理工大学出版社，1996.
[10] 王敏忠. 炮兵应用外弹道学及仿真 [M]. 北京: 国防工业出版社, 2009.

第 3 章　爆炸冲击毁伤效应

炸药是常规武器毁伤目标的能源物质，广泛用于装填多种战斗部，如爆破战斗部、破片战斗部、破甲战斗部等。炸药通过剧烈的化学反应将自身的化学能释放出来，产生毁伤目标的毁伤元素。炸药在爆炸及其对周围介质作用过程中主要包括两个阶段：第一阶段是炸药自身能量释放过程，涉及爆轰波相关理论；第二阶段是炸药爆炸形成的爆轰产物和冲击波对周围介质的破坏作用，涉及冲击波传播及其与介质相互作用等理论。

本章首先以炸药及其爆炸理论为切入点，简要讨论炸药爆炸三要素、炸药的化学变化形式、炸药的分类及其标志性参量等基本概念；根据经典的流体动力学理论，建立冲击波基本关系式，讨论冲击波在介质中传播的规律和性质；爆轰波是伴有化学反应的冲击波，基于冲击波基本理论建立爆轰波传播的理论模型和基本关系式，讨论爆轰波的传播规律和性质。其次，基于接触爆炸下炸药与介质分界面参数计算的分析模型，结合空中、水中和岩土等不同介质中的爆炸现象，讨论爆轰产物膨胀、冲击波的传播规律和相关参数计算等问题。最后，对新型爆炸冲击毁伤效应的毁伤机理、典型装备进行简要介绍。

3.1　炸药及其爆炸理论 [1–6]

3.1.1　炸药爆炸及其参数表征

1. 爆炸现象

爆炸是一种极为迅速的能量释放过程，在此过程中，系统的内在势能转变为光、热辐射和机械功等。爆炸做功的根本原因是系统原有高压气体或爆炸瞬间形成的高温高压气体的骤然膨胀。一般将爆炸过程分为两个阶段，第一阶段是某种形式的内能以一定的方式转变为原物质或产物的压缩能，属于内部特征；第二阶段是物质由压缩态膨胀，在膨胀过程中使周围介质变形、位移、破坏，属于外部特征。

把由物理变化引起的爆炸称为物理爆炸，物理爆炸过程没有新物质生成，例如，闪电、蒸汽锅炉或高压气瓶的爆炸、地震等。把由化学变化引起的爆炸称为化学爆炸，化学爆炸过程中有新物质生成，如炸药爆炸、瓦斯爆炸、煤矿粉尘爆炸等。把由核反应引起的爆炸称为核爆炸，核爆炸过程中有新的元素生成，如原子弹爆炸、氢弹爆炸。

2. 炸药爆炸三要素

利用雷管引爆炸药时可看到这样一种爆炸现象，如图 3.1.1 所示。炸药瞬时化为一团火光，形成烟雾并产生轰隆巨响，附近形成强烈的冲击波，有生力量被杀伤、建筑物等被破坏或受到强烈振动。从炸药的爆炸现象可看出，一团火光表明炸药爆炸过程是放热的，形成高温而发光；爆炸瞬间完成说明爆炸过程的速度极高；仅用一个雷管就可将炸药完全引爆，说明雷管爆炸后炸药中所产生的爆炸化学反应过程能够自持传播；烟雾表明炸药爆炸过程中有大量气体产生，而气体的迅速膨胀是使有生力量发生杀伤、建筑物等被破坏的原因。

图 3.1.1 炸药爆炸现象

综上所述，炸药爆炸过程具有如下三个要素，即反应的放热性、快速性和生成大量气体产物，三者互相关联、缺一不可，是炸药爆炸必备的要素。

1) 反应的放热性

反应的放热性是炸药发生爆炸反应的第一个必要条件。按照爆炸的定义，如果反应不伴随能量的释放，则不能称之为爆炸。因此只有放热反应才可能具有爆炸性，只有当物质在爆炸过程中释放的热量能够持续激发下一层炸药的爆炸，爆炸过程才可以自持传播。

显然，依靠外界供给能量来维持其分解的物质不可能具有爆炸的性质；不放热或放热很少的反应 (不能提供做功的能量) 不具有爆炸性质。例如，草酸盐 (如草酸锌、草酸铜) 的分解反应有：

$$ZnC_2O_4 \longrightarrow 2CO_2\uparrow + Zn - 250\times10^3 J/mol \quad \text{反应 (I)}$$

$$CuC_2O_4 \longrightarrow 2CO_2\uparrow + Cu + 23.9\times10^3 J/mol \quad \text{反应 (II)}$$

反应 (I) 为吸热反应，只有在外界不断加热的条件下才能进行，不具有爆炸性质；反应 (II) 为放热效应，具有爆炸性。

2) 反应的快速性

反应的快速性是炸药发生爆炸的必要条件之一，是爆炸过程区别于一般化学反应的重要标志。炸药的爆炸反应是在 10^{-6}s 或 10^{-7}s 数量级的时间内完成。爆炸反应一般都是以 5~8km/s 的速度进行，一块 10cm 长药柱反应完成的时间约 14μs。

由于反应的速度极快以及爆炸反应无须空气中的氧参与，在反应所进行的短暂时间内释放出的热量来不及扩散，因此可以认为全部热量都聚集在炸药爆炸前所占据的体积内，这样，单位体积所具有的热量就达到 10^6J/L 以上，比一般燃料的燃烧要高数千倍。

虽然炸药的能量一般比相同质量的燃料的能量小，但由于反应过程的快速性，使炸药爆炸时能够达到一般化学反应无法比拟的高得多的能量密度。例如，1kg 煤燃烧可以放出 3.266×10^7J 热量，比 1kg TNT 炸药爆炸放出的热量 (4.118×10^6J) 要多几倍，可是该煤块大约需要几分钟到几十分钟才能完成燃烧，在这段时间内放出的热量不断以热传导和辐射的形式散发出去。虽然煤的放热总量很多，但是单位时间释放的热量并不多。同时，煤的燃烧是与空气中的氧进行化学反应而完成的，1kg 煤完全反应需要 2.67kg 的氧，需有 9m^3 的空气才能提供，因而作为燃烧原料的煤和空气的混合物，单位体积所放出的热量也只有 3600J/L，能量密度很低。由此可见，反应的快速性使炸药所具有的能量在极短的时间内释放出来，并达到极高的能量密度，所以炸药爆炸具有巨大的功率和强烈的破坏作用。

爆炸性强弱与放热多少以及反应的快速性都有关系。再如硝酸铵 (NH_4NO_3)，在其爆炸特性被发现之前，通常将其作为农业用的肥料使用，因为它在低温加热的条件下发生分解反应：

$$NH_4NO_3 \longrightarrow NH_3\uparrow + HNO_3 - 170.8\times10^3\text{J/mol} \quad (\text{低温加热})$$

如果在雷管引爆条件下，NH_4NO_3 能够发生快速的爆炸性反应，其反应方程式为

$$NH_4NO_3 \longrightarrow N_2\uparrow + \frac{1}{2}O_2\uparrow + 2H_2O\uparrow + 126.4\times10^3\text{J/mol} \quad (\text{雷管引爆})$$

由此可见，即使是同一物质，其反应是否具有爆炸性，首先取决于反应过程是否能放出热量，然后是放热反应是否具有快速性。

3) 生成大量气体产物

炸药爆炸时能够对周围介质造成破坏作用，其根本原因是，炸药爆炸时能在极短的时间内生成大量气体产物，其密度要比正常条件下空气的密度大几百倍至上千倍。同时，由于反应的放热性和快速性，处于高温、高压下的气体产物必然急

剧膨胀，将炸药的化学能转变成气体的能量，对周围介质做功。在此过程中，气体产物既是造成高压的原因，又是对外界介质做功的物质。

在有些化学反应过程中，虽然反应过程具有快速性和放热性，但是无气体产物生成，同样不具有爆炸性。例如，生成金属硫化物的反应和铝热剂 (thermites) 反应分别为

$$Fe + S \longrightarrow FeS + 96 \times 10^3 J/mol \quad 反应 (I)$$
$$2Al + Fe_2O_3 \longrightarrow 2Fe + Al_2O_3 + 828 \times 10^3 J/mol \quad 反应 (II)$$

尽管反应非常迅速且放出很多热量，其中反应 (Ⅱ) 放出的热量足以把反应产物加热到 3000℃，但因无气体产物生成，没有将热能转变为机械能的媒介而无法对外做功，故不具有爆炸性。

由上所述，放热性、快速性和生成大量气体产物是决定炸药爆炸过程基本特征的三个要素。放热性给爆炸变化提供了能源，快速性是使有限的能量集中在较小容积内产生大功率的必要条件，反应生成的气体则是能量转换的工作介质。这三个要素是互相关联的，反应的放热性将炸药加热到高温，从而使化学反应速度大大增加，同时放热还可以将产物加热到很高的温度，这就能使更多的产物处于气体状态。

综上所述，对炸药的爆炸现象作如下定义：炸药的爆炸现象乃是一种以高速进行的能自持传播的化学反应过程，在此过程中放出大量的热并生成大量的气体产物。

炸药自身的化学结构和物理状态决定了它是否能发生爆炸反应。但是，不同炸药放热量的多少、反应速度的大小以及生成气体的量可以不同。一般来说，炸药爆炸的三要素是炸药发生爆炸反应的必要条件，这是炸药的共性。

3. 炸药的化学变化形式

炸药化学反应是氧化还原反应，反应方式和反应环境条件不同时，化学反应过程也不同。按照反应速度和反应类型，炸药的化学反应形式有热分解、燃烧和爆轰三种，在合适的条件下热分解可发展成燃烧，燃烧可转化为爆轰；爆轰可衰减为燃烧，燃烧可衰减为热分解。

1) 炸药的热分解

炸药的热分解是一种缓慢的化学变化形式，是指炸药在常温常压下，在不受其他外界压力作用时，以缓慢的速度进行的分解反应。室温下，炸药的活化分子数较少，随着温度的升高活化分子数增多，热分解速度增大。通常炸药的热分解可分为延滞期、加速期和降速期三个阶段。热分解的延滞期是指炸药受热后的起始一段时间，此时炸药的分解速度很低。热分解的加速期是指延滞期结束后炸药

分解速度逐渐加快的一段时间，此阶段炸药的热分解速度可达到最大值。热分解的降速期是指分解速度逐渐下降的一段时间。

炸药的分解反应在整个炸药内部同时进行，起始热分解速度只受温度的影响，炸药在固定温度下的起始热分解速率可用 Arrhenius 方程表示如下：

$$k = A\exp\left(-\frac{E_a}{RT}\right) \tag{3.1.1}$$

式中，k 为起始热分解速率，s^{-1}；A 为指前因子，s^{-1}；E_a 为炸药热分解反应的活化能，J/mol；R 为通用气体常数，J/(mol·K)；T 为温度，K。

对方程 (3.1.1) 微分得到

$$\frac{\mathrm{d}\,(\ln k)}{\mathrm{d}T} = \frac{E_a}{RT^2} \tag{3.1.2}$$

可见，$\ln k$ 随温度的变化率与 E_a 值成正比。由于炸药热分解的活化能比一般物质化学反应的活化能高几倍，因此炸药热分解速度随温度升高，其增长率比一般物质化学反应速度的增大率高得多。TNT 常温下的热分解特性是分解速度极小、难以察觉，但当环境温度增高到数百度时，可迅速发生燃烧甚至爆炸。

2) 炸药的燃烧

炸药的燃烧是一种猛烈的物理化学变化形式，发生在炸药的某一局部，以化学反应波的形式在炸药中以一定的速度一层一层地自行传播，化学反应在很窄的区域内进行并完成，速度比缓慢的化学变化的速度大得多。炸药燃烧波示意如图 3.1.2 所示，其中 1 为燃烧波阵面后的反应产物，2 为燃烧波反应波阵面，3 是初始未反应炸药。

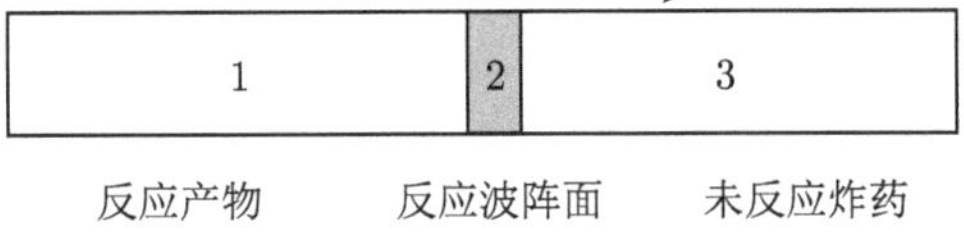

图 3.1.2 炸药燃烧波示意图

由于炸药本身含有氧化剂和可燃剂，不需要空气中的氧就可以发生燃烧。反应波阵面沿炸药表面法线方向传播的速度称为燃烧速度，一般情况炸药燃烧的速度在几毫米每秒到几百米每秒。燃烧速度受外界压力的影响很大，随外界压力的升高燃烧速度显著增加。大部分单质炸药、混合炸药在敞开环境中用明火点燃，在控制堆积量的前提下会平稳燃烧；在密闭空间或堆积量非常大时，会发生燃烧转爆轰的现象。

炸药引燃后，火焰向深层传播，燃烧以燃烧反应波的形式传播，反应区的能量通过热传导、辐射及燃烧气体产物的扩散传入下层炸药。燃烧的稳定性及燃速与反应区中放热速度及向下层炸药和周围介质的热传导速度有关。当放热量小于散热量时，燃烧速度降低直至燃烧熄灭；当放热量大于散热量时，燃烧速度增加，甚至引起爆炸；若放热量等于散热量，则为稳定燃烧。放热速度主要取决于反应动力学，散热速度则主要取决于物质的导热性。影响炸药燃烧的主要因素是炸药的化学组成、导热性、装药直径、装药密度、空隙及环境条件等。根据燃烧速度，炸药可分为稳定燃烧和不稳定燃烧。炸药发生稳定燃烧时，在其表面层有一稳定的反应区，并沿表面法线形成以某种规律表示的温度分布曲线，该曲线以恒定速度沿炸药推移。在燃烧过程中，燃速发生不规则的变化，不再保持稳定的燃速，这就形成了不稳定燃烧。

3) 炸药的爆轰

炸药的爆轰是以爆轰波的形式沿炸药高速自行传播的现象，是剧烈的化学变化。爆轰速度就是爆轰反应区或反应阵面沿炸药传播的速度，一般为 2000~9000m/s。爆轰一旦形成，其受外界条件的影响很小。

常采用五个标志性参量全面评定炸药的爆轰性能，即爆热 Q_V、爆温 T、爆容 V、爆速 D 和爆压 p，简称“五爆”。

(1) 爆热 Q_V 是指定容条件下爆炸变化时，单位质量的炸药放出的热量，通常用 J/kg 或 J/mol 表示，它是炸药对外界做功的最大理论值。爆热的数值取决于炸药元素组成、化学结构和爆炸反应条件，一般猛炸药的爆热大于 4000kJ/kg。

(2) 爆温 T 是指炸药爆炸时，全部爆热用来定容加热爆轰产物所达到的最高温度，通常用 K 表示。爆温的高低取决于爆热和爆轰产物的组成，一般猛炸药的爆温为 3000~5000K。

(3) 爆容 V 是指单位质量炸药爆炸时，生成的气体产物在标准状态 (1.01×10^5Pa，273K) 下所占据的体积，通常用 L/kg 或 L/mol 表示。气体产物是炸药爆炸时对外做功的工质，爆容大的炸药更容易将爆热转化为功，一般高能炸药的爆容为 700~1000L/kg。

(4) 爆速 D 是指爆轰波在炸药中稳定传播的速度，其单位为 m/s。爆速是炸药对外界作用能力的重要参数，一般猛炸药的爆速为 6500~9000m/s。

(5) 爆压 p 是指炸药爆炸时，爆轰波阵面的压力，其单位为 Pa。爆压是炸药爆炸猛度的标志，一般猛炸药的爆压为 20~40GPa。

除了采用上述“五爆”参量外，还经常采用威力和猛度这两个概念来表示爆炸作用的性能。

威力是炸药爆轰产物对外界做功的能力，常用炸药的潜能和爆热来表示。炸药的潜能是指炸药内部储存的全部化学能量。严格地说，潜能是在理想情况下，爆轰产物气体无限绝热膨胀并冷却到热力学零度时所完成的最大功。实际上爆轰产物不可能冷却到热力学零度，且由于化学反应的不完全，必然存在化学损失，因此炸药的潜能不可能全部释放出来，其实际爆热小于潜能。炸药的爆热是炸药爆炸时所释放出来的能量，该能量也不可能全部转化为机械功，原因在于高温高压的爆轰产物是以冲击压缩的形式对外做功的，在此过程中存在热损失。一方面产物使周围介质的温度升高；另一方面在做功结束时，爆轰产物内部仍会留有一部分残余能量，由于这些热损失的存在，炸药对外所做的机械功会小于炸药的爆热。

猛度是指爆炸瞬间爆轰产物对外作用的猛烈程度，即炸药造成局部破坏作用的能力。猛度反映了爆轰产物对邻近相接触物体的局部破坏能力，这个能力是由高温、高压的爆轰产物对炸药相邻近物体的猛烈冲击而造成的，一般用炸药爆炸时爆轰产物对所接触物体单位面积的冲量来表示，即比冲量。比冲量可以定义为炸药爆压对其作用时间的积分。表 3.1.1 给出了几种单质炸药的爆轰性能参数。

表 3.1.1　几种单质炸药的爆轰性能参数

名称	装药密度/(g/cm^3)	爆热/(MJ/kg)	爆温/K	爆容/(L/kg)	爆速/(m/s)	爆压/GPa
梯恩梯 (TNT)	1.54	4.221	3010	750	6930	21.0
黑索金 (RDX)	1.78	6.311	3700	890	8700	33.8
奥克托金 (HMX)	1.89	6.190	4100	782	9110	39.0
泰安 (PETN)	1.73	6.215	4200	790	8300	33.5
特屈儿 (Tetryl)	1.71	4.848	3700	740	7910	28.5

4. 炸药的分类

炸药的种类繁多，它们的组成、物理化学性质及爆炸性质各不相同。因此，为了认识它们的本质、特性以便进行研究和使用，炸药通常有两类分类方法。一种是按炸药用途分类，这种分类方法对于应用炸药的工程技术人员 (如武器设计人员、工程爆破人员等) 选用炸药时较为便利。另一种是按炸药组成分类，这种分类方法对于炸药的研制人员较为方便，便于掌握炸药在组成上的特点和规律，以进行新型炸药的研究和合成。

1) 按炸药用途分类

按炸药用途可将炸药分为起爆药、猛炸药、火药和烟火药四大类。

A. 起爆药

起爆药是一种易受外界能量激发而发生燃烧或爆炸，并能迅速转变成爆轰的敏感炸药。它不但在比较小的外界作用下就能发生爆炸变化，而且反应速度可以在很短的时间内达到最大值，并能输出足够的能量，引爆猛炸药或引燃火药。起爆药作为始发装药，故亦称为初发炸药。起爆药广泛应用于装填各种火工品和起爆装置，如雷管、火帽等。常用的起爆药主要有叠氮化铅、斯蒂酚酸铅等。

B. 猛炸药

猛炸药又称高能炸药，它是一种能量密度极高的炸药。猛炸药对外界作用比起爆药钝感，只有在相当强的外界作用下才能发生爆炸，通常用起爆药的爆炸来激发猛炸药的爆轰。爆轰是一种能自持传播的爆炸现象，猛炸药一旦爆轰，比起爆药具有更高的传播速度即爆轰波速度，可达每秒几千米，对周围介质有强烈的破坏作用。猛炸药通常需要一定量的起爆药作用才能引起爆轰，故亦称为次发炸药。猛炸药用于装填弹药以及爆破器材。常用的单质猛炸药有梯恩梯、黑索金、奥克托金、特屈儿等。

C. 火药

火药是指以燃烧的形式做抛射功的一类炸药，通常在枪炮膛内或导弹的发动机内，在没有外界助燃剂参与下进行有规律的快速燃烧，产生高温高压气体推动弹头或战斗部运动。因此，火药主要用作枪炮发射药或火箭、导弹的推进剂，代表性火药有溶塑火药 (单基、双基及多基火药)、复合火药等。

D. 烟火药

烟火药是指在隔绝外界空气的条件下能燃烧，并产生光、热、烟、声或气体等不同烟火效应的混合物。通常由氧化剂、可燃剂或金属粉及少量黏结剂组成，有的还有附加物。军事上用来装填特种弹药和器材；民间用于制造烟火、爆竹以及其他工业制品。常用的烟火药有：照明剂、烟幕剂、燃烧剂、曳光剂等。

应当注意到：通常情况下，猛炸药的化学变化形式为爆轰，起爆药化学变化形式为燃烧或爆轰，火药和烟火药化学变化形式为燃烧，但在一定条件下，火药及烟火药也能产生爆轰。

2) 按炸药组分分类

按炸药的组分分类，炸药可分为单质炸药和混合炸药。单质炸药是化学组分均一的爆炸性物质。在一定的外界作用下，能导致分子内键的断裂，发生迅速的爆炸变化，生成热力学稳定的化合物。混合炸药是由两种或两种以上化学性质不同的组分组成的爆炸性物质。

A. 单质炸药

典型的单质炸药有梯恩梯、黑索金、泰安、奥克托金和特屈儿等。简单介绍如下。

梯恩梯 (TNT) 炸药，外观为淡黄色，吸湿性小，不溶于水但可溶于丙酮、酒精。梯恩梯能抗酸但不能抗碱，与一般金属及其氧化物不起反应。梯恩梯感度较低，具有贮存、使用安全的优点，可用注装、压装、塑态装等方式进行装填。

黑索金 (RDX) 炸药，外观为白色结晶，不溶于水，易溶于丙酮。纯黑索金的化学安定性好，与各种金属不起作用，但比较敏感，需经钝化才能进行装填，或者与其他炸药进行混合后通过注装法装填战斗部。

奥克托金 (HMX) 炸药，外观为白色晶体，不溶于水，易溶于丙酮。化学反应性几乎与黑索金一样，但化学安定性比黑索金好。奥克托金冲击感度和摩擦感度与黑索金相当，热感度比黑索金低，具有爆速高、密度大和良好的高温热安定性，常与黑索金或梯恩梯进行混合后来装填战斗部。

泰安 (PETN) 炸药，外观为白色晶体，主要用于传爆药柱。几乎不溶于水，但溶于丙酮。不吸湿，遇湿后不影响其爆轰性能。泰安机械感度高，压装时必须钝化。

特屈儿 (Tetryl) 炸药，外观为淡黄色，主要用于传爆药柱、导爆索及雷管。不吸湿，不溶于水，易溶于丙酮、醋酸乙酯，溶于苯、二氯乙烷。

上述几种单质炸药对皮肤都有一定的着色发炎作用，粉尘有毒性，空气中超过一定浓度对人体有害。

B. 混合炸药

混合炸药的种类繁多，而且其组成部分可以根据不同的使用要求加以变化和调整。混合炸药可以由炸药与炸药、炸药与非炸药等组成。目前，常用的混合炸药有以下几种。

钝化黑索金炸药，组分与配比为黑索金:钝感剂 =95:5(钝感剂为苏丹红、硬脂酸、地蜡)，颜色为橙红色，压药密度为 1.64~1.67g/cm^3。缺点是高温贮存性能不好，成型性能差，抗压强度低 (6.1~7.1MPa)。因此，只能采用压装方式用于传爆药柱和聚能破甲战斗部。

黑索金基的塑料黏结炸药 (PBX)，其组分为黑索金、钝感剂和黏结剂，有的添加了增塑剂。钝感剂可采用硬脂酸、硬脂酸锌、蜂蜡、石蜡和地蜡等，黏结剂可选用聚醋酸乙烯酯、丁腈橡胶等，增塑剂可采用二硝基甲苯、梯恩梯等。这类炸药的可压性好，压制密度高，药柱强度高，爆轰性能较好。

奥克托金基的塑料黏结炸药，随组分配比的不同有多种型号。奥克托金具有优越的爆轰性能以及在高温下的热安定性，美国从 20 世纪 60 年代起，在许多混合炸药中以奥克托金替代了黑索金。这种炸药常以压装或注装方式用于破片战斗部和聚能破甲战斗部。

梯恩梯与黑索金或奥克托金以各种比例组成的注装混合炸药，是当前弹药中应用最广泛的一类混合炸药。破片、爆破、聚能破甲等战斗部均可用此类炸药装填。梯恩梯与黑索金混合后具有更高的爆速、爆压和威力，其提高程度与黑索金含量有关，爆轰感度也会提高。由于梯恩梯的存在大大改善了装药的工艺性能，混合后热安定性好。两种炸药混合时常用的梯恩梯/黑索金重量百分比有 50/50、40/60(又名 B 炸药) 和 25/75，对应的撞击感度分别为 45%、29%、33%。

含铝炸药是指由炸药和铝粉组成的混合炸药。含铝炸药具有爆热大、爆温高、做功能力大等特点。含铝炸药爆炸时，铝粉会与爆轰产物中的水、氮及碳的氧化物发生二次反应，放出大量热，使爆炸作用的持续时间延长，爆炸作用的范围扩大。在水中爆炸时，还可以使分配在冲击波上的能量减少，而分配在气泡脉动上的能量增加，有利于对水下目标的破坏。含铝炸药的爆热随铝含量的增加在一定范围内增高，如果铝加入过多时，炸药爆速和猛度将显著降低，同时由于产物中的气态组分减少，还将导致做功能力下降。含铝炸药主要用于对空武器、水中兵器的装药。

特种混合炸药是指塑性炸药、挠性炸药和弹性炸药等。这些炸药均以黑金索或泰安为主体再添加增塑剂组成。一般在民用工业上用得较多，军用方面碎甲战斗部采用了塑性炸药，有些战斗部的辅药需要采用挠性炸药，在钻地武器中常采用变形性能较好的低易损性高能炸药。另外，在某些特殊装置和爆炸控制件上，例如，火箭发动机点火用的导爆索，以及使火箭舱段分离的切割索可采用挠性炸药。

燃料空气炸药是由燃料与空气混合而成的炸药，是一种液-气或固-气悬浮炸药。燃料空气炸药中的燃料应具有较低点火能量，与空气混合时易达到爆炸极限浓度，且爆炸极限浓度范围较为宽广，以及爆炸时所产生的热值较高等特性，常采用环氧乙烷、环氧丙烷、甲烷等混合物。燃料空气炸药的爆轰大多为液-气或固-气两相爆轰，爆轰波在空间云雾区内传播，爆轰产物可直接作用于目标，冲击波持续时间长，威力大，作用面积也较大。燃料空气炸药常用于航空炸弹、火箭弹等实现面杀伤，也有用于核爆炸模拟和地震探测等领域。

温压炸药采用了与燃料空气炸药相同的原理，都是通过药剂和空气混合生成能够爆炸的云雾；爆炸时都形成强冲击波，对人员、工事、装备可造成严重杀伤；同时能消耗空气中的氧气，造成爆点区域暂时缺氧。不同之处是温压炸药为固体炸药，而且爆炸物中含有氧化剂，当固体药剂呈颗粒状在空气中散开后，形成的爆炸杀伤力比燃料空气炸药更强。在密闭空间里，温压炸药可瞬间产生高温、高压和冲击波，对藏匿于地下的设备和系统可造成严重损毁。

3.1.2　冲击波基本理论

冲击波是炸药爆炸产生的重要现象之一，例如，炸药爆炸时高温高压的爆轰产物迅速膨胀在周围介质中形成冲击波，各类超声速飞行器头部形成冲击波，穿甲战斗部撞击装甲、陨石高速冲击地面形成冲击波等。从物理上讲，冲击波是宏观状态参量发生急剧变化的一个相当薄的区域，也就是说冲击波阵面是一个强间断面。本节将基于经典流体动力学理论，建立冲击波基本关系式，讨论冲击波在介质中的传播规律及性质。

1. 波的基本概念

波的本质是扰动的传播，主要分为机械波、电磁波等。机械波是指机械振动在介质中的传播，如说话时发出的声波、石子投入水中时形成的水波、炸药爆炸产物膨胀压缩周围空气所形成的冲击波等。电磁波是由同相振荡且相互垂直的电场与磁场在空间中以波的形式移动，如广播电台发射的无线电波、太阳发射出的光波以及电磁武器的微波等。本书讨论的是机械波。

在一定条件下，物质 (气、液、固体) 都是以一定的热力学状态 (一定压力、温度、密度等) 存在的。如果由于外部的作用使物质的某一局部发生了变化，如压力、温度、密度等的改变，则称为扰动，而波就是扰动的传播，换言之，介质状态变化的传播称为波。而空气、水、岩石、土壤、金属、炸药等一切可以传播扰动的物质，统称为介质。介质的某个部位受到扰动后，便立即有波由近及远地逐层传播下去。因此，在传播过程中，总存在着已扰动区域和未扰动区的分界面，此分界面称为波阵面。波阵面在一定方向上移动的速度就是波传播的速度，简称波速。扰动引起的质点运动速度称为质点速度。注意：波速是扰动的传播速度，并不是质点的运动速度，波的传播是状态量的传播而不是质点的传播。

扰动前后状态参数的变化量与原来的状态参数值相比很微小的扰动称为弱扰动，声波就是一种弱扰动。弱扰动的特点是状态变化是微小的、逐渐的和连续的。状态参数变化很剧烈，或介质状态是突跃变化的扰动称为强扰动，冲击波就是一种强扰动。

2. 冲击波基本关系式

冲击波阵面前后介质的各个物理参量都是突跃变化的，并且由于波速很快，可以认为波的传播是绝热过程。这样，利用质量守恒、动量守恒和能量守恒三个守恒定律，便可以把波阵面前介质的初态参量与波阵面后的终态参量联系起来，冲击波基本关系式即是联系波阵面两边介质状态参数和运动参数之间关系的表达式。有了冲击波基本关系式可以从已知的未扰动状态计算扰动过的介质状态参数，研究冲击波的性质和效应。

为简化起见，从最简单的情况——平面正冲击波出发，来推导冲击波的基本关系式。活塞在管中运动时，形成的冲击波可以看成平面正冲击波，其特点是：波阵面是平面的，波阵面与未扰动介质的流动方向相垂直，不考虑介质的黏滞性和热传导。

如图 3.1.3(a) 所示，假设一平面冲击波以速度 D 向右传播，其波前气体的状态参量为 p_0、ρ_0、T_0、u_0；波后气体具有一个随波运动的速度 u_1，其状态参量为 p_1、ρ_1、T_1。为了更方便地研究问题，取冲击波阵面为控制体，建立与波阵面一起运动的坐标系，使得未扰动的气体以速度 $D-u_0$ 向左流入波阵面，已扰动的气体以速度 $D-u_1$ 向左流出波阵面，如图 3.1.3(b) 所示。

实验室坐标系中，所有参量是 (x,t) 的函数，而在相对坐标系中，仅是 x 的函数，与时间 t 无关。此时波前波后介质状态参量间的关系满足一维定常流动条件。

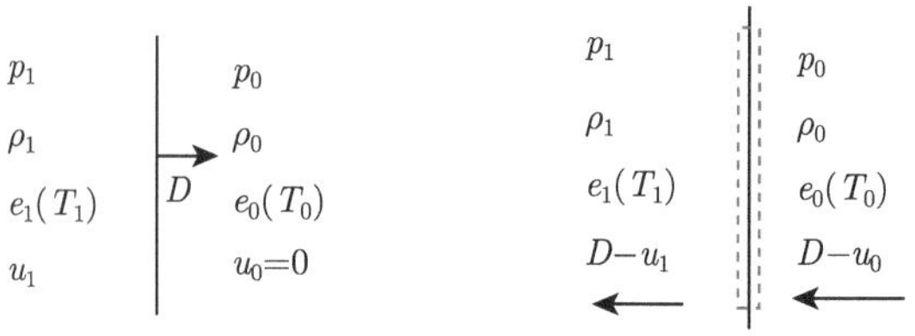

(a) 真实流场　　(b) 相对坐标系下的流场

图 3.1.3　冲击波在静止气体中的传播

A. 质量守恒方程

由质量守恒定律知，单位面积单位时间内流入控制体质量等于流出控制体质量，即

$$\rho_0\,(D-u_0)=\rho_1\,(D-u_1) \tag{3.1.3}$$

B. 动量守恒方程

由动量守恒定律知，控制体内动量的变化等于控制体所受作用力的冲量，即

$$F\Delta t=m\Delta u$$

式中，F 为作用于介质的力，Δt 为作用时间，m 为介质质量，Δu 为时间 Δt 内速度的变化。单位面积介质运动的力是波阵面两边的压力差 p_1-p_0。单位面积单位时间内流入波阵面的介质质量为 $\rho_0\,(D-u_0)$，其速度的变化为 $(D-u_0)-(D-u_1)=u_1-u_0$，故得到

$$p_1-p_0=-\rho_0\,(D-u_0)\,[(D-u_1)-(D-u_0)]$$

整理得到动量守恒方程

$$p_1-p_0=\rho_0\,(D-u_0)\,(u_1-u_0) \tag{3.1.4}$$

C. 能量守恒方程

由能量守恒定律知，系统内能量的变化应等于外力所做的功。在无热量加入时，介质的能量包括内能和动能之和。单位时间单位面积内，流入波阵面的介质能量为 $\rho_0\,(D-u_0)\left(\dfrac{1}{2}(D-u_0)^2+e_0\right)$，流出波阵面的介质能量为 $\rho_1\,(D-u_1)\left(\dfrac{1}{2}(D-u_0)^2+e_1\right)$，其中，$e_0$ 和 e_1 分别为未扰动介质和扰动介质中单位质量的比内能。考虑到波阵面两边的介质状态，单位面积上所受的外力为波阵面右边未扰动介

质的压力 p_0 和波阵面左边已扰动介质的压力 p_1，单位时间内前者所做的功为 $p_0(D-u_0)$，后者所做的功为 $-p_1(D-u_1)$(因作用力和运动方向相反，故为负号)，能量守恒方程表示为

$$\rho_1(D-u_1)\left(\frac{1}{2}(D-u_1)^2+e_1\right)-\rho_0(D-u_0)\left(\frac{1}{2}(D-u_0)^2+e_0\right)$$
$$=p_0(D-u_0)-p_1(D-u_1)$$

整理得到

$$e_1-e_0=\frac{1}{2}[(D-u_0)^2-(D-u_1)^2]+\frac{p_0(D-u_0)-p_1(D-u_1)}{\rho_0(D-u_0)}$$

将式 (3.1.4) 代入式 (3.1.5)，并注意到式 (3.1.3)，可得到如下能量守恒方程：

$$e_1-e_0=\frac{p_1u_1-p_0u_0}{\rho_0(D-u_0)}-\frac{1}{2}\left(u_1^2-u_0^2\right) \tag{3.1.5}$$

式 (3.1.3)~ 式 (3.1.5) 为冲击波基本关系式，它表示冲击波压缩前后介质状态参数之间的关系。

3. 冲击波参数计算

通过一些代数变换，可以得到更为直观的冲击波基本关系表达式，用于求解实际问题。

由式 (3.1.3)，得到

$$D=\frac{\rho_1u_1-\rho_0u_0}{\rho_1-\rho_0}$$

所以

$$D-u_0=\frac{\rho_1(u_1-u_0)}{\rho_1-\rho_0}$$

由式 (3.1.4)，得到

$$D-u_0=\frac{p_1-p_0}{\rho_0(u_1-u_0)}$$

令比容 $V_0=\dfrac{1}{\rho_0}$，$V_1=\dfrac{1}{\rho_1}$，联立上述两式，可得到

$$u_1-u_0=\sqrt{(p_1-p_0)(V_0-V_1)} \tag{3.1.6}$$

将式 (3.1.6) 代入动量守恒方程式 (3.1.4)，得到冲击波速度

$$D-u_0=V_0\sqrt{\frac{p_1-p_0}{V_0-V_1}} \tag{3.1.7}$$

将 $\rho_0(D-u_0)=\dfrac{p_1-p_0}{u_1-u_0}$ 代入式 (3.1.5)，可得

$$\begin{aligned}
e_1-e_0&=\frac{(p_1u_1-p_0u_0)(u_1-u_0)}{p_1-p_0}-\frac{1}{2}\left(u_1^2-u_0^2\right)\\
&=\frac{1}{2}(u_1-u_0)\left[\frac{2p_1u_1-2p_0u_0}{p_1-p_0}-(u_1+u_0)\right]\\
&=\frac{1}{2}\frac{p_1+p_0}{p_1-p_0}(u_1-u_0)^2
\end{aligned}$$

将式 (3.1.6) 代入上式，可得

$$e_1-e_0=\frac{1}{2}(p_1+p_0)(V_0-V_1) \tag{3.1.8}$$

方程 (3.1.8) 称为冲击绝热方程，又称冲击波雨贡纽方程。

在推导冲击波基本关系式时只用到三个守恒定律，未涉及冲击波是在何种介质中传播的，因此这三个基本方程式适用于在任意介质中传播的冲击波。但在直接利用上述公式进行计算时，尚不能形成封闭的求解方程组，还需要知道内能 e 与状态参数之间的关系，这个关系称为介质的状态方程。因此，当计算冲击波在某一具体介质中传播时，还需要与该介质的状态方程相关联，以便求解冲击波阵面上的参数。下面以理想气体为例具体说明冲击波参数的计算过程。

理想气体①状态方程为

$$pV=RT \tag{3.1.9}$$

式中，R 为气体常量。按照多方气体②，定义绝热指数为定压比热与定容比热之比 $\gamma=c_p/c_v$，若假定冲击波前、后气体状态的比热比不变，即 $\gamma_0=\gamma_1=\gamma$，则内能表达式有

$$e_0=c_vT_0=\frac{R}{\gamma-1}T_0,\quad e_1=c_vT_1=\frac{R}{\gamma-1}T_1$$

其中，c_v 为定容比热，运用状态方程式 (3.1.9)，上式可写成

$$e_0=\frac{p_0V_0}{\gamma-1},\quad e_1=\frac{p_1V_1}{\gamma-1}$$

将 e_0、e_1 表达式以及式 (3.1.6)、式 (3.1.7) 一起代入冲击绝热方程 (3.1.8) 得

$$\frac{p_1V_1}{\gamma-1}-\frac{p_0V_0}{\gamma-1}=\frac{1}{2}(p_1+p_0)(V_0-V_1)$$

---

① 理想气体是指其粒子 (分子或原子) 之间的相互作用力很微弱，以至可以忽略不计这个作用的气体，是一种遵从热力学定律 $pV=RT$ 的气体。

② 多方气体是指内能与温度成正比 ($e=c_vT$) 的理想气体。

上式两边同乘以 $\dfrac{\gamma-1}{p_0V_0}$ 并整理得

$$\frac{V_1}{V_0}\left(\frac{\gamma+1}{2}\cdot\frac{p_1}{p_0}+\frac{\gamma-1}{2}\right)=\frac{\gamma-1}{2}\cdot\frac{p_1}{p_0}+\frac{\gamma+1}{2}$$

据此可得冲击波前后气体密度比和压力比的关系

$$\frac{\rho_1}{\rho_0}=\frac{(\gamma+1)\cdot\dfrac{p_1}{p_0}+(\gamma-1)}{(\gamma-1)\cdot\dfrac{p_1}{p_0}+(\gamma+1)} \tag{3.1.10}$$

$$\frac{p_1}{p_0}=\frac{(\gamma+1)\cdot\dfrac{\rho_1}{\rho_0}-(\gamma-1)}{(\gamma+1)-(\gamma-1)\cdot\dfrac{\rho_1}{\rho_0}} \tag{3.1.11}$$

式 (3.1.10)、式 (3.1.11) 称为理想气体的冲击绝热方程。

方程 (3.1.6)、(3.1.7)、(3.1.10) 中共有四个未知数，即 p_1、V_1 或 ρ_1、u_1 和 D。一般来说介质的初始状态是给定的，绝热指数 γ 已知，即 p_0、ρ_0、u_0 和 γ 是已知的，故求解冲击波波后状态参量 p_1、V_1 或 ρ_1、u_1、D 时，必须给定一个冲击波波后参量，方可封闭求解，或者也可以说，只要给定一个冲击波波后参量，即可封闭求解。事实上，一个波后参量就反映了冲击波的强度，这也说明，对应一个冲击波强度，波后流场是确定可解的，并且解是唯一的。

接下来再利用状态方程 (如 $pV=RT$) 可求出理想气体的其他热力学状态量。

以多方气体为例，对冲击波基本关系式进行变换，将主要参量 u_1、p_1 和 V_1 表示成未扰动介质声速 c_0 和冲击波速度 D 的函数。

声速：

$$c_1^2=\gamma p_1V_1=\gamma\frac{p_1}{\rho_1},\quad c_0^2=\gamma p_0V_0=\gamma\frac{p_0}{\rho_0} \tag{3.1.12}$$

因为

$$D-u_0=V_0\sqrt{\frac{p_1-p_0}{V_0-V_1}} \tag{3.1.13}$$

所以

$$p_1-p_0=\rho_0(D-u_0)^2\left(1-\frac{V_1}{V_0}\right) \tag{3.1.14}$$

将式 (3.1.10) 代入式 (3.1.14)，得到

$$p_1-p_0=\rho_0(D-u_0)^2\left[1-\frac{(\gamma+1)\,p_0+(\gamma-1)\,p_1}{(\gamma+1)\,p_1+(\gamma-1)\,p_0}\right] \tag{3.1.15}$$

由式 (3.1.15) 得到

$$p_1+\frac{\gamma-1}{\gamma+1}p_0=\frac{2}{\gamma+1}\rho_0(D-u_0)^2 \tag{3.1.16}$$

所以

$$p_1-p_0=\rho_0(D-u_0)^2\frac{2}{\gamma+1}-\frac{2\gamma}{\gamma+1}p_0=\frac{2}{\gamma+1}\rho_0\left[(D-u_0)^2-\frac{\gamma p_0}{\rho_0}\right] \tag{3.1.17}$$

考虑到

$$p_1-p_0=\frac{2}{\gamma+1}\rho_0\left[(D-u_0)^2-c_0^2\right] \tag{3.1.18}$$

由式 (3.1.16)、式 (3.1.17) 可知，$u_1-u_0=\dfrac{p_1-p_0}{\rho_0\left(D-u_0\right)}$，得到

$$u_1-u_0=\frac{2}{\gamma+1}\left(D-u_0\right)\left[1-\frac{c_0^2}{\left(D-u_0\right)^2}\right] \tag{3.1.19}$$

$$\frac{V_0-V_1}{V_0}=\frac{2}{\gamma+1}\left[1-\frac{c_0^2}{\left(D-u_0\right)^2}\right] \tag{3.1.20}$$

式 (3.1.18)~ 式 (3.1.20) 即为以 c_0、D 表示的冲击波阵面前后介质参量突跃变化的表达式，也可以运用它们进行冲击波参量的计算。

如果波前介质为静止状态，即 $u_0=0$，则可得到

$$p_1-p_0=\frac{2}{\gamma+1}\rho_0D^2\left(1-\frac{c_0^2}{D^2}\right) \tag{3.1.21}$$

$$u_1-u_0=\frac{2}{\gamma+1}D\left(1-\frac{c_0^2}{D^2}\right) \tag{3.1.22}$$

$$\frac{V_0-V_1}{V_0}=\frac{2}{\gamma+1}\left(1-\frac{c_0^2}{D^2}\right) \tag{3.1.23}$$

马赫数 M 是流体力学中的一个重要概念，在定义流体力学现象时具有十分关键的作用。若定义冲击波马赫数为 $M=\dfrac{D-u_0}{c_0}$，其中 $c_0^2=\gamma\dfrac{p_0}{\rho_0}$，则式 (3.1.16)~式 (3.1.18) 还可表示成下列形式：

$$\begin{cases}\dfrac{u-u_0}{c_0}=\dfrac{2}{\gamma+1}\left(M-\dfrac{1}{M}\right)=\dfrac{2}{\gamma+1}\dfrac{M^2-1}{M}\\[2mm] \dfrac{p-p_0}{p_0}=\dfrac{2\gamma}{\gamma+1}(M^2-1)\\[2mm] \dfrac{\rho-\rho_0}{\rho_0}=\dfrac{2(M^2-1)}{(\gamma-1)M^2+2}\end{cases} \tag{3.1.24}$$

4. 冲击波性质

下面简要证明冲击波的两个基本性质。

性质 1 相对波前未扰动介质，冲击波的传播速度是超声速的，即满足 $D-u_0>c_0$ 或 $M>1$；而相对于波后已扰动介质，冲击波的传播速度是亚声速的，即 $D-u_1<c_1$。

证明 公式 (3.1.18) 可写成

$$\left(\frac{D-u_0}{c_0}\right)^2=\frac{(\gamma+1)\,p_1/p_0+(\gamma-1)}{2\gamma} \tag{3.1.25}$$

由质量守恒方程 $\left(\dfrac{D-u_1}{V_1}\right)^2=\left(\dfrac{D-u_0}{V_0}\right)^2$，并运用 $c^2=\gamma pV$，得到

$$\left(\frac{D-u_1}{c_1}\right)^2=\frac{(D-u_0)^2\,V_1^2p_0}{V_0^2\gamma p_1V_1p_0}=\frac{(D-u_0)^2}{c_0^2}\frac{p_0V_1}{p_1V_0} \tag{3.1.26}$$

将式 (3.1.22) 代入式 (3.1.26) 可得

$$\left(\frac{D-u_1}{c_1}\right)^2=\frac{(\gamma+1)\,p_0/p_1+(\gamma-1)}{2\gamma} \tag{3.1.27}$$

对冲击波：$\dfrac{p_1}{p_0}>1$ 且 $\gamma>1$，故

$$\left(\frac{D-u_0}{c_0}\right)^2=\frac{(\gamma+1)\,p_1/p_0+(\gamma-1)}{2\gamma}>1$$

$$\left(\frac{D-u_1}{c_1}\right)^2=\frac{(\gamma+1)\,p_0/p_1+(\gamma-1)}{2\gamma}<1$$

即 $D-u_0>c_0$，$D-u_1<c_1$。

性质 2 冲击波的传播速度不仅与介质初始状态有关，还与冲击波强度有关。

证明 令冲击波强度 $\varepsilon=\dfrac{p_1-p_0}{p_0}=\dfrac{p_1}{p_0}-1$，则 $\dfrac{p_1}{p_0}=\varepsilon+1$，将其代入式 (3.1.25) 有

$$\left(\frac{D-u_0}{c_0}\right)^2=1+\frac{\gamma+1}{2\gamma}\varepsilon$$

即

$$D-u_0=c_0\sqrt{1+\frac{\gamma+1}{2\gamma}\varepsilon}$$

故 $D=f(c_0,\varepsilon)$，即冲击波速度不仅与介质初始声速 c_0 有关，而且与冲击波强度 ε 有关。对于声波，有 $\varepsilon\approx 0$，则 $D-u_0\approx c_0$，因此声波传播速度只与介质状态有关。

3.1.3 爆轰波理论

1. 爆轰波的 CJ 理论

冲击波在炸药中传播可能有两种情况，一种是不引起炸药的化学反应，这种情况与一般介质中的冲击波无异。另一种情况是由冲击波的剧烈压缩而引起炸药的快速化学反应，反应放出的热量又支持冲击波的传播，使其维持恒速而不衰减，这种紧跟着化学反应的冲击波，或伴有化学反应的冲击波称为爆轰波。爆轰是爆轰波在炸药中传播的过程。

按照流体动力学理论，爆轰的实质是依靠前导冲击波的传播来压缩介质，引起能量转换和化学能释放的流体动力学现象。爆轰时，炸药的化学反应和反应混合物的质点运动同时发生。爆轰中化学反应是极其复杂的，为了使问题简化，Chapman 和 Jouguet 分别在 1899 年和 1905 年独立提出了一个简单却令人信服的假设。如图 3.1.4 所示，他们认为爆轰的化学反应在一薄层内 (图中两条虚线所包围的控制体) 迅速完成，将炸药瞬时转变为完全反应的爆轰产物，图中 (0) 区表示未反应炸药，(2) 区表示炸药形成的爆轰产物，D 为爆轰波的传播速度，u_0 为爆轰波前未反应炸药介质的运动速度，u_2 为爆轰波后产物的运动速度。根据这个简化假设，可以不考虑爆轰中化学反应的详细过程，爆轰波阵面相当于把炸药和爆轰产物分开的一强间断面。这样，复杂的爆轰过程可以用比较简单的流体动力学冲击波理论来解决。将爆轰波简化为含化学反应强间断面的理论通常称为 Chapman-Jouguet 理论，简称 CJ 理论。

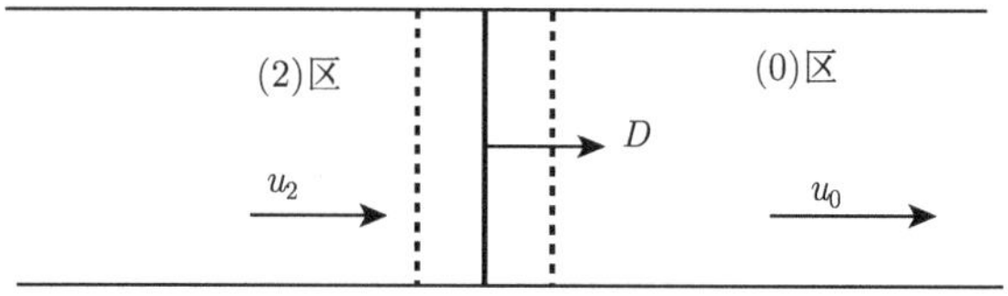

图 3.1.4 爆轰波 CJ 理论模型

1) CJ 假设

CJ 理论是基于以下假设。

(1) 流动是理想的、一维的，不考虑介质的黏性、扩散、传热及流动的湍流等性质。

(2) 爆轰波波阵面为厚度可忽略的平面，它只是压力、质点速度、温度等参数发生突跃变化的强间断面。

(3) 反应在瞬间完成，化学反应速度无穷大。

(4) 爆轰波的传播是定常的。

2) CJ 条件

无论是气体炸药还是凝聚炸药，在给定的初始条件下，爆轰波都以某一特定的速度稳定传播，而三个守恒方程无法描述该稳定传播的现象。为此 Chapman 和 Jouguet 提出了爆轰波稳定传播的条件，即著名的 CJ 条件

$$D = u_2 + c_2 \tag{3.1.28}$$

其中，c_2 为爆轰产物的当地声速，u_2 为爆轰产物质点速度。

CJ 条件对应的参数称为 CJ 爆轰参数，根据爆轰波基本关系式

$$\begin{cases} D - u_0 = V_0\sqrt{\dfrac{p_2 - p_0}{V_0 - V_2}} \\ u_2 - u_0 = \sqrt{(p_2 - p_0)(V_0 - V_2)} \\ e_2 - e_0 = \dfrac{1}{2}(p_2 + p_0)(V_0 - V_2) + Q_V \end{cases} \tag{3.1.29}$$

以及爆轰产物的状态方程

$$p = f\left(V_2, T_2\right) \tag{3.1.30}$$

由式 (3.1.28) ~ 式 (3.1.30) 五个方程成的方程组可以求解出五个未知参数 (u_2、V_2、p_2、T_2、c_2)，即当炸药的初始参数 p_0、ρ_0、u_0、T_0 给定时，可以计算爆轰参数。

采取与计算冲击波参数相同的方法，可以得到爆轰波参数表达式为

$$p_2 - p_0 = \frac{1}{\gamma+1}\rho_0\left[(D-u_0)^2 - c_0^2\right] \tag{3.1.31}$$

$$V_0 - V_2 = \frac{1}{\gamma+1}V_0\left[1 - \frac{c_0^2}{(D-u_0)^2}\right] \tag{3.1.32}$$

式 (3.1.29)、式 (3.1.31) 是利用爆轰波质量守恒和动量守恒基本方程导出的，若与冲击波的关系式 (3.1.21) 相比，可看出爆轰波前沿冲击波阵面上的参数为 CJ 面上参数的二倍，即 $u_1 = 2u_2$，$p_1 - p_0 = 2\left(p_2 - p_0\right)$。这说明被冲击波压缩的炸药在开始化学反应后不断膨胀，直到反应完毕，其压力 $p_2 - p_0$ 仅为前沿冲击波阵面上压力 $p_1 - p_0$ 的一半。

采取与冲击波基本理论相同的方法获得爆轰参数求解方程，由于 $p_2 \gg p_0$，$D^2 \gg c_0^2$，则爆轰波参数的计算公式如下。

爆轰产物的 CJ 比容

$$V_2 = \frac{\gamma}{\gamma+1}V_0 \tag{3.1.33}$$

爆轰产物的 CJ 压力 (或称为爆轰压力)

$$p_2 = \frac{1}{\gamma + 1}\rho_0 D^2 \tag{3.1.34}$$

爆轰产物的 CJ 质点速度

$$u_2 = \frac{1}{\gamma + 1}D \tag{3.1.35}$$

爆轰产物的 CJ 声速

$$c_2 = \frac{\gamma}{\gamma + 1}D \tag{3.1.36}$$

爆轰产物的 CJ 温度

$$T_2 = \frac{\gamma M_1 D^2}{(\gamma + 1)^2 R} \tag{3.1.37}$$

另外，炸药爆速与爆热之间存在关系式

$$D = \sqrt{2(\gamma^2 - 1)Q_V} \tag{3.1.38}$$

2. 爆轰波 ZND 模型

CJ 理论将爆轰波阵面简化成一个包含化学反应的强间断面，经过此强间断面，原始炸药立即转化为爆轰产物并释放化学能。CJ 理论对反应区的简化过多，而且前面的计算也发现，CJ 面参数并非冲击波阵面参数，说明冲击波阵面和 CJ 面不能重合。实际的爆轰应该存在一定宽度的反应区，之后事实发现，对于某些含能材料或炸药，特征尺寸可能会影响反应区宽度，如炸药的冲击起爆过程或小直径装药爆轰波传播的边侧效应等，因此需要深入了解爆轰波的反应区内部结构。

20 世纪 40 年代，Zeldovich(苏联)、von Neumann(美国) 和 Doring(德国) 各自独立地对 CJ 模型的基本假设进行了改进，提出了考虑爆轰波内部结构的新模型，后称为 ZND 模型。这个模型描述的爆轰波结构如图 3.1.5 所示。按照爆轰波传播示意图 3.1.5(a)，将爆轰波划分出三个控制面。0-0 面之前，炸药未受到扰动；0-0 面和 1-1 面之间，炸药已被前沿冲击波压缩，但尚未开始化学反应；一般冲击波阵面厚度与分子自由路程的长度在同一数量级，因此 0-0 面和 1-1 面也可看成是同一个控制面；1-1 面和 2-2 面之间是化学反应区，2-2 面之后为爆轰产物区域。在化学反应区结束的端面 (2-2 面)，爆轰产物的参数为 p_2、ρ_2、u_2、T_2，称为炸药的爆轰参数。图 3.1.5(b) 给出了 ZND 模型中爆轰波结构示意图，p_0 为未反应炸药的初始压力，p_1 对应 1-1 面的压力，p_2 对应 2-2 面的压力，反应区压力从 p_1 逐渐降低到 p_2。

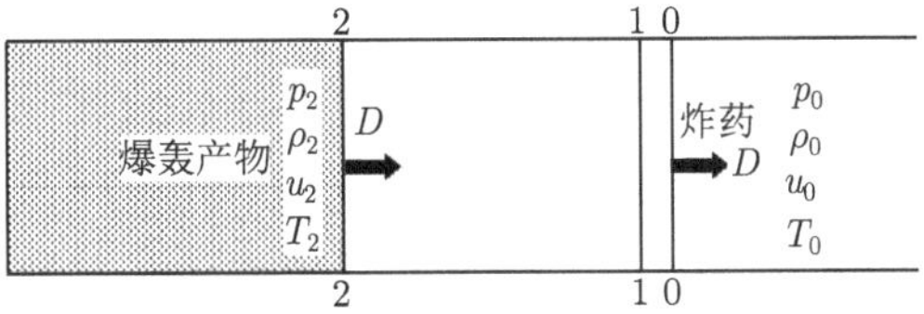

(a) 爆轰波传播示意图

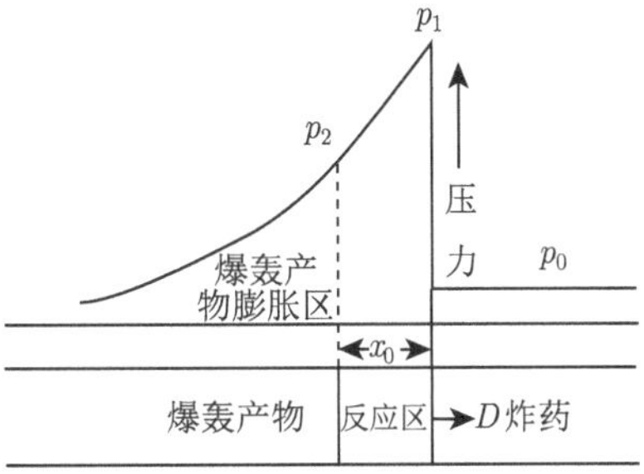

(b) 爆轰波结构

图 3.1.5 爆轰 ZND 模型示意图

由于爆轰过程是稳定的，因此以 0-0 面、1-1 面、2-2 面表示的三个控制面在传播过程中都是稳定的，即都以同样的速度 D 传播，D 就是爆轰波传播的速度，也是化学反应区的移动速度，简称爆速。

为了建立炸药的初始参数与爆轰参数之间的关系，需要建立爆轰波基本关系式。这里不考虑前沿冲击波阵面和化学反应区内状态的变化，跨 0-0 面、1-1 面、2-2 面建立控制体，可以用与建立冲击波基本关系式完全相同的方法建立爆轰波基本关系式，其中质量守恒方程和动量守恒方式与冲击波基本关系式相同，可直接采用，即

$$u_2 - u_0 = \sqrt{(p_2 - p_0)(V_0 - V_2)}$$

$$D - u_0 = V_0\sqrt{\frac{p_2 - p_0}{V_0 - V_2}}$$

能量守恒方程得到的爆轰波雨贡纽方程与冲击波雨贡纽方程不同，主要是爆轰波能量方程中包含化学反应所放出的能量，即爆热。因为在爆轰过程中爆热转化为爆轰产物的内能，而爆热储存在炸药中，故炸药的总内能 E_0 为炸药的内能 e_0 和炸药化学能 Q_V 之和，而爆轰产物的总内能 E_2 即为该状态下的内能 e_2，这样从冲击波的雨贡纽方程得到爆轰波的雨贡纽方程的表达式

$$E_2 - E_0 = \frac{1}{2}(p_2 + p_0)(V_0 - V_2)$$

将上面相应状态的内能代入上式，可得

$$e_2 - e_0 = \frac{1}{2}(p_2 + p_0)(V_0 - V_2) + Q_V \tag{3.1.39}$$

式 (3.1.39) 为爆轰波能量方程，式中，Q_V 表示爆轰化学反应区所释放的热量，$e_2 - e_0$ 表示爆轰波通过前后由介质状态参数变化所引起的内能的变化。对于爆炸性气体，爆轰波通过前后都符合多方气体定律，并且假设气体的多方指数 γ 不变，则有

$$e_0 = \frac{p_0 V_0}{\gamma - 1}, \quad e_2 = \frac{p_2 V_2}{\gamma - 1}$$

$$\frac{p_2 V_2}{\gamma - 1} - \frac{p_0 V_0}{\gamma - 1} = \frac{1}{2}(p_2 + p_0)(V_0 - V_1) + Q_V$$

3.1.4 炸药接触爆炸时分界面的初始参数

炸药爆炸过程主要分为两个阶段：阶段一是炸药自身爆炸过程，此阶段爆轰参数与炸药类型有关；阶段二是炸药转化为高温高压的爆轰产物，爆轰产物与周围介质相互作用过程，此阶段炸药类型、周围介质类型、接触方式等因素均会影响炸药对介质的破坏效果。图 3.1.6 给出炸药与介质接触爆炸的示意图，爆轰产物向介质飞散时，在介质中必然产生冲击波，同时在产物中产生反射波。这种反射波的类型取决于炸药与介质的物理特性。一般情况下，若介质的冲击阻抗$\rho_m D_m$(大部分金属材料) 大于炸药的冲击阻抗ρD，则反射波为冲击波；反之为稀疏波。如果两者冲击阻抗相等，则界面处不发生反射现象。可利用冲击波或稀疏波基本关系式、界面连续条件，求出爆炸冲击波的初始参数。

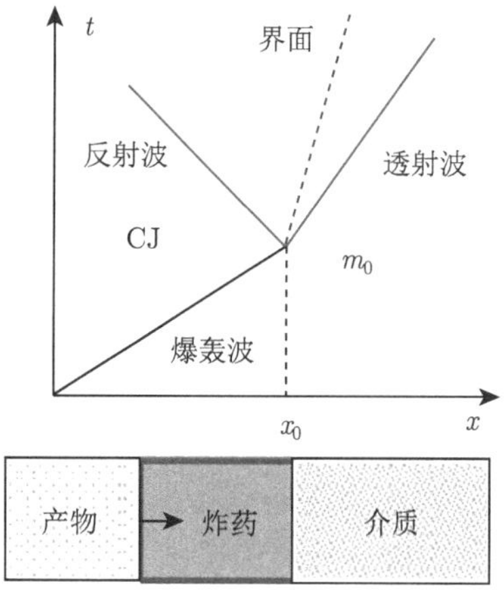

图 3.1.6 炸药与介质接触爆炸的示意图

1. 反射稀疏波情况

当介质的冲击阻抗小于产物的冲击阻抗时，在爆轰产物中反射稀疏波。典型介质类型包括空气、水和土壤等。

假设整个过程是一维的，平面爆轰波正面冲击；反射波前的爆轰产物保持 CJ 状态。当装药在空气中爆炸时，最初爆轰产物与空气的最初分界面上的参数，就是形成空气冲击波的初始参数。

爆轰波达到介质之前、爆轰结束后爆轰产物与介质发生作用瞬间的 p-x 分布如图 3.1.7 所示，图中 p_0 为介质初始压力，p_2 为 CJ 爆轰压力，D 为爆轰波速度，u_2 为爆轰波后介质运动速度，p_x 为爆轰产物与介质分界面的压力，u_x 为爆轰产物与介质分界面的质点运动速度，D_s 为介质中冲击波速度。

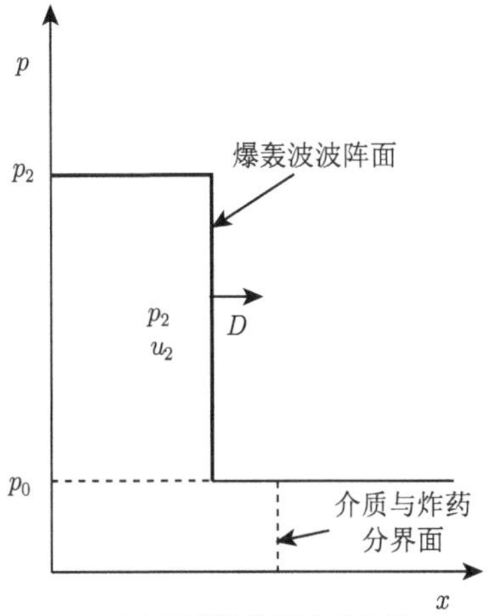

(a) 爆轰波达到介质之前

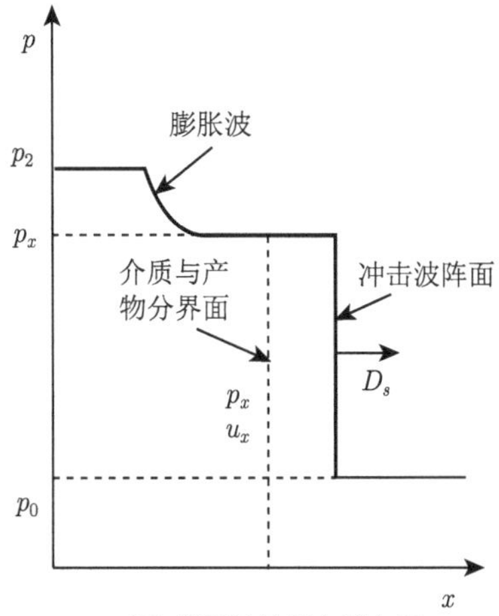

(b) 爆轰波达到介质之后

图 3.1.7 反射稀疏波时分界面附近的参数分布

利用冲击波或稀疏波基本关系式、界面连续条件，可求出爆炸冲击波的初始参数。

爆轰波在 CJ 面上产物的参数为

$$p_2=\frac{\rho_0 D^2}{\gamma+1},\quad \rho_2=\frac{\gamma+1}{\gamma}\rho_0,\quad u_2=\frac{D}{\gamma+1},\quad c_2=\frac{\gamma D}{\gamma+1} \tag{3.1.40}$$

当爆轰产物传至分界面但尚未发生膨胀时，产物的质点速度为 u_2。由于反射稀疏波，产物发生等熵膨胀，使产物得到一个附加速度 u_1，因此爆轰产物在界面处的速度 u_x 为

$$u_x=u_2+u_1 \tag{3.1.41}$$

其中，

$$u_1=u_x-u_2=\int_{p_x}^{p_2}\frac{\mathrm{d}p}{\rho c} \tag{3.1.42}$$

根据爆轰产物的等熵方程，可以得到

$$u_x=\frac{D}{\gamma+1}\left\{1+\frac{2\gamma}{\gamma-1}\left[1-\left(\frac{p_x}{p_2}\right)^{\frac{\gamma-1}{2\gamma}}\right]\right\} \tag{3.1.43}$$

由于在分界面处产物和介质中所形成的冲击波初始压力和质点速度是连续的，因此得到介质中初始冲击波的质点速度为

$$u_x = u_m = \sqrt{(p_{mx} - p_{m0})(V_{m0} - V_{mx})} \tag{3.1.44}$$

式中，u_m 为靠近分界面的介质运动速度，u_x 为靠近分界面的爆轰产物运动速度，p_{m0} 和 V_{m0} 分别表示未扰动介质的初始压力和比容，p_{mx} 和 V_{mx} 分别为介质中冲击波的压力和比容。

如果介质的状态方程或冲击压缩规律已知，就可以确定介质中冲击波的全部初始参数 p_x，u_x，V_{mx}，T_{mx} 和 D_{mx}。假如爆轰产物向真空飞散，即 p_x=0，可得到

$$u_x = u_{\max} = \frac{3\gamma - 1}{\gamma^2 - 1} D \tag{3.1.45}$$

若 $\gamma \approx 3$，则 $u_{\max} \approx D$。这表明，爆轰产物向真空飞散时所达到的最大飞散速度不超过炸药的爆速。

2. 反射冲击波情况

当介质的冲击阻抗大于产物冲击阻抗时，在爆轰产物中反射冲击波。典型介质类型包括铜、钢、钨等。

爆轰波达到介质面前、爆轰结束后爆轰产物与介质发生作用瞬间的 p-x 分布如图 3.1.8 所示，图中 p_0 为介质初始压力，p_2 为 CJ 爆轰压力，D 为爆轰波速度，u_2 为爆轰波后介质运动速度，p_x 为爆轰产物与介质分界面的压力，u_x 为爆轰产物与介质分界面的质点运动速度，D_s 为介质中冲击波速度，D'_s 为爆轰产物中反射冲击波速度。爆轰波到达介质分界面时，炸药已经爆轰完毕，形成高温高压的爆轰产物，向介质中透射一个冲击波 D_s，同时向高温高压的爆轰产物反射一个冲击波 D'_s。

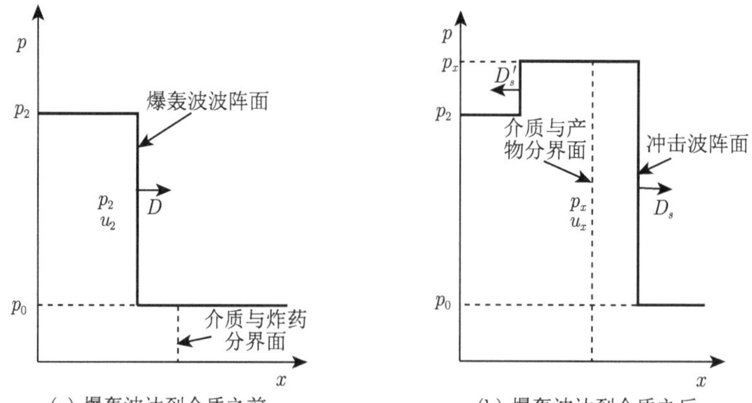

(a) 爆轰波达到介质之前　(b) 爆轰波达到介质之后

图 3.1.8　反射冲击波时分界面附近的参数分布

爆轰产物在界面处的速度

$$u_x = u_2 - u_1 \tag{3.1.46}$$

$$u_1 = \sqrt{(p_x - p_2)(V_2 - V_x)} \tag{3.1.47}$$

$$\frac{V_x}{V_2} = \frac{(\gamma+1)p_2 + (\gamma-1)p_x}{(\gamma+1)p_x + (\gamma-1)p_2} = \frac{(\gamma+1)+(\gamma-1)\lambda}{(\gamma+1)\lambda+(\gamma-1)} \tag{3.1.48}$$

式中，$\lambda = \dfrac{p_x}{p_2}$。

$$u_x = u_2 - \sqrt{(p_x - p_2)(V_2 - V_x)} \tag{3.1.49}$$

得到

$$\begin{aligned} u_x &= u_2 - \sqrt{p_2 V_2 (\lambda - 1)\left(1 - \frac{(\gamma+1)+(\gamma-1)\lambda}{(\gamma+1)\lambda+(\gamma-1)}\right)} \\ &= \frac{D}{\gamma+1}\left[1 - \frac{(\lambda-1)\sqrt{2\gamma}}{\sqrt{(\gamma+1)\lambda+(\gamma-1)}}\right] \end{aligned} \tag{3.1.50}$$

另一方面，介质中冲击波波后的质点速度

$$u_x = \sqrt{(p_x - p_0)(V_{m0} - V_{mx})} \tag{3.1.51}$$

由于 $p_0 \ll p_x$，则

$$u_x = \sqrt{p_x (V_{m0} - V_{mx})} \tag{3.1.52}$$

当介质的压缩规律已知时，即可计算介质中爆炸冲击波的初始参数。

当爆轰波从固壁反射时，即 $u_x=0$，则

$$\lambda = \frac{5\gamma + 1 + \sqrt{17\gamma^2 + 2\gamma + 1}}{4\gamma} \tag{3.1.53}$$

3.2 炸药在空气中的爆炸效应 [3,7–9]

3.2.1 空中爆炸基本现象

1. 概述

空中爆炸是爆破战斗部的主要作用形式，即使是侵爆战斗部在目标内部爆炸，例如建筑物和舰船内部爆炸时，仍以空中爆炸效应为第一形式。炸药在空气中爆炸，瞬时转变为高温、高压的爆轰产物。由于空气的初始压力和密度都很低，于是爆轰产物急剧膨胀，强烈压缩周围空气，在空气中形成空气冲击波。

假设爆轰由装药中心引发，当爆轰波到达炸药和空气界面时，瞬时在空气中形成强冲击波，称为初始冲击波，其参数由炸药和介质性质决定。初始冲击波作为一个强间断面，其运动速度大于爆轰产物-空气界面的运动速度，造成压力波阵面与爆轰产物-空气界面的分离。初始冲击波构成整个压力波的头部，其压力最高，压力波尾部压力最低，与爆轰产物-空气界面压力相连续。由于惯性效应，爆轰产物会产生过度膨胀，其压力将低于邻近空气的压力，马上在压力波的尾部形成稀疏波，并开始第一次反向压缩。此时，压力波和稀疏波与爆轰产物分别独立地向前传播。这样，就形成了一个尾部带有稀疏波区 (或负压区) 的空气冲击波，称为爆炸空气冲击波。爆炸空气冲击波的形成和压力分布如图 3.2.1 所示，左图为利用高速相机拍摄炸药从起爆、爆轰产物膨胀、形成空气冲击波、空气冲击波与爆轰产物分离等过程的试验结果，右图为在空气中爆炸时，空气冲击波传播过程中压力与距离的关系。

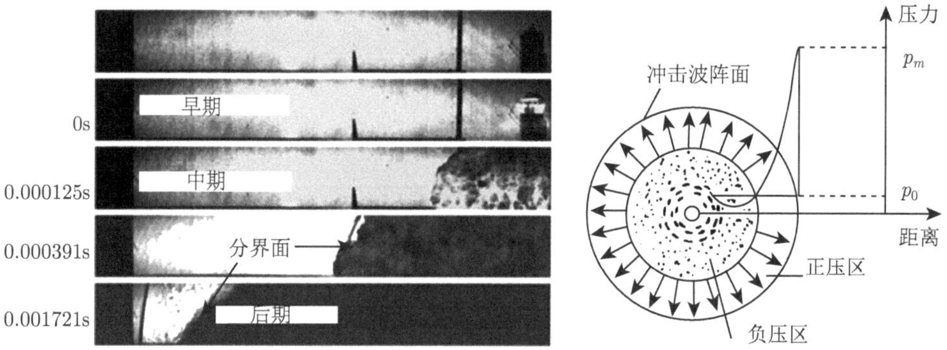

图 3.2.1　爆炸空气冲击波的形成和压力分布

2. 爆轰产物的膨胀规律

爆轰产物的膨胀规律可近似认为符合等熵方程

$$p = A(S)V^{\gamma} \tag{3.2.1}$$

式中，p 和 V 分别为爆轰产物的压力和比容 (单位质量的体积)；γ 为等熵指数，与爆轰产物的组成、密度和压力有关，一般情况下，高压区 (>200MPa)γ=3，低压区γ=1.2~1.4。

爆轰产物的压力下降到与周围空气介质的压力相等时的体积称为爆轰产物的极限体积，对应的爆轰产物的半径为极限作用半径。对于球形装药，爆轰产物的极限作用半径约为 10 倍的炸药装药初始半径；对于大长径比圆柱形装药，爆轰产物的极限作用半径约为 30 倍的炸药装药初始半径。

应该指出，爆炸产物最初膨胀到 p_0 时并没有立即停止运动，由于惯性效应将继续运动，即继续膨胀。这种膨胀一直延续到惯性消失为止。这时，爆炸产物膨胀的体积达最大 (比极限体积大 30%~40%)，其平均压力低于未经扰动介质的压力 p_0。由于爆炸产物内部压力低于 p_0，就出现周围介质反过来对爆炸产物进行压缩，使其压力不断回升。同样，惯性运动的结果，产生过度压缩，爆炸产物的压力又稍大于 p_0，并开始第二次膨胀和压缩的脉动过程。实验表明，对爆炸破坏作用有实际意义的只是第一次膨胀和压缩的过程。一般认为，爆轰产物停止膨胀开始收缩时，空气冲击波与爆轰产物分离，并独自向前传播。

3. 炸药爆炸传给空气冲击波的能量

炸药在空气中爆炸时，能量分配主要有空气冲击波和爆轰产物能量。爆轰产物膨胀到极限体积时所具有的比内能 e 可表示为

$$e_1 = \frac{p_0 V_1}{\gamma - 1} \tag{3.2.2}$$

式中，p_0 为爆轰产物极限体积时的压力，V_1 为爆轰产物的极限体积。

炸药爆炸释放的初始能量为

$$E = mQ_V = \rho_0 V_0 Q_V \tag{3.2.3}$$

式中，ρ_0，V_0，Q_V 分别为炸药初始密度、初始比容和爆热。

忽略其他的能量损耗，则传给空气冲击波的能量为

$$E_s = m\left[Q_V - \frac{p_0 V_1}{(\gamma - 1)\rho_0 V_0}\right] \tag{3.2.4}$$

整理得到，传给空气冲击波的能量占炸药总能量的比例为

$$\frac{E_s}{E} = 1 - \frac{p_0 V_1}{(\gamma - 1) Q_V \rho_0 V_0} \tag{3.2.5}$$

对于中等威力炸药 TNT，$Q_V = 4200\text{kJ/kg}$，$\rho_0 = 1.6\text{g/cm}^3$，$V_1/V_0 = 1600$，$p_0 = 1.0 \times 10^5\text{Pa}$。

若 $\gamma = 1.25$，则

$$\frac{E_s}{E} = 1 - \frac{p_0 V_1}{(\gamma - 1) Q_V \rho_0 V_0} = 90.5\% \tag{3.2.6}$$

若 $\gamma = 1.4$，则

$$\frac{E_s}{E} = 1 - \frac{p_0 V_1}{(\gamma - 1) Q_V \rho_0 V_0} = 94.0\% \tag{3.2.7}$$

由简单估算可知，裸露装药爆炸时大约 90%的能量传给冲击波，留在爆轰产物的能量不到 10%。实际上，传递给冲击波的能量少得多，主要是爆轰产物膨胀过程中的不稳定性和炸药爆炸时不能释放出全部能量的影响。一般来说，传递给冲击波的能量大约占炸药总能量的 70%；在空气中进行核爆炸时，约有 50%的能量以冲击波形式传出。

3.2.2 空中爆炸威力参数

1. 空气冲击波威力参数

爆炸空气冲击波形成以后，脱离爆轰产物独立地在空气中传播。在传播过程中，波的前沿以超声速传播，而正压区的尾部以与压力 p_0 相对应的声速传播，所以正压区被不断拉宽。爆炸空气冲击波的传播如图 3.2.2 所示，随着爆炸空气冲击波的传播，其峰值压力和传播速度等参数迅速下降。这是因为：首先，爆炸空气冲击波的波阵面随传播距离的增加而不断扩大，即使没有其他能量损耗，其波阵面上单位面积的能量也迅速减小；其次，爆炸空气冲击波的正压区随传播距离的增加而不断拉宽，受压缩的空气量不断增加，使得单位质量的空气的平均能量不断下降；此外，冲击波的传播是熵增过程，因此在传播过程中始终存在着因空气冲击绝热压缩而产生的不可逆的能量损失。爆炸空气冲击波传播过程中波阵面压力在初始阶段衰减快，后期减慢，传播到一定距离后，冲击波衰减为声波。

炸药在空中爆炸时，形成的空气冲击波为球面冲击波，其衰减速度比平面一维冲击波自由传播时的衰减速度快得多。除膨胀波和不可逆能量损耗影响外，球形冲击波波及的范围与距离的三次方成正比。受到压缩的气体其体积迅速增加，单位质量压缩气体得到的能量随波的传播距离迅速减小，因而冲击波的强度会迅速下降。

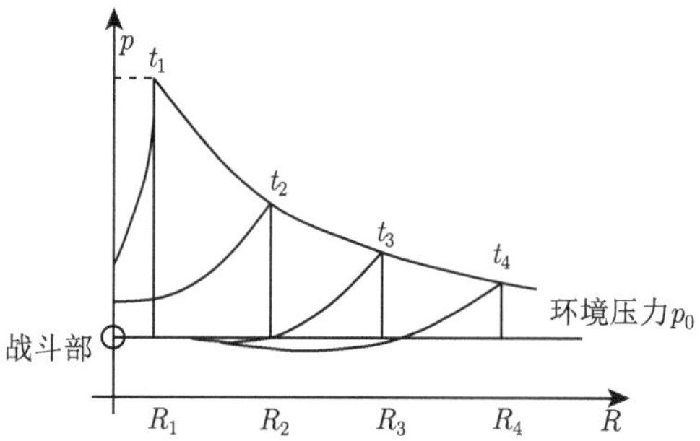

图 3.2.2 爆炸空气冲击波的传播示意图

空气冲击波压力随时间的变化如图 3.2.3 所示，$\Delta p = p - p_0$ 为冲击波超压，t_+ 为正压持续时间，$I_+ = \int_0^{t_+} \Delta p(t)\,\mathrm{d}t$ 为比冲量。冲击波超压峰值 $\Delta p_m = p_m - p_0$，t_+ 和 I_+ 构成了爆炸空气冲击波的三个基本参数，是冲击波的威力参数。

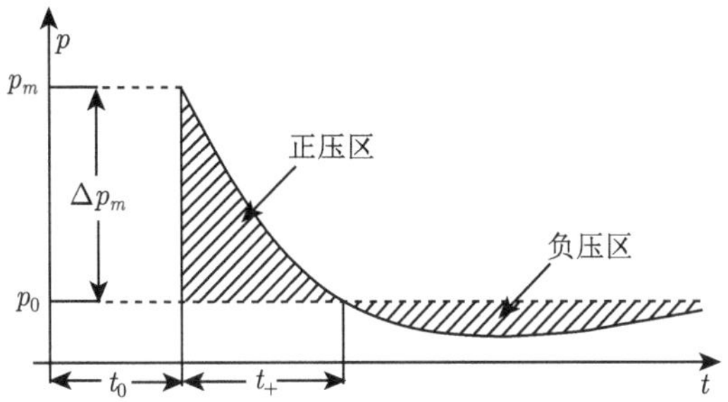

图 3.2.3 空气冲击波压力随时间的变化示意图

A. 冲击波超压

球形或接近球形的 TNT 裸装药在无限空中爆炸时，根据爆炸理论和试验结果，拟合得到如下的峰值超压计算公式，即著名的萨道夫斯基公式

$$\Delta p_m = 0.84\left(\frac{\sqrt[3]{W_{\mathrm{TNT}}}}{R}\right) + 2.7\left(\frac{\sqrt[3]{W_{\mathrm{TNT}}}}{R}\right)^2 + 7.0\left(\frac{\sqrt[3]{W_{\mathrm{TNT}}}}{R}\right)^3 \tag{3.2.8}$$

式中，Δp_m 单位是 10^5Pa；W_{TNT} 为 TNT 装药质量 (kg)；R 为测点到爆心的距离 (m)。一般认为，当爆点高度系数 $\overline{H}$ 符合下列条件时，称为无限空中爆炸

$$\overline{H} = \frac{H}{\sqrt[3]{W_{\mathrm{TNT}}}} \geqslant 0.35 \tag{3.2.9}$$

式中，H 为爆炸装药离地面的高度 (m)。令

$$\overline{R} = \frac{R}{\sqrt[3]{W_{\mathrm{TNT}}}} \tag{3.2.10}$$

则式 (3.2.8) 可写成组合参数 $\overline{R}$ 的表达式

$$\Delta p_m = \frac{0.84}{\overline{R}} + \frac{2.7}{\overline{R}^2} + \frac{7.0}{\overline{R}^3} \tag{3.2.11}$$

式 (3.2.11) 适用于 $1 \leqslant \overline{R} \leqslant 15$ 的情况，$\overline{R}$ 也称为比例距离。

B. 正压持续时间

球形 TNT 裸装药在无限空中爆炸时，正压持续时间 t_+ 的计算公式

$$t_+ = 1.3 \times 10^{-3}\sqrt[6]{W_{\mathrm{TNT}}}\sqrt{R}(\mathrm{s}) \tag{3.2.12}$$

C. 比冲量

球形 TNT 裸装药在无限空中爆炸时，产生的比冲量 I_+ 的计算公式

$$I_+ = 9.807A\frac{W_{\mathrm{TNT}}^{2/3}}{R}\ (\mathrm{Pa{\cdot}s}) \tag{3.2.13}$$

式中，A 为与炸药性能有关的系数，对于 TNT，A=30~40。

2. TNT 当量及换算

上述计算公式中，都是针对球形 TNT 装药在无限空气中爆炸。事实上，装药可能不是 TNT，爆炸条件也可能是地面、高空、坑道，装药形状也可能是圆柱形。针对非球形 TNT 装药在无限空气中爆炸的情况，需要进行 TNT 当量换算。

A. 其他装药类型的 TNT 当量换算

设某一炸药的爆热为 Q_{Vi}，药量为 W_i，其 TNT 当量 W_{TNT} 为

$$W_{\mathrm{TNT}} = \frac{Q_{Vi}}{Q_{VT}} W_i \tag{3.2.14}$$

式中，Q_{VT} 为 TNT 的爆热。

B. TNT 装药在地面上爆炸时，TNT 当量换算

当装药在混凝土、岩石类的刚性地面爆炸时，发生全反射，相当于两倍的装药在无限空间爆炸的效应。于是可将 $2W_{\mathrm{TNT}}$ 代替超压计算公式 (3.2.8) 根号内的 W_{TNT}，计算得出

$$\Delta p_m = 1.06\left(\frac{\sqrt[3]{W_{\mathrm{TNT}}}}{R}\right) + 4.3\left(\frac{\sqrt[3]{W_{\mathrm{TNT}}}}{R}\right)^2 + 14\left(\frac{\sqrt[3]{W_{\mathrm{TNT}}}}{R}\right)^3 \tag{3.2.15}$$

当装药在普通土壤地面爆炸时，地面土壤受到高温高压爆轰产物的作用发生变形、破坏，甚至抛掷到空中形成一个炸坑，将消耗一部分能量。因此，在这种情况下，地面能量反射系数小于 2，等效药量一般取为 $(1.7\sim1.8)W_{\mathrm{TNT}}$。当取 $1.8W_{\mathrm{TNT}}$ 时，冲击波峰值超压公式 (3.2.8) 变为

$$\Delta p_m = 1.02\left(\frac{\sqrt[3]{W_{\mathrm{TNT}}}}{R}\right) + 3.99\left(\frac{\sqrt[3]{W_{\mathrm{TNT}}}}{R}\right)^2 + 12.6\left(\frac{\sqrt[3]{W_{\mathrm{TNT}}}}{R}\right)^3 \tag{3.2.16}$$

C. TNT 装药在高空爆炸时，TNT 当量换算

因为空气冲击波以空气为介质，而空气密度随着高度的增加逐渐降低，因而在药量相同时，冲击波的威力也随高度的增加而下降。考虑到超压随爆点高度的增加而降低，对式 (3.2.8) 进行高度影响修正如下：

$$\Delta p_m = \frac{0.84}{\overline{R}}\left(\frac{p_H}{p_0}\right)^{1/3} + \frac{2.7}{\overline{R}^2}\left(\frac{p_H}{p_0}\right)^{2/3} + \frac{7.0}{\overline{R}^3}\left(\frac{p_H}{p_0}\right) \tag{3.2.17}$$

式中，p_H 为某爆点高度的空气压力，p_0 为标准大气压 (1.013×10^5Pa)。因此，对付空中目标时，随着弹目遭遇的高度增加，爆破战斗部所需炸药量迅速增加。

D. TNT 装药在坑道内爆炸时，TNT 当量换算

设坑道截面积为 S，对于两端开口情况下的 TNT 当量为

$$W_{\mathrm{TNT}} = \frac{4\pi R^2}{2S} W \tag{3.2.18}$$

对于一段开口情况下的 TNT 当量为

$$W_{\mathrm{TNT}} = \frac{4\pi R^2}{S} W \tag{3.2.19}$$

式中，R 为冲击波传播距离，W 为实际装药质量。

E. 大长径比圆柱形 TNT 当量换算

设圆柱形装药的半径和长度分别为 r_0 和 L，当冲击波传播距离 $R \gg L$ 时，可近似看成球形装药的爆炸。对于 $R < L$ 时，TNT 当量为

$$W_{\mathrm{TNT}} = \frac{4\pi R^2}{2\pi RL} W = 2\frac{R}{L} W \tag{3.2.20}$$

注意，TNT 当量的换算要考虑两个方面，一是对装药的类型根据爆热进行换算，二是根据爆炸条件和装药形状进行换算。

3. 装药运动对空气冲击波的影响

现有较多的武器在使用时具有较高的运动速度，装药运动对空气冲击波的威力场将产生较大影响。

假设装药以速度 u_0 运动，则其在空气中爆炸形成的冲击波阵面的初始压力 p_x 和速度 D_x 分别为

$$p_x = \frac{\gamma + 1}{2} \rho_a \left(u_{x0} + u_0\right)^2 \tag{3.2.21}$$

$$D_x = \frac{\gamma + 1}{2} \left(u_{x0} + u_0\right) \tag{3.2.22}$$

式中，γ 为未扰动空气的等熵指数，ρ_a 为未扰动空气的密度，u_{x0} 为静止爆炸时质点速度。

静止爆炸时，冲击波初始速度和压力分别为 D_{x0} 和 p_{x0}，则

$$\frac{D_x}{D_{x0}} = \frac{u_{x0} + u_0}{u_{x0}} = 1 + \frac{u_0}{u_{x0}} \tag{3.2.23}$$

$$\frac{p_x}{p_{x0}} = \left(\frac{u_{x0} + u_0}{u_{x0}}\right)^2 = \left(1 + \frac{u_0}{u_{x0}}\right)^2 \tag{3.2.24}$$

可以看出，运动装药爆炸高于静止装药爆炸所形成的初始冲击波的速度和压力。根据能量相似原理，可把运动装药携带的动能所引起的能量增加看成装药量的增加，这时相当于静止装药的药量为

$$W_{\mathrm{TNT}} = \frac{Q_V + \frac{1}{2}u_0^2}{Q_V} W \tag{3.2.25}$$

3.2.3 空中爆炸对目标的毁伤效应

1. 冲击波的反射

炸药在地面爆炸时，由于地面的阻挡，空气冲击波主要向一半无限空间传播，地面对冲击波的反射作用使能量向一个方向增强。

图 3.2.4 给出了炸药在有限高度 H 处空中爆炸时，冲击波传播的示意图。有限高度空中爆炸后，冲击波到达地面时发生波反射，形成马赫反射区和正规反射区，反射波后压力得到增强，形成不对称作用。地面爆炸对应了 $H=0$ 的情况。

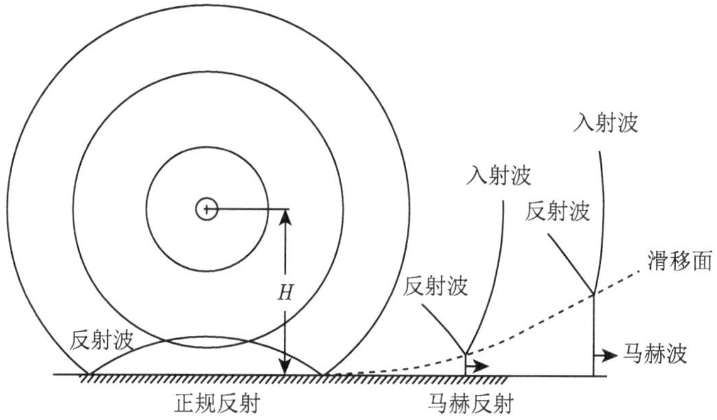

图 3.2.4 空爆时空气冲击波传播示意图

当冲击波在传播过程中遇到障碍物时，也会发生反射现象。入射冲击波传播方向垂直于障碍物的表面时，在障碍物表面发生的反射现象称为正反射。当入射波的入射方向与障碍物表面成一定夹角时，在障碍物表面将发生斜反射现象。冲击波的反射示意如图 3.2.5 所示。

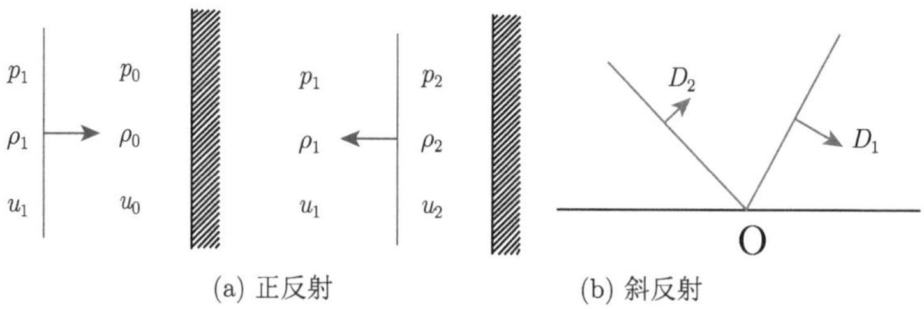

图 3.2.5 冲击波的正反射和斜反射示意图

这里只讨论最简单的情况，即一维平面冲击波在刚性壁面的正反射情况。

如图 3.2.5(a) 所示，有一稳定传播的平面冲击波以 D_1 的速度向障碍物表面垂直入射，入射波前面介质为理想气体，其状态参数为 p_0、ρ_0、u_0，入射波后介质的状态参数为 p_1、ρ_1、u_1。根据冲击波基本关系式，建立波前波后参数方程

$$u_1 - u_0 = \sqrt{(p_1 - p_0)(V_0 - V_1)} \tag{3.2.26}$$

$$D_1 - u_0 = v_0\sqrt{\frac{p_1 - p_0}{V_0 - V_1}} \tag{3.2.27}$$

当入射冲击波碰到障碍物表面时，由于障碍物为刚性固壁，在反射波波后的质点运动速度 u_2=0，速度为 u_1 的介质动能立即转化为静压能量，从而使壁面的压力和密度增高，形成反射冲击波向左传播。反射冲击波前后的参数可用冲击波基本关系式建立联系，即

$$D_2 - u_1 = -V_1\sqrt{\frac{p_2 - p_1}{V_1 - V_2}} \tag{3.2.28}$$

$$u_2 - u_1 = -\sqrt{(p_2 - p_1)(V_1 - V_2)} \tag{3.2.29}$$

根据固壁反射条件，$u_2 = u_0$=0，则得到

$$(p_1 - p_0)(V_0 - V_1) = (p_2 - p_1)(V_1 - V_2) \tag{3.2.30}$$

整理得到

$$\frac{(p_1 - p_0)^2}{(\gamma+1)p_0 + (\gamma-1)p_1} = \frac{(p_2 - p_1)^2}{(\gamma+1)p_2 + (\gamma+1)p_1} \tag{3.2.31}$$

令 $\Delta p_1 = p_1 - p_0$，$\Delta p_2 = p_2 - p_0$，得到

$$\Delta p_2 = 2\Delta p_1 + \frac{(\gamma+1)\Delta p_1^2}{(\gamma-1)\Delta p_1 + 2\gamma p_0} \tag{3.2.32}$$

当 $\gamma = 1.4$ 时

$$\frac{\Delta p_2}{\Delta p_1} = 2 + \frac{6\Delta p_1}{\Delta p_1 + 7p_0} \tag{3.2.33}$$

反射超压是入射超压的 2~8 倍。由此可见，当冲击波垂直入射目标时，目标实际受到的压力要比入射波的压力大得多，波的反射加强了冲击波对目标的破坏作用。

2. 冲击波的绕流

实际上，空气冲击波在传播时遇到的目标往往是有限尺寸的。这时，除了有反射冲击波外，还发生冲击波的环流作用，又称绕流作用。假设平面冲击波的垂直方向作用于一座很坚固的障碍物，这时发生正反射，壁面压力增高 Δp_2。与此同

时，入射冲击波沿着墙顶部传播，显然，并不发生反射，其波阵面上压力为 Δp_1。由于 $\Delta p_1 < \Delta p_2$，因此稀疏波向高压区内传播。在稀疏波作用下，壁面处空气向上运动，但在其运动过程中，由于受到障碍物顶部入射波后运动的空气影响而改变了运动方向，形成顺时针方向运动的旋风，另一方面又与相邻的入射波一起作用，变成绕流向前传播，如图 3.2.6(a) 所示。绕流进一步发展，绕过障碍物顶部沿着障碍物后壁向下运动，如图 3.2.6(b) 所示。这时障碍物后壁受到的压力逐渐增加，而障碍物的正面则由于稀疏波的作用，压力逐渐下降。即使如此，降低后的正面压力还是要比障碍物背面的大。绕流波继续沿着障碍物后壁向下运动，经某一时刻到达地面，并在地面发生反射，使压力升高，如图 3.2.6(c) 所示。这与空中爆炸时，冲击波从地面反射的情况类似。绕流波沿着地面运动，大约在离障碍物后 $2H$(H 为障碍物高度) 的地方形成马赫反射，这时冲击波的压力大为加强，如图 3.2.6(d) 所示。因此，这种情况下利用障碍物作防护时，越靠近障碍物内侧越安全。

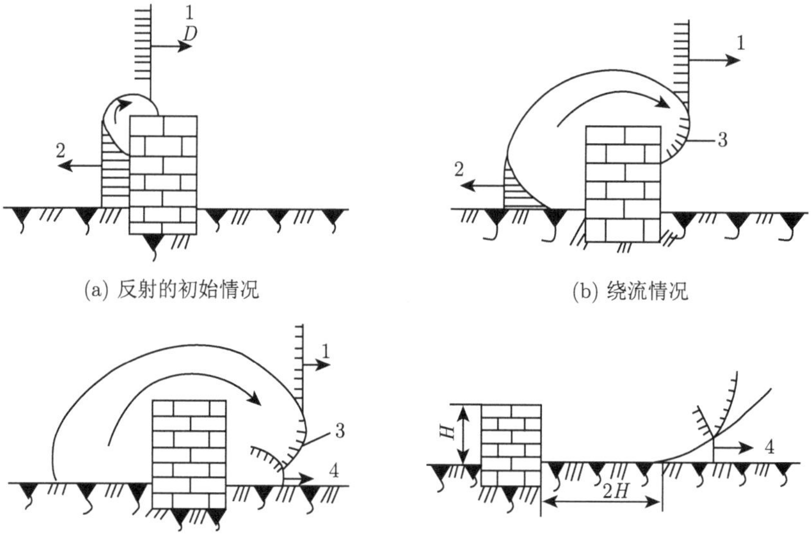

(a) 反射的初始情况　　(b) 绕流情况

(c) 绕流波与地面的反射　　(d) 障碍物后的马赫反射

1-入射冲击波; 2-反射波; 3-绕流波; 4-马赫波

图 3.2.6　冲击波的绕流情况 (侧视图)

当冲击波遇到高而窄的障碍物 (如烟囱等) 时，冲击波绕流情况如图 3.3.7 所示。冲击波在墙的两侧同时产生绕流，当两个绕流绕过障碍物继续运动时将发生相互作用现象，作用区的压力骤然升高。当障碍物的高度和宽度都不是很大时，受到冲击波作用后绕流同时产生于障碍物的顶端和两侧，这时在障碍物的后壁某处会出现三个绕流波汇聚的合成波区，该处压力很高。因此，在利用障碍物作防护时，必须注意障碍物后某距离处的破坏作用可能比无障碍物时更加严重。

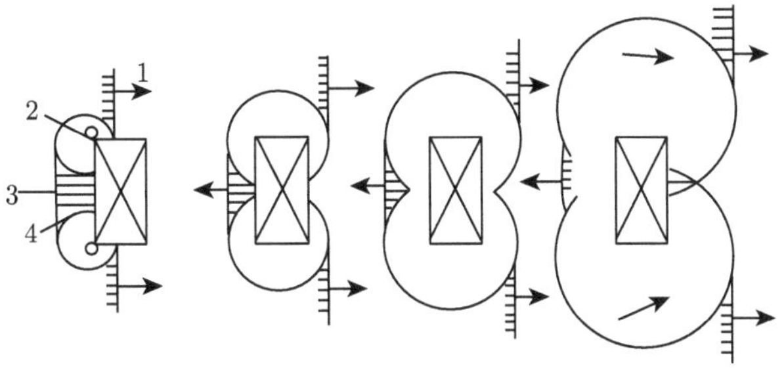

1-入射冲击波; 2-绕流波; 3-反射波; 4-稀疏波

图 3.2.7 冲击波对高而窄障碍物的绕流情况 (俯视图)

3. 冲击波的破坏作用

装药在空气中爆炸能使周围目标 (如建筑物、军事装备和人员等) 产生不同程度的破坏和损伤。离爆炸中心距离小于 (10~15)r_0(r_0 为装药半径) 时，目标受到爆轰产物和冲击波的同时作用，而超过上述距离时，只受到空气冲击波的作用。因此在进行估算时，必须选用相应距离的有关计算公式。

各种目标在爆炸作用下的破坏是一个极其复杂的问题，它不仅与冲击波的作用情况有关，而且与目标的特性以及某些随机因素有关。目标与装药有一定距离时，其破坏作用的计算由结构本身振动周期 T 和冲击波正压作用时间 t_+ 决定。如果 $t_+ \ll T$，则对目标的破坏作用取决于冲击波冲量，反之，若 $t_+ \gg T$，则取决于峰值超压。通常，冲击波的作用按冲量计算时，必须满足 $t_+/T \leqslant 0.25$；而按峰值压力计算时，必须满足 $t_+/T \geqslant 10$。例如，大药量和核爆炸时，由于正压区持续时间比较长，主要考虑峰值超压的作用；目标与炸药距离较近时，由于正压区持续时间短，通常按冲量破坏来计算。在上述两个范围之间，无论按冲量还是按峰值超压计算，误差都很大，这时一般考虑超压和冲量联合判据，详细情况可参考相关文献。

空气冲击波超压对各种军事装备的总体破坏情况简介如下。

(1) 飞机：超压大于 0.1MPa 时，各类飞机完全破坏；超压为 0.05~0.1MPa 时，各种活塞式飞机完全破坏，喷气式飞机受到严重破坏；超压为 0.02~0.05MPa 时，歼击机和轰炸机轻微损坏，而运输机受到中等或严重破坏。

(2) 轮船：超压为 0.07~0.085MPa 时，受到严重破坏；超压为 0.043~0.07MPa 时，受到重度破坏；超压为 0.028~0.043MPa 时，受到轻微或中等破坏。

(3) 车辆：超压为 0.035～0.3MPa 时，可使装甲运输车、轻型自行火炮等受到不同程度的破坏；超压 0.045～1.5MPa 时，受到不同程度的破坏。

(4) 地雷：超压为 0.05～0.1MPa 时，能引爆地雷、破坏雷达和损坏各种轻武器。

(5) 人员：超压为 0.03～0.1MPa 时，引起血管破裂致使皮下或内脏出血；内脏器官破裂，特别是肝脾等器官破裂和肺脏撕裂；肌纤维撕裂等。空气冲击波对掩体内的人员的杀伤作用要小得多，如掩蔽在堑壕内，杀伤半径为暴露时的 2/3；掩蔽在掩蔽所和避弹所内，杀伤半径仅为暴露的 1/3。

3.3 炸药在水中的爆炸效应 [3,7–10]

3.3.1 水中爆炸基本现象

1. 概述

装药在水中爆炸时，在装药体积内形成高温高压的爆轰产物，其压力远大于周围水介质的静水压，将在水中形成冲击波的传播。装药在水中和空中爆炸主要的区别是空气和水介质的特性不同。常温常压下，与空气介质相比，水介质为液态介质，水的密度大，可压缩性小 (低于 100MPa 压力情况下可认为不可压缩)，但是在高温高压的爆轰产物作用下，水介质成为可压缩介质。

基于爆轰波和冲击波理论知，装药在水中爆炸时首先向水介质中传入冲击波，同时，爆轰产物被包围在液态的水中形成气泡，气泡的膨胀和收缩引起脉动，气泡的脉动产生后续压力波。通常第一次脉动所产生的压力波具有实际作用意义，称为二次压力波。简言之，装药在水中爆炸的基本现象是形成水中冲击波、气泡脉动和二次压力波。

2. 水中冲击波

装药在无限均匀和静止的水中爆炸时，首先在水中形成冲击波。水中冲击波的初始压力比空气冲击波的初始压力要大得多。爆炸空气冲击波的初始压力一般在 60～130MPa，而水中冲击波的初始压力却在 10GPa 以上。随着水中冲击波的传播，波阵面压力和速度下降很快，并且波形被不断拉宽。例如，173kg 的 TNT 在水中爆炸时，测得的水中冲击波随传播距离变化如图 3.3.1 所示。由图 3.3.1 可以看出，在离爆炸中心较近处，压力下降得非常快；而离爆炸中心较远处，压力下降较为缓慢。此外，水中冲击波的作用时间比空气冲击波的作用时间要短得多，前者约为后者的 1/100，这是水中冲击波阵面的传播速度与尾部的传播速度相差较小的缘故。

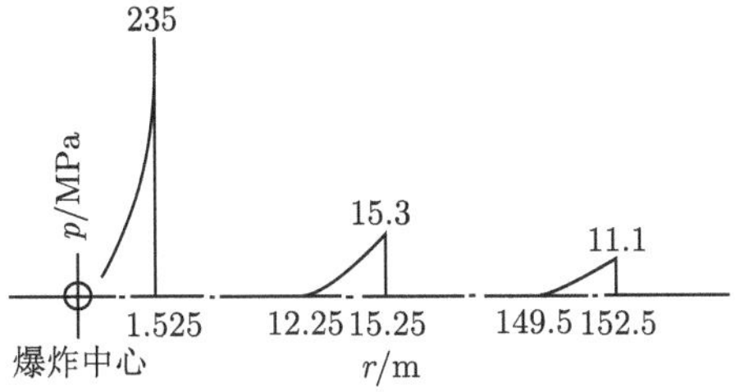

图 3.3.1 水中冲击波的传播

3. 气泡脉动

由于水是液态介质，爆轰产物与介质之间存在较清晰的界面，于是水中冲击波形成并离开界面以后，爆轰产物在水中以气泡的形式继续膨胀，推动周围的水沿径向向外流动。随着气泡的膨胀，压力不断下降，当压力降到周围介质的初始压力时，由于水流的惯性作用，气泡的膨胀并不马上停止而是作“过度”膨胀，一直膨胀到最大半径。这时，气泡内的压力低于周围介质的静水压力，周围的水开始反向运动，即向中心聚合，同时收缩气泡。同样，由于聚合水流惯性运动的结果，使气泡被“过度”收缩，其内部压力又高于周围介质的静水压力，直到气泡压力高到能阻止气泡被压缩，达到新的平衡。至此，气泡第一次膨胀和压缩的脉动过程结束。但是，由于气泡内的压力高于周围介质静压力，气泡开始第二次膨胀和压缩的脉动过程。这种气泡脉动有时可达 10 次以上。随着脉动次数的增加，气泡的半径不断缩小，最后发生气泡溃灭。

例如，250kg 特屈儿在 91.5m 深的海水中爆炸时，用高速摄影法测得的气泡半径与时间的关系如图 3.3.2 所示。可以看到，开始时气泡膨胀速度很大，经过 14ms 后速度下降为零；然后气泡很快被压缩，到 28ms 后达到最大的压缩。在这之后，开始第二次膨胀和收缩的脉动过程。图中虚线表示第一次脉动过程气泡的平衡半径，即气泡内压力与静水压力相等时的半径。第一次脉动的 60%时间内，气泡的压力低于周围水的静压力。另外，由图 3.3.2 还可以看出，随着脉动次数的增加，气泡的半径不断缩小。

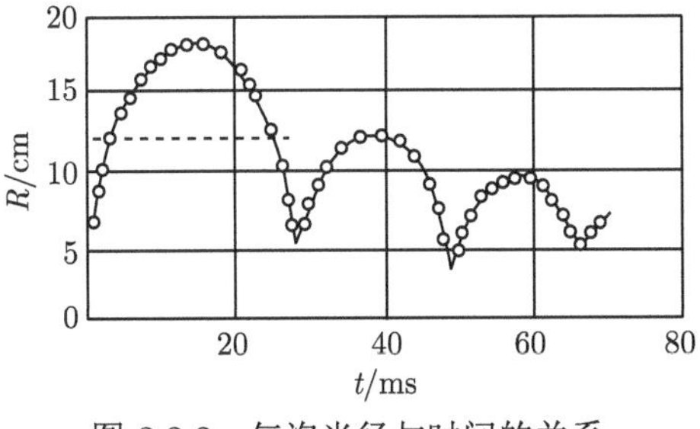

图 3.3.2 气泡半径与时间的关系

在气泡脉动过程中，气泡受浮力作用而不断上升。气泡膨胀时，上升缓慢，几乎原地不动；而气泡受压缩时，上升较快。爆轰产物所形成的气泡一般呈球形。如果炸药为圆柱状，长径比在 1~6 范围内，则离装药 $25r_0$(r_0 为圆柱装药半径) 处就接近球形了。若存在自由面时，从自由面反射回来的稀疏波与气泡作用，可使气泡变成蘑菇形。水中有障碍物存在时，障碍物对气泡的运动影响较大。气泡膨胀时，接近障碍物处水的径向流动受到阻碍，存在气泡离开障碍物的倾向。但是，当气泡不大且气泡内处于正压的周期不长时，这种效应不大。当气泡收缩时，接近障碍物处水的流动受阻，而其他方向的水径向聚合流动速度很大，因此使气泡朝着障碍物方向运动，好像气泡被引向障碍物。在气泡与障碍物发生相互作用时，气泡最终溃灭，还将产生水射流，水射流作用于目标可造成局部的冲击和侵彻作用，即使对装甲目标也具有强烈的破坏效应。

气泡到达自由表面，会出现与爆轰产物混在一起的飞溅水柱。如果气泡在开始收缩前到达水面，由于气泡上浮速度小，几乎只作径向飞散，因此水柱按径向喷射出现于水面。若气泡在最大压缩的瞬间到达水面，气泡上升速度很快，这时气泡上方的水都垂直向上喷射，形成的水柱又高又窄。当装药在足够深的水中爆炸时，气泡在到达自由表面以前就被分散和溶解了，则不出现上述现象。

4. 二次压力波

气泡脉动时，水中将形成稀疏波和压力 (缩) 波。稀疏波的产生相应于气泡半径最大的情况，而压力波则与气泡最小半径时相对应。通常气泡第一次脉动时所形成的压力波——二次压力波具有实际意义。例如，137kg 的 TNT，在水下 15m 深处爆炸时，离爆炸中心 16m 处测得的水中压力与时间的关系如图 3.3.3 所示。首先到达的是水中冲击波，随后出现二次压力波。许多研究表明，二次压力波的最大压力不超过初次水中冲击波阵面压力的 10%~20%。但是，它的作用时间远超过初次冲击波的作用时间，因此它的作用冲量可与初次冲击波相比拟，其破坏作用不容忽视。

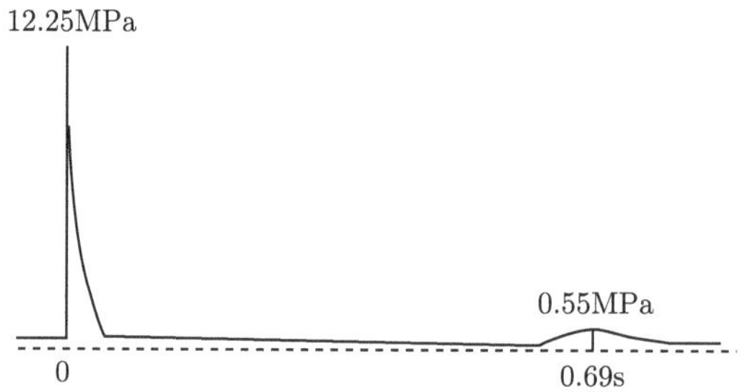

图 3.3.3　水中爆炸的压力与时间的关系

3.3.2 水中爆炸威力参数

1. 水中冲击波

球形炸药在水中爆炸释放出的能量，一部分随水中冲击波传出，称为冲击波能 E_s；一部分存在于爆轰产物气泡中，称为气泡能 E_b；冲击波在传播时压缩周围的水，一部分能量以热的形式散逸到水中，称为热损失能 E_r。炸药释放出的总能量 E_{tol} 为这三部分能量之和，即

$$E_{\text{tol}} = E_s + E_b + E_r \tag{3.3.1}$$

其中，冲击波传播过程中损失的能量 E_r 无法直接测量，一般认为热损失能与冲击波的强度有关，但在总能量中占的比例不大。E_s、E_b 可实验测量，一般把 E_s 和 E_b 之和作为炸药总能量的近似值，即

$$E_{\text{tol}} = E_s + E_b \tag{3.3.2}$$

炸药在水中爆炸，可通过量纲分析及试验标定参数，得到计算某一冲击波参数 (一般是峰值压力) 的经验公式。

球形装药在无限、均匀、静止的水中爆炸，对于距离爆心 R 处的峰值压力 p_m，由爆炸相似律可得到经验公式

$$p_m = K_1 \left(\frac{W_{\text{TNT}}^{1/3}}{R} \right)^{A_1} \tag{3.3.3}$$

式中，K_1=52.12，A_1=1.18，W_{TNT} 为 TNT 装药质量 (kg)，R 为离开爆点的距离 (m)，p_m 的量纲为 MPa(10^6Pa)。

水中冲击波的波后压力随时间变化的衰减规律可表示为

$$p(t) = p_m \mathrm{e}^{-\frac{t}{\theta}} \tag{3.3.4}$$

式中，θ 为时间常数，与炸药的种类、重量和与爆炸中心的距离 R 有关，通常是从峰值压力 p_m 衰减到 $p_m/e(e = 2.718)$ 所用的时间。

对于球形炸药

$$\theta = 10^{-4} W_{\text{TNT}}^{1/3} \left(\frac{R}{W_{\text{TNT}}^{1/3}} \right)^{0.24} \tag{3.3.5}$$

对于柱形炸药

$$\theta = 10^{-4} W_{\text{TNT}}^{1/3} \left(\frac{R}{W_{\text{TNT}}^{1/3}} \right)^{0.41} \tag{3.3.6}$$

冲击波比冲量 I 是压力对时间的积分，其形式为

$$I=\int_0^t p(t)\mathrm{d}t=\int_0^t p_m\mathrm{e}^{-\frac{t}{\theta}}\mathrm{d}t=p_m\theta\left(1-\mathrm{e}^{-\frac{t}{\theta}}\right) \tag{3.3.7}$$

工程上，比冲量也可以用下式拟合：

$$I=K_2W_{\mathrm{TNT}}^{1/3}\left(\frac{W_{\mathrm{TNT}}^{1/3}}{R}\right)^{A_2} \tag{3.3.8}$$

其中，K_2=6.52×10^{-3}，A_2=0.98，I 的量纲为 MPa·s。

水下爆炸冲击波能的数学模型为

$$E_s=K_1\frac{4\pi r^2}{W_{\mathrm{TNT}}\rho_w c_w}\int_0^{6.7\theta}p^2(t)\,\mathrm{d}t \tag{3.3.9}$$

通常式 (3.3.9) 中选取的积分上限为 $(5\sim7)\,\theta$，它表示冲击波的持续时间，再加大积分上限对积分后的数值影响很小，因此，水下爆炸的冲击波能数学模型中的积分上限通常取为 6.7θ。

将式 (3.3.4) 代入式 (3.3.9) 有

$$E_s=K_0\frac{4\pi R^2}{W_{\mathrm{TNT}}\rho_w c_w}\int_0^{6.7\theta}\left(p_m\mathrm{e}^{-t/\theta}\right)^2\mathrm{d}t \tag{3.3.10}$$

其中，ρ_w, c_w 分别为水的密度 (kg/m^3) 和声速 (m/s)，K_0 为修正系数，由 TNT 标定试验结果确定。

一般，对于同一批次试验，需在相同水环境下通过标准试样进行标定试验，以修正因忽略热损失带来的计算误差。标准试样可取密度为 1.52g/cm^3 的 1kg 注装 TNT 炸药，其冲击波能的理论计算公式为

$$E_{s理论}=1.04\times10^6R^{0.05} \tag{3.3.11}$$

经标定试验获得的测试结果，可计算得到冲击波能 $E_{s测量}$

$$E_{s测量}=\frac{4\pi R^2}{W_{\mathrm{TNT}}\rho_w c_w}\int_0^{6.7\theta}(p_m\mathrm{e}^{-t/\theta})^2\mathrm{d}t \tag{3.3.12}$$

于是修正系数 K_1 即可求出为

$$K_1=E_{s理论}/E_{s测量} \tag{3.3.13}$$

2. 气泡脉动参数

每次气泡脉动都消耗一部分能量，能量分配情况如表 3.3.1 所示。从表中数据看到，最初，总能量的 59%用于冲击波的形成，剩下的能量分配给爆轰产物。

表 3.3.1 水中爆炸的能量分配

冲击波的形成、气泡脉动	爆炸能量的消耗/%	留给下次脉动的能量/%
用于冲击波的形成	59	41
用于第一次气泡脉动	27	14
用于第二次气泡脉动	6.4	7.6

对于 TNT 炸药，二次压力波峰值超压的计算公式为

$$p_{mb} - p_h = 72.4\frac{\sqrt[3]{W_{\mathrm{TNT}}}}{R} \tag{3.3.14}$$

式中，p_h 为与装药量同深度处的静水压力。

二次压力波的比冲量为

$$I_b = 6.04 \times 10^3 \frac{(\eta Q_V)^{2/3}}{p_{hn}^{1/6}} \cdot \frac{\sqrt[3]{W_{\mathrm{TNT}}^2}}{R} \tag{3.3.15}$$

式中，Q_V 为炸药的爆热，η 为 $n-1$ 次脉动后留在产物中的能量分数，p_{hn} 为第 n 次脉动开始时，气泡中心所在位置的静压力。

计算第一次气泡脉动的周期 T 的经验公式为

$$T = \frac{K_e W_{\mathrm{TNT}}^{1/3}}{(h+10.3)^{5/6}} \tag{3.3.16}$$

式中，h 为炸药浸入水中的深度，K_e 为炸药特性系数，对 TNT 可取 K_e=2.11。几种常用炸药的 K_e 值见表 3.3.2。

表 3.3.2 几种炸药气泡脉动周期计算参数

炸药	粉状特屈儿	压装特屈儿	注装 TNT	喷脱里特
$K_e/(s\cdot \mathrm{m}^{5/3}/\mathrm{kg}^{1/3})$	2.18	2.12	2.11	2.10

气泡能可用炸药在水下爆炸时生成的气体产物克服静水压第一次膨胀达到最大值时所做的功来度量，即

$$E_b = \frac{4}{3}\frac{\pi r_m^3 p_h}{W_{\mathrm{TNT}}} \tag{3.3.17}$$

式中，r_m 为气泡第一次膨胀到最大时的半径 (m)。

在无限水域中爆轰产物第一次膨胀的最大半径可按照下式计算：

$$r_m = 0.5466\frac{p_h^{1/2}}{\rho_w^{1/2}} \times T \tag{3.3.18}$$

将式 (3.3.18) 代入式 (3.3.17) 中，可得单位质量装药的气泡能量为

$$E_b = 0.684\frac{p_h^{5/2}}{\rho_w^{3/2}}\frac{T^3}{W_{\mathrm{TNT}}} \tag{3.3.19}$$

像冲击波能量计算一样，为了修正气泡能，在式 (3.3.19) 中加入修正系数 K_{ab}，即有

$$E_b = 0.684K_{\mathrm{ab}}\frac{p_h^{5/2}}{\rho_w^{3/2}}\frac{T^3}{W_{\mathrm{TNT}}} \tag{3.3.20}$$

系数 K_{ab} 同样由标定试验确定，计算公式为

$$K_{\mathrm{ab}} = E_{b\text{理论}}/E_{b\text{测量}} \tag{3.3.21}$$

其中，$E_{b\text{理论}}$ 取密度为 1.52g/cm^3 的 1kg 注装 TNT 炸药的气泡能，为 1.99×10^6J/kg。$E_{b\text{测量}}$ 根据标定试验的测试结果通过公式 (3.3.19) 计算得到。将 K_{ab} 代入式 (3.3.21) 即可计算实际炸药的水中爆炸气泡能。

3.3.3 水中爆炸对目标的毁伤效应

鱼雷、水雷和深水炸弹等水下武器是用来摧毁敌方舰艇的有效手段。装药在水中爆炸时产生的冲击波、气泡和二次压力波，都能使目标受到一定程度的破坏。对于猛炸药 (高能炸药) 而言，大约有一半以上的能量是以冲击波的形式向外传播的。因此，多数情况下，冲击波的破坏起决定作用。爆炸所形成的冲击波能引起舰体结构的破坏，如舰体局部的破损、机座移位、接缝强烈破坏等。气泡和二次压力波一般引起附加的破坏作用。下面简要讨论接触和非接触水中爆炸对舰艇的破坏作用。

水中接触爆炸时，除了冲击波作用外，爆轰产物 (气泡) 也同时作用于目标，二者的共同作用使舰体壳板遭到严重破坏。当舰体隔墙之间充填液体时，冲击波将通过液体传到其他部分，增大破坏作用。由于冲击波的作用，可能发生机器与机座的破裂，仪器设备破损，也可能使舰艇着火或弹药爆炸。

水中非接触爆炸按作用距离和对舰艇的破坏程度，大致可分为两种情况：近距离爆炸时 (指装药与目标的距离小于气泡的最大半径)，冲击波、气泡和二次压力波三者都作用于目标，可能产生舰艇局部性破坏；较远距离爆炸时 (指装药与目标的距离大于气泡的最大半径)，目标主要受到冲击波的破坏作用，使舰体产生整

体变形和裂缝等。水中非接触爆炸情况下，对舰艇目标的毁伤过程如图 3.3.4 所示，主要分为冲击波作用阶段，爆轰产物作用阶段，气泡膨胀作用阶段，气泡收缩阶段，以及气泡溃灭形成的水射流作用阶段。

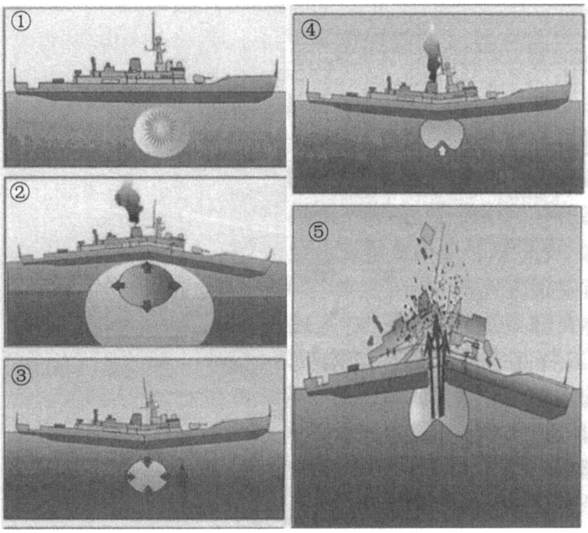

图 3.3.4 水中非接触爆炸情况下对舰艇目标的毁伤过程

在气泡脉动过程中，气泡最终将溃灭并产生水射流，水射流作用于目标可造成局部的冲击和侵彻作用，即使对装甲目标也具有强烈的破坏效应。比如，发生在 2010 年的韩国“天安舰”事件，多国联合调查的最终结果认为，天安舰受水下爆炸产生的水中冲击波和气泡溃灭水射流的作用而断成两截，其过程如图 3.3.4 所示。

3.4 炸药在岩土中的爆炸效应

3.4.1 岩土中爆炸基本现象

岩土是指岩石和土壤的总称，它由多种矿物质颗粒组成，颗粒与颗粒之间有的相互联系，有的互不联系。岩土的孔隙中还含有水和气体，气体通常是空气。根据颗粒间机械联系的类型、孔隙率和颗粒的大小，岩土可分为以下几类：坚硬岩石和半坚硬岩石、黏性土、非黏性 (松散) 土。

由于岩土是一种很不均匀的介质，颗粒之间存在较大的孔隙，即使同一岩层，各部位岩质的结构构造和力学性能也可能存在很大的差别。因此，与空气中和水中爆炸相比，岩土中的爆炸现象要复杂得多。为此，忽略岩土之间的差异，从普遍意义上分别讨论装药在无限岩土和有限岩土介质中爆炸的一些基本现象。

1. 装药在无限岩土介质中爆炸

图 3.4.1 表示一球形炸药爆炸后的横截面。当炸药中心起爆后，爆轰波以相同的速度向各个方向传播，传播速度取决于炸药类型和装药条件。爆轰波传播速度通常大于岩土中应力波的传播速度，因此可假定，爆轰产物的压力同时作用在与炸药相接触的岩土介质的所有点上。由于变形过程的速度极高，可以认为爆轰产物与周围介质之间不产生热交换，过程是绝热的。

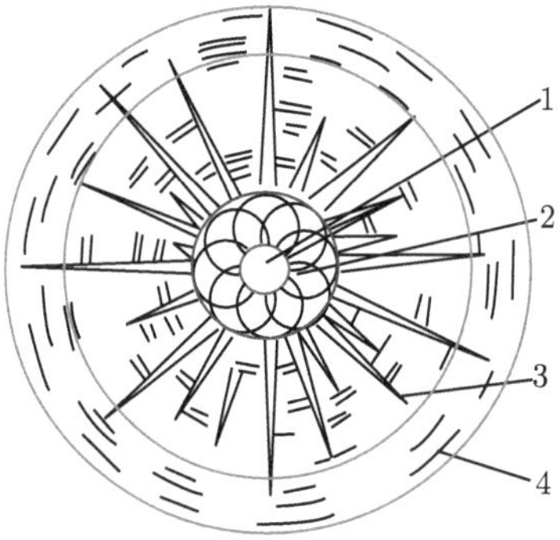

1-爆腔; 2-压碎区; 3-破裂区; 4-震动区

图 3.4.1　装药在无限岩石介质中的爆炸

爆轰后的瞬间，爆轰产物的压力高达几十 GPa，而岩土的抗压强度仅为几百 MPa，因此靠近炸药表面的岩土将被压碎，甚至进入流动状态。被压碎的介质因受爆轰产物的挤压发生径向运动，形成空腔，称为爆腔，如图 3.4.1 中 1 区所示。爆腔的体积约为炸药体积的几十倍。

爆心附近岩土被强烈压碎的区域，称为压碎区，如图 3.4.1 中 2 区所示。若岩土为均匀介质，在这个区域内将形成一组滑移面，表现为细密的裂纹，这些滑移面的切线与自炸药中心引出的射线之间呈 45°。在这个区域内，岩土强烈压缩，并朝离开炸药中心的方向运动，于是产生了以超声速传播的冲击波。

随着冲击波离开炸药距离的增加，能量扩散到越来越大的介质体积中，加之能量的耗散，使压力迅速降低。在距炸药一定距离处，压力低于岩土的强度极限，这时变形特性发生了变化，破碎现象和滑移面消失，岩土保持原来的结构。由于岩土受到冲击波的压缩会发生径向向外运动，这时介质中的每一环层受环向拉伸应力的作用。如果拉伸应力超过了岩土的动态抗拉强度极限，就会产生从爆炸中心向外辐射的径向裂缝。大量的试验研究表明，岩土的抗拉强度极限比抗压强度极限小很多，通常为抗压强度的 2%～10%。因此，在压碎区外出现拉伸应力的破坏区，且破坏范围比前者大。随着压力波阵面半径的增大，超压降低，切向拉伸应力值降低。在某一半径处，拉伸应力将低于岩土的抗拉强度，岩土不再被拉裂。在爆轰产物迅速膨胀的过程中，爆轰产物逸散到周围介质的径向裂缝中去，因而助长了这些裂缝的扩展，并使自身的体积进一步增大。这样，气体的压力和温度进一步降低。由于惯性的缘故，在压力波脱离爆腔之后，岩土的颗粒在一定时间内继续朝离开炸药的方向运动，结果导致爆轰产物中出现负压，并且在压力波后面跟随者稀疏 (拉伸) 波的传播。由于径向稀疏波的作用，使介质颗粒在达到最大位移后，反向朝着炸药方向运动，于是在径向裂缝之间形成许多环向裂缝。这个主要由拉伸应力引起的径向和环向裂缝彼此交织的破坏区域称为破裂区或松动区，如图 3.4.1 中 3 区所示。

在破裂区 (松动区) 以外，冲击波已经很弱，不能引起岩土结构的破坏，只能产生质点的震动。离爆炸中心越远，震动的幅度越小，最后冲击波衰减为声波。这一区域称为弹性变形区或震动区，如图 3.4.1 中 4 区所示。

2. 装药在有限岩土介质中爆炸

所谓有限岩土介质中的爆炸，是指存在岩土和空气界面影响的爆炸情况。装药在有限岩土中爆炸时，根据装药埋设深度的不同而呈现不同的爆破现象，典型的有松动爆破和抛掷爆破。

1) 松动爆破现象

当炸药在地下较深处爆炸时，爆炸冲击波只引起周围介质的松动，而不发生土石向外抛掷的现象。如图 3.4.2 所示，装药爆炸后，压力波由中心向四周传播，当压力波到达自由表面时，介质产生径向运动，与此同时压力波从自由面反射为拉伸波，以当地声速向岩土深处传播。反射拉伸波到达之处，岩土内部受到拉伸应力的作用，造成介质结构的破坏。这种破坏从自由面开始向深处一层层地扩展，而且基本按几何光学或声学的规律进行。可以近似地认为反射拉伸波是从与装药成镜像对称的虚拟中心 O' 处所发出的球形波。

如图 3.4.3 所示，松动爆破的破坏由两部分组成：一是由爆炸中心到周围基本保持球状的破坏区，称为松动破坏区 I，其特点是岩土介质内的裂缝径向发散，介质颗粒破碎得较细；二是自由面反射拉伸波引起的破坏区，称为松动破坏区 II，其特点是裂缝大致以虚拟中心发出的球面扩展，介质颗粒破碎得较粗。松动区的形状像一个漏斗，通常称为松动漏斗。

2) 抛掷爆破现象

如图 3.4.4 所示，如果装药进一步接近地面，或者装药量更多，那么当炸药爆炸的能量超过炸药上方介质的阻碍时，土石就被抛掷，在爆炸中心与地面之间形成一个抛掷漏斗坑，称为抛掷爆破。图 3.4.4 中，装药中心到自由面的垂直距离称为最小抵抗线，用 H 表示。漏斗坑口部半径用 R 表示。漏斗坑口部半径 R 与最小抵抗线 H 之比称为抛掷指数，用 n 表示。抛掷爆破按抛掷指数的大小分成以下几种情况：

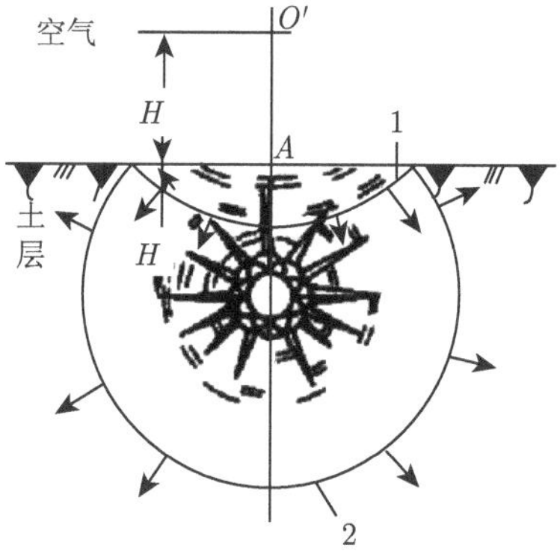

1-反射波阵面; 2-爆炸波阵面

图 3.4.2　松动爆破时波的传播

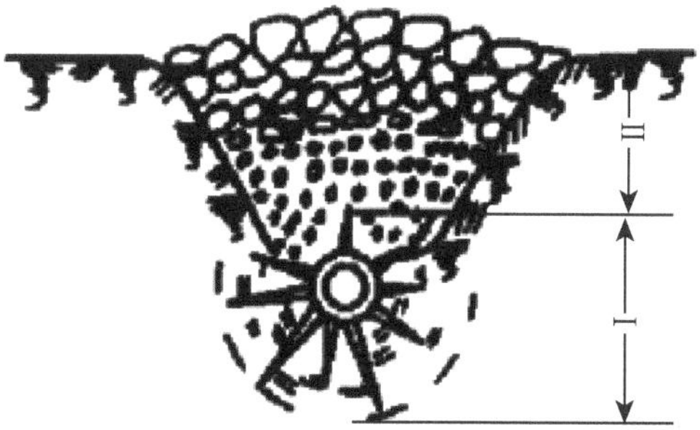

图 3.4.3　松动爆破岩土的破坏情况

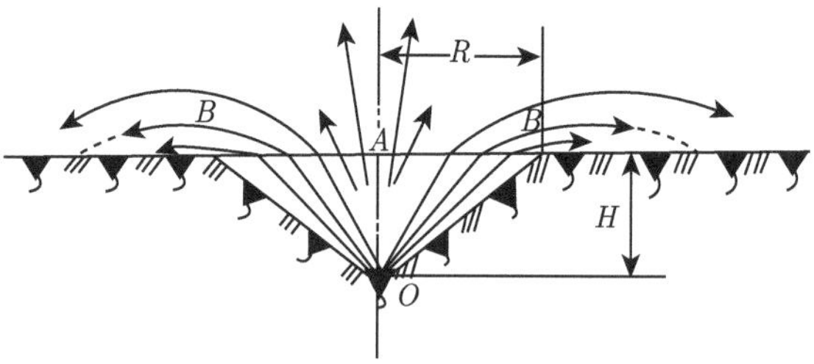

图 3.4.4　抛掷爆破岩土的飞散

(1) $n > 1$ 为加强抛掷爆破，此时，漏斗坑顶角大于 90°；

(2) $n = 1$ 为标准抛掷爆破，此时，漏斗坑顶角等于 90°；

(3) $0.75 < n < 1$ 为减弱抛掷爆破，此时，漏斗坑顶角小于 90°；

(4) $n < 0.75$ 属于松动爆破，此时没有土石抛掷现象。

3.4.2 岩土中爆炸威力参数

1. 岩土中爆炸冲击波

目前还没有精确的理论方法能计算岩土中爆炸冲击波的参数，因此，试验研究岩土中爆炸波的传播显得十分重要。试验数据表明，岩土中爆炸产生的球形冲击波和压缩波在传播过程中遵守“爆炸相似律”。

对于球形 TNT 装药在自然湿度的饱和及非饱和的细粒沙介质爆炸，基于试验结果和爆炸相似律，得到爆炸冲击波峰值压力 p_m 的计算公式为

$$p_m = A_1 \left(\frac{1}{\overline{R}}\right)^{a_1} \tag{3.4.1}$$

式中，$\overline{R} = R/W_{\mathrm{TNT}}^{\frac{1}{3}}$ 为比例距离，A_1 和 a_1 的值为经验常数。

2. 岩土中爆炸比冲量

爆炸冲击波的比冲量 I 计算公式为

$$I = A_2 \sqrt[3]{W} \left(\frac{1}{\overline{R}}\right)^{a_2} \tag{3.4.2}$$

式中，A_2 和 a_2 的值为经验常数。

超压持续时间 t_+ 的计算公式为

$$t_+ = \frac{2I}{p_m} \tag{3.4.3}$$

3. 爆破威力

很多情况下，获得最大的爆破漏斗坑是衡量爆破威力的一个标准，例如，对飞机跑道的毁伤，要求侵爆战斗部爆炸形成的破坏面积尽可能大。一般弹药在岩土中的爆破威力与爆炸时装药的姿态和深度有关。弹药以水平姿态爆炸时威力最大，而头部向下垂直放置爆炸时威力最小。爆点深度为零时，即战斗部直接在地面上爆炸，爆破效果最差。随着侵彻深度的增加，爆点深度增加，抛掷漏斗坑的体积也增大。达到最佳深度以后，漏斗坑的体积逐渐减小，最后形成隐炸。图 3.4.5 表示了炸点深度和姿态角对爆炸破坏的影响规律，图中 H 为炸点深度，β 为弹药姿态角，S 为毁伤面积。从图中明显看出，当炸点位于最佳炸深，毁伤面积最大。

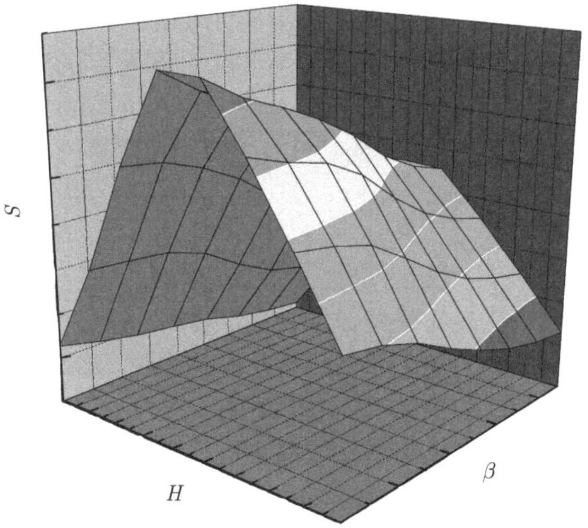

图 3.4.5　炸点深度和姿态角对爆炸破坏的影响规律

试验表明，形成最大弹坑 (即最大漏斗体积) 的最佳侵彻深度为

$$P_{\mathrm{ur}} = (0.85 \sim 0.95)\sqrt[3]{W} \tag{3.4.4}$$

实际战斗部都是在侵彻运动过程中产生爆破作用的，而且爆炸时的侵彻深度，即爆点深度，对爆破威力影响很大。因此，为了发挥爆破战斗部的威力，必须控制战斗部的侵彻深度和引信作用时间。

4. 侵彻深度

爆破战斗部弹体在侵彻岩土时主要受到岩土介质的作用，阻力的大小与弹的口径、落速、结构形状和介质的性质都有关。国内外已经建立了不少计算侵彻深度的经验公式，其中别列赞公式应用最为广泛。

别列赞侵彻深度公式为

$$P_k = \lambda K_k \frac{G_w}{d^2} v_c \sin\theta_c \tag{3.4.5}$$

式中，P_k 为侵彻深度，λ 为弹体头部形状系数，G_w 和 d 分别为弹体质量和直径，v_c 和 θ_c 分别为弹体落速和落角 (落点弹道切线与水平面的交角)，K_k 为介质的阻力系数，表 3.4.1 给出了多种介质的阻力系数 K_k。

5. 引信作用时间

引信作用时间应确保战斗部在最佳的侵彻深度处爆炸，以获得最大的爆破效果，即要求引信的作用时间与弹体侵彻到最佳深度的时间相协调。

表 3.4.1 多种介质的阻力系数 K_k

介质种类	$K_k/(\mathrm{m^2\cdot s/kg})$
坚硬的花岗石，坚硬砂岩	1.6×10^{-6}
一般砂岩，石灰岩，砂土片岩和黏土片岩	3.0×10^{-6}
软片岩，石灰石冻土壤	4.5×10^{-6}
碎石土壤，硬化黏土	4.5×10^{-6}
密实黏土，坚实冲积土，潮湿的沙，与碎石混杂的土地	5.0×10^{-6}
密实土地，植物土壤	5.5×10^{-6}
沼泽地，湿黏土	1.0×10^{-7}
钢筋混凝土	0.9×10^{-6}
混凝土	1.3×10^{-6}
水泥的砖筑砌物	2.5×10^{-6}

设弹体侵入岩土后在介质中做匀减速运动，于是

$$S = v_c t - \frac{a}{2}t^2 \tag{3.4.6}$$

式中，S 为弹体侵彻行程，a 为平均加速度，t 为侵彻时间。最佳行程为

$$S_{\mathrm{ur}} = \frac{P_{\mathrm{ur}}}{\sin\theta_c} \tag{3.4.7}$$

将平均加速度 $a = \dfrac{v_c^2}{2S}$ 代入式 (3.4.6)，解出引信的最佳作用时间为

$$t_{\mathrm{ur}} = \frac{2S}{v_c}\left(1 - \sqrt{1 - \frac{P_{\mathrm{ur}}}{S\sin\theta_c}}\right) \tag{3.4.8}$$

3.5 爆炸冲击毁伤效应的装备应用 [11,12]

爆破战斗部利用炸药爆炸产生的爆轰产物和冲击波破坏目标，主要用来打击空中、地面、地下、水上和水下的多种目标，最常用于摧毁地面战场和敌后纵深的多类目标，如有生力量、建筑物及轻装甲目标等。爆破战斗部内一般装填高能炸药，炸药在各种介质 (如空气、水、岩土和金属等) 中爆炸时，介质将受到爆轰产物的强烈冲击。爆轰产物具有高压、高温和高密度的特性，对于一般高能炸药，爆轰产物的压力可达 20~40GPa，温升可达 3000~5000℃，密度可达 2.15~2.37g/cm^3。爆轰产物作用于周围介质，还将在介质内形成爆炸冲击波的传播，爆炸冲击波携带着爆炸的能量可使介质产生大变形、破碎等破坏效应。

爆破战斗部在空气中爆炸时，炸药能量的 60%~70%通过空气冲击波作用于目标，给目标施加巨大压力和冲量。在爆炸的同时，爆破战斗部金属壳体还将破裂成许多向周围飞散的破片。在一定范围内，具有一定动能的破片亦能起到杀伤

作用，但与冲击波的作用威力相比，这种作用从属于第二位。爆破战斗部在水中爆炸时，以水中冲击波、气泡脉动和二次压力波为主要特征，形成的水中冲击波和二次压力波对较远距离目标实施破坏作用，而被水介质包围的爆轰产物形成的气泡脉动、二次压力波和水射流对水下近距离目标实施破坏作用。爆破战斗部在岩土中爆炸时，在岩土介质中形成爆炸冲击波，产生局部破坏作用和地震效应。局部破坏作用造成爆腔和破坏性漏斗坑，爆炸冲击波的传播和由此引起的地震效应能导致地面建筑物和防御工事被震塌和震裂。一般认为，爆破战斗部在空中爆炸主要靠空气冲击波作用，在水中爆炸主要靠水中冲击波和气泡脉动，在岩土中爆炸主要靠局部破坏产生毁伤效应。

3.5.1　爆破战斗部结构

爆破战斗部是指通过炸药爆炸后形成高温、高压、高速膨胀的爆轰产物及介质冲击波对目标实施破坏的战斗部，典型结构如图 3.5.1 所示，主要由传爆药柱、壳体、高能炸药、传爆序列组成。爆破战斗部按照对目标作用状态的不同可分成内爆式和外爆式两种。

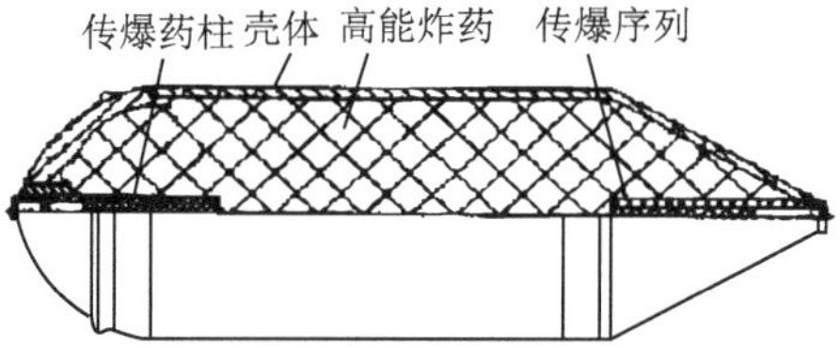

图 3.5.1　爆破战斗部典型结构图

内爆式战斗部是指进入目标内部后才爆炸的爆破战斗部，比如打击建筑物的侵彻爆破弹，破坏地下指挥所的钻地弹和打击舰船目标的半穿甲弹等。内爆式战斗部对目标产生由内向外的爆破性破坏，可能同时涉及多种介质中的爆炸毁伤效应。显然，装备内爆式战斗部的导弹必须直接命中目标。

外爆式战斗部是指在目标附近爆炸的爆破式战斗部，它对目标产生由外向内的挤压性破坏，主要涉及空中、水中爆炸效应。与内爆式相比，它对导弹的制导精度要求可以降低，但其脱靶距离应不大于战斗部冲击波的破坏半径。外爆式战斗部的外形和结构与内爆式战斗部相似，但有两处差别较大：一是战斗部的强度仅需要满足导弹飞行过程的受载条件，其壳体可以较薄，主要功能是作为装药的容器；二是通常采用非触发引信，如近炸引信。

内爆式爆破战斗部是进入目标内后发生爆炸的，因而炸药能量的利用比较充分，能够依靠迅速膨胀的爆轰产物和冲击波来破坏目标。外爆式爆破战斗部的情况则不同，当脱靶距离超过 10～15 倍装药半径时，爆轰产物的压力已经衰减到环境大气压，这时爆轰产物对目标基本不起破坏作用，但冲击波仍具有破坏目标的能力，成为主要的破坏因素。而且由于目标只可能出现在爆炸点某一侧 (指单个目标)，呈球形传播的冲击波作用场只有部分能量能对目标起破坏作用，因而炸药能量的利用率较低。在其他条件相同的前提下，要对目标造成相同程度的破坏，外爆式爆破战斗部需要的炸药量是内爆式的 3~4 倍。

3.5.2 典型装备

爆破战斗部是最常用的战斗部类型之一，装备爆破战斗部的弹药种类非常多，如陆军使用的榴弹、燃料空气弹；空军使用的空对舰、空对地、空对空等爆破战斗部；海军使用的鱼雷、水雷、沉雷等。本节仅给出爆破战斗部的典型装备。

图 3.5.2 是典型的爆破战斗部装备图片，其中图 3.5.2(a) 为 MK80 系列炸弹，3.5.2(b) 为宝石路激光制导炸弹。美军 MK80 系列炸弹是美国于 1950 年投资研制的自由落体非制导低阻杀爆炸弹，包括 113.4kg 级 MK81、227kg 级 MK82、454kg 级 MK83 和 907kg 级 MK84，服役于美国空军、海军和海军陆战队。这类炸弹广泛应用于对付炮兵阵地、车辆、碉堡、导弹发射装置、早期预警雷达和后勤供给系统等多种目标，也成为许多国家炸弹生产的制式产品。

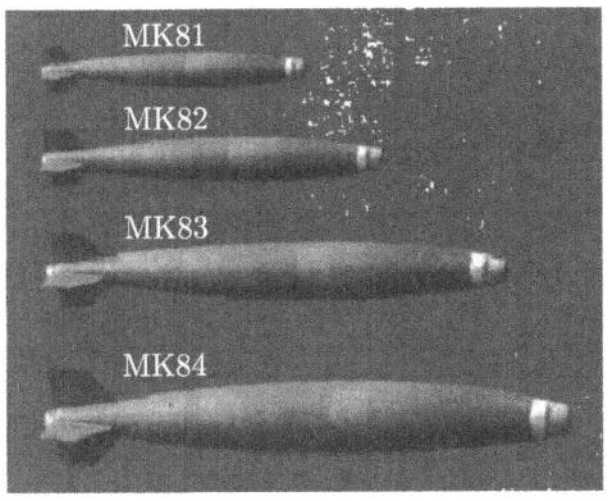

(a) MK80系列炸弹

(b) 宝石路激光制导炸弹

图 3.5.2 典型的爆破战斗部装备

3.6 新型的爆炸冲击毁伤效应

3.6.1 燃料空气弹毁伤机理

1. 燃料空气炸药

燃料空气弹是以燃料空气炸药 (fuel air explosives，FAE) 在空气中爆炸产生的超压获得大面积杀伤和破坏效果的武器。燃料空气弹由装填高可燃物质 (如环氧乙烷、环氧丙烷、甲基乙炔、丙二烯或其混合物等) 的容器和定时起爆装置构成战斗部。燃料空气弹可用于对付无防护人员和轻型掩体内人员、清理雷场和开辟直升机降落场地等军事目的。

燃料空气炸药与常规炸药 (如 TNT) 在装药量相当时，爆炸场超压随距炸点的距离变化的规律如图 3.6.1 所示。可以看出，燃料空气炸药爆轰区爆压不高，但具有体积庞大的云雾爆轰直接作用区 (达到图中 L 处)；尽管 TNT 在爆点附近可产生很高爆压，具有猛烈的毁伤作用，但超压随距爆点距离的增加急剧下降，而燃料空气炸药的空气冲击波超压随传播距离衰减的速率较 TNT 爆炸场缓慢，有效作用范围大。当距爆心的距离超过某一范围 (如图中 C 点) 后，燃料空气炸药的爆炸场超压将大于 TNT 装药，也即云雾区及边缘区外的超压均高于等质量的凝聚炸药。另外，试验表明，燃料空气炸药的爆炸冲击波随时间的衰减也比普通炸药迟缓，即某个距离处尽管超压可以相同，但燃料空气炸药超压作用时间要比凝聚炸药长。

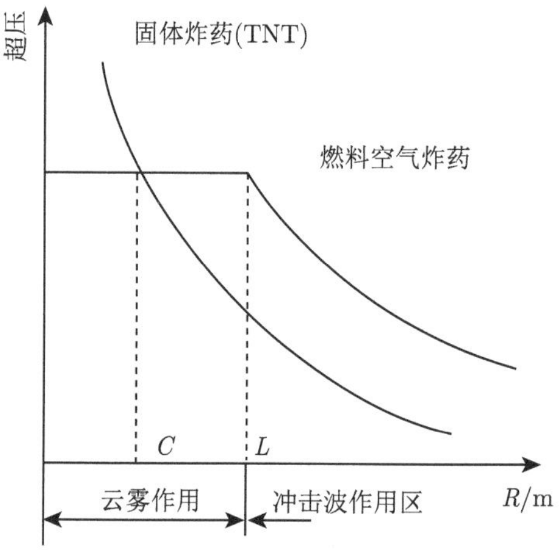

图 3.6.1　超压离炸点距离的变化图

2. 燃料空气弹作用原理

燃料空气弹的作用原理是当燃料空气弹被投放到目标上空一定高度时，进行第一次起爆，装有燃料和定时起爆装置的战斗部被抛撒开；将弹体内的化学燃料抛撒到空中，在抛撒过程中，燃料迅速弥散成雾状小液滴并与周围空气充分混合，形成由挥发性气体、液体或悬浮固体颗粒物组成的气溶胶状云团；当云团在距地面一定高度时被引爆剂引爆激发爆轰。由于燃料散布到空中形成云雾状态，云雾爆轰后形成蘑菇状烟云，并产生高温、高压和大面积缺氧，形成大范围的强冲击波传播，对目标造成毁伤。冲击波以 1000~3000m/s 的速度传播，爆炸中心的压力可达 3MPa，100m 距离处的超压仍可达 0.1MPa。试验结果已经表明，当冲击波超压值超过 0.5MPa 的范围时，对人员或有生力量已可以造成致命伤害，由此可知，燃料空气弹对近场有生力量的杀伤威力是毁灭性的。

燃料空气弹的爆炸与普通炸弹的爆炸不同，炸弹在发生爆轰反应时靠自身来供氧，而燃料空气弹爆炸时则是充分利用爆炸区域内大气中的氧气，所以等质量的燃料空气弹装药要比炸弹释放的能量高，而且由于吸取了爆炸区域内的氧气，还能形成一个大范围缺氧区域，起到使人窒息的作用。通过冲击波超压的作用，燃料空气弹既能大面积杀伤有生力量，又能摧毁无防护或只有软防护的武器和电子设备，其威力相当于等量 TNT 爆炸威力的 5~10 倍。

从物理现象看，燃料空气炸药的爆炸作用形式有：云雾爆轰直接作用、空气冲击波作用、窒息作用，其爆炸效果如图 3.6.2 所示。燃料空气炸药独特的杀伤、爆破效能适用于多种作战行动，如杀伤支撑点、炮兵阵地、集结地域等处的作战人员；摧毁坚固工事、指挥所；消灭岛礁上的守备力量；破坏机场、码头、车站、油库、弹药库等大型目标；攻击舰艇、雷达站、导弹发射系统等技术装备；在爆炸性障碍物中开辟通路 (如排雷) 等。燃料空气弹可用歼击机、直升机、火箭炮、大口径身管炮和近程导弹等投射，打击战役战术目标，也可以用中远程弹道导弹、巡航导弹和远程作战飞机运送，打击战略目标。

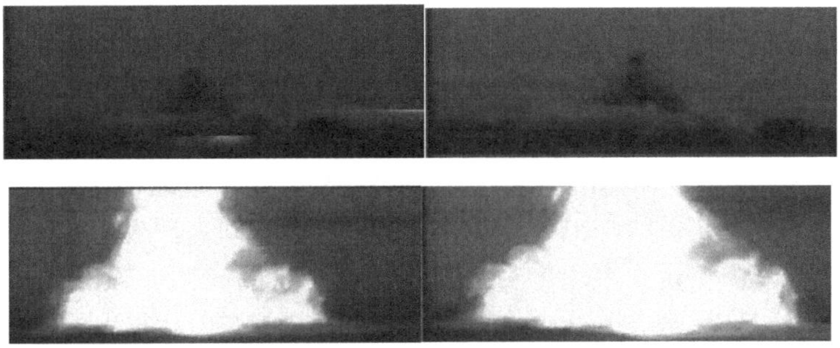

图 3.6.2 燃料空气炸药爆炸效果图

3. 典型燃料空气弹

1) BLU-82/B

BLU-82/B 通用炸弹是 BLU-82 的改进型，实际质量达 6750kg，全弹长 5.37m (含探杆长 1.24m)，直径 1.56m，战斗部装有 5715kg 的燃料空气炸药 (硝酸铵、铝粉和聚苯乙烯)。该炸弹外形短粗，弹体像大铁桶，前端装有一根探杆，探杆的前端装有 M904 引信，用于保证炸弹在距地面一定高度上起爆。弹壁为 6.35mm 钢板。炸弹没有尾翼装置，但装有降落伞系统，以保证炸弹下降时的飞行稳定性。

BLU-82/B 弹的作战过程如图 3.6.3 所示，当飞机投放后，在距地面 30m 处第一次引爆，形成一片雾状云团落向地面，在靠近地表的几米处再次引爆，发生爆炸，所产生的峰值超压在距爆炸中心 100m 处达 1.32MPa，冲击波以每秒数千米的速度传播。爆炸还能产生 1000~2000℃ 的高温，持续时间要比常规炸药高 5~8

倍，可杀伤 600m 半径内的人员。在半径 100～270m 范围内，可大量摧毁敌方装备，同时还可形成直径 150～200m 的真空杀伤区。在这区域内，由于缺乏氧气，即使潜伏在洞穴内的人也会窒息而死。该炸弹爆炸所产生的巨大声响和闪光还能极大地撼动敌军士气，因此，其心理战效果也十分明显。

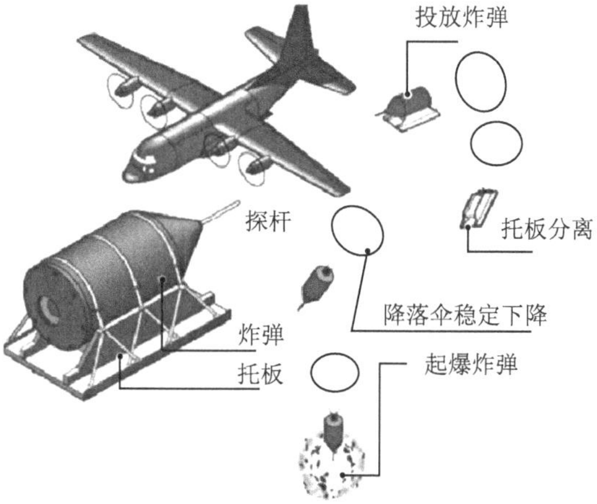

图 3.6.3 BLU-82/B 弹的作战过程示意图

BLU-82/B 炸弹最早的用途是在越南丛林中清理出可供直升机使用的场地或者快速构建炮兵阵地。海湾战争期间，美军曾投放过 11 枚这种炸弹，用于摧毁伊拉克的高炮阵地和布雷区。2001 年以来，美军开始在阿富汗战场上使用这种巨型炸弹。由于该炸弹质量太大，必须由空军特种作战部队的 MC-130 运输机实施投放。为防止 BLU-82/B 的巨大威力伤及载机，飞机投弹时距离地面的高度必须在 1800m 以上，且该弹只能单独投放使用。

2) “炸弹之母”

“炸弹之母”又称为高威力空中引爆炸弹 (massive ordnance air blast bombs, MOAB)，它是一种由低点火能量的高能燃料装填的特种常规精确制导炸弹，MOAB 实物如图 3.6.4 所示。MOAB 采用 GPS/INS 复合制导，可全天候投放使用，圆概率误差小于 13m。该炸弹采用的气动布局和桨叶状栅格尾翼增强了炸弹的滑翔能力，可使炸弹滑翔飞行 69km，同时使炸弹在飞行过程中的可操纵性得到加强。

MOAB 最初采用硝酸铵、铝粉和聚苯乙烯的稠状混合炸药 (与 BLU-82 相同)，采用的起爆方式为二次起爆。作用原理是，当炸药被投放到目标上空时，在距离地面 1.8m 的地方进行高位引爆，容器破裂、释放燃料，与空气混合形成一定浓度的气溶胶云雾，再经第二次引爆，可产生 2500°C 左右的高温火球，并随之产生区域爆轰，对人员和设施等实施毁伤。

图 3.6.4 MOAB 实物图

目前，已可以将这种新型燃料空气炸弹的两次爆炸过程通过一次爆炸来完成。炸弹爆炸时可形成高强度、长历时空气冲击波，同时爆轰过程会迅速将周围空间的氧气"吃掉"，产生大量的二氧化碳和一氧化碳，爆炸现场的氧气含量仅为正常含量的 1/3，而一氧化碳浓度却大大超过允许值，造成局部严重缺氧、空气剧毒。MOAB 的装备型 GBU-43/B 炸弹装填 H-6 炸药，组分为铝粉、黑索金和 TNT，起爆方式将这种新型燃料空气炸药的两个过程结合在一次爆炸中完成，因此，结构简单，受气候条件影响小。MOAB 的威力性能参数：炸药装药质量 8200kg，杀伤半径 150m，爆炸中心的温度 2500℃，威力 11t TNT 当量。MOAB 可由 MC-130 运输机和 B-2 隐形轰炸机投放。

3) "炸弹之父"

2007 年俄罗斯成功试验了世界上威力最大的常规炸弹"炸弹之父"。据报道，"炸弹之父"装填了一种液态燃料空气炸药，采用了先进的配方和纳米技术 (可能加有纳米铝粉和黑索金)，爆炸威力相当于 44t TNT 炸药爆炸后的效果，是美国"炸弹之母"的 4 倍，杀伤半径达到 300m 以上，是"炸弹之母"的 2 倍。"炸弹之父"由图-160 战略轰炸机投放。

"炸弹之父"采用二次起爆技术，由触感式引信控制第一次起爆的炸高 (stand-off)；第一次起爆用于炸开装有燃料的弹体，燃料抛撒后立即挥发，在空中形成炸药云雾；第二次起爆利用延时起爆方式，引爆空气和可燃液体炸药的混合物，形成爆轰火球，利用高温、高强冲击波来毁伤目标。

3.6.2 温压炸药毁伤机理

1. 温压炸药

温压弹是利用高温和高压造成杀伤效果的弹药，也被称为"热压"武器。温压弹装填的是温压炸药。温压炸药由高能炸药和铝、镁、钛、锆、硼、硅等多种物质粉末混合而成，这些粉末在爆轰作用下被加热引燃，可再次释放出大量能量。因此，温压弹爆炸后产生爆炸波和持续的高温火球，其热效应和纵火效应远高于一般常规武器，并能形成窒息效应。温压弹主要用于杀伤隐蔽于地下或洞穴内的有生力量和生化武器。

温压弹是在燃料空气弹的基础上发展起来的，与燃料空气弹具有一些相同点和不同点。相同之处是温压炸药采用了与燃料空气炸药相同的爆炸原理，都是通过药剂和空气混合生成能够爆炸的云雾；爆炸时都形成强冲击波，对人员、工事、装备可造成严重杀伤；都能将空气中的氧气燃烧掉，造成爆点区暂时缺氧。不同之处是温压弹采用固体炸药，而且爆炸物中含有氧化剂，当固体药剂呈颗粒状在空气中散开后，形成的爆炸杀伤力比燃料空气弹更强。在有限的空间里，温压弹可瞬间产生高温、高压和冲击波传播，对藏匿于地下的设备和系统可造成严重的损毁。

2. 温压弹作用原理

温压弹的结构主要由弹体、装药、引信、稳定装置等组成。温压炸药是温压弹有效毁伤目标的重要组成部分，其中药剂的配方尤为重要，需要通过模拟和试验最终确定。引信是温压弹适时起爆和有效发挥作用的重要部件，当温压弹用于对付地下掩体目标时，要求引信在弹药贯穿混凝土防护掩体之后引爆，以发挥最佳效果。对主要用于侵彻掩体的温压弹来说，要求有较好的弹体外形结构，弹的长细比要大，阻力小，且弹体材料要保证在侵彻目标过程中不发生破坏。

与燃料空气弹相比，温压弹使用的温压炸药为固体燃料，它是一种呈颗粒状的温压炸药，属于含有氧化剂的“富燃料”合成物。战斗部炸开后温压炸药以粒子云形式扩散。这种微小的炸药颗粒充满空间，爆炸力极强，其爆炸效果比常规爆炸物和燃料空气弹更强，释放能量的时间更长，形成的压力波持续时间更长。

温压弹在地面爆炸时，爆炸后形成三个毁伤区：一区为中心区，区内人员和大部分设备受爆炸超压和高热作用而毁伤；在中心区的外围一定范围内为二区，具有较强爆炸和燃烧效能，会造成人员烧伤和内脏损伤；在二区外面相当距离内为三区，仍有爆炸冲击效果，兼有破片杀伤区域，会造成人员某些部位的严重损伤和烧伤，如图 3.6.5 所示。温压弹爆炸后产生的高温、高压可以向四面八方扩散，通过目标上尚未关好的各种通道如射击孔、炮塔座圈缝隙、通气部位等进入目标结构内部，高温可使人员表皮烧伤，高压可造成人员内脏破裂。因此，温压弹更多被用来杀伤有限空间内的有生力量，摧毁生化武器。在有限空间中爆炸时，杀伤威力比开阔区域中要高出 50%～100%。

温压弹对洞穴内目标毁伤机理示意图如图 3.6.6 所示，温压弹还有一个特殊之处在于它可在隧道或山洞里造成强烈爆炸，杀死内部的人员，却不会使山洞坍塌，因为温压炸药的爆轰峰值压力并不高，如图 3.6.1 所示。

图 3.6.5 温压弹地面爆炸毁伤机理示意图

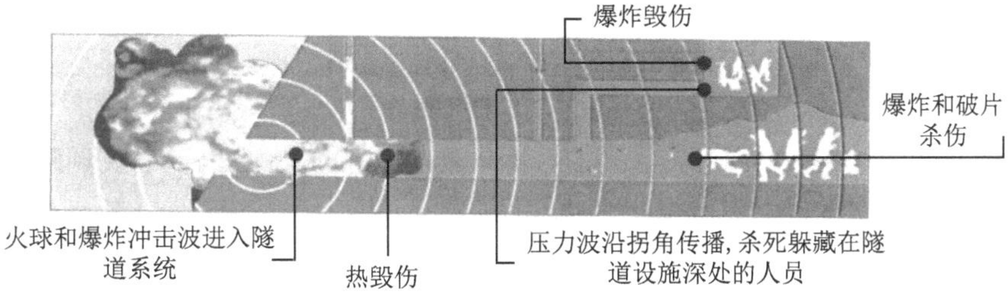

图 3.6.6 温压弹对洞穴内目标毁伤机理示意图

通常，温压弹的投放和爆炸方式有四种：① 垂直投放，在洞穴或地下工事的入口处爆炸；② 采用短延时引信 (一次或两次触发) 的跳弹爆炸，将其投放在目标附近，然后跳向目标爆炸：③ 采用长延时引信的跳弹爆炸，将其投放在目标附近，然后穿透防护工事门，在洞深处爆炸；④ 垂直投放，穿透防护工事表层，在洞穴内爆炸。

3. 典型温压弹

BLU-118/B 是一种装有先进温压炸药的温压弹，如图 3.6.7 所示。BLU-118/B 威力参数：弹质量 902kg，弹长 2.5m，弹径 370mm，壳体厚度 26.97mm。炸药类型为 PBXIH-135 高能钝感炸药，装药质量为 227kg，装填系数为 0.25，侵彻威力为 3.4m 厚的混凝土层。

BLU-118/B 温压弹安装有激光制导系统，内部装药为 PBXIH-135 高能钝感炸药。PBXIH-135 由奥克托今、聚氨酯橡胶和一定比例的铝粉组成，与标准高能炸药相比，该温压炸药可在较长时间内释放能量。其引信采用 FMU-143J/B，具有 120ms 的延时，可使战斗部穿透地下 3.4m 厚深层坚固工事后起爆。该弹的作用原理是，炸弹在爆炸的瞬间产生大量云雾状的炸药粉末，待其顺着洞穴和隧道弥漫开以后，延时爆炸装置再将其引爆，利用高温和压力达到毁伤目的，其作用效果比普通炸弹更强劲、更持久，同时能迅速将洞穴内的空气耗尽，导致有效区域内的人员窒息死亡，并且最终不毁坏洞穴和地道。

图 3.6.7　BLU-118/B 温压弹

BLU-118/B 温压弹可以由 F-15E 战斗部单独投放，既可以投放到洞穴和地道的入口处然后引爆，也可以垂直贯穿防护层在洞穴和地道内部爆炸。

思考与练习

(1) 炸药爆炸的三要素之间的关系和联系？

(2) 炸药按用途分有哪几大类？代表物质是什么？

(3) 炸药的标志性参量都有哪些？

(4) 什么是炸药的感度？感度主要分哪些类型？

(5) 请简要说明炸药起爆的过程。

(6) 简要阐述热点起爆机理。

(7) 压缩波和稀疏波各自的特点。

(8) 冲击波的本质是什么？冲击波是怎样形成的？都具有哪些性质？

(9) 若测得空气中冲击波速度 $D = 1000\text{m/s}$，计算冲击波参数 p_1、u_1、T_1、ρ_1。已知，$p_0 = 1.0 \times 10^5\text{Pa}$，$\rho_0 = 1.25\text{kg/m}^3$，$T_0 = 288\text{K}$，$c_0 = 340\text{m/s}$，$u_0 = 0$，$k = 1.4$。

(10) 什么是爆轰波？请简要描述爆轰波传播过程。

(11) 爆轰波雨贡纽方程与冲击波雨贡纽方程有什么不同？

(12) 请说说爆轰波与冲击波的异同点。

(13) 爆破战斗部结构类型主要有哪些？对目标的作用效果有什么不同？

(14) 炸药在空气中爆炸时基本现象是什么？

(15) 空气冲击波破坏作用的三个主要参数是什么？

(16) 200kg TNT 炸药在刚性地面爆炸，试计算离爆心 30m 处空气冲击波的诸参数。

(17) 空气冲击波遇到高而窄障碍物时出现什么现象？障碍物能否起到防护作用，为什么？

(18) 水中爆炸的基本特点是什么，与空气中爆炸现象的重要区别是什么？

(19) 500kg TNT 炸药在无限水域中爆炸，试计算离爆心 50m 处水中冲击波、比冲量。

(20) 在岩土中的爆破威力与哪些因素有关，有什么规律？

(21) 请简要说明空中、水中、岩土中爆炸作用效应的共性和不同之处。

(22) 请简述燃料空气弹概念及其作用机理。

(23) 请简述温压弹概念及其作用机理。

(24) 燃料空气弹与温压弹的异同点。

参 考 文 献

[1] 卢芳云, 李翔宇, 林玉亮. 战斗部结构与原理 [M]. 北京：科学出版社, 2009.

[2] 王志军, 尹建平. 弹药学 [M]. 北京：北京理工大学出版社, 2005.

[3] 北京工业学院八系《爆炸及其作用》编写组. 爆炸及其作用 (上、下册)[M]. 北京：国防工业出版社, 1979.

[4] 王儒策, 赵国志, 杨绍卿. 弹药工程 [M]. 北京：北京理工大学出版社, 2002.

[5] 欧育湘. 炸药学 [M]. 北京：北京理工大学出版社, 2006.

[6] 北京工业学院八系《炸药理论》编写组. 炸药理论 [M]. 北京：国防工业出版社, 1982.

[7] 隋树元, 王树山. 终点效应学 [M]. 北京：国防工业出版社, 2000.

[8] (美) 陆军装备部. 终点弹道学原理 [M]. 王维和, 李惠昌, 译. 北京：国防工业出版社, 1988.

[9] 张国伟. 终点效应及其应用技术 [M]. 北京：国防工业出版社, 2006.

[10] 库尔 P. 水下爆炸 [M]. 罗耀杰, 韩润泽, 官信, 等译. 北京：国防工业出版社, 1960.

[11] 午新民, 王中华. 国外机载武器战斗部手册 [M]. 北京：兵器工业出版社, 2005.

[12] 卢芳云，将邦海，李翔宇，等. 武器战斗部投射与毁伤 [M]. 北京: 科学出版社, 2013.

第 4 章　破片毁伤效应

炸药在空气中爆炸时，利用所形成的冲击波超压和爆轰产物对周围介质实施毁伤。根据第 3 章中的冲击波超压公式可知，冲击波超压随距离的增加而迅速衰减，在较远距离上，冲击波超压已经很低，不足以毁伤目标。而当爆轰产物膨胀到 10~15 倍装药半径时，其内部压力衰减至与环境压力基本相当，所以只能对近距离目标发挥毁伤作用。因此，炸药在空气中爆炸的毁伤范围是十分有限的。

一个事实是，同样当量的炸药爆炸后可以推动破片到达更远的距离，通过侵彻毁伤的方式达到同样的毁伤效果，实现了更大的毁伤范围。另一方面，爆炸作用对重装甲和硬目标的毁伤能力十分有限。为了充分发挥炸药的作用和毁伤不同目标的需要，动能侵彻成为常规武器的另一种毁伤模式。除了破片战斗部以外，采用动能侵彻毁伤的战斗部类型还有破甲战斗部和穿甲战斗部，用于对付重装甲目标和硬目标。

本章首先介绍破片毁伤的基本原理，破片速度、质量分布、速度分布等威力参数，以及破片对有生力量、轻装甲目标的毁伤特性。其次，介绍破片在毁伤目标过程中的引战配合模型，最佳起爆时间和起爆方位角。再次，介绍传统和定向破片战斗部结构类型和作用原理。最后，简要介绍活性破片、横向效应增强型破片等新型破片毁伤效应及典型结构。

4.1　破片毁伤威力参数 [1−4]

4.1.1　概述

破片通常是指战斗部壳体在内部炸药爆炸作用下瞬时解体而产生的一种毁伤元，其特性参数包括破片数量、破片初速、破片质量分布和空间分布。破片效应则是指这种杀伤元素对有生力量、飞机和车辆等的杀伤破坏作用。一般以破片为主要毁伤元的战斗部统称为破片战斗部。破片战斗部是现役装备中最主要的战斗部类型。其特点是采用爆炸方法产生高速破片群，利用破片对目标的击穿、引燃和引爆作用来杀伤目标，其中击穿和引燃作用是主要的。实践证明，破片战斗部用于对付空中、地面活动的低生存力目标 (如轻型装甲目标) 以及有生力量具有良好的杀伤效果，且灵活性较好。

当战斗部爆炸时，在几微秒内产生的高压爆轰产物对战斗部金属外壳施加数十万大气压以上的压力，这个压力远远大于战斗部壳体的材料强度，使壳体破裂，产生破片。外壳的结构形式决定了壳体的破裂方式。如果预先在金属外壳上设置削弱结构，使之成为壳体破裂的应力集中源，则可以得到可控形状和质量的破片。因此，根据破片产生的途径可分为自然、半预制和全预制破片三种类型。

在爆轰产物作用下，无缺陷的壳体经过膨胀、断裂、破碎而形成形状不规则的自然破片。壳体既是容器又是毁伤元，壳体材料利用率较高。一般情况下壳体较厚，爆轰产物泄漏之前驱动加速时间较长，形成的破片初速较高，但破片大小不均匀，形状不规则，在空气中飞行时速度衰减较快。一般采用壳体刻槽、炸药刻槽、壳体区域弱化和圆环叠加焊点等措施，使壳体局部强度减弱，控制爆炸时壳体的破裂位置，形成形状和质量可控制的半预制破片。这样可以避免产生过大和过小的破片，减少金属壳体的损失，改善破片性能，从而提高战斗部的杀伤效率。

采用预先制定的结构和材料制成预制破片，用黏结剂定位于两层壳体之间。破片形状可以是球形、立方体、长方体、杆状等，材料可以不同于壳体。壳体材料一般为薄铝板、薄钢板或玻璃钢板等，用环氧树脂或其他适当材料填充破片间的空隙。

在现有引战配合系统下，破片战斗部几乎对所有目标都具有较强的适应能力，只是针对不同的目标，需要的破片质量、数量和形状不尽相同。例如，攻击地面雷达、防空导弹发射架等目标时，破片质量可以相对小一些；拦截制导弹药时，则需要质量较大的破片。这些需求对破片战斗部的结构设计提出了更多的挑战。全预制破片战斗部由于破片的材料和形状具有更大的选择空间，因此为破片战斗部实现高效毁伤提供了更灵活的设计空间，也成为当今破片战斗部的主要结构形式。

破片毁伤威力参数主要包括破片速度、破片空间分布、破片质量分布，其中破片速度包含破片初速、速度衰减、动态打击速度，破片空间分布主要包括破片飞散角和破片方向角，自然破片的质量分布可采用 Held 分布、莫特 (Mott) 分布等形式分析，半预制和全预制破片质量分布可根据结构设计预先计算得到。

4.1.2 破片速度

壳体破裂瞬间的膨胀速度称为破片初速度，常以 v_0 表示。壳体破碎后形成破片，在爆轰产物作用下将继续加速，直到破片运动所受到的空气阻力与爆轰产物所给予的压力相平衡时，破片速度达到最大值。之后，破片飞散速度随着飞行距离的增加而逐渐衰减。

1. *破片初速*

1) 基本假设

破片初速度 v_0 是衡量战斗部杀伤作用的重要参数，因此要求尽可能准确地从理论上进行计算。对于真实战斗部而言，影响破片初速度 v_0 的因素很多，为了突出主要矛盾并简化问题，作以下几点假设：

(1) 假定爆轰是瞬时的；

(2) 不考虑爆轰产物沿装药轴向的飞散，壳体内爆轰产物的径向流动速度按线性分布；

(3) 壳体为等厚圆筒，壳体在爆炸后形成的所有破片具有相同的初速度；

(4) 忽略壳体的破裂阻力，炸药能量全部转变为壳体动能和爆轰产物的动能。

2) 破片初速度求解

在上述假设下，破片初速度 v_0 可根据能量守恒定律，即公式 (4.1.1) 推出

$$E_c + E_g = CE \tag{4.1.1}$$

式中，C 为装药质量，E 为装药比内能，E_c 为破片动能，E_g 为爆轰产物动能。

下面分别讨论 E_c 和 E_g 的表达式。

A. 破片动能 E_c

壳体在爆炸作用之后，形成 N 个破片，以 m_1，m_2，$\cdots$，m_N 代表各破片的质量，对于预制破片战斗部，近似地有 $m_1=m_2=\cdots=m_N$，以 v_{01}，v_{02}，$\cdots$，v_{0N} 表示相应破片的初速度，根据前面的假设 (3) 可知

$$v_{01} = v_{02} = \cdots = v_{0N} = v_0$$

因此，破片的动能

$$E_c = \frac{1}{2}m_1 v_0^2 + \frac{1}{2}m_2 v_0^2 + \cdots + \frac{1}{2}m_N v_0^2$$

假设战斗部爆炸时，被爆轰产物推动的壳体质量为 M，则

$$M = m_1 + m_2 + m_3 + \cdots + m_N$$

故，破片的动能为

$$E_c = \frac{1}{2}M v_0^2 \tag{4.1.2}$$

B. 爆轰产物动能 E_g

对于圆柱形壳体，爆轰产物的动能表达式可由下面的分析得到。如图 4.1.1 所示，战斗部在爆炸之后，壳体的半径由 r_0 向外膨胀，在破裂时刻壳体半径为 r_k。

这时，在壳体内部距中心 r 处爆轰产物的流动速度为 v，于是爆轰产物的总动能为

$$E_g = \int_V \frac{\rho \mathrm{d}V}{2} v^2 \tag{4.1.3}$$

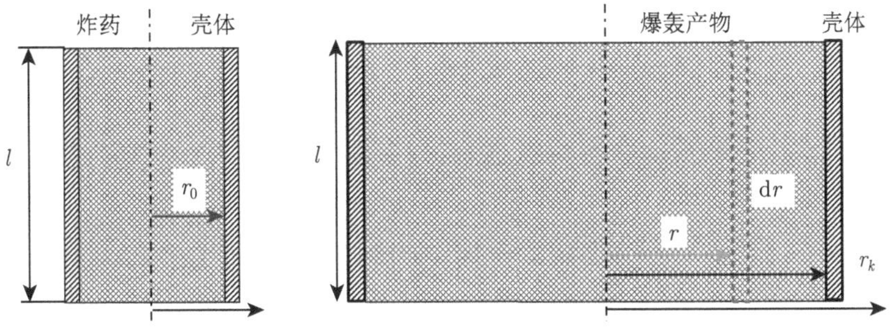

(a) 初始时刻 (b) 壳体破裂时刻

图 4.1.1 圆柱形壳体膨胀示意图

按前面的假设 (2)，爆轰产物的流动速度 v 沿径向呈线性分布，同时认为紧贴在壳体内表面的爆轰产物的流动速度与壳体的膨胀速度相等，故可得

$$\frac{v}{v_0} = \frac{r}{r_k}, \quad 即\ v = \frac{r}{r_k} v_0 \tag{4.1.4}$$

式中，v_0 对应了壳体破裂时刻的膨胀速度，即为破片的初速。代入动能计算公式 (4.1.3) 可得

$$E_g = \int_0^{r_k} \frac{1}{2} \cdot 2\pi r l \rho \left(\frac{r}{r_k} v_0\right)^2 \mathrm{d}r = \frac{C}{4} v_0^2 \tag{4.1.5}$$

式中，l 为装药长度。

因此，对于圆柱形装药，装药爆炸后的能量守恒方程公式 (4.1.1) 变为

$$\frac{1}{2} M v_0^2 + \frac{C}{4} v_0^2 = CE \tag{4.1.6}$$

若设 $\beta = C/M$(称为装药质量比)，则得到著名的古尼公式

$$v_0 = \sqrt{2E} \sqrt{\frac{\beta}{1 + \beta/2}} \tag{4.1.7}$$

式中，v_0 为破片初速度 (m/s)，$\sqrt{2E}$ 为古尼常数，β 为装药质量比，C 为装药质量 (kg)，M 为形成破片的壳体质量 (kg)。几种典型炸药的古尼常数如表 4.1.1 所示。

表 4.1.1　几种典型炸药的古尼常数

炸药种类	密度 $\rho/(\mathrm{g/cm^3})$	古尼常数 $\sqrt{2E}$
TNT	1.63	2370
COMP.B	1.72	2720
RDX	1.77	2930
HMX	1.89	2970
PETN	1.76	2930
Tetryl	1.62	2500

一般情况下，炸药的比内能 E 可近似用炸药的爆热 Q_V 表示，即有

$$v_0 = \sqrt{2Q_V}\sqrt{\frac{\beta}{1+\beta/2}} \tag{4.1.8}$$

根据爆轰理论公式，炸药爆速 D 与爆热 Q_V 的关系为 $D=\sqrt{2(\gamma^2-1)Q_V}$，对于爆轰产物一般取 $\gamma=3$，可导出以炸药爆速表示的初速公式为

$$v_0 = \frac{D}{2}\sqrt{\frac{\beta}{2+\beta}} \tag{4.1.9}$$

对于预制破片结构，由于壳体膨胀过程较短，破片速度较低，经过大量试验验证，对古尼公式进行了修正如下：

$$v_0 = D\sqrt{\frac{\beta}{5(2+\beta)}} \tag{4.1.10}$$

3) 破片初速度的影响因素

式 (4.1.9) 和式 (4.1.10) 只是用于破片初速度的初步估算，影响战斗部破片初速度的因素非常复杂，下面简单分析几个主要影响因素。

A. 装药性能

从式 (4.1.9) 看出，破片速度与爆速成正比。提高炸药的爆速对于提高破片速度是有利的。炸药爆速越高，破片速度越高。

B. 装药质量比

装药质量比的提高也有利于破片初速度的提高。但在常用范围内，质量比成倍增加时，破片初速度的增加不到 18%，而且随着质量比的继续增加，初速度的增量会越来越小。

C. 壳体材料

壳体材料的塑性决定了壳体在爆轰产物作用下的膨胀程度，塑性好的材料壳体膨胀破裂时的相对半径大，可获得比较高的初速度，而脆性材料则相反。

D. 装药长径比

装药长径比对破片初速度有重要影响。由于端部效应，使战斗部两端的破片初速度低于中间部位破片的初速度。不同长径比时，端部效应造成的炸药能量损失的程度不同。装药长径比对破片初速度的影响如图 4.1.2 所示。在战斗部总质量不变的情况下，长径比越大，装药能量损失的程度越小，破片初速度越高。但当长径比大到一定程度时，这种影响会越来越小。

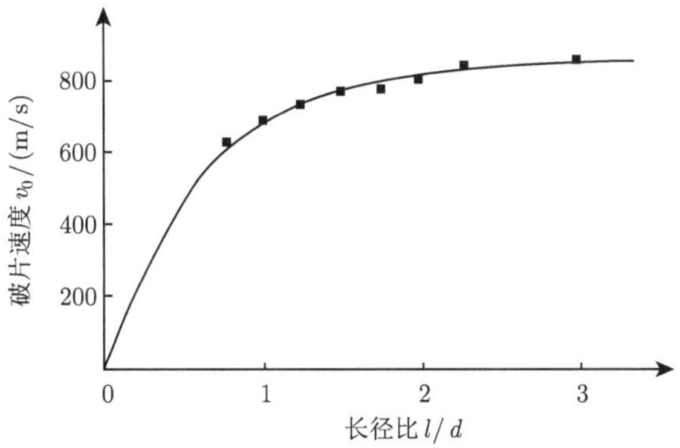

图 4.1.2 装药长径比对破片初速度的影响

长径比不同时，破片初速度沿轴向的分布也有显著差别。上述式 (4.1.7)~式 (4.1.10) 由于没有考虑端部效应，在大长径比时误差小，小长径比时误差大，计算端部破片速度时误差更大。若整体端部无约束，考虑端部效应分别对起爆端和非起爆端做出不同修正后，得到圆柱形战斗部在不同起爆情况下破片初速度沿轴向分布的计算公式为

$$v_{0x} = [1 - A\exp(Bx/d)] \times \{1 - C\exp[D(l-x)/d]\} \times \sqrt{2E}\sqrt{\frac{\beta}{1+\beta/2}} \quad (4.1.11)$$

式中，d 和 l 分别为装药直径和长度；x 为所计算破片离基准端面的距离，一端起爆时起爆端面即为基准端面；v_{0x} 为 x 处的破片初速度。计算公式中的参数拟合结果如表 4.1.2 所示。

表 4.1.2 参数拟合表

起爆方式	参数拟合			
	A	B	C	D
轴向一端起爆	1	−2.362	0.288	−4.603
轴向中心起爆	0.288	−4.603	0.288	−4.603
轴向两端起爆	1	−2.362	1	−2.362

战斗部端盖的应用在一定程度上能延缓轴向稀疏波的进入，减少装药的能量损失，从而改善长径比的影响，使初速度的轴向分布差别缩小。

2. 速度衰减

1) 破片运动方程

破片在空气中飞行时，将受到重力和空气阻力的作用。在破片速度较高时，由于破片质量较小，空气阻力远远大于重力，可以忽略重力对破片速度的影响，因此破片飞行弹道为直线。根据牛顿定律，建立运动方程如下：

$$m\frac{\mathrm{d}v}{\mathrm{d}t}=-\frac{1}{2}c_x\rho Av^2 \tag{4.1.12}$$

式中，m 为破片质量 (kg)，v 为破片速度 (m/s)，c_x 为空气阻力系数，ρ 为空气密度 ($\mathrm{kg/m^3}$)，A 为破片迎风面积 ($\mathrm{m^2}$)。

当破片初速度和飞行距离分别为 v_0 和 x 时，由式 (4.1.12) 积分得到破片存速 v 为

$$v=v_0\exp(-ax) \tag{4.1.13}$$

$$a=\frac{c_x\rho A}{2m} \tag{4.1.14}$$

式中，a 为破片速度衰减系数，是表征破片在飞行过程中保存速度能力的参数。

2) 破片速度衰减系数

破片速度衰减系数 a 的数值小，破片在飞行过程中损失小，保存破片速度的能力强；a 的数值大，破片在飞行过程中损失大，保存破片速度的能力弱。影响破片速度衰减系数的因素主要有以下几种。

A. 破片迎风阻力系数 c_x

由空气动力学原理可知，破片的迎风阻力系数随破片形状和飞行速度而变化。风洞试验证明，在破片的飞行马赫数 M 大于 3 的速度范围内，不同形状破片的 c_x 值可按如下公式求取：

球形破片：$c_x=0.97$
立方体破片：$c_x=1.2852+1.0536/M$
圆柱体破片：$c_x=0.8058+1.3226/M$
菱形破片：$c_x=1.45-0.0389/M$

B. 破片的迎风面积

破片迎风面积 A 是破片在飞行方向上的投影面积，对于预制的球形、圆柱体破片可取

$$A=\frac{1}{4}S \tag{4.1.15}$$

式中，S 为破片的表面积。

由于破片在飞行时可能不断翻滚，因而除球形破片外，迎风面积一般为随机变量，其数值取数学期望值

$$A = \phi m^{2/3} \tag{4.1.16}$$

式中，ϕ 为破片形状系数 ($\mathrm{m}^2/\mathrm{kg}^{2/3}$)，$m$ 为单枚破片质量。对于钢质自然破片，粗略计算时可取 $\phi = 0.005$。

C. 当地空气密度 ρ

当地空气密度 ρ 是指破片在空中飞行高度处的空气密度，空气密度随离地高度而变化，一般表达式为

$$\rho = \rho_0 H(y) \tag{4.1.17}$$

式中，ρ_0 为海平面处的空气密度，$H(y)$ 为距离海平面为 y 处空气密度的修正系数，可查阅空气动力学的有关论著。

3. 速度测试

破片初速度的测定在战斗部静爆试验中是非常重要的项目，测定的方法较多，现在广泛使用的有断靶测速法、通靶测速法和高速摄影测速法。

1) 断靶测速

断靶测速法也称网靶测速法。每一个网靶由金属丝绕成的网组成，网线与测速路线和仪器连接，形成通电回路。当破片穿过网靶时，击断其金属丝，通电回路被断开，仪器将输出一个断靶信号。如果在破片飞行路线上设置多个网靶，形成相互并联靶网，如图 4.1.3 所示，破片穿过时仪器将记录下每一个网靶输出信号的时刻。网靶间距离是预先设置的，于是就可以求出破片的初速度和速度衰减系数。

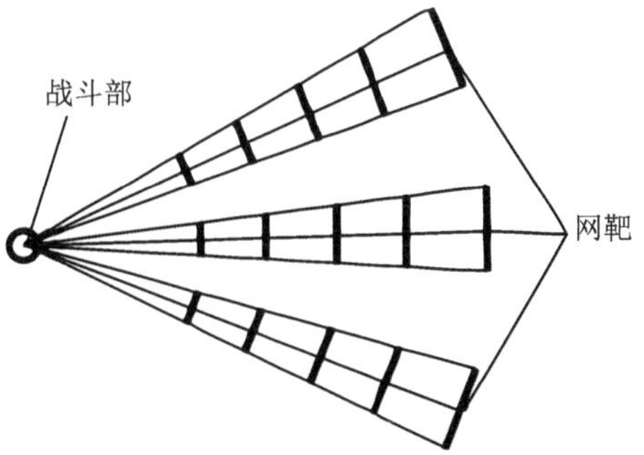

图 4.1.3 网靶设置示意图

通常在一个方向或多个方向上设置多个网靶，然后通过多元回归法算出沿某个方向的破片初速度和速度衰减系数。破片速度衰减规律可由式 (4.1.13) 表示，对式 (4.1.13) 取对数得

$$\ln v = \ln v_0 - ax \tag{4.1.18}$$

式中，x 是网靶与战斗部之间的距离。通过多个距离 x_i 的网靶测量可得到一组破片速度 v_i，代入式 (4.1.18) 得

$$\begin{aligned} \ln v_1 &= \ln v_0 - ax_1 \\ \ln v_2 &= \ln v_0 - ax_2 \\ &\vdots \\ \ln v_n &= \ln v_0 - ax_n \end{aligned}$$

应用多元回归法可以导出破片初速度和速度衰减系数的表达式

$$\ln v_0 = \frac{\sum x_i^2 \sum \ln v_i - \sum x_i \sum x_i \ln v_i}{n \sum x_i^2 - \left(\sum x_i\right)^2} \tag{4.1.19}$$

$$a = \frac{\sum x_i \sum \ln v_i - n \sum (x_i \ln v_i)}{n \sum x_i^2 - \left(\sum x_i\right)^2} \tag{4.1.20}$$

式中，n 为测试方向上设置的网靶数量。

网靶测速的优缺点如下。

(1) 可以一次测得破片初速度 v_0 和速度衰减系数 a。

(2) 采用网靶法测定破片速度时，所记录的是在测试方向上一群破片中飞行在最前面的一枚，即最早的信号。由于一个网靶只能接受一个信号，因此网靶法测到的是最大破片初速度。

(3) 必须是同一个破片连续领先穿过同一方向的各个网靶，才能准确得到破片平均初速 v_0 和速度衰减系数 a 的值。但每一枚破片的存速能力不同，因此，一枚破片在飞行过程中并不一定永远在破片群的最前面飞行。如果存在破片有交叉，或者存在质量差异较大的两种或两种以上的破片，或者战斗部爆炸时产生大量非正常破片，而网靶的距离和尺寸又不能保证排除这些非正常破片的干扰，则一般得不到准确的数据。

2) 通靶测速

通常采用的通靶有两种：复合板结构和梳齿结构。图 4.1.4 给出了复合板和梳齿板两种通靶的结构示意图。复合板由三层组成，中间为绝缘层，前后为导电层。把前后导电层接入测速路线中，平时线路中无电流通过。破片穿透通靶过程

中同时接触前后导电层的瞬间，线路被接通，仪器即可记录下此信号。破片通过通靶后，线路又恢复到断路状态。当第二个破片穿过通靶时，又可以记录第二个通路信号，如此重复，直到最后一个破片通过。因此，通靶法可以获得通过该方向的破片的平均速度。梳齿的测量原理与复合板相同，所不同的是，若破片把某一梳齿打断，则通过该齿片的后续破片的速度将测不到。

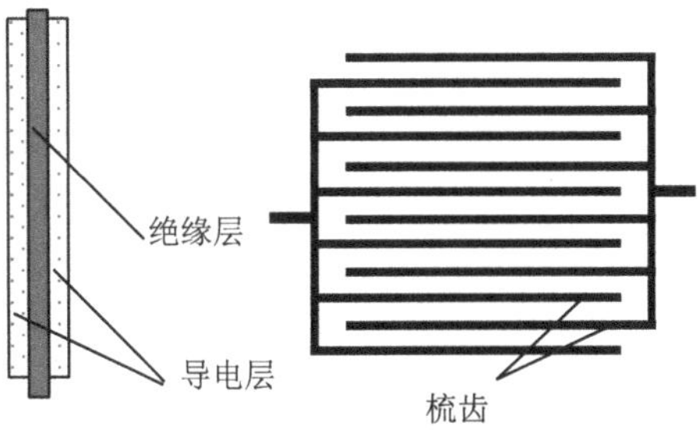

图 4.1.4 两种通靶结构示意图

通靶测速的不足在于：

(1) 如有碎片镶嵌于靶板上并接通线路，或者连接靶板的导线被打断，则后续破片的速度将测不到；

(2) 难以分辨几乎同时达到靶板的破片速度。

3) 高速摄影测速

高速摄影法是比较先进的测定破片速度的方法。图 4.1.5 是高速摄影测速的布置图，其原理是：高速摄影机拍摄下破片撞击靶板时产生的火花信号，根据胶片上的时间标记，可以计算出从爆炸瞬间留有强闪光信号的某帧胶片到某一幅记录破片撞击靶板产生闪光的胶片的时间，爆心到靶板的距离是已知的，这样就可以求出该幅胶片所代表的一组破片的平均速度，再换算成该组破片的初速度。胶片上记录有破片火花信号的画幅数，就是破片速度的分组数。由分组信息可以分析速度的散布情况。

高速摄影的拍摄速度可根据战斗部破片的速度特别是速度的散布程度来确定，破片速度高，散布小，则拍摄速度应高。如果拍摄速度过低，则记录有火花的画幅太少，即破片速度的分组数太少，速度分布数据太粗略，不能充分发挥高速摄影的优点。高速摄影拍摄的范围，在战斗部轴向应包含 100%破片的飞散角，在环向应不小于 20°。胶片上破片火花的分布即反映了破片的空间分布。

利用高速摄影法进行数据处理，可计算破片飞散区域内全部破片的平均速度。n_i 为任意画面上的有效闪光数，N 为从第一画面到第 I 画面的有效闪光数的总

和，则飞散角内全部破片的平均速度为

$$N = \sum_{i=1}^{I} n_i, \quad v_0 = \sum_{i=1}^{I} \left(\frac{n_i}{N} v_{0i} \right) \tag{4.1.21}$$

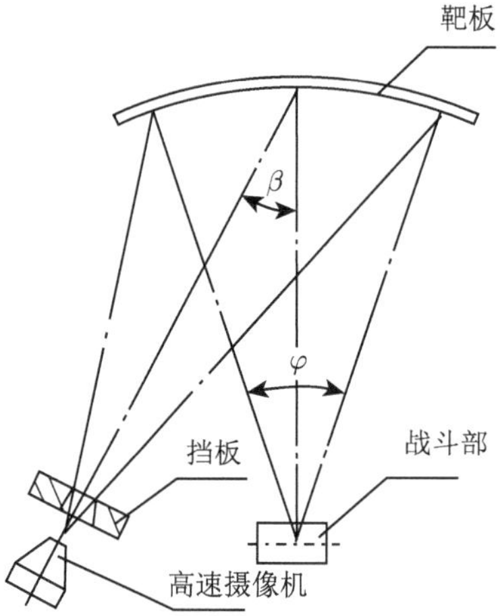

图 4.1.5　高速摄影测速的布置图

从理论上说，只要画面上靶板坐标和闪光信号拍摄得清晰，则高速摄影法可以测定每一枚破片的初速度，得到速度的散布情况，并可计算出破片飞散区域任意角度内的平均速度。需要指出，由于沿靶板高度方向战斗部破片飞至靶板的距离是不等的，将给数据处理带来误差。因此，必要时可沿靶板高度分区计算测得的数据。

4.1.3　破片空间分布

战斗部爆炸后，破片在空间的分布与战斗部形状相关，图 4.1.6 给出了几种形状战斗部爆炸后破片在空间飞散分布的示意图。其中球形战斗部的起爆为球心起爆，破片飞散是一个球面，而且均匀分布。圆柱形战斗部爆炸后的破片 90%飞散方

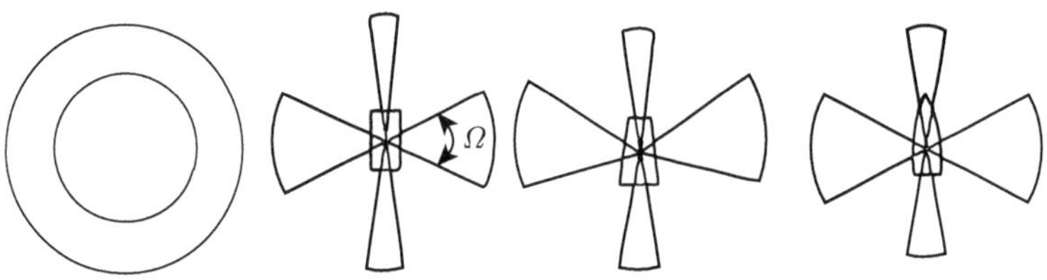

(a) 球形结构　(b) 圆柱形结构　(c) 圆台形结构　(d) 圆弧形结构

图 4.1.6　几种形状战斗部爆炸后破片在空间飞散分布的示意图

向为侧向。圆台形和圆弧形战斗部起爆后的破片分布情况皆为：多数破片向半径小的方向飞散。从图 4.1.6 可以看出，除球形战斗部中心起爆外，其余战斗部起爆后，破片在空间的分布都是不均匀的。

破片空间分布特性参数主要包括破片飞散角和方向角。

1. 破片飞散角

破片飞散角是指战斗部爆炸后，在战斗部轴线平面内，以质心为顶点所做的包含 90%有效破片的锥角，也就是破片飞散图中包含 90%有效破片的两线之间的夹角，如图 4.1.6(b) 所示。常用 Ω 表示破片静态飞散角，Ω_v 表示动态飞散角，动态飞散角为静态飞散角叠加了导弹牵引速度 v_c 之后的结果。一般静态飞散角要大于动态飞散角。图 4.1.7 给出了破片静态飞散角和动态飞散角示意图，其中图 4.1.7(b) 叠加了导弹的牵引速度 v_c，φ_1、φ_2 分别为破片飞散方向的两个边界与导弹轴线的夹角，于是破片动态飞散角 $\Omega_v = \varphi_2 - \varphi_1$。

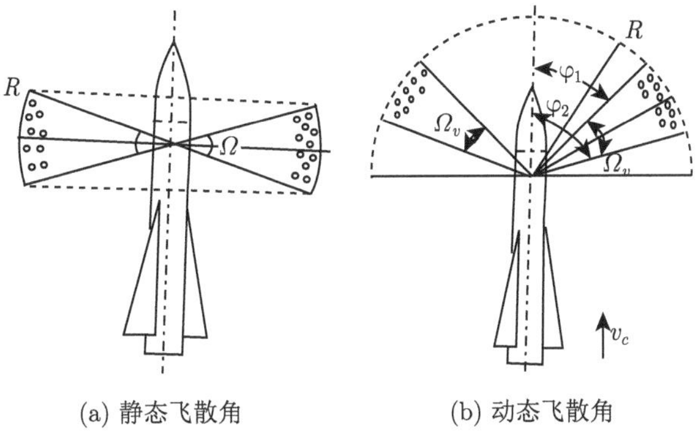

图 4.1.7　破片飞散角示意图

2. 破片方向角

破片方向角是指破片飞散角内破片分布中心线 (即在其两边各含有 45%有效破片的分界线) 与通过战斗部质心的赤道平面所夹之角，如图 4.1.8 所示。常用 φ_0 表示静态方向角，φ_{0v} 表示动态方向角。

计算破片飞散方向的经典公式为泰勒公式

$$\sin\delta = \frac{v_0}{2D}\cos\alpha \tag{4.1.22}$$

式中，δ 为所计算微元的飞散方向与该处壳体法线的夹角，α 为起爆点与壳体上该点的连线与壳体之间的夹角，即该点爆轰波阵面的法线与轴线之间的夹角，如图 4.1.9 所示。破片飞散的最大和最小 δ 之差可以与破片静态飞散角 Ω 相对应。

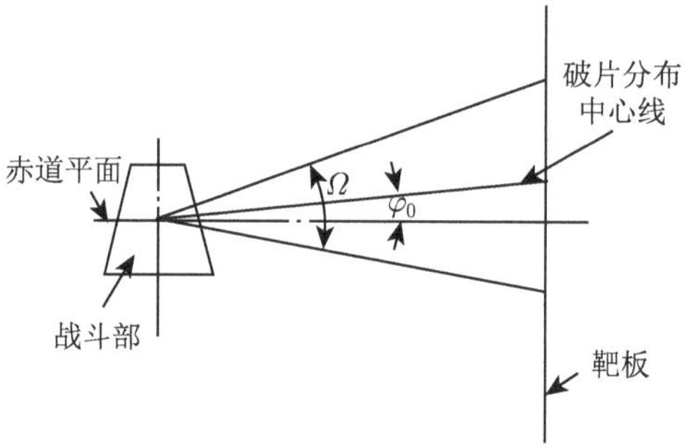

图 4.1.8 静态破片方向角

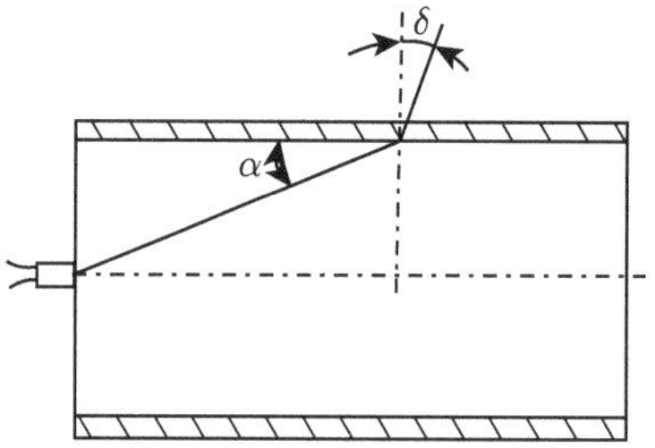

图 4.1.9 泰勒公式参数的图示

夏皮罗对泰勒公式进行了改进，使之更适用于非圆柱体的情况，公式为

$$\tan\delta = \frac{v_0}{2D}\cos\left(\frac{\pi}{2}+\alpha-\phi\right) \tag{4.1.23}$$

式中，ϕ 为计算点处壳体法线与轴线的夹角，如图 4.1.10 所示。

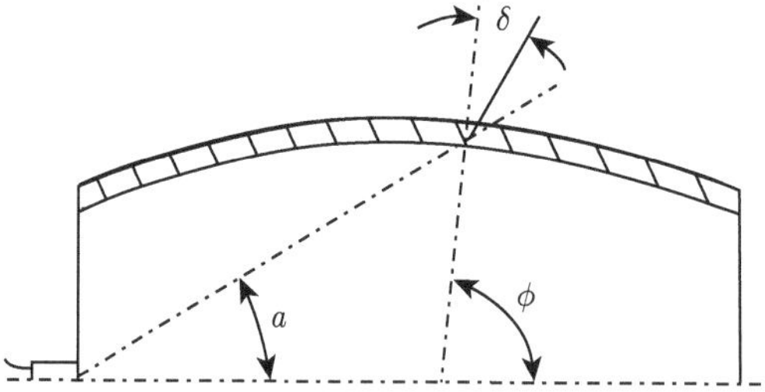

图 4.1.10 夏皮罗公式参数的图示

3. 破片空间分布的影响因素

影响破片飞散角截面为 Ω 和方向角为 φ_0 的因素主要是战斗部结构外形和起爆方式。

图 4.1.11 给出了圆锥形、圆柱体、鼓形三种结构外形的战斗部的破片飞散角和方向角示意图。以鼓形的飞散角为最大，圆锥形、圆柱体的飞散角最小；方向角则以圆锥形为最大，鼓形和圆柱形的方向角均很小。从理论上解释，按照计算壳体上一点的破片飞散方向的计算公式，鼓形的外表面为圆弧，因而，破片飞散角最大；圆锥形外表面与轴向成一锥角，破片倾向前方，故方向角最大。

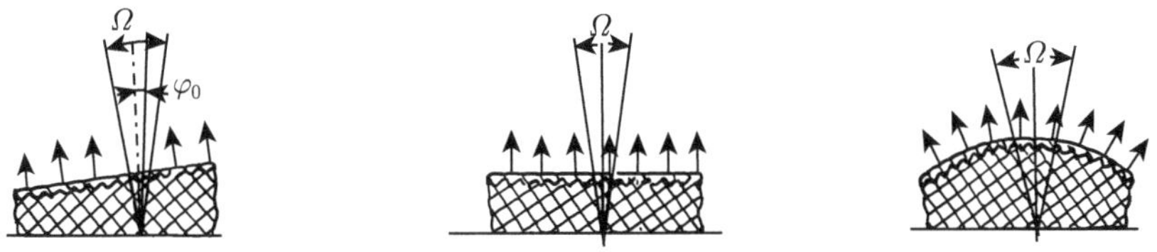

(a) 圆锥形 (b) 圆柱体 (c) 鼓形

图 4.1.11 不同截面外形的战斗部的破片飞散角和方向角

战斗部的起爆方式一般分为一端、两端、中心和轴线起爆四种类型，根据泰勒和夏皮罗公式可知，破片飞离战斗部壳体时，总是朝爆轰波的前进方向倾斜某一角度 δ。若两端起爆时，由于破片从两端向中间倾斜，故飞散角较小，方向角为 0。轴线起爆时，破片皆垂直于壳体表面飞散，方向角为 0，飞散角较小。中心起爆时，飞散角较大，方向角为 0。一端起爆时，方向角最大，飞散角稍大。当起爆点向战斗部几何中心移动时，方向角逐步减小，移至中心时，变成中心起爆，方向角为 0。

4.1.4 破片质量分布

如果不采取专门的设计措施来控制破片的尺寸，则炸弹或炮弹的壳体就会产生自然破片飞散现象。通过选择装药质量比、壳体材料及壁厚，可以在一定程度上预先确定破片的质量分布。

Mott 和林福特 (Linfoot) 提出了关于爆炸条件下战斗部的质量以及能量分布理论。此理论适用于破裂前发生塑性膨胀的壳体。

假定：壳体破裂瞬间形成某一裂纹，沿壳体厚度方向单位面积上所要求的能量 W 为

$$W = \frac{1}{114}\rho_0 v_0^2 \frac{l_2^3}{r_k^2} \tag{4.1.24}$$

式中，ρ_0 为壳体材料密度 (g/cm^3)；l_2 为裂纹间的距离 (即破片宽度) (cm)；r_k 为壳体破裂瞬间的半径 (cm)；v_0 为壳体破裂瞬间的膨胀速度。

根据试验结果可知，对于常用的壳体材料，W 值在 14.7~168J/cm^2，目前多

采用其下限值，即 14.7J/cm^2。于是得到破片宽度

$$l_2 = \left[\frac{114r_k^2W}{\rho_0 v_0^2}\right]^{1/3} \tag{4.1.25}$$

Mott 在后来的研究报告中得出结论说，对于一定的材料，破片的长宽之比是不变的，就钢而言，大致为 $l_2 : l_1 = 1 : 3.5$。若令破片厚度为 t，则得破片平均质量 $\overline{m_f}$

$$\overline{m_f} = l_1 l_2 t\rho_0 = 3.5l_2^2 t\rho_0 = 82.2\frac{\rho_0^{1/3} r_k^{4/3} W^{2/3} t}{v_0^{4/3}} \tag{4.1.26}$$

式中，l_1 为破片的长度 (cm)。

若以 r_0 和 t_0 分别代表弹体在膨胀之前的原始半径和厚度，且假定 $r_k = \varepsilon r_0$ (ε 表示弹体膨胀的最大半径与初始半径之比)，根据壳体体积不变定律可求出 t，即

$$(r_k + t)^{\nu+1} - r_k^{\nu+1} = (r_0 + t_0)^{\nu+1} - r_0^{\nu+1} \tag{4.1.27}$$

忽略 t 和 t_0 的高阶小量，式 (4.1.27) 可以得到 $t = t_0/\varepsilon^\nu$。对圆柱体壳体 $\nu = 1$，对于对球形壳体 $\nu = 2$。其中对于钢质壳体，$\varepsilon \approx 1.5 \sim 2$。

可见，在战斗部结构和材料确定的条件下，若已知壳体破裂瞬间的膨胀速度即破片初速度 v_0，便可由式 (4.1.26) 求出破片平均质量，并最后计算出破片总数

$$N_0 = \frac{M}{\overline{m_f}} \tag{4.1.28}$$

根据某些研究者实验统计表明，大多数情况下，钢质壳体的破片宽度 l_2 比厚度 t 大 1~3 倍，破片的长度 l_1 比厚度 t 大 3~7 倍。在实际处理时，如取平均值，则破片尺寸比为 $l_1 : l_2 : t = 5 : 2 : 1$，由此可同样求出破片平均质量以及破片总数。

Mott 破片质量分布是基于下面一种形式

$$N(m_f) = \frac{M}{\overline{m_f}} \mathrm{e}^{-(m_f/\mu_i)^{1/i}} \tag{4.1.29}$$

式中，$N(m_f)$ 为质量大于 $\overline{m_f}$ 的破片数；M 为战斗部壳体质量；$\overline{m_f}$ 为破片平均质量；i 是维数 (1、2、3)；$\mu_i = \dfrac{\overline{m_f}}{i!}$ 是与破片平均质量有关的量，称为 Mott 破碎参数。

对于整体式弹壳产生的自然破片，弹体的破碎与弹体结构、装药种类、弹体材料等因素有直接关系，爆炸时产生的初始裂纹的位置、形状、数量、扩展方向和速度，均与弹体材料的不均匀性等随机因素有密切关系。因此，目前多半采用半经验公式计算破片数量，或用试验获得。

4.2 破片终点毁伤 [5,6]

4.2.1 对有生力量的终点毁伤

破片对有生目标的杀伤，就其本质而言，主要是对活组织的一种机械破坏作用。破片的动能主要消耗在贯穿肌体组织及对伤道周围组织的损伤上。研究杀伤机理的基本方法主要有三种：一是战场实际调查统计；二是动物实验研究，选用皮肤强度与人体相近，个体差异小，具有一定可侵彻厚度，便于搬运和长时间观察治疗的动物，目前常用狗、羊、猪等；三是非生物模拟实验，非生物模拟物常用肥皂、明胶、黏土、新鲜猪牛肉等。

由解剖学可知：狗与人相比在骨骼、肌肉、血管、神经等方面，尽管存在着不少差别，但在组织结构上仍有许多相近之处。因此，可以通过对狗的杀伤机理研究，近似地了解破片的实际作用原理和结果。

破片对狗的致伤所需能量，随着进入肌体部位的不同差别甚大。因此，分析破片能量与杀伤效果的关系，必须根据伤情与性质合理地加以分类。一般分为：软组织伤、脏器伤和骨折。

表 4.2.1~表 4.2.3 分别给出了造成狗各类创伤所需的能量、贯穿狗胸腔所需的动能和比动能以及造成狗当场死亡所需的动能和比动能 (单位面积的动能)。

表 4.2.1 造成各类创伤的能量 (单位：J)

破片质量及形状	软组织伤	脏器伤	骨折	骨折加脏器伤
0.5g(方形)	12.65	15.98	18.04	19.22
1.0g(球形)	16.18	19.61	29.51	30.30
1.0g(方形)	27.65	31.19	33.44	36.77
5.0g(方形)	62.13	74.85	97.18	100.03

表 4.2.2 贯穿狗胸腔的动能和比动能

破片质量及形状	动能/J	比动能/(J/cm^2)	破片质量及形状	动能/J	比动能/(J/cm^2)
0.5g(方形)	21.28	111.8	1.0g(方形)	38.54	113.8
1.0g(球形)	35.40	110.8	5.0g(方形)	101.99	114.7

表 4.2.3 造成狗当场死亡所需的动能和比动能

破片质量及形状	动能/J	比动能/(J/cm^2)
0.5g(方形)	20.2	106
1.0g(球形)	33.2	104
1.0g(方形)	36.6	108
5.0g(方形)	99.0	111

由表 4.2.1 可见，对于同样的创伤，不同形状、质量的破片造成同等创伤所需的动能有很大差别。一般来说，大破片杀伤需要较大的动能，但各种破片的比动能却非常接近。从表 4.2.2 可知贯穿狗胸腔的致伤比动能大约为 112.8J/cm^2。胸腔为心、肺等器官和大血管的所在部位。从杀伤效果来说，如果弹片贯穿胸腔，即便不能使之当场毙命，其创伤也是严重的。因此，这个比动能的值与表 4.2.3 中狗的当场死亡比动能很接近。

25mm 松木板的强度大致与人体的胸腹腔强度相同，所以实验中也常采用 25mm 松木板作为效应靶，表 4.2.4 给出了破片贯穿 25mm 的松木板所需的动能和比动能。由表可见，5mm 松木板所反映的贯穿比动能与 4.2.2 中所列值很接近。

表 4.2.4　破片贯穿 25mm 的松木板所需的动能和比动能

破片质量及形状	动能/J	比动能/(J/cm^2)
0.5g(方形)	24.3	128
1.0g(球形)	35.3	111
1.0g(方形)	54.0	123
5.0g(方形)	104	117

4.2.2　对轻装甲目标的终点毁伤

破片对轻装甲防护目标的毁伤主要包括：击穿要害部件造成机械损伤；引燃油箱造成起火；引爆弹药仓造成爆炸破坏。

1. 击穿概率

根据能量守恒定律，破片对目标造成穿孔的动能 E_{im} 应大于或等于目标材料的平均动态变形功 E，即

$$E_{im} \geqslant E \tag{4.2.1}$$

式中，$E_{im} = \dfrac{1}{2}m_f v_b^2$ 为破片击穿目标时必须具备的能量，E 为致使目标发生动态破坏所需要的变形功。目标动态破坏的变形功可表示为

$$E = k_1 b \sigma_b A_S \tag{4.2.2}$$

式中，k_1 为比例系数，取决于目标材料的性质和打击速度，对于硬铝 $k_1 = 3$；b 为目标材料厚度 (mm)；σ_b 为目标材料的强度极限 (10^5Pa)；A_S 为破片与目标遭遇面积 (cm^2)。

破片击穿要害部件造成的损伤，通常以击穿单位厚度硬铝目标的比动能 E_b 来衡量，其他材料可用等效硬铝厚度来表示。按照总强度等效的原则，对于厚度为 b 的靶板材料，若靶板材料强度为 σ_b，则其等效硬铝靶的厚度 b_{Al} 为

$$b_{\rm Al} \approx \frac{b\sigma_b}{\sigma_{\rm Al}} \tag{4.2.3}$$

其中，$\sigma_{\rm Al}$ 为硬铝的强度极限。

将式 (4.2.3) 代入式 (4.2.2)，则得等效铝靶的穿靶能量为

$$E = k_1 b_{\rm Al} \sigma_{\rm Al} A_S \tag{4.2.4}$$

由于破片在飞行中可能发生旋转、翻滚等姿态改变，A_S 是一个随机量，其取值范围为 $A_{S\min} \leqslant A_S \leqslant A_{S\max}$。因此有时 A_S 采用破片与目标遭遇面积的数学期望值 A 表示。

定义 E_b 为破片作用于单位厚度单位面积硬铝目标上的比动能，即 $E_b = \dfrac{E_{im}}{b_{\rm Al}A}$，则破片的比动能关系式可表示为

$$E_b = \frac{m_f v_b^2}{2b_{\rm Al}A} = \frac{m_f^{1/3} v_b^2}{2\phi b_{\rm Al}} \tag{4.2.5}$$

其中，m_f 为破片碰靶时的质量 (kg)；v_b 为破片速度 (m/s)；A 按照式 (4.1.16) 计算，ϕ 为形状系数，取 0.005。按照式 (4.2.1)，击穿单位厚度硬铝目标的能量为 $E/b_{\rm Al}$，结合式 (4.2.4) 和式 (4.2.5)，则破片能量必须满足下列不等式

$$E_b = \frac{E_{im}}{b_{\rm Al}A} \geqslant \frac{E}{b_{\rm Al}A} = k_1 \sigma_{\rm Al} \frac{A_S}{A} \tag{4.2.6}$$

才能达到击穿靶板的目的，此式便是击穿靶板的条件式。

以不同的破片比动能 E_b 值系统性地对硬铝做试验，研究表明，破片击穿硬铝目标的概率 $P_{\rm Me}$ 与 E_b 的关系为

$$P_{Me} = \begin{cases} 0 & E_b < 44.1 \\ 1 + 2.65{\rm e}^{-0.034E_b} - 2.96{\rm e}^{-0.014E_b} & E_b \geqslant 44.1 \end{cases} \tag{4.2.7}$$

2. 引燃概率

破片对飞机油箱的引燃作用，主要取决于破片的比冲量、战斗部炸点高度及油箱结构，并常以破片比冲量来度量破片对油箱的引燃效应。下面以破片引燃飞机油箱为例对破片的引燃概率进行简要分析。

破片比冲量表示为

$$i = \frac{m_f v_b}{A} \tag{4.2.8}$$

式中，i 为比冲量 $({\rm N\cdot s/cm^2})$，m_f 为破片质量（kg），v_b 为破片速度 (m/s)。

由地面试验得到的单枚破片引燃普通油箱燃料的经验公式为

$$P_{com}=\begin{cases}0 & (i\leqslant 1.6)\\ 1+1.083e^{-0.419i}-1.96e^{-0.148i} & (i>1.6)\end{cases} \tag{4.2.9}$$

引燃概率将随炸点高度的增加而减小，这是由大气的温度和压力随高度的增加而降低，油箱的温度也随之下降，同时又有高空缺氧的缘故。引燃概率随高度的变化规律为

$$P_{\text{com}}^{H}=P_{\text{com}}F(H) \tag{4.2.10}$$

式中，P_{com} 为地面上的引燃概率，$F(H)$ 为高度函数。炸点高度小于 16km 时

$$F(H)=1-\left(\frac{H}{16}\right)^2 \tag{4.2.11}$$

引燃概率的另一经验公式是

$$P_{\text{com}}=1-\mathrm{e}^{-0.6\times 10^{-4}m_f^{2/3}(v_b-400)H(y)} \tag{4.2.12}$$

其中，$H(y)=\dfrac{\rho_H}{\rho_a}$，$\rho_H$、$\rho_a$ 分别为炸点高度处和地面上的空气密度。

3. 引爆概率

引爆作用主要是指破片对弹药仓内弹药的冲击而引起的爆炸。影响引爆的因素有被引爆物参数、破片参数及遭遇条件。

破片引爆飞机弹药的经验公式为

$$P_{\text{ex}}=\begin{cases}0 & (10^{-6}A_1\leqslant 6.5+100a_1)\\ 1-3.03\mathrm{e}^{-5.6\frac{10^{-8}A_1-a_1-0.065}{1+3a_1^{2.31}}} & \\ \quad\times\sin\left[0.34+1.84\dfrac{10^{-8}A_1-a_1-0.065}{1+3a_1^{2.31}}\right] & (10^{-6}A_1>6.5+100a_1)\end{cases} \tag{4.2.13}$$

其中，

$$\begin{aligned}A_1&=5\times 10^{-3}\rho_e m_f^{2/3}v_b^3\\ a_1&=5\times 10^{-2}\frac{\rho_{m1}b_1+\rho_{m2}b_2}{m_f^{1/3}}\end{aligned} \tag{4.2.14}$$

式中，ρ_e 为炸药的密度 (g/cm^3)；ρ_{m1}、b_1 分别为被引爆物外壳的密度 (g/cm^3) 和厚度 (mm)；ρ_{m2} 和 b_2 分别为飞机蒙皮金属的密度 (g/cm^3) 和厚度 (mm)。

4.3 引信与战斗部配合特性[7]

破片威力参数主要有破片速度、破片质量、破片空间分布等，破片在毁伤目标时必须要考虑破片的速度分布、质量分布、空间分布等因素对终点毁伤的影响规律，而这些因素也是决定破片毁伤时引信和战斗部配合的关键。以破片毁伤为主的导弹要实现有效摧毁目标，从作战效率角度看，主要靠武器系统中各分系统的协调工作：一是导弹飞行运载部分，它保证导弹有足够的飞行速度、机动能力、飞行的高度和射程；二是导弹制导和控制系统，它保证系统及时发现、准确跟踪目标并引导导弹按要求的精度接近目标；三是战斗部系统，它是导弹的有效载荷，需要引信来保证战斗部适时起爆并有效地毁伤目标。大部分破片式导弹战斗部对目标的毁伤往往不是通过直接碰撞目标来实现，而是采用非触发式引信，或称近炸引信，及时引爆装药，之后形成的破片通过近距离飞行作用到目标上。由于导弹与目标在遭遇段都处于高速运动状态，如何使战斗部的破片毁伤元准确地击中并致命地杀伤目标，是引信与战斗部配合问题。导弹的引战配合涉及目标、引信和战斗部三方面在遭遇段的相互协调动作，如图 4.3.1 所示。随着弹目交会条件的复杂化，引战配合效率高低是能否有效毁伤目标的关键因素之一。

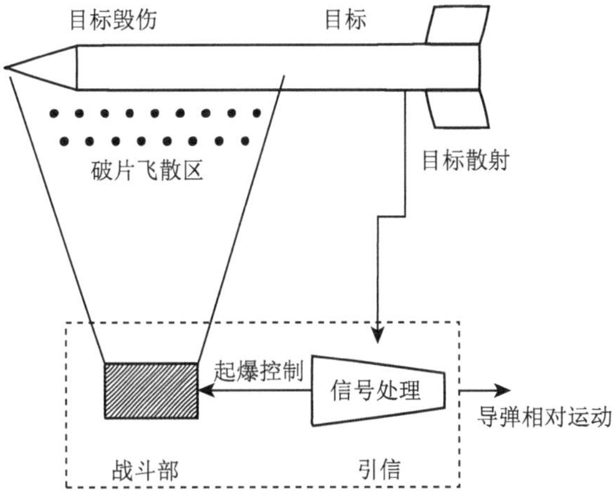

图 4.3.1 目标、引信和战斗部三者之间的关系图

4.3.1 引战配合的基本概念

在引战配合过程中，主要涉及引信启动区、破片动态飞散区、导弹单发杀伤概率、引战配合效率等基本概念。

1. 基本定义

1) 引信启动区

引信启动是指引信给出引爆战斗部信号的动作。引信启动点是指在给定目标遭遇条件下引信启动时，目标相对导弹的位置。引信启动区是引信启动点各种可能位置的集合，是引战配合中的重要概念，它描述了引信对给定目标的启动特性和启动空域。

引信启动区是对特定的遭遇条件而言的，不同的遭遇条件即使对同一引信，启动区也有很大差别；引信启动区是一个随机统计概念，即启动位置是一个三维空间的随机变量，只能用分布函数来表示；引信启动区是一个相对的几何空间，即引爆战斗部时，目标中心相对导弹战斗部中心 (有时相对引信天线或光学窗口中心)，或者战斗部中心相对目标中心的位置空间分布。

常用两种方法表示引信启动区。方法一是在导弹弹体坐标系内的表示法。图 4.3.2 为在弹体坐标系 Ox_my_m 平面内表示的引信启动区，启动区内每一个启动点代表引信引爆战斗部时目标中心所在的可能位置，用弹体坐标系中的球坐标 (R,ω,φ) 来表示，R 表示启动距离，ω 表示启动方位角，φ 表示相对导弹纵轴 Ox_m 的启动倾角 (简称启动角)。引信启动区在导弹弹体坐标系内的表示法往往直接与引信天线波束或光学视场方向图相联系，它表示了启动区与引信天线主瓣倾角、宽度或光学引信主轴倾角、视场宽度等的关系。方法二是在相对速度坐标系内的表示法。图 4.3.3 给出了在相对速度坐标系内以圆柱坐标形式给出的引信启动区散布范围 $x_{\max}(\rho,\theta)$ 和 $x_{\min}(\rho,\theta)$，即在给定脱靶量 ρ 及脱靶方位 θ 的条件下，以启动点沿相对速度坐标轴 Ox_r 的散布密度函数来表示。

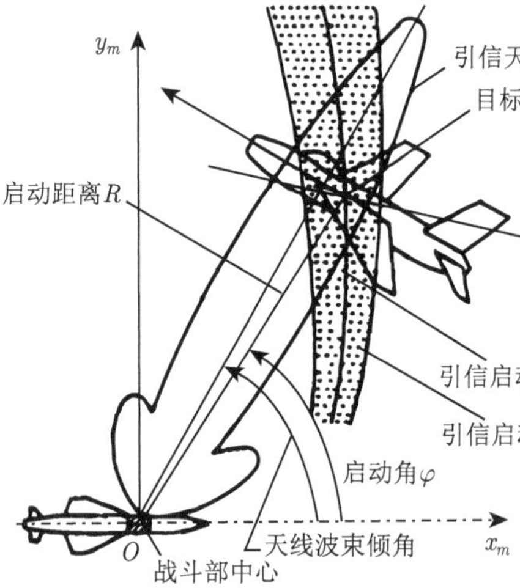

图 4.3.2　弹体坐标系内引信启动区

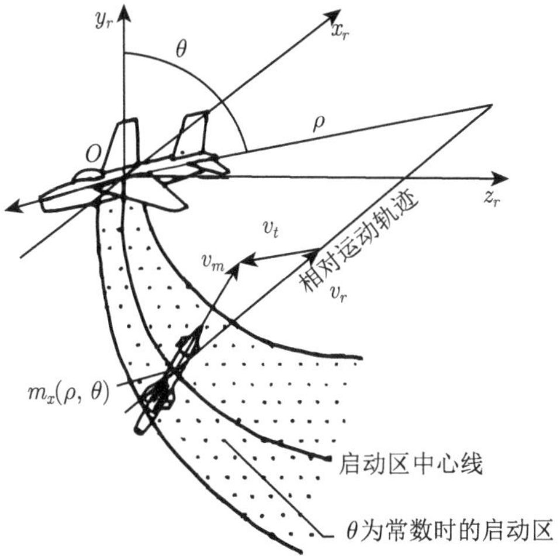

图 4.3.3 相对速度坐标系内引信启动区

在建立引信启动区数学模型时考虑的因素有：引信天线方向图或光学视场方向图，包括天线主瓣或光学主轴相对于弹纵轴的倾角 Ω_{f0}、主瓣或光学视场宽度及副瓣电平等；目标局部照射的等效散射截面，或针对红外引信的目标红外辐射的分布；引信灵敏度或对给定目标的最大作用距离 $R_{\max}$；引信的延迟时间 τ，它与信号的处理方法和逻辑有关；目标导弹相对姿态和相对运动速度。

对于无线电或光学定角起爆引信，可采用触发线法确定引信启动区的变化。引信触发线是相对引信天线方向图或光学视场所假设的一条角度随距离变化的曲线 $\Omega_{f0}=\Omega_f(R)$。对无线电定角引信来说，当目标身上具有一定无线电波散射面积的构件时，如机身头部、尾部、机翼或尾翼端部等部位，碰及触发线时，引信就开始反应，即开始积累信号，经过一段延迟后发出引爆战斗部的信号。对红外光学引信来说，当目标身上的红外辐射源触及触发线时，就开始积累信号，经过延迟后起爆战斗部。由于光学引信的视场很窄，因此光学引信的触发线很接近于引信的主光轴。引信天线方向图或光学视场通常绕导弹纵轴具有一定的对称性，故实际上“引信触发线”绕导弹纵轴旋转而成一个“触发面”，亦称“引信反应面”，即引信开始对目标信号作出反应的一个起始面。此面绕 Ox_m 轴具有对称性，故可用一根平面内的“触发线”来表示，如图 4.3.4 所示。按“触发线法”，近似认为引信启动点沿相对速度坐标系中 Ox_r 轴的分布服从一维正态分布规律，其分布密度函数为

$$f\left(x_r\,|_{\rho,\theta}\right)=\frac{1}{\sqrt{2\pi}\sigma_x}\exp\left(-\frac{\left(x_r-m_x\right)^2}{2\sigma_x^2}\right) \tag{4.3.1}$$

式中，m_x 为引信启动点散布的数学期望，简称启动点数学期望，σ_x 为引信启动

点散布的标准偏差，简称启动点标准差，x_r 为 Ox_r 轴的距离。

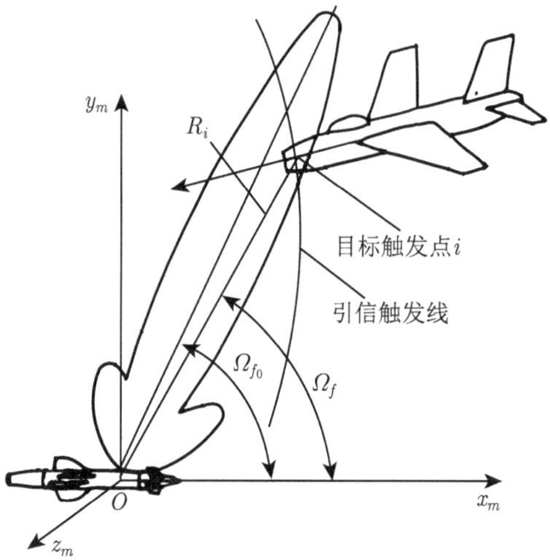

图 4.3.4　无线电定角引信触发线

m_x 和 σ_x 均为脱靶量 ρ、脱靶方位 θ 的函数，因此上述分布密度为给定 ρ、θ 条件下的条件概率密度函数。通过在给定各种 ρ、θ 值的条件下，逐次求解 m_x 和 σ_x 的值来计算引信启动区。

导弹在遭遇段相对于目标的脱靶参数包括脱靶量和脱靶方位角，如图 4.3.5 所示。脱靶平面定义为通过目标中心所做的垂直于导弹与目标相对运动轨迹的平面，在此平面上定义脱靶量及脱靶方位角。导弹战斗部中心沿相对运动轨迹运动时离目标中心的最小距离，即脱靶点与目标中心的连线称为脱靶点。OP 的长度

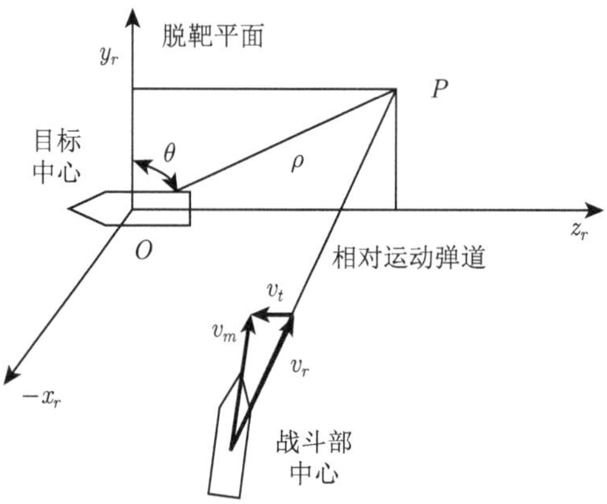

图 4.3.5　脱靶平面及脱靶参数

ρ 称为脱靶量，而 OP 线在脱靶平面上的方位角 θ 称为脱靶方位。对不同的脱靶量和脱靶方位，引战配合效率是不同的，通常脱靶参数 ρ 和 θ 都是服从一定规律分布的随机变量，在引战配合分析和单发杀伤概率计算时，须给出脱靶参数的分布函数，并对引战配合效率或杀伤概率进行统计分析，例如，用给定的概率密度分布进行积分或用随机抽样统计法 (Monte Carlo 法) 进行统计平均。

2) 破片动态飞散区

破片动态飞散区是指破片在导弹和目标相对运动速度作用下的飞散区域，是指在遭遇点爆炸时破片相对运动的飞散区域。它是引战配合效率的基本概念，描述在给定遭遇条件下战斗部可能毁伤目标的空域。破片动态飞散区可以在弹体坐标系或相对速度坐标系内表示。破片相对运动速度是破片本身的静态飞散速度和导弹与目标相对运动速度的合成速度，破片动态打击速度为在导弹目标相对速度作用下破片对目标要害的碰撞速度。破片在空气中飞行时会受到空气阻力，若破片飞行距离较短时，在分析破片动态飞散区时通常忽略破片在空气中的速度衰减；若破片飞散距离较远时，需要考虑破片在空气中的速度衰减。速度衰减规律应考虑破片静态初速和导弹速度的合成速度的衰减，目标速度在破片飞散期间实际上并不衰减，但是为了简化计算，且目标速度在整个相对速度中的比例不大时，近似地将破片整个相对初速度一起考虑速度衰减，在 x 处经过衰减后的破片整个相对速度为

$$v'_{\mathrm{or}} = v_{\mathrm{or}} \exp\left(-\Delta_H a x\right) \tag{4.3.2}$$

式中，Δ_H 为空气相对密度，a 为破片海平面上的速度衰减系数，x 为破片相对运动距离，v'_{or} 为破片存速，v_{or} 为破片初速。

这里需要注意，当考虑破片飞行速度随距离衰减时，战斗部破片的动态飞散路线已不再是一条直线，而是产生了相对的弯曲。产生弯曲的原因是破片相对于空气运动的速度为破片本身初速与导弹速度的矢量合成速度，合成速度随破片飞行距离而衰减，而目标速度不随破片飞行距离而衰减。

3) 导弹单发杀伤概率

导弹单发杀伤概率是在武器系统无故障条件下，单发导弹对目标摧毁事件发生的概率。单发杀伤概率通常在给定目标和遭遇点条件下计算得到，它包含了制导精度、引战配合、战斗部威力、目标易损性等因素。在给定制导精度的前提下单发杀伤概率亦可用来作为衡量引战配合效率的定量指标。

实际条件下单发杀伤概率是指对给定空域点、给定目标和误差散布时，按实际的引信启动性能计算或打靶统计得到的导弹单发杀伤概率；而理想配合条件是指引信在最佳时刻引爆战斗部。最佳时刻可定义为，引信引爆战斗部时战斗部破片的动态飞散中心正好对准目标中心，使破片及其他杀伤元最大限度地覆盖目标

要害区；另一种定义引信最佳起爆时刻为，在此时刻起爆战斗部可获得最高的单发杀伤概率。通常这两种定义的结果是一致的。

通常有两种方法可计算导弹单发杀伤概率，方法一是概率密度积分法，即在求出三维坐标毁伤规律、引信启动点概率分布密度和制导误差分布概率密度的基础上用数值积分或用解析的方法求得单发杀伤概率；方法二是统计试验法，又称 Monte Carlo 法，即对影响杀伤概率的随机变量 (如启动点坐标等) 进行随机抽样，再计算出在这些随机变量抽样条件下对目标的毁伤概率，把多次计算得到的这种毁伤概率的平均值作为导弹的单发杀伤概率。

单发杀伤概率的一般表达式为

$$P_1 = \int_{-\infty}^{\infty}\int_{-\infty}^{\infty}\int_{-\infty}^{\infty} S_g\left(x,y,z\right) P_d\left(x,y,z\right) \mathrm{d}x\mathrm{d}y\mathrm{d}z \tag{4.3.3}$$

式中，x, y, z 为在某坐标系中的导弹相对目标的坐标，通常取相对速度坐标系；$S_g(x,y,z)$ 为引信引爆战斗部的炸点三维坐标概率密度分布函数；$P_d(x,y,z)$ 为战斗部条件杀伤概率或三维坐标毁伤规律，它是在给定三维坐标 (x,y,z) 的条件下战斗部对目标的毁伤概率。

在相对速度坐标系中，在遭遇段导弹相对目标沿平行于 x_r 轴的直线做运动，导弹的脱靶量和脱靶方位角在相对运动时保持不变，因此单发杀伤概率可用相对速度坐标系中的圆柱坐标 (ρ,θ,x_r) 来表示，此时有

$$\begin{aligned}
&S_g\left(x_r,y_r,z_r\right) = P_f\left(\rho,\theta\right) f_g\left(\rho,\theta\right) f_f\left(x_r\left|_{\rho,\theta}\right.\right)\\
&x_r = \rho\cos\theta\\
&z_r = \rho\sin\theta
\end{aligned} \tag{4.3.4}$$

式中，$P_f\left(\rho,\theta\right)$ 是脱靶条件为 ρ,θ 时引信的启动概率；$f_g\left(\rho,\theta\right)$ 为制导误差，是 ρ,θ 的二维分布密度函数；$f_f\left(x_r\left|_{\rho,\theta}\right.\right)$ 是脱靶条件为 ρ,θ 时引信启动点一维坐标 x_r 分布密度函数。

2. 引战配合效率分析

导弹引信与战斗部配合效率是指在给定的导弹和目标交会条件下，导弹引信适时起爆战斗部，使战斗部的杀伤元准确地击中目标并尽可能达到毁伤目标的程度，即引信启动区与战斗部杀伤元动态飞散区的协调程度。引信与战斗部配合效率具有下列两方面的特征：第一，引战配合效率是对应某种条件下衡量导弹毁伤目标的指标，这种条件主要包括导弹与目标的交会条件和导弹的制导误差散布，交会条件是指遭遇点的导弹与目标飞行速度、两者之间的夹角、导弹和目标的相对姿态等参数，它主要取决于杀伤空域点的位置、导弹和目标的飞行特性、导弹的导引方法等；第二，引战配合效率是一种衡量导弹毁伤目标的统计概念，因为各

种条件和影响引战配合效果的参数，如战斗部破片的飞散速度、方向、引信启动点的位置、制导误差等都包含有确定的和随机的因素，引战配合效率是考虑了这些参数在可能散布条件下的统计概念，即引战配合效率只能用统计概率来衡量。

在分析引战配合效率时，必须确定引信对目标的启动区域和战斗部破片的飞散区域、导弹相对于目标的脱靶区域、目标要害的分布位置等。这些区域及其分布均需定义在一定的坐标系内。例如，引信启动区与战斗部破片飞散区往往定义在与导弹弹体相关联的弹体坐标系内；脱靶量的分布通常定义在导弹与目标速度相关联的相对速度坐标系内；而目标要害的分布、目标无线电散射方向图和红外辐射方向图则通常定义在与目标机体相固联的目标坐标系内。另外，导弹和目标的飞行弹道参数往往是在与地面发射点相固联的地面坐标系内给出。

1) 引战配合效率影响因素

引战配合效率是在某种条件下衡量导弹能否毁伤目标的指标，影响引战配合效率的主要因素有以下几个方面。

(1) 导弹相对目标的交会参数和脱靶参数。弹目交会参数指导弹、目标在导弹遭遇段的相对弹道参数，包括导弹与目标的交会角，即导弹与目标速度矢量之间的交角；相对速度值的大小及其方向等参数。这些参数主要是由目标飞行特性和导弹在杀伤区域内的空域点位置所决定。通常导弹与目标交会角接近 90° 或相对速度矢量与弹轴夹角较大时，引战配合效率较低。脱靶参数包括脱靶量与脱靶方位，这些都是遭遇点位置和目标速度的参数。

(2) 目标特性。包括目标尺寸、形状、要害部位分布及其易损性、无线电波散射特性、红外辐射特性等。

(3) 引信特征参数。主要有引信天线方向及主瓣倾角、引信的灵敏度或引信的动作门限、引信距离截止特性、引信信号动作积累时间和延迟时间等。这些参数决定了引信对目标的启动区。

(4) 战斗部特征参数。主要包括破片的飞散特性如破片静态密度分布、破片初速分布；单枚破片的毁伤特性，如破片的质量、材料密度、形状特征参数、飞散速度、速度衰减系数等；战斗部的爆炸性能，如超压随距离的变化、超压持续时间等。战斗部的特征参数决定了战斗部的威力半径及毁伤空间。

2) 提高引战配合效率的措施

提高引战配合效率的措施主要包括以下几个方面。

(1) 增加战斗部破片飞散角，或靠减少单枚破片质量来增加破片数量。但在不增加战斗部质量或破片总数的条件下加大飞散角会减少破片密度，可能造成战斗部的威力半径减小，因此需要综合考虑，进行战斗部参数的优化设计。

(2) 战斗部破片飞散分挡或定向控制。例如，采用战斗部起爆点的控制可以改变破片的飞散方向。

(3) 引信参数的自适应调整。例如，延迟时间的自动调整，天线方向图的自动调整，频率、相位选择的自适应调整等。

4.3.2　典型目标的引战配合特性分析

引信类型决定了不同的引战配合特性，本小节以反战术弹道导弹 (TBM) 为例分析定角引信的引战配合特性。

1. 定角引信的引战配合

为了优化战斗部性能，必须充分了解引信与战斗部的配合问题，需要考虑攻角、交会角、交会速度、引信探测角的影响。导弹近炸引信执行的功能是检测目标存在和引爆其战斗部，引信接受制导信息，当引信探测到有效目标后，向安全执行机构发送一个发火指令，经过雷管、传爆药柱、扩爆药柱等传爆序列的放大后引爆战斗部，形成的破片毁伤元毁伤目标。

图 4.3.6 为定角引信探测 TBM 示意图，图中引信探测距离为 R_F，引信半探测角为 α，目标运动速度为 v_t，导弹运动速度为 v_m，目标运动速度和导弹运动速度的夹角为 θ_m。目标突入引信波束区后，如果有足够的信噪比可探测到目标，并提供适当的解除保险信号，产生引爆战斗部的引信脉冲。战斗部引爆后，破片和冲击波毁伤元对 TBM 类目标进行破坏。TBM 目标具有非常高的速度，有效载荷段较短，因此反 TBM 破片战斗部接收到引信信号并使之引爆所需的时间要非常短，如果过早或过迟引爆战斗部，破片将撞击到来袭目标的有效载荷之前或之后。来袭的 TBM 易损区域或战斗部，处于破片路径上仅一小段时间，在设计引战配合时必须求出这个时间间隔，并计算杀伤目标的时间延迟优化方程。时间延迟对破片撞击目标的影响情况如图 4.3.7 所示，包括目标早到、目标晚到和命中目标三种可能的炸点情况。

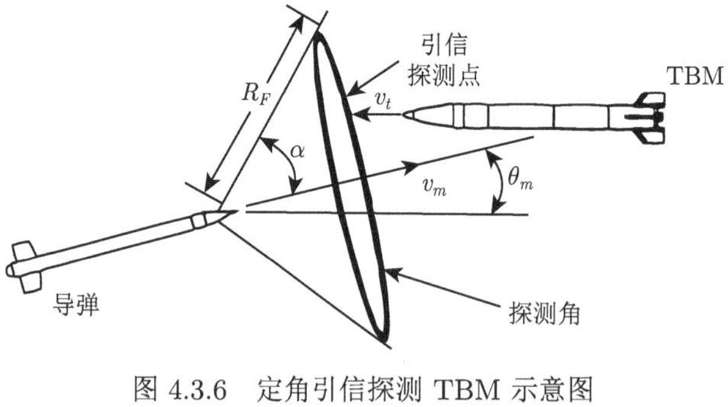

图 4.3.6　定角引信探测 TBM 示意图

假设导弹和目标以迎击的方式交会，导弹和目标的速度分别为 1000m/s 和 2000m/s，脱靶距离为 3m，假定静态破片飞散速度为 2400m/s，战斗部破片中心线相对于该战斗部以 90° 飞散，则动态飞散角为 $\tan^{-1}(2400/1000) = 67.4°$，动态飞散速度为 2600m/s，弹目交会情况如图 4.3.8 所示。通过弹目交会模型，可以确定出将破片击打在目标上所希望的引信探测锥角以及战斗部起爆时间，战斗部需要在目标前面 3.75m 引爆，才能保证战斗部中心破片作用在目标的顶部。破片飞行 3m 脱靶距离的时间为 1.25ms，引信探测角需要 47°。

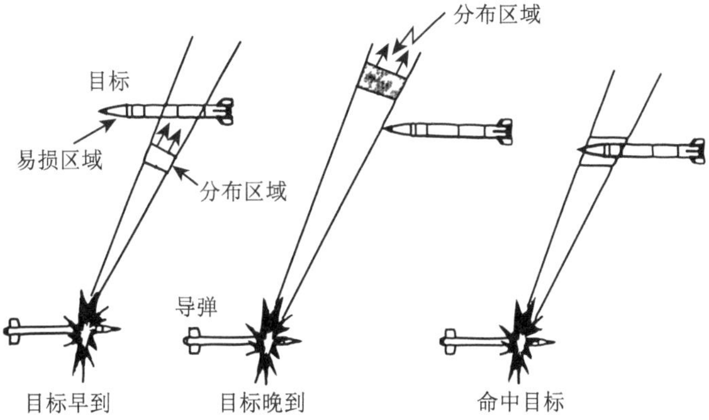

图 4.3.7 时间延迟对破片撞击目标的影响

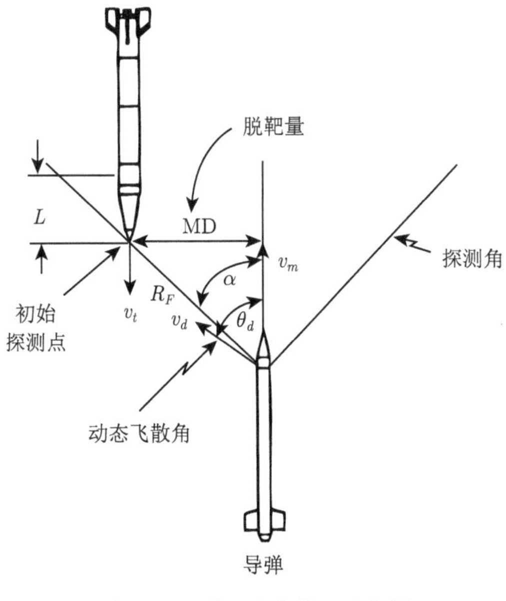

图 4.3.8 弹目交会情况示意图

θ_d-动态飞散角；R_F-引信探测距离；MD-脱靶量；v_m-导弹运动速度；v_t-目标运动速度；α-半探测角；L-破片命中目标头部的距离

可以看出，近炸引信探测目标必须迅速而准确，才能在适当时间将破片命中目标，如果弹目交会速度增加，则最快破片的碰撞倾角和破片动态飞散角将会小于引信探测角，如图 4.3.9 所示。因为，这个动态飞散角小于引信探测角，破片将命中在目标顶部之后的距离 d_1 上。如果引信探测角减小到动态飞散角以下，那么破片将命中目标之前的距离 d_1 处，如图 4.3.10 所示。

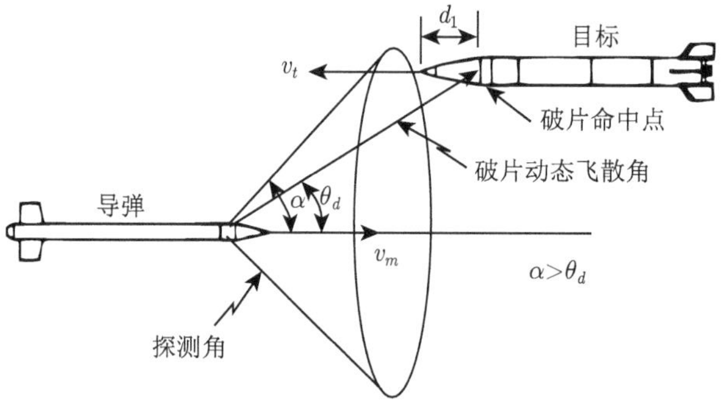

图 4.3.9　破片动态飞散角小于引信探测角的弹目图

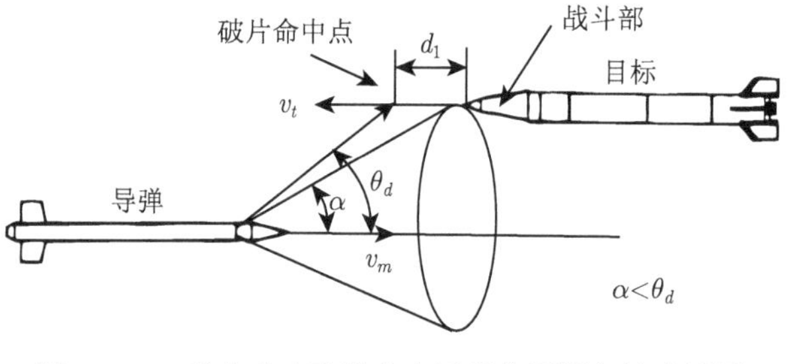

图 4.3.10　破片动态飞散角大于引信探测角的弹目图

由于破片动态飞散角大于引信探测角，因此战斗部破片撞击在目标之前，这个距离 d_1 由可通过延时方程添加另外的延时变量来减少。但是，如果这个 d_1 覆盖了目标的关键部位，那么破片总不能击中。由于大部分 TBM 的战斗部都是装在头部，这种类型的引信能够有效地对付 TBM 目标。

2. 最佳起爆点延迟时间

最佳点的爆炸延时方程，可使导弹破片作用在 TBM 目标顶部之后的特定距离的位置上，这个延时方程是引信探测角、交会速度、脱靶量、攻角和破片最大抛射速度的函数。一种反向平行的弹目遭遇情况如图 4.3.11 所示，引信探测角为 α、探测方向上引信波束长度是 R，R 值可分解为脱靶量 (MD) 分量和前进 (R_{go}) 分量。

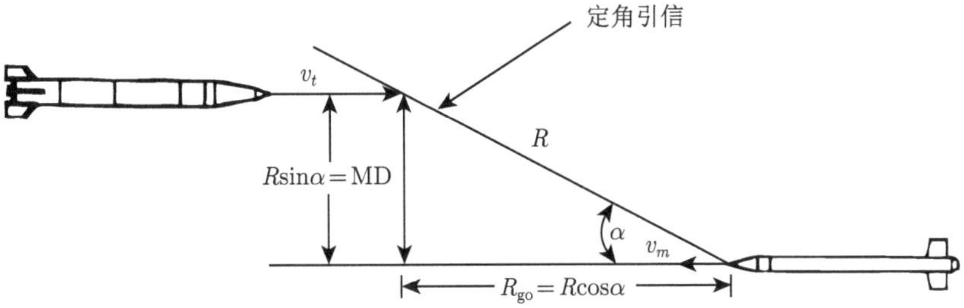

图 4.3.11 弹目反向平行遭遇的几何关系

导弹的向前速度影响破片的速度和飞散角，导弹速度 v_m、破片静态初速 v_0、破片动态初速度 v_d、破片静态飞散角 θ_s、破片动态飞散角 θ_d 的关系如图 4.3.12 所示。如果破片相对于导弹以 90° 飞散，则动态初速度和动态飞散角分别为

$$v_d=\sqrt{v_m^2+v_t^2} \tag{4.3.5}$$

$$\theta_d=\sin^{-1}\left(\frac{v_0}{\sqrt{v_m^2+v_0^2}}\right)=\tan^{-1}\left(\frac{v_0}{v_m}\right) \tag{4.3.6}$$

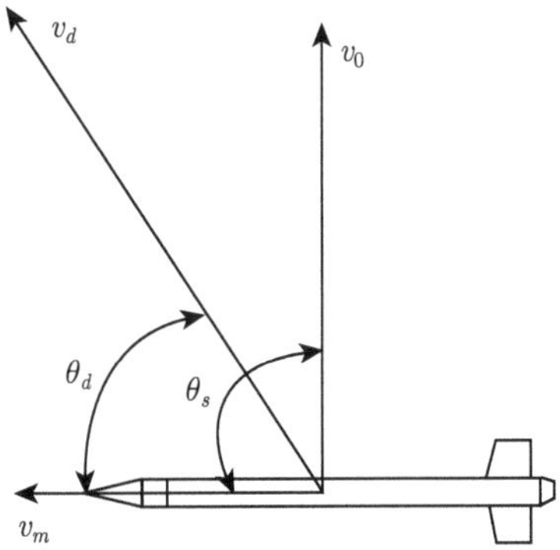

图 4.3.12 破片动态飞散示意图

破片从炸点飞行到特定的 MD 所需的时间

$$t_F=\frac{\mathrm{MD}}{v_0} \tag{4.3.7}$$

其中，t_F 是破片以静态速度 v_0 飞行 MD 所需的时间，在这个时间 t_F 内目标和导弹逐渐接近。

图 4.3.13 给出了目标探测点上弹目速度及战斗部参数示意图，在动态飞散角比引信探测角大很多的情况，距离 d_1 是破片飞行 MD 所需的时间与交会速度 v_c

的乘积，其中 $v_c = v_m + v_t$，d_1 的计算公式为

$$d_1 = v_c t_F = \mathrm{MD}\frac{v_c}{v_0} \tag{4.3.8}$$

此时，破片命中目标头部的距离 L 的表达式为

$$L = R_{\mathrm{go}} - d_1 = \frac{\mathrm{MD}}{\sin\alpha}\cos\alpha - \mathrm{MD}\frac{v_c}{v_0} = \mathrm{MD}\left(\cot\alpha - \frac{v_c}{v_0}\right) \tag{4.3.9}$$

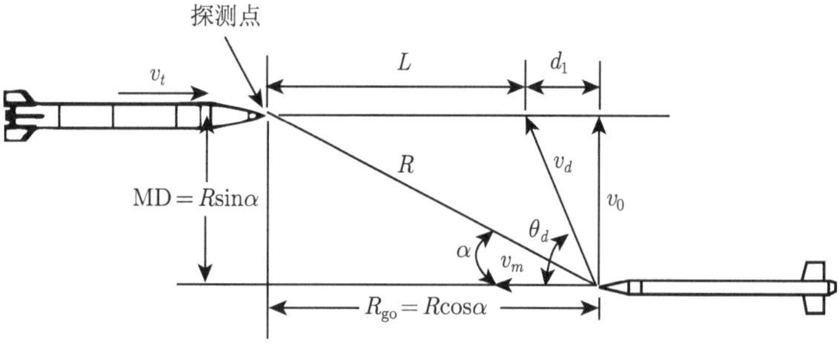

图 4.3.13　目标探测点上弹目速度及战斗部参数示意图

4.4　破片毁伤的装备应用

图 4.4.1 为传统破片战斗部的典型结构，主要由四个部分组成：装药、壳体、端盖和中心孔。其中端盖用来防止在完成对战斗部外壳的作用之前爆炸能量的泄漏。装药中可含中心孔，可用来放置保险机构和连接杆，或者放置电缆。战斗部的有效质量是炸药和壳体质量之和，其他战斗部组件，如前后端盖、电缆、隔舱、保险连杆等，统称为附加质量。在保证可靠性的前提下，附加质量应尽可能小。

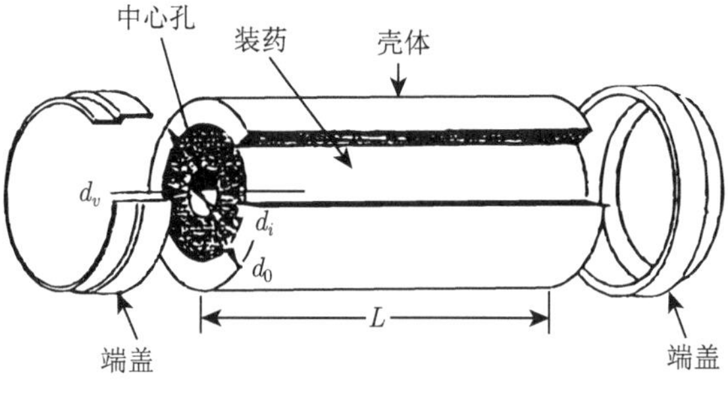

图 4.4.1　传统破片战斗部的典型结构示意图

破片战斗部的结构形式决定了破片形成的机理。传统的破片战斗部可分为自然破片战斗部、半预制破片战斗部和全预制破片战斗部。其中自然破片为不可控

破片，半预制破片和全预制破片又称为可控破片。随着战斗部技术的发展，多种新型定向战斗部结构逐渐凸显出潜在的军事价值。本节介绍传统的破片战斗部结构及典型应用。

4.4.1 自然破片战斗部

1. 结构特点

自然破片战斗部的壳体通常是等壁厚的圆柱形钢壳，在环向和轴向都没有预设的薄弱环节。战斗部爆炸后，所形成破片的数量、质量和速度等参数与装药性能、装药质量比、壳体材料性能及热处理工艺、起爆方式等有关。提高自然破片战斗部威力性能的主要途径是选择优良的壳体材料并与适当装药性能相匹配，以提高速度和质量都符合要求的破片的比例。与半预制和预制破片战斗部相比，自然破片数量不够稳定，破片质量散布较大，因此，破片能量散布很大，特别是破片形状很不规则，速度衰减快。

破片能量过小往往不能对目标造成杀伤效应，而能量过大则意味着破片总数的减少或破片密度的降低。因而，这种战斗部的破片特性是不理想的。但是有许多直接命中目标的便携式防空导弹采用了自然破片战斗部，如美国的尾刺、苏联的萨姆-7 等。

图 4.4.2 是萨姆-7 战斗部的结构示意图。该战斗部质量为 1.15kg，装药量只有 0.37kg。战斗部直径为 70mm，长度为 104mm。战斗部前端有球缺形结构，装药爆炸后，此球缺结构能够形成速度较高的破片流，用于破坏位于战斗部前方的导引头等弹上设备。从战斗部设计的一般原则看，它主要是设计成破片杀伤式，但由于是直接命中目标，其爆炸冲击波和爆轰产物也能对目标造成相当的破坏。

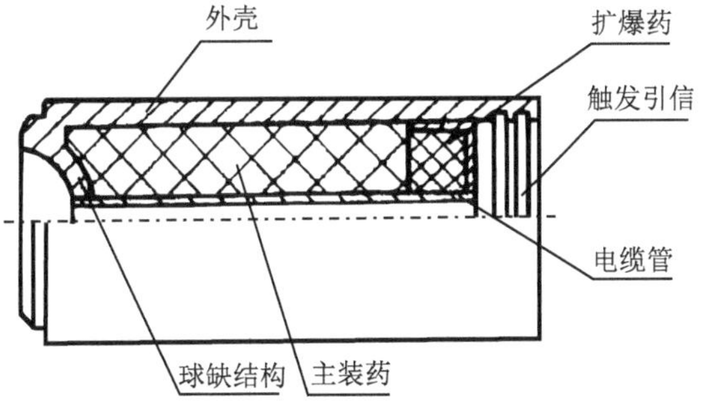

图 4.4.2 萨姆-7 战斗部的结构示意图

2. 破片形成机理

自然破片战斗部的思想是把外壳分解成大量破片，破片的质量由壳体材料特性、壳体厚度、密封性和炸药性能等决定。假设战斗部在一端中心起爆，数十微秒后导弹壳体的膨胀情况如图 4.4.3 所示。自然破片形成过程可以分四步来理解，如图 4.4.4 所示。先是壳体膨胀 (图 4.4.4(a))；当膨胀变形超过材料强度时，壳体外表面上出现轻微裂纹 (图 4.4.4(b))；接着壳体外表面的裂口开始向内表面发展成裂缝 (图 4.4.4(c))；爆轰产物从裂缝中流出造成大量爆轰产物飞出 (图 4.4.4(d))。随后爆炸气体冲出并伴随着破片飞出，同时气体产物开始消散。这时战斗部壳体已经膨胀到其初始直径的 150%～160%。

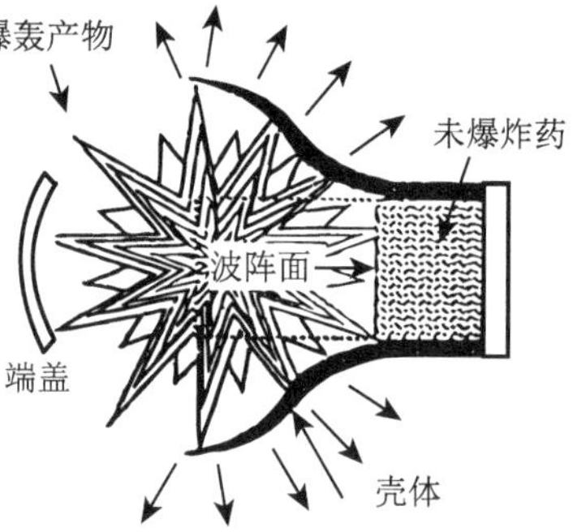

图 4.4.3　导弹壳体膨胀情况

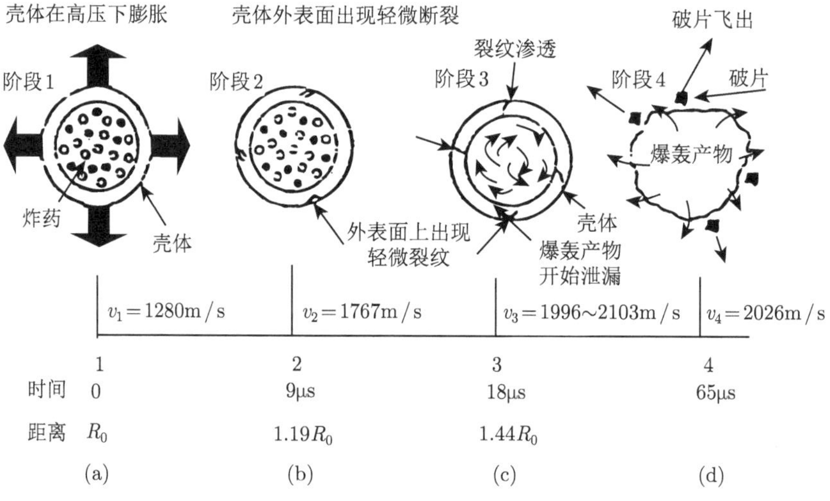

图 4.4.4　自然破片形成过程

4.4.2　半预制破片战斗部

半预制破片战斗部是破片战斗部应用最广泛的形式之一。它采用各种较为有效的方法来控制破片形状和尺寸，避免产生过大和过小的破片，因而减少了壳体质量的损失，显著地改善了战斗部的杀伤性能。根据不同的技术途径，半预制破片可以分为刻槽式、聚能衬套式和叠环式等多种结构形式。

1. 刻槽式破片战斗部

刻槽式破片战斗部是在一定厚度的壳体上，按规定的方向和尺寸加工出相互交叉的沟槽，沟槽之间形成菱形、正方形、矩形或平行四边形的小块。刻槽也可以在钢板轧制时直接成形，然后将刻好槽的钢板卷焊成圆柱形或截锥形战斗部壳体，以提高生产效率并降低成本。战斗部装药爆炸后，壳体在爆轰产物的作用下膨胀，并按刻槽造成的薄弱环节破裂，形成较规则的破片。典型的刻槽式结构如图 4.4.5 所示。刻槽的形式可以有：

(1) 内表面刻槽，如图 4.4.5(a) 所示；

(2) 外表面刻槽，如图 4.4.5(b) 所示；

(3) 内外表面刻槽，如图 4.4.5(c) 所示。

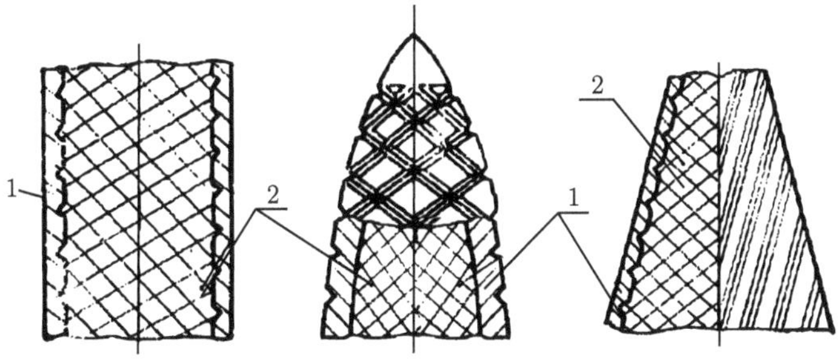

(a) 内表面刻槽　(b) 外表面刻槽　(c) 内外表面刻槽

图 4.4.5 不同刻槽方向的展开图

1-壳体；2-炸药

实践证明，在其他条件相同的情况下，内刻槽的破片成形性能优于外刻槽，后者容易形成连片。

根据破片数量的需要，刻槽式战斗部的壳体可以是单层，也可以是双层。如果是双层，外层可以采用与内层一样的结构，也可以在内层壳体上缠以刻槽的钢带。

刻槽的深度和角度对破片的形成性能和质量损失有重大影响。刻槽过浅，破片容易形成连片，使破片总数减少；刻槽过深，壳体不能充分膨胀，爆轰产物对壳体的作用时间变短，导致破片速度不够高。刻槽底部的形状有平底、圆弧形和锐角形，以锐角形底效果最好。比较适宜的刻槽深度为壳体壁厚的 30%~40%，常用的刻槽底部锐角为 45° 和 60°。

刻槽式战斗部应选用韧性钢材而不宜用脆性钢材作为壳体，因为后者不利于破片的正常剪切成形，而容易形成较多的碎片。刻槽式与其他结构相比，在相同的装填比下获得的破片速度最高。

苏联的萨姆 Ⅱ 防空导弹采用了壳体内刻槽式结构，相关参数为：战斗部总质量 190kg，破片数量 3600 块，破片质量为 11.6g，破片初速度 2900～3200m/s，破片飞散角 10°～12°。而 K-5 防空导弹采用了壳体内外表面刻槽式结构，相关参数为：战斗部总质量 13kg，破片数量 620～640 块，破片质量 <3g，破片飞散角 15°。

2. 聚能衬套式破片战斗部

聚能衬套式破片战斗部也称药柱刻槽式战斗部。药柱上的槽由特制的带聚能槽的衬套来保证，而不是真正在药柱上刻槽，典型结构如图 4.4.6 所示。战斗部的外壳可以是无缝钢管，衬套可以由塑料或硅橡胶制成，其上带有特定尺寸的楔形槽。衬套与外壳的内壁紧密相贴，用铸装法装药后，装药表面就形成楔形槽。装药爆炸时，楔形槽产生聚能效应，将壳体切割成所设计的破片。

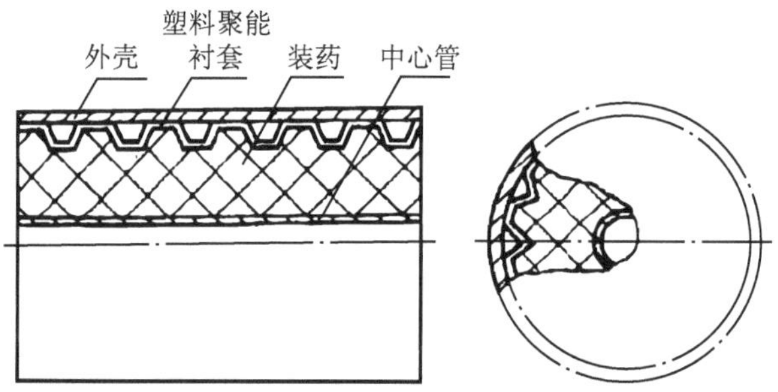

图 4.4.6　聚能衬套式破片战斗部示意图

衬套通常采用厚度约为 0.25mm 的醋酸纤维薄板模压制成，应具有一定的耐热性，以保证在装药过程中不变形。楔形槽的尺寸由战斗部外壳的厚度和破片的理论质量来确定。如果壳体的长度和直径已经给出，就可以确定破片总数。衬套和楔形槽由于占去了部分容积，使装药量减少；同时，聚能效应的切割作用使壳体基本未经膨胀就形成破片，所以与尺寸相同而无聚能衬套的战斗部相比，破片速度稍低。

另外，由破片形成特性所决定，这种结构的破片飞散角较小，对圆柱体结构而言，不大于 15°。

聚能衬套式破片战斗部的最大优点是生产工艺非常简单，成本低廉，对大批量生产是非常有利的。但由于结构的限制，较宜用于小型战斗部，大型战斗部还是以刻槽式为宜。

采用聚能衬套式破片战斗部的导弹有美国的响尾蛇防空导弹。战斗部的主要参数为：总质量 11.5kg，直径 127mm，长度 340mm，装药量 5.3kg，壳体壁厚 5mm，90%破片的飞散角 13°，破片初速度 1800～2200m/s，破片总数约 1200 片，单枚破片质量 3 g。另外，我国的霹雳 2、苏联的 K-13 也采用了聚能衬套式结构。

3. 叠环式破片战斗部

叠环式破片战斗部壳体由钢环叠加而成，环与环之间点焊，以形成整体，通常在圆周上均匀分布三个焊点，整个壳体的焊点形成三条等间隔的螺旋线，这种结构示意图如图 4.4.7 所示。装药爆炸后，钢环沿环向膨胀并断裂成长度不太一致的条状破片，对目标造成切割式破坏。

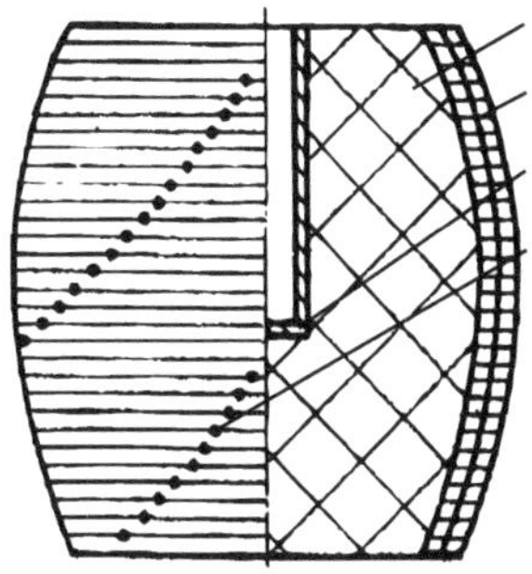

图 4.4.7 叠环式破片战斗部示意图

钢环可以是单层或双层，视所需的破片数而定。钢环的截面形式和尺寸根据毁伤目标所需的破片形状和质量而定。叠环式结构的最大优点是可以根据破片飞散特性的需要，以不同直径的圆环任意组合成不同曲率的鼓形或反鼓形结构。因此，这种结构不仅能设计成大飞散角，还能设计成小飞散角，以获得所需的破片飞散特性。

叠环式结构与质量相当的刻槽式结构相比，其破片速度稍低。这是因为钢环之间有缝隙，装药爆炸后，在环的膨胀过程中，稀疏波的影响较大，使爆炸能量的利用率下降。采用叠环式破片战斗部的有法国的马特拉 R530 空空导弹，其主要参数为：战斗部总质量 30kg，装药量 11.7kg，破片飞散角 50°，破片初速度 1700m/s，破片总数 2600 块，单枚破片质量 6g。

连续杆式战斗部也是一种点焊式半预制破片战斗部，如图 4.4.8 所示，其结构比较独特，外壳是由若干钢条在其端部交错焊接并经整形而成的圆柱体。战斗部起爆后，受装药爆炸力的作用，处于折叠状态的连续杆逐渐展开，形成一个以 1200~1500m/s 的速度不断扩张的连续杆杀伤环，它能切割与其相遇的空中目标的某些构件，如飞机的机翼、油箱、电缆和其他不太强的结构，使目标失去平衡或遭到致命的杀伤。装备连续杆式战斗部的有美国的麻雀 Ⅲ 等导弹。麻雀 Ⅲ 战斗部相关参数为：总质量 30kg，装药量 6.58kg，破片飞散角 50°，连续杆扩展速度 1500~1600m/s，杀伤环连续性为 85%，有效作用半径 12~15m。

(a) 构造示意图　(b) 钢条的连接方式　(c) 杀伤效果　(d) 钢条扩散过程

图 4.4.8　连续杆式破片战斗部结构及作用过程示意图

4.4.3　全预制破片战斗部

全预制破片战斗部的结构如图 4.4.9 所示。破片按需要的形状和尺寸，用规定的材料预先制造好，再用黏结剂黏结在装药外的内衬上。内衬可以是薄铝筒、薄钢筒或玻璃钢筒，破片层外面有一外套。球形破片则可直接装入外套和内衬之间，其间隙以环氧树脂或其他适当材料填满。装药爆炸后，预制破片被爆炸作用直接抛出，因此壳体几乎不存在膨胀过程，爆轰产物较早逸出。在各种破片战斗部中，质量比相同的情况下，预制式的破片速度是最低的，与刻槽式相比要低 10%～15%。

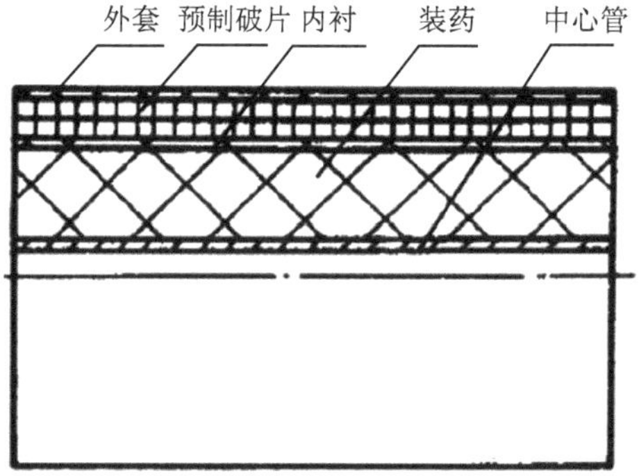

图 4.4.9　全预制破片战斗部的结构示意图

预制破片通常制成立方体或球形，它们的速度衰减性能较好。立方体在排列时，比球形或圆柱形破片更紧密，能较好地利用战斗部的表层空间。如果破片制成适当的扇形体，则排列最紧密，黏结剂用量最少。预制破片在装药爆炸后的质量损失较小，经过调质的钢质球形破片几乎没有什么质量损失，这在很大程度上弥补了预制结构附加质量 (如内衬、外套和胶结剂等) 较大的固有缺陷。

预制式结构具有几个重大的优点：

(1) 结构上具有更优势的成形特性，可以把壳体加工成几乎任何需要的形状，以满足各种飞散特性的要求；

(2) 破片的速度衰减特性比其他破片战斗部都要好。在保持相同杀伤能量的情况下，预制式结构所需的破片速度或质量可以减小；

(3) 预制破片有更大的材料和结构选择空间，例如，利用高比重材料作为破片以提高侵彻能力，还可以在破片内部装填不同的填料 (发火剂、燃烧剂等)，以增大破片的杀伤效能；

(4) 在破片性能上有较为广泛的设计余地，例如，通过调整破片层数，可以满足破片大数量的要求，也容易实现大小破片的搭配以满足特殊的设计需要。

预制破片更容易适应战斗部在结构上的改变，例如，采用离散杆形式的破片可以达到球形和立方体破片不易达到的毁伤效果，采用反腰鼓形的外壳结构可以实现破片聚焦的毁伤效应等。

图 4.4.10 给出了离散杆战斗部结构及飞散示意图。战斗部的破片采用了长条杆形，杆的长度和战斗部长度差不多；战斗部爆炸后，杆条按预控姿态向外飞行，杆条的长轴始终垂直于飞行方向，同时绕长轴的中心慢慢旋转，最终在某一半径处实现杆的首尾相连，形成连续的杆环，通过切割作用来提高对目标的杀伤能力。离散杆战斗部的关键技术是控制杆条飞行的初始状态，使其按预定的姿态和轨迹飞行。通过以下两方面的技术措施可以实现对杆条运动的控制：一是使整个杆条在长度方向上获得相同的抛射初速度，也就是说，使杆条获得速度的驱动力在长度方向上处处相同，这样才能保证飞行过程中杆轴线垂直于飞行轨迹；二是杆条放置时，每根杆的轴线和战斗部的轴线保持一个相同的倾角，这个倾角可以使杆以相同的规律低速旋转，通过预置倾角可以控制杆条的旋转速度，从而实现在不同的飞行半径处首尾相连。

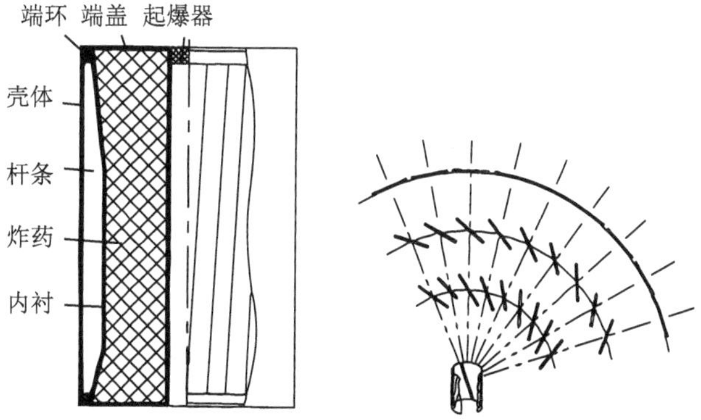

图 4.4.10 离散杆战斗部结构及飞散示意图

聚焦式战斗部是一种使轴向能量在一个位置上形成环带汇聚的预制破片战斗部。其结构特点主要是壳体母线外形按对数螺旋曲线加工成向内凹的类似反腰鼓形，如 4.4.11 所示。利用爆轰波与壳体曲面间的相互作用，使爆轰波推动破片向曲面的聚焦带汇集，形成以弹轴为中心的破片聚焦带。聚焦带处的破片密度大幅度增加，对目标可造成密集的穿孔，对目标结构有切割性杀伤作用，所以被称为破片聚焦式战斗部。聚焦带的宽度、方向以及破片密度由弹体母线的曲率、炸药的起爆方式、起爆位置等因素决定，可根据战斗部的设计要求来确定。聚焦带可以设计成一个或多个，图中的战斗部结构有两个内陷弧面，因而形成两个聚焦带。聚焦式战斗部要求破片之间的速度差应尽可能小，否则在动态情况下破片命中区将拉开，命中密度降低，影响切割作用。聚焦带处破片密度的增加导致了破片带宽度的减小，对目标的命中概率降低，因而该类战斗部适用于制导精度较高的导弹，并且通过引战配合的最佳设计使聚焦带命中目标的关键舱段。

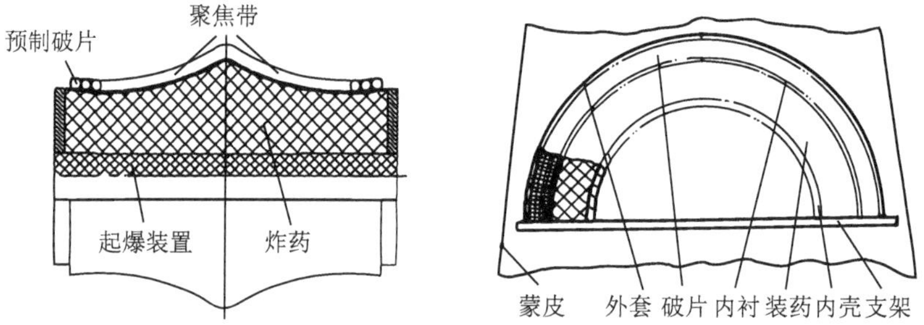

图 4.4.11 聚焦式战斗部

预制破片战斗部能容纳大量破片，并易于做到破片以半球形飞散，形成适当的“破片幕”，有可能实现对战略弹道式导弹的再入弹头实施非核拦截。由于穿透再入弹头结构主要是依靠弹头的再入速度，所以反导战斗部破片不必具有很高的速度，但考虑到必须有足够的爆炸冲量把黏结成一体的多层预制破片完全抛撒开，而不形成破片团，反导破片战斗部也需保持一定的装药质量比。图 4.4.12 给出了一种中空半球形反导破片战斗部结构示意图及其破片飞散 X 射线摄影照片。

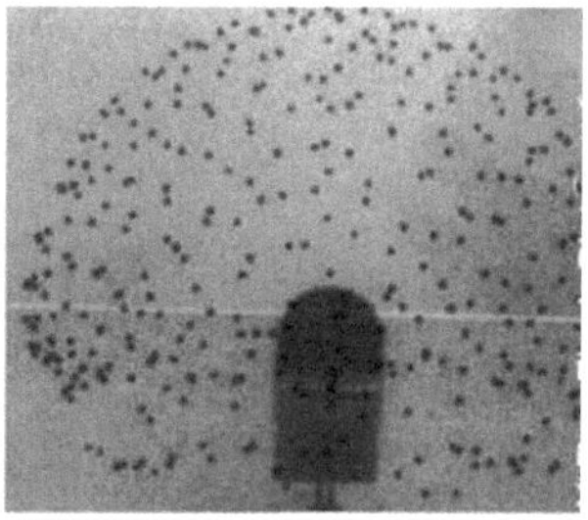

图 4.4.12 中空半球形反导破片战斗部结构示意图及其破片飞散 X 射线摄影照片

预制破片战斗部在防空导弹上有着广泛的应用。装备此类战斗部的导弹有 RBS-70、阿斯派德、霍克和爱国者等。

将几种主要结构的破片战斗部性能在大致相同的条件下做出比较如表 4.4.1 所示，自然破片因较少使用未予列入。

表 4.4.1 不同结构的破片战斗部比较

结构类型 / 比较内容	半预制结构			预制破片
	刻槽式	聚能衬套式	叠环式	
破片速度	高	稍低	稍低	较低
破片速度散布	较大	较小	鼓形：较大 反鼓形：较小	鼓形：较大 反鼓形：较小
单枚破片质量损失	大	稍大	较小	小
破片排列层数	1～2 层	1 层	1～2 层	1～多层
破片速度存速能力	差	较差	较好	好
破片成型的一致性	较差	较好	较好	好
采用高比重破片的可能性	小	小	小	大
采用多效应破片的可能性	小	小	小	大
实现大飞散角的难易程度	较易	难	易	易
除连接件外的壳体附加质量	无	较少	较少	较多
长期贮存性能	好	较好	稍差	较差
结构强度	好	好	较好	较差
工艺性	较好	好	稍差	稍差
制造成本	较低	低	较高	较高

从高效毁伤的应用角度，破片战斗部的结构设计主要从装药和壳体材料两方面考虑。装药方面，装填较高密度的高性能炸药，可以在满足破片初速度要求的前提下减少装药体积。壳体材料方面，半预制破片结构一般都要利用壳体的充分膨胀来获得较大的破片初速度和适当大小的飞散角，并使破片质量损失率尽可能小。一般选用优质低碳钢作为壳体材料，常用的有 10 号钢、15 号钢、20 号钢。预制结构的破片通常要进行材料调质，因此常用 35 号钢、45 号钢或合金钢。有时也用钨合金或贫铀等高比重合金制造破片，以提高破片的穿透能力。破片层与装药之间，通常有一层薄铝板或玻璃钢制造的内衬，破片层外面则通常有一层玻璃钢，目的是为了降低破片的质量损失。壳体外形方面，战斗部外形主要取决于对飞散角和方向角的要求。大飞散角战斗部，壳体一般设计成鼓形；中等飞散角战斗部，壳体可设计成圆柱形；小飞散角战斗部，壳体可设计成反鼓形，也可以设计成圆柱形，但需采用特殊的起爆方式。

4.4.4 定向破片战斗部结构 [8]

传统防空导弹战斗部毁伤元的静态分布，是围绕导弹纵轴沿环向均匀分布的 (有时称之为“环向均匀战斗部”)。在轴向，毁伤元集中在一个或宽 (如大飞散角战斗部) 或窄 (如聚焦破片战斗部和连续杆式战斗部) 的“飞散角”区域内，战斗部的杀伤能量在轴向分布形式的设计可以根据引战配合等的要求来确定。然而在环向，导弹攻击目标时，破片呈圆锥形向四周飞散，而目标只能位于战斗部的一个方位，只占杀伤区的很小一部分，因此只有少量破片飞向目标，绝大部分成为无效破片。目标仅占战斗部破片环向空间的若干分之一，破片利用率为 1/12～1/8。脱靶量相同时，目标越小，或同一目标，脱靶量越大，所占环向空间的比例越小。这就是意味着，战斗部毁伤元的大部分并未得到利用，战斗部炸药能量利用率很低。

如果设法调整战斗部在环向的能量分布，增加目标方向的毁伤元或能量，甚至把毁伤元或能量全部集中到目标方向上去，将大大提高战斗部对目标的杀伤效率。这种把能量相对集中的战斗部就是定向战斗部。

定向战斗部即通过特殊的结构设计，在破片飞散前运用一些机构适时调整破片攻击方向，使破片在环向一定角度范围内相对集中，并指向目标方位，得到环向不均匀的打击效果。定向战斗部可以提高在给定目标方向上的破片密度、破片速度和杀伤半径，使战斗部对目标的杀伤概率得到很大程度的提高，同时充分利用炸药的能量。因此，定向战斗部的应用将大大提高对目标的杀伤能力，或者在保持一定杀伤能力的条件下，减小战斗部的质量，这对于提高导弹的总体性能具有十分重要的现实意义。

一方面，新一代防空导弹既要求能对付战术弹道导弹等高速目标，又要求能对付巡航导弹、普通飞机等低速目标，因此，对战斗部的杀伤威力或毁伤效率提出了更高的要求。另一方面，在一定的条件下，战斗部的质量标志着战斗部威力，而以增加战斗部质量来提高威力或毁伤效率，势必要增加导弹质量，直接影响导弹的射程和机动能力。因此，在导弹战斗部质量受限的条件下，如何提高战斗部的威力或毁伤效率是战斗部技术发展的焦点之一。

根据战斗部结构特点和方向调整机构的不同，定向战斗部大致可分为偏心起爆式、破片芯式、可变形式、机械展开式和转向式等。已有的研究表明，偏心起爆战斗部、破片芯战斗部、可变形战斗部都是可行的。相比而言，爆炸可变形装药整体结构简单、反应速度快，兼有定向增益高、时效性好、结构简单、可靠性高等优点。因此，有研究认为，爆炸可变形战斗部将是未来防空武器的一个重要发展方向。本小节将简单介绍几种典型的定向战斗部结构原理。

1. 典型定向战斗部结构

1) 偏心起爆结构

偏心起爆式定向战斗部也称爆轰波控制式战斗部，一般由破片层、安全执行机构、主装药和起爆装置组成，在外形上与环向均匀战斗部没有大的区别，但其内部构造有很大不同。偏心起爆结构在壳体内表面的每一个象限都沿母线排列着起爆点，通过选择起爆点来改变爆轰波传播路径从而调整爆轰波形状，使对应目标方向上的破片增速 20%～35%，并使速度方向得到调整，造成破片密度的改变，从而提高打击目标的能量。根据作用原理的不同，又可分为简单偏心起爆结构和壳体弱化偏心起爆结构。

A. 简单偏心起爆结构

简单偏心起爆结构将主装药分成互相隔开的四个象限 (I，Ⅱ，Ⅲ，Ⅳ)，四个起爆装置 (1、2、3、4) 偏置于相邻两象限装药之间靠近弹壁的地方，弹轴部位安装安全执行机构。结构的横截面见图 4.4.13。

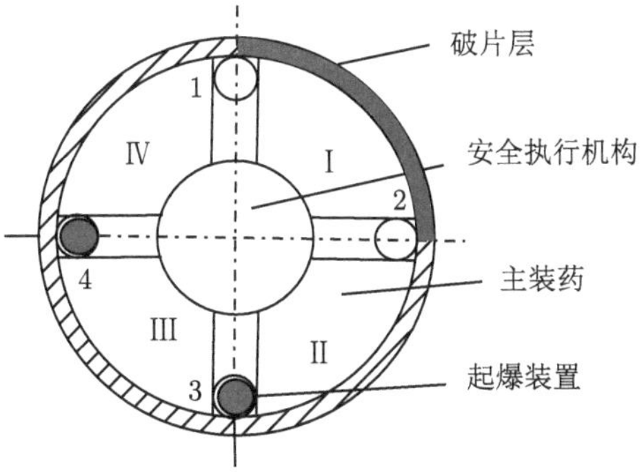

图 4.4.13 简单偏心起爆结构的横截面

当导弹与目标遭遇时，弹上的目标方位探测设备测知目标位于导弹环向的某一象限 (图 4.4.13 中 I) 内，战斗部通过安全执行机构，使与之相对象限两侧的起爆装置 (图 4.4.13 中 3、4) 同时起爆。如果目标位于两个象限之间 (如 I，Ⅱ)，则起爆与之相对方位的起爆装置 (图 4.4.13 中 4)。由于起爆点在径向偏置，故称偏心起爆。

偏心起爆的作用是改变了爆轰波传播的路径，使破片受力方向发生改变，破片运动偏向一个方向相对集中，增加了该方向的破片质量或密度；也改变了装药质量比 C/M 沿壳体环向的分布，使远离起爆点的壳体破片具有更高的飞散速度。最终改变了破片的杀伤能量在环向均匀分布的局面，使能量向目标方向相对集中。起爆装置的偏置程度对环向能量分布有很大影响，越靠近弹壁，目标方向的能量增量越大。该战斗部在目标定向方向的破片速度增益明显，破片密度增益相对较小。

B. 壳体弱化偏心起爆结构

壳体弱化偏心起爆结构中带有纵肋的隔离层把壳体分成四个象限，隔离层与壳体之间装有能产生高温的铝热剂或其他同类物质。四个象限的铝热剂可分别由位于其中的点火器点燃。这种结构的横截面见图 4.4.14。

当导弹与目标遭遇时，目标所在象限的点火器点燃其中的铝热剂，产生高温，使该象限的壳体强度急剧下降出现“弱化”现象。如果目标处在两个象限的交界处，则此两象限内的点火器同时点燃其中的铝热剂，使此两象限的壳体同时弱化。

由于隔离层的存在，所产生的高温在短时间内不会引起主装药的爆轰。数毫秒后战斗部中心的传爆管起爆，使位于隔离层内的主装药爆轰。由于壳体存在着弱化区，爆炸能量将在朝向目标的弱化区相对集中泄漏，使该方向破片的能量得到提高。如果把起爆点设置在每个象限紧靠隔离层的地方 (如图 4.4.14 中的“推荐的起爆装置位置”)，则实现了偏心起爆，定向效果将进一步提高。

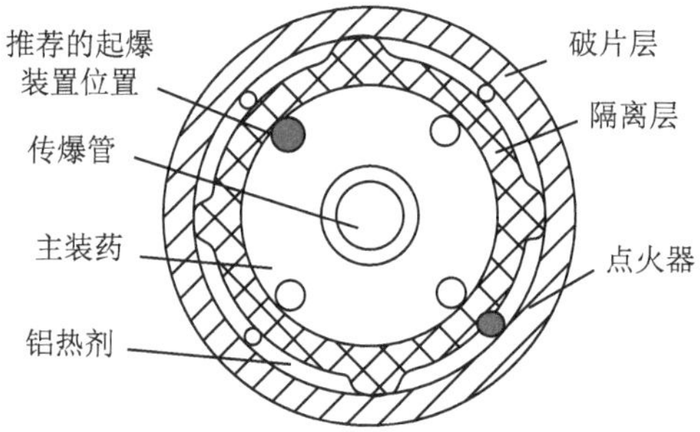

图 4.4.14　壳体弱化偏心起爆结构的横截面

2) 破片芯结构

破片芯结构定向战斗部与“环向均匀战斗部”有很大区别，一般由破片芯或厚内壳、主装药、起爆装置、薄外壳 (仅作为装药的容器) 等组成，毁伤元位于战斗部中心。为了使破片芯产生所需的速度，并推向目标，偏心起爆是不可避免的。

A. 扇形体分区装药结构

扇形体分区结构将装药分成若干个扇形部分，图 4.4.15 给出了由 6 个扇形装药组成的结构及其作用过程示意图。图 4.4.15(a) 中为战斗部结构图，各扇形装药间用片状隔离炸药隔开，片状装药与战斗部等长，其端部有聚能槽，用以切开装药外面的金属壳体。战斗部中心位置为预制破片，起爆点偏置。

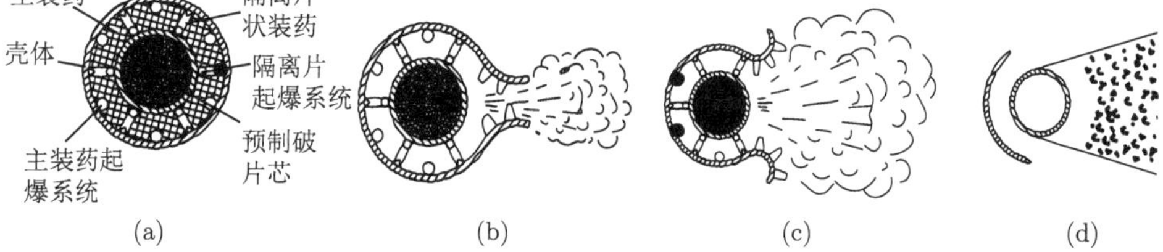

图 4.4.15　扇形体结构定向战斗部

当目标方位确定后，根据导弹给定的信号起爆离目标最近的隔离片状装药，在战斗部全长度上切开外壳，使之向两侧翻开，同时起爆隔离片状装药两侧的主装药，为预制破片打开飞往目标方向的通路，如图 4.4.15(b) 和 (c) 所示。随后，与目标方位相对的主装药起爆系统启动，使其余的扇形体装药爆炸，推动破片芯中的全部破片飞向目标，如图 4.4.15(d) 所示。该战斗部的特点是破片质量利用率高，目标方向的破片密度增益大，但破片速度和炸药能量利用率较低，适用于拦截弹道导弹。

B. 动能杆式装药结构

以扇形体分区结构为基础，破片芯采用动能杆式破片的定向战斗部也受到应用方面的关注。动能杆式定向战斗部采用外层式装药，通过逻辑控制不同部分的炸药起爆，实现动能杆的定向飞散。图 4.4.16 给出了外层式装药动能杆定向战斗部典型结构及作用过程示意图。当探测到目标所处方位时，战斗部先抛射与目标相近位置的一块或多块辅助装药 (图 4.4.16(b))，为动能杆的飞散打开通道 (图 4.4.16(c))，一段延时后，起爆与目标相对位置的装药，则动能杆在装药的爆轰驱动下集中地飞向目标 (图 4.4.16(d))，利用动能杆的切割作用毁伤目标。

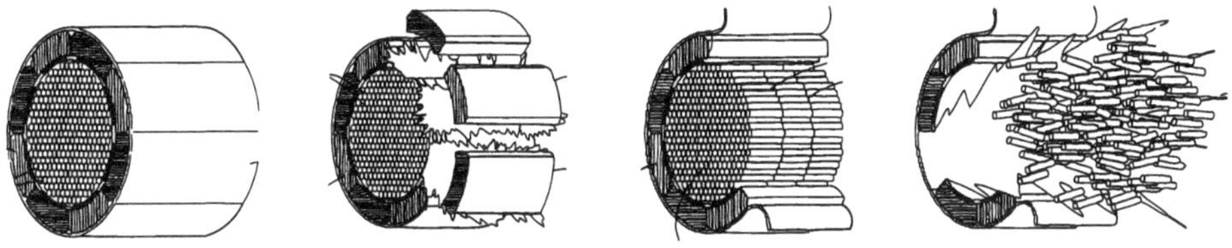

(a) 原始结构　(b) 辅药起爆　(c) 通道打开　(d) 动能杆抛射

图 4.4.16 外层式装药动能杆定向战斗部典型结构及作用过程示意图

动能杆式定向战斗部通过在目标方向上抛射出大量的动能杆，形成一个分布密度较大的侵彻杆“云”。当来袭导弹穿透该“云”区时，动能杆以巨大的相对速度侵彻来袭导弹，达到摧毁来袭导弹的目的。抛散的动能杆先穿透导弹加固的蒙皮，然后继续穿透导弹内战斗部的外壳，利用剩余的能量和与主装药的摩擦以及在碰撞过程中所产生的冲击波等引爆主装药；或者在穿透导弹蒙皮之后继续穿透携带有化学生物物质的容器，直接摧毁战术弹道导弹所携带的化学生物物质。该战斗部的特点是动能杆条速度较低，密度很高，主要用于反弹道式导弹。

3) 可变形式结构

A. 机械展开式结构

机械展开式定向战斗部在弹道末段能够将轴向对称的战斗部一侧切开并展开，使所有的破片都面向目标，在主装药的爆轰驱动下飞向目标，从而实现高效的定向杀伤效果。机械展开式的结构及其作用过程示意图如图 4.4.17 所示。战斗部圆柱形部分为四个相互连接的扇形体的组合，预制破片排列在各扇形体的圆弧面上。各扇形体之间用隔离层分隔，隔离层紧靠两个铰链处各有一个小型的聚能装药，靠中心处有与战斗部等长的片状装药。扇形体两个平面部分的中心各有一个起爆该扇形体主装药的传爆管，两个铰链之间有一个压电晶体。

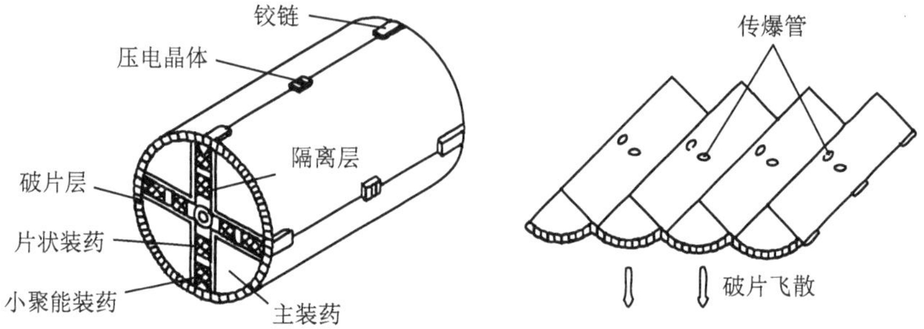

图 4.4.17　机械展开式结构

机械展开式定向战斗部基本作用原理是，当确知目标方位后，远离目标一侧的小聚能装药起爆，切开相应的一对铰链。同时，此处的片状装药起爆，使四个扇形体相互推开并以剩下的三对铰链为轴展开，破片层即全部朝向目标。在扇形体展开过程中，压电晶体受压产生高电流、高电压脉冲并输送给传爆管，传爆管引爆主装药，使全部破片飞向目标。

该战斗部特点是破片密度增益很大，但作用过程时间很长，关键是时间响应问题。机械展开式结构是靠爆炸作用展开并朝向目标的，辅装药引爆后，从切断连接装置到整个战斗部完全展开是机械变形过程，需要 10ms 左右的时间。在这么长的时间内，要使展开的战斗部平面在起爆时正好对准高速飞行的目标是比较困难的，不利于引战配合。因而机械展开式定向战斗部不适合作为防空导弹战斗部，而适合作为对地攻击导弹战斗部。

B. 爆炸变形式结构

爆炸变形式战斗部也称可变形战斗部，一般由主装药、辅助装药、壳体、预制破片层、起爆装置、安全执行结构等组成，其典型的结构和作用过程如图 4.4.18 所示。可变形战斗部主要通过提高目标定向方向上的破片密度增益来实现对目标的高效毁伤。

可变形战斗部的作用原理是，当导弹与目标遭遇时，导弹上的目标方位探测设备以及引信测知目标的相对方位和运动状态，通过起爆控制系统，确定起爆顺序；起爆网络首先选择引爆目标方向上的一条或几条相邻的辅装药 (图 4.4.19(b))，其他辅装药在隔爆设计下不殉爆；弹体在辅装药的爆轰加载下在目标方向上形成一个变形面 (比如类似 D 形的结构，见图 4.4.19(c))；经过短暂延时后在与变形面相对位置处引爆主装药，主装药爆轰驱动破片层运动，使弹体变形面上形成的破片较集中地飞向目标 (图 4.4.19(d))，达到高效毁伤的目的。

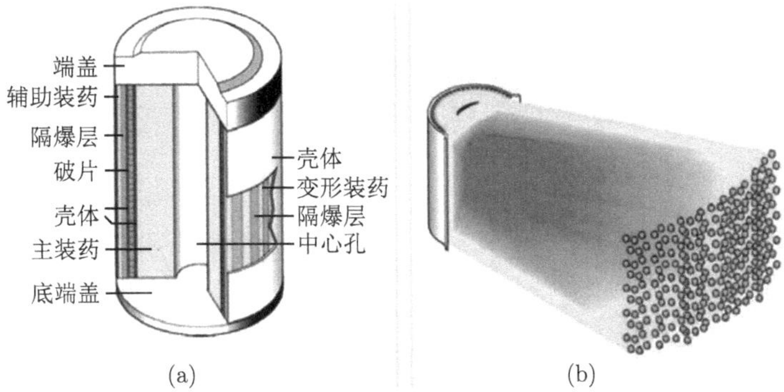

图 4.4.18 爆炸变形式战斗部结构和破片飞散效果示意

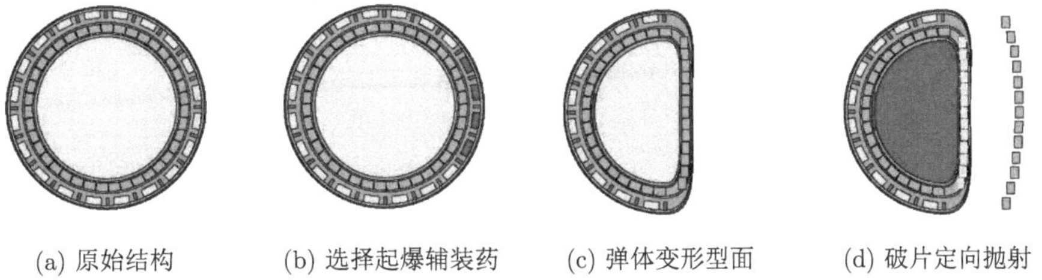

图 4.4.19 爆炸变形式定向战斗部作用过程原理图

与偏心起爆式战斗部相比，可变形战斗部主要提高了目标定向方向上的破片密度，且它的瞄准攻击方式只需要在 1ms 以内，利于引战配合。该战斗部特点是结构比较简单，作用时间短，破片密度增益明显，速度略有增益。并且可通过改变装药结构和调整起爆延时等实现不同宽度的定向杀伤区域，使导弹可以根据目标特性进行定向区域的选择，实现不同的毁伤效果，达到既能反飞机又能反导的目的，增强导弹的作战功能。

4) 转向式结构

可控旋转式定向战斗部也称预瞄准定向战斗部，通过特定装置实现预制破片定向飞散，典型结构如图 4.4.20 所示。可控旋转式定向战斗部壳体可以是圆柱形或半球形，预制破片位于装置的前端面，装置的后部是一个万向头机构，可以控制破片的朝向。通过装药型面的张角设计可以控制破片的飞散角度，获得高密度的破片群。

当导弹攻击目标时，这种战斗部通过万向头机构的旋转控制装置，使战斗部的破片飞散方向对准目标，实现对目标的高效毁伤。就定向性能而言，这是一个理想的方案。但困难在于定向瞄准难度较大，无论是采用控制弹体滚动的方法还是采用控制战斗部本身旋转的方法，都需要功率较大的旋转机构来控制弹体或战斗部在遭遇段快速翻滚以实现瞬时瞄准。由于机械惯性，破片难以准确锁定高速飞行的目标，这对导弹的制导精度要求很高。该战斗部的特点是破片密度增益高，主要用来反导，但功能实现难度较大，需要精确控制。

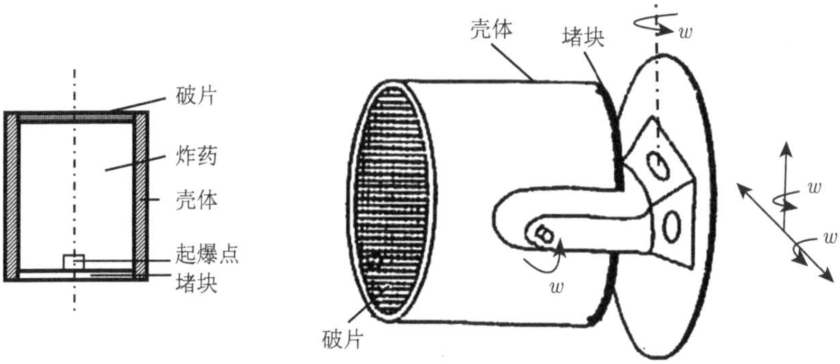

图 4.4.20　可控旋转式定向战斗部结构示意图

2. 定向战斗部能量增益概念

讨论定向战斗部的相对效能是为了比较直观地认识定向战斗部的实用价值，可以从能量角度和质量角度两个方面来考虑。

“能量增益” 表示定向战斗部与相同质量的环向均匀战斗部相比的相对效能。设环向均匀战斗部在环向某一角度 (如 45° 或 60°) 内的静态破片总能量为 A，等质量的定向战斗部在目标方向相等角度内的静态破片总能量为 B，定向战斗部在该角度内的能量增益为 F_1，则

$$F_1 = \frac{B-A}{A} \times 100\% \tag{4.4.1}$$

式中，$A=\sum_{i=1}^{N}\frac{1}{2}m_{ei}v_{ei}^2$，或 $A=\frac{1}{2}Nm_ev_e^2$，$B=\sum_{i=1}^{M}\frac{1}{2}m_{di}v_{di}^2$，或 $B=\frac{1}{2}Mm_dv_d^2$。其中，N、M 分别为环向均匀战斗部和定向战斗部在相同角度内的破片数；m_{ei}、m_{di} 分别为环向均匀和定向战斗部在相同角度内每个破片的实际质量；m_e、m_d 分别为环向均匀和定向战斗部在相同角度内单个破片的平均实际质量；v_{ei}、v_{di} 分别为环向均匀和定向战斗部在相同角度内每个破片的速度；v_e、v_d 分别为环向均匀和定向战斗部在相同角度内所有破片的平均速度。

N、m_{ei}、m_e、v_{ei} 和 v_e 可通过理论估算或试验获得，M、m_{di}、m_d、v_{di} 和 v_d 需通过试验得到。F_1 越大，定向战斗部的相对效能越高，实用价值也越大。

从质量角度考虑，可根据总质量为 M_{dw} 的定向战斗部总能量 B，推算在相同角度内具有相等能量的环向均匀战斗部的总质量 M_{ew}。应该有 $M_{dw} < M_{ew}$，即

具有同样的杀伤威力时，定向战斗部的总质量较小。定义 F_2 为定向战斗部的质量与等效的环向均匀战斗部的质量之比，即

$$F_2 = \frac{M_{dw}}{M_{ew}} \times 100\% \tag{4.4.2}$$

从质量的角度衡量定向战斗部的相对效能，F_2 越小，相对效能则越高，实用价值也越大。

应当指出，不是所有的定向战斗部结构都具有实用的前景。如果能量增益甚小，考虑到定向战斗部成本较高，结构较复杂，可靠性降低，以及导弹系统为适应定向战斗部的使用而必须增加有关功能、提高代价等问题，可能否定某种结构的定向战斗部的使用。

4.5 新型破片毁伤效应 [8]

战场上目标呈现多样性，传统的破片战斗部的毁伤模式有待进一步改进，本节简要介绍活性破片和横向效应增强型等新型破片战斗部基本毁伤原理和应用。

4.5.1 活性破片毁伤

20 世纪 70 年代初期 Willis 与 Holt 在使用轻气炮研究高速冲撞下的材料力学行为时发现，在常规形态下表现为惰性的聚四氟乙烯/铝 (poly tetra fluoro ethylene/aluminum, PTFE/Al) 在高速撞击的时候出现了发光发热现象，因为有化学反应发生，释放出了大量的光和热，这类在冲击作用条件下释放能量的材料被称为活性材料 (reactive materials, RM)。由活性材料制成的破片称为活性破片。在 40 多年的研究过程中，各国研究分析了多种类型的活性材料。活性材料是指能够产生组分间反应热或氧化热的粉末或固结材料，对于具有一定力学强度、可以用作为结构件的活性材料，也可以称之为含能结构材料 (energetic structural materials, ESM)。

在军事应用上，含能结构材料一般被用于战斗部的新型破片毁伤元或者用于反应装甲。与传统惰性破片相比，由含能结构材料制造的破片毁伤元在高速侵彻目标的时候，破片因为受到冲击载荷的作用，材料各组分之间以及组分与氧气之间都会出现化学反应，从而产生大量的光和热，同时可能产生导致目标爆炸等的二次毁伤效应，使破片的毁伤效果得到极大提升。在美国海军研究署的活性破片缩比战斗部演示实验中，由活性材料所制造的缩比战斗部相比于一般的惰性破片战斗部，其毁伤半径提升了二倍，毁伤威力提升了五倍。常见的含能结构材料涵盖了铝热剂、金属间聚合物 (metal polymer mixture, MPM)、金属间化合物 (intermetallics)、亚稳态金属分子化合物 (metastable intermolecular composites, MIC) 等。有研究

表明，当含能结构材料受强冲击载荷作用时，冲击波波阵面后的材料颗粒会出现互相撞击、挤压、塑性变形、断裂、孔洞坍塌等现象，这一连串的现象使材料产生宏观上的剧烈温升进而诱发剧烈的化学反应。

1. 活性材料类型

1) 铝热剂

早期的铝热剂主要是 Al 和 Fe_2O_3 按照一定比例配制的混合物，用作引燃剂点燃时，经过置换反应可以生成 Al_2O_3 和 Fe 并释放大量的热。随着技术的不断发展，铝热剂的概念得到了进一步推广，即包括亲氧金属和与之匹配的氧化物的混合物或者复合物。例如，用 CuO、MoO 等氧化物代替 Fe_2O_3 与 Al 按一定配比得到的混合物也可称为铝热剂。国外研究表明，将铝热剂的粒度从微米级超细化到纳米级时，它的反应速度提高很快，能量释放迅速，最快的可超过千倍，如 Al/MoO 铝热剂，燃速大约为 400m/s，反应区温度为 3253K。传统铝热剂中氧化剂与还原剂内在颗粒的分离导致其爆燃速度慢，缓慢的能量释放速率限制了铝热剂的应用，因此，将铝热剂超细化到纳米级，提高其释能速率，是铝热剂类型活性破片材料未来研究的方向。

2) 金属间聚合物

金属间聚合物中适合用来制造活性破片的材料主要有两大类：黏合剂基和非黏合剂基。黏合剂基材料一般包括聚合物黏结剂，例如 PTFE(聚四氟乙烯)、THV(四氟乙烯、六氟丙烯及偏二氟乙烯的共聚物)、ETFE(四氟乙烯与乙烯的共聚物) 及 FEP(四氟乙烯与六氟丙烯的共聚物) 等；非黏合剂基一般是活性金属材料，如铝、镁、钛等。在强冲击下这二者之间会发生剧烈化学反应，根据其能量释放特性制成活性破片。

铝粉和聚四氟乙烯组成的活性材料，当 PTEF 所处的环境达到一定阈值时，PTEF 会发生裂解并生成活性的碳氟化合物小分子，PTEF 裂解时涉及的主要反应过程如下：

$$\begin{cases} (C_2F_4)\,n \longrightarrow n\mathrm{COF}_2+\dfrac{n}{2}C_2F_4 \\ C_2F_4 \longrightarrow n\mathrm{COF}_2+\mathrm{CF}_2 \\ \mathrm{COF}_2+H_2O \longrightarrow 2HF+CO_2 \\ \mathrm{CF}_2+H_2O \longrightarrow 2HF+CO \end{cases} \tag{4.5.1}$$

PTEF 在常态条件下表现得非常钝感，但其裂解产生的碳氟化合物具有很高的活性，能够与锂、铝、镁等活性金属发生反应并释放出大量能量，例如，碳氟化合物与 Al 发生剧烈的氧化还原反应，产物为 AlF_3 并释放大量的能量。

以 Al、钛 (Ti) 等金属颗粒与 PTFE 按一定比例混合后以压制烧结而成的混合式反应破片为主，其特点是结构简单，较容易实现。但破片撞击目标时的动能较低，侵彻效果不够理想。另外，这种破片强度不够，在炸药爆轰加载时有可能在到达目标前发生碎裂。为了增加金属/氟聚物反应材料的强度和密度，往往会在反应材料中增加金属钨颗粒。金属钨颗粒对于改善材料的力学性能具有很大的作用，随着钨粉含量的增加，材料的平均密度和准静态加载材料的屈服强度都有所增加。

3) 金属间化合物

含能结构材料用作战斗部结构件时，需要承受运输碰撞、发射、爆炸等极端情况下的载荷条件，对含能结构材料的力学性能也提出了更加苛刻的要求，于是金属间化合物脱颖而出。金属间化合物主要指金属元素间、金属元素与类金属元素间形成的化合物，其特点是各元素间既有化学剂量的组分，而其组分又可在一定范围内变化，从而形成以化合物为基体的固溶体，例如 Al-Ni，Al-Ti，Nb-Al 或 Nb-Si 等。在粉末熔化过程中两种金属粉末之间可以发生剧烈的放热反应，根据这一原理，利用其放热效应而制成的活性破片增强了其毁伤性。

以 Al-Ni-MoO_3 金属间化合物为例，假设 Al 和 Ni 全部参与氧化反应，其能量释放机理为

$$\begin{cases} \mathrm{Al}+\dfrac{1}{2}\mathrm{MoO_3} \longrightarrow \dfrac{1}{2}\mathrm{Mo}+\dfrac{1}{2}\mathrm{Al_2O_3} \\ 2\mathrm{Al}+\dfrac{3}{2}\mathrm{O_2} \longrightarrow \mathrm{Al_2O_3} \\ \mathrm{Ni}+\dfrac{1}{2}\mathrm{O_2} \longrightarrow \mathrm{NiO} \\ \cdots\cdots \end{cases} \tag{4.5.2}$$

金属间化合物类型的活性破片，由于属于金属合金的范畴，其强度能满足炸药加载的要求，但其反应放热效率偏低，放热量小，相比前两类，对于目标的毁伤程度较小，因此，如何提高其释能特性是一个关键。

2. 活性材料毁伤机理

活性材料相比传统炸药更加稳定，且不需要引信起爆，在存储以及运输方面，活性材料战斗部都比传统装药安全可靠。活性材料破片战斗部具有动能侵彻效应和内爆毁伤效应，同时具有引燃、引爆功能，对大幅度提高弹药的杀伤威力有更重要的军事应用前景。

活性材料破片战斗部对目标的毁伤过程，主要包含破片对目标外壳的穿透、与目标内部零件的碰撞、活性材料的点火，以及随后的各种化学反应与物理变化等。活性材料破片对目标的毁伤机理主要体现在以下几个方面：

(1) 活性材料破片的化学反应，提高了侵彻孔内部的温度；

(2) 爆炸引发的冲击波，提高了目标内的作用冲量；

以上的综合作用，可极大增强其对目标的破坏力。活性材料破片对目标的毁伤效应，从技术上来讲，与其材料的物化性能、热力学性能、力学性能、燃烧性能和爆轰性能有关，也与导弹的结构、材料、零部件功能等有关，还与活性材料破片的撞击速度、密度、硬度和韧性等密切相关。

惰性破片与活性材料破片对目标的毁伤效果比较如图 4.5.1(a) 和 (b) 所示，从图中可看出惰性破片对导弹体造成穿透性破坏，而活性材料破片攻击同样的目标时造成摧毁性破坏。图 4.5.1(c) 为美军利用活性材料破片对飞机进行的静爆试验照片，破片撞上目标后伴随二次释能是其区别于一般材料破片的重要特征。

活性材料破片战斗部主要用于反轻装甲目标，如飞机、雷达、导弹发射架等，除了应用于预制破片战斗部之外，在其他战斗部也有较好的应用前景。ATK 公司已计划将聚能装药或爆炸成型弹丸中标准药型罩改用活性材料替代，达到降低质量同时提高毁伤效果的目的；美国正在进行初步研究并考察将活性材料战斗部应用于攻击硬目标的可能。

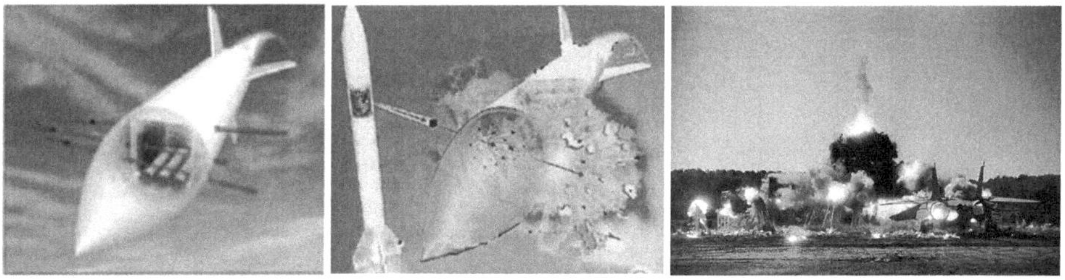

(a) 惰性破片作用　　(b) 活性材料破片作用　　(c) 活性材料破片试验结果

图 4.5.1　惰性破片与活性材料破片对目标的毁伤效果

4.5.2　横向效应增强型破片毁伤

1. 基本原理

为了解决穿甲弹穿靶后效不足的问题，法国/德国 ISL 实验室、德国 GEKE 公司、Diehl 公司于 2004 年共同提出了 PELE 弹的概念。横向效应增强型弹药 (penetrator with enhanced lateral efficiency，PELE) 是一种不含高能炸药、不配用引信的多功能新概念弹药，弹体由两种不同密度的材料巧妙组合而成。弹体外部是高密度材料，如钢或钨；弹芯通常由塑料或铝等低密度材料制成，这类材料侵彻性能较弱。在弹体侵彻过程中，弹芯低密度装填材料被挤压，导致内部压力升高；弹体穿过防护层后，在弹芯低密度装填物材料内部压力的作用下，挤压周围的弹体使之膨胀，造成弹体破裂；因此，穿靶后弹体破碎成横向飞散的大量高速破片，可有效对付内部目标。图 4.5.2 为横向效应增强型战斗部作用原理，其中图 4.5.2(a) 为侵彻的初始阶段，图 4.5.2(b) 为穿透靶板后的阶段。

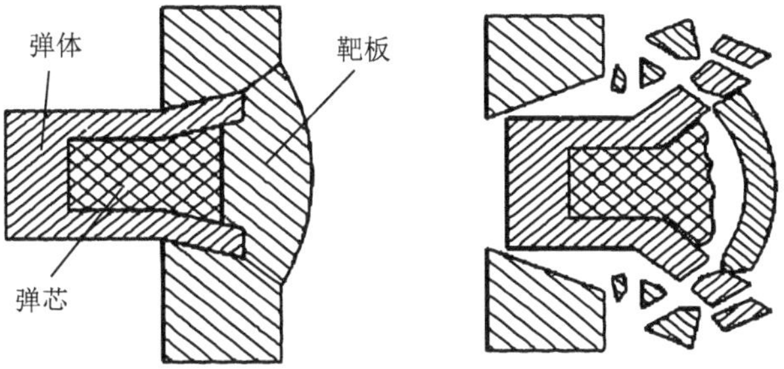

(a) 侵彻初始阶段　　(b) 穿透靶板后

图 4.5.2　横向效应增强型战斗部作用原理示意图

PELE 外壳主要有两个作用：一是凭借其良好的侵彻性能穿甲；二是穿透靶板后破碎，提供具有一定数量、质量和速度的破片。弹芯的作用主要是将轴向力转化为径向力，提供迫使外壳径向膨胀、靶后破碎及沿径向飞散的能量。而着靶速度是 PELE 穿甲、靶后破碎及径向飞散的能量来源。由此可以判断，外壳材料、弹芯材料及着靶速度是影响 PELE 作用效果的重要因素。图 4.5.3 为横向增强型弹药结构及其试验结果。

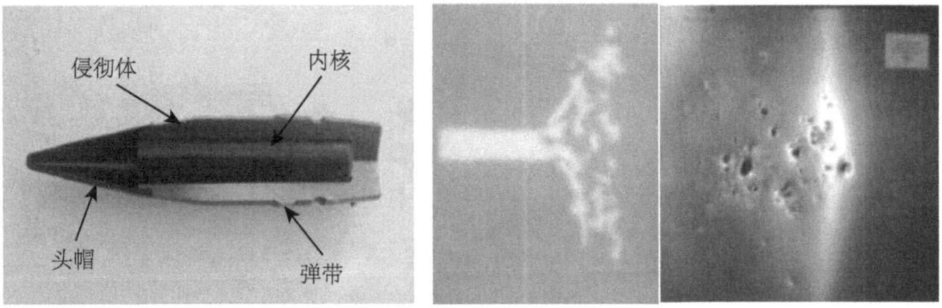

(a) 结构　　(b) 试验结果

图 4.5.3　横向增强型弹药结构及其试验结果

PELE 概念可以广泛用于各种型号和不同口径的弹药，尤其适于小口径弹药，可应用于防空、反导、反武装直升机、反陆军轻型装甲及水面轻型装甲等。

2. 影响因素分析

影响 PELE 侵彻效应的因素主要包括弹靶材料、弹体结构和弹靶交会姿态等。

弹靶材料主要包括壳体材料和弹芯材料。对壳体材料的研究主要集中在钢、钨合金等材料，屈服强度是影响 PELE 侵彻后效的重要参数，材料屈服强度越小，越有利于提高侵彻后效。另外，壳体材料的密度和压拉比对 PELE 的毁伤效果有重要影响，壳体材料密度越大，PELE 的存速能力越强；壳体材料压拉强度比越大，破片横向效应越明显。与壳体材料相比，对弹芯材料的研究较多，包括聚乙烯、聚丙烯、橡胶、尼龙、铝合金和活性材料等。弹芯装填材料对横向效应有重要影响，主要因素是弹性模量和泊松比，弹性模量越小，泊松比越大，横向效应越明显。在 PELE 侵彻靶板过程中，装填材料被挤压在壳体和靶板之间，产生高压作用，导致横向效应的形成，靶板对横向效应的形成具有重要作用，靶板材料和厚度都影响横向效应。根据穿甲理论和量纲分析，不同材质靶板之间可以建立厚度等效关系。对于质量和几何形状一定的 PELE，以相同的速度撞击特定材料的靶板时，靶板厚度不同造成靶后横向效应差异较大。在靶板由薄变厚的过程中，弹杆残留部分长度逐渐缩短，剩余轴向速度逐渐降低，横向效应先增强后减弱；当靶板厚度大于侵彻体的穿透极限时，侵彻体的动能全部消耗于穿甲过程。

PELE 结构相对简单，主要由后端封闭的壳体和中间弹芯组成。弹体结构对 PELE 侵彻效应的影响主要包括壳体的内外径比、长径比及壳体的预控状态，内外径比一般取 0.6~0.7，长径比取 4~5，对壳体采取刻槽处理时后效更为明显。

PELE 的横向效应主要由弹芯材料不可压缩造成的，其受弹靶交会姿态影响较大。影响 PELE 作用效果的弹靶交会姿态包括壳体的着速、着角和转速。在低速、小着角情况下，着速越高，着角越大，PELE 的横向效应越强。

思考与练习

(1) 破片战斗部通常可以分为哪几类? 作用原理分别是什么?

(2) 破片毁伤威力性能参数主要有哪些?

(3) 若破片战斗部装药爆速为 7000m/s，装填质量比 $\beta = 1$，假设预制钢质球形破片质量为 2g，求静爆条件下破片飞行 20m 后的存速。

(4) 影响破片初速的因素有哪些?

(5) 破片飞散特性参数主要包括什么？有哪些实验方法可以测定破片的速度分布？

(6) 请简要说明破片动态杀伤区与静态杀伤区的区别，以及破片初速对动态杀伤区的影响。

(7) 半预制破片战斗部的原理是什么？具体实现的方式主要有哪些？各有什么特点？

(8) 请简要描述引战配合效率影响因素及提高引战配合效率的途径。

(9) 请简要说明引信启动区的常用方法。

(10) 请分析时间延迟对破片撞击目标的影响。

(11) 请简要说明连续杆、离散杆战斗部结构原理有何异同。

(12) 请简述常见的定向战斗部结构类型。

(13) 请简述偏心起爆定向战斗部的作用过程。

(14) 请简述破片芯式、动能杆式定向战斗部的作用过程。

(15) 可变形式定向战斗部有哪些结构，请举例说明特点。

(16) 请阐述常见的含能结构材料包括哪些类型。

(17) 请简述横向效应增强型战斗部作用原理。

(18) 请简述说明影响横向效应增强型战斗部作用效果的因素。

参 考 文 献

[1] 卢芳云, 李翔宇, 林玉亮. 战斗部结构与原理 [M]. 北京: 科学出版社, 2009.

[2] 王志军, 尹建平. 弹药学 [M]. 北京: 北京理工大学出版社, 2005.

[3] 李向东, 王议论, 钱建平. 弹药概论 [M]. 北京: 国防工业出版社, 2004.

[4] 张寿齐. 曼 · 赫尔德博士著作译文集① [M]. 绵阳: 中国工程物理研究院, 1997.

[5] (美) 陆军装备部. 终点弹道学原理 [M]. 王维和, 李惠昌, 译. 北京: 国防工业出版社, 1988.

[6] Rloyd R M. Conventional Warhead System Physics and Engineering Design [M]. Washington: AIAA, 1998.

[7] 张志鸿, 周申生. 防空导弹引信与战斗部配合效率和战斗部设计 [M]. 北京: 中国宇航出版社, 2006.

[8] 卢芳云, 蒋邦海, 李翔宇, 等. 武器战斗部投射与毁伤 [M]. 北京: 科学出版社, 2013.

第 5 章　聚能破甲效应

现代战争中，坦克是地面部队的主要突击装备，为坦克加装防护装甲是坦克在战场上获得生存力的重要手段之一。因此，世界各国都普遍加强了坦克的防护能力，装甲技术取得了快速发展。

自从 1916 年坦克出现在战场上之后，反坦克武器随之诞生，并随着坦克防护能力的增强不断发展。第一次世界大战时期的坦克装甲防护很单薄，钢板只有 5~30mm 厚，到 20 世纪 30 年代装甲厚度一般为 30~60mm，最厚的达到 80mm，当时主要的反坦克武器是穿甲弹。第二次世界大战时期，装甲制造工艺和技术有了改进，车体前装甲的厚度一般增至 80~100mm。由于装甲厚度的增加，在一定程度上限制了穿甲弹的应用。于是，新的反坦克弹药——聚能破甲弹诞生了，它是利用空心装药的聚能效应压垮药型罩，形成高速金属射流来击穿装甲。与穿甲弹相比，破甲弹不需要很高的着靶速度，成为反重装甲目标的手段之一。

第二次世界大战之后，装甲的防护技术进一步发展，一方面是装甲厚度的不断增加，另一方面，装甲结构也不断改进，相继出现了多层装甲、复合装甲、陶瓷装甲、贫铀装甲、反应装甲等多种结构，其抗弹能力大幅度提高。装甲防护能力的增加也对破甲弹提出了更高的要求。目前，破甲战斗部仍然广泛应用于各种反坦克、反装甲弹药中，并且随着技术的进步，破甲能力不断增强。

本章首先介绍破甲弹的基本原理——聚能效应，在此基础上，重点讲述聚能射流的形成、对目标的侵彻以及影响破甲威力的因素，最后介绍聚能效应的具体应用。

5.1　聚 能 现 象 [1–4]

18 世纪末，采矿工程师弗朗兹 · 冯 · 巴德 (F. V. Baader) 首次发现，在一端有空穴的炸药药柱被引爆后可以使炸药爆炸能量集中到一个小区域上从而增加侵彻效果，这是关于聚能装药现象的最早记载。但巴德并没有专门讨论和强调这种效应，而且在实验中使用的是黑火药，并不能形成爆轰波或冲击波，因此这并不是真正意义上的聚能装药。1883 年，德国的冯 · 福斯特 (von Foerster) 第一次论证了高能炸药的空穴装药方式具有聚能效应。1888 年，美国科学家门罗 (C. E. Munroe) 将炸药块和钢板相接触进行起爆，在炸药装药引爆点的相对面上刻有“U.S.N”(美国海军) 字样，炸药爆炸后发现在钢板上也出现了这些字样。门罗进一步观察到，当在炸药块内存在空穴时，对钢板的侵彻深度增加，即利用较少质量的炸药可以在钢板上形成较深的凹坑，人们将这一现象称为门罗效应。1911 年，德国的纽曼 (M. Neumann) 指出，带有锥形空穴的圆柱体炸药对钢板的侵彻深度比实心圆柱体炸药对钢板的侵彻深度要大，在德国将这一现象称为纽曼效应。

为了进一步说明这种现象，首先来观察一组实验结果，如图 5.1.1 所示。实验所用药柱为直径 30mm、长 100mm 的铸装 COMP.B 炸药，钢板为中碳钢。若将药柱直接放在钢板上，则在板上炸出一个浅浅的凹坑，如图 5.1.1(a) 所示。若在药柱下端预制一锥形孔，则在板上炸出一个深 6~7mm 的坑，如图 5.1.1(b) 所示，可见，当药柱下有锥形孔时，炸药量虽然减少了，穿孔能力却提高了。如果在锥形孔内放一个钢衬 (称为药型罩)，能炸出 80mm 深的孔，如图 5.1.1(c) 所示。若使带药型罩的药柱在离钢板 70mm 处爆炸，如图 5.1.1(d) 所示，则孔深达 110mm，约为无罩时孔深的 17 倍。

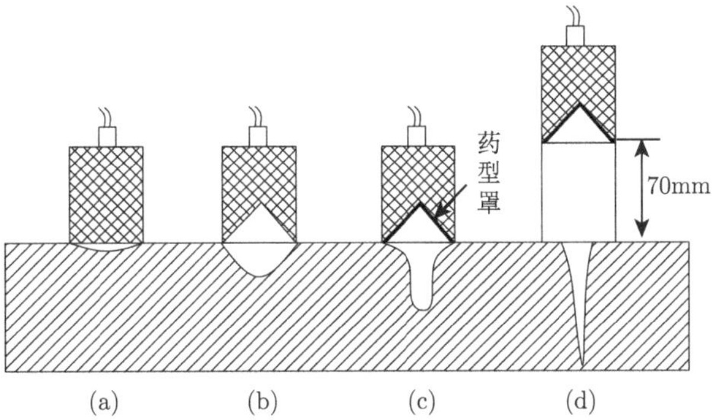

图 5.1.1 不同装药结构的穿孔能力

不同装药结构爆炸后在钢板上形成的坑或孔的深度取决于作用在钢板上的能量密度。根据爆轰波理论可知，炸药爆炸时产生的高温、高压爆轰产物，将沿近似垂直于炸药装药表面的方向向外飞散，因此可以通过角平分线方法分析作用在不同方向上的有效装药。如图 5.1.2(a) 所示，圆柱形装药作用在靶板方向上的有效装药仅是整个装药的很小部分，而且药柱对靶板的作用面积较大 (装药的底面积)，因而能量密度较小，只能在靶板上炸出很浅的凹坑。当装药下端带有凹槽后，如图 5.1.2(b) 所示，虽然有凹槽使整个装药量减少，但是按角平分线法重新分配后，朝向靶板方向的有效装药量并未减少，而且凹槽部分的爆轰产物沿装药表面的法线方向向外飞散，在轴线上汇合，相互碰撞、挤压，最终形成一股高压、高速和高密度的气体流。此时，由于气体对靶板的作用面积减小，能量密度提高，所以能炸出较深的坑。在气体流的汇集过程中，总会出现直径最小、能量密度最高的气体流断面，该断面常称为“焦点”。气体流在焦点前后的能量密度都将低于焦点处的能量密度，因而若使靶板处于焦点附近可以获得更好的侵彻效果。

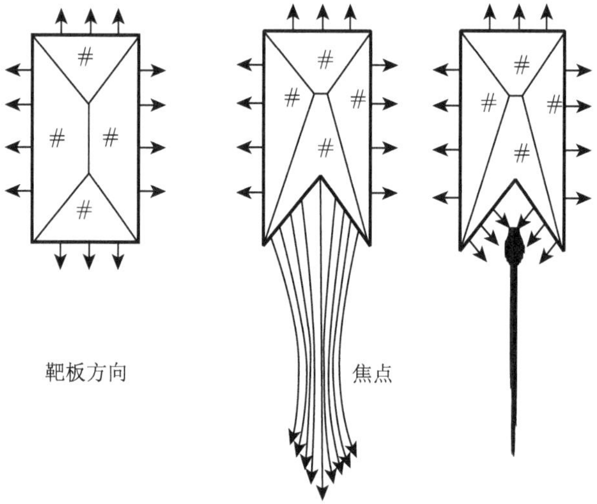

图 5.1.2　爆轰产物飞散及聚能气流汇聚效应

当锥形凹槽内衬有金属药型罩时，汇聚的爆轰产物压垮药型罩，使其在轴线上闭合并形成能量密度更高的金属射流，如图 5.1.2(c) 所示。相对于聚能气流，金属的可压缩性很小，因此内能增加很少，金属射流获得能量后绝大部分表现为动能形式，避免了高压膨胀引起的能量分散，使聚能作用大为增强，大大提高了对靶板的侵彻能力。射流形成过程的特点决定了射流存在速度梯度，射流头部速度可达 7000~9000m/s，甚至更高，能量密度可达典型炸药爆轰波能量密度的 15 倍；尾部速度在 1000m/s 以下，称为杵。当钢板放在离药柱一定距离处时，金属射流在冲击靶板前由于速度梯度的影响进一步拉长，将在靶板中产生更深的穿孔。

这种利用装药一端的空穴结构来提高局部破坏作用的效应，称为聚能效应，这种现象称为聚能现象。一端有空穴另一端起爆的炸药药柱，通常称为空心装药、成型装药或者聚能装药。当空穴衬有一薄层金属或其他固体材料制成的衬套时，将形成更深的孔洞，当装药离靶板有一段距离时，孔洞深度还要增大。空穴内的固体材料衬套称为药型罩，装药底部与靶板的距离称为炸高。若装药几何形状、炸药和药型罩性能满足一定的要求，炸药装药起爆后药型罩将形成射流和杵。实验表明，对于一定结构的聚能装药，存在一个使侵彻深度最大的炸高，这个炸高称为有利炸高。

聚能破甲战斗部就是利用带金属药型罩的聚能装药爆轰后形成金属射流，侵彻穿透装甲类目标造成破坏效应，其典型结构如图 5.1.3 所示。由图中可知，聚能破甲战斗部主要由装药、药型罩、壳体和起爆装置组成。

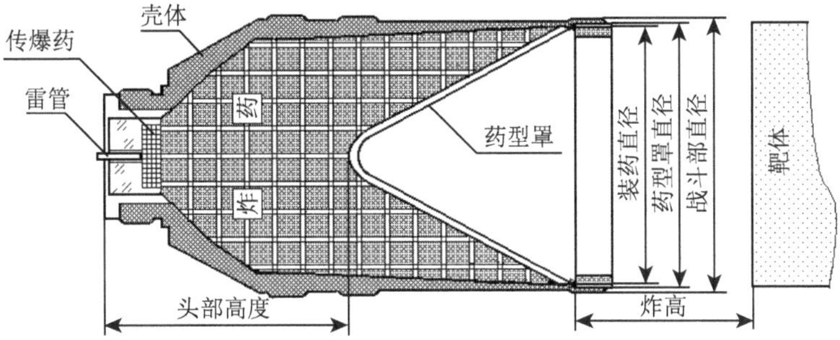

图 5.1.3 聚能破甲战斗部结构示意图

5.2 射流形成过程 [1,2,4–8]

5.2.1 射流形成过程初步分析

脉冲 X 射线照相是研究射流形成过程的重要工具。利用罩和药柱的密度相差很大的特点，可采用脉冲式 X 射线摄影系统拍摄药型罩的变形、运动和射流形成过程。控制从聚能装药起爆到脉冲 X 射线闪光的时间间隔，可以拍摄到起爆后不同时刻药型罩和射流的形状。

图 5.2.1 是聚能金属射流形成过程的一组脉冲 X 射线照片。照片右边标注的时间是从起爆到脉冲 X 射线闪光的时间间隔。例如，第一张照片为起爆后 1.1μs 时金属罩的变形情况。每一张照片都有爆炸前的静止图像作为对比，显示出药型罩原来的位置和形状。图中 6 幅 X 射线照片给出了药型罩从顶部闭合到射流逐步形成的全过程。从图中看出，药型罩锥顶部分首先闭合，随后罩中间部分向轴线运动。在起爆 7μs 后，药型罩更多部分完成闭合，前面出现了射流，整个药柱爆轰完毕，随后所形成的射流部分不断延伸拉长。

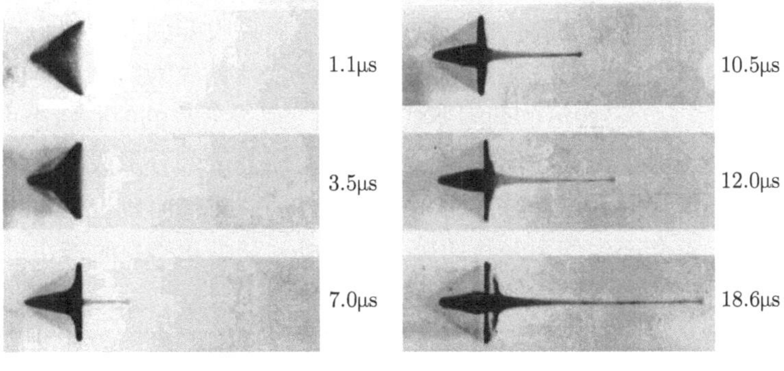

图 5.2.1 聚能金属射流形成过程的一组脉冲 X 射线照片

根据上面的实验结果可以对射流形成过程进行分析。图 5.2.2(a) 为聚能装药的初始形状，图中把药型罩分成四个部分，称为罩微元，以不同的剖面线区别开。图 5.2.2(b) 表示爆轰波阵面到达罩微元 2 的末端时，各罩微元在爆轰产物的作用下，依次向对称轴运动。其中微元 2 正在向轴线闭合运动，微元 3 有一部分正在轴线处碰撞，微元 4 已经在轴线处完成碰撞。微元 4 碰撞后，分成射流和杵两部分，由于两部分速度相差很大，很快就分离开来。微元 3 正好接踵而来，填补微元 4 让出来的位置，而且在那里发生碰撞。这样就出现了罩微元不断闭合、不断碰撞、不断形成射流和杵的连续过程。图 5.2.2(c) 表示药型罩的变形过程已经完成，这时药型罩变成射流和杵两大部分。各微元排列的次序，就杵来说，和罩微元爆炸前是一致的，就射流来说，则是倒过来的。

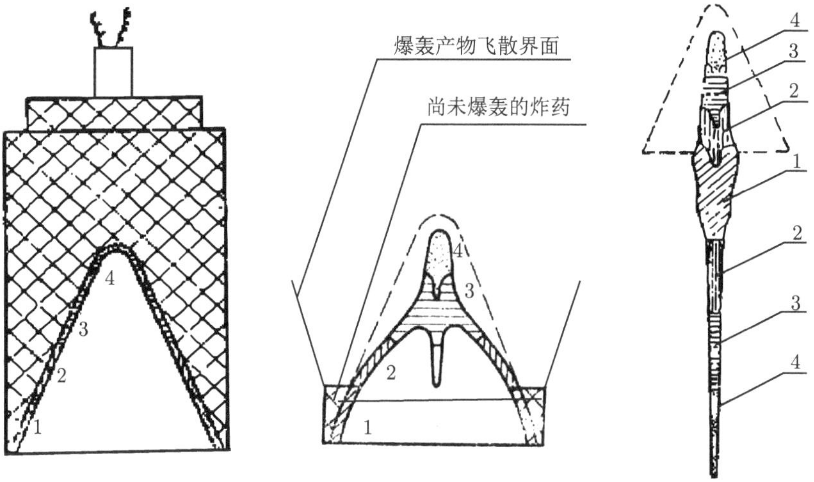

图 5.2.2　射流形成示意图

罩微元向轴线闭合运动时，由于同样的金属质量收缩到直径较小的区域，因此罩壁必然要增厚。药型罩在轴线处碰撞时，内壁部分成为射流，外壁部分则成为杵。实验表明，14%～22%的药型罩成为射流，射流从杵的中心拉出去，致使杵出现中空。药型罩除了形成射流和杵以外，还有相当一部分形成碎片，这主要是由锥底部分形成的，因为这部分罩微元受到的炸药能量作用较少。如果罩碰撞时的对称性不好，也会产生偏离轴线的碎片。另外，药型罩碰撞时产生的压力和温度都很高，有时可能产生局部熔化甚至气化现象。

不同形状的药型罩将形成不同特征的射流，除了圆锥形药型罩外，传统的药型罩还有半球形罩、楔形罩等，他们都有着各自的应用需求。

5.2.2 射流在空气中的运动

为了获得最大破甲深度，聚能装药结构一般都设计了炸高。因此，射流从形成到穿靶前需要在空气中运动一段距离，在运动过程中头部与空气发生相互作用，射流将不断地延伸、断裂和分散。

1. 射流的延伸

从射流形成过程的脉冲 X 射线照片 (图 5.2.1) 可见，对于锥形罩来说，射流一般延伸到罩母线长的 4~5 倍时，仍保持完整，这比常态下的金属延伸率 (铜为 50%) 大得多，同时，射流的直径随延伸的发展而缩小，射流能像绳子一样摆动扭曲。可见，射流并不是由毫无联系的微粒组成的流体，射流各部分之间表现出一定的强度。研究表明，射流温度接近于金属的熔点而没有达到金属的熔点。这是射流在空气中运动时具有比常温金属大得多的延伸率，同时具有一定强度的原因。射流内部的压力是和周围大气压相同的，因此金属射流的状态属于常压的高温塑性状态。由于存在速度梯度，射流不断伸长。射流头部温度很高，塑性大，容易伸长；射流尾部的温度较低，伸长时消耗的塑性变形功较大，不容易伸长。

2. 射流的断裂

射流在空气中伸长到一定程度后，首先出现颈缩，然后断裂成许多小段，情况类似于金属棒的普通拉伸断裂过程。图 5.2.3 是典型射流断裂过程的脉冲 X 射线照片。从图中可以看出，起爆后 40μs 时射流头部开始出现颈缩 (颈缩是延性材料受拉伸作用发生断裂前特有的力学现象)，但没有断裂；起爆后 44μs 时，射流头部发生断裂，尾部出现颈缩状态；起爆后 116μs 整个射流已断裂成若干小段。断裂后的每一段射流基本上保持颈缩时的形状，而且在以后的运动中形状不变，长度也不变化。通常情况下，射流在头部或接近头部处先发生断裂，此时射流长度可达药型罩母线长的 6 倍。断裂区域逐渐向后扩展，最后全部射流断裂成小段。断裂后的射流小段在继续运动中可能发生翻转，偏离轴线，不再呈有秩序的排列。

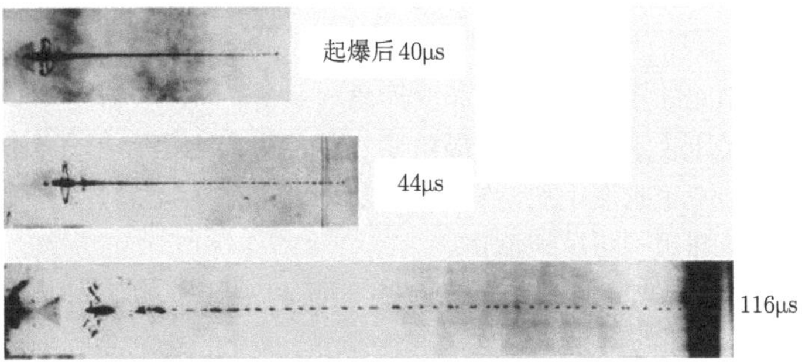

图 5.2.3 典型射流断裂过程的脉冲 X 射线照片

这时破甲能力大大降低，射流翻转偏离后甚至完全不能破甲，着靶时只在靶板表面造成杂乱零散的凹坑。

射流在空气中运动时，一方面有伸长，有利于提高破甲深度；另一方面有断裂和径向分散的趋势，不利于提高破甲深度，这就是存在有利炸高的原因。

5.2.3 射流形成的流体力学理论

聚能装药从起爆到射流形成可分为两个阶段，第一阶段为炸药爆轰推动药型罩向轴线运动，这时起作用的是炸药爆轰性能、爆轰波形、稀疏波、药型罩壁厚等因素。第二阶段为药型罩各微元运动到轴线，发生碰撞，分流成射流和杵两个部分。射流的形成过程是很复杂的，本小节主要通过经典的流体力学理论来揭示射流形成过程的实质，建立计算射流速度和质量的理论模型。

1948 年伯克霍夫 (Birkhoff) 等首次系统地提出了聚能装药射流形成的理论。该理论认为爆轰波到达药型罩壁面的初始压力达几十万大气压，远大于罩材料的强度 (几千大气压)，而罩在运动过程中，塑性变形功转化为热能，使罩温度升高，进一步降低了材料强度。因此，只要炸药足够厚，稀疏波作用不至于迅速降低罩壁面上爆轰产物的压力，就可以忽略材料强度对罩运动的影响，而把药型罩当作“理想流体”来处理。药型罩向轴线压合运动时，其体积变化与形状变化相比较也是很小的，可以忽略不计。于是，药型罩金属在射流形成过程中可当作“理想不可压缩流体”。

图 5.2.4(a) 示出了利用理想不可压缩流体理论分析楔形药型罩的变形过程示意图。图中 OC 为罩壁初始位置，α 为半锥角。爆轰波的传播速度为 D。当爆轰波到达微元 A 点时，A 点开始运动，速度为 v_0 (称为压合速度)，方向与罩表面法线成 δ 角 (称为变形角)。A 点到达轴线时，爆轰波到达 C 点，AC 段运动到了 BC 位置，BC 与轴线的夹角 β 称为压合角或压垮角。在此时间段，罩壁由 AC 变形成 BC，碰撞点由 E 点运动到 B 点，运动速度为 v_1。若假设：

(1) 爆轰波扫过罩壁的速度不变；

(2) 爆轰波到达罩壁后，该微元立即达到压合速度 v_0，并以不变的大小和方向运动；

(3) 罩壁各微元的压合速度 v_0 和变形角 δ 相等；

(4) 罩壁微元压合速度 v_0 和变形角 δ 在厚度方向上不存在分布；

(5) 变形过程中罩长度不变，即 $AC = BC$；

(6) 药型罩是理想不可压缩流体。

根据以上假设可知，碰撞点的运动速度，即 v_1 是不变的，同时，由图 5.2.4(a) 中几何关系可知

$$\beta = \alpha + 2\delta \tag{5.2.1}$$

$$\sin\delta = \frac{v_0 \cos\alpha}{2D} \tag{5.2.2}$$

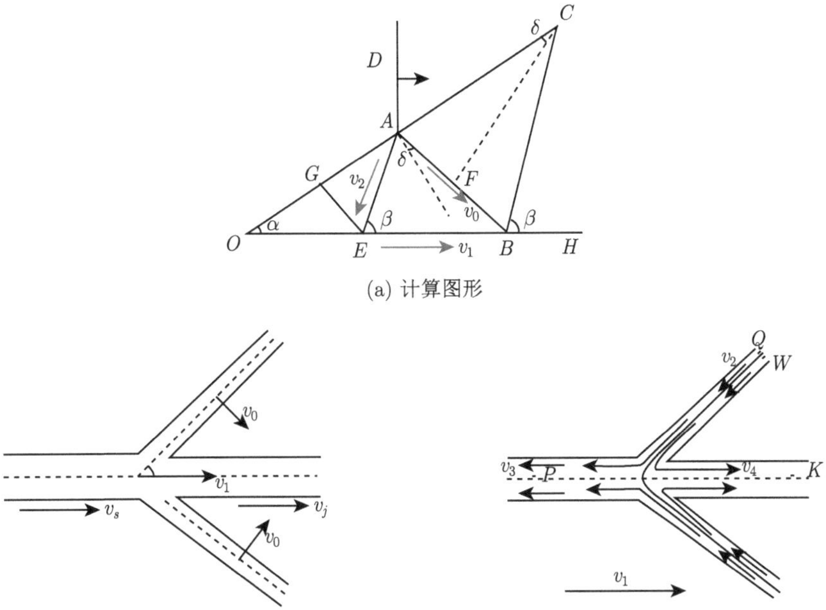

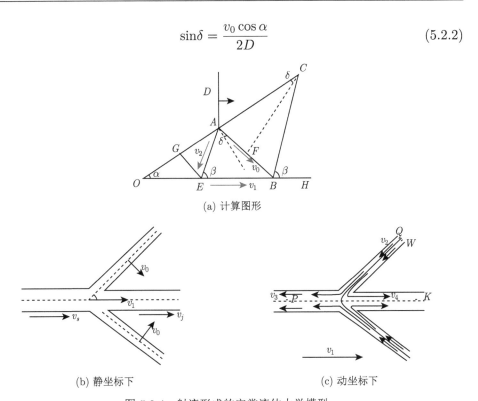

(a) 计算图形

(b) 静坐标下

(c) 动坐标下

图 5.2.4 射流形成的定常流体力学模型

碰撞点附近的图像如图 5.2.4(b) 所示，即在静坐标系下，罩壁以压合速度 v_0 向轴线运动，当它到达碰撞点时，分流成杵和射流两个部分，杵以速度 v_s 运动，射流以速度 v_j 运动，碰撞点 E 以速度 v_1 运动。如果站在碰撞点处观察，可建立如图 5.2.4(c) 所示的动坐标系 (以 v_1 的速度与碰撞点一起运动)，在动坐标系下则可看到罩壁以相对速度 v_2 向着碰撞点运动，然后分流成两股：一股向碰撞点左方离去，另一股向碰撞点右方离去。这种运动状况不随时间而变化，即为定常过程。

可见，在动坐标系下，罩壁碰撞形成射流和杵的过程可描述成定常流动，罩壁外层向碰撞点左方运动成为杵，罩壁内层向碰撞点右方运动成为射流。根据流体力学理论，定常理想不可压缩流体运动可用伯努利方程描述，即沿流线压力和动能密度的总和为常数。对于罩壁外层上 Q 点和杵的 P 点，沿流线有下式：

$$p_P + \frac{1}{2}\rho v_3^2 = p_Q + \frac{1}{2}\rho v_2^2 \tag{5.2.3}$$

其中，p_P 和 p_Q 分别为流体中 P 点和 Q 点的静压力，ρ 为流体密度，v_2、v_3 分别是 Q 点和 P 点的流体运动速度。取 P 点和 Q 点离碰撞点 E 很远，受碰撞点的影响很小，则静压力应与周围气体压力相同。由不可压缩假设知，罩壁密度和

杵的密度也是相等的。因此由式 (5.2.3) 可得

$$v_2 = v_3 \tag{5.2.4}$$

若取罩内表面层上一点 W 和射流中一点 K 作同样的分析，也可得到在动坐标系下射流速度和罩壁速度相等的结论。于是，在动坐标系下，罩壁以速度 v_2 流向碰撞点，仍以速度 v_2 分别向左和向右离去，取向右为正，向左为负，则在静坐标中，只要加上一个动坐标系的运动速度 (即碰撞点速度)v_1，就得到了射流和杵的速度的表达式

$$v_j = v_1 + v_2 \tag{5.2.5}$$

$$v_s = v_1 - v_2 \tag{5.2.6}$$

现在求碰撞点速度 v_1 和罩壁的相对运动速度 v_2 的表达式。由图 5.2.4(a) 可知，在相同的时间内，罩壁上 A 点运动到达轴线上 B 点，碰撞点由 E 点运动到 B 点，按照运动的矢量关系有 $\boldsymbol{v}_0 = \boldsymbol{v}_1 + \boldsymbol{v}_2$，于是对三角形 AEB 运用正弦定律有

$$\frac{v_1}{\sin[90^\circ - (\beta - \alpha - \delta)]} = \frac{v_0}{\sin\beta} = \frac{v_2}{\sin[90^\circ - (\alpha + \delta)]}$$

得到

$$v_1 = v_0 \frac{\cos(\beta - \alpha - \delta)}{\sin\beta} \tag{5.2.7}$$

$$v_2 = v_0 \frac{\cos(\alpha + \delta)}{\sin\beta} \tag{5.2.8}$$

代入式 (5.2.5)、式 (5.2.6) 得

$$v_j = \frac{1}{\sin\dfrac{\beta}{2}} v_0 \cos\left(\frac{\beta}{2} - \alpha - \delta\right) \tag{5.2.9}$$

$$v_s = \frac{1}{\cos\dfrac{\beta}{2}} v_0 \sin\left(\alpha + \delta - \frac{\beta}{2}\right) \tag{5.2.10}$$

下面求射流质量 m_j 和杵质量 m_s。由质量守恒定律有

$$m = m_s + m_j \tag{5.2.11}$$

其中，m 为罩微元的质量。由轴线方向的动量守恒有

$$-mv_2\cos\beta = -m_s v_2 + m_j v_2 \tag{5.2.12}$$

式 (5.2.11) 和式 (5.2.12) 联立解得

$$m_j = \frac{1}{2}m(1-\cos\beta) = m\sin^2\frac{\beta}{2} \tag{5.2.13}$$

$$m_s = \frac{1}{2}m(1+\cos\beta) = m\cos^2\frac{\beta}{2} \tag{5.2.14}$$

式 (5.2.9)、式 (5.2.10)、式 (5.2.13) 和式 (5.2.14) 就是在定常理想不可压缩流体假设下射流和杵的速度及质量的表达式。加上式 (5.2.1)、式 (5.2.2) 共 6 个公式，未知数有 m_j, v_j, m_s, v_s, v_0 和 δ，β，只需事先确定一个参数即可封闭求解。如果已知装药的结构和性能参数，利用冲击波相关理论原则上可以解析建立 v_0 与加载爆轰波参数及几何参数之间的关系。但求解过程比较复杂，通常会考虑利用实验的手段测试压合速度 v_0，再由此确定所有射流参数。

在上述定常不可压缩流体模型中，药型罩各单元的质量、压合速度、压合角和变形角四个值相同，导致射流和杵体的速度和质量也没有差别。但事实上，射流具有速度梯度，头部要比尾部速度快得多，因而射流不断拉长，甚至断裂。造成这种理论与实际差别的原因是，实际聚能装药结构的罩单元质量从罩顶到罩底一般是越来越大，同时，不管是平面对称的楔形结构还是轴对称的锥形结构，都是药型罩顶部装药多，而罩底部装药少，因此，压合角、变形角和压合速度也都是随药型罩不同单元而变化的。1952 年，皮尤、艾克尔伯格和罗斯多科等研究了一种非定常理论，后来称之为 PER 理论，除压合速度外，该理论与伯克霍夫等的定常理论基于相同的概念。皮尤等认为对于所有药型罩微元来说，药型罩上不同的微元的压合速度是不相同的，其速度变化取决于药型罩微元的最初位置，因此从锥形罩顶部到底部压合速度不断降低，从而使形成的射流具有速度梯度，产生较大的射流延伸，更真实地反映了射流状态，推导过程可以参考文献 [4,7,8]。

5.2.4 射流形成的实验研究

在射流形成机理和射流特性的实验研究中，常用的实验方法有脉冲 X 射线照相技术、高速摄影技术、可见光立体分幅照相和回收杵实验等。

1. 射流形成机理的实验测试

脉冲 X 射线照相技术是研究射流形成及其运动特性的常用手段，其基本原理是：利用金属药型罩与装药及其爆轰产物具有较大密度差的特点，通过控制脉冲闪光的时间间隔，拍摄装药起爆后不同时刻药型罩、射流和杵体的形状，从而获取相关规律和数据。图 5.2.1 给出的是典型的锥形罩形成射流的 X 射线照片，从照片上可以清晰地观察到药型罩向轴线上运动闭合、射流和杵体的形成与运动过程。

利用静止像 (药型罩初始状态) 和炸药起爆后两个不同时刻药型罩变形照片，结合射流形成的流体力学理论，可以得到药型罩向轴线运动闭合过程中的压合速度 v_0、压合角 β 和变形角 δ。采用这种方法得到的某聚能装药的 v_0、β 和 δ 随罩

微元位置 x 的变化曲线如图 5.2.5 所示，图中还给出了射流微元速度 v_j 随微元位置 x 的变化曲线。

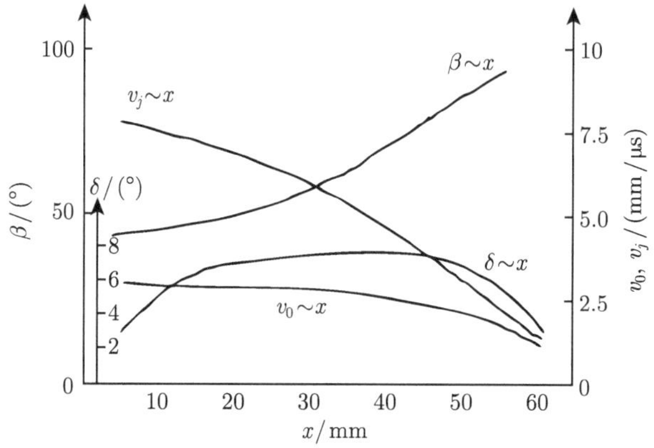

图 5.2.5　v_0、β 和 δ 随罩微元位置 x 的变化曲线

脉冲 X 射线拍摄的是药型罩外表面的形状，得不到罩内表面的运动情况。采用可见光立体分幅照相技术，可拍摄到罩内表面的运动情况，实验原理如图 5.2.6 所示。实验中，首先在罩内表面画好经纬线，然后通过照相记录爆炸后罩运动中经纬线交点的位置。图 5.2.7 是某石油射孔弹的可见光立体分幅照相结果，由图可见，随着爆轰波到达罩壁各位置，罩壁逐次进入对称轴线。在对称轴线附近，由于罩表面激烈碰撞，形成了射流，因此内表面的经纬线消失了。

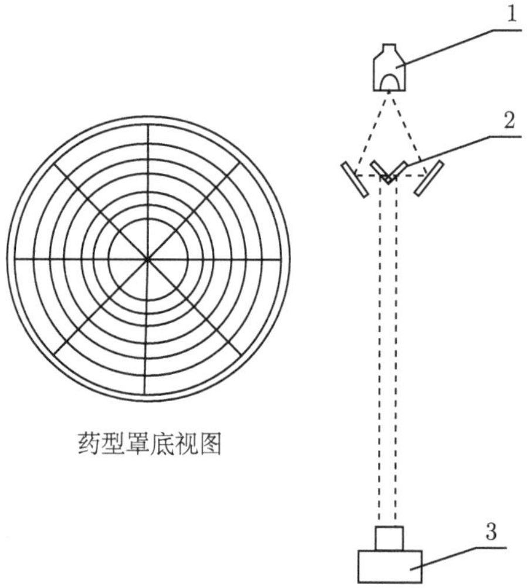

图 5.2.6　可见光立体分幅照相实验原理图

1-聚能装药；2-反射镜；3-高速摄影机

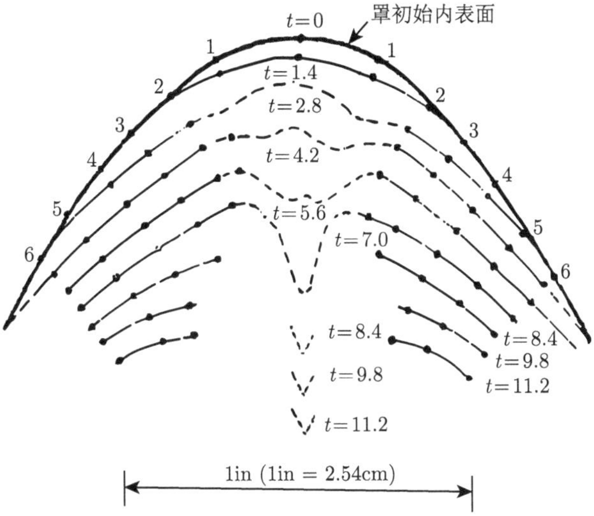

图 5.2.7 某石油射孔弹的可见光立体分幅照相结果

回收杵实验有助于进一步了解射流的形成机理。基本方法是，使射流和杵体朝水中冲去，利用水的阻力使杵体减速，再利用事先放在水中的金属网将杵体打捞出来。通过观察回收的杵体，可以看到杵体的形状，判定药型罩的流动情况，杵体的内表面是空的，说明罩的内表面形成了射流。如果在药型罩的外表面镀锌，会发现杵体的外表面也有锌，说明杵体是由药型罩的外表面形成的。根据回收到的杵体的质量，可以估算出射流的质量。

2. 射流速度的测试

射流速度及其沿长度方向的分布是射流的重要参数之一，射流速度分布的测试方法有拉断法和截割法两种。

利用脉冲 X 射线照相技术测量射流速度分布的方法称为拉断法，基本原理是：利用脉冲 X 射线摄影机对射流拉断后的状态进行拍摄 (每发弹至少要拍两张不同时刻的 X 射线照片)，找出对应断裂射流颗粒，测定其空间位置 $x_1, x_2, x_3\cdots$，并根据距离差 Δx 和拍摄的时间差 Δt，求各颗粒的速度值 v_j，从而得到 v_j-x 坐标系中某时刻的速度分布曲线。实验布置示意图如图 5.2.8 所示。

拉断法基于三个假设：一是假设射流的各微元或断裂后的各颗粒均为匀速运动，忽略空气阻力对其运动的影响；二是忽略了因空气摩擦对射流颗粒产生的烧蚀作用；三是假设射流发生断裂后不影响其速度分布，即认为断裂现象对射流微元的速度无影响。

截割法的基本原理是：让射流穿过一定厚度的靶板，消耗一段射流，剩下的射流穿出靶板后在空气中继续运动，用高速摄影仪测定剩余射流的端部速度，然后找出该段射流在原射流中的位置；改变靶板厚度，消耗不同长度的射流，就可得到速度沿长度方向的分布。

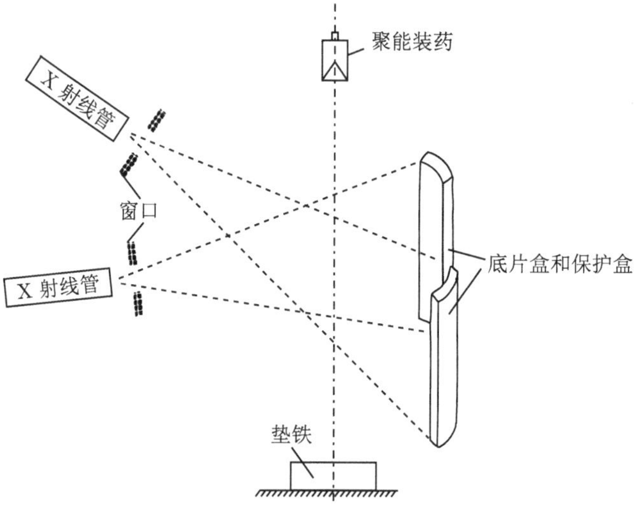

图 5.2.8 拉断法测量射流速度分布的实验布置示意图

截割法基于如下四个基本假设：一是射流微元在运动中速度不变；二是射流破甲后对后续射流无影响；三是射流微元之间互不作用，不作能量交换；四是射流保持连续，不发生断裂。

截割法主要采用扫描式高速摄像机或测时仪进行测试。采用扫描式高速摄像机测量速度分布的实验原理如图 5.2.9 所示。靶板用带有缺口的圆筒隔开，缺口对准高速摄像机的方向，在高速摄像机的光路中加进一个狭缝，在照相底片上就可以得到发光物 (射流) 的连续扫描迹线。

典型的实验照片如图 5.2.10 所示，底片的水平方向为扫描方向，相当于时间坐标，竖直方向是发光物 (射流) 的运动方向，扫描线的斜率就是发光物的运动速度。在图 5.2.10 中，AB 段是爆轰波扫过药柱侧表面的扫描线，CD 段是药型罩内高速聚气流或者药型罩压跨过程中产生的高速金属蒸气微粒的扫描线，DE 段是射流头部扫描线。射流在 E 点碰到第一块靶板，此后一段时间没有扫描线，靶板消耗掉一段射流后，剩余射流穿过靶板继续运动，扫描线为 FG。射流在 G 点碰到第二块靶板，消耗掉一段后剩余射流的端部扫描线为 HI 段。同样，射流穿过第三块靶板后的端部扫描线为 JK。测量各扫描线的斜率即可得到各射流微元的速度，再根据截割法的基本假设，在底片上可将各射流微元对应的扫描线延长与给定的时间的垂直线相交，交点 (图 5.2.10 中的 a_0、a_1、a_2 和 a_3) 就是该时刻对应射流微元的位置。

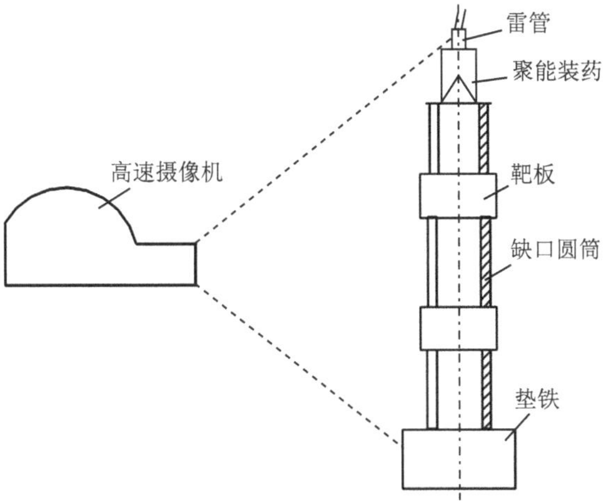

图 5.2.9 扫描式高速摄像机测量速度分布的实验原理图

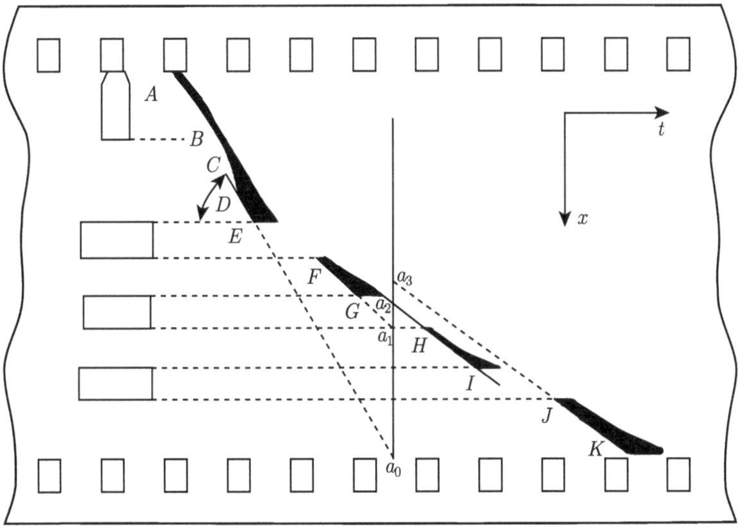

图 5.2.10 测量射流速度分布的扫描底片

改变靶板厚度，消耗不同长度的射流，可以测得各射流微元的速度和位置，将所有的数据整理到同一坐标系中，便可得到不同时刻射流速度沿长度方向的分布情况。

采用测时仪测量速度分布的实验原理图如图 5.2.11 所示，靶块 (钢块) 之间用支撑筒隔开，每个靶块上、下均布设信号靶。当射流头部到达罩底部时，射流接通启动靶使测时仪各通道同时启动，开始计时。当射流通过支撑筒到达第一靶块上端面时，测时仪第一通道停止，计时 t_0，再根据支撑筒长度 x_0 可得射流头部速度 $v_{j0}=x_0/t_0$。射流穿过第一靶块，消耗一段，后续射流先后到达第一靶块下端面和第二靶块上端面时，测时仪第二通道和第三通道先后停止，再根据对应的支撑筒长度就可以得到剩余射流的端部速度。依次类推，可以得到各次剩余射流的端部速度。

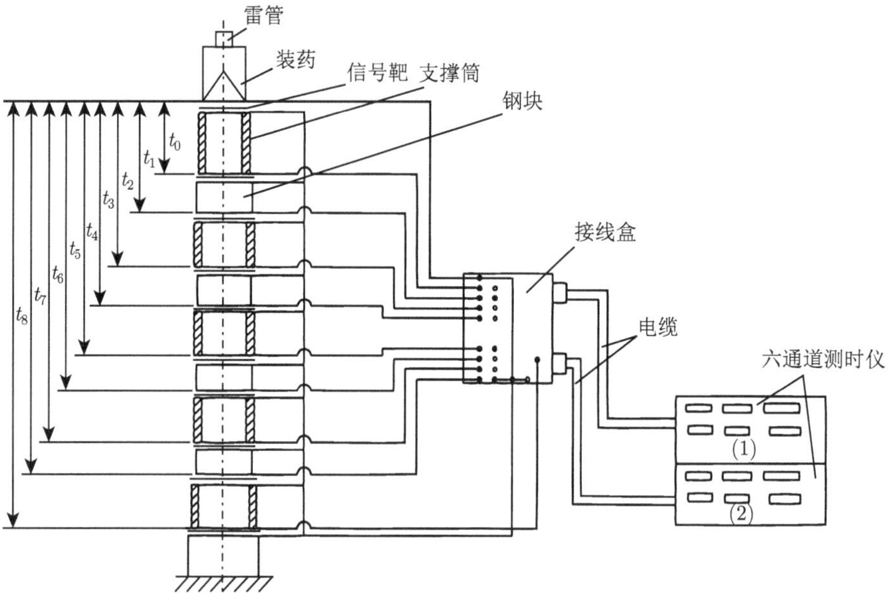

图 5.2.11 测时仪测量速度分布的实验原理图

截割法测得的某一聚能装药的射流速度沿长度方向的分布曲线如图 5.2.12 所示。由图可见，除头部一小段外，射流速度沿长度方向基本是线性分布的。

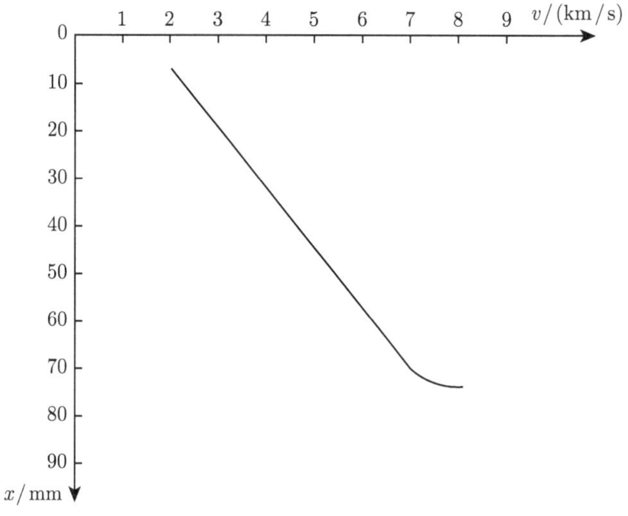

图 5.2.12 某一聚能装药的射流速度沿长度方向的分布曲线

3. 射流质量的测试

根据某一时刻射流的外形脉冲 X 射线照片，进一步假设射流的横截面是圆形的，射流密度等于药型罩的密度，通过对射流各微元直径的测量，可以计算出射流质量随长度的分布，图 5.2.13 给出了某聚能装药射流的质量、速度和能量分布曲线。

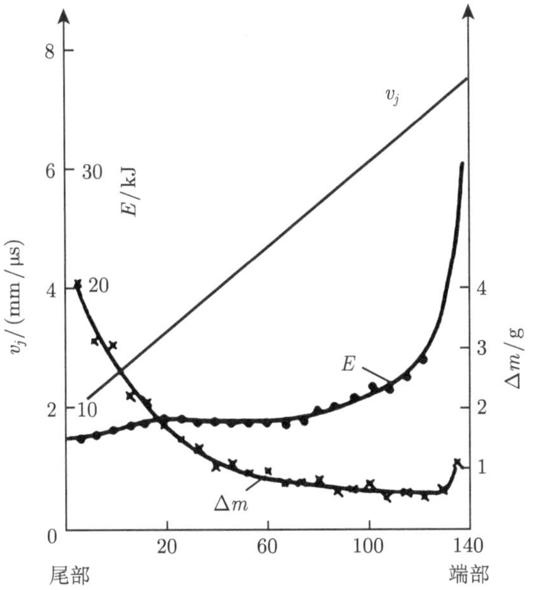

图 5.2.13 某聚能装药射流的质量、速度和能量分布曲线

4. 射流断裂的测试

射流在空气中拉伸到一定程度后，首先出现颈缩，然后断裂成许多小段。图 5.2.3 是射流颈缩和断裂的脉冲 X 射线照片，从照片上可以清晰地观察到射流从头部到尾部依次出现颈缩、断裂成小段。

5.3 射流破甲过程 [1,2,4–8]

5.3.1 射流破甲的基本现象

射流破甲与普通的穿孔现象有很多不同。将铁钉敲入木头中，只能得到和钉子一样粗的孔，且穿孔深度不大于钉子的长度，钉子则留在孔中。而射流穿钢板时，却能打出比自身粗许多的孔，穿孔深度不完全取决于射流长度，还与射流和靶的材料性能相关。射流穿孔后，射流金属依次分散附着在孔壁上。

铜射流对钢靶板的破甲过程示意图如图 5.3.1 所示。图 5.3.1(a) 为射流刚接触靶板时刻，然后发生碰撞，由于碰撞速度超过了钢和铜中的声速，自碰撞点开始向靶板和射流中分别传入冲击波。同时在碰撞点产生很高的压力，能达到 200 万大气压，使靶板破孔，温度能升高到绝对温度 5000K。由于射流直径很小，稀疏波迅速传入，使得传入射流中的冲击波不能深入射流很远。射流与靶板碰撞后，速度降低，但不为零，而是等于靶板碰撞点处当地的质点速度，也就是碰撞点的运动速度，称为破甲速度。碰撞后的射流并没有消耗全部能量，剩余的部分能量虽不能进一步破甲，却能扩大孔径。此部分射流在后续射流的推动下，向四周扩张，最终附着在孔壁上。

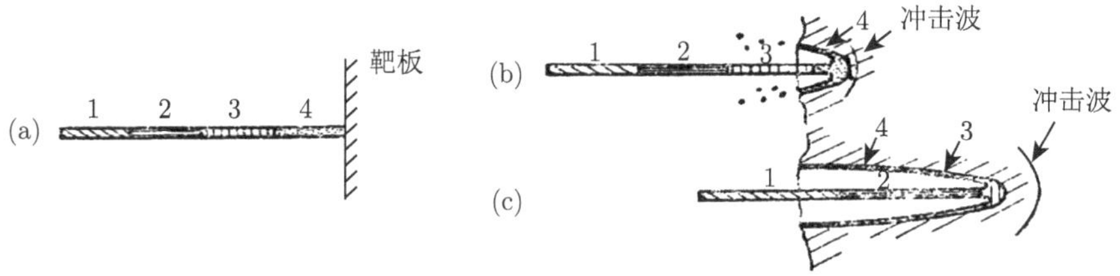

图 5.3.1　铜射流对钢靶板的破甲过程示意图

当后续射流到达碰撞点后，继续破甲，但此时射流所碰到的不再是静止状态的靶板材料，经过冲击波压缩后，此部分靶板材料已有了一定的速度，所以碰撞点的压力会小一些，为 20 万 ~30 万大气压，温度也降到 1000K 左右。在碰撞点周围，金属产生高速塑性变形，应变率很大。因此在碰撞点附近有一个高温、高压、高应变率的区域，简称为三高区。后续射流正是与三高区状态的靶板金属发生碰撞进行破甲的。图 5.3.1(b) 表示射流 4 正在破甲，在碰撞点周围形成三高区。图 5.3.1(c) 表示射流 4 已附着在孔壁上，有少部分飞溅出去；射流 3 完成破甲作用；射流 2 即将破甲。可见射流残留在孔壁的次序和在原来射流中的次序是相反的。

综上分析，金属射流对靶板的侵彻过程大致可以分为如下三个阶段。

1) 开坑阶段

开坑阶段也就是射流侵彻破甲的开始阶段。当射流头部撞击静止靶板时，碰撞点的高压和所产生的冲击波使靶板自由面崩裂，并使靶板和射流残渣飞溅，而且在靶板中形成一个高温、高压、高应变率的三高区域。此阶段侵彻深度仅占孔深的很小一部分。

2) 准定常侵彻阶段

这一阶段射流对处于三高区状态的靶板进行侵彻穿孔。侵彻破甲的大部分破孔深度是在此阶段形成的。由于此阶段中的冲击压力不是很高，射流的能量变化平缓，破甲参数和破孔的直径变化不大，基本上与破甲时间无关，所以称为准定常侵彻阶段。

3) 终止阶段

终止阶段的情况很复杂。首先，射流速度已相当低，靶板强度的作用愈来愈明显，不能忽略；其次，由于射流速度降低，不仅破甲速度减小，而且扩孔能力也下降了。后续射流推不开前面已经释放能量的射流残渣，影响了破甲的进行；再者，射流在破甲的后期出现失稳 (颈缩和断裂)，从而影响破甲性能。当射流速度低于可以侵彻靶板的最低速度 (临界速度) 时，已不能继续侵彻穿孔，而是堆积在坑底，使破甲过程结束。

如果射流尾部速度大于临界速度，也可能因射流消耗完毕而终止破甲。对于杵，由于其速度较低，一般不能起到破甲作用，即使在射流穿透靶板的情况下，杵体也往往留存在破甲孔内，称为杵堵。在石油开采领域，解决杵堵问题是提高采油效率的一个关键技术环节。

图 5.3.2 是脉冲 X 射线拍摄的射流垂直侵彻钢板照片，从照片中可以清楚地看到，在射流的入口处有大量的碎片 (靶板和射流) 飞溅出来，在射流的出口处，飞溅出的靶板碎片和分散的射流形成口袋形。

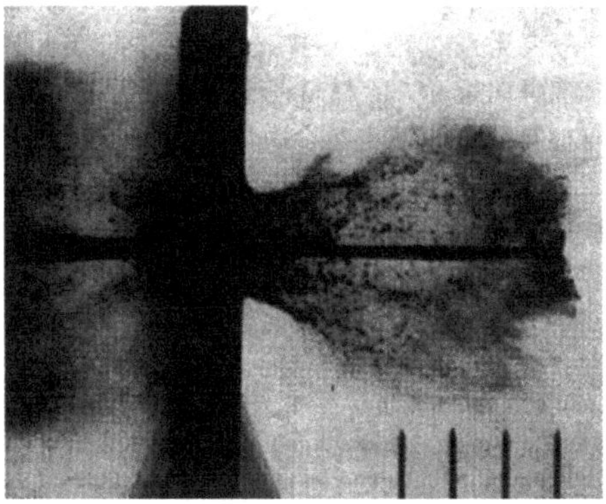

图 5.3.2 射流垂直侵彻钢板的 X 射线照片

5.3.2 破甲过程的流体力学理论

破甲过程关心的最终结果是破甲深度，它是破甲威力的核心内容。有关破甲深度计算的流体力学理论已经发展了 60 多年，至今已建立了系列理论模型。通过这些理论模型可以在已知射流参数的情况下，考虑射流与靶板的相互作用，解析计算破甲深度。

1. 定常破甲理论

设射流速度为 v_j，破甲速度为 u。忽略靶板和射流的材料强度及可压缩性，把射流和靶板当作理想不可压缩流体来处理。再假定所考察的一段射流的速度 v_j 是不变的，则破甲速度 u 也不变。把坐标原点建立在射流与靶板的接触点 A 上，破甲过程如图 5.3.3 所示。站在 A 点观察，见到射流以速度 v_j-u 流过来，靶材以速度 u 流过来。在此动坐标系下，整个过程不随时间而变化，因此是定常的。

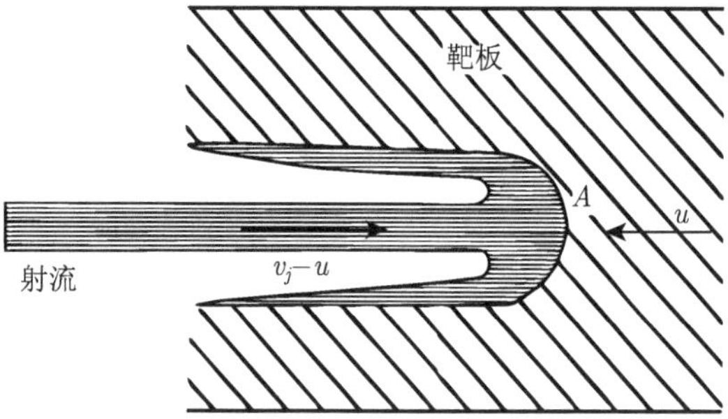

图 5.3.3　破甲过程动坐标示意图

在 t 时间内，速度为 v_j、长度为 L 的射流被消耗掉，获得破甲深度为 P，有如下关系式：

$$t=\frac{L}{v_j-u} \tag{5.3.1}$$

$$P=ut \tag{5.3.2}$$

破甲速度 u 是由速度为 v_j 的射流冲击引起的侵彻速度，v_j 和 u 的关系可以运用流体力学理论求得。由于在整个时间 t 内，破甲过程是定常理想不可压缩流体力学过程，因此可以运用伯努利公式。在 A 点左侧，取远离 A 点的射流中一点和 A 点，该两点的压力和动能密度的总和相等，即

$$(p_j)_{-\infty}+\frac{1}{2}\rho_j(v_j-u)^2=(p_j)_A+\frac{1}{2}\rho_j u_A^2 \tag{5.3.3}$$

式中，$(p_j)_{-\infty}$ 为远离 A 点处射流的静压力，$(p_j)_A$ 为 A 点左侧射流的静压力。同样，在 A 点右侧，取远离 A 点的靶板中一点和 A 点，可得

$$(p_t)_{\infty}+\frac{1}{2}\rho_t u^2=(p_t)_A+\frac{1}{2}\rho_t u_A^2 \tag{5.3.4}$$

式中，$(p_t)_{\infty}$ 为远离 A 点处靶板的静压力，$(p_t)_A$ 为 A 点右侧靶板的静压力。A 点左右两边压力必相等

$$(p_t)_A=(p_j)_A \tag{5.3.5}$$

合并式 (5.3.3)~式 (5.3.5)，并且在动坐标系下速度 u_A 为 0，得

$$(p_j)_{-\infty}+\frac{1}{2}\rho_j(v_j-u)^2=(p_t)_{\infty}+\frac{1}{2}\rho_t u^2 \tag{5.3.6}$$

式中，ρ_j、ρ_t 分别为射流和靶板的密度。忽略远离 A 点的压力 $(p_t)_{\infty}$ 和 $(p_j)_{-\infty}$ 的差异，则式 (5.3.6) 为

$$u=\frac{v_j}{1+\sqrt{\dfrac{\rho_t}{\rho_j}}} \tag{5.3.7}$$

式 (5.3.7) 即为射流速度与破甲速度的关系。将此式代入式 (5.3.1) 和式 (5.3.2)，消去 t 得到

$$P=L\sqrt{\frac{\rho_j}{\rho_t}} \tag{5.3.8}$$

式 (5.3.8) 即为定常理论下的破甲深度公式。

公式表明破甲深度 P 与射流长度 L 成正比，与射流和靶板密度之比的平方根成正比，与实验结果定性符合。例如，增加炸高时，使射流长度 L 增加，只要射流不断裂、不分散，就能提高破甲深度。铜罩比铝罩的破甲深度大，因为铜罩射流密度更大。铝靶比钢靶破甲深度大，因为铝靶密度更小。

公式还表明，破甲深度仅决定于射流的长度和密度以及靶板的密度，与靶板强度无关，甚至与射流速度无关，这与实际情况不符。由于假设靶板是理想流体，不考虑强度，因此射流速度无论大小都能破孔，这只是一种理论上的假设。就射流头部而言，由于速度很高，忽略强度的影响是可以的，当尾部射流破甲时，显然不能忽略靶板强度的影响。另外，定常理论还假定射流速度没有空间分布，而实际上射流存在速度梯度，这也是定常理论不能解释的。因此，需要对上式进行修正才能获得更符合实际的破甲公式。

2. 考虑射流速度分布的准定常破甲理论

实际的射流总是头部速度高，尾部速度低。沿射流长度有速度分布，因此和前面假定的恒速射流情况不同，不能直接应用伯努利公式。但是就一小段射流而言，可以认为速度不变，因此仍可以运用伯努利公式，这就是所谓的准定常条件。在这种情况下，射流速度与破甲速度的关系式 (5.3.7) 仍适用，关键是要考虑射流的速度沿长度方向的分布。

建立 t-x 坐标系如图 5.3.4 所示，假定所有射流微元都从图中虚拟点 A 点同时发出，但具有不同的初始速度，并且在以后的运动过程中速度保持不变。A 点的坐标是 (t_a, b)。随着时间的推移，射流微元的运动轨迹在 t-x 图上表现为从 A 点发出的一簇直线，每一条直线的斜率就是该射流微元的速度 v_j。随着时间的延伸，射流由于速度差不断伸长，但任何时刻，射流速度沿长度方向呈线性分布。

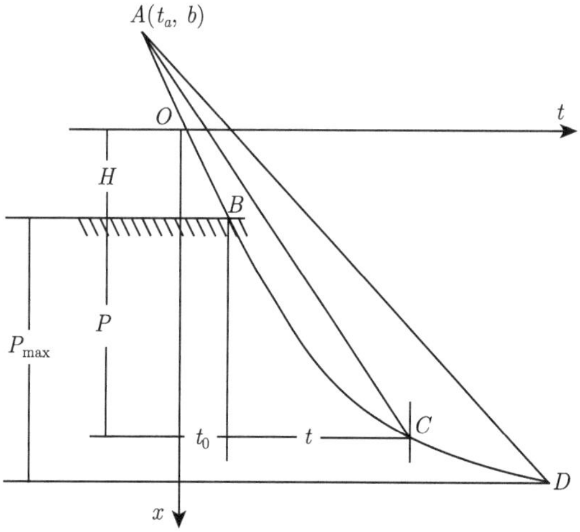

图 5.3.4　准定常模型计算射流破甲过程

若炸高为 H，则 t_0 时刻射流头部在 B 点与靶板相遇，破甲开始。BCD 线是破甲孔随时间加深的曲线，曲线上每一点的斜率就是该点的破甲速度 u，且该破甲速度与对此点进行破甲的射流速度的关系由式 (5.3.7) 给出。由于射流速度越来越慢，破甲速度也呈衰减趋势，因此 BCD 是曲线。破甲到 D 点停止，最大破甲深为 $P_{\max}$。

在图 5.3.4 中 C 点，对应破甲深度为 P，破甲时间为 t，即将进行破甲的射流微元速度为 v_j。按照几何关系可写出

$$(t_0 + t - t_a)\, v_j = P + H - b \tag{5.3.9}$$

式 (5.3.9) 对 t 微分，因 $H - b$ 是常数，且 $\dfrac{\mathrm{d}P}{\mathrm{d}t} = u$，可得

$$v_j + (t_0 + t - t_a)\,\frac{\mathrm{d}v_j}{\mathrm{d}t} = u \tag{5.3.10}$$

求解式 (5.3.10) 得

$$t_0 + t - t_a = (t_0 - t_a)\,\mathrm{e}^{-\int_{v_{j0}}^{v_j} \frac{\mathrm{d}v_j}{v_j - u}} \tag{5.3.11}$$

式中，v_{j0} 表示射流头部速度，t_0 表示射流头部开始破甲的时间，将式 (5.3.11) 回代入式 (5.3.9) 得

$$P = (t_0 - t_a) v_j \mathrm{e}^{-\int_{v_{j0}}^{v_j} \frac{\mathrm{d}v_j}{v_j - u}} - H + b \tag{5.3.12}$$

将 v_j 和 u 的关系式 (5.3.7) 代入式 (5.3.12) 中的积分，得到 $\mathrm{e}^{-\int_{v_{j0}}^{v_j} \frac{\mathrm{d}v_j}{v_j - u}} = \left(\dfrac{v_j}{v_{j0}}\right)^{-1-\sqrt{\frac{\rho_j}{\rho_t}}}$，再代入式 (5.3.12)，并利用式 (5.3.9) 有 $v_{j0} = \dfrac{H - b}{t_0 - t_a}$，得到破甲

深度公式为

$$P=(H-b)\left[\left(\frac{v_{j0}}{v_j}\right)^{\sqrt{\frac{\rho_j}{\rho_t}}}-1\right] \tag{5.3.13}$$

式 (5.3.13) 即为准定常理想不可压缩流体的破甲公式。

由式 (5.3.13) 可以看出，破甲深度与 $H-b$ 成正比，b 很小时，破甲深度与炸高 H 近似成正比；射流头部速度 v_{j0} 和尾部速度 v_j 的比值越大，P 越大；射流和靶板的密度比越大，P 越大。

进一步由式 (5.3.13) 还可得出破甲时程曲线

$$P=(H-b)\left[\left(\frac{t_0+t-t_a}{t_0-t_a}\right)^{\frac{1}{1+\sqrt{\frac{\rho_t}{\rho_j}}}}-1\right] \tag{5.3.14}$$

在式 (5.3.13) 和式 (5.3.14) 中，由于考虑了射流的速度分布，更接近实际情况。但是，当射流侵彻高强度靶板或速度较低时，靶板强度的影响就明显地表现出来了。同时，射流拉伸到一定长度后会发生断裂，射流断裂之后，破甲能力将大为下降。因此，在分析射流破甲过程时，靶板强度与射流断裂也是需要考虑的两个因素。关于考虑靶板强度和射流断裂因素的破甲公式的分析和推导可参考文献 [4, 7, 8]。

5.3.3 破甲过程的经验计算公式

在工程设计中，常常会运用一些简单的经验公式来估算侵彻深度，下面介绍几个计算破甲深度的经验公式。

1. 经验公式一

根据新 40 弹试验并结合高速摄影进行分析，总结的侵彻深度经验公式为

$$P=\beta_1(h_t+H_y) \tag{5.3.15}$$

式中，P 是静态平均破甲深度；β_1 是经验系数，与药型罩和靶板材料有关，对于紫铜药型罩，如果靶板为装甲钢，$\beta_1=1.7$，如果靶板是 45 号钢，$\beta_1=1.76$。h_t 可表示成

$$h_t=\frac{d_k}{2\tan\alpha} \tag{5.3.16}$$

d_k 是药型罩口部内直径，α 是药型罩的半锥角。H_y 是有利静炸高，可表示为

$$H_y=k_1\cdot k_2\cdot k_3 d_k \tag{5.3.17}$$

式中，k_1 是与药型罩锥角 2α 有关的系数，当锥角 2α 分别为 40°、50°、60° 和 70° 时，k_1 分别取 1.9、2.05、2.15 和 2.2。k_2 是与临界速度 v_{jc} 有关的系数，

$k_2 = 2100/v_{jc}$，对于紫铜药型罩，如果靶板为装甲钢，$k_2 = 1.0$，如果靶板是 45 号钢，$k_2 = 1.1$。k_3 是与炸药爆速 D 有关的系数

$$k_3 = \left(\frac{D}{8300}\right)^2 \tag{5.3.18}$$

其中，临界速度 v_{jc} 和爆速 D 的单位是 m/s。

由此可以得到，侵彻装甲钢时有

$$P = 1.7\left(\frac{d_k}{2\tan\alpha} + \frac{3\times 10^{-5}k_1 d_k \cdot D^2}{v_{jc}}\right) \tag{5.3.19}$$

2. 经验公式二

在定常侵彻理论的基础上，根据制式装药结构的试验数据归纳整理得到的侵彻深度经验公式为

$$P = \psi_0 l_m \tag{5.3.20}$$

式中，ψ_0 是射流的利用系数；l_m 是药型罩母线长度 (mm)。考虑到装药性质等的影响可通过爆压反映出来，式 (5.3.20) 修正为

$$P = \left[\psi_0 + \Delta\psi\left(p\right)\right] l_m \tag{5.3.21}$$

式中，p 是实际装药的爆压。根据现有制式装药结构的试验数据，针对有、无隔板两种情况，总结并建立了 ψ_0 和 $\Delta(\psi)$ 间的关系式。

装药结构中有隔板时

$$\psi_0 = -0.706\times 10^{-2}\alpha^2 + 0.593\alpha - 4.45 \tag{5.3.22}$$

$$\Delta\psi\left(p\right) = 0.475\times 10^{-7}\rho_e D^2 - 5.39 \tag{5.3.23}$$

装药结构中无隔板时

$$\psi_0 = 0.0118\times 10^{-2}\alpha^2 + 0.106\alpha + 1.94 \tag{5.3.24}$$

$$\Delta\psi\left(p\right) = 0.250\times 10^{-7}\rho_e D^2 - 2.44 \tag{5.3.25}$$

整理后得

$$P_y = \eta\left(-0.706\times 10^{-2}\alpha^2 + 0.593\alpha + 0.457\times 10^{-7}\rho_e D^2 - 9.84\right) l_m \tag{5.3.26}$$

$$P_w = \eta\left(0.0118\times 10^{-2}\alpha^2 + 0.106\alpha + 0.250\times 10^{-7}\rho_e D^2 - 0.53\right) l_m \tag{5.3.27}$$

式中，P_y 是有隔板时的平均侵彻深度 (mm)；P_w 是无隔板时的平均侵彻深度 (mm)；α 是药型罩的半锥角；ρ_e 是装药密度 (g/cm^3)；D 是炸药爆速 (m/s)；η 是考虑药型罩材料、加工方法及靶板材料对侵彻深度的影响系数，见表 5.3.1。

表 5.3.1 影响系数 η 的取值

药型罩	紫铜冲压		钢冲压	铝车制
靶板	碳钢	装甲钢	装甲钢	装甲钢
η	1.10	0.97～1.02	0.77～0.79	0.40～0.49

5.3.4 破甲效应的实验研究

聚能射流侵彻参数主要包括侵彻深度、孔径、侵彻深度与侵彻时间及罩微元位置之间的关系等。测试侵彻参数的方法一般采用整靶和叠合靶两种类型，在整靶情况下，侵彻深度和孔径不易测量。采用叠合靶实验，便于拆开观察和测量，但是由于叠合靶之间存在裂缝，消耗一部分能量，最终使侵彻孔深比整靶要浅一些。

1. 侵彻深度与时间的关系测量

在叠合靶之间夹以信号开关，当射流到达时，开关接通，RC 电路放电，将负载电阻上产生的电压降输入到示波器记录下来。同时用标准信号做时标，通过数据处理，测量出射流到达各靶的时间，对照靶板的厚度，可得侵彻深度 P 与侵彻时间 t 的关系。

图 5.3.5 和图 5.3.6 给出的是某聚能装药在不同炸高下的侵彻深度与时间的关系，图中 H 表示炸高 (单位：cm)，曲线的斜率就是侵彻速度。由图可见在小炸高时，侵彻速度和最大侵彻深度随炸高的增加而增加，在大炸高时，侵彻速度和最大侵彻深度随炸高的增加而减小。

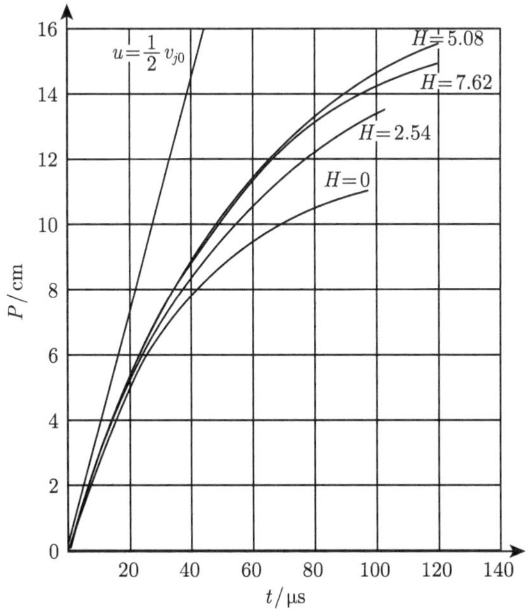

图 5.3.5 小炸高时的侵彻深度与时间关系曲线

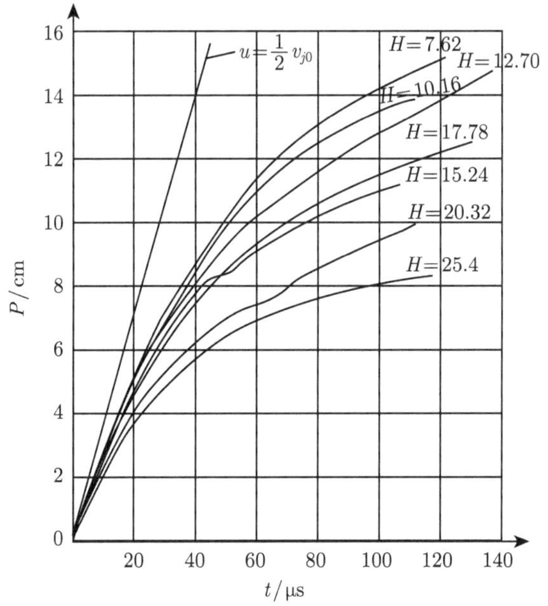

图 5.3.6　大炸高时的侵彻深度与时间关系曲线

图 5.3.7 给出的是某聚能装药对不同靶板材料条件下的侵彻深度与时间的关系，由图可见，软钢和装甲钢相比，在侵彻深度小于 60mm 时的侵彻速度相同，随后逐渐出现差别，说明在侵彻初期，靶板密度的影响起主要作用，而在侵彻后期，靶板强度的影响就体现出来了。由于铅的密度较大，在侵彻初期，射流对铅的侵彻速度略低于软钢；在侵彻后期，射流尾部速度较低，无法继续对软钢进行破甲，

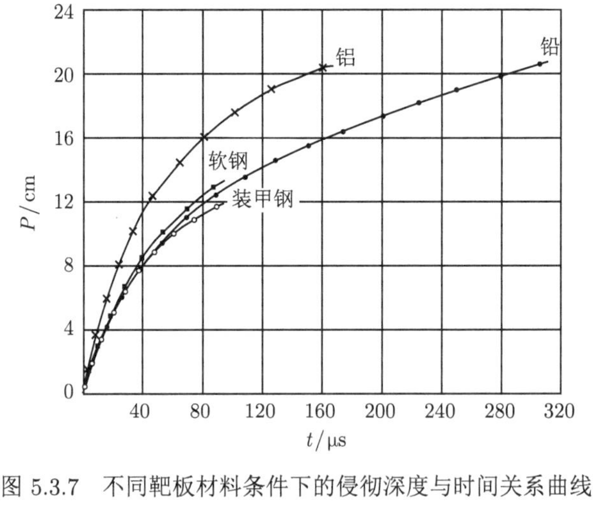

图 5.3.7　不同靶板材料条件下的侵彻深度与时间关系曲线

但由于铅易气化，射流能够继续对铅破甲。射流对铝的侵彻速度和侵彻深度明显高于软钢，这是因为铝的密度比软钢低得多。

2. 侵彻深度与罩微元位置的关系测量

将放射性元素示踪剂或普通银镀一圈于药型罩内表面某一位置 x 处，射流穿靶后，分析得到示踪剂或普通银集中区域所对应的侵彻深度，改变示踪剂或普通银的位置，经过多次实验便可得到侵彻深度 P 与罩微元位置 x 的关系。图 5.3.8 是某 105mm 聚能装药的示踪剂的实验结果，两条曲线分别代表装药有壳体和无壳体的情况，从中也可以看出壳体对侵彻深度具有比较明显的影响。

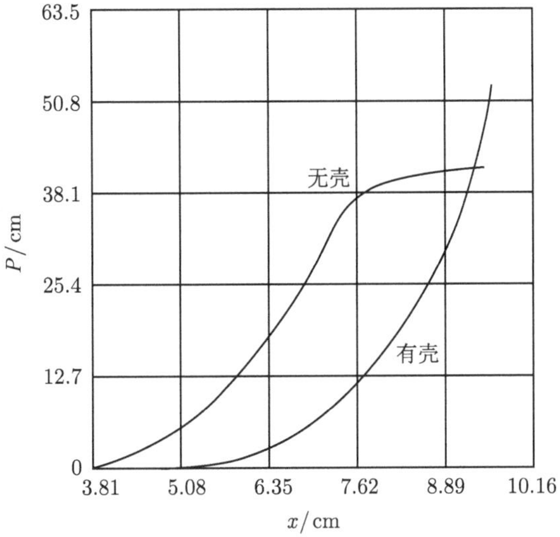

图 5.3.8 某 105mm 聚能装药的示踪剂的实验结果

这种方法主要基于三点假设：一是罩微元内表面和中间层形成的射流速度一样；二是射流在形成、拉伸过程中不进行能量交换，侵彻过程中各微元互不影响；三是射流侵彻后残渣停留在侵彻点，不发生倒流。

除上述实验外，破甲威力实验还有旋转破甲实验、动破甲实验和破甲后效实验等。旋转破甲实验是利用特殊装置使聚能装药旋转起来，在不同的稳定转速条件下起爆，测量侵彻深度和转速之间的关系。动破甲实验是一项综合性实验，包含引信作用的可靠性和适时性、聚能装药作用的正确性、弹丸着靶正确性以及爆炸完全性等涉及弹丸威力性能的检验，主要用于考核聚能装药战斗部、单级或多级结构在规定条件下射击时毁伤装甲目标的能力。破甲后效实验的目的是最终确定破甲弹毁伤装甲目标的能力，不仅包括射流能否穿透装甲本身，还包括它对装甲内部乘员和设施的毁伤能力。

5.4　聚能破甲效应的影响因素 [1,2,4,7−9]

聚能破甲弹主要用于对付坦克的防护装甲，要求聚能破甲弹有足够的破甲威力，其中包括破甲深度、后效作用及破甲的稳定性。后效作用是指聚能射流穿透坦克装甲之后，还有足够的能力破坏坦克内部，使坦克失去战斗力。破甲的稳定性是指命中的破甲弹，破甲能力一致性好。

破甲威力是聚能装药战斗部作用后的最终效果。装药结构中所采用的装药、药型罩、炸高、战斗部的旋转运动及靶板等都对破甲效果有影响，本节讨论几个主要影响因素。

5.4.1　装药

1. 炸药性能

理论分析和实验研究都表明，炸药影响破甲威力的主要因素是爆轰压力。随着炸药爆轰压力的增加，破甲深度与孔容积都增加，且与爆轰压力近似呈线性关系。由如图 5.4.1 所示的实验结果可以进一步看出，孔容积与爆轰压力的线性关系比破甲深度与爆轰压力的线性关系更为明显。

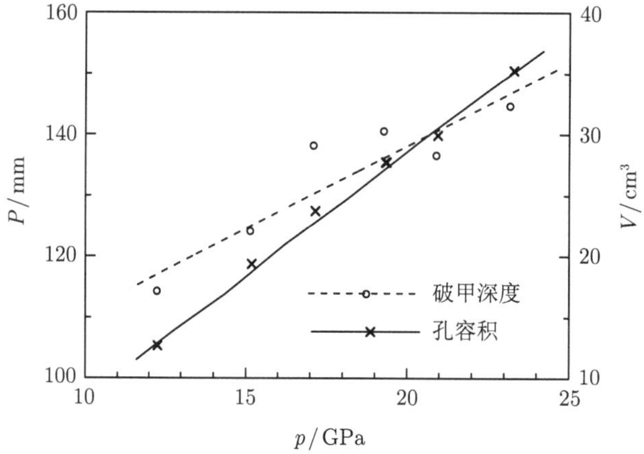

图 5.4.1　破甲深度、孔容积与爆轰压力的关系

炸药爆轰压力 p_{CJ} 是爆速 D 和装药密度 ρ_e 的函数，根据爆轰波理论知

$$p_{\mathrm{CJ}} = \frac{1}{4}\rho_e D^2$$

因此，为了提高破甲能力，必须尽量选取高爆速的炸药。当炸药选定后，应尽可能提高装药密度。目前，在破甲弹中大量适用的是以黑索金为主体的混合炸药，

如铸装梯黑 50/50、黑梯 60/40 炸药，密度为 $1.65\mathrm{g/cm^3}$ 左右，爆速为 7600m/s 左右；压装的钝化黑索金，密度为 $1.65\mathrm{g/cm^3}$ 时，爆速可达 8300m/s 左右；8321 及 8701 炸药，密度为 $1.7\mathrm{g/cm^3}$ 左右，爆速可达 8350m/s；压装的奥克托金炸药，密度为 $1.8\mathrm{g/cm^3}$ 左右，爆速可达 9000m/s。

另外，聚能战斗部对装药的均匀性要求比其他战斗部更为严格，装药中气孔等疵病的存在将严重影响聚能射流的性能。因此，除了要求装药密度高外，还应尽可能均匀，没有气孔和杂质。

2. 装药结构

聚能装药的破甲深度与装药直径和长度有关，随着装药直径和长度的增加，破甲深度会增加。增加装药直径 (相应地增加药型罩口径) 对提高破甲威力特别有效，破甲深度和孔径都随着装药直径的增加呈线性增加。但是装药直径受弹径的限制，增加装药直径后就要相应增加弹径和弹重，这在实际设计中是有限制的。因此，只能在约束的装药直径和质量下，尽量提高聚能装药的破甲威力。

随着装药长度的增加，破甲深度增加，但当药柱长度增加到三倍装药直径以上时，破甲深度不再增加。由于轴向和径向稀疏波的影响，使爆炸产物向后面和侧面飞散，作用在药柱一端的有效装药只占全部装药长度的一部分。理论研究表明，当长径比大于 2.25 时，增加药柱长度，有效装药长度不再增加，因此，盲目增加药柱长度不能达到同比提高破甲深度的目的。

聚能装药常带有尾锥，有利于增加装药长度，同时减小装药质量。装药的外壳可以用来减少爆炸能量的侧向损失。

另外，还经常在装药中设置隔板或其他波形控制器来控制装药的爆轰方向和爆轰波到达药型罩的时间，提高爆炸载荷，从而提高射流性能，提高破甲威力。图 5.4.2 给出了隔板位置示意图。隔板对破甲威力的影响主要与隔板材料和隔板尺寸

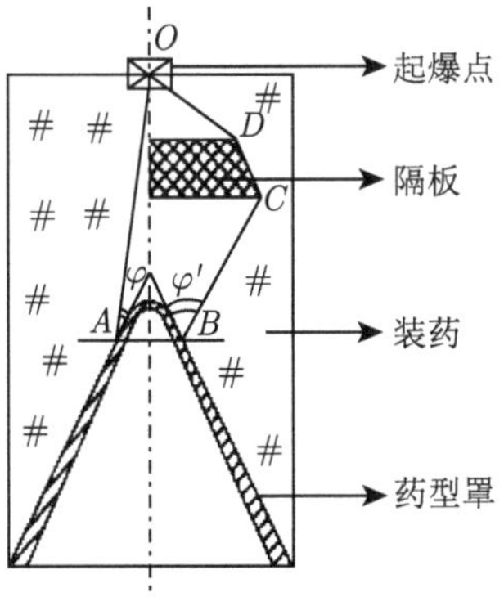

图 5.4.2 隔板对装药影响

有关。隔板材料一般选用塑料，因为塑料材料的隔爆性能好，密度低，且具有足够的强度。另外，用低爆速炸药制成的活性隔板对于增加爆轰波传播的稳定性，从而提高破甲效果的稳定性具有明显的作用。隔板尺寸的选择与药型罩锥角等因素有关。一般而言，必须进行一系列的实验，才能对隔板材料及尺寸进行合理的选择和设计。

5.4.2　药型罩

1. 药型罩材料

根据射流破甲理论可知，连续而不断裂的射流越长，密度越大，其破甲能力越强。因此，原则上说，药型罩材料应具有密度大、塑性好，在形成射流过程中不气化等特性。

实验结果表明，传统药型罩材料中紫铜的密度较高，塑性好，破甲效果最好；生铁虽然在通常条件下是脆性的，但是在高速、高压的条件下却具有良好的塑性，所以破甲效果也相当好；铝作为药型罩虽然延展性好，但密度太低；铅作为药型罩虽然延展性好、密度高，但是由于铅的熔点和沸点都很低，在形成射流的过程中易于气化，所以铝罩和铅罩破甲效果都不好，传统的药型罩多用紫铜。目前，随着对破甲能力要求的不断提高，不少新的材料加入到药型罩的选材中来，如钼、锆、镍、贫铀、钨等大比重金属，它们的主要特点都是密度大、延展性好，形成过程不气化。

2. 药型罩锥角

按照 5.2 节射流形成理论知，射流速度随药型罩锥角减小而增加，射流质量随药型罩锥角减小而减小。药型罩锥角低于 30° 时，破甲性能很不稳定。接近 0° 时射流质量极少，基本不能形成连续射流，但可用来作为研究超高速粒子之用。药型罩锥角在 30°～70° 时，射流具有足够的质量和速度。破甲弹药型罩锥角通常在 35°～60° 选取，对于中、小口径战斗部，以选取 35°～44° 为宜，对于中、大口径战斗部，以选取 44°～60° 为宜。

药型罩锥角大于 70° 之后，金属流形成过程发生新的变化，破甲深度下降，但破甲稳定性变好。药型罩锥角达到 90° 以上时，药型罩在变形过程中产生翻转现象，出现反射流，药型罩主体变成翻转弹丸，成为爆炸成型弹丸 (详见 5.5.2 节)，其破甲深度较小，但孔径很大。这种结构用来对付薄装甲效果极佳，如反坦克车底地雷、反坦克顶装甲破甲弹就是采用这种结构形式。

3. 药型罩壁厚

总的来说，药型罩最佳壁厚随罩材料密度的减小而增加，随罩锥角的增大而增加，随罩口径 d 的增加而增加，随装药外壳的加厚而增加。研究表明，药型罩最佳壁厚与罩半锥角的正弦成比例。一般，最佳药型罩壁厚为底径的 2%~4%, 在大炸距情况下较适当的壁厚为底径的 6%。

为了改善射流性能，提高破甲效果，实践中还常采用变壁厚的药型罩。从破甲深度实验结果看，采用顶部厚、底部薄的药型罩，穿孔浅而且成喇叭形。采用顶部薄、底部厚的药型罩，只要壁厚变化适当，则穿孔进口变小，随之出现鼓肚，且收敛缓慢，能够提高破甲效果。但如果壁厚变化不合适，则会降低破甲深度。适当采用顶部薄、底部厚的变壁厚药型罩可以提高破甲深度的原因，主要在于增加了射流头部速度，降低了射流尾部速度，从而增加了射流速度梯度，使射流拉长，提高了破甲深度。

4. 药型罩形状

药型罩形状可以是多种多样的，有锥形、半球形、喇叭形等。反坦克车底地雷采用大锥角罩装药，反坦克破甲弹通常采用锥角为 35°~60° 的圆锥罩，也有采用喇叭罩的，如法国 105mm“G” 型破甲弹、法国“昂塔克” 反坦克导弹等。图 5.4.3 分别给出了采用郁金香罩、双锥罩、喇叭罩、半球罩的聚能装药药型罩结构示意图。

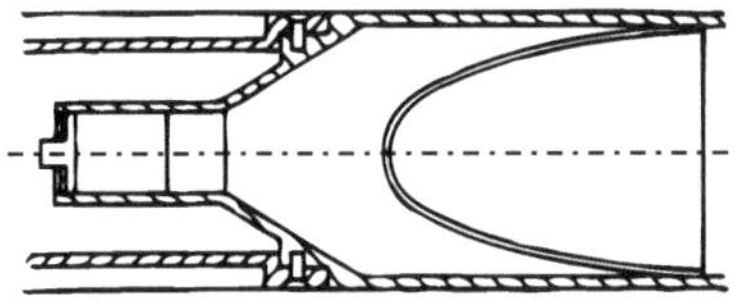

(a) 郁金香罩

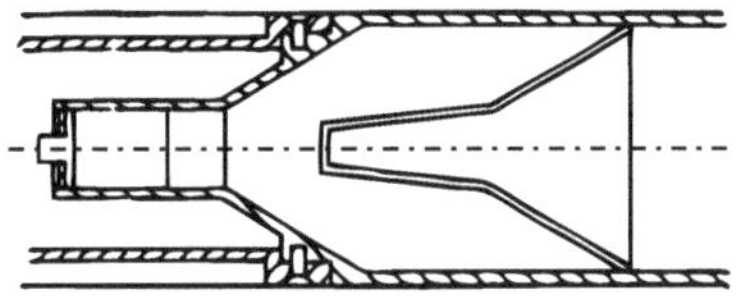

(b) 双锥罩

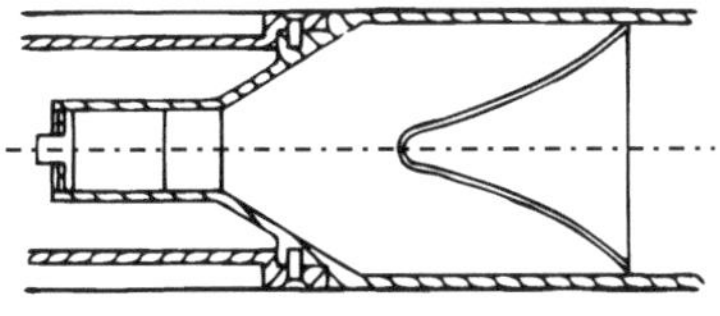

(c) 喇叭罩

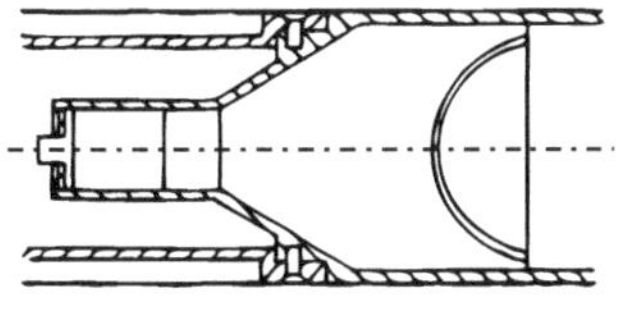

(d) 半球罩

图 5.4.3　几种典型的聚能装药药型罩结构示意图

郁金香罩装药能更有效地利用炸药能量,使罩顶部微元有较长的轴向距离,从而得到比较充分的加速，最终得到高速慢延伸 (速度梯度小) 的射流，以适应大炸高情况。在给定装药量的情况下，该种装药对靶板的侵彻孔直径较大。

双锥罩顶部锥角比底部锥角小，可以提高锥形罩顶部区域利用率，产生的射流头部速度高，速度梯度大，速度分布呈明显的非线性，具有良好的延伸性，选择适当的炸高，可大幅度地提高侵彻能力。

喇叭罩装药是双锥罩装药设计思想的扩展，顶部锥角较小，典型的是 30°，从顶部到底部锥角逐渐增大。这种结构增加了药型罩母线长度，增加了炸药装药量，有利于提高射流头部速度，增加射流速度梯度，使射流拉长。由于锥角连续变化，喇叭罩装药比双锥罩装药更容易控制射流头部速度和速度分布，通常用于设计高速高延伸率的射流。

半球罩装药产生的射流头部速度低 (4~6km/s)，但质量大，占药型罩质量的 60%~80%。射流和杵体之间没有明显的分界线，射流延伸率低，射流发生断裂时间较晚，适宜于大炸高情况。

5.4.3 炸高

炸高对破甲威力的影响可以从两方面来分析：一方面随炸高的增加，使射流伸长，从而提高破甲深度；另一方面，随炸高的增加，射流产生径向分散和摆动，延伸到一定程度后发生断裂，使破甲深度降低。因此，对特定的靶板，一定的聚能装药都有一个最佳炸高对应最大的破甲深度。图 5.4.4 展示了直径 100mm、装药高度 180mm 的聚能装药结构在不同炸高下的静破甲结果，由图可见，有利炸高约为 60cm。

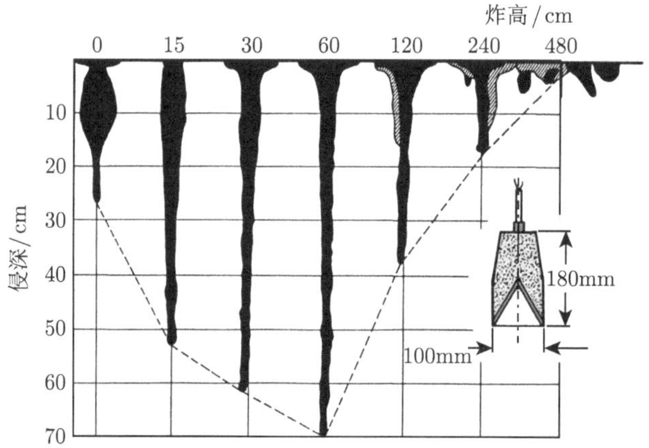

图 5.4.4 炸高对破甲的影响

有利炸高与药型罩锥角、药型罩材料、炸药性能以及有无隔板等都有关系。有利炸高随罩锥角的增加而增加，如图 5.4.5 所描述的。对于一般常用药型罩，有利炸高是罩底径的 1~3 倍。图 5.4.6 表示了罩锥角为 45° 时，不同材料药型罩破甲深度随炸高的变化。从图中看出，铝材料由于延展性好，形成的射流较长，因而有利炸高大，约为罩底径 d 的 6~8 倍，适用于大炸高的场合。

另外，采用高爆速炸药以及增大隔板直径，都能使药型罩所受压力增加，从而增大射流速度，使射流拉长，使有利炸高增加。

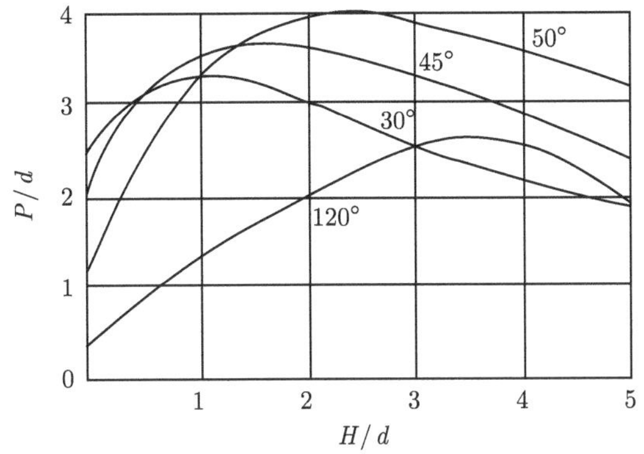

图 5.4.5　不同药型罩锥角时炸高-破甲深度曲线

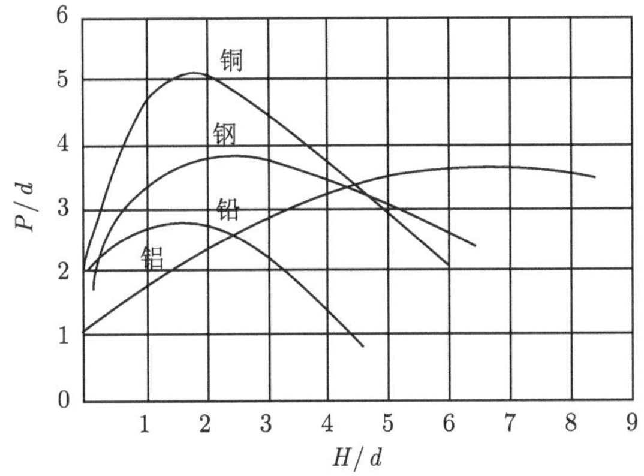

图 5.4.6　不同材料药型罩破甲深度-炸高曲线

5.4.4　战斗部的旋转运动

旋转运动一般在炮射破甲弹中比较常见，当聚能战斗部在作用过程中具有旋转运动时，对破甲威力影响很大。这是由于：一方面旋转运动破坏金属射流的正常形成；另一方面在离心力作用下使射流金属颗粒甩向四周，横截面增大，中心变空。这种现象随转速的增加而加剧。旋转运动对破甲性能的影响随装药直径的增加而增加，随炸高的增加而加剧，还随着药型罩锥角的减小而增加。

弹丸旋转运动能够提高飞行稳定性和精度，但是旋转运动却大大降低破甲性能，二者是矛盾的。为了使矛盾的双方协调起来，需要采用特殊的结构。目前消除旋转运动对破甲性能影响的措施主要有以下三种：一是采用错位式抗旋药型罩，使形成的射流获得与弹丸转向相反的旋转运动，以抵消弹丸旋转对金属射流产生的离心作用；二是采用滑动弹壳结构，使弹丸仅产生低速转动；三是采用旋压成形药型罩，在罩成形加工过程中使材料的晶粒产生某个方向上的扭曲，导致形成的射流具有一定的旋转速度，且与弹丸旋转方向相反，可抵消一部分弹丸旋转运动的影响。

5.4.5　靶板

靶板对破甲威力的影响主要体现在靶板材料性能和靶板结构形式两个方面。

靶板材料性能方面的影响，主要包括材料的密度和强度。根据定常不可压缩流体力学理论可知，破甲深度与靶板材料密度的平方根成反比。聚能射流侵彻靶板过程中，当射流微元的速度超过 5km/s 时，撞击压力高达上百万大气压，相对而言，靶板的强度可以忽略不计，认为靶板处于流体状态，当射流微元的速度低于 5km/s 时，靶板强度的影响就表现出来了。如图 5.4.7 所示为某破甲弹对不同强度靶板的侵彻数据，由图可见，靶板抗拉强度 σ_t 越高，侵彻深度越小。

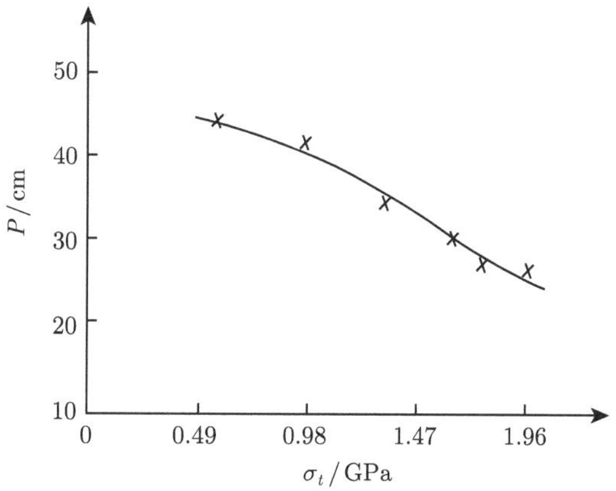

图 5.4.7　侵彻深度与靶板抗拉强度的关系

对于传统的均质装甲，可以通过提高装甲材料的力学性能、增加装甲厚度与法线角来提高抗弹能力。而目前的聚能破甲弹在均质装甲上的破甲深度可以达到装药直径的 8~10 倍，甚至更多，因此仅依靠增加装甲厚度并不足以抵御破甲弹的攻击。同时，增加装甲厚度和倾角必然会增加坦克的自身重量，这势必造成机动性和灵活性的降低。

随着破甲弹性能的不断提高，世界各国都普遍加强了对坦克防护能力的研究，装甲技术取得了快速发展，相继出现了各种各样的装甲目标。

20 世纪 70 年代后期，苏联 T-72 坦克的复合装甲和英国挑战者坦克的乔巴姆装甲问世，并得到迅速发展。进入 20 世纪 80 年代以后，复合装甲已成为现代主战坦克的主要装甲结构形式，也是改造现有老坦克、强化装甲防护的主要技术措施。这种新型装甲结构大大提高了坦克装甲防护能力。复合装甲一般由两层或多层装甲板之间放置夹层材料结构组成，夹层可为玻璃纤维板、碳纤维板、尼龙、陶瓷、铬刚玉等。当射流作用于复合装甲时，会出现弯曲、失稳等现象，从而降低破甲深度。

1969 年，Held 在实验中发现采用两层金属板中间夹一层炸药的三明治结构能显著降低射流的侵彻能力，这就是反应装甲的雏形。由图 5.4.8 可以看到，主装甲前倾斜放置的含炸药三明治结构可以有效降低射流对主装甲的侵彻深度。反应装甲的防护原理是，当弹体或射流撞击在反应装甲上时，炸药起爆，爆炸生成物推动前、后钢板相背运动。运动中的钢板以及爆炸生成物对弹体或射流产生横向作用，使弹体发生偏转甚至使弹体或射流断裂，从而降低对主甲板的侵彻能力，如图 5.4.9 所示。反应装甲作为附加结构的主要优点是防护效益高、使用灵活方便、重量轻、成本低、使用安全等，但也存在诸如爆炸可能损坏观瞄器材、战场上难于及时更换等缺点。

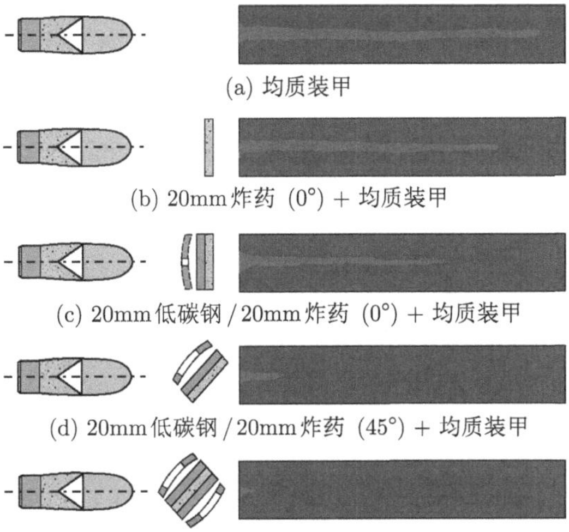

(a) 均质装甲

(b) 20mm 炸药 (0°) + 均质装甲

(c) 20mm 低碳钢 / 20mm 炸药 (0°) + 均质装甲

(d) 20mm 低碳钢 / 20mm 炸药 (45°) + 均质装甲

(e) 20mm 低碳钢 / 20mm 炸药 / 20mm 低碳钢 (45°) + 均质装甲

图 5.4.8 聚能装药对不同结构装甲的作用效果图

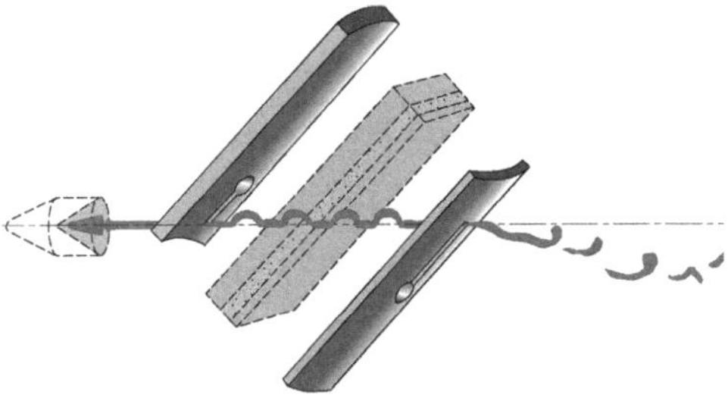

图 5.4.9 反应装甲的防护原理

在 1982 年的中东战争中，以色列首次将反应装甲应用在坦克和装甲车上，如图 5.4.10 和图 5.4.11 所示，以自损几十辆坦克击毁敌方坦克 500 辆的战果，使反应装甲名声大震。目前，爆炸式反应装甲已经发展出轻型、重型、局部型和混合型等形式，它们针对不同的防护对象及应用条件，达到了作为披挂式附加装甲防护的目的。

图 5.4.10　披挂 BLAZER 反应装甲的 M60 坦克

图 5.4.11　披挂反应装甲的装甲车

总之，破甲过程是一个比较复杂的过程，上面介绍的影响因素通常是相互关联的，往往需要综合考虑。

5.5　聚能效应的装备应用 [1,9–18]

1936 年到 1939 年西班牙内战期间，破甲弹开始使用。随着坦克装甲的发展，破甲弹出现了许多新的结构，应用越来越广泛。聚能破甲战斗部根据药型罩形状划分，一般有小锥角罩、大锥角罩、喇叭罩、郁金香罩、半球罩、球缺罩等；根据毁伤元素划分，一般有聚能射流、爆炸成型弹丸、聚能杆式侵彻体等战斗部。

5.5.1 聚能射流破甲战斗部

聚能射流是最早发现并应用的聚能侵彻体，以低炸高、大穿深为主要特点，广泛应用于反装甲武器系统和石油射孔弹等。目前世界各国仍以聚能射流破甲弹作为主要反坦克弹种，用于正面攻击坦克前装甲。同时，聚能装药也用于地雷，以击毁坦克侧甲和底甲。在反舰艇和反飞行目标方面，聚能射流破甲弹也大有作为。

用于反坦克的聚能射流破甲弹，必须与目标直接碰撞，由触发引信引爆。炸高不大，仅为装药直径或药型罩底径的几倍，作战时由风帽高度来保证所需的炸高。一般射流方向与战斗部纵轴重合，一个战斗部只产生一股聚能射流。图 5.5.1 给出的是苏联 100mm 坦克炮用破甲弹结构图。

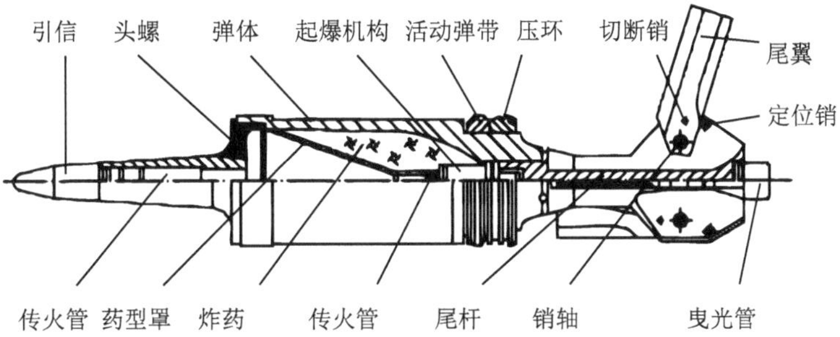

图 5.5.1 苏联 100mm 坦克炮用破甲弹结构图

为了适应各种火炮的要求，加上多年来破甲弹本身在结构上的发展，使得破甲弹的结构多种多样。一般来说，聚能装药破甲弹大都由弹体、炸药装药、药型罩、隔板、引信和稳定装置等部分组成。它们的差别，主要反映在发射特点、弹形和稳定方式上。

从稳定方式来看，目前所装备的破甲弹有旋转稳定式和尾翼稳定式两种。由于战斗部的旋转会影响射流的形成及其破甲，目前许多国家都采用了不旋转的或微旋的尾翼式稳定结构，对于旋转稳定方式，也进行了许多抗旋结构的研究，如美国 152mm XM405E5 式多用途破甲弹。该破甲弹采用错位抗旋药型罩克服旋转对毁伤效果的影响，配用于 152mm 坦克炮，以破甲为主，兼有杀爆作用。

在主坦克前部装甲日渐加强的形势下，为了更加有效地对其进行打击，可以采取掠飞攻顶的方式，用聚能装药战斗部攻击防护最为薄弱的坦克顶部装甲。例如，瑞典的 Bin 反坦克导弹配备了斜置聚能射流战斗部，美国的 TOW-ZB 配备了斜置双射弹战斗部，作用方式如图 5.5.2 所示。

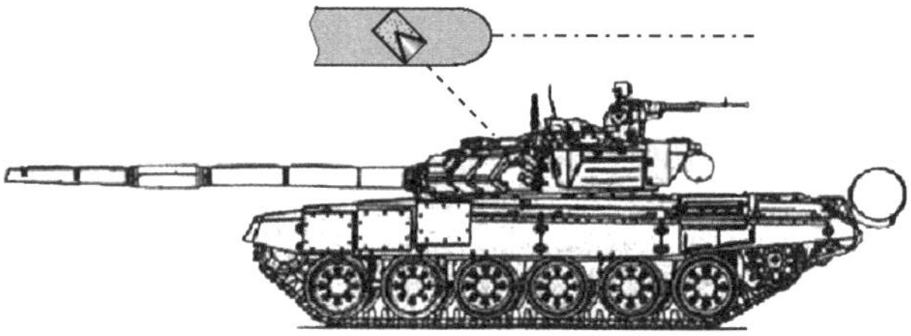

图 5.5.2　掠飞攻顶战斗部作用方式示意图

5.5.2　爆炸成型弹丸战斗部

一般的聚能破甲弹在炸药爆炸后，将形成高速射流和杵体。由于射流速度梯度很大，从而被拉长甚至断裂，因此，破甲弹对炸高很敏感。炸高的大小直接影响了射流的侵彻性能。理论分析和实验结果均表明，随着药型罩半锥角的增加，射流速度不断下降，而杵体的速度不断增加，即射流和杵体之间的速度差不断减小，Held 发现当药型罩半锥角接近 75° 时，射流和杵体趋近于相同的速度，如图 5.5.3 所示。

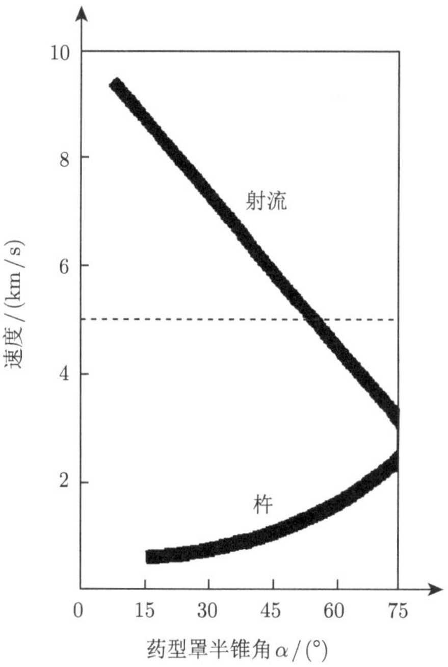

图 5.5.3　射流和杵体的速度与半锥角的关系

这种情况下形成的高速弹体称为爆炸成型弹丸，也可以叫做爆炸成型侵彻体或自锻破片，如图 5.5.4 所示。另外，球缺形药型罩、回转双曲线药型罩等装药结构也能形成爆炸成型弹丸。

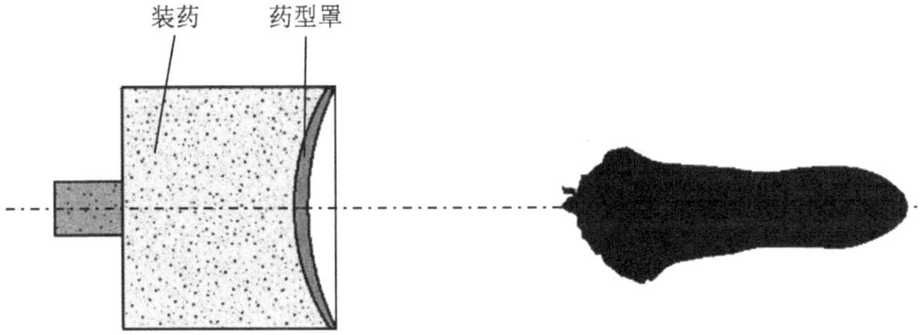

图 5.5.4 爆炸成型弹丸战斗部结构原理图及形成的射弹形状

通过改变药型罩的形状和壁厚，可以得到不同特性的爆炸成型弹丸。爆炸成型弹丸的基本形状主要有球状 (实心球) 和杆状 (长杆、喇叭杆) 两种类型。

实心球的形成方式主要有两种：一是点聚焦法，药型罩在压合过程中，始终朝一个共同点聚焦，如图 5.5.5 所示，图中 1、2、3 点处的罩壁厚相等；二是 W 折叠法，通过药型罩设计，使其在变形过程中的截面呈 W 形，如图 5.5.6 所示，图中 2 点处的罩壁厚大于 1 点和 3 点处的罩壁厚。无论采用哪种方式形成的实心球爆炸成型弹丸，都与药型罩材料的动态力学性能和战斗部结构密切相关。球状爆炸成型弹丸主要用于攻击轻型装甲和防空反导。

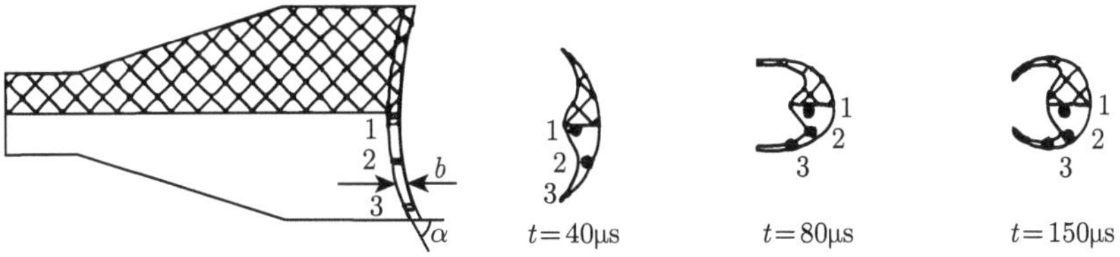

图 5.5.5 点聚焦法形成爆炸成型弹丸

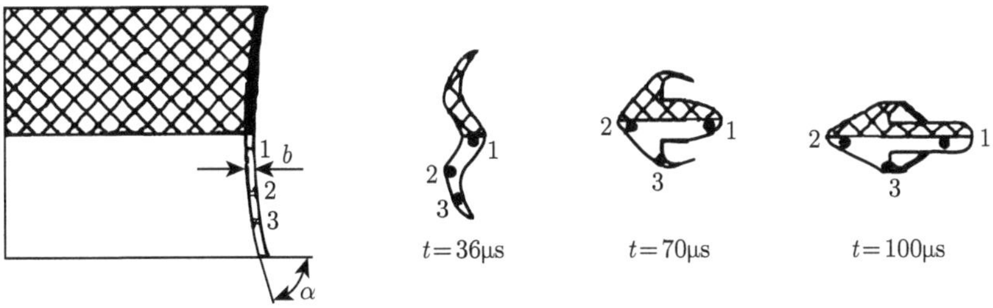

图 5.5.6 折叠法形成爆炸成型弹丸

杆状爆炸成型弹丸的形成方式有主要向前折叠和向后折叠两种。在向前折叠模式中，药型罩的边缘加速在前，同时向对称轴运动，形成爆炸成型弹丸的头部，罩中心加速在后，形成爆炸成型弹丸的尾部，如图 5.5.7 所示。向前折叠形成的爆炸成型弹丸一般是密实杆状，也称为杵体弹。在向后折叠模式中，药型罩的中心加速在前，边缘加速在后，所以药型罩在形成弹丸的过程中将发生翻转，如图 5.5.8 所示。向后折叠形成的爆炸成型弹丸也称为翻转弹，通常头部非常对称，尾部呈喇叭状且中空，有利于稳定飞行。

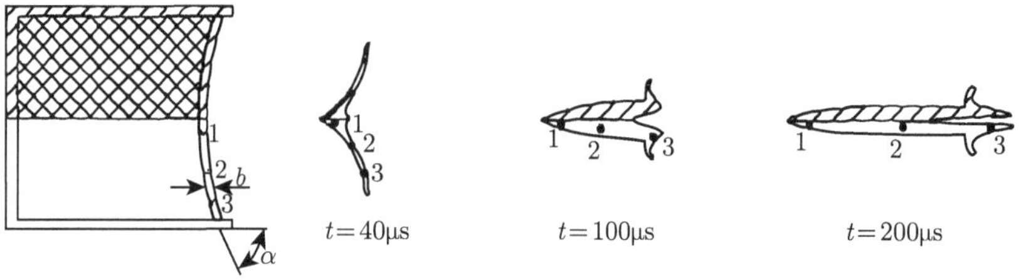

图 5.5.7 向前折叠形成的爆炸成型弹丸

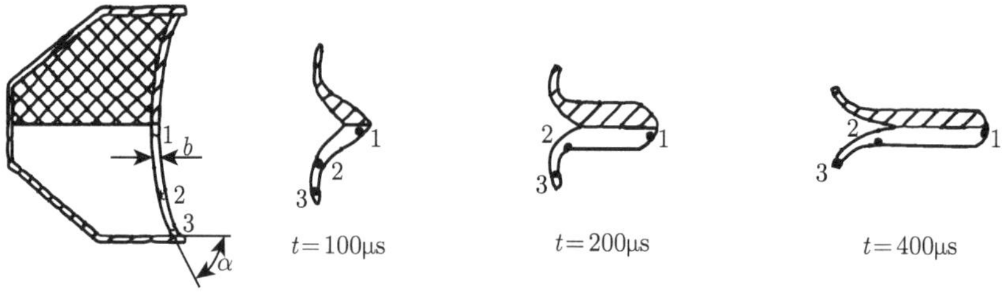

图 5.5.8 向后折叠形成的爆炸成型弹丸

相对于聚能射流，爆炸成型弹丸主要有三个优点。

(1) 对炸高不敏感：由于爆炸成型弹丸在飞行过程中形状稳定，不像射流容易被拉长或断裂，所以破甲威力对炸高不敏感，在几十倍弹径的炸高下仍能有效作用。

(2) 抗反应装甲能力强：爆炸成型弹丸速度较低，长度较短，飞行稳定性好。反应装甲被其撞击后有可能不被引爆；即使引爆，形成的破片也难以影响弹丸的状态，对弹丸的运动干扰小，因而对侵彻效果的影响小。

(3) 侵彻后效大：爆炸成型弹丸侵彻装甲时，70%以上的弹丸进入坦克内部，而且在侵彻的同时坦克装甲内侧大面积崩落，崩落部分的重量可达弹丸的数倍，可以形成大量具有杀伤破坏作用的二次碎片。

由于爆炸成型弹丸的诸多优势，使爆炸成型弹丸战斗部近年来得到了快速发展。目前爆炸成型弹丸战斗部多用于灵巧弹药和智能弹药中，如用于末敏弹、末制导炮弹或反坦克武器战斗部上攻击坦克的顶装甲和侧装甲，用于反坦克智能雷和反直升机智能雷战斗部上实现区域防御等。

5.5.3 聚能杆式侵彻体战斗部

聚能杆式侵彻体 (jetting projectile charge，JPC) 采用新型起爆传爆系统、装药结构及高密度的重金属合金药型罩，通过改善药型罩的结构形状，产生高速杆式弹丸，既具有射流速度高、侵彻能力强的优势，也具有爆炸成型弹丸药型罩利用率高、直径大、侵彻孔径大、大炸高、破甲稳定性好的优点。

聚能杆式侵彻体装药的结构一般由药型罩、壳体、主装药、VESF 板、辅助装药、雷管等组成，如图 5.5.9 所示。VESF 板是形状特殊的金属或塑料板，与主装药有一定间隙。雷管起爆后，辅助装药驱动 VESF 板撞击、起爆主装药，通过调节 VESF 板形状、材料及与主装药的距离，在主装药中形成所期望的爆轰波形，使药型罩形成高速杆式弹丸。图 5.5.10 给出了聚能杆式侵彻体成型过程中几个典型时刻的计算图像，药型罩受到炸药爆轰压力和爆轰产物的冲击及推动作用，开始被压垮、变形，形成杆式侵彻体，向前高速运动的过程。

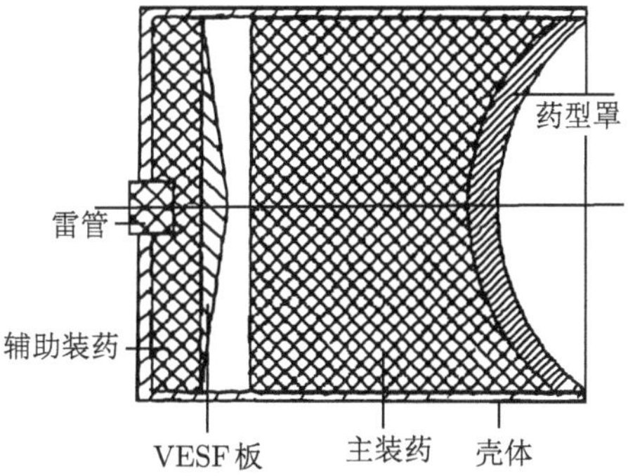

图 5.5.9 聚能杆式侵彻体装药结构示意图

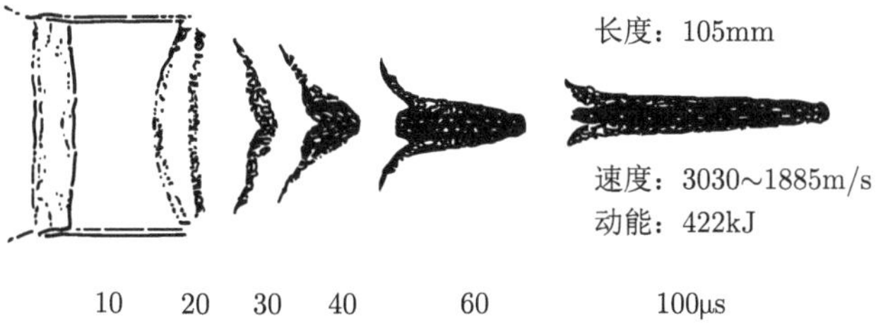

图 5.5.10 聚能杆式侵彻体成型过程的计算图像

聚能杆式侵彻体战斗部的主要特点如下。

1) 与射流战斗部对比

对炸高不敏感。聚能杆式侵彻体头尾速度差很小 (小于 2000m/s)，飞行过程中变形小。当形状较好时，可以飞行较远的距离，因此，其有效作用范围很大。

药型罩利用率高。聚能杆式侵彻体装药形成的有效侵彻体的质量约占罩质量的 80%以上。

后效作用大。聚能杆式侵彻体的直径要比射流大得多，因此它的穿孔直径比较大，进入靶后的金属多，破坏后效作用大。

2) 与爆炸成型弹丸和杆式穿甲弹相比

聚能杆式侵彻体比爆炸成型弹丸飞行速度更高，长度更长，断面比动能更大，侵彻能力更强，尤其对于砖墙、钢筋混凝土等坚固工事的侵彻更显优势。

聚能杆式侵彻体的外形与长杆式穿甲弹弹芯相似，而着靶速度比长杆式穿甲弹高得多，使其侵彻能力相应也得到提高。同时还避免了杆式穿甲弹需要高膛压发射平台的限制，有利于在制导弹药及某些灵巧弹药上的应用，具有更广泛的应用领域。

射流、爆炸成型弹丸和聚能杆式侵彻体三种类型的侵彻体都是利用聚能效应形成的，三者各有优缺点，从图 5.5.11 可以看到它们之间的区别，三者更详细的性能数据对比列于表 5.5.1(表中 d 为装药口径)。

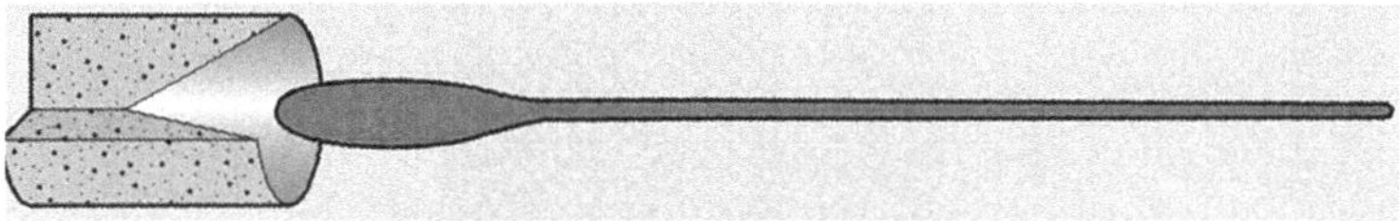

(a) 聚能射流

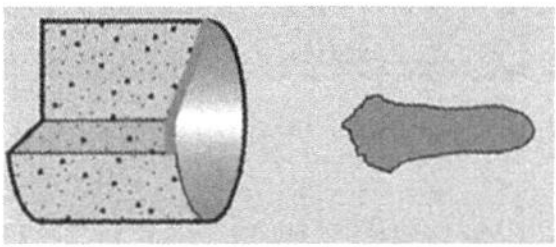

(b) 爆炸成型弹丸

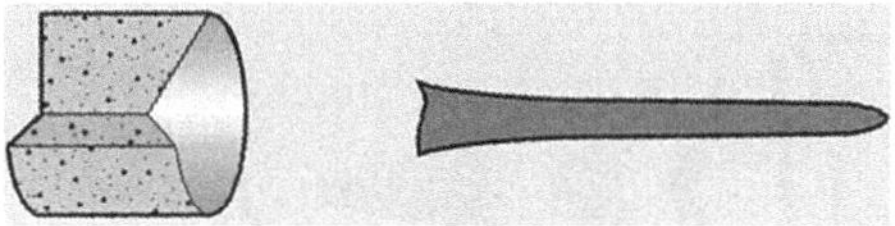

(c) 聚能杆式侵彻体

图 5.5.11　三种类型的聚能侵彻体

表 5.5.1　三种装药结构的有关数据对比

	速度/(km/s)	有效作用距离	侵彻深度	侵彻孔径	药型罩利用率
聚能射流	5.0～8.0	3～8d	5～10d	0.2～0.3d	10%～30%
爆炸成型弹丸	1.7～2.5	1000d	0.7～1d	0.8d	100%
聚能杆式侵彻体	3.0～5.0	50d	$>4d$	0.45d	80%

尽管聚能杆式侵彻体装药形成的聚能杆式侵彻体不能像爆炸成型弹丸那样，在 1000 倍装药口径的距离上保持全程稳定飞行，但由于聚能杆式侵彻体所具有的高初速、大质量和相对大的比动能，它在 50 倍装药口径距离上能够保持稳定飞行并对目标实施有效打击。聚能杆式侵彻体战斗部可用于反坦克武器系统，摧毁反应装甲和陶瓷装甲，也可作为串联战斗部的前级装药，为后级装药开辟侵彻通道。这种结构的聚能装药自 1991 年海湾战争后便得到了西方国家的重视，已应用于多级深层钻地武器和反坦克武器系统。

聚能杆式侵彻体战斗部还可以通过结构设计形成多模毁伤元，相对其他弹药更具有可选择性。通过战斗部的 VESF 板装置，可以在使用之前根据打击目标的性质，来确定战斗部是产生聚能杆式侵彻体还是形成爆炸成型弹丸。聚能杆式侵彻体装药的这些特点显示出该新型战斗部在掠飞攻顶的导弹和末敏灵巧弹药、智能武器、攻坚弹药、串联钻地弹战斗部前级装药等领域具有很好的应用前景。

5.5.4 多聚能装药战斗部

1. 多聚能射流战斗部

多聚能射流战斗部主要有两种结构类型：一种是组合式多聚能装药战斗部，它以小聚能战斗部作为基本构件，按照一定的方式组合而成；另一种是整体式多聚能装药战斗部，它在整体的战斗部外壳上，镶嵌有若干个交错排列的聚能罩。

德国和法国联合研制的“罗兰特”防空导弹战斗部是典型的整体式多聚能射流战斗部，如图 5.5.12 所示，Ⅰ 型和 Ⅱ 型导弹的战斗部直径均为 160mm，质量为 6.5kg，壳体表面设计有 50 个药型罩，有效杀伤半径为 6m，Ⅲ 型的战斗部质量增加到 9.1kg，药型罩数量增加到 84 个，有效杀伤半径达到 8m。从轴向观察爆炸后形成的高速粒子流如图 5.5.13 所示，射流在空间呈菊花状分布，除了药型罩以外，战斗部壳体也将形成一定的破片，其质量虽大于射流粒子，但速度较低，破坏能力相对于高速射流来说是次要的。对付小脱靶量的空中目标，这种战斗部比破片式战斗部的效果要好一些，在杀伤半径相同时，战斗部质量也可以小一些。

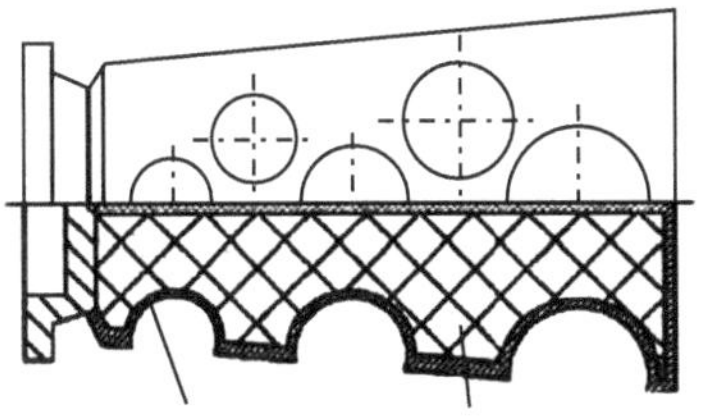

图 5.5.12 “罗兰特”防空导弹战斗部结构示意图

图 5.5.13　“罗兰特”防空导弹战斗部爆炸实验照片

2. 多爆炸成型弹丸战斗部

多爆炸成型弹丸 (MEFP) 战斗部的结构与整体式多聚能装药战斗部类似，主要区别是 MEFP 战斗部采用浅碟形或大锥角药型罩，在爆炸作用下生成的不是射流，而是球状或椭圆状的爆炸成型弹丸。由于 MEFP 战斗部产生的多个爆炸成型弹丸都有一定的质量和速度，而且具有相当的侵彻威力，因此，MEFP 战斗部可以有效地提高对轻型装甲目标的毁伤能力。

药型罩可以放置在战斗部的端面，成为聚焦式 MEFP，也可以放置在战斗部的周围，成为全向飞散大面积覆盖式 MEFP，如图 5.5.14 所示。

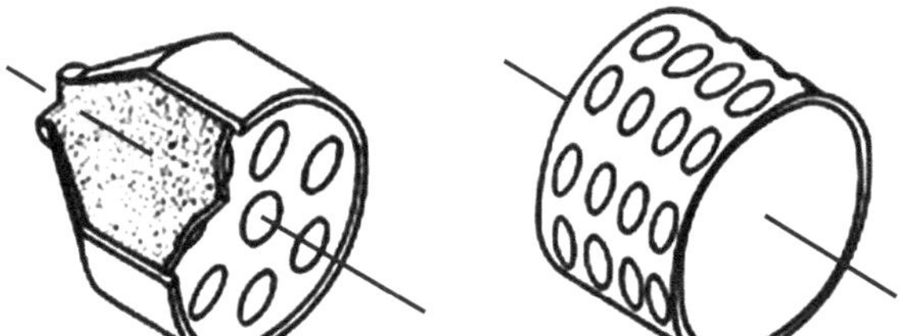

(a) 聚焦式MEFP　　(b) 全向飞散大面积覆盖式MEFP

图 5.5.14　MEFP 战斗部结构示意图

德国的“鸬鹚”空对舰导弹采用的就是 MEFP 战斗部，如图 5.5.15 所示。该战斗部质量为 160kg，在战斗部壳体上沿圆周分两层设置了 16 个大锥角药型罩。战斗部命中目标后，首先利用动能可击穿 120mm 厚的钢板，进入船舱内 3~4m 处爆炸，爆炸后可以摧毁舱体约 25 个。

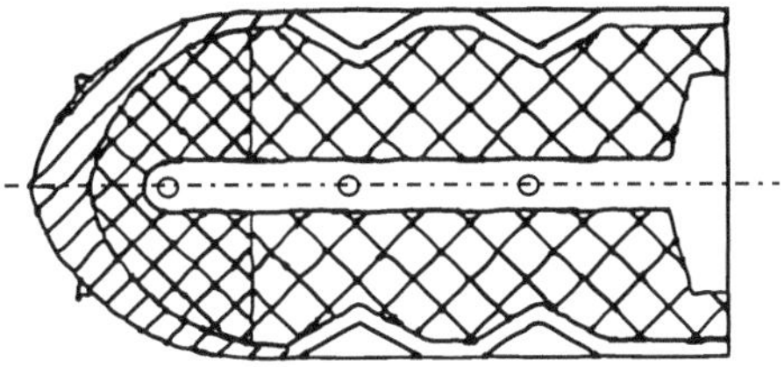

图 5.5.15 “鸬鹚”空对舰导弹战斗部结构示意图

3. 片状射流战斗部

片状射流战斗部的药型罩不是轴对称的，而是楔形的，依靠炸药爆炸后形成刀刃形的射流切割目标。美国“白星眼”电视制导滑翔炸弹的战斗部采用的就是此类结构，如图 5.5.16 所示。该战斗部直径为 382mm，在装药的周围共有 8 个同样尺寸的楔形药型罩，楔角为 120°。爆炸后，战斗部形成八股刀刃状聚能射流，每股射流的切割长度为 1.7m。这种战斗部破坏结构的性能比较好，可用于破坏桥梁和车站等目标，也可以攻击坦克和军舰。

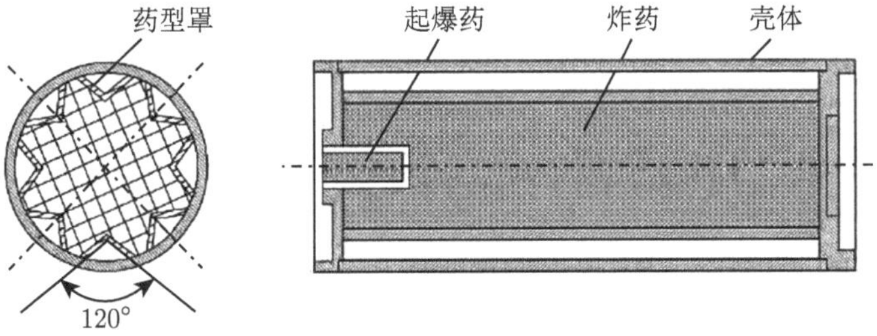

图 5.5.16 “白星眼”电视制导滑翔炸弹的战斗部结构示意图

5.5.5 串联破甲战斗部

20 世纪 80 年代出现了反应装甲，反应装甲的基本构成是在两层薄金属板之间夹入一层钝感炸药，把这样的单元装在金属盒内，再用螺栓将金属盒固定在坦克需要防护部位的主装甲外，如图 5.4.10 和图 5.4.11 所示。当破甲射流击中反应装甲后，钝感炸药起爆，利用爆炸后生成的金属碎片和爆轰波来干扰和破坏射流，使其不能穿透主装甲。反应装甲可使破甲弹的破甲深度下降 50%~90%。

为了继续保持破甲弹的生命力，出现了破甲-破甲式串联战斗部。破甲-破甲式串联战斗部的基本形式是在主破甲战斗部前面再加上一个小破甲战斗部。小破甲战斗部率先引爆反应装甲，为主破甲战斗部的破甲射流扫清道路，使其达到穿透主装甲的目的。欧洲“米兰 3”反坦克导弹战斗部，即破甲-破甲式串联结构，对反应装甲的作用过程示意图如图 5.5.17 所示，该导弹战斗部直径为 115mm，战斗部前端加装长度为 280mm 的探杆。第一级小聚能装药战斗部位于探杆内，产生的射流用于引爆反应装甲钢板之间的炸药，炸药爆炸使外层钢板向外运动并分离；在一定的延时之后，后级主装药形成的射流在没有干扰的情况下得以顺利侵彻主装甲。

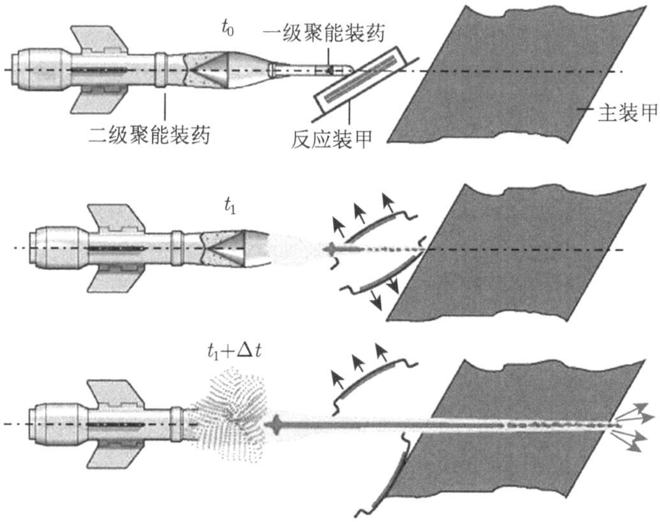

图 5.5.17　破甲-破甲式串联战斗部对反应装甲的作用过程示意图

美国的 AGM-114L“海尔法” Ⅱ 反坦克导弹的串联破甲战斗部前级药型罩材料为钼，后级药型罩材料为电铸镍，该战斗部对等效均质装甲的侵彻深度可达 1400mm。另外，美国的“陶 2”、法德的“霍特”、我国的“红箭 9”等均采用了这种破甲-破甲式串联结构。

串联攻坚战斗部主要采用破甲-侵爆式或破甲-爆破式结构，其基本原理是利用前级的聚能装药结构爆炸产生高速金属射流或爆炸成型弹丸，在目标表面预先侵彻出一个孔洞，后级爆破战斗部随即钻入目标内部爆炸，从而摧毁目标，结构示意图如图 5.5.18 所示。

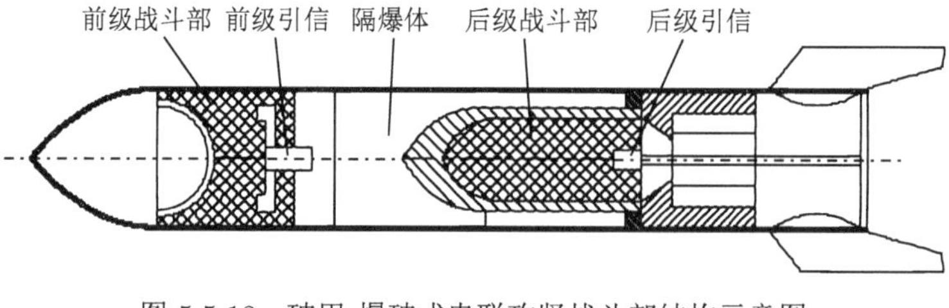

图 5.5.18　破甲-爆破式串联攻坚战斗部结构示意图

串联攻坚战斗部主要用于对付掩体、工事与建筑物类目标。钻地弹主要用于打击坚固及深埋目标，采用破甲-侵爆串联结构时，利用前级聚能装药形成的射流或射弹预先开孔，后级弹体随进侵彻，以降低对弹体速度和抗冲击性能的要求，并增加侵彻弹道的稳定性。典型代表有英国和法国合作的 Broach 串联战斗部，德国和法国合作的 Mephisto 串联战斗部 (图 5.5.19) 等。

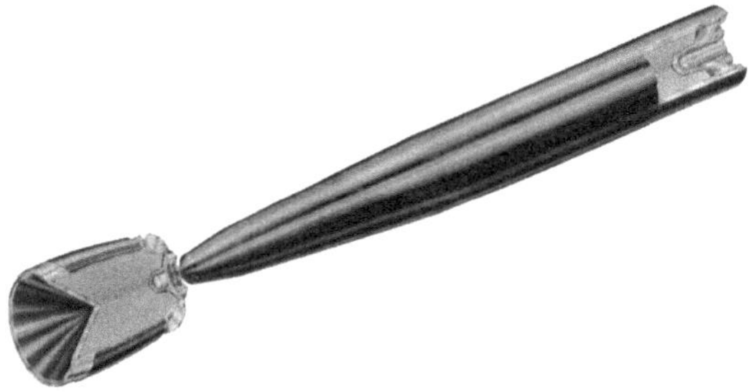

图 5.5.19 Mephisto 串联战斗部

反跑道破甲-爆破式串联战斗部主要用在反跑道子炸弹中，如英国的 SG357、德国的 STABO 和 RCB 反跑道小炸弹。STABO 反跑道小炸弹外形呈圆柱形，如图 5.5.20 所示，战斗部为聚能装药结构，药型罩材料为钽，后级是随进爆破弹。STABO 小炸弹尾部加装降落伞减速装置，从母弹中抛出后，降落伞打开，炸弹调整姿态减速下降。小炸弹撞击机场跑道后，前级聚能装药起爆，在跑道上开孔，后级沿孔进入跑道下方，经预定延时后起爆形成弹坑。

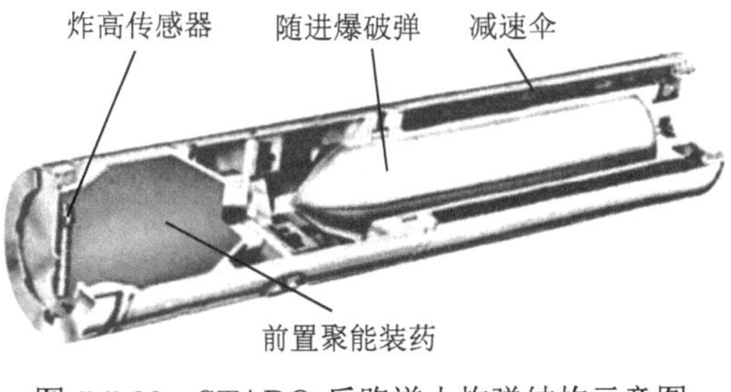

图 5.5.20 STABO 反跑道小炸弹结构示意图

美国“帕姆”攻坚弹战斗部 (图 5.5.21) 也是一种典型的破甲-爆破式串联战斗部，最初研制用于摧毁钢筋混凝土桥墩，研制成功后，由于具有质量轻、威力大、适用方便等优点，也被广泛用于对付各种地堡、碉堡、沙包、土墙、砖石建筑等永久性或半永久性工事和建筑。美国的单兵多用途弹药/近程反坦克武器 (MPIM/SRAW) 和德国“铁拳”3-T600 火箭筒配用的反掩体弹药也采用了破甲-爆破式串联结构，前级聚能装药战斗部产生的爆炸成型弹丸首先在砖石结构或沙袋构成的墙上形成穿孔，后级榴弹穿过这个孔，在建筑物、掩体或车辆内爆炸，利用产生的大量破片杀伤内部人员。

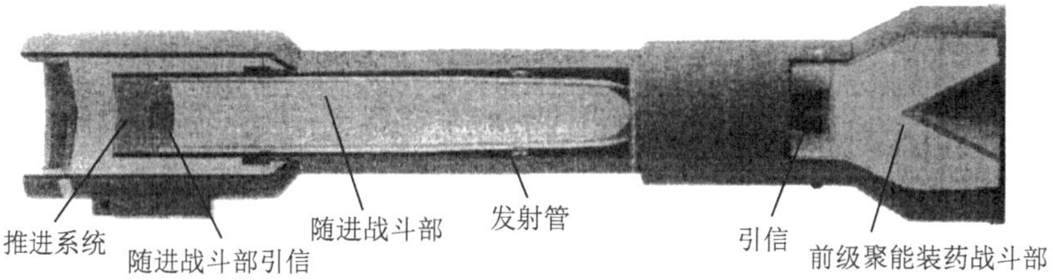

图 5.5.21 “帕姆” 攻坚弹战斗部结构图

5.5.6 多模毁伤战斗部

未来战场要求武器系统能适应信息化、精确化、多功能化的趋势，要求弹药能对付战场中出现的多种目标。多模和综合效应战斗部可使弹药实现一弹多用，适时摧毁战场中出现的各类目标，成为目前战斗部技术发展的一个重要方向。

多模是指根据目标类型而自适应选择不同的作用模式，与功能单一的战斗部相比，多模式战斗部采用了独特的结构设计，并结合多种方式的起爆控制，可针对不同类型的目标形成优化的毁伤元。它通过将弹载传感器探测、识别并分类目标的信息 (确定目标是坦克、装甲人员输送车、直升机、人员还是掩体) 与攻击信息 (如炸高、攻击角、速度等) 相结合，通过弹载计算机选择算法确定最有效的战斗部输出信号，使战斗部以最佳模式起爆，从而有效地对付所选定的目标。典型的多模攻击示意如图 5.5.22 所示，它可以分别产生射流、射弹和爆炸冲击波等多种毁伤元，实现对装甲目标、城市混凝土结构和地下防御工事等目标的多种模式攻击。

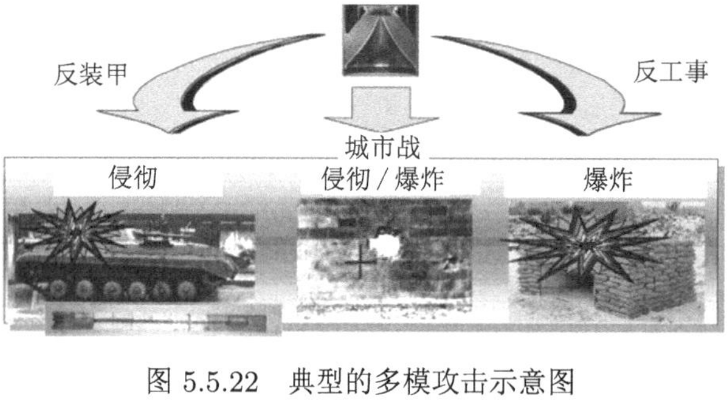

图 5.5.22 典型的多模攻击示意图

美国的低成本自主攻击系统 (LOCASS) 就采用了多模战斗部，利用制导/探测器一体化起爆装置，根据目标类型选择不同的模式起爆，从而优化对目标的毁伤效果。如果目标是重装甲车辆 (如坦克)，战斗部爆炸后形成杆式射流；如果目标为装甲车辆，战斗部爆炸后形成爆炸成型弹丸；目标为人员和软目标时，战斗部爆炸形成大量杀伤破片。

5.5.7　多功能聚能装药战斗部

多功能聚能装药战斗部是指综合集成多种毁伤元或机理对目标实施毁伤的一种新型战斗部，在起爆后可以同时生成两种或两种以上不同的毁伤元，攻击不同类型的目标。

美军的 BLU-108 传感器引爆子弹药携带的斯基特 (Skeet) 战斗部是具有综合毁伤效应的典型代表。每枚 BLU-108 子弹药装有 4 个斯基特战斗部，如图 5.5.23 所示。斯基特战斗部外侧安装有被动式红外传感器，当探测到热源 (如坦克发动机) 目标后，战斗部起爆装药，形成爆炸成型弹丸，可对坦克顶部实施攻击。每枚斯基特战斗部的扫描面积为 2697.9m^2。改进型的斯基特战斗部 (图 5.5.24) 除了加装了主动式激光传感器之外，还对药型罩进行了改进，在原药型罩的外圈增加了 16 个可形成小爆炸成型弹丸的药型罩，使之不仅能对付重型装甲目标，还可以有效打击各类软目标或防空设备等目标。

图 5.5.23　BLU-108 传感器引爆子弹药

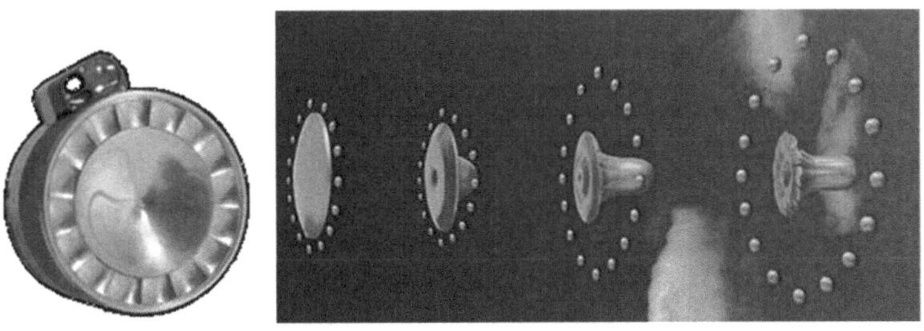

图 5.5.24　改进型的斯基特战斗部及其形成的大、小爆炸成型弹丸示意图

5.5.8　新型聚能装药技术

1. 多药型罩装药

为了提高射弹的侵彻能力，一个可行途径是使用类似于尾翼稳定脱壳穿甲弹的大质量、大长径比射弹。K.Weimann 等利用一个钽药型罩和一个铁药型罩，形成了前段材料为钽而尾段为铁的长径比大于 3.5 的单一射弹，由于两种材料密度的差异，使得形成的射弹重心前移，从而增加了射弹的飞行稳定性，进一步研究发现，通过调整多个药型罩的几何外形和接触面条件，可得到分离的射弹和首尾衔接的细长射弹 (图 5.5.25)，为形成更大长径比的射弹提供了新的可能。

图 5.5.25　多药型罩装药形成的射弹

2. 引燃射弹装药

在聚能装药中加入引燃材料，可以提高战斗部对油类目标的毁伤效果。如图 5.5.26 所示，引燃介质是圆片形锆合金，由连接装置安放在药型罩前方，装药爆炸后，药型罩向前压合，挤压引燃材料，使其自燃，最终形成一个明火燃烧的、穿甲能力较强的弹丸。研究表明，在 −18℃ 的大风条件下，这种弹丸能引燃 15m 处内装 208L 柴油的油桶。

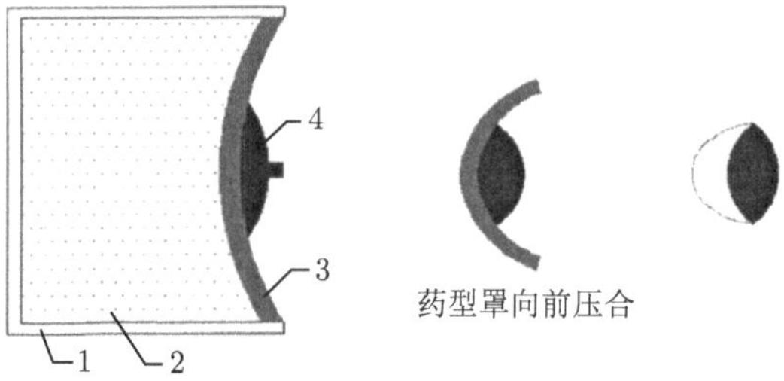

图 5.5.26　引燃射弹形成过程示意图

1-外壳；2-装药；3-药型罩；4-锆合金

3. 活性药型罩

活性材料技术的发展，为实现破甲-爆破综合毁伤提供了新的技术途径。2002 年，美国陆军装备研究发展与工程中心的 E. L. Baker 等提出，在聚能装药战斗部中，以活性材料为药型罩以实现破甲-爆破综合毁伤效应。该种战斗部的作用原理是：采用活性材料制备的药型罩在装药爆轰压力下首先形成高速活性聚能侵彻体，在对目标的侵彻过程中或侵彻完成后发生爆燃反应，释放大量的化学能，从而产生强烈的爆破效应。Baker 等设计了四种不同的药型罩，通过试验对这种战斗部的效果进行了验证，如图 5.5.27 所示。

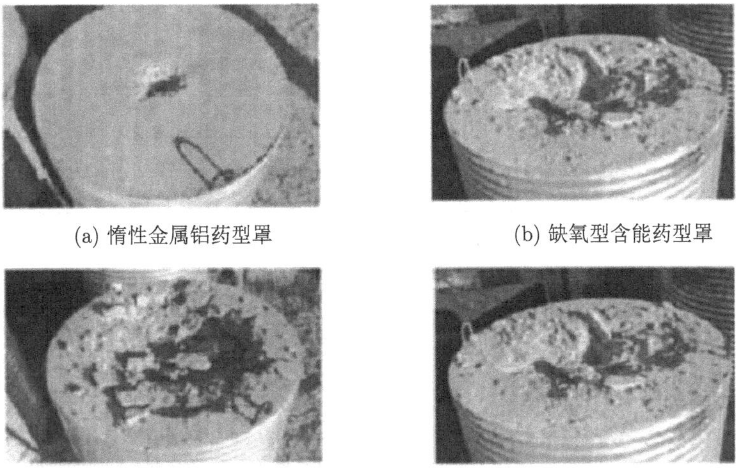

(a) 惰性金属铝药型罩　(b) 缺氧型含能药型罩

(c) 氧平衡型含能药型罩　(d) 富氧型含能药型罩

图 5.5.27　不同材料药型罩的聚能装药对混凝土靶的毁伤效果

2005 年，美国提出基于活性材料的爆炸成型弹丸战斗部技术概念，并开展了活性材料爆炸成型弹丸终点效应验证试验。研究结果表明，与普通惰性金属相比，活性材料的使用显著提高了爆炸成型弹丸战斗部的毁伤威力，尽管其侵彻能力稍差，但由于在侵彻过程中发生了爆燃反应，侵彻孔径和后效毁伤范围远大于金属爆炸成型弹丸。

5.5.9　聚能装药的其他应用

聚能装药装置由于具有体积小、装药量少、重量轻、携带方便、能量集中、作用可靠等优点，在工业领域也得到了广泛的应用。油井射孔是石油勘探和开采的一项关键技术，其作用是实现井筒和油层之间的连通，作用效果直接影响到油气井的产能。1946 年，Mclemore 指出军用破甲弹可以用于油气井射孔，1956 年，带有药型罩的石油射孔弹进入实用阶段。经过几十年的发展，石油射孔弹得到不断完善，并将继续发展。图 5.5.28 给出了石油射孔弹的典型结构和作用原理示意图。

线性聚能切割器是一种采用楔形罩的线性聚能装药结构。装药起爆后，药型罩在爆轰产物作用下形成具有较强切割能力的刀片状金属射流。利用这个特性，线性聚能切割器可用于常规机械工艺手段难以实施的特殊情况，如高空火箭分离、水下切割、钢熔炉的出铁堵口清理、采矿工业中的岩石定向断裂爆破、高层建筑和高耸钢结构的爆破拆除等。图 5.5.29 给出的是采用聚能切割索的火箭分离装置，它是采用带有 V 形聚能罩的线性装药对分离板进行定向切割，宇宙神-半人马座火箭上的头部整流罩分离、绝热壁板分离和级间分离采用的均是这种分离装置。

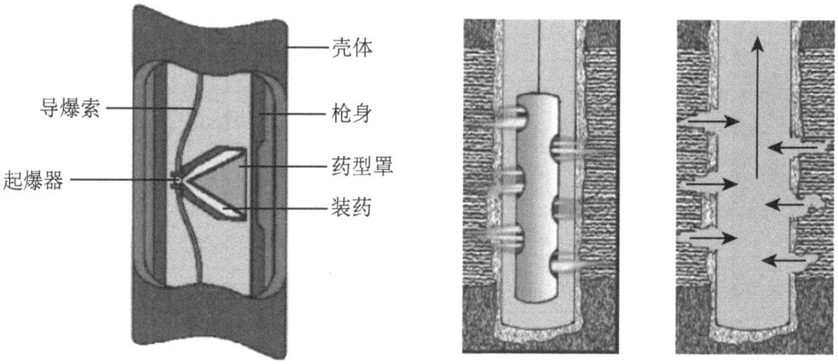

图 5.5.28　石油射孔弹的典型结构和作用原理图

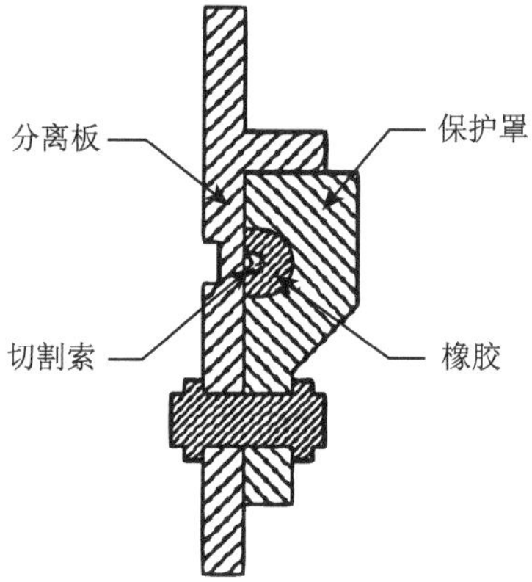

图 5.5.29　聚能切割索的火箭分离装置

另外，聚能装药在销毁弹药、野外快速打孔、排雷、引爆钻入土层很深的炸弹等方面也有重要的应用。

思考与练习

(1) 聚能射流主要有哪些特点？

(2) 聚能射流破甲弹为什么对炸高敏感？

(3) 用定常理论描述射流的形成过程有哪些不足之处，其原因是什么？

(4) 射流破甲与普通穿甲弹穿甲现象有什么不同？

(5) 简述射流破甲的基本过程。

(6) 用定常理论如何描述射流的破甲过程，对其结论如何评价？

(7) 试比较聚能射流、爆炸成型弹丸和聚能杆式侵彻体的优缺点。

(8) 影响破甲弹破甲威力的主要因素有哪些？

(9) 简述坦克防护聚能破甲战斗部的主要方法。

(10) 某聚能战斗部，口径为 100mm，壁厚为 2.0mm，锥角为 60°，铜药型罩密度为 8.9g/cm^3，压合速度为 2000m/s，炸药爆速为 8000m/s，用定常理论计算射流和杵体的质量及速度。

(11) 铜药型罩形成的射流长度为 700mm，用定常理论计算射流对钢板的破甲深度。已知铜和钢的密度分别为 8.9g/cm^3 和 7.85g/cm^3。

(12) 已知 45 号钢靶板材料密度为 7.806 g/cm^3，炸高为 164mm，$b = -6$mm，射流头部速度为 6700m/s，尾部速度为 2090m/s，药型罩材料为紫铜，密度为 8.906g/cm^3，试用射流侵彻的准定常不可压缩流体理论求最大破甲深度。

参 考 文 献

[1] 卢芳云, 蒋邦海, 李翔宇, 等. 武器战斗部投射与毁伤 [M]. 北京: 科学出版社, 2013.

[2] 王树山. 终点效应学 [M]. 2 版. 北京: 科学出版社, 2019.

[3] (美) 陆军装备部. 终点弹道学原理 [M]. 王维和, 李惠昌, 译. 北京: 国防工业出版社, 1988.

[4] 北京工业学院八系《爆炸及其作用》编写组. 爆炸及其作用 (下册) [M]. 北京: 国防工业出版社, 1979.

[5] 黄正祥, 祖旭东. 终点效应 [M]. 北京: 科学出版社, 2014.

[6] 张先锋, 李向东, 沈培辉, 等. 终点效应学 [M]. 北京: 北京理工大学出版社, 2017.

[7] 张国伟. 终点效应及其应用技术 [M]. 北京: 国防工业出版社, 2006.

[8] 赵文宣. 终点弹道学 [M]. 北京: 兵器工业出版社, 1989.

[9] 卢芳云, 李翔宇, 林玉亮. 战斗部结构与原理 [M]. 北京: 科学出版社, 2009.

[10] 尹建平, 王志军. 弹药学 [M]. 北京: 北京理工大学出版社, 2014.

[11] 李向东, 钱建平, 曹兵. 弹药概论 [M]. 北京: 国防工业出版社, 2004.

[12] 顾红军, 刘宏伟. 聚能射流及防护 [M]. 北京: 国防工业出版社, 2009.

[13] 黄正祥. 聚能杆式侵彻体成型机理研究 [D]. 南京: 南京理工大学, 2003.

[14] 林加剑. EFP 成型及其终点效应研究 [D]. 合肥: 中国科学技术大学, 2009.

[15] 谭多望. 高速杆式弹丸的成形机理和设计技术 [D]. 绵阳: 中国工程物理研究院, 2005.

[16] 罗勇. 聚能效应在岩土工程爆破中的应用研究 [D]. 合肥: 中国科学技术大学, 2006.

[17] 肖建光. 活性聚能侵彻体作用混凝土结构靶毁伤效应研究 [D]. 北京: 北京理工大学, 2016.

[18] 午新民, 王中华. 国外机载武器战斗部手册 [M]. 北京: 兵器工业出版社, 2005.

第 6 章　穿甲/侵彻效应

弹丸凭借自身的动能撞击目标引起的侵彻和破坏作用称为穿甲效应 (或侵彻效应)。一般来说，弹丸撞击具有坚硬外壳的装甲目标 (如坦克、舰船等) 所引起的侵彻和破坏效应称为穿甲效应，弹丸撞击岩土、(钢筋) 混凝土等目标引起的侵彻和破坏效应称为侵彻效应。穿甲 (侵彻) 作用的毁伤元可以是穿甲弹、侵彻战斗部、破片、射流、爆炸成型弹丸等，射流、爆炸成型弹丸对装甲的侵彻一般称为破甲，本章重点关注的是穿甲弹和侵彻战斗部对目标的贯穿与侵彻效应。

穿甲弹和侵彻战斗部都是利用动能侵彻硬或半硬目标以达到预期毁伤目的的弹药，就战斗部本身而言，二者的内部结构和作用原理是相同的，不同的是武器平台。侵彻战斗部的武器平台一般为导弹、航空炸弹、精确制导炸弹；穿甲弹的武器平台一般有炮弹、榴弹、火箭弹等。由于穿甲弹和侵彻战斗部首先靠动能穿透目标，所以也称动能弹。穿甲弹和侵彻战斗部进入目标内部以后，其后效一般表现为以残余弹体、弹体破片和装甲碎片的动能或炸药的爆炸作用来杀伤目标内的有生力量、引爆弹药、引燃燃料、破坏设施等。

本章主要讲述弹丸对金属装甲的穿甲效应，弹丸对混凝土的侵彻效应，超高速碰撞现象及其对目标的破坏，以及穿甲/侵彻效应的应用 (包括穿甲弹、半穿甲弹、侵彻战斗部、钻地弹和动能拦截武器等)。

6.1　基本概念 [1–4]

穿甲弹和侵彻战斗部对目标的侵彻和破坏作用是终点弹道学研究内容的一部分。在本章中，弹体泛指穿甲弹和侵彻战斗部等完成穿甲和侵彻作用的物体。目标指弹体的具体破坏对象，如装甲和非装甲车辆、飞机、舰船、导弹、指挥所、机场跑道、地下工事等。靶板指目标上直接受到弹体冲击的局部，如坦克上被穿甲弹命中的局部装甲。穿甲/侵彻效应的研究一般可以简化为弹体与靶板的相互作用。

侵彻 (penetration) 是指弹体钻进靶板任一部分的过程。从侵彻的结果来看，主要包括贯穿、嵌埋和跳飞三种情况，如图 6.1.1 所示。当弹体碰撞靶板时，有的侵入靶板而没有穿透，这种现象称为嵌埋 (embedment)，有些文献中也称为侵彻或者嵌入；有的完全穿透靶板，这种现象称为贯穿 (perforation)；有的弹体既未能穿透靶元，又未能嵌埋在靶板内部，而是被靶板反弹回去了，这种现象称为跳飞 (ricochet)。

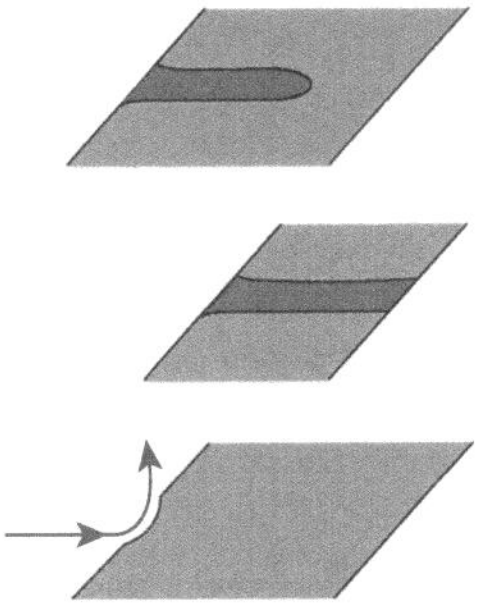

图 6.1.1 侵彻的三种基本结果

弹体与靶板的相互作用会导致二者各自发生变形和破坏等现象，这些变形和破坏现象极其复杂，其影响因素很多。

6.1.1 弹体

根据弹体结构和材料性质的不同，穿甲弹可以分为普通穿甲弹和杆式穿甲弹。普通穿甲弹的长径比 $l/d \leqslant 5$ (l 为弹体长度，d 为弹体直径)。小口径的普通穿甲弹通常是实心的，大口径的普通穿甲弹内部装有少量炸药，在研究穿甲效应时，一般不考虑弹体内部少量装药引起的后效作用。杆式穿甲弹的长径比范围为 $l/d =$ 10～35，由于其弹形较好，飞行过程中的千米速度降仅为 45～80m/s。

制造穿甲弹的材料有高强度合金钢、碳化钨、钨合金和贫铀合金等。用这些材料制成的穿甲弹在侵彻装甲时表现出的力学性质、破坏形式都各不相同。

按照弹头的尖锐程度可以将穿甲弹分为尖头弹和钝头弹，根据弹头母线形状的不同又可以将穿甲弹分为锥形弹、卵形弹和平头弹等。通常情况下这些分类方式是可以互相交叉的。以卵形弹为例，如图 6.1.2 所示为卵形弹过轴线的剖面，卵形

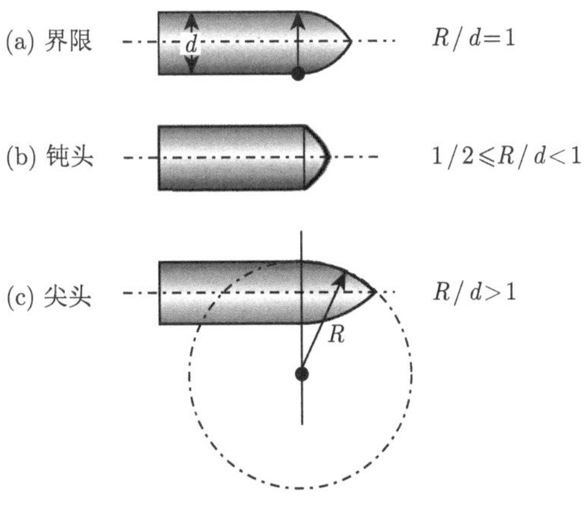

图 6.1.2 卵形弹

弹特指弹头的母线由圆心在弹头和弹尾交界线上、同时过交界点的圆弧组成 (图 6.1.2(c))。可以用头部母线圆弧半径 R 和弹体直径 d 的比值 (caliber-radius-heads, CRH) 来描述卵形弹头部形状，以 $R/d = 1$ 为尖头与钝头的界限 (图 6.1.2(a))，$1/2 \leqslant R/d < 1$ 时为钝头弹 (图 6.1.2(b))，$R/d > 1$ 为尖头弹 (图 6.1.2(c))。尖卵形弹被认为是一种比较优化的弹头形状，因此也是比较常用的一种弹形。

6.1.2　靶板

穿甲弹和侵彻战斗部需要打击不同类型的战场目标，为了研究对这些目标的作用效果，常常采用结构和材料性质不相同的各类靶板 (或靶板系统) 来模拟和等效。可以从不同的角度对靶板进行分类。

1. 按边界影响分类

弹体在侵彻靶板过程中，应力波在靶板后表面的卸载和后表面的变形对侵彻过程都会带来一定的影响，根据影响程度的不同，可以将靶板分为半无限靶、厚靶、中厚靶和薄靶。

半无限靶是指在整个侵彻过程中，背面后表面对侵彻过程不产生影响。厚靶指弹体在靶板中侵彻一段距离后，才受到靶板后表面的影响。中厚靶是指在弹体侵彻全过程中，始终受到靶板后表面的影响。薄靶是指在侵彻过程中，靶板中的应力和应变在厚度方向上没有梯度。

实际上，常用弹体中应力波来回传播一次时靶板中应力波来回传播的次数 N 来表示靶板背面边界的影响程度

$$N = \frac{2l/c_{\text{ep}}}{2h_t/c_{\text{et}}} = \frac{lc_{\text{et}}}{h_t c_{\text{ep}}} \tag{6.1.1}$$

式中，l 为弹体长度，h_t 为靶板厚度，c_{ep} 为弹体中弹性波速，c_{et} 为靶板中弹性波速。当 N 趋向于 0 时，靶板可以当作半无限靶；当 $0 < N \leqslant 1$ 时，靶板可以当作厚靶；当 $1 < N \leqslant 5$ 时，靶板可以当作中厚靶；当 $N > 5$ 时，靶板可以当作薄靶。

有的文献上也把这种分类方式称为按照靶板厚度来分类，根据上面的描述可知，这里的靶板厚度实际上是相对厚度。

2. 按靶板的结构组成分类

根据靶板结构组成的不同，可以将其分为均质靶、非均质靶、间隔靶板、复合靶板、反应装甲等。

均质靶和非均质靶一般是指各种厚度范围内的单层整体靶板。均质靶在各个方向上均具有相同的机械性能和化学成分，是各向同性的。根据硬度的不同又可

以分为高硬度靶板、中硬度靶板和低硬度靶板。均质靶可以通过提高材料的力学性能、增加靶板厚度与法向角来提高抗弹能力。虽然均质靶难以抵御现代反坦克弹药的攻击，但它仍然是坦克防护最基本的装甲类型，而且其他类型的装甲多是在此基础上改进而成的。同时，其他类型的靶板防护性能，通常也要以均质靶板为基础来评价。

非均质靶在各个方向上的机械性能和化学成分并不相同，它的特点是装甲表面经渗碳或淬火，具有较高的硬度，而内部保持较高的韧性。坚硬的表面层容易使弹丸的头部破碎或产生跳弹，高韧性的内层能更多地消耗弹丸动能，使弹丸侵彻能力下降。

间隔靶板是指靶板具有间隙或者装有其他部件的双层或多层靶板，其作用是使弹体遭到破坏并消耗弹丸的动能，改变弹丸的侵彻姿态和侵彻路径，提高防护能力。图 6.1.3 为北约中型三层间隔靶板系统，这种靶板由一定角度平行放置的三层不同厚度的装甲靶板组成。第一层为 9.5mm 的薄装甲钢板，第二层为 38mm 厚的碳素软钢板，第三层为 76mm 厚的装甲钢板。弹丸在穿透这种间隔靶板系统的前一层时，飞行姿态受到了扰动，并产生质量和速度损失，从而影响对下一层靶板的穿甲作用。

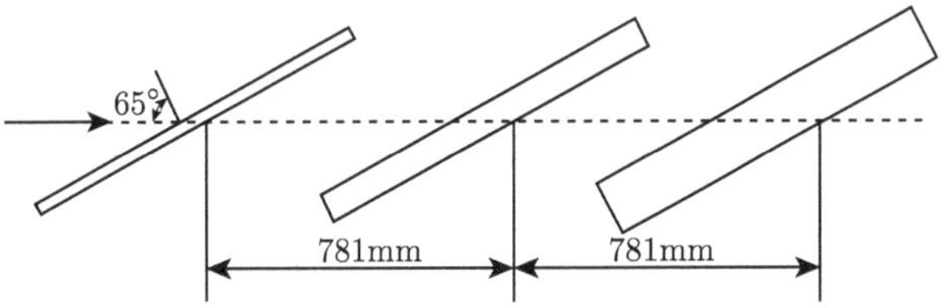

图 6.1.3 北约中型三层间隔靶板系统

复合靶板一般由两层或多层装甲板之间放置夹层材料组成，夹层材料可以是玻璃纤维板、碳纤维板、尼龙、陶瓷、铬钢玉等。不同的复合装甲主要是在装甲板的厚度配比、夹层材料的种类和比例以及几何形状上变化。图 6.1.4 为英国乔巴姆复合装甲结构示意图。

反应装甲一般是指爆炸式反应装甲。“三明治”式反应装甲块的基本结构如图 6.1.5 所示，是由面板、背板和中间夹层 (钝感炸药) 构成。当弹丸撞击反应装甲时，炸药起爆，驱动面板和背板相背运动。运动的金属板和高速飞散的爆轰产物对弹丸产生不对称作用，使弹丸发生偏转甚至断裂，从而降低对主装甲的侵彻能力。

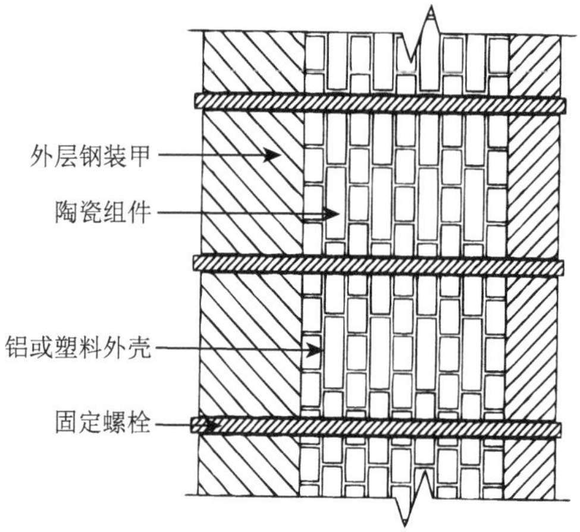

图 6.1.4　乔巴姆复合装甲结构示意图

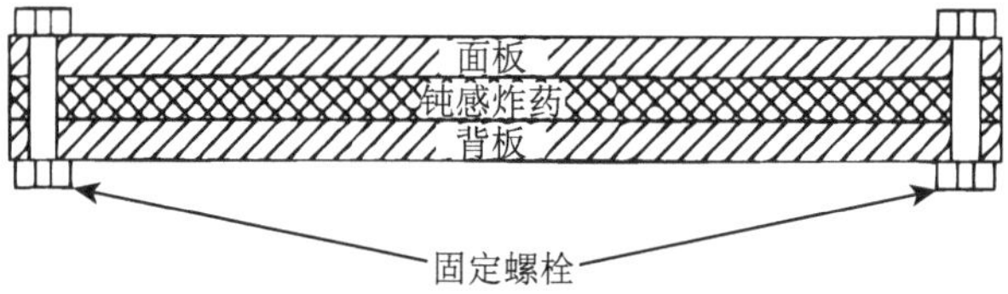

图 6.1.5　“三明治”式反应装甲块的基本结构

6.1.3　弹靶交互状态

弹靶交互状态包括着靶速度和着靶姿态两个方面。

1. 着靶速度

着靶速度对侵彻效应有着最直接的影响。一般来说，随着靶速度的提高，弹体和靶板的变形将加剧。根据侵彻现象的不同，大致可以分为低速、中速、高速和超高速四种情况，如图 6.1.6 所示。

对于低速情况 (图 6.1.6(a))，在碰撞速度低于某一特定值的情况下，弹体和靶板均不能达到材料的塑性屈服点，因此均发生弹性变形，碰撞结束后弹体被弹回，靶板不会残余永久变形。当弹靶材料相同时，可以得到发生塑性变形的最小撞击速度 v_Y(称为弹性撞击极限速度)：

$$v_Y = \frac{2\sigma_Y}{\rho_0 c_e} \tag{6.1.2}$$

式中，σ_Y 为弹靶材料的屈服强度，ρ_0 是弹靶材料的密度，c_e 是弹靶中的弹性波速度。式 (6.1.2) 是针对平头柱形弹丸撞击靶板推导得到的结果。

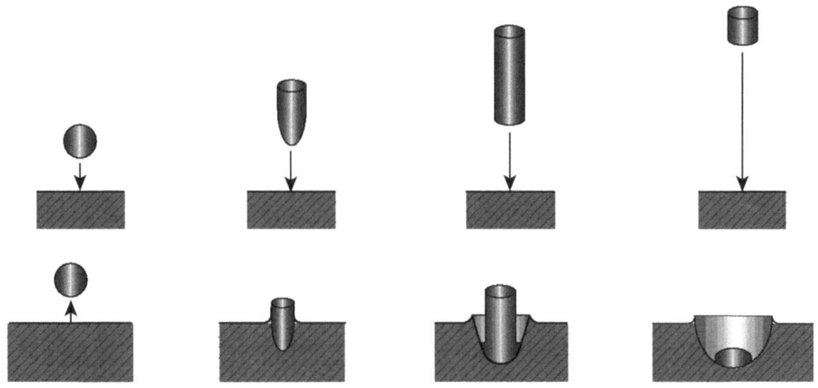

图 6.1.6 碰撞速度与弹坑形状

当撞击速度超过弹性撞击极限速度时，冲击应力大于靶板材料的屈服强度，靶板将发生塑性变形，进入中速阶段 (图 6.1.6(b))。在这种情况下，弹坑与侵彻体形状一致性好，其横截面和弹丸的横截面相近。此时侵彻阻力主要由弹体克服靶板变形强度 (称为强度阻力) 引起，而弹体克服靶板材料惯性引起的阻力 (称为惯性力或者流动阻力) 没有成为主导因素。以流动阻力在侵彻过程中是否占据主导作用为界限，可以大致求出中速和高速之间的临界速度 v_i：

$$v_i = \sqrt{\frac{8\sigma_Y}{\rho_0}} \tag{6.1.3}$$

高速撞击情况下，流动阻力在侵彻过程中占据主导作用，随着撞击速度的增加，材料的强度相对于流动阻力变得不再重要甚至可以忽略。侵彻过程中弹靶的变形呈现出流体特性，此时，弹坑纵向剖面呈不规则的锥形或钟形，其口部直径明显大于弹丸直径，如图 6.1.6(c) 所示。

随着撞击速度的进一步增高，当撞击产生的冲击波或应力波来不及将撞击能量带走时，撞击点处将会沉积大量撞击能量，这一部分能量造成局部的气化和膨胀，出现了类似于爆炸开坑的效果。这属于超高速碰撞的范围，对于金属来说，撞击坑往往呈现出杯子形状，如图 6.1.6(d) 所示。

根据不同的加载手段，撞击速度也可以大致按照如表 6.1.1 所示的范围进行划分，表中给出了各种速度的实现方式。

2. 着靶姿态

着靶姿态主要包括入射角或倾斜角 β，定义为弹道 (或弹速度方向) 与靶法线的夹角；弹道角或碰撞角 θ，定义为弹体轴线与靶法线的夹角；攻角或偏航角 α，定义为弹体轴线与弹道的夹角，如图 6.1.7 所示。

表 6.1.1 撞击速度范围与加速手段

速度范围/(m/s)	撞击效果	常用实现手段
最低速度 (< 25)	主要是弹性，局部可能塑性	落锤
亚弹速 (25～500)	主要是塑性	Hopkinson 杆，气枪，压缩空气炮
弹速 (500～1300)	黏性，材料强度效应显著	枪炮
高弹速 (1300～3000)	材料呈流动性，压力接近或超过材料强度，密度是主要参数	高压火炮，破片，轻气炮
超高速 (> 3000)	不能忽略材料压缩性的流体动力学特性，甚至爆炸 (材料气化)	轻气炮，聚能射流，爆炸驱动，陨石

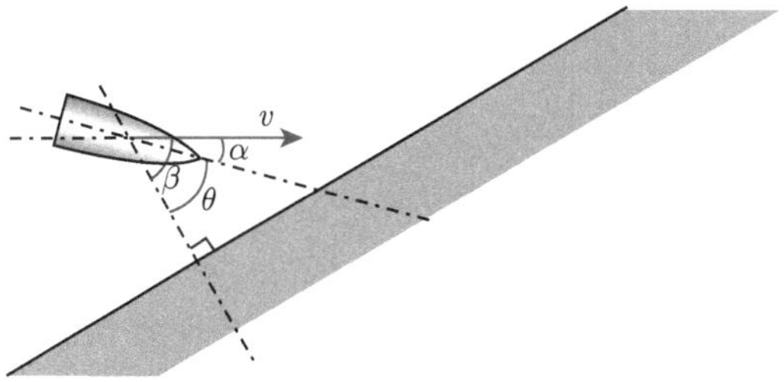

图 6.1.7 着靶姿态示意图

当 $\alpha = \beta = \theta = 0$ 时，对应弹体速度和弹轴方向一致并且垂直于靶板表面的情况，这种情况称为正入射。当 $\alpha = 0$，$\beta \neq 0$ 时称为斜入射。当 $\alpha \neq 0$ 时称为偏航入射，如果在偏航入射的情况下 $\beta \neq 0$，又称为偏航斜入射。

从侵彻效果来讲，斜入射可以近似认为是增加了侵彻路径，如图 6.1.8 所示。在入射角较大弹速又不太高时，容易发生跳弹现象，这时弹丸只在靶板表面“挖刻”一浅沟槽，如图 6.1.9 所示。研究发生跳弹和防止跳弹的方法，无论是对于装甲防护还是对穿甲弹的设计都有着重要的意义。

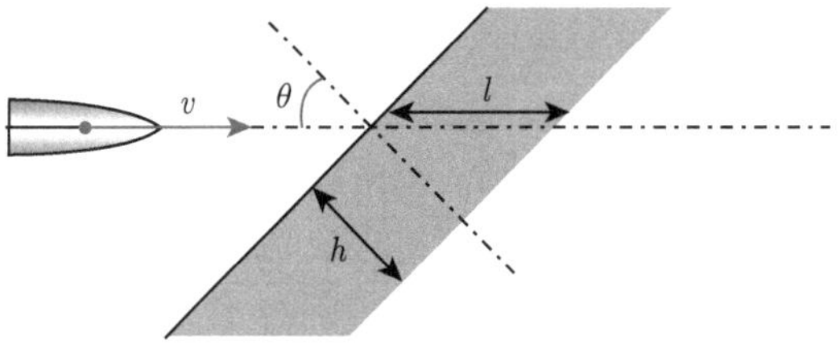

图 6.1.8 斜入射侵彻路径示意图

攻角的存在则可以近似理解为增加了侵彻体在入射方向上的投影面积，从而增加了侵彻阻力，如图 6.1.10 所示。

图 6.1.9 跳弹引起的靶板表面破坏

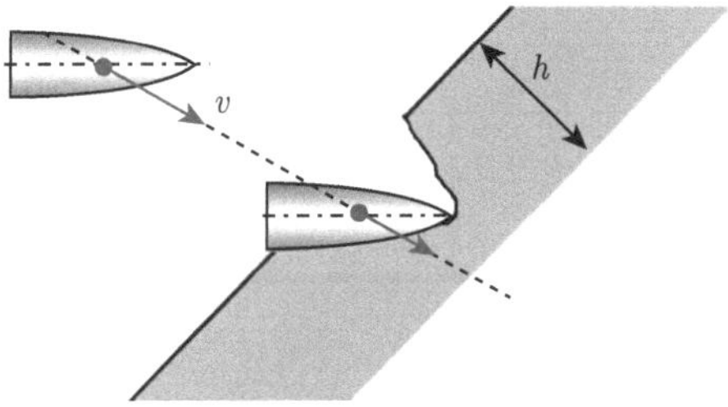

图 6.1.10 攻角增加了侵彻体在入射方向上的投影面积示意图

总地来讲，侵彻过程中所观察到的具体现象往往是各种因素综合作用的结果，想要从中分清哪一种因素最为主要比较困难。不过，借助于一定的实验手段，并运用理论分析，还是能从复杂的现象中归纳出弹丸侵彻与贯穿靶板的主要规律。

6.1.4 贯穿的基本现象

由于撞击速度、靶板材料性能、几何形状 (靶厚、弹体直径、头部形状) 等不同，在侵彻过程中靶板会出现不同的破坏形式，几种典型的贯穿破坏形式如图 6.1.11 所示。

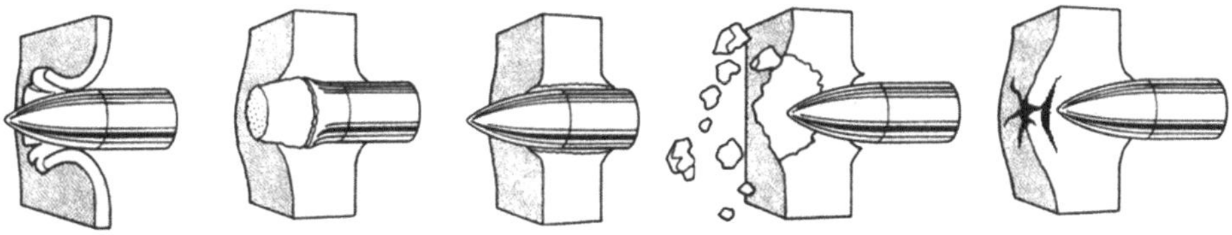

(a) 花瓣型 (b) 冲塞型 (c) 延性穿孔 (d) 破碎型 (e) 崩落型

图 6.1.11 靶板的贯穿破坏形式

(1) 花瓣型。

靶板薄、弹速低时容易产生花瓣型破坏 (图 6.1.11(a)、图 6.1.12)。当锥角较小的尖头弹和卵形头部弹丸侵彻薄装甲时，弹头很快戳穿薄板。随着弹丸头部向前运动，靶板材料顺着弹头表面扩孔而被挤向四周，穿孔逐步扩大，同时产生径向裂纹，并逐渐向外扩展，形成靶背表面的花瓣型破口。形成的花瓣数量随着靶板厚度和弹速的不同而不同。

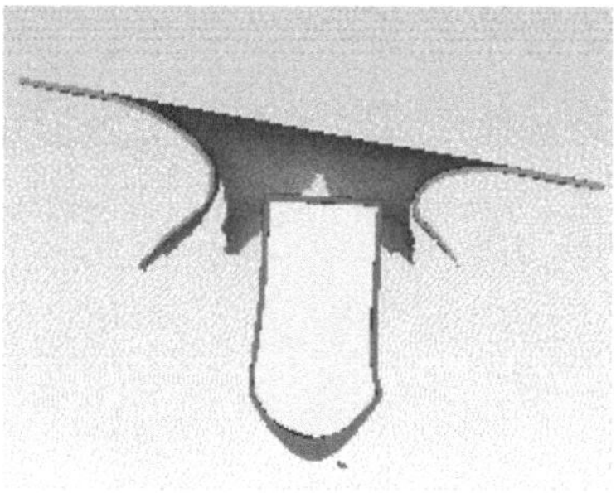

图 6.1.12 侵彻薄板时的花瓣型开孔

(2) 冲塞型。

钝头弹侵彻硬度较高的中厚靶或薄靶时，一般会冲出一个近似圆柱的塞块，造成冲塞型破坏 (图 6.1.11(b))，在适当的条件下，尖头弹也可能在装甲上冲出这样的塞块。出现冲塞型破坏的原因是：当弹体冲击靶板时，在弹和靶相接触的环形截面上产生很大的剪应力和剪应变，同时产生热量。由于冲击过程很短，这些热量来不及散逸出去，造成环形截面温度迅速提高，从而降低了材料的抗剪强度，以至出现冲塞型破坏。

(3) 延性穿孔。

当尖头穿甲弹垂直撞击机械强度不高的韧性靶板时易出现延性穿孔 (图 6.1.11(c))。在尖头弹的作用下，靶板材料产生强烈的塑性变形，并向表面流动，被挤向孔的出口和入口处，在靶板上形成圆形穿孔，孔径不小于弹体直径。同时在靶板的前后表面形成破裂的凸缘。

(4) 破碎型。

靶板相当脆硬时，容易出现破碎型破坏 (图 6.1.11(d))。弹丸高速穿透中等硬度或高硬度钢板、混凝土目标时，靶板背面产生破碎并崩落，大量碎片从靶后喷溅出来。

(5) 崩落型。

靶板硬度稍高或质量不太好、有轧制层状组织时，容易产生崩落破坏 (图 6.1.11(e))，而且靶板背面产生的碟形崩落比弹丸直径大。造成这种破坏的原因是：靶板中的入射压缩波在靶板表面反射稀疏波，从而在距靶板表面一定距离处出现拉伸应力超过靶板抗拉强度的情况，于是发生崩落型破坏。

以上几种类型属于基本型，实际出现的可能是几种形式的综合。例如，杆式穿甲弹在大法向角下对钢甲的破坏形态，除了撞击表面出现破坏弹坑之外，弹、靶将产生边破碎边穿甲的现象，最后形成冲塞型穿甲。

6.1.5 穿甲弹的威力性能

穿甲弹威力是要求弹体在规定射程内从正面击穿装甲目标，并具有一定的后效作用 (即在进入目标内部后仍有一定的杀伤、爆破和燃烧作用)，能有效毁伤目标。

穿甲弹的威力参数首先以穿甲能力来表征。为考核穿甲弹的穿甲威力，一般把实际目标转化为有一定厚度和倾斜角的均质材料等效靶。对等效靶的侵彻厚度和穿透一定厚度等效靶所需的侵彻速度成为考核侵彻能力的威力参数。这对应了两个方面的侵彻极限概念，一是侵彻极限厚度，另一个是侵彻极限速度。对于半无限靶可以用侵彻深度来表示。

1. 侵彻极限厚度

侵彻极限厚度可以用在规定距离 (如 2000m 或 5000m，不同的国家有不同的规范) 处，以不小于 90%(或 50%) 的贯穿率，在一定法向角下斜侵彻能穿透均质靶板的厚度来表示，通过侵彻极限厚度可以表征弹的侵彻能力。具体表示形式可以写成 δ/β，其中 δ 为靶板厚度，β 为靶板法向角。例如，美国标准中，150mm/60° 表示的是穿甲能力为可以穿透 2000m 远处、斜置 60°、厚度 150mm 的均质钢靶。

2. 侵彻极限速度

侵彻极限速度又称弹道极限，是指弹丸以规定的着靶姿态刚好贯穿 (完全侵彻，即穿透) 给定靶板的撞击速度。要在实际应用中去确定弹道极限，首先需要明确贯穿的概念，由于不同的目的和使用需求，贯穿有不同的定义。以美军为例，对贯穿有三种不同的定义，因此有三种标准的弹道极限，如图 6.1.13 所示。

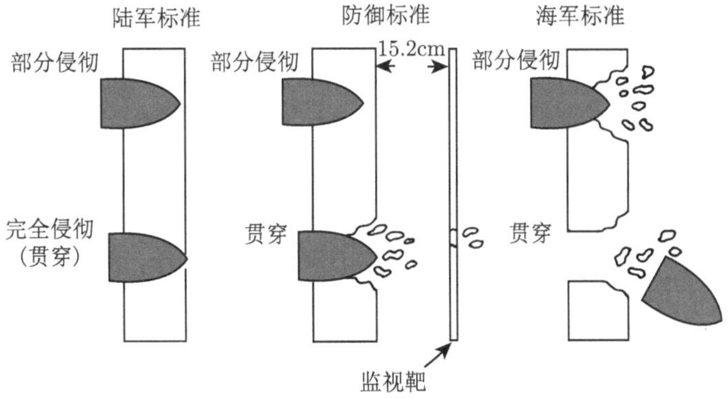

图 6.1.13 三种弹道极限标准

陆军标准规定的贯穿是指弹丸充分侵彻装甲产生透光的孔或扩展的裂纹，或弹丸嵌入装甲，并能从靶板背面看见弹丸，反之为部分侵彻。防御标准规定的贯穿是指弹丸或靶板形成的破片具有一定的能量，可以穿过靶板后面 152mm 处平行于靶板并牢固安装的监视靶，反之为部分侵彻。海军标准规定的贯穿是指弹丸整体或弹丸的主要部分完全穿过装甲，反之为部分侵彻。

在实际应用中，究竟采用哪一种标准，需根据弹丸和靶板的特性确定。例如，对于装有炸药的弹丸，常常要求完全贯穿装甲后再引爆炸药，因此采用海军标准较为合适。而在有倾角的情况下，弹丸容易破碎，往往很难区分部分侵彻和贯穿，且随着倾角的增大，陆军标准和防御标准逐渐接近，最后趋于一致。

在弹、靶系统确定的情况下，可以通过侵彻实验得到弹道极限。实验中，由于弹丸之间存在差异，同一靶板不同区域的性能不尽相同，弹丸的着靶姿态存在一定的误差等原因，导致想要得到某一特定速度能确保弹丸贯穿靶板几乎是不可能的。在一定的速度范围内，弹丸能否贯穿靶板是一个概率事件。对于一定结构的弹丸和靶板，弹丸的着速越大，贯穿的概率就越大，由此存在一个由未贯穿向贯穿过渡的速度区间，这个速度区间称为穿甲过渡带。在此速度区间内，可能发生贯穿现象，也可能发生不贯穿现象。图 6.1.14 给出了贯穿概率随撞击速度变化的曲线，通常取这条曲线的中点即贯穿概率为 50%的着速作为弹道极限，这个特殊的弹道极限叫做 v_{50} 弹道极限。

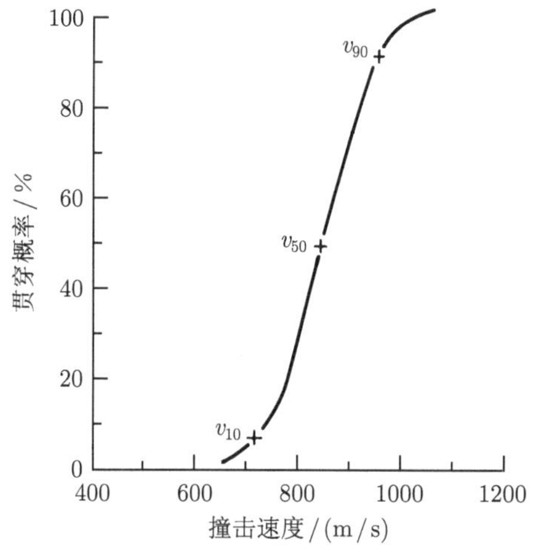

图 6.1.14　贯穿概率分布曲线

通常认为 v_{50} 弹道极限是以下两种速度的平均值：一是弹丸侵入靶板但不贯穿靶板 (部分侵彻) 的最高速度；二是弹丸贯穿靶板的最低速度。即通过实验得到一组部分侵彻数据和一组完全贯穿数据，然后将给定速度范围内的若干发最高部分侵彻着速，和同一数目的最低完全贯穿着速划为一组，求出平均值，作为近似的 v_{50} 弹道极限。对于给定质量和特性的弹丸，弹道极限也反映了在规定条件下弹丸贯穿靶体所需的最小动能。根据实际需要，还可以定义其他弹道极限，如 v_{10}、v_{90}，分别对应贯穿概率为 10%和 90%的着速。弹丸贯穿靶板后的速度称为剩余速度或残余速度。

6.2 弹丸对金属装甲的穿甲效应 [1,5−8]

为了确定给定弹靶系统的弹道极限、侵彻极限厚度、侵彻深度、弹丸剩余速度等参数，研究人员在长期的实践中建立了各种理论模型、工程模型、经验 (半经验) 公式，但是由于弹靶几何特性、材料特性、着靶姿态、破坏模型等的复杂性和多样性，这些模型和公式都有各自的适用条件。本节针对不同类型的穿甲过程，重点介绍一些典型的计算模型和公式。

6.2.1 尖头弹对延性靶板的贯穿

通常认为，尖头弹贯穿延性靶板是最简单的贯穿过程，因为这个过程不涉及靶板其他失效机理，弹丸“延性扩孔”机理将靶板材料推开形成穿孔。图 6.2.1 给出了锥头弹丸在铝靶上的延性穿孔现象。

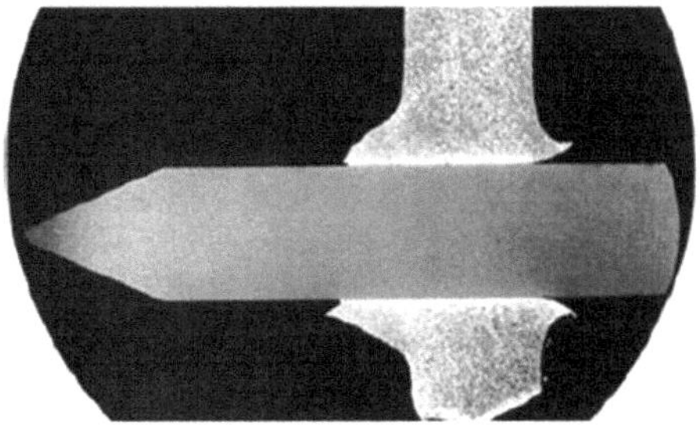

图 6.2.1 锥头弹丸在铝靶上的延性穿孔现象

对于延性穿孔问题，很多研究人员采用动量守恒和能量守恒进行处理，如 Recht 和 Ipson 的模型 (简称 RI 模型)，这个模型虽然是一个相对简单的模型，但可以用来解释大量刚性弹丸贯穿有限厚靶板的实验数据。

RI 模型假设贯穿过程中，弹丸消耗的动能等于在靶板上开孔以及使弹体通过而耗费的功 W_p，忽略靶板的动能以及靶板弯曲或拉伸需要的能量。于是有如下能量守恒方程：

$$\frac{1}{2}m_s v_0^2 = \frac{1}{2}m_s v_r^2 + W_p \tag{6.2.1}$$

式中，v_0 和 v_r 分别表示弹丸的初始速度和贯穿靶板后的剩余速度，m_s 是弹丸质量。当弹丸的剩余速度 v_r 为 0 时，初始速度 v_0 即为弹道极限 v_{bl}，于是有

$$\frac{1}{2}m_s v_{\mathrm{bl}}^2 = W_p \tag{6.2.2}$$

因此

$$v_r^2 = v_0^2 - v_{\mathrm{bl}}^2 \tag{6.2.3}$$

即

$$\frac{v_r}{v_{\mathrm{bl}}} = \sqrt{\left(\frac{v_0}{v_{\mathrm{bl}}}\right)^2 - 1} \tag{6.2.4}$$

图 6.2.2 给出了卵形和锥形钢杆贯穿铝板的 RI 模型计算结果与 Forrestal 和 Piekutowski 等实验结果的比较，可见，在很大的撞击速度范围内，RI 模型预测结果与实验结果一致性很好。由式 (6.2.4) 可知，随着撞击速度的增加，v_r 逐渐趋近于 v_0，这是因为贯穿靶板所需要的功占弹丸总动能的比值越来越小。

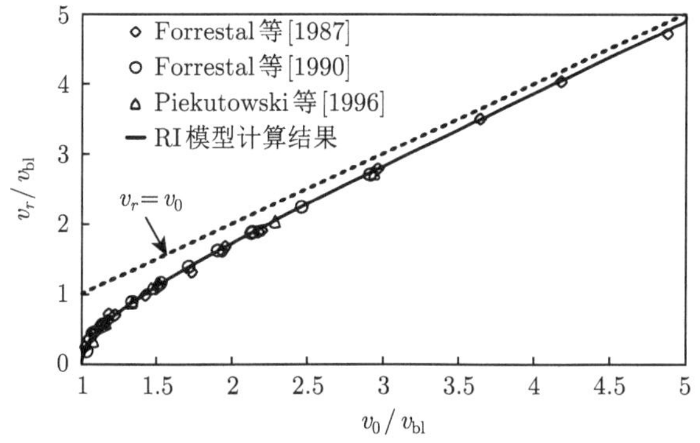

图 6.2.2 RI 模型计算结果与实验结果的比较

RI 模型的意义主要在于如果贯穿靶板过程是通过延性扩孔形成的，那么对于给定的弹靶系统，通过少量的实验就能得到 v_{bl}，从而确定 v_r 和 v_0 的关系，即式 (6.2.3) 或式 (6.2.4)。

如果已知在靶板上开孔以及使弹体通过而耗费的功 W_p，原则上不需要实验也可以求出弹道极限速度 v_{bl}。把弹丸侵彻过程中的实际阻力 (随时间变化) 替换为等效常值阻力 σ_r，等效阻力 σ_r 和实际阻力导致的弹体能量损失应当相同。那么，弹丸贯穿厚度为 h_0 的靶板的运动方程为

$$m_s \frac{\mathrm{d}v}{\mathrm{d}t} = -\pi r^2 \sigma_r \tag{6.2.5}$$

结合式 (6.2.2)，得

$$W_p = \frac{m_s v_{\mathrm{bl}}^2}{2} = \pi r^2 h_0 \sigma_r \tag{6.2.6}$$

式中，r 为穿孔半径，也就是弹丸半径。

这样，只要确定了弹丸贯穿靶板过程中的等效阻力 σ_r，就可以得到 W_p 和弹道极限速度 v_{bl}。根据 Thomson 提出的薄板解析模型，很薄的靶板对弹体的等效阻力为 $\sigma_r = Y_t/2$(Y_t 为靶板材料的强度)。对与弹体直径相当的中等厚度板，Bethe 和 Taylor 给出 $\sigma_r = (1.3\sim2)Y_t$。随着靶板厚度的增加，自由表面效应的影响逐渐减弱，σ_r 逐渐趋近于 $(5\sim6)Y_t$。Rosenberg 等采用数值模拟方法得到了不同厚度靶板的等效阻力 σ_r，σ_r/Y_t 与 h_0/d 的关系为

$$\begin{aligned}
\frac{\sigma_r}{Y_t} &= \frac{2}{3} + 4\frac{h_0}{d}, \quad \frac{h_0}{d} \leqslant \frac{1}{3} \\
\frac{\sigma_r}{Y_t} &= 2.0, \quad \frac{1}{3} \leqslant \frac{h_0}{d} \leqslant 1.0 \\
\frac{\sigma_r}{Y_t} &= 2.0 + 0.8\ln\frac{h_0}{d}, \quad \frac{h_0}{d} \geqslant 1.0
\end{aligned} \tag{6.2.7}$$

式中，d 为弹丸直径。

Rosenberg 等利用实验数据对上述结果的准确性进行了验证，如图 6.2.3 所示。实验数据来自于 Borvik 等的锥头钢弹贯穿 5083-H116 铝板的实验结果。实验中的弹丸等效长度 80mm，直径 20mm，靶板的厚度范围 15~30mm，相对厚度范围 $h_0/d = 0.75\sim1.5$。对于厚度为 15mm、20mm、25mm、30mm 的靶板，实验得到的弹道极限速度分别为 216.8m/s、249m/s、256.6m/s、314.4m/s。由图可见，模型预测与实验结果吻合良好。

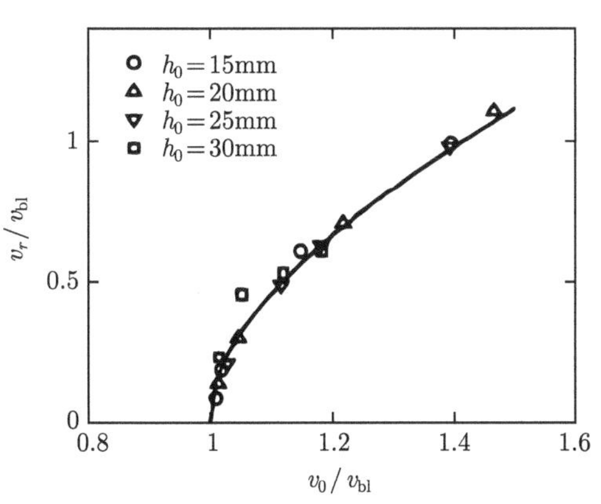

图 6.2.3 锥头钢弹贯穿铝板的实验结果和模型计算结果

6.2.2　钝头弹对有限厚靶板的贯穿

钝头弹贯穿有限厚靶板的过程非常复杂，其中会存在不同的失效机理，如层裂、盘形剥落和冲塞等。对于薄靶，靶板整体的弯曲和拉伸会吸收大量的弹丸动能，也需要考虑。研究表明，钝头弹对靶板的贯穿过程包括初始压缩和早期侵彻、凸起变形、冲塞形成和塞块飞出等。

层裂是入射应力波在靶板背面反射拉伸波导致的，层裂片的尺寸和速度依赖于撞击速度和靶板材料的拉伸强度，层裂现象常见于钝头弹高速冲击中厚靶的情况，如图 6.2.4 所示。盘形剥落现象是由靶板的弯曲和拉伸造成的，弯曲导致靶板中的薄弱面发生拉伸失效，拉伸失效汇合形成大的盘形剥落，如图 6.2.5 所示。冲塞多发生在薄靶和中厚靶中，冲塞是由弹丸在侵彻过程中，弹丸周围靶板材料中出现剪切失效而形成的。

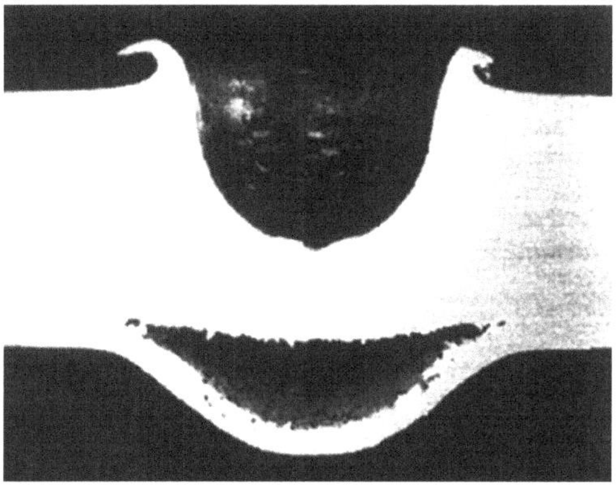

图 6.2.4　玻璃球撞击铝板引起的层裂现象

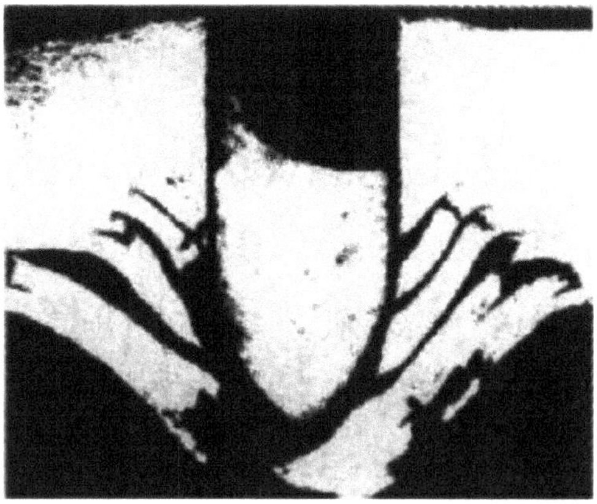

图 6.2.5　卵形弹贯穿靶板时的盘形剥落现象

图 6.2.4 清晰显示了直径 3.18mm 的玻璃球以 6km/s 的速度撞击铝板引起的层裂，图 6.2.5 是卵形弹贯穿靶板时产生的盘形剥落现象。图 6.2.6 是 Woodward 等利用平头刚性弹丸以不同速度撞击铝靶板实验得到的靶板剖面图，实验中弹丸直径为 4.76mm，靶板为 9mm 厚的 7039-T6 铝板。由图可见，当撞击速度小于 260m/s 时，侵彻是通过延性穿孔方式实现的。当撞击速度为 315m/s 时，当弹丸距靶板背面约 1 倍弹径时，塞块周围出现剪切裂纹。当撞击速度达到 353m/s 时，塞块被冲出。

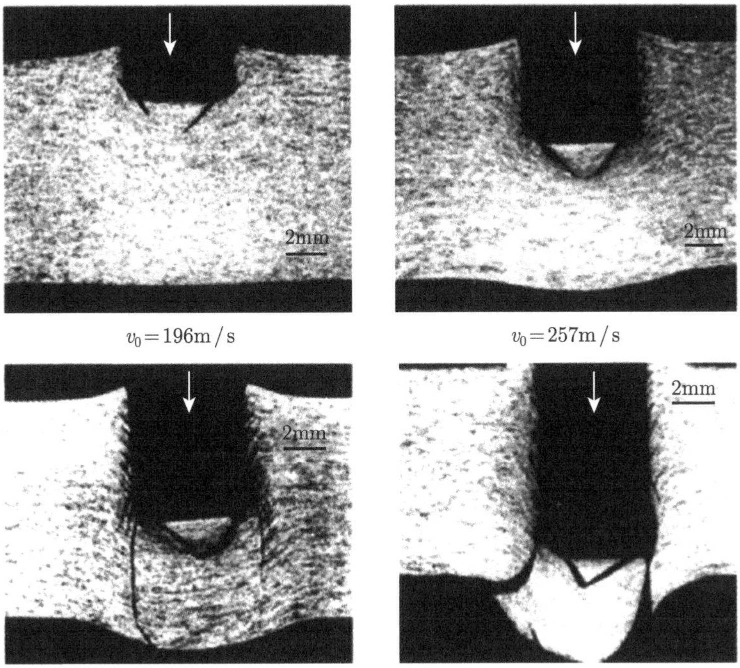

$v_0=196\text{m/s}$　　$v_0=257\text{m/s}$

$v_0=315\text{m/s}$　　$v_0=353\text{m/s}$

图 6.2.6 不同速度的平头刚性弹丸撞击铝靶板的剖面图

考虑所有失效模式来构建钝头弹丸贯穿有限厚靶板的理论模型并不容易，过去许多年研究人员提出了很多模型来计算钝头弹丸贯穿靶板的弹道极限和剩余速度，其中最为广泛使用的模型有 De Marre 公式和 RI 模型。

1. De Marre 公式

De Marre 公式建立于 1886 年。公式假设：弹丸是刚性的，在碰撞靶板时不变形；弹丸只做直线运动，不旋转；弹丸的动能都消耗在击穿靶板上；靶板四周固支，靶板材料是均匀的。

根据能量守恒定律，可以得到弹丸击穿靶板所必需的速度 v_b 为

$$v_b = K\frac{d^{0.75}\cdot h_0^{0.75}}{m_s^{0.5}} \tag{6.2.8}$$

式中，m_s 为弹丸质量，d 为弹丸直径，h_0 为靶板厚度，K 为常数。

大量实验表明，如果将 h_0 的指数由 0.75 改为 0.7，所得结果与实验结果更接近，即

$$v_b = K\frac{d^{0.75}\cdot h_0^{0.7}}{m_s^{0.5}} \tag{6.2.9}$$

式 (6.2.9) 就是著名的 De Marre 公式。常数 K 值被称为穿甲复合系数，它综合反映了靶板和弹丸材料性质、弹丸结构等影响侵彻的因素。对于普通穿甲弹来说，通常取为 2200~2600，一般可取为 2400。值得注意的是，De Marre 公式中各参量的单位是特定的，v_b 的单位是 m/s，m_s 的单位是 kg，d 和 h_0 的单位是 dm。

在斜入射情况下，考虑弹轴和靶板法线间的夹角 θ (即倾斜碰撞) 对侵彻效果的影响，则 De Marre 公式可写为

$$v_b = K\frac{d^{0.75}h_0^{0.7}}{m_s^{0.5}\cos\theta} \tag{6.2.10}$$

实验结果表明，采用式 (6.2.10) 的方法考虑倾斜碰撞的影响是很粗糙的，根据苏联海军炮兵科学研究院的实验研究结果进行侵彻角度修正后，可更为准确地表示 v_b 如下。

对于非均质钢甲

$$v_{b,\theta>0} = \frac{v_{b,\theta=0}}{\cos(\theta+\lambda)} = N_1\cdot v_{b,\theta=0} \tag{6.2.11}$$

对于均质钢甲

$$v_{b,\theta>0} = \frac{v_{b,\theta=0}}{\cos(\theta-\lambda)} = N_2\cdot v_{b,\theta=0} \tag{6.2.12}$$

式中，$v_{b,\theta=0}$ 表示垂直击穿装甲所需的着速，λ 为修正角。系数 N_1、N_2 与 θ 的关系如表 6.2.1 所示。

表 6.2.1　系数 N_1、N_2 与 θ 的关系

θ/(°)	0	5	10	15	20	25	30	35	40	45	50	55	60
N_1	1.000	1.015	1.035	1.064	1.105	1.122	1.155	1.305	1.415	1.556	1.661	1.887	2.220
N_2	1.000	1.000	1.005	1.015	1.035	1.064	1.105	1.122	1.155	1.305	1.465	1.625	1.844

De Marre 公式广泛应用于枪炮弹丸设计和靶场实验工作中，它的重要意义在于，已知弹丸结构和着靶姿态的情况下，可以计算穿透某一给定厚度靶板所需的弹道极限；反之，若已知弹丸着速和其他相关弹道参数，可以预测能够击穿的靶板厚度。

De Marre 公式将影响弹丸威力的几个指标：速度、口径、弹重和靶板厚度联系起来，公式的准确程度取决于系数 K 的取值。在弹速不高时，公式的计算结果和实际情况差别不大。

为了克服 De Marre 公式的缺点，许多研究人员对其进行了发展。贝尔金公式反映了靶板和弹丸材料机械性能的影响，形式为

$$v_b = 215\sqrt{K_2\sigma_s(1+\varphi)}\frac{d^{0.75}h_0^{0.7}}{m_s^{0.5}\cos\theta} \tag{6.2.13}$$

式中，σ_s 为金属装甲的屈服极限，$\varphi = 6.16m_s/(h_0d^2)$，$K_2$ 为考虑弹丸结构特点和装甲受力状态的效力系数。用普通穿甲弹侵彻均质钢甲时，在 cm-kg-s 单位制下，效力系数 K_2 的参考取值列于表 6.2.2 中。

表 6.2.2 效力系数 K_2 的参考取值

穿甲弹类型	效力系数	附注
尖头弹 (头部母线半径 = 1.5~2.0d)	0.95~1.05	厚度近于弹径的均质钢甲
钝头弹 (钝化直径 = 0.6~0.7d，头部母线半径 = 5~6d)	1.20~1.30	
被帽穿甲弹	0.9~0.95	

当考虑弹丸以倾角 θ 碰撞靶板时，也可以采用美国海军的 “F” 公式。在 “F” 公式中，倾角对击穿速度的影响通过系数 R_θ 来表示，R_θ 与 θ 间的关系如表 6.2.3 所示。计算公式为

$$v_b = \frac{R_\theta F}{41.57}\frac{d}{m_s^{0.5}}h_0^{0.5} \tag{6.2.14}$$

式 (6.2.14) 采用英制单位，F 一般取 41000~42000。

表 6.2.3 θ 与 R_θ 的关系

$\theta/(°)$	0	10	20	25	30	35	40
R_θ	1.00	1.03	1.13	1.21	1.32	1.47	1.57

计算次口径穿甲弹的穿甲能力时，可采用下列公式：

$$v_b = K\frac{d_c^{0.75}h_0^{0.7}}{(m_c+\mu m_T)^{0.5}\cos\theta} \tag{6.2.15}$$

式中，d_c 为弹芯直径，m_c 为弹芯质量，m_T 为软壳重量，μ 为考虑软壳参与击穿钢甲作用的修正系数。例如，85mm 次口径穿甲弹，$\theta = 0°$ 时，$\mu = 0.23$；$\theta = 30°$ 时，$\mu = 0.20$，μ 值一般随弹径的减少而增加。

2. RI 模型

RI 模型 (图 6.2.7) 不考虑靶板各种失效模式的具体细节，仅考虑能量和动量守恒，认为冲塞过程实际上是一个动能转换问题，即弹体原有的动能转化为下列能量：① 弹丸贯穿后的剩余动能和塞块 (质量为 m_t) 获得的动能，即 $\frac{1}{2}(m_s+m_t)\,v_r^2$；② 对弹丸四周材料剪切屈服应力所做的功、热量耗损及弹塑性变形能的总和 W_p；③ 弹靶接触过程中形成一共同速度 $\bar{v}_0$ 时所消耗的能量 W_f。

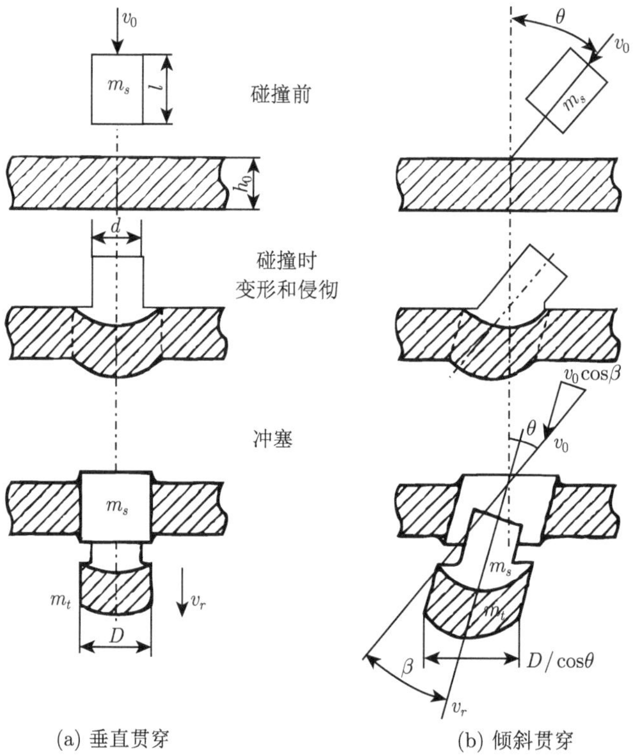

(a) 垂直贯穿　　(b) 倾斜贯穿

图 6.2.7　钝头弹贯穿靶板过程

于是，能量守恒方程可写成

$$\frac{1}{2}m_s v_0^2 = \frac{1}{2}(m_s + m_t)\,v_r^2 + W_p + W_f \tag{6.2.16}$$

在弹体和靶板接触后，瞬间形成一个共同的速度 $\bar{v}_0$，忽略塞块周围材料获得的动量，动量守恒方程为

$$m_s v_0 = (m_s + m_t)\,\bar{v}_0 \tag{6.2.17}$$

所以有

$$\bar{v}_0 = \frac{m_s}{m_s + m_t} v_0 \tag{6.2.18}$$

$$W_f = \frac{1}{2} m_s v_0^2 - \frac{1}{2}(m_s + m_t)\,\bar{v}_0^2 = \frac{1}{2}\left(\frac{m_s m_t}{m_s + m_t}\right) v_0^2 \tag{6.2.19}$$

于是，能量守恒方程 (6.2.16) 可以改写成

$$\frac{1}{2}\left(\frac{m_s^2}{m_s + m_t}\right) v_0^2 = \frac{1}{2}(m_s + m_t)\, v_r^2 + W_p \tag{6.2.20}$$

当初始速度 v_0 等于弹道极限 v_{bl} 时，$v_r = 0$，所以

$$W_p = \frac{1}{2}\left(\frac{m_s^2}{m_s + m_t}\right) v_{\mathrm{bl}}^2 \tag{6.2.21}$$

由此可以得到弹丸的剩余速度

$$v_r = \frac{m_s}{m_s + m_t}\sqrt{v_0^2 - v_{\mathrm{bl}}^2} \tag{6.2.22}$$

当弹体垂直撞击薄靶时，RI 模型计算结果与实验结果的比较如图 6.2.8 所示。

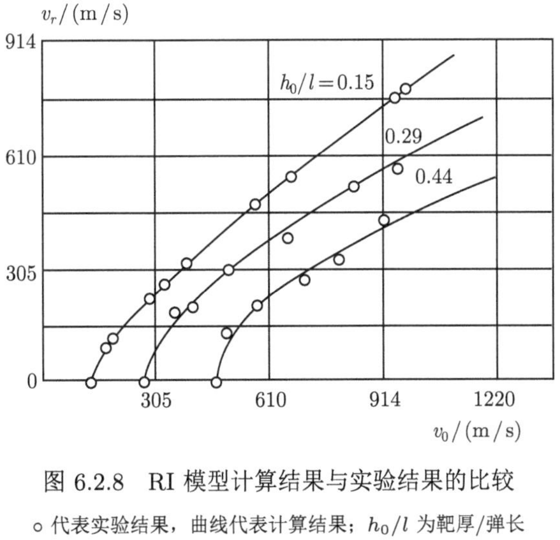

图 6.2.8 RI 模型计算结果与实验结果的比较

○ 代表实验结果，曲线代表计算结果；h_0/l 为靶厚/弹长

在上述推导过程中，假设塞块速度与弹丸速度相同，实际上这种情况很少，通常塞块速度比弹丸速度高。但是，对于相对较薄的靶板，式 (6.2.22) 预测的侵彻剩余速度与实验数据非常吻合，这是因为塞块的实际动能和计算得到的动能之间的差异在整个能量守恒中所起的作用很小。当塞块的速度 v_{pl} 明显高于弹丸剩余速度 v_r 时，式 (6.2.22) 中的质量 m_t 应当用塞块的等效质量 m_t^* 代替

$$m_t^* = m_t \left(\frac{v_{\mathrm{pl}}}{v_r}\right)^2 \tag{6.2.23}$$

Lambert 和 Jonas 在分析了大量刚性弹丸贯穿靶板的理论模型后，把这些理论模型用一个统一的公式来表示，即

$$\frac{v_r}{v_{\mathrm{bl}}} = k\sqrt{\left(\frac{v_0}{v_{\mathrm{bl}}}\right)^2 - 1} \tag{6.2.24}$$

式中，k 为经验常数，取决于塞块和弹丸的质量比，当 $k=1$ 时，式 (6.2.24) 变为式 (6.2.4)，当 $k = m_s/(m_s + m_t)$ 时，式 (6.2.24) 变为式 (6.2.22)。

弹丸倾斜贯穿靶板的情况下，往往发生侵彻方向的改变，Recht 和 Ipson 假设弹丸和塞块离开靶板时的速度方向和大小相同，弹丸入射角为 θ (攻角为 0)，离开靶板时的偏转角为 β，所以弹体离靶时的弹道倾角为 $\theta-\beta$。弹丸的初始动量为 $m_s v_0$，方向和入射角相同。但是，真正用于击穿靶板的只是它沿偏转角 β 方向的分量 $m_s v_0 \cos\beta$ (图 6.2.7(b))。同理，有效的斜侵彻弹道极限速度为 $v_{\mathrm{bl}}\cos\beta$。于是，斜入射贯穿靶板的剩余速度为

$$v_r = \frac{m_s \cos\beta}{m_s + m_t}\sqrt{v_0^2 - v_{\mathrm{bl}}^2} \tag{6.2.25}$$

要注意的是，在这种情况下，塞块的质量与垂直贯穿情况不同，塞块的形状近似为椭圆柱块，厚度为靶板厚度 h_0，短轴为弹丸直径为 d，但长轴为 $d/\cos\theta$。

6.2.3 长杆穿甲弹对半无限靶的侵彻

从 20 世纪 60 年代开始国外就开始对长杆弹侵彻半限靶进行了广泛研究，当时在反坦克弹药中就已经用高密度材料制成的杆式弹来代替长径比较小的普通穿甲弹。由钨合金或贫铀合金等高密度材料制成的长杆弹的着靶速度为 1.5~1.8km/s，对靶板具有很强的侵彻能力，已成为穿甲领域的研究热点。

在侵彻过程中，由于侵蚀现象，弹丸的质量不断减少，与刚性杆的侵彻过程完全不同。一般认为杆在低速撞击时呈现刚性，当杆撞击速度达到临界变形速度时，杆在侵彻过程中变形，杆前部直径变粗，长度缩短，侵彻深度随撞击速度的增加而降低，造成杆侵彻能力下降。临界变形速度取决于杆的性能和靶板强度。当撞击

速度达到另一个临界速度时，杆就发生侵蚀，变形杆就变成侵蚀杆侵彻。Brooks 在研究弹体撞击钢靶时发现了这一复杂行为，他把从变形到侵蚀的临界撞击速度称为第二临界速度，也叫做流体动力转换速度。

图 6.2.9 给出了用中等强度球头钢杆侵彻 6061-T651 铝靶的实验结果。实验数据表明，刚性杆到侵蚀杆的转换并不是发生在某一特定的阈值速度上，而是存在一个速度范围，在这个速度范围内杆发生严重变形而没有质量损失，侵彻深度随撞击速度的增加而降低 (图中的阴影区)。因此，随着撞击速度的增加，撞击现象的变化依次为：① 低速撞击时，杆作为刚性体侵彻靶板，直到撞击速度达到临界变形速度；② 撞击速度超过临界变形速度后，杆发生变形，但没有质量损失，侵彻深度随撞击速度的增加而降低；③ 撞击速度增加到某个值时，杆发生侵蚀，侵彻深度又随撞击速度的增加而增加。

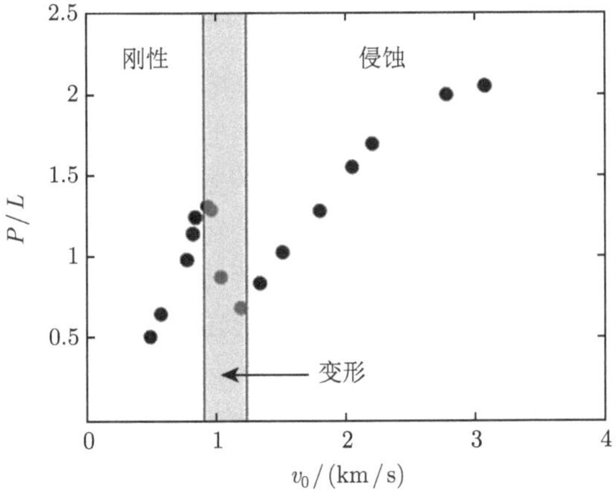

图 6.2.9 球头钢杆侵彻 6061-T651 铝靶的实验结果

图 6.2.10 为实验得到的侵彻结束后铝靶板中残余钢杆的三张 X 射线照片。三个钢杆撞击铝靶的速度分别选取低于变形速度、高于变形速度和高于流体动力转换速度。由图可见，当撞击速度为 1037m/s 时，铝靶中的残余杆发生严重变形，杆前部直径是未变形时的约 1.5 倍。当撞击速度达到 1193m/s 时，杆开始发生侵蚀，侵彻深度很小。

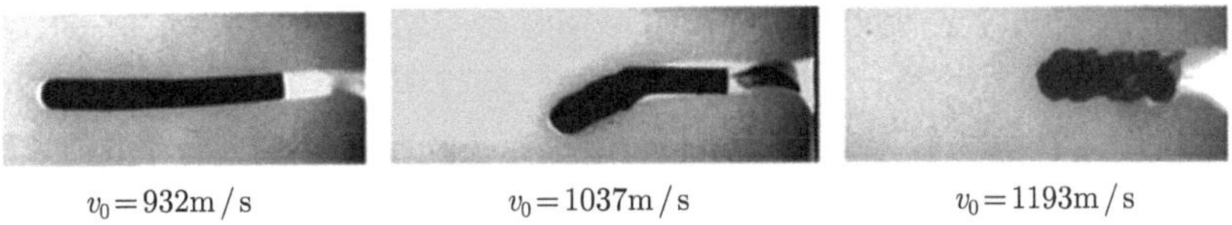

图 6.2.10 铝靶中残余钢杆的三张 X 射线照片

Christman 和 Gehring 根据杆和靶板界面上的压力，把长杆弹侵彻半无限靶过程分成四个阶段，如图 6.2.11 所示。

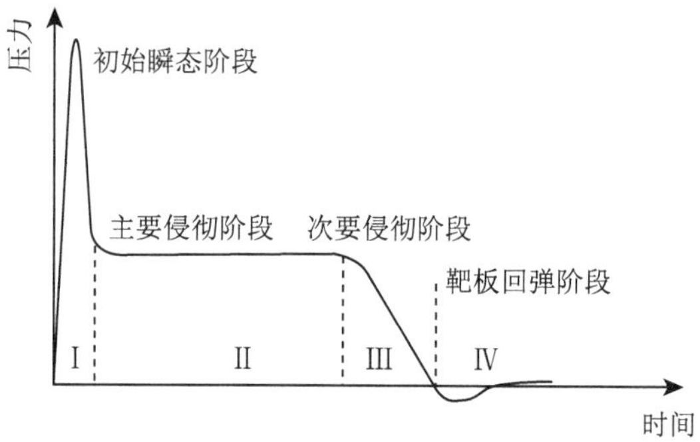

图 6.2.11　长杆弹侵彻半无限靶的四个阶段

第一阶段为初始瞬态阶段，伴随着弹体开坑现象，这一阶段仅持续几个微秒，对应侵彻深度约几倍杆径。在如图 6.2.11 所示的压力-时间历程图中，初始瞬态阶段表现为一个压力陡峰，压力值可由冲击波关系式给出，依赖于撞击速度和材料的密度与可压缩性。在高压力冲击波的作用下，杆头部发生大变形，由于涉及多个物理甚至化学过程，对于这一阶段的解析描述很复杂，且缺乏其对总侵彻深度影响的准确分析。第二阶段为主要侵彻阶段，这一阶段的主要特征是准静态侵彻：压力由瞬态阶段的陡峰下降为近似恒定值，同时弹靶界面的移动速度 (即侵彻速度) 也近似为一个常数。该阶段持续时间由弹体长径比决定，长杆弹的长径比大，因而此阶段的作用时间长，对最终侵彻深度的影响也最为显著。主要侵彻阶段是所有理论分析模型的核心。第三阶段出现在杆完全侵蚀后，称为次要侵彻阶段或后流动侵彻阶段，这两种侵彻实际上是两种不同的机理。次要侵彻与一定条件下的反向杆侵彻有关。后流动侵彻是杆全部侵蚀后，杆赋予靶板的动量足够克服靶板强度，成坑继续增长，造成侵彻深度增加。第四阶段为靶板回弹阶段，该阶段对整个侵彻深度影响很小，通常不予考虑。

下面介绍几种长杆弹侵彻半无限靶的侵彻深度计算模型。

1. 流体动力学模型

钨合金或贫铀合金长杆弹在侵彻装甲钢时会不断侵蚀，直到侵彻终止，侵彻过程与聚能射流的侵彻过程比较相似。因此，射流破甲的定常理论模型 (详见 5.3.2 节) 也可以用于计算长杆弹对靶板的侵彻，即为长杆弹侵彻的流体动力学模型。结果表明侵蚀长杆弹在半无限靶板中的侵彻深度与杆长成正比，与弹靶密度之比的平方根成正比，与杆速度无关。

2. Allen-Rogers 模型

在流体动力学理论的基础上，Allen 和 Rogers 在伯努利方程 (5.3.6) 中加入强度项以描述长杆高速侵彻

$$\frac{1}{2}\rho_p (v_0 - u)^2 = \frac{1}{2}\rho_t u^2 + \sigma \tag{6.2.26}$$

式中，ρ_p 和 ρ_t 分别表示弹丸和靶板的密度，u 是侵彻速度，σ 与靶板强度相关，Rosenberg 和 Dekel 的研究表明，σ 约为靶材动态压缩强度的 3 倍。

由式 (6.2.26) 可解出侵彻速度为

$$u = \frac{v_0 - \sqrt{\mu^2 v_0^2 + 2(1-\mu^2)\sigma/\rho_p}}{1-\mu^2} \tag{6.2.27}$$

式中，$\mu = \sqrt{\rho_t/\rho_p}$。

将式 (6.2.27) 对时间进行积分，可得无量纲侵彻深度 (侵彻深度 P 与杆长 L 之比) 为

$$\frac{P}{L} = \frac{u}{v_0 - u} = \frac{v_0 - \sqrt{\mu^2 v_0^2 + 2(1-\mu^2)\sigma/\rho_p}}{\sqrt{\mu^2 v_0^2 + 2(1-\mu^2)\sigma/\rho_p} - \mu^2 v_0} \tag{6.2.28}$$

Allen 和 Rogers 分别用由金、锡、铝和镁等不同材料制成的长杆弹高速撞击铝圆柱靶板，实验结果 (图中数据点) 与模型计算结果 (图中曲线) 的比较如图 6.2.12 所示，从图中可以看出，模型能成功解释除金杆外的实验数据，Allen 和 Rogers 把金杆具有较大侵彻深度的现象归因于次级侵彻，认为侵蚀弹体残骸将在主要侵彻阶段结束后继续侵彻靶体。

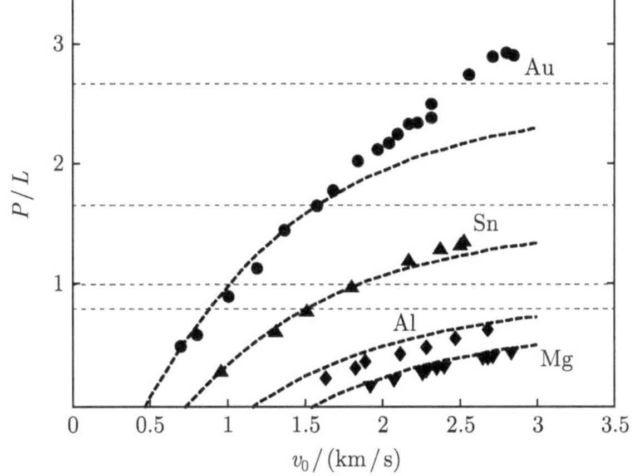

图 6.2.12 Allen 和 Rogers 的实验结果与模型计算结果的比较

根据 Allen 和 Rogers 的结果，对于给定的某一长杆，存在一个开始发生侵彻的临界侵彻速度 v_c，由式 (6.2.27) 可知，当 $u=0$ 时，$v_0=v_c$，即

$$v_c=\sqrt{2\sigma/\rho_p} \tag{6.2.29}$$

3. Alekseevskii-Tate 侵彻模型

Alekseevskii 和 Tate 几乎同时各自独立地建立了侵蚀长杆弹的侵彻深度计算模型 (AT 模型)，他们的模型被认为是终点弹道中最成功的模型之一，AT 模型适用于强度为 Y_p 的侵蚀长杆弹在侵彻过程中的连续减速过程。与 Allen-Rogers 模型一样，AT 模型也是以修正的伯努利方程为基础，但考虑了长杆弹材料的动态强度和靶板材料的侵彻阻力 R_t。杆中未被侵蚀的刚性部分的减速是通过幅值为 Y_p 的弹性波在杆中来回反射完成的。

修正的伯努利方程为

$$\frac{1}{2}\rho_p\left(v-u\right)^2+Y_p=\frac{1}{2}\rho_t u^2+R_t \tag{6.2.30}$$

根据牛顿第二定律，杆中长度为 l 的未被侵蚀部分的运动方程为

$$\rho_p l\frac{\mathrm{d}v}{\mathrm{d}t}=-Y_p \tag{6.2.31}$$

杆的侵蚀速率为

$$\frac{\mathrm{d}l}{\mathrm{d}t}=-\left(v-u\right) \tag{6.2.32}$$

求解式 (6.2.30)~式 (6.2.32) 可以获得不同速度下某一长杆撞击半无限靶的侵彻深度。根据弹、靶强度大小关系，AT 模型可以分成两种情况，每种情况都有对应的解。第一种情况是 $Y_p>R_t$，即长杆弹材料的强度大于靶板阻力，这种情况相对复杂一些，同时由于在实际应用中并不常见，这里不进行进一步的讨论，而是重点关注第二种情况，即长杆弹材料的强度小于靶板阻力。

当 $Y_p<R_t$ 时，只有当撞击速度高于临界侵彻速度 v_c 时，长杆才开始侵彻靶板。由式 (6.2.30) 可知

$$v_c=\sqrt{2\left(R_t-Y_p\right)/\rho_p} \tag{6.2.33}$$

当 $v>v_c$ 时，长杆弹开始侵彻靶板，由式 (6.2.30) 可得侵彻速度 u 与长杆未侵蚀部分的瞬时速度 v 的关系为

$$u=\frac{v-\sqrt{\mu^2v^2+\left(1-\mu^2\right)v_c^2}}{1-\mu^2} \tag{6.2.34}$$

杆未侵蚀部分由于弹性波的来回反射而不断减速，杆长不断减小，当杆未侵蚀部分的速度小于临界侵彻速度 v_c 时，或杆消耗完毕，侵彻过程中止。

求解方程 (6.2.30)~(6.2.32) 就可以得到侵彻曲线，该曲线起点在 $v = v_c$，高速撞击时逐渐趋向于流体动力学极限 $\sqrt{\rho_p/\rho_t}$。图 6.2.13 给出了钨合金杆撞击两种不同强度钢靶的 AT 模型计算结果，杆的密度为 17.3g/cm^3，靶板的密度为 7.85g/cm^3，计算时取 Y_p=1.0GPa，两种钢靶的 R_t 分别取 3.0GPa 和 5.0GPa。

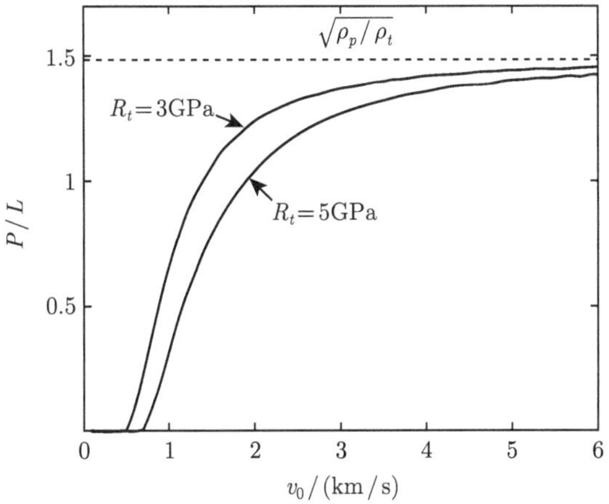

图 6.2.13 钨合金杆撞击两种不同强度钢靶的 AT 模型计算结果

在许多不同弹靶组合的实验中，都可以观察到侵彻深度曲线的一些主要特征：① 存在一个临界侵彻速度，杆低于该临界速度时不侵彻；② 临界侵彻速度随着靶强度的增加而增加；③ 撞击速度在常规武器撞击速度范围内 (1.0~2.0km/s)，无量纲侵彻深度 (P/L) 曲线上升陡峭；④ 在较高撞击速度下，侵彻深度趋近于流体动力学极限。

图 6.2.14 给出了 AT 模型计算结果和实验结果的比较。两种弹体材料分别为钨合金和钢，长径比均为 10，靶板为钢。计算中钢靶取 $R_t = 3.5$GPa，钨合金钢和钢杆都取 $Y_p = 1.2$GPa。由图可见，高密度钨合金杆比钢杆侵彻深度大，两个相对侵彻深度曲线都趋近于各自的流体动力极限。钢杆撞击钢靶板时，在所有撞击速度范围内 AT 模型计算结果与实验结果一致，而钨合金杆撞击钢靶的计算结果仅在较低撞击速度范围内与实验结果一致，在高速时，计算结果要低于实验结果，这种差异在低强度靶中更明显。

国内外研究人员提出了许多的分析模型来计算长杆弹对半无限靶的侵彻，除上述几个模型以外，比较典型的还有 Wright-Frank 模型、Rosenberg-Marmor-Mayseless 模型、Walker-Anderson 模型、Zhang-Huang 模型、Lan-Wen 模型和

Kong 模型等，有兴趣的读者可以查看相关文献。

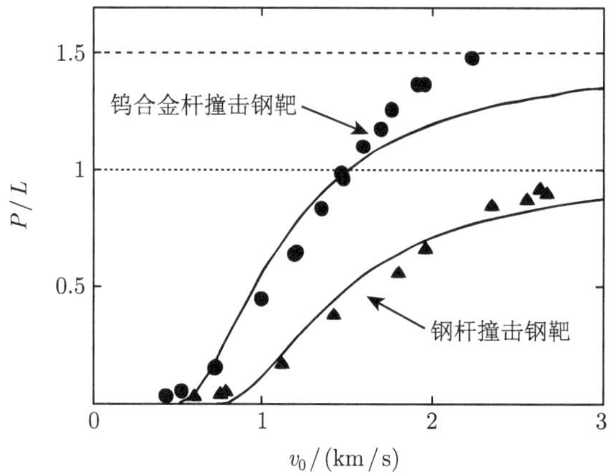

图 6.2.14　AT 模型计算结果和实验结果的比较

4. 长径比效应

长径比效应是长杆侵彻中一个重要的现象，Tate 等用长径比 L/D 分别为 3、6 和 12 的钨合金杆侵彻装甲钢靶，发现随着长径比的增大，侵彻效率 (定义为单位杆长的侵彻深度 P/L) 下降明显，如图 6.2.15 所示，Hohler 和 Stilp 的实验数据 (图 6.2.16) 进一步表明体现了这种特性。

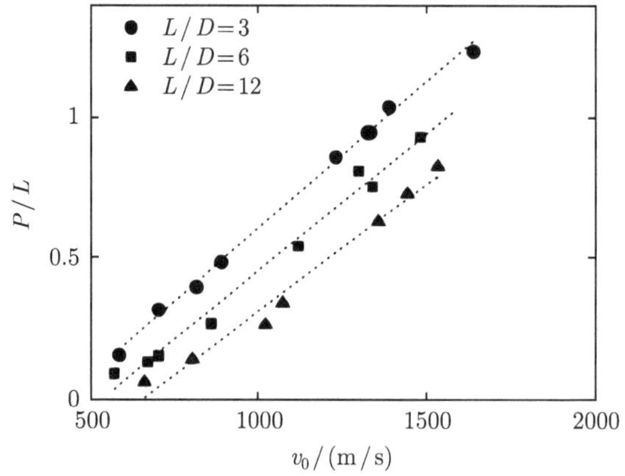

图 6.2.15　钨合金杆侵彻装甲钢靶的实验结果

大量实验数据发现，长杆弹的侵彻深度 P/L 强烈依赖于弹体长径比 L/D，这种现象称为长径比效应。

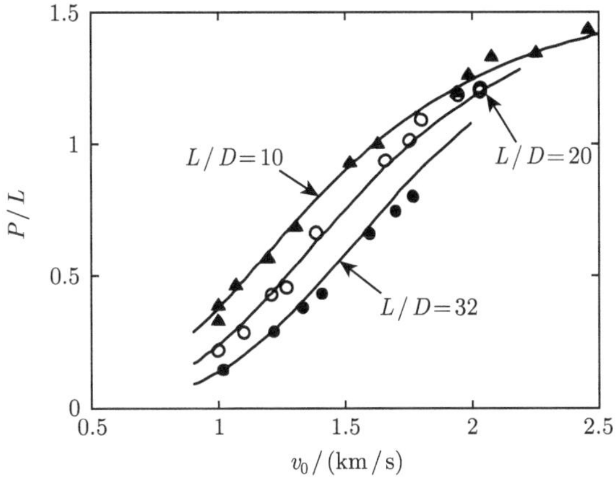

图 6.2.16 钨合金杆侵彻钢靶的实验结果

6.2.4 长杆穿甲弹对中厚靶的贯穿

侵蚀杆贯穿靶板的研究对弹丸和装甲设计者来说非常重要，同时也是弹靶相互作用过程中最复杂的问题，它涉及许多方面，包括侵彻和侵蚀过程的非稳态特性、靶板入口与背面界面的影响以及靶板中会出现各种不同的失效机理等。

图 6.2.17 给出的是长径比 10、撞击速度 2.03km/s 的钢杆侵彻钢靶板后的成孔照片。从图中可以清楚地看到，反向流动的弹体材料形成的薄壁圆筒排列在侵彻弹坑壁上，在靶板背面附近出现明显的鼓包和拉伸失效痕迹，靠近靶板背面弹坑直径有所增大，这是由侵彻后期靶板背面影响所致的侵彻阻力降低所造成的。

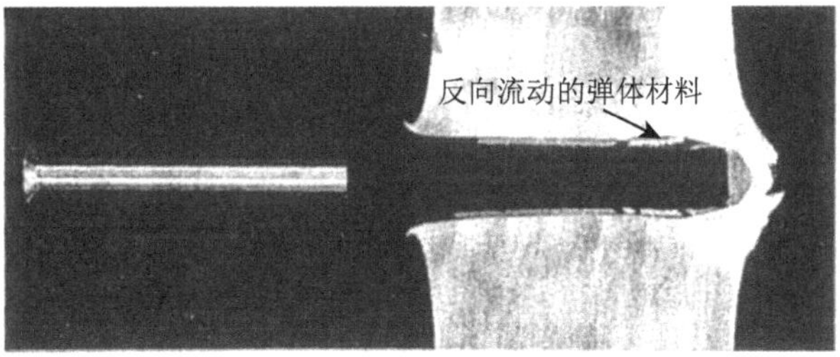

图 6.2.17 钢杆侵彻钢靶后的成孔照片

对于有限厚靶，从弹丸设计的角度来说，重点在于确定贯穿给定靶板的最小撞击速度 v_{bl}，从防护的角度来讲是要确定在给定撞击速度下，能够使杆停在靶中的最小靶板厚度 H_{bl}，通常 H_{bl} 要比杆在相同撞击速度下对半无限靶的侵彻深度大。图 6.2.18 给出的是长径比为 10 的钢杆侵彻半无限厚和有限厚钢靶的实验结果，图中数据清晰表明 P/L 和 H_{bl}/L 存在明显差别，撞击速度从 1.0km/s 提高到 3.0km/s 时，二者的比值从 0.65 增加到 0.85。

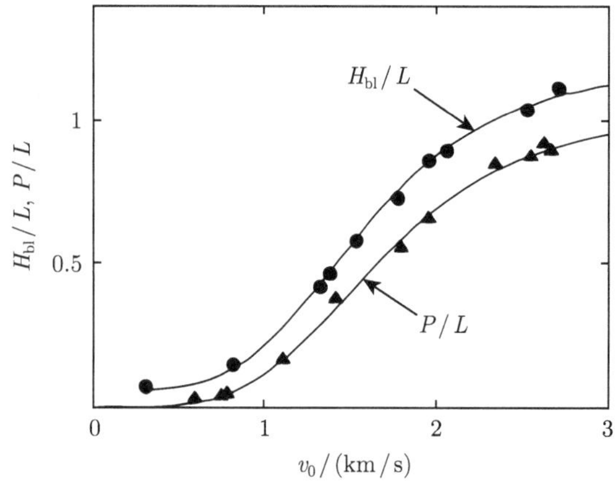

图 6.2.18　钢杆侵彻半无限厚和有限厚钢靶的实验结果

由于侵蚀杆贯穿靶板的复杂性,用理论方法来分析该问题非常困难。Gragarek 对侵蚀杆贯穿装甲钢靶的剩余速度的大量实验结果进行了总结，给出如下经验公式：

$$\frac{v_r}{v_{\mathrm{bl}}}=\frac{1.1y^2+0.8y+2y^{0.5}}{1+y} \tag{6.2.35}$$

式中，$y=\dfrac{v_0}{v_{\mathrm{bl}}}-1$。

式 (6.2.35) 对 $1.0<v_0/v_{\mathrm{bl}}<2.5$ 速度范围内的正撞击和斜撞击都适用。撞击速度大于 v_{bl} 时，剩余速度几乎等于撞击速度，这是因为：侵蚀杆对靶板的大部分侵彻过程中减速度都很小，只有在杆长度和杆直径相当时减速度才比较明显，当撞击速度比弹道极限高得多时，杆贯穿靶板所需的时间很短，速度的下降几乎可以忽略。

Lambert 基于一些解析分析，提出了侵蚀杆剩余速度的半经验计算公式如下：

$$\frac{v_r}{v_{\mathrm{bl}}}=k_0\cdot\left[\left(\frac{v_0}{v_{\mathrm{bl}}}\right)^m-1\right]^{1/m} \tag{6.2.36}$$

式中，k_0 和 m 是与弹靶组合相关的常数，取 $k_0=1$，$m=2.5$ 时，计算结果与实验数据吻合较好，如图 6.2.19 所示。

Burkins 等测量了长径比为 10 的钨合金与贫铀杆贯穿钛合金靶板的剩余速度，发现式 (6.2.36) 用 $k_0=1$ 和 $m=2.6$ 时可以很好地拟合实验数据。考虑到 Lambert 方程包含的参数少，同时基于对侵彻过程的物理描述，一般认为它比 Gragarek 关系 (6.2.35) 更好用。

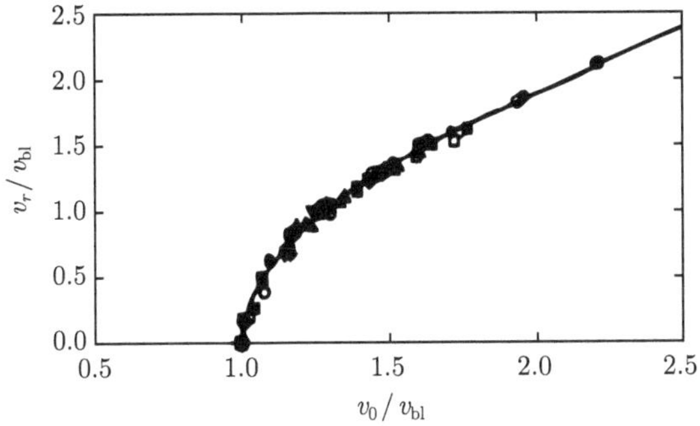

图 6.2.19 钢杆贯穿装甲钢靶的剩余速度与 Lambert 方程拟合结果

6.3 弹丸对混凝土的侵彻效应 [6,9]

6.2 节重点关注的是弹丸对金属靶板的侵彻和贯穿，本节将讨论弹丸对混凝土靶板的侵彻。

6.3.1 侵彻现象

弹丸对不同材料的侵彻效应与材料的物理和力学性质有关，不同类型的材料，因其毁伤机理或破坏形式不同，弹丸侵彻后出现的现象也不尽相同。金属材料是晶体结构，其性质基本是均匀、各向同性的，混凝土是由人工灌筑而成，是一种多相复合材料，骨料也不均匀。

弹丸对混凝土靶的破坏现象由局部损伤和整体响应两部分组成，如图 6.3.1 所示。在常规弹速范围内，局部损伤是主要的。局部损伤包括混凝土靶正面的冲击漏斗坑、背面的震塌漏斗坑以及弹丸对靶板的侵彻和贯穿。

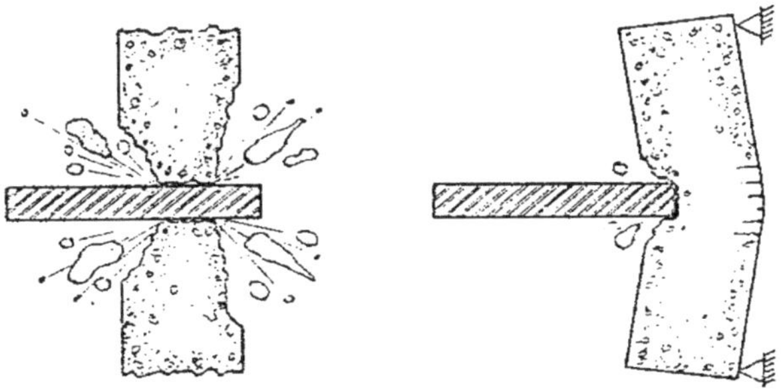

(a) 局部损伤　　(b) 整体响应

图 6.3.1 弹丸对混凝土靶的破坏现象

弹丸撞击混凝土靶板的初期，由于碰撞点处的压力很高，远超靶板的抗压强度，弹靶接触部分材料发生破碎。随着弹丸头部侵入靶板，混凝土内部将产生剪应力，由于混凝土的抗拉强度和抗剪强度远低于抗压强度，致使大块混凝土从靶板表面脱落，形成入口漏斗坑，即正面冲击漏斗坑，这个漏斗坑的直径要比弹丸直径大得多。随着弹丸侵彻深度的增加，弹丸与靶板的接触面积增大，剪切应力将小于混凝土的抗剪强度，无法破坏大块的混凝土，此时，包围在弹丸头部的混凝土材料碎成较小的颗粒并被排到弹丸四周，形成侵彻通道，弹丸的动能主要消耗在这个过程中。对于有限厚混凝土靶，当应力波传递到靶板背面时，应力波反射形成拉伸波，如果拉伸波的强度大于混凝土靶的抗拉强度，则靶板背面也会出现大块混凝土剥落，形成出口漏斗坑。这种出口界面效应可以使弹丸 (战斗部) 的侵彻深度增加，即使弹丸不能贯穿靶板，也会造成靶板背面材料崩落。

为了增强防护能力，有时会在混凝土中加入钢筋。钢筋的作用主要体现在两个方面：一是钢筋对混凝土基体起到较好的约束作用 (包括增韧、止裂等)，增强混凝土的抗侵彻能力；二是钢筋材料本身具有很高的强度，可以起到抵抗弹丸侵彻的作用，其作用大小与钢筋的直径、强度、钢筋网格尺寸、钢筋绑扎方式及混凝土基体强度有关。与无钢筋素混凝土相比，钢筋混凝土在钢筋网的约束作用下基本没有大块混凝土脱落，只形成一个浅碟状的弹坑，如图 6.3.2 所示。

图 6.3.2　钢筋混凝土靶的入口破坏区

6.3.2　侵彻深度计算

经过长期研究，目前已有很多方法或公式可以用来计算弹丸对混凝土的侵彻深度。这些方法大体上可以分为三类：一是建立理论分析模型，如基于空腔膨胀理论的计算模型，一般说来这类模型通过把弹丸视为刚体而减少问题的复杂性，这种方法使得数据处理较为便利，但难以完全反映真实情况；二是采用量纲分析或其他方法建立经验公式，这类公式的优点是使用简单、计算可靠性比较高，缺点是适用范围往往有很大的限制，且不能描述侵彻过程中的细节问题；三是利用数值模拟方法计算弹丸侵彻混凝土的全过程，它的优点是参数选择灵活，适于大量计算，结果全面、直观，数值模拟的关键是如何保证精度，在弹丸侵彻混凝土的问题中，影响精度最重要的因素是对混凝土材料动态力学性能的描述。

本小节介绍几个常用的经验公式。建立经验公式的方法主要有两种：一是直接对实验数据进行回归分析而建立的经验公式，又称纯经验公式；二是根据侵彻过程中的动量和能量守恒，或是预先假定弹丸侵彻过程所受的阻力，再根据运动方程，推导出计算公式，然后利用实验数据对公式中的常数进行确定或修正，通过这种方法建立的公式又称半经验半理论公式。

1. Poncelet 公式

在弹丸和靶板已知的情况下如何计算侵彻深度？1829 年，法国工程师、数学家彭赛勒 (J. V. Poncelet) 针对弹丸侵彻土石介质，首先科学地研究了这个问题，提出了计算弹丸侵彻深度的阻力公式，并为确定公式中两个参量的具体数值进行了多次实验。Poncelet 公式一直沿用至今，其形式上的合理性被不断发展的侵彻理论所验证。Poncelet 在这方面的研究也被认为是终点弹道学的开端。

侵彻阻力决定了弹丸能够侵彻的深度，因此建立准确的侵彻阻力表达式是首要工作。侵彻阻力通常包括四部分，第一部分是靶板材料强度引起的阻力项，这部分力是由于靶板材料抵抗变形而提供给弹体的阻力，这部分力的大小与速度无关，只与靶材的强度相关。第二部分是惯性力 (又称为流动阻力)，这部分力由靶板材料的惯性所贡献，其大小则与速度的平方成正比。除了以上两个主要因素外，侵彻阻力还包括靶材的黏性效应和附加质量项。因此侵彻阻力 R_t 可以写为

$$R_t = c_1 + c_2 v + c_3 v^2 + c_4 \dot{v} \tag{6.3.1}$$

式中，c_1 对应靶体材料强度引起的阻力项，$c_2 v$ 对应黏性项，$c_3 v^2$ 对应惯性力项，$c_4 \dot{v}$ 对应附加质量项，$c_1 \sim c_4$ 为阻力系数。

通常情况下可以忽略靶板的黏性效应和附加质量项，同时假设弹丸质量保持不变，弹丸的运动方程可以写成

$$m_s \frac{\mathrm{d}v}{\mathrm{d}t} = -(c_1 + c_3 v^2) A \tag{6.3.2}$$

式中，A 为弹丸截面积；阻力项前面加上负号，表示阻力与侵彻速度方向相反。

求解方程，可得侵彻深度 P 和弹丸瞬时速度 v 的关系为

$$P=\frac{m_s}{2c_3A}\ln\left[\frac{c_1+c_3v_0^2}{c_1+c_3v^2}\right] \tag{6.3.3}$$

当 $v=0$ 时，得到弹丸的最大侵彻深度 $P_{\max}$

$$P_{\max}=\frac{m_s}{2c_3A}\ln\left[\frac{c_1+c_3v_0^2}{c_1}\right] \tag{6.3.4}$$

这便是著名的 Poncelet 侵彻深度公式，其中 c_1 和 c_3 一般通过拟合实验结果来获得。

2. Young 公式

美国桑迪亚国家实验室 (Sandia National Laboratories，SNL) 从 1960 年开始研究弹丸对岩土介质的侵彻，经过几十年的研究，共进行了约 3000 次实验，积累了大量的实验数据。基于广泛的足尺实验数据和侵彻期间减速度的测量，于 1967 年提出了预测土中侵彻深度的经验公式，经过不断的发展和改进，1997 年 Young 提出了弹丸侵彻土、岩石、混凝土的统一经验公式，对于不同的介质公式中的系数不同，这些公式通常称为 Young 公式。其形式为

$$P=0.0008SN\left(\frac{m_s}{A}\right)^{0.7}\ln\left(1+2.15\times10^{-4}v_0^2\right),\quad v_0\leqslant61\text{m/s} \tag{6.3.5}$$

$$P=0.000018SN\left(\frac{m_s}{A}\right)^{0.7}(v_0-30.5),\quad v_0>61\text{m/s} \tag{6.3.6}$$

式中，P 为侵彻深度 (m)；m_s 为弹丸质量 (kg)；A 为弹丸横截面积 (m^2)；v_0 为弹丸初始速度 (m/s)；S 为可侵彻性指标；N 为弹丸头部形状系数。

可侵彻性指标 S 值不是以标准的材料性能出现的，获得 S 值的方法有两种：进行侵彻实验，或者用计算公式来估计。对于岩石

$$S=2.7\left(f_cQ\right)^{-0.3} \tag{6.3.7}$$

式中，f_c 是岩石的无侧限抗压强度；Q 是表征岩石质量的指标，受节理、裂缝等因素影响，主要根据工程判断来确定。

对于混凝土

$$S=0.085K_c\left(11-P_c\right)\left(t_cT_c\right)^{-0.06}\left(35/f_c\right)^{0.3} \tag{6.3.8}$$

式中，K_c 是目标宽度影响系数；P_c 是混凝土中按体积计算的含筋百分比，对大多数混凝土 $P_c=1\sim2$；t_c 是混凝土的凝固时间，以年为单位，若 $t_c>1$，则取

$t_c=1$；T_c 是目标厚度，以弹体直径为单位；f_c 是实验时混凝土的无侧限抗压强度，以 MPa 为单位。因数据不足无法计算混凝土的 S 值时，可采用 $S=0.9$。

如果弹丸的质量小于 182kg，计算结果需要进行修正，修正的方法是在式 (6.3.5) 和式 (6.3.6) 的右侧乘以系数 K

$$K=0.46m_s^{0.15},\quad m_s<182\text{kg} \tag{6.3.9}$$

对于卵形头部弹丸，头部形状系数 N 为

$$N=0.18l_n/d+0.56 \tag{6.3.10}$$

或

$$N=0.18\,(\text{CRH}-0.25)^2+0.56 \tag{6.3.11}$$

式中，CRH 为卵形弹头部母线圆弧半径 R 和弹体直径 d 的比值。

对于锥形头部弹丸，有

$$N=0.25l_n/d+0.56 \tag{6.3.12}$$

式中，l_n 为弹丸头部长度，d 为弹丸直径。

3. NDRC 公式

1946 年，美国国防研究委员会 (NDRC) 根据弹丸侵彻过程中所受阻力，推导得到了刚性弹丸侵彻混凝土目标的半经验半理论公式。1966 年，Kennedy 对该公式进行了修正，得到最终形式的 NDRC 公式

$$\begin{aligned}&\frac{P}{d}=\sqrt{4KNm_sd^{-2.8}v_0^{1.8}},\quad \frac{P}{d}\leqslant 2\\&\frac{P}{d}=KNm_sd^{-2.8}v_0^{1.8}+1.0,\quad \frac{P}{d}>2\end{aligned} \tag{6.3.13}$$

式中，$K=3.8\times10^{-5}f_c$ 为混凝土可侵彻性系数，与压缩强度 f_c 有关。弹丸头部形状系数 N 的取值为：平头弹 $N=0.72$，钝头弹 $N=0.84$，球形头弹 $N=1.00$，尖头弹 $N=1.14$。

NDRC 公式的优点是以侵彻理论为依据，外推到实验数据范围以外时置信水平较高。

除 Poncelet 公式、Young 公式、NDRC 公式外，还有许多计算弹丸侵彻土、岩石、混凝土的经验公式，如 Hughes 公式、Petry 公式、ACE 公式、BRL 公式等。这些公式都是以大量的实验数据为基础，加之使用方便，因此在工程计算中具有广泛的应用。需要注意的是所有经验公式都不可避免地具有一定的局限性，在使用时必须注意其适用范围。同时，许多经验公式是量纲不对齐的，即公式左、右两端的量纲不一致，这并不影响公式的使用，只是在使用时需要采用指定的单位。

6.4　超高速碰撞 [10–13]

超高速碰撞是指所产生的冲击压力远大于弹、靶强度的碰撞，在碰撞过程的早期阶段，弹丸和靶板材料的性态类似于可压缩流体。

对于不同的弹、靶材料，发生超高速碰撞的速度下限是不同的。例如，石蜡弹丸撞击石蜡靶板，速度下限约为 1km/s；金属铅、锡、金和铟等的速度下限是 1.5~2.5km/s；典型的结构材料和坚硬的材料如铝、石英等的速度下限是 5~6km/s；强度高、密度小的材料如铍、硼、陶瓷、碳化硼和金刚石中，超高速碰撞的速度下限达到 8~10km/s。如果弹丸和靶板材料的性能差异很大，可能会出现这样的情况：一种材料的行为类似于流体，而另一种材料的行为却仍受强度效应控制。

超高速碰撞与低速碰撞、高速碰撞的区别在于物理现象的不同。一般来说，当撞击速度较低时，所研究的问题属于结构动力学问题，此时局部侵彻和结构的整体变形效应紧密地耦合在一起；随着碰撞速度的提高，碰撞点附近区域弹、靶材料的密度和强度起主要作用，结构效应起次要作用；当撞击速度进一步提高至超高速范围内时，材料的惯性效应甚至可压缩效应或相变效应起重要的作用。在极高的速度 ($>$ 12km/s) 下，撞击区的能量沉积速度很快，以至发生气化爆炸现象。

超高速碰撞的研究始于 20 世纪 50 年代中期，主要目的是为了弄清楚洲际弹道导弹、航天飞行器和人造卫星在碎片或陨石撞击下的破坏效应和有效的防护措施。1955 年召开的第一届超高速碰撞学术会议标志着超高速碰撞研究的兴起。1965 年，美国流星体卫星证明流星的威胁没有预想的那么严重，在 20 世纪 60 年代中期，美国的 U2 侦察机和间谍卫星发现苏联的导弹也没有想象的先进，于是，美国国家航空航天局和军事部门逐渐失去了资助超高速碰撞研究的兴趣，使得超高速碰撞的研究逐渐衰落，进入局部、零散的研究状态。1983 年 3 月 23 日，美国总统里根向科学界和学术界发表讲话，提出在外层空间摧毁敌方核武器的倡议，被称为 SDI(Strategic Defence Initiative)，即战略防御倡议，从此，超高速碰撞的研究再度热了起来。

6.4.1　超高速弹丸对半无限靶的侵彻

半无限靶是一种理想的模型，在受弹撞击时只需考虑撞击面卸载膨胀的影响。超高速弹丸撞击半无限靶的主要现象是开坑。

1. 弹坑的形成

超高速弹丸撞击半无限靶过程中，弹坑的形成一般可以分为四个阶段。第一阶段是冲击波加载阶段，弹丸撞击靶板产生冲击波，冲击波从碰撞点大体呈半球形向外传播，来自自由表面的稀疏波使冲击波不断衰减。第二阶段是准稳侵彻阶段，弹丸变扁，碰撞点附近的弹丸和靶板材料内具有缓变的速度分布，界面速度不断下降，但变化较为缓慢。第三阶段是空化阶段，弹丸材料已广泛铺开在坑底上，弹靶之间的能量传递基本完成，弹坑的变化主要依赖于惯性作用，并在靶板强度的影响下逐渐减速直至停止。第四阶段为弹性回弹阶段，靶板材料的弹性应力使弹坑回缩至最终形状。

对于长径比接近于 1 的弹丸来说，不管弹、靶采用什么材料，只要碰撞速度超过某一与材料性质有关的值，弹坑都趋近半球形，即弹坑形状系数 (定义为弹坑深度 P_c 和弹坑直径 D_c 之比 P_c/D_c) 趋近于 0.5。弹坑形状系数与撞击速度之间的关系如图 6.4.1 所示，图中曲线 1 代表弹丸的密度和强度高于靶板的情况，曲线 3 代表弹丸的密度和强度低于靶板的情况，曲线 2 代表弹丸与靶板的密度和强度相近的情况。如果弹丸材料的密度和强度高于靶板材料，在撞击速度较低的情况下，弹体保持完整，随着撞击速度的增加，弹坑深度比弹坑直径增加得快，弹坑呈深孔型；当撞击速度增加至弹丸发生破碎的程度，这种情况将发生变化，弹坑直径比弹坑深度增加得快，随着速度的继续增加，最终趋向于弹坑深度是弹坑直径的一半。如果弹丸材料的密度和强度低于靶板材料，弹丸易变形和破碎，在低速阶段，弹坑深度要比弹坑直径小得多，弹坑呈浅碟形；随着撞击速度的增加，弹坑深度比弹坑直径增加得快，并最终趋向于弹坑直径的一半。因此，在超高速碰撞阶段，弹坑形状系数都趋近于 0.5，即 P_c/D_c=0.5 代表了标准超高速碰撞所产生的弹坑的形状。

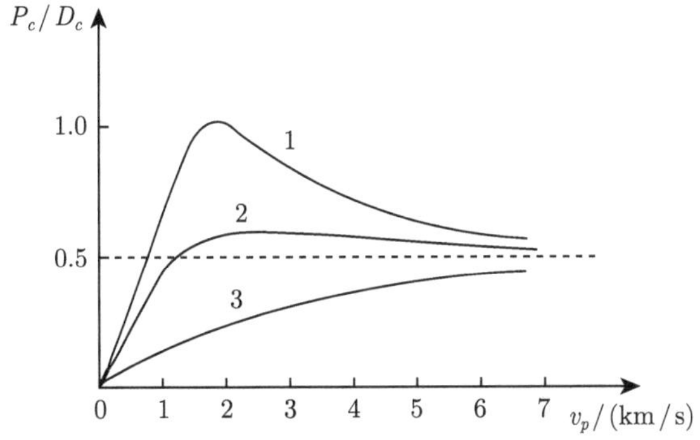

图 6.4.1 弹坑形状系数与撞击速度之间的关系

2. 弹坑参数计算

从实际应用的角度来说，研究人员最关心的是坑深和坑的形态，针对这两个方面的内容，总结出了“均匀膨胀律”和“坑深模型律”。

“均匀膨胀律”是指在超高速碰撞的情况下，随着弹速的增加，坑深的增量和坑半径的增量之比趋于常数 1，即随着弹速的增加，坑深方向和坑径方向以同样的速度扩张。实验和数值模拟结果表明，在所研究的速度范围内，弹靶相撞的初期阶段，形成的弹坑不一定是球形的，随后弹坑的发展遵循“均匀膨胀律”。在弹靶材料相同的情况下，“均匀膨胀律”退化为“半球说”，即在同种材料的超高速碰撞条件下，弹坑的形状是半球形。如果弹丸的密度和强度低于靶板，弹坑偏浅，如果弹丸的密度和强度高于靶板，则弹坑偏深。

“坑深模型律”是指坑深随弹速、弹靶几何形状 (如弹径) 以及弹靶材料的密度、强度、声速等参量变化的规律。在超高速碰撞中，由于撞击速度很高，碰撞压力很大，材料会发生熔化、气化等低速撞击下没有发生的现象。所以影响开坑的因素主要包括以下几个方面：弹径，弹速，体现惯性效应的弹靶材料密度，体现强度效应的材料强度，体现可压缩性效应的材料声速，以及升温至熔点和沸点的热效应参数。根据量纲分析，可以将因变量和自变量都表示成无量纲的形式。采用这种方法，研究人员已经建立了许多经验公式用于计算坑深和坑径，但是由于实验和计算中所用到的材料、撞击速度范围的不同，以及考虑的影响因素的不同，这些经验公式在形式上和系数上存在一定的差别。

根据实验结果，有研究人员认为弹坑的体积正比于弹丸的动能，再根据弹坑呈半球形的假说，并设弹丸为直径 d 的球形，可以得到

$$\frac{P_c}{d} = c\rho_p^{1/3} v_0^{2/3} \tag{6.4.1}$$

式中，P_c 表示坑深，ρ_p 是弹丸密度，v_0 是初始速度，c 是依赖于弹靶组合的常数。

20 世纪 60 年代，很多研究人员根据短粗弹丸超高速撞击厚靶的实验，给出了弹坑深度的计算公式，无量纲形式可统一表示为

$$\frac{P_c}{d} = c\rho^{*m} v^{*n} \tag{6.4.2}$$

式中，c、m、n 是经验常数，$\rho^* = \dfrac{\rho_p}{\rho_t}$ 是弹靶密度比，v^* 是无量纲速度，有的研究人员认为可压缩性重要而忽略强度的影响，取为 $v_c^* = \dfrac{v_p}{c_t}$ (c_t 为靶板材料的声速)，有的研究人员认为强度重要而忽略可压缩性的影响，取为 $v_y^* = \dfrac{v_p}{\sqrt{Y_t/\rho_t}}$ (Y_t 为靶板材料的强度)，如表 6.4.1 所示。

根据“均匀膨胀律”，结合实验结果，可以给出坑深的表达式

$$\frac{P_c}{d} = 0.27\left(\frac{\rho_t}{\rho_p}\right)^{2/3}\left(\sqrt{\frac{\rho_t}{Y_t}}v_0\right)^{2/3} \tag{6.4.3}$$

这个由实验得到的经验规律称为“2/3 次律”。

表 6.4.1 公式 (6.4.2) 的取值

研究人员	m	n	v^*
Summers 和 Charters(1958)	2/3	2/3	v_c^*
Charters 和 Summers(1959)	2/3	2/3	v_y^*
Herrmann 和 Jones(1961)	2/3	2/3	v_y^*
Christman 和 Gehring(1966)	2/3	2/3	v_y^*
Eichelberger 和 Gehring(1962)	1/3	2/3	v_y^*
Bruce(1961)	1/2	2/3	v_c^*
Leoffler 等 (1963)	1/2	2/3	v_c^*
Sorenson(1965)	0.448	0.563	v_y^*

W. Herrmann 和 A. H. Jones 曾收集了 15 个单位的共 1700 多个实验数据进行分析，得到的经验公式为

$$\frac{P_c}{d} = 0.36\left(\frac{\rho_t}{\rho_p}\right)^{2/3}\left(\sqrt{\frac{\rho_t}{H_t}}v_0\right)^{2/3} \tag{6.4.4}$$

式中，靶板材料的强度用布氏硬度 H_t 表示，也有用静态屈服强度 S_t 表示的，如果近似地认为 H_t=3.6S_t，Y_t=1.5S_t，式 (6.4.4) 和式 (6.4.3) 就完全一致。

为了考察可压缩效应对弹坑的影响，向家琳和罗忠文根据六种不同金属材料的超高速碰撞实验得到

$$\frac{P_c}{d} = 0.37\left(\frac{v_0}{\sqrt{Y_t/\rho_t}}\right)^{0.56}\left(\frac{v_0}{c_t}\right)^{0.11} \tag{6.4.5}$$

他们又根据数值计算得到

$$\frac{P_c}{d} = 0.51\left(\frac{v_0}{\sqrt{Y_t/\rho_t}}\right)^{0.46}\left(\frac{v_0}{c_t}\right)^{0.20} \tag{6.4.6}$$

由式 (6.4.5) 和式 (6.4.6) 可以看出，强度效应比可压缩效应更重要。

6.4.2 超高速弹丸对薄靶的撞击

1. *碎片云的形成*

超高速弹丸撞击薄靶时，弹体中反向冲击波和靶板中的冲击波传播到各自的背面时，各反射一个稀疏波。在入射波和反射稀疏波的共同作用下，弹体和靶板破碎，形成固体颗粒。如果碰撞速度足够高，部分固体材料会出现熔化甚至气化现象。除一小部分材料反向喷出外，大部分固体颗粒以碎片云的形式向前抛出。同时，靶板孔壁不断地沿径向向外扩展，扩展速率随时间迅速衰减，在孔径达到几倍弹径时，孔壁扩展过程停止。

图 6.4.2 给出的是球形弹丸超高速撞击薄靶产生的碎片云的实验照片，弹丸是直径 9.53mm 的 2017-T4 铝合金球，靶板是厚度为 1.549mm 的 6061-T6 铝合金板。弹丸的速度方向是自左向右，图中左边部分是撞击后 5.96μs 的图像，右边部分撞击后 17.88μs 的图像，由图可见碎片云的外形结构，图像颜色深度与碎片分布密集呈正相关，前端狭带颜色最深部分即碎片分布最密集部位，碎片云在飞行过程中不断扩展和膨胀。大量实验表明，弹靶材料、结构、形状都会影响碎片云的形状。

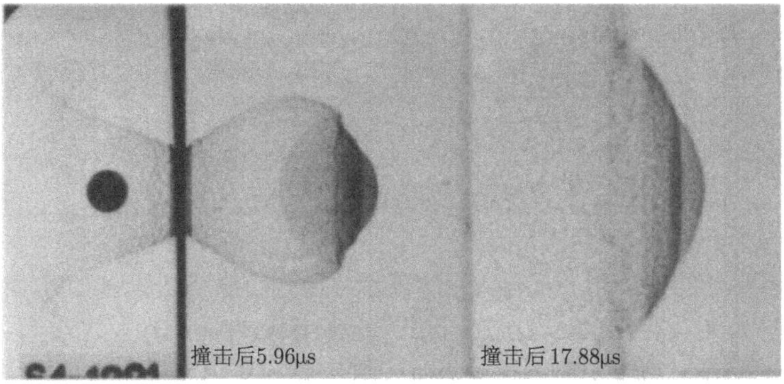

图 6.4.2　球形弹丸超高速撞击薄靶产生的碎片云的实验照片

碎片云是弹丸和靶板在拉伸和剪切作用下断裂所形成的。冲击波在弹丸和靶板的背面反射稀疏波，两个相向的稀疏波相互作用产生拉伸应力，材料在拉伸应力的作用下发生断裂，即层裂。同时，由于弹体材料不可能完全均匀，因此撞击所产生的冲击波不会是绝对的平面波，将导致材料内出现局部剪切运动而断裂。弹体侧表面和薄板相对运动也将产生剪切力，形成绝热剪切带，产生高温，进一步导致部分材料发生软化，出现滑移、熔化和气化现象。综合来看，弹丸和薄板相撞后由于剪切和拉伸的相互作用而形成碎片云。

针对球形弹丸碎片云，Piekutowski 通过细致观察碎片云图像提出如图 6.4.3 所示的结构图，将整个碎片云分为反向溅射流、外泡和内核结构三个部分，其中内核结构又可分解为前、中、后三个区域。内核结构通常被视为碎片云的主体部分，由图 6.4.3 中的颜色深度可知内核结构前端和中部碎片最密集。

2. *双层板防护结构的破坏特征*

航天器在空间碎片超高速撞击下的防护方法始终是研究人员关注的重点。Whipple 于 1947 年提出“双层板防护结构”，如图 6.4.4 所示，其基本思想是在航天器舱壁前一定距离处设置防护屏，弹丸超高速撞击防护屏形成碎片云，使空间碎片的动能被高度分散并部分耗散，实现对航天器的有效保护。近年来有多种新型防护结构被提出，包括新防护结构形式和高性能防护材料，但都是对 Whipple 防护结构的升级，基本思想并未改变。

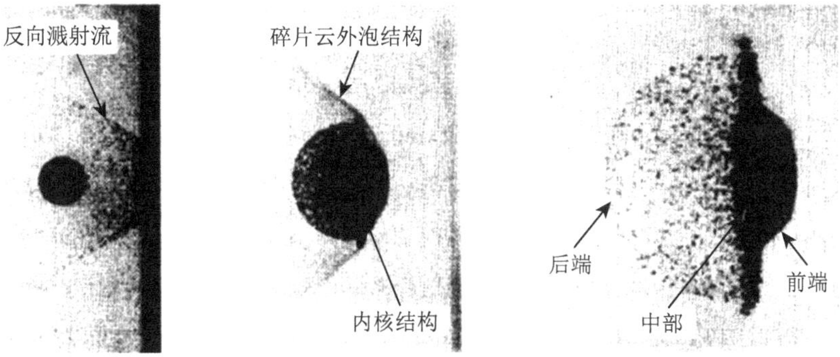

(a) 反向溅射流　(b) 碎片云外泡和内核结构　(c) 碎片云内核结构

图 6.4.3 碎片云结构图

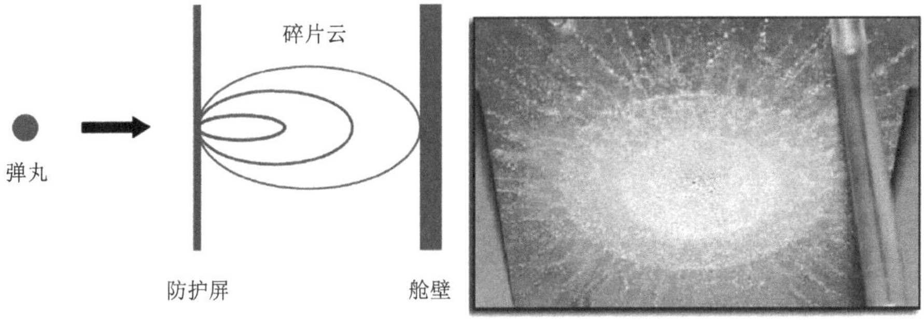

图 6.4.4 Whipple 双层板防护结构原理图

双层板防护结构由薄护罩 (称为前板)、间隙和主结构层 (称为后板) 组成，通过对双层板防护结构的研究，以及观察前板和后板的破坏特性，可以获取碎片云的形成信息，同时，可以为航天器的防护结构设计提供依据。

前板 (属于薄靶) 在超高速弹丸撞击下的典型破坏特征是冲孔和形成碎片云。前板材料分别为纯铝和硬铝的实验表明：前者形成的孔边出现翻唇，而后者的孔边出现的是脆性崩脱；孔径随速度的增加而增加；同样的速度下，纯铝上的孔径要大于硬铝。目前为止，已经有很多文献给出了弹丸超高速撞击薄靶的经验公式，可以在一定范围内对穿孔直径进行预测。例如，综合考虑惯性和强度的影响，拟合实验数据得到

$$\frac{D_c}{d} = 1.68\ln\left(\frac{v_0}{\sqrt{Y_t/\rho_t}}\right)^{0.46} - 1.91 \tag{6.4.7}$$

式中，D_c 为孔径，d 为弹径，v_0 为弹速，Y_t 和 ρ_t 分别为材料的强度和密度。

决定双层板防护性能的因素除了材料特性外，还包括前板的厚度和间隙的距离。张德良、谈庆明等的研究表明，弹丸速度在 4~7km/s 范围内时，比较理想的前板厚度是弹径的 0.3~0.45 倍。间隙尺寸对防护性能的影响取决于碎片云对主结构层的破坏机理。在没有发生熔化和气化的情况下，碎片云的破坏作用主要表现在碎片云中单个颗粒对主结构层的局部破坏 (成坑、穿孔、崩落、层裂等)，此时起决定作用的是具有最大动能的单个颗粒。间隙的增加会使碎片云中颗粒面密度减小，但对单个颗粒所具有的最大动能没有明显改变，因此在这种情况下间隙的增加对防护能力没有明显改善。如果发生了熔化和气化，对主结构层的破坏主要表现在固、液、气三相的整体作用，起决定作用的是作用在主结构层单位面积上的冲量。随着间隙的增加，碎片云不断扩展和膨胀，使得作用在主结构层单位面积上的冲量减小，因此在这种情况下间隙的增加对防护能力的提高是有作用的。

在碎片云的撞击下，后板 (主结构层) 上出现很多小坑，通过实验发现这些小坑可以分为两类，一类坑口径较大，超过 1mm，称为次弹坑；另一类坑口径较小，一般为几十微米至零点几毫米，称为微弹坑。用扫描电子显微镜观察，可以发现坑口的形状有三类：圆形、椭圆形和不规则形状。微弹坑的坑口多为圆形，次弹坑的坑口多为椭圆形或不规则形状。

通过对坑表面特性进行观察，同样发现存在三种类型。第一种类型是整个坑表面铺着一层光滑的覆盖层，覆盖层中有很多小气孔。这表明碎片云已经出现熔化现象，形成了液滴，液滴撞击后板，使其表面出现光滑的覆盖层，而覆盖层中的小气孔则是由被液滴封住的气泡受热膨胀所致。第二种类型是坑表面粗糙不平，无熔化迹象。这种类型的坑是固体颗粒撞击后板形成的，说明碎片云中的固体颗粒虽然经历了加热过程，但依然未出现熔化。第三种类型的坑底局部具有第一种类型的特点，其他坑表面具有第二种类型的特点，这类坑是由碎片云中的固体颗粒在撞击后板的过程中被二次加热发生熔化而形成的。一般来说，第一种类型的坑口部形状多为圆形和椭圆形，第二种和第三种类型的坑部口形状多为不规则形状和椭圆形，也有少数是圆形的。

6.5 穿甲/侵彻效应的装备应用 [1,3,14–16]

6.5.1 穿甲弹

在装甲与反装甲相互抗衡的发展过程中，穿甲弹已发展到了第四代。第一代是适口径普通穿甲弹，第二代是次口径超速穿甲弹，第三代是旋转稳定脱壳穿甲弹，第四代是尾翼稳定脱壳穿甲弹 (也称为长杆穿甲弹)。目前通过采用高密度钨(或贫铀) 合金制作弹体，使穿甲弹的穿甲威力和后效作用大幅度提高。在大、中口径火炮上主要发展了钨 (或贫铀) 合金杆式穿甲弹。在小口径线膛炮上除保留普通穿甲弹外，主要发展了钨、贫铀合金旋转稳定脱壳穿甲弹，而且正向着威力更大的尾翼稳定杆式穿甲弹发展。

1. 适口径普通穿甲弹

适口径普通穿甲弹是最早应用于反坦克的穿甲弹，其结构特点是弹壁较厚 (1/5~1/3d)，装填系数较小 (0%~3.0%)，弹体采用高强度合金钢。如图 6.5.1 所示为普通穿甲弹的典型结构，由风帽、弹体、炸药、弹带、引信、曳光管、引信缓冲垫和密封件等部件组成。当普通穿甲弹直径不大于 37mm 时，通常采用实心结构，并配有曳光管。弹体直径大于 37mm 时都有装填炸药的药室，并配有延时或自动调整延时弹底引信，弹丸穿透钢甲后再爆炸。

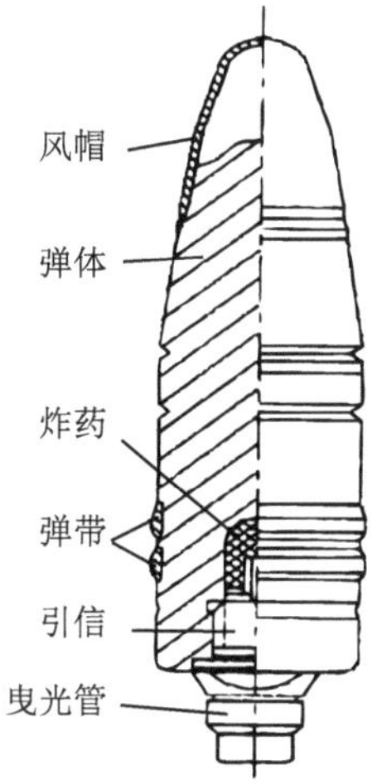

图 6.5.1 普通穿甲弹的典型结构示意

根据头部形状的不同，普通穿甲弹又可分为尖头穿甲弹 (图 6.5.2)、钝头穿甲弹 (图 6.5.3) 和被帽穿甲弹 (图 6.5.4)。尖头穿甲弹侵彻钢甲时头部阻力较小，对硬度较低的韧性钢甲有较高的穿甲能力，但对硬度较高的厚钢甲侵彻时，头部易破碎，对倾斜的钢甲易跳飞。钝头穿甲弹碰击钢甲时，接触面积大，头部不易破碎，而且改善了着靶时的受力状态，在一定程度上可防止跳弹。钝头部便于破坏钢甲表面，易产生剪切冲塞破坏。因此，在很多情况下，特别是速度较高倾斜碰撞的情况下，钝头穿甲弹穿甲能力高于尖头穿甲弹，可用来对付硬度较高的均质钢甲和非均质钢甲。被帽穿甲弹的结构特点是在尖锐的头部钎焊了钝形被帽，被帽的作用是尽可能避免倾斜穿甲时产生跳弹和保护头部在碰击目标时不破碎。

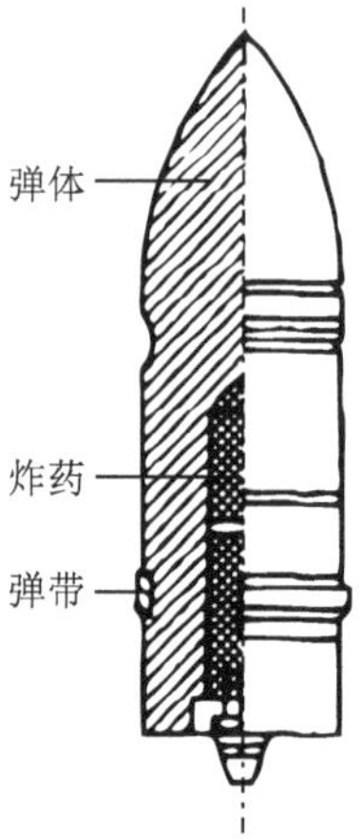

图 6.5.2　152mm 尖头穿甲弹

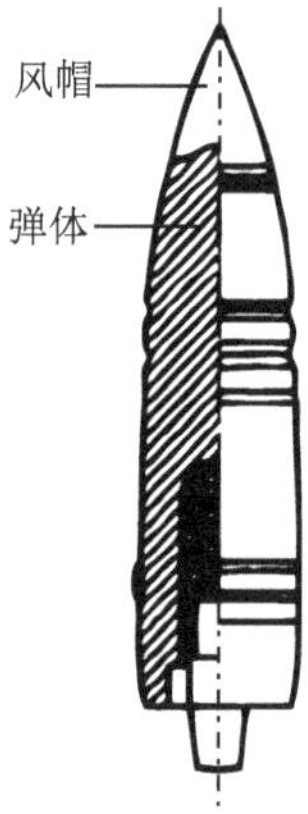

图 6.5.3　152mm 钝头穿甲弹

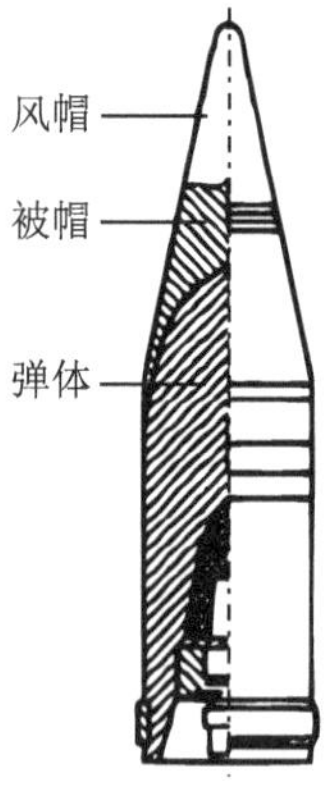

图 6.5.4　122mm 被帽穿甲弹

2. 次口径超速穿甲弹

第二次世界大战中出现的重型坦克，钢甲厚度达 150~200mm，普通穿甲弹已无能为力。为了击穿这类厚钢甲目标，反坦克火炮增大了口径和初速，并发展了一种装有高密度碳化钨弹芯的次口径穿甲弹。在膛内和飞行时弹丸是适口径的，命中着靶后起穿甲作用的是直径小于口径的碳化钨弹芯 (或硬质钢芯)，弹丸质量轻于适口径穿甲弹，通过显著减轻弹丸质量来获得 1000m/s 以上的高初速，当时称为超速穿甲弹或硬芯穿甲弹。

次口径超速穿甲弹主要由风帽 (或被帽)、弹芯、弹体、弹带和曳光管组成，按外形可分为线轴形 (图 6.5.5) 和流线形 (图 6.5.6) 两类。线轴形结构把弹体的上、下定心部之间的金属部分尽量挖去，使弹体形如线轴，目的在于减轻弹重，在近距离 (500~600m) 上能显示穿甲能力较高的优点，但速度衰减很快，不利于远距离穿甲。流线形结构的弹形较好，但比动能 (单位面积动能) 受到限制。流线形结构目前用在小口径炮弹上，一般采用轻金属 (铝) 和塑料作弹体来减轻弹重。

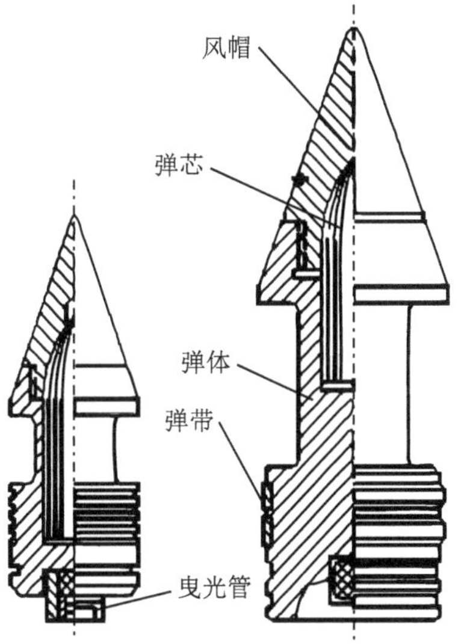

(a) 57mm 次口径　　(b) 85mm 次口径

图 6.5.5 线轴形次口径超速穿甲弹

由于碳化钨弹芯密度大、硬度高且直径小，故比动能大，提高了穿甲威力。图 6.5.7 给出了次口径超速穿甲弹的穿甲过程示意图，弹芯在穿透装甲后，因突然卸载而产生拉应力，由于碳化钨弹芯抗拉能力弱于抗压能力，因而碎成许多碎块，产生增强的后效作用。

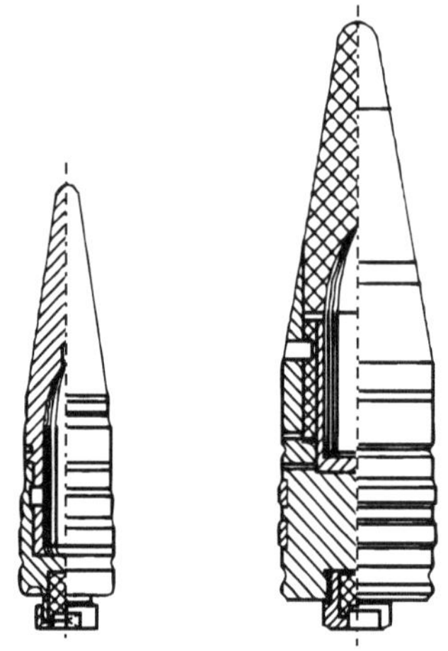

(a) 37mm 次口径　　(b) 57mm 次口径

图 6.5.6　流线形次口径超速穿甲弹

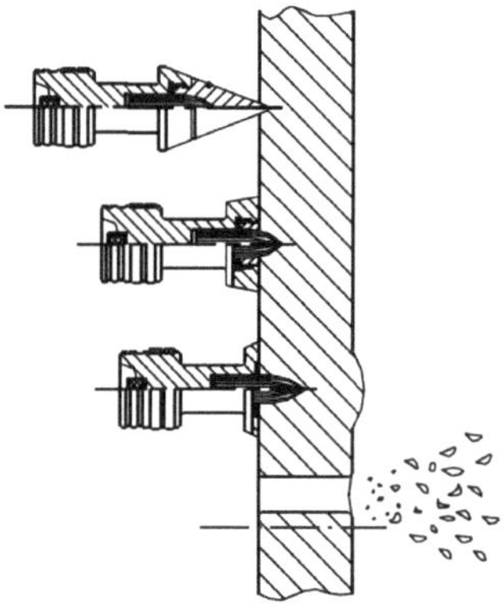

图 6.5.7　次口径超速穿甲弹的穿甲过程

次口径超速穿甲弹虽然相对于普通穿甲弹提高了威力，但是仍然存在改进的余地。一方面，考虑到弹体和风帽在侵彻过程中并不发挥实质性作用，但是却会造成飞行过程中速度衰减很快。另一方面，这种穿甲弹在垂直或小法向角穿甲时，弹丸威力较好，但大法向角时，弹芯易受弯矩而折断或跳飞。同时还考虑到弹芯易破碎不能对付间隔装甲、碳化钨弹芯烧结成形后不易切削加工、发射时软钢弹带对炮膛磨损严重等问题，人们进一步发展了旋转稳定脱壳穿甲弹。

3. 脱壳穿甲弹

提高穿甲威力的主要途径是提高穿甲弹的着靶比动能，要提高比动能应适当增加弹体长度 (增大弹体的长径比)、提高弹体材料密度和着速。提高着速的途径有两条：一是提高初速，二是减小在外弹道上的速度衰减 (即弹道系数)。脱壳穿甲弹正是沿着这些技术途径不断改进的，与次口径穿甲弹相比，稳定脱壳穿甲弹穿甲威力有较大幅度提高。

脱壳穿甲弹由飞行部分 (弹体) 和脱落部分 (弹托、弹带等) 组成。飞行部分的直径远小于穿甲弹的直径，当穿甲弹在炮口脱壳之后，飞行部分具有独自飞行的稳定性，是实施侵彻作用的主体。弹托的作用是：在膛内对飞行部分起定心导引和传力作用。弹丸出炮口后，弹托在外力作用下迅速脱离弹体，这种现象称为弹托分离，又称卡瓣脱落，简称脱壳。

按稳定方式可将脱壳穿甲弹分为旋转稳定脱壳穿甲弹和尾翼稳定脱壳穿甲弹。

图 6.5.8 是口径 100mm 的旋转稳定脱壳穿甲弹的典型结构。100mm 旋转稳定脱壳穿甲弹弹芯尺寸为 Φ40.6mm×135mm (Φ 表示直径)，采用密度为 14.2g/cm^3 的钨钴合金，为提高倾斜穿甲时的防跳能力，弹体头部装有 40CrNiMo 钢被帽，外部有相同钢材的外套和底座。飞行部分的弹形较好，直射距离为 1667m，穿甲威力为 1000m 处穿透 312mm/0° 钢甲。该弹弹托由底托和具有三块定心瓣的前托组成，均采用硬铝合金。弹丸出炮口后，三个卡瓣在离心力的作用下，撕裂尼龙定心环向外飞散，底托和前托的根部连在一起，在空气阻力作用下与飞行部分分离。该

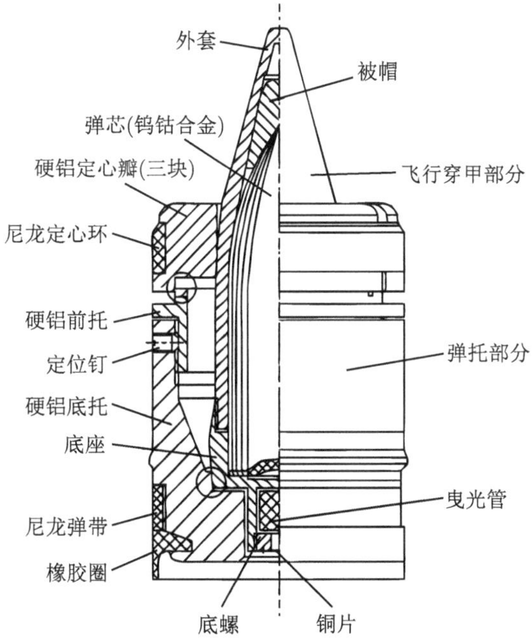

图 6.5.8 口径 100mm 的旋转稳定脱壳穿甲弹的典型结构

弹托的脱壳性能较好，对弹体的固定以及闭气性能都比较理想，但结构较复杂，零件较多，消极质量较重。

尾翼稳定脱壳穿甲弹通常称为杆式穿甲弹，其特点是穿甲部分的弹体细长，直径较小。长径比目前可达到 30 左右，仍有向更大长径比发展的趋势。尾翼稳定脱壳 (杆式) 穿甲弹的全弹由装药和弹丸部分组成。其中，装药部分一般有发射药、药筒、点传火管、尾翼药包 (筒)、缓蚀衬里、紧塞具等。弹丸由飞行部分和脱落部分组成；飞行部分一般有风帽、尖穿甲块、弹体、尾翼、曳光管等；脱落部分一般有弹托、弹带、密封环、紧固件等。其典型结构如图 6.5.9 所示，尾翼稳定脱壳过程高速摄影如图 6.5.10 所示。

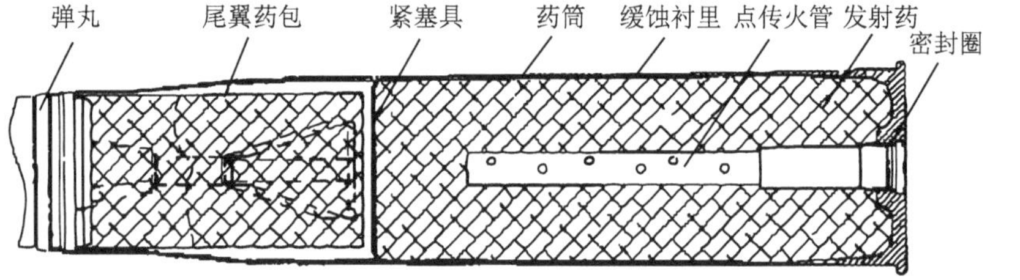

(a) 装药部分

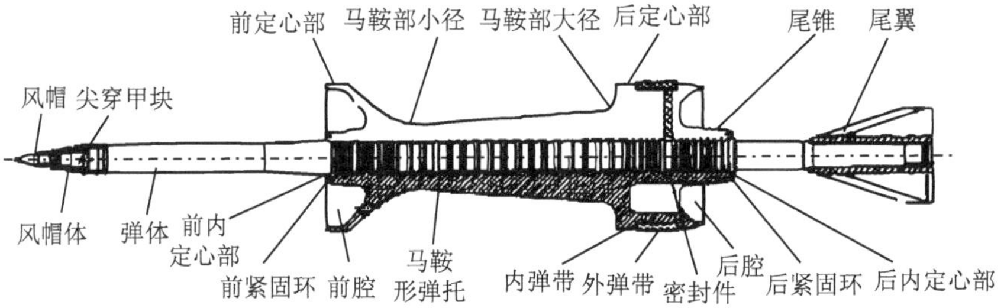

(b) 弹丸部分

图 6.5.9　尾翼稳定脱壳穿甲弹的典型结构

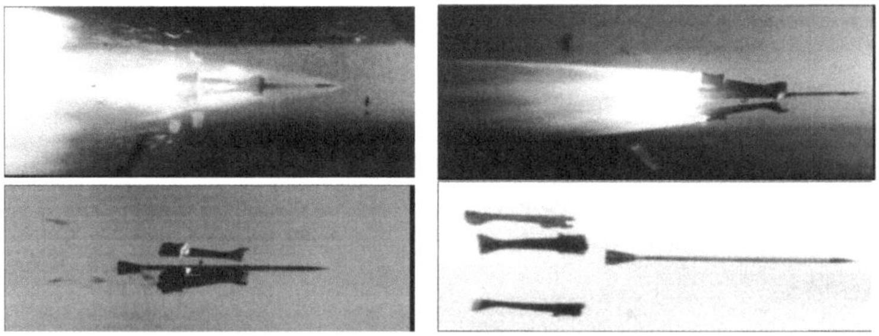

图 6.5.10　尾翼稳定脱壳过程高速摄影

从穿甲弹的发展历史来看，如图 6.5.11 所示，与旋转稳定脱壳穿甲弹相比，尾翼稳定脱壳 (杆式) 穿甲弹的穿甲威力大幅度提高。

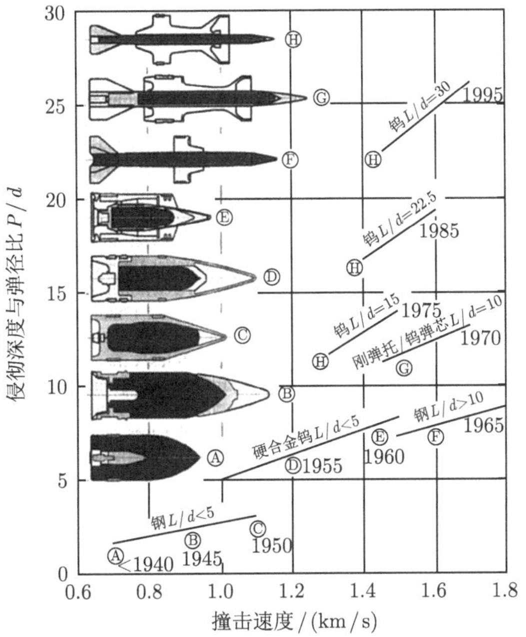

图 6.5.11 穿甲弹材料、速度、结构和侵彻深度的发展历史简图

6.5.2 半穿甲弹

半穿甲弹 (semi-pierce warhead) 又称穿甲爆破弹，是在穿甲弹的基础上发展起来的。为了提高穿甲后的爆炸威力，在反舰用的穿甲弹基础上适当增加了炸药装药量。其结构特点是有较大的药室，装填炸药量较多，头部大多是钝头或带有被帽。小口径半穿甲弹主要用在高射炮或航炮上，大中口径半穿甲弹主要配用在舰炮上。半穿甲弹针对舰艇目标为多舱室结构，采用先侵彻，进入舰体后再爆炸毁伤，利用爆炸冲击等加强穿甲后效，其典型结构如图 6.5.12 所示。

装有半穿甲战斗部的典型反舰导弹有法国的“飞鱼”反舰导弹，如图 6.5.13 所示，在英国阿根廷马岛冲突中，阿根廷海军利用“飞鱼”反舰导弹击毁了英国的“谢菲尔德”号驱逐舰，毁伤效果如图 6.5.14 所示。此外德国的“鸬鹚”反舰导弹也是半穿甲弹的典型代表，如图 6.5.15 所示，这种战斗部在爆炸后可以产生多个射弹，射弹具有约 3000m/s 的速度，可穿透 7 层舰壁，从而引起多个舱室的破坏。

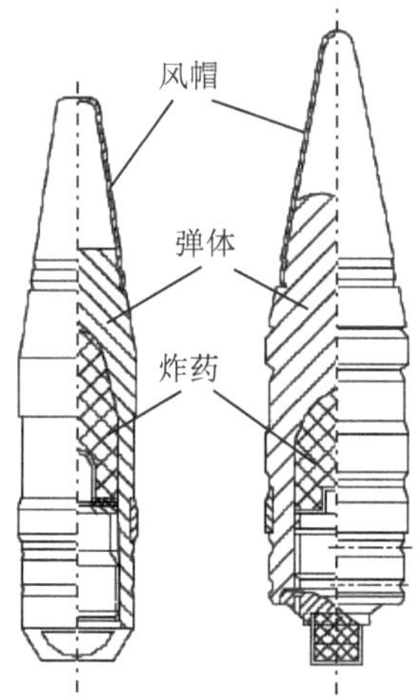

图 6.5.12　半穿甲弹典型结构示意图

图 6.5.13　法国 “飞鱼” 反舰导弹

图 6.5.14　反舰导弹的毁伤效果

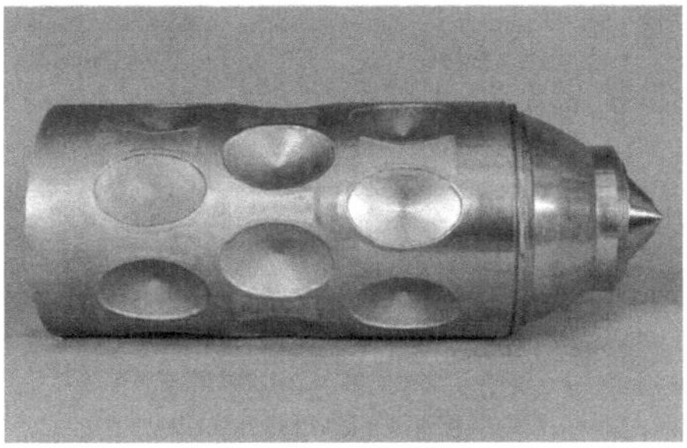

图 6.5.15 德国“鸬鹚”反舰导弹战斗部

6.5.3 钻地弹

钻地弹是携带钻地弹头 (也称为侵彻战斗部)，用于攻击机场跑道、地面加固目标及地下设施的对地攻击弹药。

钻地弹主要由载体 (携载工具) 和侵彻战斗部组成。钻地弹按载体的不同可分为导弹型钻地弹、航空炸弹型钻地弹、炮射钻地弹等。按照功能的不同可分为反跑道、反地面掩体和反地下坚固设施三种类型。根据侵彻战斗部 (弹头) 的不同，又可分为整体动能侵彻战斗部和复合侵彻战斗部。

整体动能侵彻战斗部利用弹丸飞行时的动能，撞击、钻入掩体内部，引爆弹头内的高爆炸药，毁伤目标。美军的 BLU-109/B 就是一种空中投放，用于打击指挥中心、地下工事等硬目标的整体动能侵彻型弹药，如图 6.5.16 所示，其弹体结构细长 (长约 2.5m，直径约 368mm)，侵彻威力为 1.8~2.4m 厚混凝土或 12.2~30m 厚泥土。BLU-109/B 既可以作为一般炸弹使用，也可以作为多种制导武器的战斗部。

图 6.5.16 美军 BLU-109/B 结构示意图

海湾战争中，由于 BLU-109/B 在对付地下目标和地面加固目标时侵彻能力不足，美军紧急研制了 GBU-28/B 激光制导炸弹 (图 6.5.17)，该炸弹是在 BLU-113/B 侵彻战斗部上加装制导组件和弹翼组件组装而成。GBU-28/B 弹长 5.842m，弹径约 370mm，质量为 2109kg，侵彻深度可达 6.7m 厚钢筋混凝土层或 30m 厚黏土层，侵彻混凝土靶的试验照片如图 6.5.18 所示。

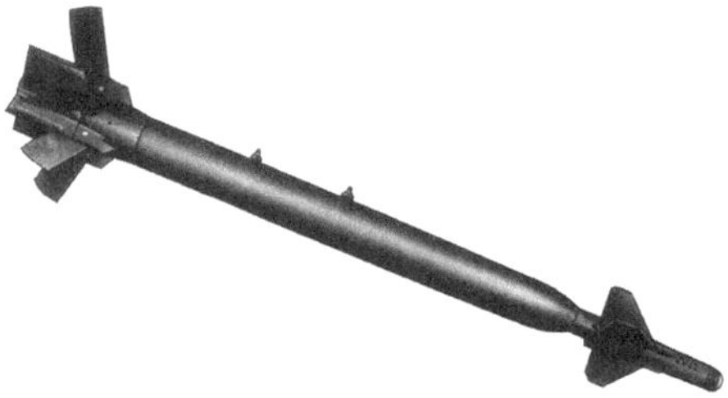

图 6.5.17　GBU-28/B 激光制导炸弹

图 6.5.18　GBU-28/B 侵彻混凝土靶的试验照片

随着打击精度的提高，打击中等防护的硬目标多采用小当量侵彻弹，小直径炸弹 (SDB) 就是其中的典型代表。图 6.5.19 是美军安装有“钻石背”剖面翼的小直径炸弹 GBU-39，“钻石背”剖面翼的设计起到气动增程作用，即利用航弹气动外形设计增加炸弹的航程，它适用于制导炸弹的滑翔增程，尤其适用于无人机或隐身战斗机的内埋式弹仓。小直径炸弹打击桥洞下飞机的毁伤试验照片如图 6.5.20 所示。

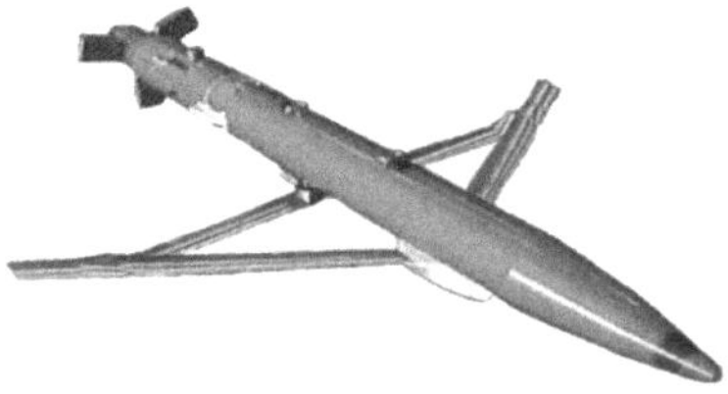

图 6.5.19　“钻石背”剖面翼小直径炸弹 GBU-39

在深钻地武器方面，发展大动能、整体、巨型钻地弹也是当前国际上的一个明显趋势。例如，2007 年美军推出了 MOP 巨型钻地弹，如图 6.5.21 所示，弹体长 6m，重达 13.6t。法国 MBDA 公司 2008 年也推出新型钻地弹 CMP，弹重为 1000kg 级，弹体呈啤酒瓶状，弹头呈牙齿状，如图 6.5.22 所示。

图 6.5.20 小直径炸弹打击桥洞下飞机的毁伤试验照片

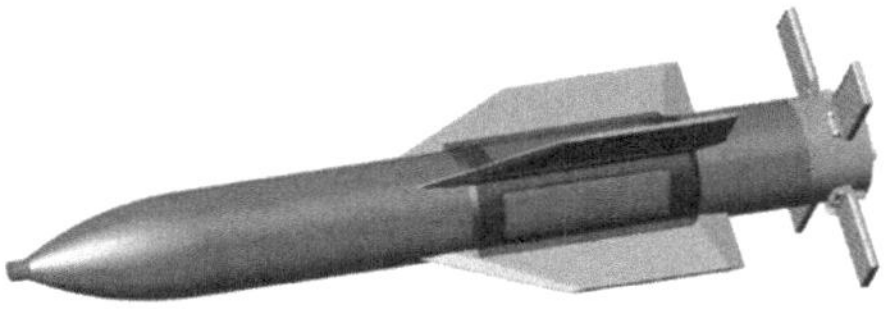

图 6.5.21 美军 MOP 巨型钻地弹

图 6.5.22 法国 MBDA 公司新型钻地弹 CMP

复合侵彻战斗部一般由一个或多个安装在弹体前部的聚能装药弹头和安装在后部的侵彻弹头 (随进弹头) 构成。使用时，弹体前部的聚能装药弹头主要对目标进行“预处理”，可编程引信在最佳高度起爆聚能装药，沿装药轴线方向产生高速聚能射流或射弹。强大的射流能使混凝土等硬目标产生破碎和发生大变形，并沿弹头方向形成孔道，主侵彻弹头循孔道跟进并钻入目标内部。弹头上的延时或智能引信最终引爆主装药，毁伤目标。英国“布诺奇”钻地弹和德国的“墨菲斯特”战斗部均采用了复合战斗部技术，在传统炸弹前面安装了一个聚能装药战斗部，以达到预侵彻的目的。图 6.5.23 给出了德国“墨菲斯特”串联钻地战斗部结构与侵彻试验结果。

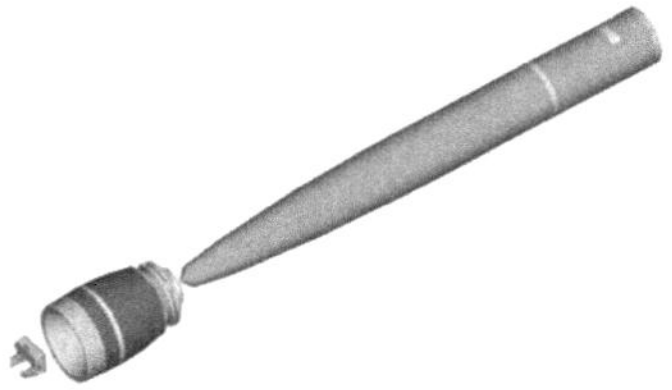

图 6.5.23　德国“墨菲斯特”串联钻地战斗部结构与侵彻试验结果

目前钻地弹的发展方向是精确命中和智能侵彻，具有高侵彻能力，可达到更大的毁伤效果。新型钻地武器表现出几个基本特点：采用精确制导技术，实现高命中精度；采用高强度的材料和更有效的弹头形状；在保证钻地效果的前提下，进一步提高弹头的撞击速度和能量；复合弹头侵彻弹的研究与应用；智能引信的应用和能量输出的改进。

除了早期的杀爆钻地弹以外，新钻地燃烧武器、温压弹、钻地核弹等开始成为钻地弹的新一族。在核钻地武器方面，研究重点是在提高钻地深度和摧毁目标的同时，如何尽量减小附带毁伤 (包括降低当量、减小放射性沉降以及提高打击精度等)。随着需求的发展以及相关技术的完善，钻地武器的整体性能将得到进一步的提高。

6.5.4　动能拦截器

动能武器特指携带非爆炸弹头 (动能拦截器 (kinetic kill vehicle，KKV))，依靠高速飞行而具有巨大动能，能够以直接碰撞方式拦截并摧毁来袭导弹弹头等高速飞行目标的高技术武器。近年来空间安全、防空反导对动能武器提出了强烈的需求。动能拦截器的典型结构和拦截效果的数值模拟结果如图 6.5.24 所示。在太空的拦截，弹目相对速度往往在 8km/s 以上，这时碰撞已经属于超高速碰撞的速度范围，目标在超高速撞击的情况下产生的碰撞现象可以用爆炸机理来解释，碰撞后产生剧烈的爆炸效应和大量的碎片。

动能拦截器采用制导控制技术，通过外围侧面的微喷发动机点火来进行末端轨道修正，不断调整运动方向，最终实现与来袭目标的精确碰撞。动能武器在反弹道导弹等国防技术领域受到了相当的重视，是美国国家导弹防御系统的主要反导拦截手段。

虽然目前的动能拦截弹主要用于反导弹，但是有向其他兵种扩展的趋势。美国陆军对未来武器系统的要求中提到，要发展多任务、通用的先进动能导弹 (AD-

KEW)，既可用于打击地面装甲车辆，也可用于攻击飞机，并且与各种发射平台兼容。

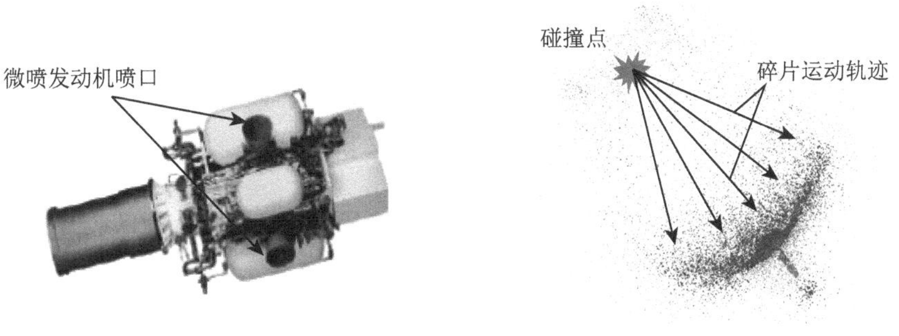

(a) 动能拦截器　　(b) 动能拦截器撞击导弹后碎片分布

图 6.5.24 动能弹拦截器的典型结构和拦截效果的数值模拟结果

思考与练习

(1) 试讨论着靶姿态对穿甲弹侵彻能力的影响。

(2) 试讨论侵彻极限厚度与对半无限厚靶的侵彻深度之间的关系。

(3) 美国侵彻极限中对于贯穿的定义有三种标准，试分析为什么会存在三种不同的标准，它们之间大小关系如何。

(4) 随着碰撞速度的增加，碰撞现象明显不同，试分析产生不同现象的机理，并给出不同现象的临界速度计算方法。

(5) 穿甲/侵彻战斗部的侵彻威力可以用哪些参数表征？各自是怎样定义的？

(6) 试讨论在杆式穿甲弹侵彻半无限靶过程中，侵彻速度对侵彻深度的影响。

(7) 提高穿甲弹穿甲能力的途径有哪些？

(8) 简述弹丸贯穿有限厚度混凝土靶的主要破坏模式。

(9) 简述超高速弹丸对薄靶的主要破坏模式及影响因素。

(10) 试讨论穿甲弹发展过程中，弹体材料、着靶速度、弹丸长径比的发展变化及其对侵彻能力的影响。

(11) 钢筋混凝土结构中，钢筋对于抗侵彻的作用体现在哪些方面？

(12) 调研弹丸侵彻金属装甲的常用经验公式，并比较分析。

(13) 调研弹丸侵彻混凝土的常用经验公式，并比较分析。

(14) 调研分析钻地弹的关键技术和发展趋势。

(15) 调研分析空间飞行器对空间碎片的防护手段。

参 考 文 献

[1] 卢芳云, 蒋邦海, 李翔宇, 等. 武器战斗部投射与毁伤 [M]. 北京: 科学出版社, 2013.

[2] 钱伟长. 穿甲力学 [M]. 北京: 国防工业出版社, 1984.

[3] 卢芳云, 李翔宇, 林玉亮. 战斗部结构与原理 [M]. 北京: 科学出版社, 2009.
[4] 北京工业学院八系《爆炸及其作用》编写组. 爆炸及其作用 (下册) [M]. 北京: 国防工业出版社, 1979.
[5] Rosenberg Z, Dekel E. 终点弹道学 [M]. 钟方平, 译. 北京: 国防工业出版社, 2014.
[6] 黄正祥, 祖旭东. 终点效应 [M]. 北京: 科学出版社, 2014.
[7] 焦文俊, 陈小伟. 长杆高速侵彻问题研究进展 [J]. 力学进展, 2019, 49(1): 312-391.
[8] 王树山. 终点效应学 [M]. 2 版. 北京: 科学出版社, 2019.
[9] 张先锋, 李向东, 沈培辉, 等. 终点效应学 [M]. 北京: 北京理工大学出版社, 2017.
[10] 张庆明, 黄风雷. 超高速碰撞动力学引论 [M]. 北京: 科学出版社, 2000.
[11] 邸德宁, 陈小伟, 文肯, 等. 超高速碰撞产生的碎片云研究进展 [J]. 兵工学报, 2018, 39(10): 2016-2044.
[12] 马上. 超高速碰撞问题的三维物质点法模拟 [D]. 北京: 清华大学, 2005.
[13] 武强. 含能材料防护结构超高速撞击特性研究 [D]. 北京: 北京理工大学, 2016 .
[14] 午新民, 王中华. 国外机载武器战斗部手册 [M]. 北京: 兵器工业出版社, 2005.
[15] 尹建平, 王志军. 弹药学 [M]. 北京: 北京理工大学出版社, 2005.
[16] 李向东, 钱建平. 弹药概论 [M]. 北京: 国防工业出版社, 2004.

第 7 章　核武器毁伤效应

核武器 (nuclear weapon) 是大规模杀伤性武器 (weapons of mass destruction) 中的一种。核武器自诞生以来，在作战中只使用过两次 (1945 年，在日本的广岛和长崎)，但是因为其巨大的威力，核武器对人类的政治、军事活动以及国家间的外交关系都带来了重要的影响。进入 21 世纪以来，我们所面临的战争形态是核威慑条件下的高技术局部战争，核武器仍将是战争中不可忽视的终极力量。所以，了解核武器原理及其毁伤效应，对赢得未来战争的胜利具有重要的现实意义。

7.1　核武器基本原理

7.1.1　核物理基础 [1]

在历史上，核武器又称原子武器或核子武器，它是利用核裂变和核聚变反应所释放出的巨大能量而研制成的武器，它的毁伤效应都建立在核反应释放能量这一基础之上。下面简述核武器的基本原理。

1. *原子与原子核*

物质由不同原子组成，原子是物质结构的一个重要层次。原子由原子核与核外电子组成。电子带负电荷，原子核带与之等量的正电荷，原子呈电中性。原子的尺寸很小，直径在 2~3 Å(1Å=10^{-10}m)。与原子的尺寸相比，原子核更小，但原子的大部分质量集中在原子核。原子结构如图 7.1.1 所示。

原子核由质子和中子组成，质子和中子统称为核子。原子核中的质子数就是原子核的电荷数，也是化学元素周期表中的原子序数，记作 Z，不同的原子序数对应不同的元素。原子核中的质子数加中子数，即核子总数，称为原子核的质量数，记作 A。

已发现一种元素常常有好几种同位素存在。同位素 (isotope) 是原子序数相同而质量数不同的原子，因此同位素原子核的电荷数相同但是质量数不同。常见的有氢 (hydrogen) 原子的同位素 $^{1}_{1}$H(氕)、$^{2}_{1}$D(氘) 和 $^{3}_{1}$T(氚)，以及铀 (uranium) 原子的同位素 $^{234}_{92}$U、$^{235}_{92}$U 和 $^{238}_{92}$U(注：元素符号左下角是原子序数 Z，左上角是原子核质量数 A)。氢和铀的同位素都是制造核武器的重要原料。

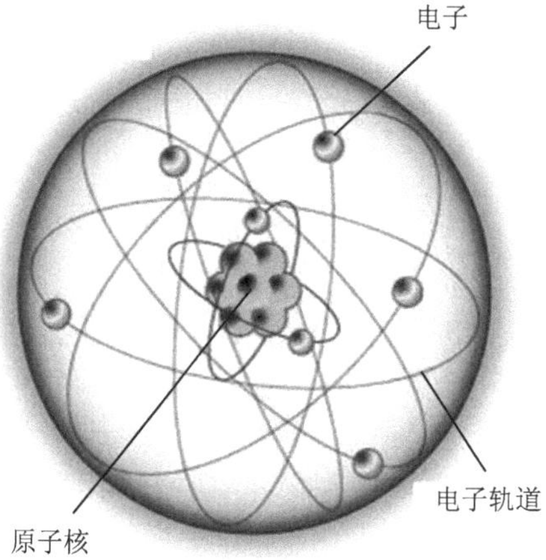

图 7.1.1　原子结构示意图

2. 质量亏损及平均结合能

对于一个原子核 ${}_{Z}^{A}\mathrm{X}$(X 代表某一元素)，实验发现，原子核的静止质量小于 Z 个质子和 $(A-Z)$ 个中子的静止质量之和，这个差值称为质量亏损 (mass defect)。质量亏损的原因是 Z 个质子和 $(A-Z)$ 个中子聚合成原子核 ${}_{Z}^{A}\mathrm{X}$ 时释放了一部分的能量，而这部分能量和一部分的质量相对应，因而也可以说释放了一部分的质量。Z 个质子和 $(A-Z)$ 个中子聚合成原子核 ${}_{Z}^{A}\mathrm{X}$ 时所释放的能量称为原子核 ${}_{Z}^{A}\mathrm{X}$ 的结合能，记为 ΔE，根据爱因斯坦的质能关系式，结合能满足下式：

$$\Delta E = \Delta m \cdot c^2 \tag{7.1.1}$$

式中，Δm 为质量亏损，c 是真空中的光速 ($c = 2.9979\times10^8\mathrm{m/s}$)。通常质量亏损 Δm 是很小的值，但是由于 c 是一个大量，因此原子核的结合能是一个巨大的能量。

在应用中，常用到的是原子核平均结合能的概念，即 $\Delta E/A$，代表 A 个核子聚合成原子核时每个核子平均释放的能量。根据实验测量，可以获得原子核平均结合能随质量数的变化规律，如图 7.1.2 所示。从图 7.1.2 可以看出，对轻核，其平均结合能较小；对大多数中等核，其平均结合能较大，并近似与质量数 A 成正比；对重核，其平均结合能又较小。这个特性非常重要，因为它揭示了获得核能的途径——轻核聚变和重核裂变。轻核 (如氢及其同位素) 的平均结合能小，也就是说，聚合成轻核时每一核子释放的能量少，当轻核聚变合成一个较重的核时，后者的平均结合能较大，这意味着在聚变合成过程中，每一核子需要再释放一部分能量；同理，一个重核 (如铀、钚 (plutonium) 及其同位素) 裂变成两个中等核时，同样也会释放出能量。原子核聚变和裂变所释放的能量就是核武器巨大能量的源泉。所以核武器的基本类型可分为核裂变型武器 (原子弹) 与核聚变型武器 (如氢弹) 两大类。

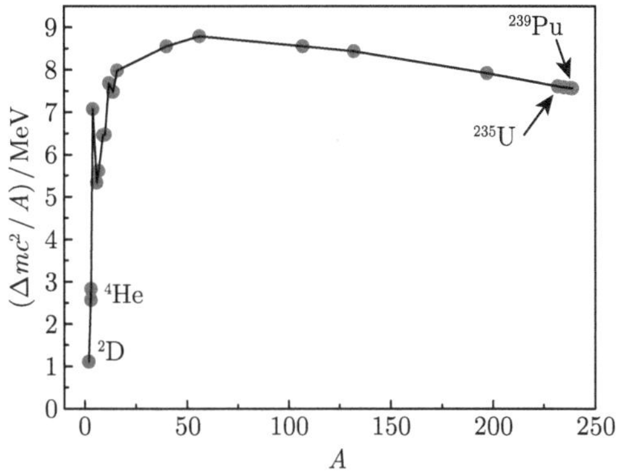

图 7.1.2 原子核平均结合能随质量数的变化曲线

7.1.2 核裂变原理 [1]

1. 核裂变反应

核裂变 (fission) 是核反应的一种。当某些重原子同位素 (例如，铀和钚的同位素：$^{235}_{92}$U 和 $^{239}_{94}$Pu) 的原子核受到中子轰击并捕获中子时，核裂变反应就可能发生，这些同位素也称为易裂变材料或者核材料。实际上也存在原子核自发裂变的现象，本书不讨论这个问题。由于这些重原子同位素本身不太稳定，捕获中子时，中子的能量将使这些同位素的原子核分裂成两个质量大致相等的较轻的原子核 (称为裂变产物或碎片)，同时产生中子，释放出能量。图 7.1.3 说明了这个过程。

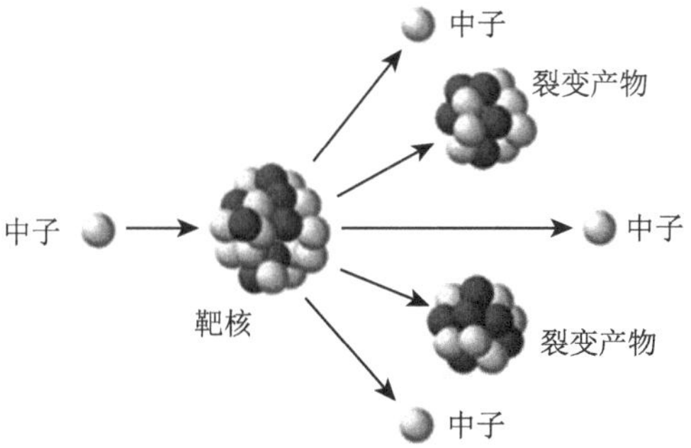

图 7.1.3 核裂变反应示意图

以 $^{235}_{92}$U 为例，其核裂变反应方程式如下:

$$^{235}_{92}\mathrm{U} + {}^{1}_{0}\mathrm{n} \longrightarrow \mathrm{X} + \mathrm{Y} + 2.5{}^{1}_{0}\mathrm{n} + \sim 200\mathrm{MeV} \tag{7.1.2}$$

式中，${}_{0}^{1}\mathrm{n}$ 代表中子，由于多次反应下 ${}_{92}^{235}\mathrm{U}$ 裂变产生的碎片可能是 ${}_{38}^{95}\mathrm{Sr}$(锶) 和 ${}_{54}^{139}\mathrm{Xe}$(氙)，也可能是其他碎片，所以式 (7.1.2) 右边的碎片用 X、Y 表示，同样，多次反应下 ${}_{92}^{235}\mathrm{U}$ 裂变产生的中子数量也有变化，式 (7.1.2) 右边的 $2.5{}_{0}^{1}\mathrm{n}$ 表示的是平均一次反应所产生的中子数。${}_{92}^{235}\mathrm{U}$ 裂变反应释放的平均能量在 200MeV 左右，这个能量比原子的化学反应能 (在 eV 量级) 要大得多。经测算，1g 铀完全裂变所释放的能量相当于 2.5t 煤燃烧产生的热量。

2. 链式反应与临界条件

从理论上讲，一个核裂变反应所放出的中子又可以使其他原子核发生裂变，这个核裂变又放出中子，中子又导致新的核裂变 ⋯⋯，于是就形成了链式反应，如图 7.1.4 所示。链式反应使得参与反应的原子核数量在很短的时间内 (0.1~1μs 量级) 呈指数增长，其结果是一系列核裂变所释放的能量在有限的空间内急剧累积，最后导致巨大的爆炸发生。核裂变型的核武器就是基于这个原理。

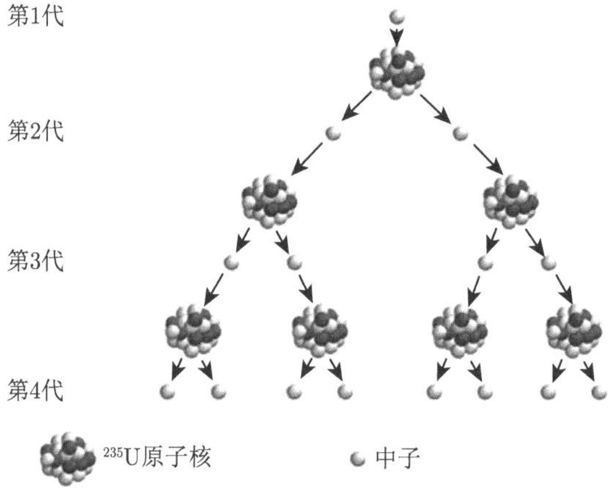

图 7.1.4　核裂变链式反应示意图

然而实际上链式反应的发生是需要条件的。这个条件就是参与下一代核裂变的中子总数 N^{n+1} 要大于本代参与核裂变的中子总数 N^{n}，否则链式反应就不能自持。称 $N^{n+1}=N^{n}$ 为临界条件，如果 $N^{n+1}<N^{n}$ 就称核材料处于次临界状态，如果 $N^{n+1}>N^{n}$ 就称核材料处于超临界状态。核裂变型核武器研制的一个重要工作就是想办法使核装料 (武器中的核材料) 达到超临界状态。

在工程上，导致 $N^{n+1}<N^{n}$(即参与反应的中子数减少) 主要有以下两个原因：①核裂变反应产生的中子可能被核材料中的杂质原子核捕获，从而被消耗；②中子从核材料边界泄漏而造成损耗。所以要解决这个问题，进而使核材料达到超临界状态，要做到：①采用纯净无杂质的核材料 (比如超浓缩铀，其中铀的同位素 ${}_{92}^{235}\mathrm{U}$ 达到 90%以上，也称为武器级的铀材料)；②增大核材料块体的质量 (即增大体积，

减少边界表面积，使中子泄漏减少) 或密度，使核材料块体达到并超过临界质量 (临界条件所对应的质量)。做到以上两点，就可实现核裂变链式反应从而导致核爆炸了。

值得一提的是，核电站与核动力舰艇上的核反应堆也是利用了核裂变链式反应所释放的能量，不同之处在于核反应堆中的核材料被添加了减速剂 (含轻核的材料)，使得链式反应中产生中子的数量受到控制，从而使核裂变能量缓慢释放，实现人工控制的核裂变能的利用。

3. 核裂变型核武器

核裂变型核武器，俗称为原子弹 (A-Bomb，即 atomic bomb)，就是利用了核裂变链式反应急剧释放能量这一原理。如前所述，在采用了武器级的纯净核装料后，只要在武器被投射到目标位置时，使核装料达到超临界状态就可以实现核爆炸。根据实现超临界状态的方法，可以将核裂变型核武器分为以下几类。

1) 枪式武器

枪式 (gun-type) 核裂变型核武器主要采用的核装料是 $^{235}_{92}U$，它利用常规炸药的能量，将一块次临界质量的核装料，高速发射到另一块中，从而使核装料迅速达到超临界质量，与此同时中子源释放出中子，触发核裂变链式反应的发生，实现核爆炸，其典型结构如图 7.1.5 所示。1945 年美国在日本广岛投放的原子弹 (绰号小男孩，Little Boy) 就是这类核武器的典型代表，其当量达 14.5 kt，即相当于 14500 t TNT 炸药的能量 (核爆当量是评估核武器释放能量多少的指标，代表了其威力大小)，效率约为 1.5%，即其核装料在爆炸解体前有 1.5%的质量参与了核裂变反应。要说明的是，在现代核武器设计中，枪式核裂变这种方案已经很少采用了。

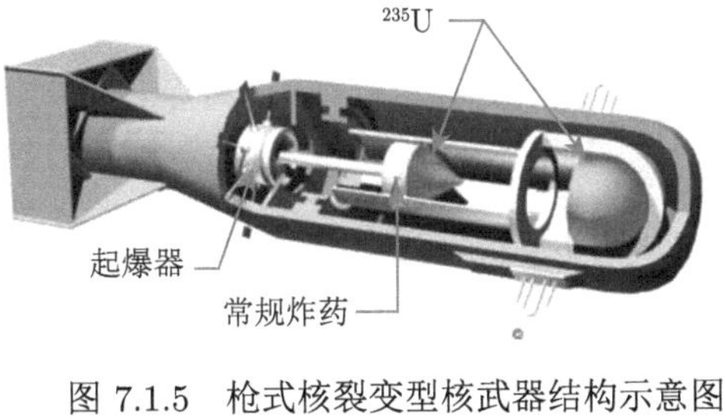

图 7.1.5 枪式核裂变型核武器结构示意图

2) 内爆式武器

内爆式 (implosion-type) 核裂变型核武器主要采用的核装料是 ^{238}U，它是通过常规炸药聚心爆轰的方式，将次临界状态的核装料压缩到高密度状态，以此达到核裂变链式反应的临界条件，从而实现核爆，其典型结构如图 7.1.6 所示。1945

年美国在日本长崎投放的原子弹 (绰号胖子，Fat Man) 就是这类核武器的典型代表，它有 23 kt 当量，效率为 17%。

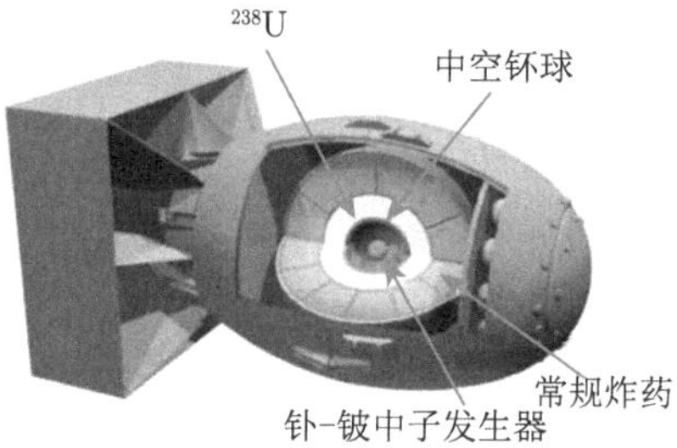

图 7.1.6　内爆式核裂变型核武器结构示意图

研制内爆式核裂变型核武器的关键技术之一是控制炸药爆轰波均匀地聚心压缩核装料，这涉及装药形状设计、起爆时间控制等一系列问题，比枪式核裂变型核武器具有更高的技术水平，我国在 1964 年 10 月 16 日成功试爆的第一枚原子弹就是内爆式核裂变型核武器。在现代核武器设计中，内爆式核裂变仍然是一个主要的设计方案，并在此基础之上进行了一系列的改进。

实践发现，虽然核裂变型核武器已经具有很大的能量，但是要进一步提高其爆炸当量，存在技术限制。更大的当量意味着更多的次临界状态的核装料，而使大量的次临界状态的核装料迅速达到超临界状态将面临很大的技术困难。要获得更大的核爆当量，需要寻求如前所述的另一个获得核能的途径——轻核聚变。

7.1.3　核聚变原理 [1]

1. 核聚变反应

当某些轻原子同位素 (比如氘 $^2_1$D 和氚 $^3_1$T) 的原子核在一定条件下聚合在一起时，形成一个较重的原子核 (比如氦 $^4_2$He 或者其同位素 $^3_2$He)，同时释放出中子和能量，这就是核聚变反应 (fusion)。典型的核聚变反应有 $^2_1$D-$^2_1$D 聚变和 $^2_1$D-$^3_1$T 聚变，其反应方程式为

$$^2_1\mathrm{D}+{}^2_1\mathrm{D}\longrightarrow\begin{cases}{}^3_2\mathrm{He}+{}^1_0\mathrm{n}+3.27\mathrm{MeV}\\{}^3_1\mathrm{T}+{}^1_1\mathrm{H}+4.04\mathrm{MeV}\end{cases}\tag{7.1.3}$$

$$^2_1\mathrm{D}+{}^3_1\mathrm{T}\longrightarrow{}^4_2\mathrm{He}+{}^1_0\,\mathrm{n}+17.58\mathrm{MeV}\tag{7.1.4}$$

式 (7.1.3) 代表的就是太阳 (及其他恒星) 内部发生的核聚变反应，反应释放的能量是太阳能量的来源。核聚变型核武器则主要使用的是式 (7.1.4) 所代表的核聚变反应，图 7.1.7 是其反应过程示意图。

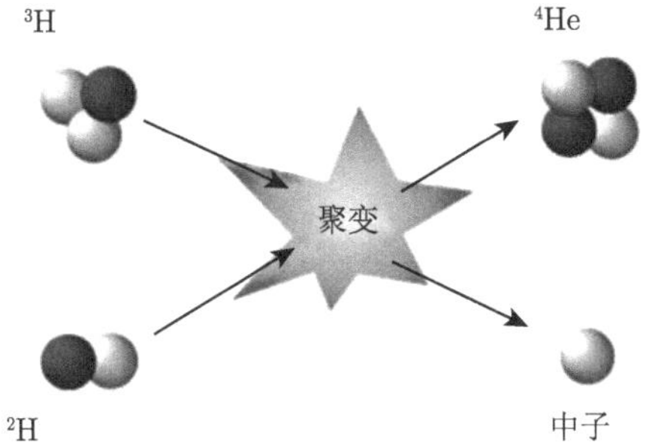

图 7.1.7 核聚变反应过程示意图

要实现 ${}_1^2$D-${}_1^3$T 聚变反应，需要将 ${}_1^2$D、${}_1^3$T 加热到很高的温度 (10^8K 以上)，在这种温度下已经被电离的 ${}_1^2$D、${}_1^3$T(原子核) 剧烈运动，当 ${}_1^2$D、${}_1^3$T 的密度达到一定的要求，同时能够维持一定的约束时间时，${}_1^2$D-${}_1^3$T 聚变反应就能够发生。由于需要很高的温度，所以核聚变反应也称为热核反应，利用相应原理的核武器也称为热核武器。

因此，要在核武器中实现核聚变反应，也有两个要解决的技术问题：①提供很高的温度，使 ${}_1^2$D-${}_1^3$T 发生聚变反应；②供给足够的 ${}_1^3$T 原料。因为 ${}_1^3$T 具有放射性，存在自发衰变现象而不稳定，所以在自然界中没有天然 ${}_1^3$T 存在，需要人工制造产生，而且不便于存储和使用，所以要解决 ${}_1^3$T 原料的供给问题。

对第一个问题，在工程上可利用核裂变反应的能量来提供核聚变反应所需要的高温，这也就是两级核爆的核武器设计方案，本章稍后再详细讨论。对第二个问题，可以采用氘和锂的化合物 LiD(lithium deuteride，氘化锂) 来解决。LiD 很稳定，便于存储和运输，同时由于锂原子在中子轰击下有如下反应：

$$ {}_3^6\mathrm{Li} + {}_0^1\mathrm{n} \longrightarrow {}_2^4\mathrm{He} + {}_1^3\mathrm{T} + 5\mathrm{MeV} \tag{7.1.5} $$

所以 LiD 能够产生 ${}_1^3$T，这就解决了 ${}_1^3$T 的原料供给问题。

2. 核聚变型核武器

核聚变型核武器，又称为热核武器，是利用核聚变反应能量实现核爆的核武器。如前所述，在技术上讲，实际上没有纯粹的仅利用核聚变反应的核武器，都需要使用核裂变反应的能量来加热聚变燃料，从而触发核聚变反应的发生。所以严格地讲，核聚变型核武器都是核裂变-核聚变混合型的核武器。注意，并不是所有的核聚变型核武器都是以核聚变反应能量为核爆炸的主要能量。一般来说，核聚变型核武器大致可以分为以下几类。

1) 核聚变增强式武器

核聚变增强式武器 (fusion-boosted fission weapon) 也称为核聚变助爆式武器，在这类武器中，核聚变反应产生的能量并不是核爆能量的主要部分。它依靠内爆式的核裂变反应产生高温，可以触发核装料中心位置 ${}_{1}^{2}$D-${}_{1}^{3}$T 混合气体的核聚变反应发生。但是核聚变反应的主要作用仅是提供反应后产生的高能中子流 (式 (7.1.4))，利用高能中子流可以使已经处于超临界状态的核装料的核裂变链式反应加剧，以达到充分利用核装料和提高核爆当量的目的。美国于 1951 年 5 月对这类武器进行过试验，爆炸当量达到 45.5 kt。

2) 两级起爆式武器 [2]

两级起爆式核聚变型核武器又称为 Teller-Ulam 结构的核武器，核聚变反应能量是这类核武器爆炸的主要能量，可以达到很大的爆炸当量，俗称氢弹 (H-Bomb，即 hydrogen bomb)。它由以 Edward Teller 和 Stanislaw Ulam 为首的美国科学家于 1951 年首先设计研制成功，随后，苏联、英国、法国的科学家也相继掌握了这种技术。Teller-Ulam 结构是现代大当量核武器采用的主流结构，其原理如下。

典型的 Teller-Ulam 结构如图 7.1.8 所示，其核心是采用了两级起爆结构。第一级是球形内爆式核裂变装置 (原子弹)，位于图 7.1.8 的上部，第二级是柱状的核聚变燃料箱，内填充 LiD，中心还有一个核裂变材料 (${}_{94}^{239}$Pu 或 ${}_{92}^{235}$U) 制成的芯，位于图 7.1.8 的下半部分。两级起爆结构封装在由重金属 (如铅) 制成的容器中，容器中的其他空间填充聚苯乙烯 (polystyrene) 泡沫。

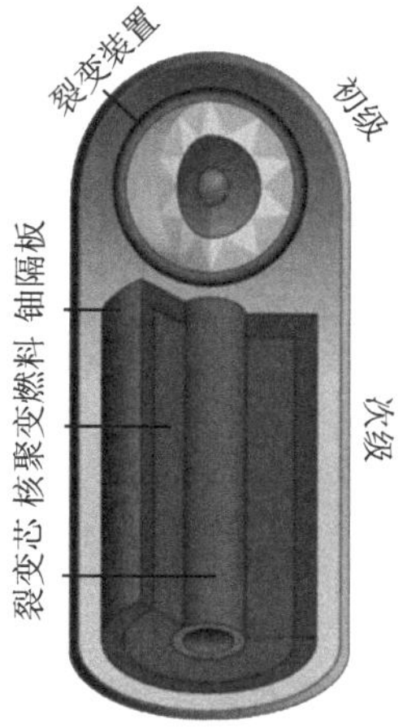

图 7.1.8　典型的 Teller-Ulam 结构

Teller-Ulam 结构在起爆时，第一级结构首先爆炸，然后再触发第二级结构内发生核聚变反应，释放出巨大能量，形成大当量的核爆炸。整个起爆过程如图 7.1.9 所示，下面对图中各个环节进行简要说明。

图 7.1.9(a) 是起爆前的状态。图 7.1.9(b) 中，第一级核裂变爆炸装置起爆，通过一定设计可以使核裂变核爆 80%以上的能量以 X 射线 (也包括部分 γ 射线) 的形式辐射出来。由于容器壳体由重金属制成，X 射线暂时不能辐射到外部，只能

在容器内部多次反射，如图 7.1.9(c) 所示。在高能 X 射线的辐照下，容器内部的聚苯乙烯迅速升温并气化电离，同时具有极高的压力，于是开始对第二级结构中的柱形核聚变燃料箱进行聚心压缩，使 LiD 达到很高的密度，如图 7.1.9(d) 所示。这时，核聚变燃料箱内的核裂变芯也达到了超临界状态并发生核裂变链式反应，放出中子和能量，在中子轰击下，LiD 生成 ${}_1^3$T，而核裂变反应能量使 LiD 达到很高温度，在高温下，${}_1^3$T 和 LiD 中的 ${}_1^2$D 发生核聚变反应，迅速释放出巨大能量，最终实现核爆炸，如图 7.19(e) 所示。

(a) (b) (c) (d) (e)

图 7.1.9 典型的 Teller-Ulam 结构起爆过程示意图

两级起爆 Teller-Ulam 结构的技术验证弹 (概念弹) 首次在 1951 年 5 月进行了试验，达到了 225 kt 的当量，1952 年 11 月，首次进行了原型弹试验，达到了 10.4 Mt 的当量，爆炸当量比普通核裂变型核武器增加了 2~3 个数量级。

我国的氢弹采用的是“于敏结构”，是我国科学家于敏和邓稼先联合设计的，该设计极大地加快了我国的氢弹研制进度，并在 1967 年 6 月 17 日先于法国进行了氢弹试爆，爆炸当量 3.3 Mt。

3) 其他类型武器

中子弹：一种小型的核聚变型核武器，在这种武器中，通过一定设计，使核聚变反应所产生的高能中子能够尽量辐射出来，主要利用中子的辐射对目标进行毁伤。中子由于不带电荷，具有更强的穿透能力，一般能防护 γ 射线的材料通常不足以防护中子流，因为只有水和电解质才能吸收中子，而生物体中含大量水分，所以中子流对生物产生的伤害比 γ 射线更大，因而中子弹能达到杀伤有生力量而不毁伤装备的目的。但事实上中子弹爆炸产生的热辐射和冲击波还是很强的，仍旧可以对各种装备造成毁伤，所谓“杀人不毁物”只是相对其他热核武器而言的。

钴核弹：钴核弹的原理是弹壳使用钴元素 (cobalt，${}_{27}^{59}$Co)，核聚变反应释放的中子会令 ${}_{27}^{59}$Co 变成 ${}_{27}^{60}$Co，后者是一种会长期 (约 5 年内) 辐射强烈射线的同位素，所以能实现长时间的强辐射污染。

7.2 核爆效应及防护

核武器的毁伤效应是通过核爆炸产生的。核爆炸和常规炸药爆炸类似，都是在有限体积内瞬时释放出大量能量的过程，但是核爆炸释放的能量远超过常规炸药。为便于估算核爆炸释放的能量，在约定每千克 TNT 释放能量为 4.2×10^3kJ 的条件下，将核爆能量等价为与之相当的 TNT 质量来表示，这就是前面已经多次提到的核爆的 TNT 当量。

由于核爆具有极大的能量密度，而且还伴随着剧烈的核反应过程 (核裂变与核聚变)，同时放射出高能粒子流和高能射线脉冲，因此核爆不但有常规炸药爆炸所产生的冲击波毁伤效应 (冲击波更强，毁伤区域更大)，而且还有热辐射 (或光辐射)、核辐射、核电磁脉冲、放射性沾染等效应，这些效应有些是瞬时的，有些则可持续达数天、数十天、数月甚至数十年。从这一点来讲，核武器毁伤效应比常规炸药爆炸毁伤效应更为复杂，影响也更为深远 [1−6]。

7.2.1 核爆效应概述

1. 核爆炸的方式

通常根据核爆炸相对于地面 (或水面) 的高度对核爆方式加以区分，一般可分为地下 (水下)、地面 (水面)、空中和高空等爆炸方式。其中核爆的高度并不是单纯采用核爆位置与地面 (或水面) 的垂直距离来决定，而是结合采用跟核爆当量有关的比高这一概念来定义。比高的表达式如下：

$$h' = h/Q^{1/3} \tag{7.2.1}$$

式中，h 为核爆位置相对于地面 (或水面) 的垂直高度 (m)，Q 是核爆当量 (kt)。

对比高 h' 划分不同的数值区间，就可以定义不同的核爆方式。通常 $h'\leqslant$50~60，称为地面核爆；$50\sim60<h'\leqslant200$，称为空中核爆，空中核爆还可分为低空核爆 (50~60$<h'\leqslant$120) 和中空核爆 ($120<h'\leqslant200$)。另外，通常认为爆炸高度在大气对流层以上的核爆是高空核爆 (即爆炸高度约在 10km 以上)，而高空核爆一般又可分为爆炸高度在 80km 以下和以上两种。若核爆炸位置位于地面以下，则称地下核爆，此时式中的 h 为核爆位置相对于地面的垂直深度，h' 称为比深，地下核爆还可分为浅埋爆炸 ($0<h'\leqslant120$) 和封闭爆炸 ($h'>120$，此时爆炸深度相对较大，基本无放射性物质泄漏到地面上)。

不同的核爆方式，由于所处的物理环境不同，其毁伤效应也存在差异。在本书中，囿于篇幅，主要针对典型的低、中空核爆 (简称空爆) 来讨论核爆炸的有关现象、知识和毁伤效应，其他核爆方式的有关情况在提到时再作简要说明。

2. 核爆炸的外观景象

空爆的外观景象依时间顺序是闪光、火球、蘑菇云，在距爆心不同距离上可以先后听到爆炸响声。

闪光是在爆炸瞬时出现，光非常强，持续时间较短，在 0.1s 内，爆心处方圆数十千米的范围内都能观察到。

闪光过后，随即出现一个圆而明亮的火球，火球不断增大并缓慢上升。在冲击波经地面反射后，反射冲击波使火球变形，呈上圆下平的馒头状，底部明显向内部凹陷，如图 7.2.1(a) 所示。在火球发展过程中，其直径不断增长，同时向外发出光辐射，持续一定时间后，火球最终会熄灭、冷却，成为灰白色或棕褐色的烟云。火球发光时间和最大直径都与核爆当量有关，大致数据是发光时间在 0.5~15s 范围内，最大直径在 0.1~2.0km 范围内，例如，100kt 当量的核爆，火球发光时间为 4.8s，最大直径为 1km。如果是地面核爆，火球将与地面接触，呈半球状，如图 7.2.1(b) 所示。

(a) 空中核爆的火球

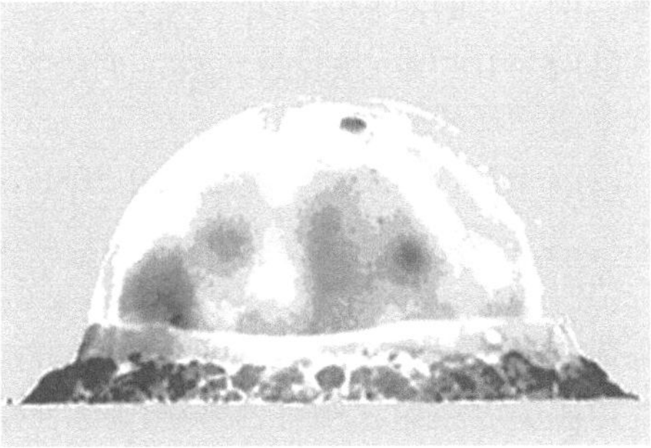

(b) 地面核爆的火球

图 7.2.1 空中和地面核爆的火球形状

火球冷却后的烟云以一定速度膨胀、上升，同时由于反射冲击波的作用，爆心地面投影点附近的尘柱也迅速上升，经过一段时间后追上烟云，形成蘑菇云。图 7.2.2(a) 是蘑菇云形成过程示意图，图 7.2.2(b) 是蘑菇云的实拍照片。

随着蘑菇云的发展，其形态在一定时间后可以达到稳定。蘑菇云达到稳定的时间及其稳定时的尺寸 (顶高、蘑菇头直径、厚度) 与核爆当量有关，顶高一般可在 7~20km 范围内，受气象条件的影响很大。例如，100kt 当量的核爆，其达到稳定的时间为 380s，稳定时蘑菇云顶高在 13.4km 左右。

蘑菇云在达到稳定以后，随着时间的推移，最后会随中、高空气流的运动而飘移、消散。

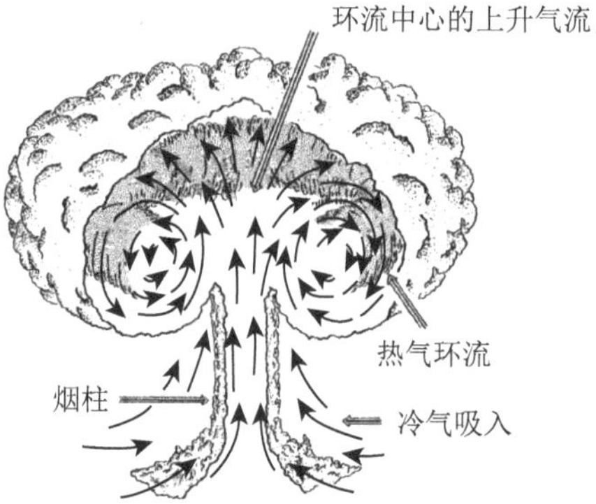

(a) 示意图

(b) 实拍照片

图 7.2.2　核爆形成的蘑菇云

3. 核爆炸的发展过程

了解核爆炸的发展过程有助于理解核爆炸的毁伤效应。下面以 20kt 当量的核爆为例，按时间顺序介绍其发展过程。

(1) $t \approx 10^{-7}$s，核反应过程，向外发射瞬发 γ 射线和中子，瞬发 γ 射线将在空气中激励形成核电磁脉冲；

(2) $t \approx 10^{-6}$s，弹体燃烧到约 10^6K，形成 X 射线火球，继续发射 γ 射线和中子；

(3) $t \approx (1\sim2)\times10^{-2}$s，这个时间内可看到强烈闪光，核电磁脉冲基本结束，继续发射 γ 射线和中子，火球发出光辐射，爆炸能量形成的高压将激发形成空气中的冲击波，冲击波开始脱离火球向四周传播；

(4) $t \approx 0.2$s，火球直径达到最大，瞬发中子结束，继续发射 γ 射线和光辐射，冲击波传播到约 0.25km 处；

(5) $t \approx 2$s，火球熄灭，光辐射结束，γ 射线已比较弱，冲击波传播到约 1.2km 处；

(6) $t \approx 10\sim15$s，早期核辐射结束，10s 时冲击波传到 4km 处，强度已经很弱，接近声波，毁伤能力消失；

(7) $t \approx 7\sim8$min，蘑菇云达到稳定。这个时间以后，蘑菇云将逐渐飘移、消散。

4. 核爆炸的能量分配

从核爆炸的发展过程可知，核武器的毁伤元素主要有热辐射 (光辐射)、冲击波、核电磁脉冲、早期核辐射和放射性沾染 (剩余核辐射)，这几种毁伤元素将各自导致不同的毁伤效应。其中热辐射 (光辐射)、冲击波、核电磁脉冲、早期核辐射在核爆后几秒或几分钟内发生，称为瞬时毁伤元素，一般产生瞬时毁伤效应，而放射性沾染则形成较长期的毁伤效应。

对低空核爆而言，以核裂变型核武器为例，其毁伤元素的能量分配如图 7.2.3 所示。需要指出的是，普通核爆的核电磁脉冲所占能量份额很小，在 1%以下。对核聚变型核武器，放射性沾染 (残余核辐射) 的能量相对很小，早期核辐射能量所占份额不变，冲击波和热辐射 (光辐射) 所占能量份额增加到 95%。对于其他核爆方式，各毁伤元素所占能量份额将有所不同，部分数据可参考表 7.2.1。

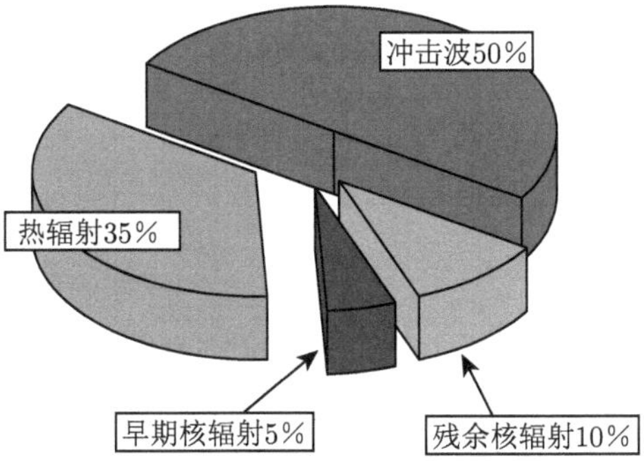

图 7.2.3 低空核爆毁伤元素的能量分配

表 7.2.1 不同核爆方式下毁伤元素的能量分配

核爆方式	冲击波	热辐射 (光辐射)	早期核辐射
高空核爆	25%	60%～70%	5%
超高空核爆	15%	70%～80%	5%
空间 (太空) 核爆	5%	70%～80%	5%

下面对核爆的几个主要毁伤元素所造成的毁伤效应进行较详细的讨论。

7.2.2 热辐射 (光辐射) 效应

1. 热辐射 (光辐射) 的形成

在介绍核爆炸外观景象时就提到，核爆炸瞬时产生闪光，随即形成明亮的火球，闪光和火球就是核爆炸光辐射的光源。由于光辐射是能量传递的方式之一，它使被辐照的材料受热并迅速升温，从而使材料焦化或燃烧造成毁伤，因而核爆炸的光辐射也称为热辐射。

核爆炸热辐射 (光辐射) 的性能通常用 Planck 黑体辐射公式来近似描述，公式如下：

$$f = \frac{c_1}{\lambda^5} \cdot \frac{1}{e^{c_2/(\lambda T)} - 1} \tag{7.2.2}$$

式中，f 是单色辐出度，c_1、c_2 分别是第一、第二辐射常数，λ 是射线波长，T 是辐射源 (闪光和火球) 的表面温度。

核爆炸热辐射 (光辐射) 的形成一般分为如下两个阶段。

1) 闪光阶段

闪光是时间较短的辐射脉冲，它又分为初始阶段和主要脉冲阶段。初始阶段是核爆瞬时形成高温初始火球的阶段，这个时间很短，在 μs 量级 (或以下)。初始火球是核爆在有限体积内瞬间形成的温度高达 10^7K 的高温等离子体。根据式 (7.2.2) 可知，此时等离子体辐射源的主要能量集中在 X 射线波段。而由于在大气层中，X 射线容易被空气分子吸收，其射程很短，所以影响范围有限。在闪光的主要脉冲阶段，辐射源 (初始火球) 的温度有所降低，根据式 (7.2.2)，这时闪光的主要能量集中在紫外线和部分可见光波段，持续时间在 0.1s 左右，在爆心附近较大的范围内都可以观察到核爆闪光。但是闪光能量只占热辐射 (光辐射) 总能量的 1%~2%，对地面人员和其他材料基本没有明显的毁伤效应，只能引起人员眼睛的暂时失明。

2) 火球阶段

火球阶段的持续时间较长 (几秒钟)，火球温度在 6000K 左右，根据式 (7.2.2)，其能量主要集中在紫外线、可见光和红外线波段。火球辐射能量占热辐射 (光辐射) 总能量的 98%~99%，能对地面人员和其他材料产生明显的热辐射效应，例如，伤害人的眼睛，灼烧人的皮肤，并且引燃可燃材料。

2. 辐射光冲量与影响因素

描述核爆炸热辐射 (光辐射) 的一个主要参数是光冲量 (有时也称能通量)，用 ϕ 表示，其单位是 J / cm^2(传统上也用 Cal / cm^2，1Cal≈4.187J)，代表在垂直于辐射方向上的单位面积辐照的能量。

在特定位置处，材料所接受的辐射光冲量，与核爆方式、核爆当量、材料和爆点的距离，以及大气状况 (包括天气情况) 都有关系。

在空爆时，在距离爆心较近的区域，近似认为空气对辐射的影响较小，辐射光冲量 ϕ 与距离 r 呈平方反比规律，如下式所示：

$$\phi = \frac{E_{\mathrm{th}}}{4\pi r^2} \tag{7.2.3}$$

式中，E_{th} 是核爆形成热辐射 (光辐射) 的总能量。

在距离爆心较远的区域，热辐射 (光辐射) 在传播过程中与大气分子的相互作用 (主要是吸收和散射) 不可忽略，需要考虑到辐射的衰减，所以式 (7.2.3) 描述的光冲量需要进行修正。

地面或近地面核爆时，由于近地面大气中含有大量的尘土、气溶胶粒子和水汽等，即使在较近的距离，热辐射 (光辐射) 的衰减也比较明显。当爆炸当量相同时，在距爆心地面投影点 10km 范围内的同一距离上，地爆热辐射 (光辐射) 的光冲量是空爆的 1/4~1/3。

同样，天气情况也对热辐射 (光辐射) 具有较大的影响。晴朗天气下，核爆炸产生的光冲量要大得多，而在有雨、云和雾的天气下，直射的光冲量会减小很多，但是散射带来的光冲量会比较显著。

地形、地貌也是影响光冲量的因素。高低不平的地形如山冈和土丘都可以挡住热辐射 (光辐射)，造成阴影区和半阴影区，如图 7.2.4 所示。在迎光的山坡处，光冲量较强，而在阴影区基本没有直接的热辐射 (光辐射)，但是有少量的散射辐射 (图 7.2.4)。在沙漠地面、冰雪地面和水面等地方，由于这些地面和水面对热辐射 (光辐射) 的反射能力较强，所以这些表面附近的光冲量也较强。

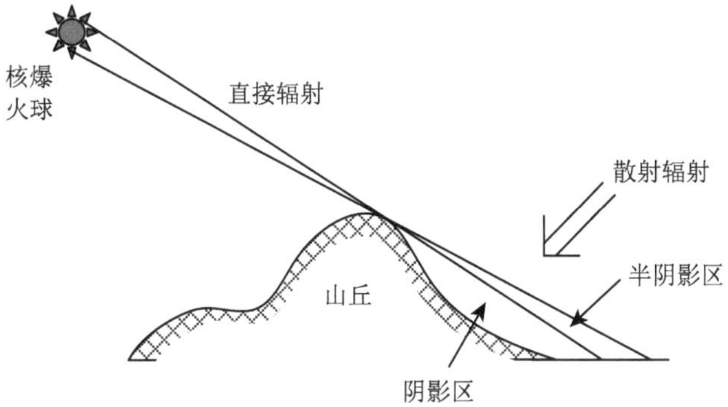

图 7.2.4 地形对热辐射 (光辐射) 的影响

3. 热辐射 (光辐射) 的毁伤效应

核爆的热辐射 (光辐射) 是引起人员烧伤和造成武器装备、物资器材及其他易燃物燃烧的主要原因。如果是打击城市，核爆的热辐射 (光辐射) 还是引起城市火灾的重要因素。

材料受热辐射 (光辐射) 的毁伤效应也与多种因素有关。重要因素是光冲量的大小，其次是材料自身的属性 (如颜色、熔点、燃点等) 以及辐射的入射角度。材料在一定辐照下，达到一定的光冲量阈值就会起火燃烧，而深色材料容易吸收热辐射；同时，受到垂直辐照的材料，其热辐射 (光辐射) 毁伤效应比受到倾斜辐照时更为严重。

1) 对人员的伤害

热辐射 (光辐射) 能引起人员的直接烧伤和间接烧伤。

直接烧伤是指热辐射 (光辐射) 直接辐照在人体上引起的烧伤，也就是通常所说的热辐射 (光辐射) 烧伤，包括皮肤烧伤和眼睛烧伤。

皮肤烧伤发生在人员面向爆点一侧的暴露皮肤上 (如脸、颈、手等部位)，其性质与长时间烈日暴晒造成的烧伤类似，但是核爆热辐射 (光辐射) 能够在短时间内引起更为严重的烧伤。核爆时，深色的衣服和帽子通常能够吸收部分热辐射，具有一定的保护作用，但要注意，如果深色的衣服和帽子吸收足够的热辐射而导致其燃烧，则不但没有保护作用，反而会引起更加严重的烧伤。

除了皮肤的烧伤，人的眼睛也会受到热辐射 (光辐射) 的烧伤。通常，核爆瞬时的强烈闪光会造成人员眼睛的暂时失明 (即闪光盲)，一般几分钟后人的视力可以恢复。但是在热辐射的火球阶段，长时间地直视火球，会造成眼底烧伤。这是因为眼睛是一种光学系统，其中眼球的晶状体具有聚焦作用，它能将热辐射 (光辐射) 聚焦在视网膜上，从而造成眼底烧伤，如图 7.2.5 所示。如果是在夜间瞳孔放大的情况下，核爆热辐射 (光辐射) 对眼睛的烧伤更为严重。

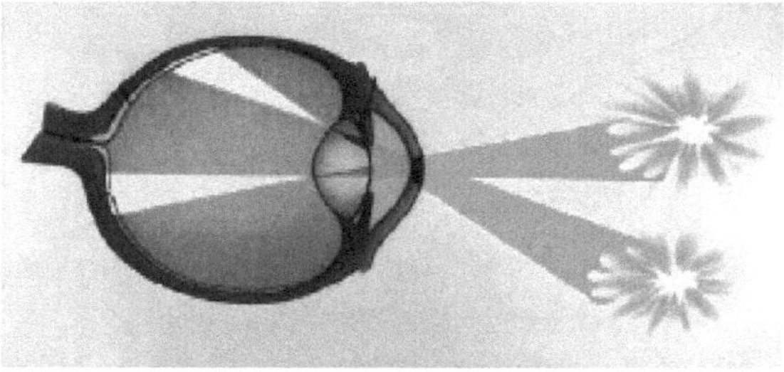

图 7.2.5　热辐射 (光辐射) 对人眼底烧伤的示意图

核爆热辐射 (光辐射) 对人员造成的间接烧伤是指建筑物、物资器材、房屋家具着火对人员的烧伤，这种烧伤与火灾的火焰烧伤类似。另外，距爆心较近的人员，还可能因为吸入受热辐射而变得炽热的尘土和气流，从而引起呼吸道烧伤。在城市受到核打击后，热辐射 (光辐射) 造成的城市火灾对人员的间接烧伤是导致大规模人员伤亡的重要原因。

核爆热辐射 (光辐射) 造成的人员伤情分级及其对应的辐射光冲量数值见表 7.2.2 所示。

表 7.2.2　热辐射 (光辐射) 造成的人员伤情分级及其对应的辐射光冲量数值

伤情分级	人员伤情描述	光冲量/(J/cm^2)
轻度烧伤	二度烧伤面积在 10%以下，还具有战斗力	21～63
中度烧伤	二度烧伤面积在 10%～20%，或三度烧伤面积在 5%以下，失去部分战斗力	63～126
重度烧伤	二度烧伤面积在 20%～50%，或三度烧伤面积在 5%～30%，或烧伤面积不超过 20%，但有呼吸道烧伤或脸部、会阴部的深二度和三度烧伤，可发生休克，伤后进入感染期，在较短时间内失去战斗力	126～210
极重度烧伤	二度烧伤面积在 50%以上，或三度烧伤面积在 30%以上，或并有严重的呼吸道烧伤，发生休克和感染，立即失去战斗力	> 210

2) 对武器装备和物资器材的毁伤

热辐射 (光辐射) 能对距离爆心较近的武器装备和物资器材造成一定的毁伤。

对于装甲车辆，由于其具有坚固的装甲防护和密封性能，热辐射 (光辐射) 不能直接毁伤车内乘员和设备，但是热辐射 (光辐射) 能够引燃车外的帆布制品、油漆、导线，或使水箱、机油散热器烧坏，严重时影响车辆使用。

对于飞机，由于其座舱透明，热辐射 (光辐射) 容易使坐垫、靠背等设备燃烧，严重时可能导致座舱或整机的烧毁。对于运输车辆，其篷布、坐垫、靠背、车厢栏板都是热辐射 (光辐射) 下的易燃物，容易被烤焦或点燃。对于军用的被服装具，在热辐射 (光辐射) 较弱时可使其发硬、变形和灼焦，在热辐射 (光辐射) 较强时可使其燃烧。草绿棉斜纹布单军服被引燃的光冲量阈值是 42~59J/cm^2，而漂白棉斜纹单军服被引燃的光冲量阈值是 54~71J/cm^2。

对于建筑物，热辐射 (光辐射) 可能引燃建筑物表面雨棚、窗帘等附属设施，如图 7.2.6 所示，也可能透过窗户引燃屋内的家具，造成屋内的大火。

(a) 受热辐射(光辐射)

(b) 窗帘等物被引燃

图 7.2.6 核爆热辐射 (光辐射) 对建筑物附属设施的引燃

7.2.3 冲击波效应

大气层中的核爆炸 (地面、低空、中空核爆) 都会形成空气中的冲击波，这是核爆的主要毁伤元素，其能量占核爆总能量的一半。在军事上，通常以冲击波的毁伤半径来衡量核爆炸的毁伤效果。总体来讲，核爆炸冲击波的特征和毁伤效应与常规弹药形成的冲击波类似，但是核爆炸冲击波的压力更高，毁伤范围更大。

1. 冲击波的形成

核武器在大气层中爆炸时，瞬时在有限区域内形成极高的能量密度 (这个能量密度是常规炸药爆炸所不能比拟的)，因而在高能量密度区形成具有极高温度和压力的等离子体，高温高压等离子体迅速向外扩张，猛烈地压缩爆点附近的空气层，使之形成压力和密度都远高于正常大气的压缩空气层，称为压缩区。

压缩区随着核爆火球的扩张而不断扩大，在火球达到最大半径时，便停止膨胀，此时由于惯性作用，压缩区脱离火球仍然向外运动。同时压缩区后面出现一个压力和密度小于正常大气的稀疏空气层，称为稀疏区。这样就形成了一个外层为压缩区、内层为稀疏区的球体，如图 7.2.7 所示。球体在大气中以超声速向更大的空间膨胀、传播，其压缩区外沿在地面、水面发生正规或非正规反射，这就是核爆炸的冲击波。冲击波在传播过程中不断消耗自身能量，最后衰减为声波，并消失在大气中。

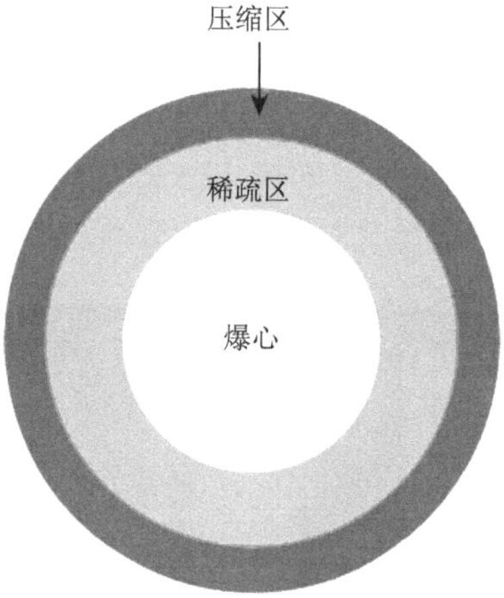

图 7.2.7　核爆冲击波形成示意图

2. 冲击波的反射和绕射

空气中冲击波在传播过程中遇到地面或其他障碍物时会发生各种类型的反射和绕射。由于核爆冲击波比常规炸药爆炸的冲击波传播得更远，因而核爆冲击波的反射和绕射现象比常规炸药爆炸的冲击波要明显得多。了解核爆冲击波的反射和绕射规律，有助于认识核爆冲击波的毁伤效应及其防护手段。

近地面的核爆炸，其冲击波到达地面后就会在地面形成反射。通常有两种反射类型：正规反射和非正规反射，反射后波的性质仍然是冲击波，而且相对入射冲击波来说，反射波波后的超压会增加。

在核爆的爆心附近，通常是冲击波的正规反射区，如图 7.2.8 所示，图 7.2.8(a) 是冲击波波阵面在地面正规反射的总体情况，图 7.2.8(b) 是冲击波波阵面与地面接触的局部 (图 7.2.8(a) 中的标示区域) 放大的情况。冲击波地面正规反射的一个特点是入射冲击波和反射冲击波的交点始终在地面上 (图 7.2.8(b))。在正规反射区，地面上的人员和装备将仅感受到一次冲击，而在离地面一定高度上，将感受到入射冲击波和反射冲击波的两次冲击。

随着冲击波的传播，入射冲击波与地面的夹角 α 将逐渐增大，由二维非定常流体力学知识可知，当 $\alpha > \alpha_c$ 时 (空气中 $\alpha_c = 39.14°$，冲击波的正规反射将转变成非正规反射，即入射冲击波和反射冲击波的交点将离开地面，交点下面形成马

赫波阵面 (也称马赫波或马赫杆，其性质也是冲击波)，马赫波阵面基本保持垂直于地面向前传播，所以冲击波的非正规反射又称为马赫反射。非正规反射时，入射冲击波、反射冲击波、马赫波这三波波阵面的交点称为“三波点”，随着冲击波的传播，三波点离地面越来越高，其过程如图 7.2.9 所示。在非正规反射区，三波点以下区域 (如在地面上) 的人员及装备将感受到一次马赫波的冲击，三波点以上区域将感受到入射冲击波和反射冲击波的两次冲击。要说明，根据二维非定常流体力学知识，在同样的入射冲击波压力下，马赫波的冲击比正规反射波的冲击强得多。

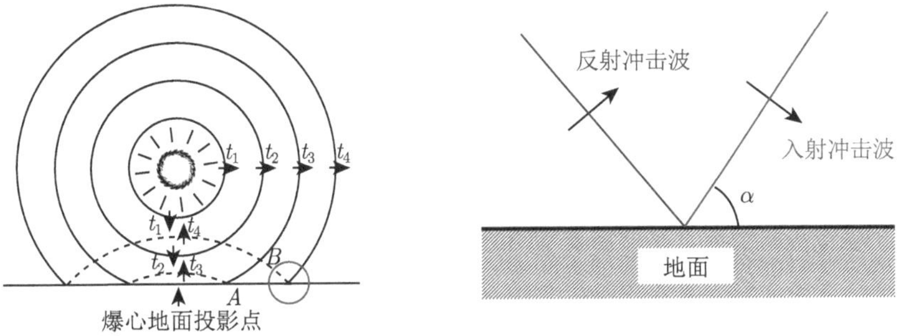

(a) 总体情况 (b) 局部放大

图 7.2.8 核爆冲击波在地面的正规反射

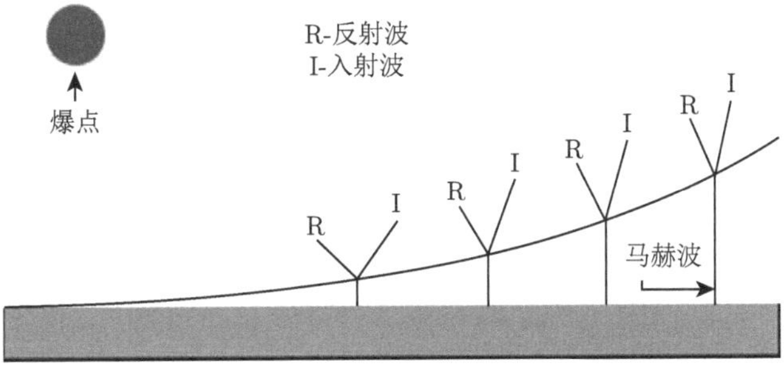

图 7.2.9 核爆冲击波在地面的非正规反射

除了正规反射和非正规反射外，核爆冲击波还存在半球反射的情况。空中核爆时，入射冲击波、反射冲击波、马赫波的三波点随着冲击波向外传播，离地面越来越高，最后在较远的地方 (距爆心 10 倍爆高的距离上)，三波汇成一个近似半球状的冲击波，这就是空爆的半球反射，如图 7.2.10(a) 所示 (虚线为三波点轨迹)。

地面核爆时，由于爆点在地面上或离地面非常近，冲击波在地面的反射几乎立即成为半球反射，也就是说地面核爆的冲击波不是以入射冲击波、反射冲击波的方式传播，而是以半球状冲击波向地面上空传播，如图 7.2.10(b) 所示。

与非正规反射类似，半球反射的特点是接近地面的冲击波波阵面与地面垂直，冲击波后的气流沿地面水平运动。

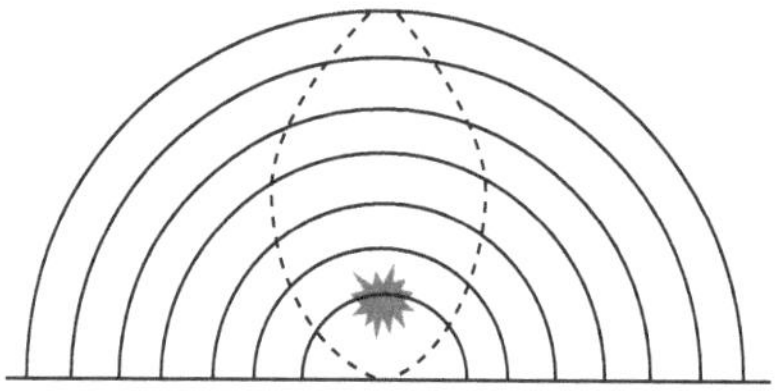

(a) 空爆的半球反射

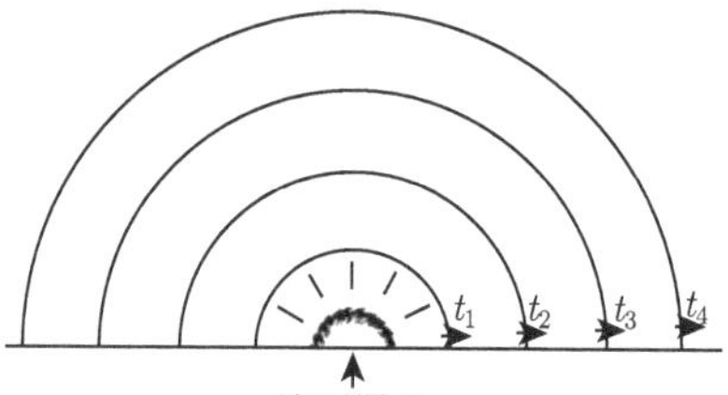

(b) 地爆的半球反射

图 7.2.10　核爆冲击波在地面的半球反射

3. 冲击波的毁伤效应

与常规弹药爆炸一样，核爆冲击波同样主要依靠冲击波超压和冲量来毁伤目标，不同之处在于核爆冲击波的超压和冲量更为强烈，传播距离也更远。关于冲击波的毁伤效应，第 3 章已有较详细的论述，本章不再对这些内容进行赘述。下面仅介绍核爆冲击波对部分目标造成的毁伤效果及相关知识，希望给读者形成较直观的印象。

1) 对人员的伤害

一般来说，人体能够承受较大的空气压力和水的压力，但条件是压力要缓慢增加，使得人体能够逐渐适应高压环境。但是核爆冲击波超压极大，作用于人体时间比较短促，因此能够造成极大的伤害。冲击波超压对人员的毁伤机制是冲击波超压造成人体部分组织器官 (如耳鼓膜、肺、肠道、心脏、血管等) 的力学损伤，而冲击波冲量对人员的毁伤机制是人体受到的冲击波的撞击伤和抛掷导致的外伤。

2) 对武器装备的毁伤

核爆冲击波能够对装甲车辆、飞机、火炮、载重车辆等大中型武器装备造成显著的毁伤。

各种装甲车辆 (坦克、装甲车) 虽然具有坚固的装甲防护和良好的密封性，能够抵御普通常规弹药爆炸冲击波的毁伤，但是在核爆冲击波作用下 (保证一定当量和距离条件)，却能遭受非常严重的破坏。图 7.2.11 是 2Mt 当量的核爆下，距爆心投影点为 1.24km 处的中型坦克受核爆冲击波毁伤的效果。

核爆冲击波同样能够使火炮受到破坏。冲击波超压能够使火炮翻倒，大驾变形或折断，冲击波冲量还能使轻型火炮被抛掷一定距离从而造成毁伤，如图 7.2.12 所示。

(a) 炮塔脱落

(b) 炮塔掀翻, 底盘倒扣

图 7.2.11 核爆冲击波对中型坦克的毁伤效果

(a) 多管火箭炮被抛掷翻倒

(b) 榴弹炮被掀翻, 炮管受损

图 7.2.12 核爆冲击波对轻型火炮的毁伤效果

飞机更容易受到核爆冲击波的毁伤。冲击波超压能够压陷飞机表面蒙皮，严重时使桁、肋和框断裂。冲击波冲量能使飞机位移、转动，严重时使飞机机身弯曲变形或翻滚。图 7.2.13 是 30kt 当量核爆下，距爆心投影点为 0.8km 处的战斗机受核爆冲击波毁伤的效果，可见飞机已经翻滚多次，左机翼和垂直尾翼被折断，遭到严重破坏。

图 7.2.13 核爆冲击波对飞机的毁伤效果

载重汽车和火车机车受到核爆冲击波作用时也会变形和损伤，冲击波强烈时还可能将车辆整体掀翻，特别是车辆侧身朝向爆心投影点时更容易被翻倒。图 7.2.14 是火车机车被核爆冲击波掀翻的情况。

图 7.2.14　核爆冲击波对火车机车的毁伤效果

通常对武器装备的毁伤等级按表 7.2.3 所示进行划分。核爆冲击波对典型武器装备的毁伤半径与毁伤等级和核爆当量对应关系如表 7.2.4 所示。

表 7.2.3　武器装备毁伤等级划分原则

毁伤等级	划分原则
轻微毁伤	不影响使用，或经短时间检修后即可使用
中等毁伤	暂时不能使用，需经修理分队特修后才能使用
严重毁伤	不能使用，需经大修厂特修后才能使用，或没有修复价值

表 7.2.4　核爆冲击波对武器装备的毁伤半径　　(单位: km)

当量/kt		20		100	
爆炸方式		地爆	低空爆	地爆	低空爆
坦克	严重	0.56	0.48	0.98	0.85
	中等	0.68	0.64	1.20	1.17
	轻微	1.16	1.25	1.98	2.13
飞机	严重	1.08	1.18	1.85	2.00
	中等	1.25	1.35	2.15	2.35
	轻微	1.56	1.67	2.70	2.90
火炮	严重	0.59	0.51	1.03	0.90
	中等	0.77	0.77	1.34	1.40
	轻微	0.98	1.03	1.69	1.84
舰艇	严重	0.41	0.43	0.70	0.74
	中等	0.55	0.60	0.94	1.02
	轻微	0.76	0.81	1.30	1.40
载重汽车	严重	0.63	0.57	1.10	1.02
	中等	0.78	0.79	1.37	1.45
	轻微	1.30	1.40	2.45	2.68

注：舰艇部分的毁伤半径单位为海里 (n mile)，1n mile=1.852km。

3) 对建筑物的毁伤

核武器如果用于打击城市，核爆冲击波将是毁伤城市建筑物的重要因素。有关分析和试验，以及在日本广岛和长崎的实战效果表明，核武器低空爆炸以后，在爆心投影点附近的建筑物会受到自上而下的强烈冲击波作用，巨大的超压可以将建筑物的顶部压塌，木质住宅被全部破坏，小型砖石建筑物被冲击波卷走或被压塌，钢筋结构工业建筑物的屋顶和墙壁被掀掉，大量城市建筑设施几乎被夷为平地，成为一片瓦砾废墟。图 7.2.15(a) 和 (b) 是日本广岛受核打击前后爆心投影点附近的航拍对比照片，照片显示核爆后爆心投影点附近的建筑物所剩无几。图 7.2.15(c) 是爆心投影点附近建筑物被核爆冲击波严重毁坏的局部照片，图 7.2.15(d) 显示了核爆冲击波对坚固混凝土建筑的毁伤效果。

(a) 核爆前航拍照片(7月25日)

(b) 核爆后航拍照片(8月11日)

(c) 核爆后的局部照片

(d) 混凝土建筑被冲击波摧毁

图 7.2.15 日本广岛受核打击前后爆心投影点附近的照片 (核爆时间：1945 年 8 月 6 日)

在距离爆心投影点稍远的地区，由于冲击波从正规反射转变为马赫反射，冲击波逐渐沿水平方向传播，这时建筑物将受到冲击波的平移作用，在冲击波超压达到一定条件下，将造成建筑物侧墙的变形、倒塌，严重时也可导致建筑物的摧毁。图 7.2.16 是水平传播冲击波对木质住宅建筑物的毁伤效果。

通常建筑物的毁伤等级也可分为轻微、中等和严重三个等级。建筑物毁伤等级划分原则及部分建筑物不同毁伤等级对应的冲击波超压值分别见表 7.2.5 和表 7.2.6。

(a) 核爆瞬时(迎光面是核爆方向)　(b) 水平传播冲击波的作用

(c) 毁伤效果

图 7.2.16　水平传播冲击波对木质住宅建筑物的毁伤效果

表 7.2.5　建筑物毁伤等级划分原则

毁伤等级	划分原则
轻微毁伤	门窗、瓦屋面有损坏，主要承重结构个别部位出现裂缝，不影响使用
中等毁伤	主要承重结构部分出现严重裂缝或变形，不经修复不能使用
严重毁伤	主要承重结构大部分出现严重裂缝或变形，不能使用或失去修复价值

表 7.2.6　部分建筑物不同毁伤等级对应的冲击波超压值　(单位：kPa)

建筑物类型	轻微毁伤	中等毁伤	严重毁伤
金属结构房屋	19.6	29.4	49.0
层数较少的砖房	14.7	24.5	34.3
4～10 层的钢筋混凝土建筑	4.9	17.6	38.0
10 层以上的钢筋混凝土建筑	3.9	13.7	38.2
热电站	20.0	50.0	100.0
地表水厂	20.0	30.0	40.0

7.2.4　早期核辐射效应

核爆炸将释放出高能粒子流和高能射线，形成核辐射效应，依据我国的试验经验和研究结论，核爆炸后 15s 以内的核辐射具有瞬时毁伤效应，称为早期核辐射，15s 以后的核辐射其瞬时毁伤效应已经不明显，称为剩余核辐射 (也即放射性沾染形成的核辐射)。核爆的早期核辐射主要是中子流和 γ 射线辐射。

1. 早期核辐射的来源

核爆炸时，在重核裂变链式反应过程中，会释放出大量的中子和 γ 射线；重核裂变后形成的裂变产物中，绝大多数都是放射性的材料，它们存在于火球和烟云中，不断发出 β 射线和 γ 射线，少数核裂变产物还能发射中子；没有反应完的核装料，也能发射 α 射线和 γ 射线。由于 α 射线和 β 射线在空气中的射程很短，一般穿不出火球和烟云的范围，而中子和 γ 射线在空气中可以穿透很远的距离，所以早期核辐射效应主要是由核爆 15s 内的中子流和 γ 射线造成。

早期核辐射中的中子流，主要由两部分组成：一部分是核爆炸时，伴随重核裂变链式反应或轻核聚变反应释放出的中子，称为瞬发中子，瞬发中子的发射时间一般为 10^{-6}s(或更短)，随着弹体被炸开、飞散和解体，以及核裂变反应和核聚变反应终止而结束；另一部分是核裂变产物放出的中子，叫做缓发中子。

早期核辐射中的 γ 射线也是由两部分组成：一部分是核爆炸时弹体飞散和解体前释放出的 γ 射线，它包括重核裂变和轻核聚变反应过程中释放出的 γ 射线，还包括中子与弹体材料作用释放出的 γ 射线，称为瞬发 γ 射线；另一部分是弹体解体后释放出的 γ 射线，主要是裂变产物放出的 γ 射线，也包括中子与空气中的氮原子反应后释放出的 γ 射线。由于瞬发 γ 射线大多被弹体吸收变成热能，所以早期核辐射 γ 射线的主要来源是缓发 γ 射线。

2. 早期核辐射的散射

早期核辐射与热辐射 (光辐射) 类似，一般沿直线传播，但是早期核辐射的中子和 γ 射线更容易受到空气分子或其他材料的散射，因此早期核辐射的散射效应相对明显。虽然中子和 γ 射线的穿透力较强，但是仍然可以利用厚重材料来防护早期核辐射，防护早期核辐射时应该考虑到它的散射效应。图 7.2.17 是防护早期核辐射的散射与防护示意图，其中图 7.2.17(a) 的防护方式将使目标受到散射的核辐射，图 7.2.17(b) 是更好的防护方式。

3. 早期核辐射的毁伤效应

核辐射对人员、装备物资的毁伤程度决定于人体或装备物资材料吸收的核辐射的能量，即辐射剂量 (dose)。辐射剂量的衡量单位是 Gy(戈瑞)，它表示 1kg 的材料吸收了 1J 的核辐射能量。有的文献中，核辐射剂量的单位是 rad(拉德)，Gy 与 rad 的关系是 1 Gy = 100 rad。γ 射线和中子对人员、装备物资的辐射都有相应的剂量，早期核辐射剂量是 γ 射线剂量和中子剂量的总和。通常情况下，γ 射线剂量比中子剂量要大得多，早期核辐射剂量主要是 γ 射线剂量。

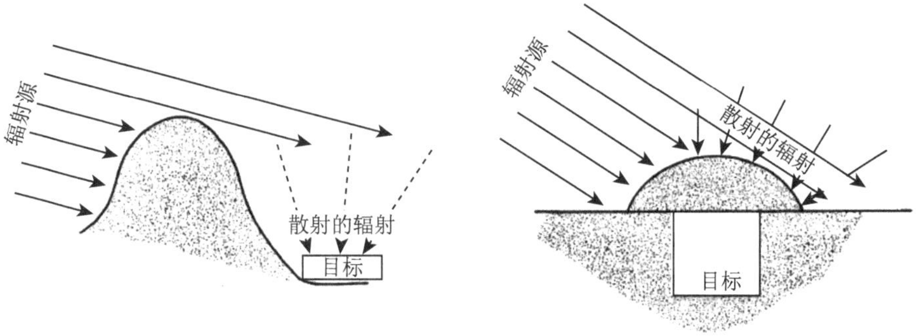

(a) 目标受散射辐射　　(b) 更好的防护方式

图 7.2.17 早期核辐射的散射与防护示意图

1) 对人员的毁伤

早期核辐射对人员的毁伤主要是因为中子、γ 射线辐射到人体组织，人体组织细胞中的分子、原子受到中子和 γ 射线的电离作用，细胞中的蛋白质、核酸以及酶等生化物质被破坏，从而导致细胞的变异和死亡。人员受早期核辐射超过一定剂量后，大量的人体细胞将死亡，人体生理机能发生改变或失调，人员发生一种全身性的特殊疾病——急性放射病 (acute radiation syndrome)。

根据受辐射的剂量多少、病情和治疗后健康的恢复情况，急性放射病也分为轻度、中度、重度和极重度四种。急性放射病的有关辐射剂量参数和描述见表 7.2.7。

表 7.2.7 人员急性放射病分级及对应辐射剂量

急性放射病程度	病情描述	辐射剂量/Gy
轻度	短时间内感到头晕、恶心，适当休息后自行恢复，不影响战斗力	1～2
中度	初期头晕、呕吐，1 天后，头晕等消失，但是血液白细胞减少，20～30 天后，皮肤黏膜出血和脱发，出现发热，5 周后开始恢复，战斗力较长时间受影响	2～3.5
重度	症状类似中度急性放射病，但是症状更为严重，伴有其他代谢紊乱、衰竭等症状，1 个半月后进入恢复期，但是精神疲乏、贫血等症状要持续很长时间，战斗力在更长时间内受影响	3.5～5.5
极重度	症状极为严重，初期头晕、呕吐，很快呈衰竭状态，2 周后病情已十分危重，丧失战斗力，若不及时治疗会导致死亡	> 5.5

2) 对武器装备和物资的毁伤

早期核辐射对武器装备和物资的毁伤，同样是由中子和 γ 射线对材料分子、原子的电离作用而造成的，同时武器装备材料中的某些元素还可能俘获中子而具有放射性，成为感生放射性物质。

对照相感光器材，无论其包装如何，中子和 γ 射线都能使其感光或失效。

对武器装备，早期中子和 γ 射线能够使武器装备观瞄系统中的光学玻璃变色，严重时会影响光学观瞄系统的使用。同时中子会使武器装备材料中的一些元素产生感生放射性，例如，装甲车辆含锰较多，受中子辐射能产生较强的感生放射性，尤其在履带部位最强。

对武器装备的电子系统，在早期核辐射的作用下，有可能使器件的电气参数发生变化，从而改变原来的正常工作状态后产生干扰，严重时还可能烧毁电子器件。随着技术的发展，现代武器装备中由半导体制成的微电子器件越来越多，这些系统对核辐射比较敏感。所以高新技术武器如军用卫星、C4I 系统等，都面临早期核辐射毁伤的潜在威胁。

为减轻和避免核辐射的毁伤，对电子元器件的抗辐射加固技术研究，甚至对核武器本身的抗辐射加固技术研究，已成为一门较新的学科并得到飞速发展。

对食品、药品，早期核辐射主要是使其产生感生放射性。由于大米、面粉等食品是由不易产生感生放射性的元素组成，所以核辐射对其的影响不大，但是含盐、碱量较高的腌制食品相对容易产生感生放射性，需要经过较长时间的放置，其放射性才会衰减。对药品，由于部分药品含有钠、钾等金属元素，受辐射会具有放射性，需要谨慎使用。

7.2.5 核电磁脉冲效应

核电磁脉冲是核武器爆炸时，产生的强 γ 射线与周围空气分子相互作用而形成的辐射瞬变电磁场。当这个瞬变电磁场作用于适当的接收体 (比如电子系统) 时，可以在电子器件内产生很高的电压和很强的电流，毁伤电子元器件，使通信、指挥控制及计算机系统失灵。

1. 核电磁脉冲的形成

核电磁脉冲是核爆炸的瞬发 γ 射线与周围空气分子作用，产生的一种特殊辐射环境，有时也称为环境电磁脉冲。由于核爆炸的环境不同，核电磁脉冲形成的物理机理也有差别。核电磁脉冲的形成主要有三种机理：Compton 电流机理、电子与地磁场相互作用机理和地磁场排斥机理。

Compton 电流机理对应低、中空核爆环境。低、中空核爆炸时，产生的强烈瞬发 γ 射线峰值可达 $10^{14}\sim10^{17}$Gy/s，平均能量在 1MeV 左右。这时的 γ 射线与空气分子产生 Compton 散射效应，其结果是打出大量的 Compton 电子。Compton 电子向远离爆心方向快速运动，与此同时在爆心附近产生大量正离子，形成电荷分离，建立起突然增加的很强的径向电场，也称为源区。在径向电场的作用下，部分电子会返回爆心方向形成返回电流，阻止径向电场强度的增加，于是径向电场强度会趋于一个稳定值，称为饱和场。饱和场的电场强度可达 10^5V/m。由于周围大气的密度随高度变化、核武器本身结构具有不对称性等多种原因，Compton 电子流动和返回流动都不是对称的，并随时间变化，这样就会向四周辐射出极强的电磁脉冲。

电子与地磁场相互作用机理在高空核爆环境中比较显著。高空核爆炸时，爆炸产生的 γ 射线向下传播时与距地面 20~40km 处的大气分子相互作用，形成电磁脉冲的源区。γ 射线在此区域中形成的 Compton 电子受到地磁场的影响，将做围绕磁力线的运动，从而形成强烈的电磁脉冲，如图 7.2.18 所示。

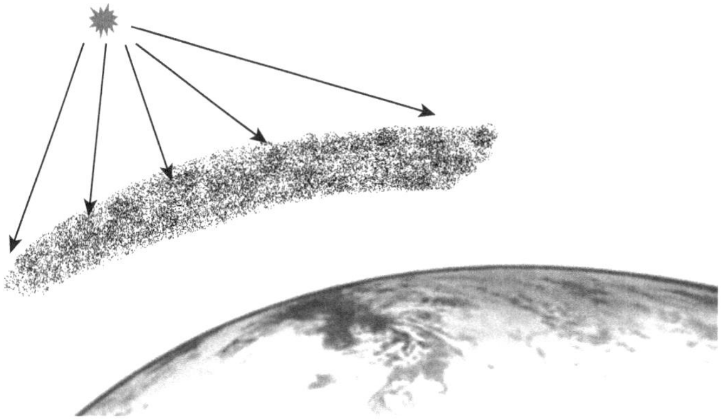

图 7.2.18　高空核爆核电磁脉冲的形成示意图

地磁场排斥机理是指在核爆瞬间，爆心区域为高度电离的等离子体，高温高压使等离子体迅速膨胀，但由于地磁场不能穿过等离子体，于是周围的地磁场受到排斥而压缩，从而产生磁流体力学波向外传播，形成电磁脉冲。这种电磁脉冲的频率较低，出现时间较晚，在多种核爆环境中存在，尤其是在高空和地下核爆环境中比较显著。

2. 核电磁脉冲的毁伤效应

试验研究表明，核电磁脉冲基本上不会对人员造成毁伤效应，主要是对电气、电子设备造成毁伤。

核电磁脉冲将在不接地的电气、电子设备外壳上引起电流，并耦合到壳内敏感的电路上，或通过电缆感应传输到内部电路，改变电路的工作状态。数字电路对电流的瞬变过程非常敏感，逻辑状态可能发生翻转而产生错误。半导体结或固体电路可能被击穿，部分电子元器件的毁伤还可能与核电磁脉冲导致的热效应有关。综合来看，核电磁脉冲对电气、电子设备的毁伤模式可分为两种：瞬时干扰和永久损坏。

瞬时干扰是指电气、电子器件受到核电磁脉冲作用时，遭受较弱的瞬变电冲击，引入的能量尚不足以损坏元器件，但能使系统工作状态暂时改变，导致错误的动作或操作失灵，使系统短时间不正常或不能使用。易受到瞬时干扰的电子系统有数字信号处理系统、导弹和飞机的飞行控制系统、数据存储系统等。

永久损坏是指电气、电子器件受到核电磁脉冲引起的强瞬变电冲击后，引入的能量超过了元器件所能承受的极限，如半导体被击穿、保险丝被熔断等，系统被永久性损坏，不经过修理，系统不能正常工作。易受到永久损坏的电子系统有电表、指示器或继电器、弹药的引爆器、雷管等。

另外，现代武器装备中的计算机系统对核电磁脉冲尤其敏感。核电磁脉冲能够引进假数据或抹去存储器里的信息，这可能对比较依靠计算机的防空系统、指挥控制系统造成极大的破坏。

还要注意，试验发现，核电磁脉冲还能引发“雪崩效应”，即少量能量的核电磁脉冲输入，能够把系统中原来存储的电能激发出来，严重时可能烧毁整个系统。有时，核电磁脉冲在适当条件下还可能点燃燃料、引爆弹药，造成严重的损失。

7.2.6 放射性沾染效应

放射性沾染是核爆炸产生的放射性物质对地面、水源、空气和各种物质的污染。放射物质具有核辐射效应，从而伤害人员。由于此时这类辐射作用时间较长，为了与早期核辐射相区别，称为剩余核辐射。

1. 放射性沾染的来源

放射性沾染的来源主要有三个方面。一是核爆炸产生的裂变产物。核爆炸能产生上百种原子核，称为裂变产物，这些原子核大部分是放射性核素，在衰变过程中放出 β 射线和 γ 射线。二是感生放射性。早期核辐射中的中子，特别是能量较低的中子，容易被空气中的氮、氧，土壤中的铝、锰、钠等元素吸收，从而变成放射性物质，称为感生放射性。三是核爆炸中没有反应完的核武器装料，这些材料具有放射性，而且半衰期较长。由于放射性衰变的原因，某一材料或地区的放射性沾染程度会随时间推移不断地减弱。所以，当提到某个地区的放射性沾染时，必须指明其时间。

2. 放射性沾染对人员的伤害

放射性沾染对人员的伤害，与早期核辐射具有相同之处，但也具有其自身的特点，在地爆时，放射性沾染对人员的伤害尤为明显。

放射性沾染对人员的伤害有三种方式：γ 射线的外照射、β 射线对皮肤的烧伤、摄入放射性沾染的食物或吸入放射性沾染的空气引起的内照射。

地爆区和云迹区是严重的放射性沾染区。此区域对人员的伤害主要是 γ 射线的外照射，其表现症状与早期核辐射类似。另外，沾染区地表的放射性颗粒，在风的作用下，可能悬浮于空中，引起空气的放射性沾染，如果无防护措施的人员吸入被沾染的空气就可以引起内照射。

如果放射性颗粒直接落到人体裸露的皮肤上，颗粒会放出 β 射线，对皮肤造成 β 射线烧伤，使皮肤表面形成深色斑纹，局部出现丘疹和隆起。

人员生活在被沾染区，可能食入或吸入放射性颗粒，引起内照射，使甲状腺、肠胃和肺等器官受到损害。

7.2.7　核武器效应防护基本措施

1. 对光辐射的防护

遮：任何不透明的物体对光辐射都有阻挡作用，因此利用任何物体进行遮蔽，都可以避免光辐射的直接伤害。核爆炸时，对处于掩盖工事内或地下室中的人员、物体，可以完全避免光辐射的危害。在建筑物内，人、物体只要离开窗口，就可避免光辐射直接照射。任何物体的阴影区都能使在其内的人员得到保护，避免或减轻光辐射的伤害。

避：闪光是光辐射的第一阶段能量释放形式，约有 99%的光辐射能量是这个阶段释放出来的，它可造成人员的皮肤烧伤、视网膜烧伤和物体着火。因此，在发现耀眼的核爆炸闪光后，立即采取防护动作，避开光辐射的直接照射，迅速完成隐蔽动作就可以减轻或防止光辐射烧伤。防护时要重点注意对眼睛、呼吸道、皮肤的防护。

通常情况下，人眼在受到强光刺激后，本能闭眼大约需要 0.15s，靠条件反射闭眼，可以一定程度上保护眼睛不受或减轻光辐射伤害。但在闭眼之后，千万不要出于好奇，再睁眼去看火球，这样眼睛仍然会受到伤害。核爆火球发生可持续几十秒，保持 1min 的闭眼时间是每个人都能做到的。如附近无物体可遮蔽光辐射，及时卧倒，增大光辐射对人体的入射角，也能减轻光辐射的直接烧伤。对呼吸道的保护，主要是防止吸入热空气。在感受到热空气袭来时，最好能及时闭嘴，暂时屏住呼吸。对皮肤的防护，如能来得及，最好用浅色衣物将暴露的皮肤遮盖起来。

埋：采取措施使物体表面受到覆盖物的保护，免受光辐射直接照射。如用黄泥、白石灰、防火漆、防雨帆布、玻璃纤维聚氯乙烯盖布等将物体预先盖起来。

消：就是落实消防措施，要求在爆前重视清除易燃物等防火措施，在爆后及时消灭引燃，全力扑灭明火。

2. 对冲击波的防护

冲击波的传播速度比光辐射慢得多，闪光之后要经过一段时间才能到达不同的距离处，因此，看到闪光后立即隐蔽就可能避免或减轻冲击波引起的损伤。

卧倒：在开阔地带，当人背向爆心卧倒时，成人的受风面积约为站立时的 1/7，儿童的受风面积约为站立时的 1/5。且卧倒时，人体重心降低，减少了被冲击波抛掷造成损伤的可能。如果突然发现闪光，身边无任何可利用的地形地物，这时应立即迅速背向爆心就地卧倒，千万不能再到处跑着去找掩蔽地或跑向较远的地下工事，避免受到更严重的伤害。

利用地形地物屏蔽：地形地物对冲击波有屏蔽作用，其背 (坡) 面的超压和动压通常要小于相应距离平坦地面上的数值，但在迎坡面，超压反而增强，不仅起不到防护作用，反而加重伤害。因此，可组织人员利用土堆、花坛、墙根等，沿墙线迅速卧倒。有条件时，可利用地下室、地下过街道、隧道和人防工事防护。

避免间接伤害：在城市和各种大型居民地的建设中，应重视对建筑物的加固。在战时，门窗玻璃用纸条或胶带贴成“米”字形，以防止被冲击波打碎后到处飞散；注意固定好不稳定的物体；对于砖瓦等易飞散物品要及时清除，以防形成抛射物伤人。

快速采取防护措施：人不论到矮墙、沟渠，还是掩体，至少需要 0.5~1s 的时间 (以田径运动员百米冲刺的速度计)，而冲击波以超声速向外传播，当你感觉到爆炸时，所剩的防护时间极其有限，因此，此时人员应采取的行动是立即就地卧倒，不要再考虑找到地形地物。

3. 对早期核辐射的防护

看到闪光后，在 1~2s 内能利用地形地物进行屏蔽，至少可使人员免受约 50% 的早期核辐射 γ 射线照射量。γ 射线和中子通过任何介质时，其辐射的强度都不同程度地减弱。因而，对于早期核辐射的防护，最有效的措施是在核爆前进入人防工事，其次是尽快利用地形地物进行屏蔽。另外，也可用药物进行防护。目前，我国能预防和治疗核辐射损伤的药物为硫辛酸二乙胺基乙酯，它能修补细胞，效果较好。

4. 对核电磁脉冲的防护

核电磁脉冲主要是对电气、电子设备有较大的破坏作用，一般不会对人体有什么伤害。对它的防护措施与防雷击、防大气干扰类似，多采用电子屏蔽的方法进行防护。

5. 对放射性沾染的防护

放射性沾染通过三种途径作用于人体：γ 射线全身照射 (外照射)，皮肤严重沾染后受到 β 射线损伤 (皮肤沾染)，放射性物质随食物、饮水和空气进入人体造成损伤 (内照射)。

当爆炸发生后，一旦察觉有落下灰沉降，应及时采取防护措施，如穿上防护服装或雨披、斗篷，戴口罩，防止落下灰粒子直接沾染在皮肤上，减少受照剂量。在烟云到达后的最初 1~2 天在人防工事或房屋内躲避。

要正确辨识沾染区标志，选择最佳路线撤离沾染区。撤离前或进入沾染区前，注意把领口、袖口和裤管口扎紧，戴上口罩，采取简单防护措施。在沾染区内，不要在地上坐、卧，避免接触沾染物体。尽量不在沾染区内吃东西或喝水。如果必须饮食，最好吃沾染区外带入的食品，食品包装要密封，外面用塑料袋或塑料纸包好，而且在食用时应不让包装外的尘土沾染食品。在食用前，应漱口、洗手，防止尘土食入。对沾染区内的食品应进行检查，没有沾染才能食用。人员在沾染区内活动时，应采取呼吸道防护，防止吸入沾染空气。最好用简易防护口罩，如无口罩，也可用手帕、毛巾甚至布条之类物品捂住口鼻。

7.3　核爆效应参数的经验计算方法

本节给出几种核爆效应参数的经验计算方法 [7]，这些方法一般都基于大量试验数据得到，比较可靠，可以用于核爆效应威力及毁伤范围的估计，能够支撑核爆效应仿真分析、防护评估等工作。

7.3.1　热辐射效应计算

一般采用图表法来近似计算热辐射效应参数。对热辐射时间谱 (即热辐射参数随时间变化的数据)，可以使用图 7.3.1 来计算。

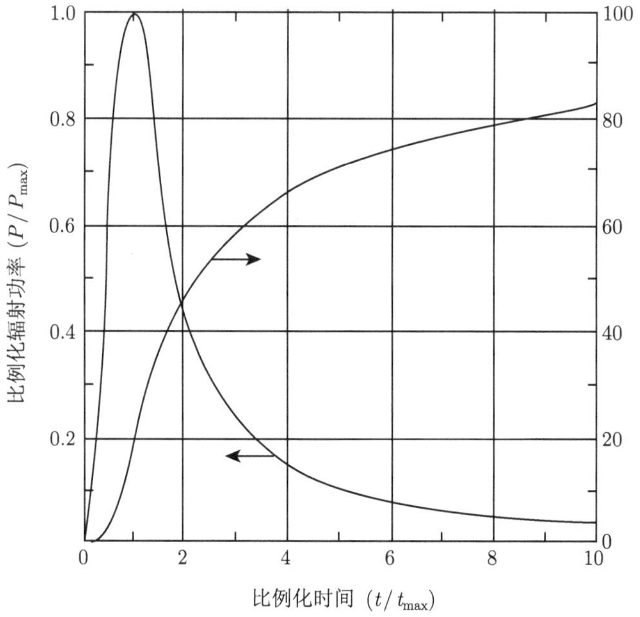

图 7.3.1　比例化火球辐射功率和辐射能量的时间变化曲线

图 7.3.1 描述了火球第二个热辐射脉冲的情况，此脉冲阶段是火球的复燃冷却阶段，它是火球的主要辐射能量阶段，辐射出的能量占热辐射 (光辐射) 总能量的 98%，它对应的外观景象为火球的主体。图中横坐标为比例化的时间，时间起

点是爆炸开始时间，左边纵坐标是比例化辐射功率，右边纵坐标是当前热辐射能量占总热辐射能量的百分比。以下举例说明该图的使用方法。

例如，对 50 万吨的爆炸当量，需要计算爆炸发生 2s 时火球的辐射功率，以及辐射出的总能量。

首先将爆炸当量 W 用 kt 为单位来表示，即 W=500，然后利用 W 计算如下的参考量：

$$P_{\max} = 4W^{1/2} \tag{7.3.1}$$

$$t_{\max} = 0.032W^{1/2} \tag{7.3.2}$$

$$E_{\text{tot}} = W/3 \tag{7.3.3}$$

其中，$P_{\max}$ 是火球辐射功率最大值，以每秒辐射 1kt 当量所对应的能量为单位，大约是 4.2×10^9kW；$t_{\max}$ 是火球辐射功率最大值所对应的时间，以 s 为单位；E_{tot} 是当前火球辐射的总能量，以 1kt 当量所对应的能量为单位，大约是 4.2×10^9kJ。

根据 W = 500kt，在上述单位制下，可以得到：$t_{\max} = 0.72$，$P_{\max} = 90$，$E_{\text{tot}} = 167$。

由于需要知道时间 $t = 2$s 时的情况，所以可以得到比例化时间 $\bar{t} = t/t_{\max} = 2/0.72 \approx 2.8$，该比例化时间 $\bar{t} = 2.8$ 就是图 7.3.1 中的横坐标值。

根据该横坐标值，可得左边纵坐标对应曲线的值为 0.26，即 $P/P_{\max} = 0.26$，所以得到 $P = 23$，换算成公制单位后，得：500kt 当量爆炸发生 2s 后，火球辐射功率 $P = 9.66\times10^{10}$kW。

同样，可得右边纵坐标对应的曲线值为 58%，即 E/E_{tot}=0.58，所以 E=97，换算成公制单位后，得：500kt 当量爆炸发生 2s 后，火球辐射总能量为 E=4.074×10^{11}kJ。

对地面受到的热辐射通量可以使用图 7.3.2 来计算。

例如，对于 100kt 当量爆炸，地面到爆炸点斜距为 3mi，计算地面受到的热辐射通量。

对于 1kt 当量爆炸，当斜距为 3mi 时，根据图 7.3.2 可知在 10mi 和 50mi 能见度下的值分别是 0.07 和 0.1，那么在 100kt 当量下，斜距 3mi，在能见度 10mi 时，地面受到热辐射通量是 $0.07\times100=7(\text{Cal/cm}^2)$，即 29.4J/cm^2；在能见度 50mi 时，地面受到热辐射通量是 $0.1\times100=10(\text{Cal/cm}^2)$，即 42J/cm^2。

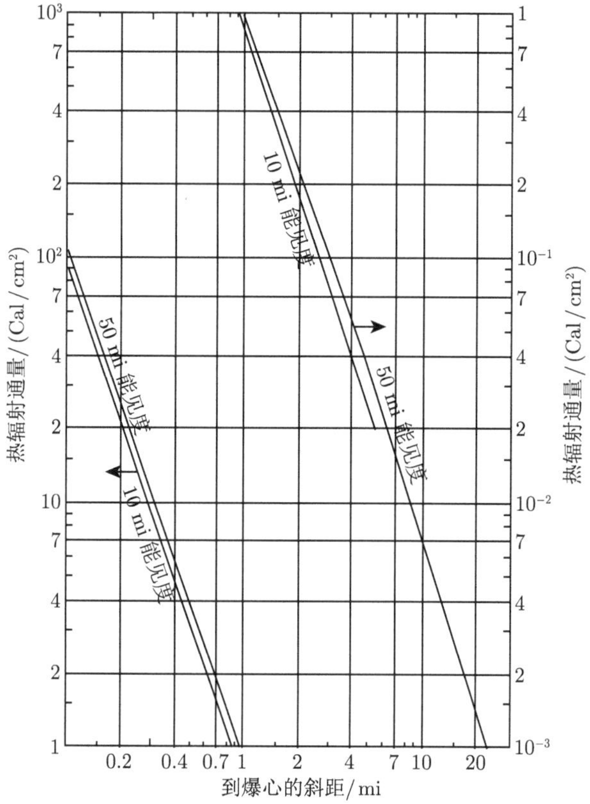

图 7.3.2　1kt 当量爆炸时，在两种能见度下，地面受到的热辐射通量 (纵坐标) 与斜距 (横坐标) 的关系 (两种能见度分别是 10mi 和 50mi(1mi=1.609km))

7.3.2　冲击波效应计算

在中低空爆炸的情况下，核爆形成的冲击波将在地面发生反射。冲击波在地面反射的规律比较复杂，根据爆炸当量和爆点距地面高度的不同，其正规反射区和非正规反射区 (包括马赫反射) 的范围也有很大变化。要获得地面不同位置处的冲击波效应，有两种近似计算方法。

方法一是经验公式法，其中最典型的是 Brode 地面超压峰值经验公式，该公式适用于低海拔地区平坦地面的超压峰值计算。它以 kt 作为爆炸当量的单位，设定爆炸高度 (爆点距地面的高度，以 kft 为单位，1ft=0.3048m) 后，就可计算不同地面距离处 (以 kft 为单位) 的爆炸冲击波压力峰值。注意，这里的地面距离是指地面观察点到爆心地面投影点 (该点也被称为地面零点 (ground zero)) 的距离。计算出的爆炸冲击波压力峰值单位是 psi(磅力每平方英寸)(1psi=6.895 kPa)。图 7.3.3 是用 Brode 公式计算出的地面超压峰值分布情况 (爆炸当量是 100kt，爆点高度是 2000m，算出的超压峰值单位是 kPa)。由于 Brode 地面超压峰值经验公式的形式比较复杂，在这里不给出。

第二种方法是查表法，该方法同样也主要适用于低海拔地区地面超压峰值的计算。该方法的使用步骤如下：

(1) 设定爆炸当量 W，以 kt 为单位；

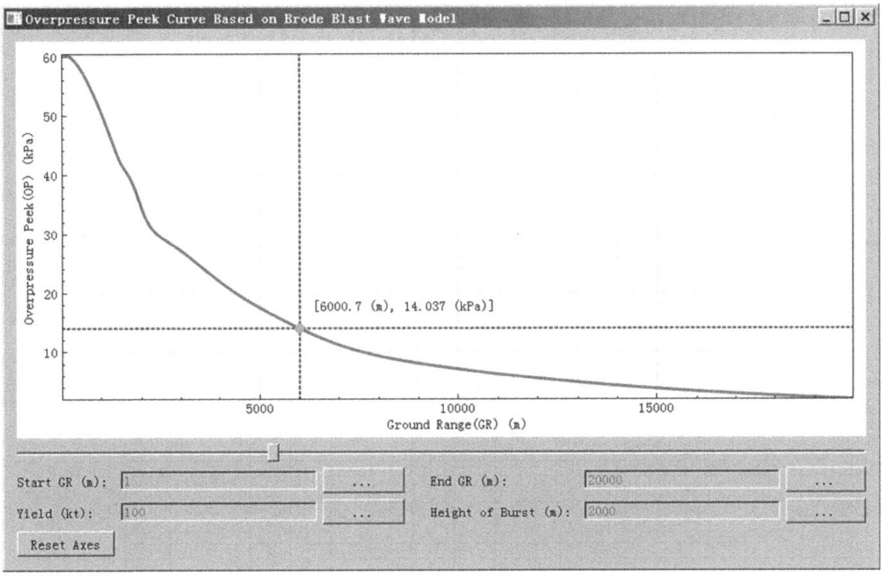

图 7.3.3　Brode 经验公式的典型结果

(2) 设定爆炸高度 h(爆点到地面的高度，以 ft 为单位)，然后按以下公式计算出相应的比例高度 h_1：

$$h_1 = h/W^{1/3} \tag{7.3.4}$$

(3) 再给定所关心的地面距离 d(地面某点到爆点在地面投影点的距离，以 ft 为单位)，同样按下式计算地面比例距离 d_1：

$$d_1 = d/W^{1/3} \tag{7.3.5}$$

(4) 根据横坐标 d_1 和纵坐标 h_1，就可以从图 7.3.4 的两个数据图表查出，在此当量下，以 h_1 为爆炸高度的情况下，在地面 d_1 处的爆炸冲击波压力峰值 (图中以 psi 为单位)。

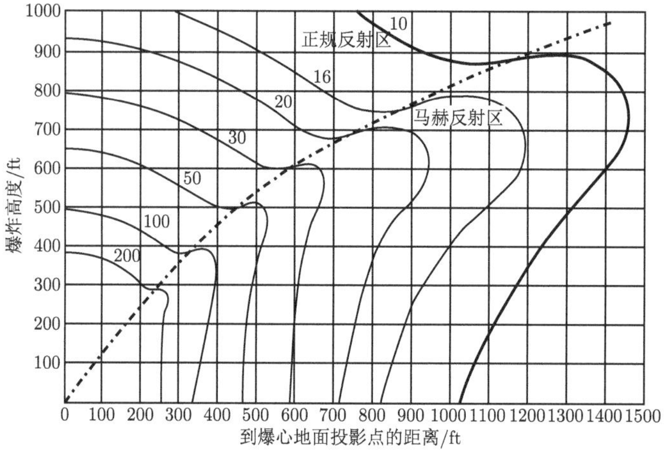

(a)

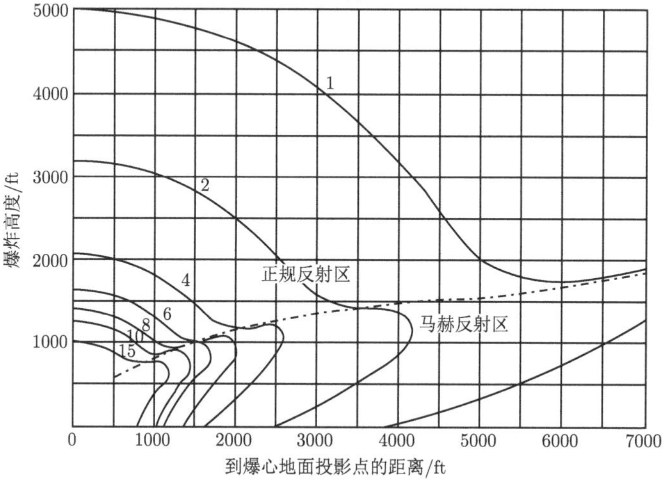

(b)

图 7.3.4　1kt 爆炸当量下，爆炸高度-地面距离-地面超压峰值关系

曲线上数值的单位为 psi

上述查表法也可以在爆炸当量一定的情况下，针对峰值超压、爆炸高度、地面距离三个量，若有两个已知，就可以获得第三个量。

7.4　核武器的作战应用

7.4.1　打击地面战略目标

地面战略目标主要包括重要城市、港口、战略弹道导弹发射井、地下工事、首脑工程等。其中城市、港口目标也称为面目标，由于面目标的抗冲击波能力较弱，对核武器而言，通常称之为软目标。发射井、地下工事常称为点目标，由于这样的目标通常具有抗冲击波防护设计，因此也称之为硬目标。利用核武器打击软目标和硬目标时需要选择恰当的核武器威力和爆炸方式。

打击城市目标，通常采用空爆方式，这样可以充分利用核爆炸的各种毁伤元素，以摧毁城市和地面不太坚固的目标 (工业厂房、住宅、城市交通工具等)，同时引发城市火灾，并大面积地杀伤敌方有生力量。1945 年，美国对日本的广岛、长崎的打击就是采用空中核爆方式，使广岛和长崎成为一片废墟。

在打击港口、水面、水下目标时，可以采用水面和水下核爆的方式，能够有效摧毁船只、舰艇、码头和港口等各项设施。

而对于点目标 (硬目标)，当目标处于地面时，地面爆炸是最佳的爆炸方式。对于地下目标，如地下指挥中心、导弹发射井等，采用浅地下爆炸方式更为有效。

总体来讲，核武器打击地面战略目标是其重要的用途，利用了核武器的各种毁伤元素及其产生的毁伤效应，很多内容前面已有较详细的叙述，这里就不再赘述了。

7.4.2 反战略弹道导弹

核拦截技术 (一种反战略弹道导弹技术) 起始于 20 世纪 50~60 年代。所谓核拦截技术是指在敌方战略弹道导弹来袭时，从地面发射携带核弹头的拦截导弹，在高空引爆核弹头，依靠核弹头的巨大威力摧毁来袭导弹，从而实现对弹道导弹的防御。这项技术在 20 世纪的一段时期内受到美国和苏联两个超级大国的青睐。美国五角大楼曾经于 20 世纪 50~60 年代进行过多次核拦截试验，并在 70 年代中期的一个较短时期内部署过依靠核拦截技术的反导系统 (命名为 Sentinel，所使用核弹头具有百万吨级 TNT 当量)，用于防御其国土中西部的战略导弹发射井免受弹道导弹攻击。苏联也于 20 世纪 60 年代在莫斯科附近建立了一套使用核拦截技术的弹道导弹防御系统，所使用核弹头具有更大的 TNT 当量，据称该系统被一直保存至今。

1. 核拦截毁伤机理

核拦截技术是应用了空间核爆的毁伤机理。空间核爆通常是指超高空核爆 (爆心高度在 80km 以上)。与大气层内的核爆不同，在这个高度上，空气非常稀薄，此时核爆炸不会产生冲击波 (或者冲击波能量很小)，而 X 射线、早期核辐射则是空间核爆产生的主要毁伤元素，其中 X 射线能量占到了核爆总能量的 70% 左右，可以在一定范围内对弹道导弹弹头实施硬毁伤破坏。

当 X 射线脉冲辐照弹头材料时，由于 X 射线光子与材料原子间的相互作用，大量的 X 射线能量将被材料吸收并转化为内能，形成从材料迎光面向背光面大致呈指数规律下降的能量沉积剖面，并导致在材料中形成很大的温度梯度和压力梯度。与此同时，受辐照材料由于比内能的快速增大而发生剧烈的绝热膨胀。如果 X 射线的能量面密度 (也称辐射通量) 较大，迎光面的材料还会气化，气化了的材料向迎光面喷射，并对材料产生反冲作用。以上因素的共同作用将在材料内部形成一个非定常的应力波，称之为 X 射线热激波，其压力峰值在几个 GPa 的量级。

X 射线热激波可以对材料造成硬毁伤破坏。当 X 射线热激波传播到材料中冲击阻抗降低的分界面或自由表面时，发生卸载，形成反向传播的稀疏波，它与入射的热激波的卸载段相互作用后产生拉伸应力，当拉伸应力超过材料的层裂强度时，就使材料层裂，这是高能 X 射线脉冲热激波的主要破坏效应，称为材料响应破坏。由于该效应发生在高能 X 射线脉冲辐照后最初的几微秒内，故材料响应破坏也称为早期破坏效应。图 7.4.1(a)~(c) 以时间顺序示意性地说明了高能 X 射线脉冲对弹头壳体的材料响应破坏机理。

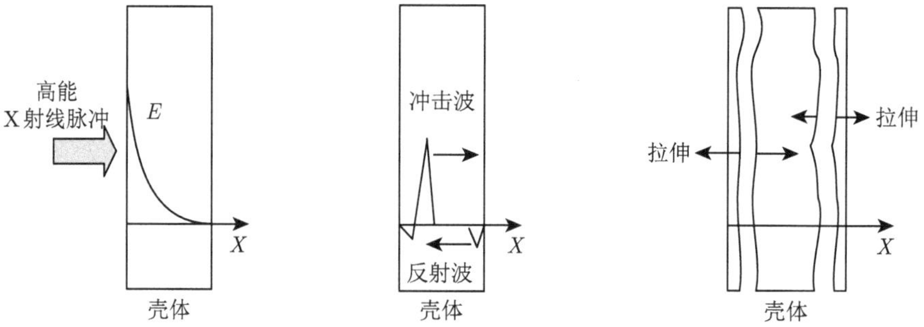

(a) 能量沉积　　(b) 热激波传播　　(c) 层裂破坏

图 7.4.1　弹头壳体材料在高能 X 射线脉冲辐照下的热-力响应与层裂破坏

X 代表沿壳体厚度方向，E 代表能量沉积分布

在高能 X 射线脉冲辐照的后期，在材料迎光面受辐射产生喷射冲量的作用下，引起空间目标壳体结构受到冲击载荷作用，使壳体发生弹、塑性变形，并激发壳体的振动和屈曲，导致大变形的破坏。这个动力学效应称为结构响应破坏。由于结构响应涉及材料大变形，历经时间在 ms 量级，故结构响应破坏也称为后期破坏效应，如图 7.4.2 所示。

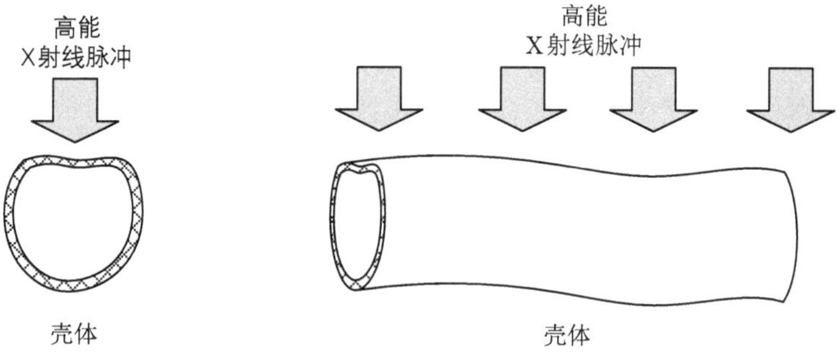

(a) 截面变形　　(b) 整体屈曲

图 7.4.2　弹头圆柱壳体结构在高能 X 射线脉冲辐照下的破坏

下面再讨论空间核爆产生高能 X 射线的杀伤范围和穿透能力等数据。在空间环境下，空气稀薄，认为核爆产生的高能 X 射线均匀地向四周辐射，其能量被空气吸收得非常少，因此高能 X 射线的自由程很大。通过估算，对于 TNT 当量在百万吨级的空间核爆，可以在距爆心 5~10km 的范围内产生几十到几百 J/cm^2 以上的高能 X 射线光冲量。研究表明，这个光冲量值可以对弹头壳体材料产生显著的热-力破坏，因而空间核爆的杀伤半径可达 5~10km 的范围，在作战中几乎不用考虑精度问题，这是常规毁伤技术所不能企及的。

另外，如前所述，在核爆条件下，高能 X 射线辐射源温度很高，达 10^7K 的量级。在高能 X 射线对空间目标的毁伤效应研究中，通常用 kT 值来等效表征辐射源温度，其中 k 是 Boltzmann 常数，kT 具有能量量纲，常以 keV(千电子伏特) 为单位，多数情况下 kT 在 1~5keV 的范围。kT 越大代表高能 X 射线辐射源的温度越高，其辐射出的高能 X 射线对材料的穿透力就越强，称高能 X 射线就越“硬”。研究表明，5keV 的高能 X 射线可以轻松穿透几个 cm 的铝合金靶板。由于空间目标大多采用轻质材料和复合材料，壳体厚度大多在 1~2cm，所以核爆产生高能 X 射线除了毁伤其壳体，还能够穿透壳体熔化其内部电路元件的引脚、焊点等部位，最终破坏其内部电子器件，造成功能性毁伤。

2. 核拦截技术的现状

众所周知，核拦截技术是一把“双刃剑”。空间引爆的核弹头，在摧毁来袭导弹的同时，由核爆产生的核辐射和带电粒子云随后将致盲地面雷达、扰乱电子设备、破坏卫星系统。在 1962 年古巴导弹危机期间，美国有计划地先后进行了 6 次空间核爆试验，产生了强烈的核辐射和大量带电粒子云，后者在地磁作用下加速扩散，产生人为的辐射带，在数周甚至数月之内影响近地轨道卫星，使当时在轨的 7 颗人造地球卫星受到了不同程度的破坏。正是由于这些原因，核拦截技术的研究在美国被终止，依靠核拦截技术的反导系统 Sentinel 也于 1976 年被拆除。从此以后，美国将目光集中在没有爆炸、直接利用动能杀伤的拦截技术上，即常说的“碰撞杀伤”(hit-to-kill)。碰撞杀伤拦截技术已成为美国当代国家导弹防御系统 (NMD) 和战区导弹防御系统 (TMD) 的主要组成部分。

但是核拦截技术仍然没有被完全放弃。在 2001 年，一部俄罗斯出版的有关其战略核力量的权威著作指出，从苏联时代起，俄军事官员们都确信美国仍将采用核拦截技术，“他们 (即美国) 强烈相信有效的导弹防御系统不能依靠碰撞杀伤。”近年来，弹道导弹突防技术飞速发展，不但有多弹头、诱饵等技术，还出现了滑翔机动弹头技术，这些都增加了“碰撞杀伤”的难度，尤其是最近针对美国的恐怖活动加剧，“碰撞杀伤”无法彻底摧毁用于恐怖袭击的生化弹头所携带的生化战剂，即使拦截成功也会造成地面的生化沾染。这些因素刺激美国决心公开重拾核拦截技术。2002 年 4 月 11 日《华盛顿邮报》刊载了一篇报道，指出当时的美国国防部长拉姆斯菲尔德 (Donald Rumsfeld)“开启”了国家导弹防御系统再次使用核拦截技术的可能性。在该报道中，美国国防科学委员主席向记者表示，Rumsfeld 已经促请该委员会对将核拦截技术纳入大规模导弹防御系统进行针对性的研究。虽然这一事件在报道几天后就遭到共和党参议员 Ted Steven 和民主党参议员 Dianne Feinstein 的反对，就连 MDA(Missile Defense Agency) 的负责人，空军中将 Ronald Kadish，都不得不在接受国会质询时公开表示 MDA 当前无此相关计划，但是即使是 Kadish 也仍然承认相关人士正在考虑使用这项技术，足见其对军方的吸引力。

要注意，核拦截技术的重启，标志着核武器太空化的趋势愈加明显，对此我们应该有所警惕。

7.4.3 未来空间作战应用

基于核拦截技术，核武器还能用于未来空间作战行动，而且毫无疑问地具有巨大影响。设想一定数量的搭载核弹头的导弹有针对性地攻击近地轨道卫星系统，这必然会导致近地轨道卫星系统遭受毁灭性的打击。

空间核爆，除了前述的 X 射线毁伤效应外，还有早期核辐射的毁伤效应，而且后者的作用范围更广，它们都可以对空间目标 (卫星、导弹) 造成毁伤。

1. 空间核爆的早期核辐射效应

与大气层中核爆的早期核辐射受到空气的强烈削弱不同，在 80km 以上的高空，空气稀薄，早期核辐射反而成为核爆产生的杀伤破坏范围最大、对空间目标最具威胁性的毁伤元素。早期核辐射会产生非常复杂的物理效应 (主要是各种电磁和核辐射效应)，对目标的毁伤破坏机理复杂，这里只进行简单的介绍。

核爆的早期核辐射主要包括 γ 射线辐射、中子辐射等。飞行中的弹道导弹弹头、卫星等目标中的电子系统 (如固体器件、计算机系统、控制系统和电源系统等)，对于 γ 射线的累积辐射剂量、中子辐射通量是非常敏感的，对于造成瞬态效应的 γ 射线辐射剂量则更为敏感。虽然大多数的空间飞行器的电子系统已经设计了一定的辐射容限，但是空间核爆产生的核辐射远远超过了这个容限，对空间飞行器是致命的威胁。

空间核爆的早期核辐射还可能导致一些地球物理效应，比如形成人为极光、人为辐射带、扰动地磁等，这都会影响空间目标的飞行安全。比如空间核爆释放出的高能电子容易被地球磁场捕获，在地磁两极间形成人为的辐射带，被捕获的电子总数可达 10^{26} 个之巨，辐射带的高度可达 4 倍地球半径左右，如图 7.4.3 所示。由于电子在高空运动与其他粒子的碰撞概率极小，因而人为辐射带可以持续很长时间，达数周、数月之久，对空间飞行器带来长期的影响。

2. 应对空间核爆威胁

从空间核爆的毁伤机理来看，其对空间飞行器的威胁是巨大的，因此空间核爆对军方具有极大的吸引力。近年来，美俄在这方面的一些动向可以让我们管窥一二。

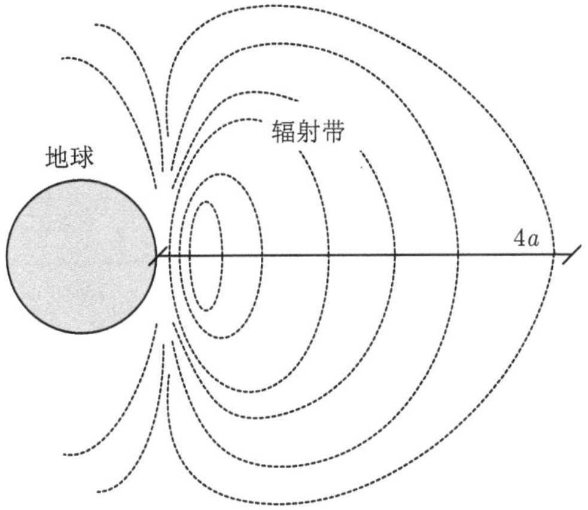

图 7.4.3　空间核爆形成的人为辐射带

a 为地球半径，$a = 6.4 \times 10^6$m

2002 年，中国国防科技信息中心摘录俄罗斯《航空与导弹防御》当年 7 月 11 日的文章报道，俄罗斯对与美国联合研究核拦截技术很感兴趣。

同是在 2002 年，美国 MDA 负责人 Kadish，在接受国会质询时承认有部分人士正在考虑使用核拦截技术。这说明，美国一方面渴望应用空间核爆这项具有毁灭性的空间打击技术，同时也对通过技术手段降低自身天基系统在空间核爆中的易损性抱有很大希望。已经证实，五角大楼的一个机构 DSWA(Defense Special Weapons Agency) 长期以来对卫星系统的抗核爆辐射加固技术进行研究，同时五角大楼的另一个机构 DTRA(Defense Threat Reduction Agency) 曾经计算过，对卫星系统进行抗核爆辐射加固设计，只会增加约 3%的总成本，然而却可以在一定程度上保护卫星不受空间核爆的伤害。显然，如果空间核爆这个“双刃剑”逐渐变成“单刃”的，那就更有了使用的理由。

7.5　核试验工程

进行核试验的目的，是为了发展核武器技术和研究核武器效应。核试验是一项政治敏感、规模庞大、技术复杂、花费昂贵的系统工程，是一项集科学、技术与工程为一体的科学实验活动，是具有重要意义的大型国家试验工程。在试验中，有很多测量项目，包括：测量核爆炸物理过程的特征量，为改进核武器设计和制造工艺提供实验依据；测量核爆威力和核装置的其他性能，为核武器定型提供依据；测量各种毁伤因素及变化规律，为核战争中正确使用核武器和有效防护核爆炸毁伤提供科学依据。核试验还可以开展极端环境下的科学实验研究活动，如极端高温、高压、高密度条件下的物质状态和性能研究 [8]。

7.5.1　核试验的分类

1. 按研究目的分类

1) 以研究和改进核武器设计及战术性能为目的的核试验

该类试验的目的是检验核武器的设计理论，考察各种参数、材料性能、计算程序的可靠性。有时也涉及有关贮存环境、战备时间等工程因素。根据有关资料，美国和俄罗斯的此类试验占其核试验总数的 80%以上。

2) 以研究核爆炸现象学和杀伤破坏效应为目的的核试验

该类试验的目的是为核武器作战使用和攻防规律提供实验依据，为作战使用服务。此类试验一般采用大气层内爆炸的方式。

3) 以保障核武器库存安全、可靠性为目的的核试验

该类试验的目的是研究意外情况下核武器的库存安全，试验内容包括抽样检验库存核武器的可靠性、抽样检验关键部件的老化影响等。核武器库存可靠性是一个严肃的科学技术问题，核部件和非核部件在存储过程中会发生老化变质，老化后是否仍可维持原定的威力要求，只有通过严格的考核和现场试验才能回答。

4) 以研究核爆炸的探测技术和监控核查技术为目的的核试验

此类试验通常是结合其他目的的核试验“搭车”进行，试验目的是研究检验核爆炸探测技术，提升监控核查的水平。限制和禁止核试验是核军备竞赛控制的一项重要内容。1996 年 9 月，联合国大会以 158 票赞成、3 票反对、5 票弃权的压倒多数票通过了《全面禁止核试验条约》，此后，对各方是否能够履约，需要建立国际监测系统进行监控核查。所以必要的探测技术能支撑监控核查工作。

5) 以和平利用核爆炸为目的的核试验

此类试验的目的是开发核爆炸的和平利用潜力，主要内容有实施极端条件下的科学研究、深层地震探测、地质结构测量、销毁工业废物和放射性废物、人工合成金刚石、大型民用工程建设等。试验需要检验这些应用的可行性，以及评估其对环境的影响。

2. 按试验方式分类

按试验方式可以把核试验分为大气层核试验 (包括地面和空中核试验)、地下核试验、水下核试验和高空核试验。其中大气层核试验和地下核试验是主要的试验方式，已经进行过的核试验中，大气层核试验占 20%～30%，地下核试验占 70%～80%。

1) 大气层核试验

大气层核试验是指爆炸高度在海拔 30km 以下的地面和空中核试验。大气层核试验便于组织实施，有利于对核爆炸后的各种现象进行观测和测量，但它容易受到气象条件限制，造成严重的地面污染，而且不利于保守核装置设计技术的秘密。

地面核试验又可以分为近地核试验和塔爆核试验。在近地核试验中，核装置被放置到地面支架上，一般离地几米高，工程施工简单，便于各类测量装置布置，但是爆炸后放射性残留物的污染非常严重。在塔爆试验中，核装置被放置到建造的试验塔顶部的爆炸室内，塔高一般为几十上百米，试验后对地面的放射性污染相对较轻。

空中核试验一般是采用飞机或导弹，将核武器运载到空中，使其在空中爆炸。空中核试验有利于进行大威力试验，对武器进行定型试验鉴定，但是在其近区测量不方便，也不利于保密，会造成大面积的大气层放射性污染。

2) 地下核试验

地下核试验是指核爆炸在地面以下不同深度的位置，它便于进行近区物理诊断和测量，放射性残余物可以被封闭在地下，对地面环境污染少，受气象条件影响小，有利于核试验的安全和核武器技术的保密。但地下核试验工程施工量很大，周期长，难以进行大当量 (100kt 以上) 试验。

地下核试验有平洞和竖井两种方式。平洞试验是利用现有山体，设计并挖掘专门设计的坑道，以便安放核装置、各类探测仪器、探头、信号电缆。还要根据专门设计的方案对有关峒室和坑道进行回填堵塞，以便确保实现成功引爆、成功测量和爆后无泄漏等要求。竖井试验是将核装置、各种探测器与钢架构成一体，吊置于大口径竖井的底部，并按严格的工程设计进行回填固封后，实施核爆炸。

3) 水下和高空核试验

水下核试验是为了研究核爆炸对舰艇、海港等设施的毁伤及污染情况；高空核试验是为了研究核武器高空破坏效应、相关地球物理效应、外层空间核爆探测等问题，具有研究反导、反卫星、空间作战的背景。

7.5.2 核军控、核查及核试验的发展

核军控是核军备控制的简称，是国际上对核武器研制、试验、部署和使用、对核材料和核技术的转让、扩散等行为加以限制及禁止的活动。目的是维护国际安全与稳定，减少核战争的危险，最终希望全面禁止和彻底销毁核武器。

1996 年 9 月，国际上有 165 个国家在《全面禁止核试验条约》上签字 (包括我国)，也有约 90 多个国家的议会批准了该条约。为了履行这个国际条约，必须发展核试验监测技术来进行核查。核试验监测技术大体包括地基监测和星载监测两类。地基监测主要通过地震、水声、次声和放射性核素测量进行监测。地震测量可以有效监测地面和地下核试验。水声和次声测量分别是水下和大气层试验的主要监测手段。分析空中烟云和大气漂流尘埃的放射性核素，可以准确识别核试验。星载监测是利用卫星搭载各种传感器，探测高空和大气层核试验。这些传感器包括测量光辐射、X 射线、中子和 γ 射线的高灵敏度探头，以及核电磁脉冲探头等。高分辨商用卫星和军事侦察卫星图像识别，可探测地上、地下核试验的准备活动，记录爆后景象，并且是确定爆点的直接手段。

在《全面禁止核试验条约》签订后，由于不能直接进行核试验，以美国为首的国家，先后发展了很多其他工程或科研平台来间接获得核试验的效果，主要包括：国家点火装置、X 射线脉冲功率装置、先进辐射源、巨型计算机，同时开展所谓的次临界实验。

"临界" 的原来意义是按照是否发生链式反应的情况来划分，能够发生，称为超临界，反之则是次临界。次临界实验是指那些对裂变材料进行的但其装置不超过临界状态的实验，主要用于对高压高温条件下裂变材料物性及其运动规律的基础性研究。它由美国科学家在《全面禁止核试验条约》签订后首次提出来，具备 "零当量试验" 的能力，在不违反条约的情况下继续深入研究开发核武器技术。

当前，核威慑战略长期存在，核军控形势也十分严峻，核武器仍然在发展中。我国作为一个大国，既要发展核查技术，同时对核武器的预警和防御力量的发展也是必不可少的。

思考与练习

(1) 什么是同位素？

(2) 为什么获得原子能的方式是重核的裂变以及轻核的聚变？请从原子核结合能的角度解释原因。

(3) 世界上第一枚核武器试爆是在什么时候？我国第一枚核武器试爆是在什么时候？

(4) 核武器爆炸与常规炸药爆炸有哪些区别？请从爆炸物质、能量释放速率、形成效应种类等方面进行分析。

(5) 核武器爆炸的基本效应有哪些？

(6) 核武器爆炸形成的冲击波效应是否与其爆炸高度有关？请解释原因。

(7) 核武器爆炸形成的热辐射效应可能受到哪些因素影响？请根据其辐射的特点进行分析。

(8) 跟核辐射有关的物理量单位有贝克、居里、伦琴、戈瑞、拉德、西弗、rem 等，请调研这些单位描述的是哪些核辐射物理属性，它们之间的关系是什么。

参 考 文 献

[1] https://atomicarchive.com/[OL].[2020.3].

[2] http://en.wikipedia.org/wiki/Nuclear_weapon[OL].[2020.3].

[3] http://nuclearweaponarchive.org/[OL].[2020.3].

[4] 中国人民解放军总装备部军事训练教材编辑工作委员会. 核爆炸物理概论 (上册)[M]. 北京: 国防工业出版社, 2003.

[5] 总装备部电子信息基础部. 核武器装备//现代武器装备知识丛书 [M]. 北京: 原子能出版社, 航空工业出版社, 兵器工业出版社, 2003.

[6] 王坚, 李路翔. 核武器效应及防护 [M]. 北京: 北京理工大学出版社, 1993.

[7] Glasstone S, Dolan P J. The Effects of Nuclear Weapons[M]. Washington D.C.: the United States Department of Defense, the Energy Research and Development Administration, 1977.

[8] 经福谦, 陈俊祥, 华欣生. 核武器科学与工程 [M]. 贵阳: 贵州人民出版社, 2013.

第 8 章　新型/特种武器毁伤效应

海湾战争以来，现代战争形态正由机械化战争向信息化战争转变。武器装备趋向智能化，如攻击武器具有远程打击、精确制导和隐蔽突防能力，各种主要作战平台具有信息传感、目标探测与导引、信息攻击与防护能力等。传统意义的战场已演变为陆、海、空、天、电多维一体化战场。在这种背景下，作为传统武器的有力补充，各种新概念武器得到了长足的发展，新原理、非致命性软杀伤性武器等在现代战争中也频繁亮相，信息攻击技术更是成为信息化作战的先头部队，这些新型/特种武器在战争中的地位逐渐凸现出来。

新概念武器是相对于传统武器而言的高新技术武器群体，它们在基本原理、破坏机理和作战方式上，与传统武器有着显著的不同，投入使用后往往能大幅度提高作战效能与效费比，产生出奇制胜的作战效果。定向能武器便是其中的典型代表。新型/特种武器包含的范围很广且在不断发展，在毁伤效能上也存在很大的区别，虽然部分已相对成熟，但很多尚处于研制或探索性发展之中。本章将主要介绍发展相对成熟，且在信息化战争条件下有望或已经得到有效应用的几种新概念、新型/特种武器，包括高能激光系统、高功率微波系统、碳纤维弹，以及服务于多样化军事任务需求、潜在应用前景比较明确的非致命性武器。另外，以信息化战争为背景，本章还将简单介绍典型的信息攻击技术；同时出于对常规武器以外武器类别的较宽覆盖，将介绍一下生化武器的基本原理，旨在建立对应的防范意识。

8.1　高能激光系统及其对目标的毁伤 [1–18]

8.1.1　高能激光系统定义与组成

1. 高能激光系统定义

高能激光系统是利用高能的激光对远距离目标实施精确打击或用于要地防御的一种定向能武器，是一种新概念武器。具有快速、精确和抗电磁干扰等优势，在光电对抗、防空以及战略防御中发挥着独特的作用。它具备改变战争“游戏规则”的潜力，是信息化联合作战中慑战并重的手段之一。

激光 (laser) 的全称是受激辐射光放大 (light amplification by stimulated emission of radiation)。激光的产生源于受激辐射，而普通光的产生源于自发辐射。对普通光来说，光的产生是一个自发过程，不具有相位、偏振态、传播方向上的一致性，物理上称为“非相干光”(incoherent light)。对激光来说，光的产生是一个受激辐射过程，新产生的光子与入射光子的频率、相位、偏振态以及传播方向都相同，物理上称为“相干光”(coherent light)。

高能激光系统主要技术参数包括：激光功率、光束质量、跟踪瞄准精度、体积、重量和能耗等。高能激光系统的作战能力主要取决于到靶的功率密度和作用的持续时间。功率密度 I(瓦/厘米 ^{2}) 正比于激光器输出总功率 P，与作战距离 L 和光束质量因子β 的平方成反比

$$I \propto \frac{\tau P}{\beta^2 L^2} \tag{8.1.1}$$

其中，τ 为激光传输的透过率，对于地面使用的高能激光系统而言，τ 就是大气透过率，气象条件和战场环境对大气透过率有不同程度的影响，雨、雾、霾等恶劣天气条件下高能激光系统可能无法使用；β 是描述激光束发散度的指标，β 的理论极限值为 1，数值越大，光束质量越差，表示光束发散越严重，高能激光系统有效作用距离越近。

2. 高能激光系统的组成

高能激光系统主要由大功率激光器、光束定向器及作战指挥系统等三部分组成。

1) 大功率激光器

大功率激光器是高能激光系统的“弹仓”，产生高能激光系统杀伤目标所需的大功率激光能量。

2) 光束定向器

光束定向器是控制光束方向和将激光能量准确发射到目标上的光学装置，由两部分组成：①跟踪瞄准分系统，用于捕获、跟踪和瞄准目标；②发射望远镜分系统，用于将激光能量聚焦到目标上。

3) 作战指挥系统

作战指挥系统的作用是控制整个武器系统共同完成杀伤、破坏或干扰敌方目标的作战任务。

8.1.2 典型目标的激光破坏模式

目前，战术激光系统的主要作战目标是无人机和导弹。下面以典型的无人机和导弹为例，介绍其目标特性和激光对这类目标的可能的破坏模式。

1. 无人机典型结构和可能的激光破坏模式

无人机的典型结构主要包括以下几个部分：机体、动力装置、起飞和回收装置以及控制导航系统、遥控遥测系统和有效载荷。

机体外壳常采用夹层板或层压板。夹层板的上下表面也称为工作表皮，中间是轻质的夹层。工作表皮可以是铝合金，但已逐渐被复合材料层压板所代替。层压板常用的增强纤维包括玻璃纤维、碳纤维和芳纶纤维等。夹层材料可以是聚苯乙烯、聚亚胺酯、聚氯乙烯、多孔木或轻木。层压板以及表皮与夹层之间多用树脂黏结，包括环氧树脂、聚酯树脂和乙烯基树脂等。

无人机的动力装置主要由燃油系统和发动机组成，前者包括油箱、油路等。无人机的油箱主要分为两类：橡胶软油箱和整体油箱。橡胶软油箱的制造工艺烦琐，当接触的棱角较多时，常有渗油现象发生，已逐渐被整体油箱所代替。整体油箱是指将机翼或机身承力结构的一部分设计成可储存燃油的结构油箱。无人机的整体油箱通常设置在飞机重心附近，主要由环氧基复合材料油箱舱体和防漏层两部分组成，防漏层多为聚氨酯弹性体。无人机的有效载荷是指执行任务的多种子系统。军用无人侦察机常装有光学成像子系统和雷达成像子系统。无人攻击机还携带用于攻击的导弹或炸弹。

在利用激光拦截无人机时，无人机可能存在以下几种破坏模式。

1) 破坏蒙皮

在激光辐照下，蒙皮被烧蚀。后续的过程还存在以下可能：①内部的控制器件在透过的激光束的辐照下被破坏，无人机失去控制；②蒙皮的烧蚀改变了无人机的空气动力学特性，无人机失去控制。

2) 破坏油箱

机身的蒙皮被烧蚀后，激光束进一步辐照油箱，导致燃油起火燃烧或因油箱穿孔而漏油。

3) 破坏战斗部

这是针对无人攻击机而言的。激光束辐照无人机携带的导弹或炸弹的战斗部，引爆战斗部装药。

4) 干扰或破坏无人机的侦察载荷

激光束干扰光电系统的探测器甚至破坏光电系统的某些元件，或者破坏雷达系统的某些部件，从而导致无人机的侦察功能被干扰甚至丧失。

2. 导弹典型结构和可能的激光破坏模式

导弹一般由弹体、动力装置、战斗部以及弹上制导设备等组成，不同类型的导弹又有各自的特点。以“战斧”Block 3 对陆攻击巡航导弹为例。该弹全长 6.24m，弹径 0.527m，结构如图 8.1.1 所示。全弹由制导舱、有效载荷舱、弹体中段、弹体后段、推进装置舱共 5 部分组成。

制导舱位于导弹头部，主要部件是整流罩、GPS/RUP 接收机处理装置和数字场景匹配系统相关器以及 1 个装有 91kg 燃油的小燃油箱。有效载荷舱壳体为钛合金，主要部件是装有 318 kg 钝感炸药的 WDU-18/B 单弹头，此外，还有 GPS 天线以及装有 103kg 燃油的中油箱。弹体中段为铝合金壳体，主要部件是导弹的燃料箱，还有两片可折叠弹翼与动作系统等。弹体后段也是铝合金壳体，主要部件有背部油箱以及可伸出的漏斗形进气道等。推进装置舱也是铝合金壳体，主要部件是 F107-WR-302 涡轮喷气发动机及倾斜喷管，另外还有 4 片可折叠尾翼。

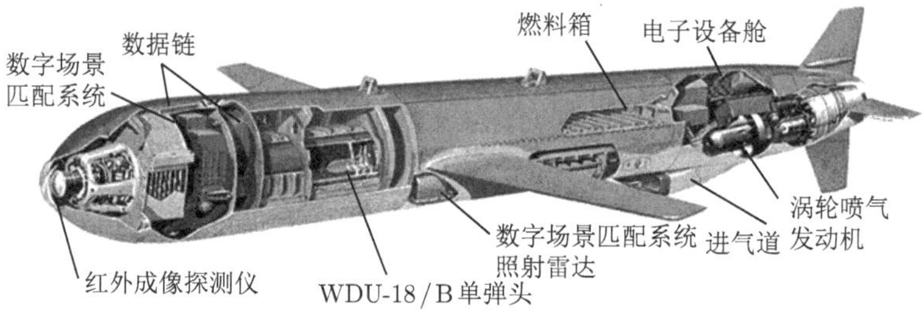

图 8.1.1 “战斧”Block 3 导弹的结构示意图

在利用激光系统进行拦截时，导弹可能存在以下几种破坏模式。

1) 破坏战斗部

在强激光的辐照下，战斗部装药的温度很快上升，引起激烈的化学反应，通过装药自身化学能的释放从而摧毁导弹。

2) 破坏油箱

“战斧”Block 3 导弹分别装有小油箱、中油箱以及主油箱和背部油箱。在较强激光辐照下，油箱可能被烧穿导致燃油泄漏，甚至导致燃油起火或油箱爆炸。

3) 破坏壳体

弹体的壳体多为薄铝合金板。在强激光辐照下，由于表面气流力学载荷的作用，壳体可能被穿孔。后续的效应包括以下几种可能：①壳体穿孔后，舱段无法承受力学载荷而被破坏；②内部的关键器件在透过的光束辐照下被破坏，导弹失控；③当弹翼或尾翼被激光束烧蚀、融穿且孔洞面积较大时，导弹的气动特性会发生很大的变化，将影响导弹的控制与稳定飞行，致使导弹偏航。

4) 干扰或破坏导引子系统

激光束干扰光电系统的探测器甚至破坏光电系统的某些元件，或者破坏雷达系统的某些部件，从而导致末制导功能被干扰甚至丧失。

8.1.3 强激光对目标的破坏机理

激光对目标的破坏是通过激光束与目标的相互作用来实现的，破坏机理是指支配破坏效应的物理机理。从以上对典型无人机和导弹的激光破坏模式的初步分析来看，对这两类目标的破坏模式基本类似，可大致分为四种，即破坏战斗部、破坏蒙皮、破坏油箱、干扰或破坏探测子系统。我们将导致结构部件破坏的情况，称为硬破坏，例如，破坏战斗部、破坏蒙皮、破坏油箱等均为硬破坏；而干扰或破坏探测子系统，导致目标功能某种程度的失效而未导致结构部件破坏的情况，则称为软破坏。

激光与物质相互作用过程大体可以分为能量耦合、材料响应、器件/结构/系统响应三个阶段。当激光辐照到目标上时，部分激光能量通过被激光辐照区的材料所吸收，此为激光与物质的能量耦合过程。吸收激光能量的材料会产生各种不同的热学、力学、光学、化学和电磁学等响应，比如温度升高、熔化、气化以及树脂材料的热分解等，即所谓的材料响应。材料性质发生了变化，材料对入射、透射激光束将产生反作用，通过材料对激光的吸收，相关的器件/结构/系统的功能产生响应，如器件功能失效 (器件响应)、承载结构发生坍塌 (结构响应)、系统发生故障 (系统响应) 等，这便是器件/结构/系统响应。

下面分析硬、软两种破坏模式对应的物理过程，以及实现相应的破坏模式对光斑参数 (主要指到靶激光功率密度、驻留时间) 的要求。

1. *硬破坏*

1) 激光对战斗部的破坏

常规战斗部的外壳一般是金属，比如钢，内部装有高能炸药。当激光束辐照战斗部的钢外壳时，壳体温度升高。热量进一步传给内部的高能炸药。炸药温度的升高将引起化学反应，且温度越高，反应越剧烈，能量释放率越大；而释放的能量又有助于提高炸药的温度。另外，炸药内温度较高的区域将通过热传导将热量传递到周围温度较低的区域。在合适参数的激光束辐照下，若能导致炸药内局部区域温度急剧上升，将引起热爆炸，使整个目标解体。图 8.1.2 是钢/炸药结构在激光辐照下的温度场示意图，可以看出，钢壳表面吸收的激光能量逐渐向内部传递，在最靠近辐照面的炸药中形成了温度较高的热点。若激光束参数合适，炸药内热点的温度在某个时间点后将急剧上升，如图 8.1.3 所示，热点温度在 $t \approx 3.7\mathrm{s}$ 时急剧上升，将引起热爆炸。

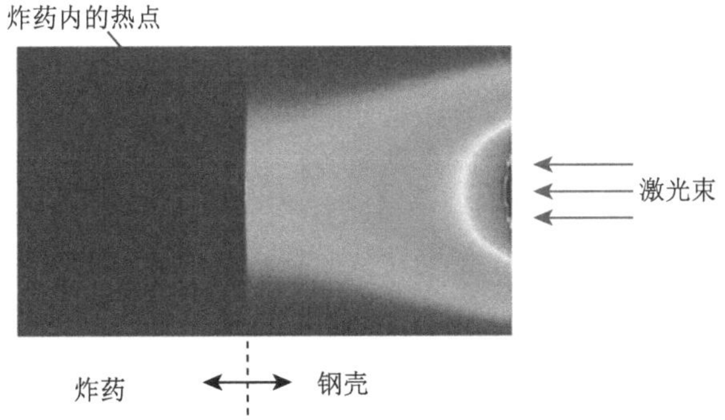

图 8.1.2 钢/炸药结构在激光辐照下的温度场示意图

美以联合发展的“鹦鹉螺”战术激光系统试验，曾拦截了飞行中的火箭弹，证明了辐照战斗部这种激光破坏方式的有效性。对于中型战斗部来说，若到靶激光功率密度达千瓦/厘米 ^{2} 量级，辐照若干秒可望引爆战斗部。如果战斗部壳体不是导弹气动外形的组成部分，即战斗部外还有铝质壳体，则需先烧蚀铝质壳体才能辐照到战斗部的钢质壳体上，这种情况下破坏战斗部会难很多。

引爆战斗部是理想的破坏方式，但对到靶激光功率密度的要求很高。

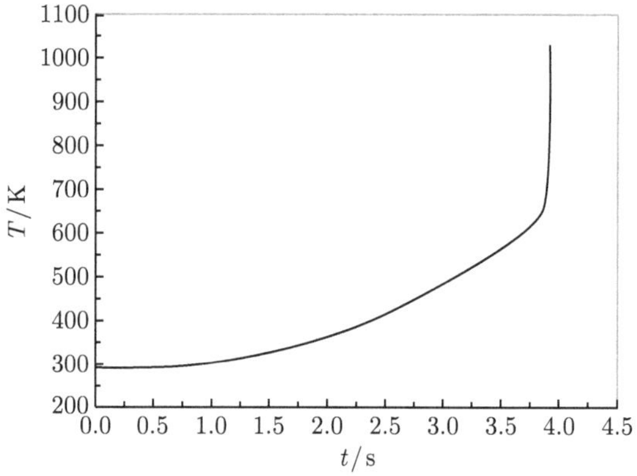

图 8.1.3 炸药内热点温度随时间的变化

2) 激光对蒙皮的破坏

这里的蒙皮包括两类，即无人机表面的复合材料蒙皮和导弹表面的铝合金蒙皮。激光烧蚀这两类蒙皮的物理机理是有差异的。

复合材料一般是由两种或两种以上物理、化学性质不同的物质，经人工组合而得到的多相固体材料。玻璃纤维、碳纤维和树脂基体组成的复合材料是强度高、耐腐蚀、力学性能好的结构材料，广泛用于现役无人机上。复合材料的树脂基体是高分子有机化合物，在激光辐照下温度升高，当温度高到一定程度时，比如 200~300℃，树脂基体分解为热解气体和碳化物。较高温度下碳化物和增强纤维可能熔化、气化或发生氧化反应。在激光照射下，树脂基体可在一定深度处发生热分解，从而使材料纤维层之间失去黏结力，发生层间脱离。在内部热解气流和表面气流 (飞行目标的表面空气流) 的共同作用下，辐照区表层材料可能会崩落，或者因温度过高而被氧化或发生相变，从而使得崩落面后的材料直接受到激光照射。重复上述过程，形成不断的烧蚀，最终使得激光烧穿复合材料层板。

无人机蒙皮被激光烧穿后，后续的过程又存在以下可能：①烧穿部位内部有比较脆弱的控制器件，在激光束的辐照下被破坏，无人机失去控制；②蒙皮的烧蚀改变了无人机的空气动力学特性，无人机失去控制。如果蒙皮烧穿的部位对应无人机的油箱，可能造成灾难性破坏，这归结为对油箱的破坏。

对于连续或准连续激光，破坏复合材料蒙皮所需的激光功率密度一般为百瓦/厘米 ^{2} 量级，持续辐照时间为若干秒。

铝合金的力学性质强烈地依赖于温度。高温条件下，其弹性模量、硬化模量、屈服强度、抗拉强度等力学特征量明显低于常温时的值，即通常所说的“软化”。在激光辐照下，若铝蒙皮发生了明显温升，则应该考虑这种“软化”特性。实验发现，蒙皮表面的空气流对于铝蒙皮的激光辐照效应有重要的影响。图 8.1.4 给出了有无气流条件下激光束对薄铝板的辐照效应对比图。可以看出，有气流时，光斑区域内的铝板部分几乎全部被穿孔，从收集的碎片来看，碎片并没有发生明显的熔化。如果没有气流，虽然薄铝板表面也出现了表层熔化和裂缝，但并没有穿孔。

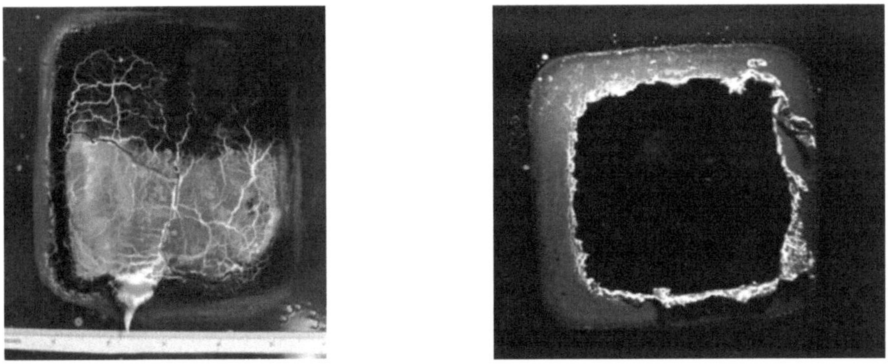

(a) 无气流　　(b) 空气流速100m / s

图 8.1.4 有无气流条件下激光束对薄铝板的辐照效应对比图

有无气流下的这种差异是激光加热下材料的热软化和气流的力学载荷共同作用的结果。激光辐照薄板有气流通过的一侧，气流在两侧引起的压强差可近似为

$$\Delta p = \rho v^2/2 \tag{8.1.2}$$

其中，ρ 为空气密度，单位为 kg/m^3；v 为空气速度，单位为 m/s；压强差的方向指向有气流一侧。对于 v=100m/s 的空气流，压强差 $\Delta p \approx$6000Pa，约为 0.06atm。由于 Δp 相对于常温下铝的弹性模量较小，当薄铝板的温升不够高，未发生明显“软化”时，压强差对于薄铝板的热变形影响不大。但温度升高到 300℃ 后，材料的弹性模量、屈服强度发生了非常明显的下降，气流引起的压强差对高温区的变形将产生明显影响，并最终导致该区域薄铝板的破裂。

导弹铝蒙皮被激光穿孔后，后续的过程又存在以下可能：①穿孔部位内部有比较脆弱的控制器件，在激光束的辐照下被破坏，导弹失去控制；②蒙皮的烧蚀改变了导弹的空气动力学特性，导弹失去控制。这与无人机蒙皮被激光烧穿后的后续破坏模式类似。

与破坏无人机蒙皮有所不同的是，导弹蒙皮可能需要承载很大的力学载荷。当被辐照区域的蒙皮升温较大，发生软化现象时，对应的导弹舱段可能会因为无法承载大的力学载荷而发生结构性破坏。由于激光表现为热载荷，因此这种破坏方式也称为热力载荷联合作用下的结构破坏。对于飞行中的导弹，如果激光辐照导致相应舱段发生类似的结构屈曲，最终也将导致弹体的解体。

对于连续或准连续激光，破坏薄铝板蒙皮所需的激光功率密度一般为百瓦/厘米 ^{2} 量级，辐照时间应持续若干秒。

3) 激光对导弹发动机的破坏

弹道导弹的动力装置采用火箭发动机，能在大气层外飞行。在助推段，发动机处于工作状态，未与主体部分分离。此时若通过激光束辐照进行拦截，并破坏发动机，则导弹残骸 (可能包括未破坏的战斗部) 将落在离敌方发射阵地较近的区域，一般不会对我方目标造成任何伤害，因此是一种理想的拦截方式。

在助推段，推进剂发生化学反应，产生较高的压力，此时发动机所在舱段的壳体需要承载较高的内压。因此，激光对发动机的破坏可以简化为激光辐照下内充压薄壁柱壳的破坏问题。在激光束辐照下，柱壳上被辐照的区域在吸收部分激光能量后，温度明显升高，光斑中心区域的表层甚至可能被熔化。温度升高和表层熔化将导致被辐照区域壳体出现“软化”现象，造成承载能力明显下降。在内压的作用下，该区域内将萌生裂纹，并在环向拉应力的作用下扩展。如果裂纹加速扩展，将会出现爆裂现象；如果裂纹形成后不加速扩展，那么柱壳内部的气体会从裂纹破口处喷出，使得内压迅速降低，进而导致柱壳壁内环向拉应力下降，裂纹因此停止进一步发展，这称为泄压现象。到底是出现爆裂还是泄压，对于同一充压柱壳，主要取决于激光束参数。一般而言，在较高功率密度和小光斑情况下，易发生泄压现象，破坏仅限于很小范围；在较低功率密度和较大光斑情况下，易产生爆裂现象，破坏范围较广。

无论是爆裂还是泄压，柱壳都会失去承受内压的能力，导致结构功能的失效。图 8.1.5 是用三维离散元方法模拟得到的激光辐照下内充压柱壳的破坏现象，图中

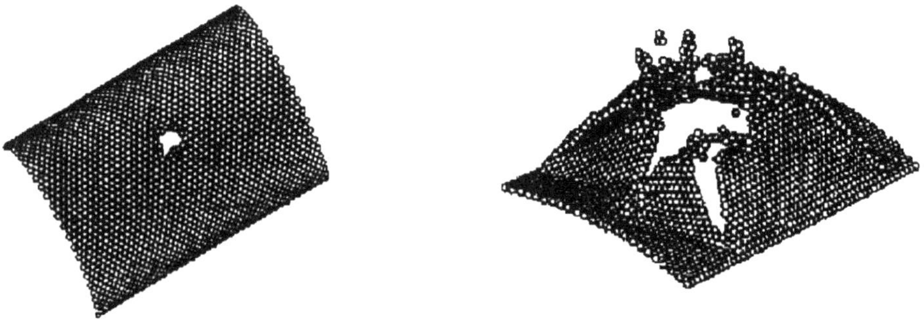

(a) 泄压 (b) 爆裂

图 8.1.5 激光辐照下内充压柱壳的破坏

只显示了柱壳被辐照一侧的壳壁。图 8.1.5(a) 对应泄压，破坏范围很小；图 8.1.5(b) 对应爆裂，破坏范围较广。

美军曾针对“大力神”导弹发动机验证了激光对发动机的破坏效应，如图 8.1.6 所示，“大力神”导弹发动机在激光辐照下爆裂。

图 8.1.6 “大力神”导弹发动机在激光辐照下发生爆裂

初步研究表明，对于一般的导弹发动机的柱壳，用功率密度达千瓦/厘米 ^{2} 的激光束辐照数秒，可导致壳体破坏。在导弹助推段利用激光破坏发动机是拦截导弹的理想方式，但对到靶激光功率密度的要求很高。

4) 激光对油箱的破坏

无人机和巡航导弹等飞行目标通常需要在大气层内巡航较长时间，携带大量航油，因此在机体或弹体内有很大体积的密封油箱。如果油箱被激光束烧穿，轻则使燃油泄漏，目标不能飞抵预定目标；重则导致航油起火甚至油箱爆炸，目标结构解体。如图 8.1.7 所示，用水箱来模拟导弹油箱，被辐照面用铝合金板，其相对面用有机玻璃板，以便于观测。图 8.1.8 是相机记录到的激光辐照过程中铝侧板背面的水在某一时刻的沸腾形态。

由于油箱壁一般不会承受较大的力学载荷，因此不会像导弹发动机那样因为升温软化而导致结构破坏。为了破坏油箱，一般需要对油箱壁形成烧蚀。这种烧蚀比不含油的空油箱侧壁的激光烧蚀明显困难，因为与侧壁接触的液体油料将通过对流换热的方式从侧壁带走热量，从而不利于侧壁在激光辐照下的温度升高。

因此，在激光辐照油箱的过程中，当辐照区侧板温度升得较高时，侧板附近的液体将进入沸腾状态。如果激光的功率密度足够高，液体将从核态沸腾过渡到膜态沸腾。在一个很宽的温度跨度 (比如过热度 100~1000℃) 内，液体换热强度的下降，导致辐照区侧板的温度快速升高，最终造成侧板的熔穿。如果油箱侧板不是金属，而是复合材料或其他非金属材料，例如，无人机油箱，由于侧板的导热能力相对较差，油料对侧板烧蚀的影响相对较小。

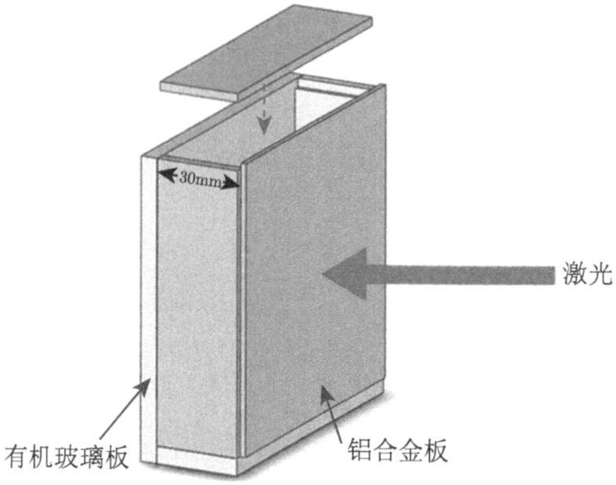

图 8.1.7　水箱结构示意图

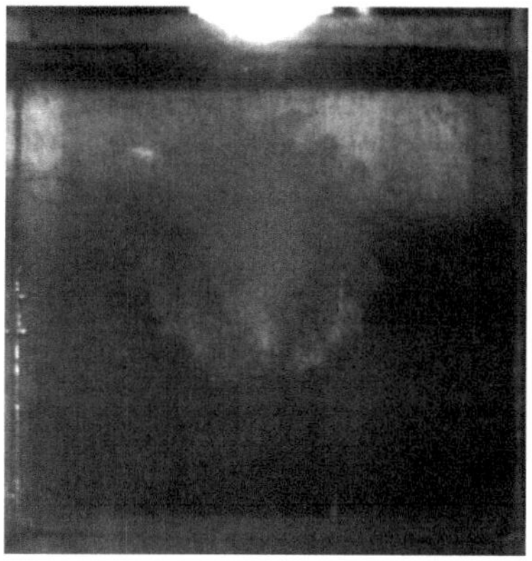

图 8.1.8　激光辐照下铝侧板背面水的沸腾形态

对于连续或准连续激光，破坏金属侧板油箱所需的激光功率密度应达到千瓦/厘米 ^{2} 量级，破坏非金属侧板油箱所需的激光功率密度为百瓦/厘米 ^{2} 量级，辐照时间应持续若干秒。

2. 软破坏

1) 激光对光电成像系统的干扰和破坏

光电成像系统一般可分为三个组成部分，即光学系统、光电成像器件以及信号处理系统，如图 8.1.9 所示。图中 $E(x,y)$ 是焦平面上的激光功率密度分布，$V(x,y)$ 是经过处理后输出的信号强度分布，是 $E(x,y)$ 的函数。激光进入光学系统后，经光学系统的传播汇聚到系统的焦点处，所以在焦点处的光强最大，处于焦点附近的光学元件和光电探测器极易受到损伤。焦点附近的光学元件主要包括窗口材料(如玻璃、硅等)、增反膜、增透膜、滤光片等。焦点处的光电探测器的激光辐照效应主要有激光对光电探测器的干扰效应 (即光电探测器在激光辐照下暂时无法工作) 和激光对光电探测器的致盲效应 (即永久性损伤)。

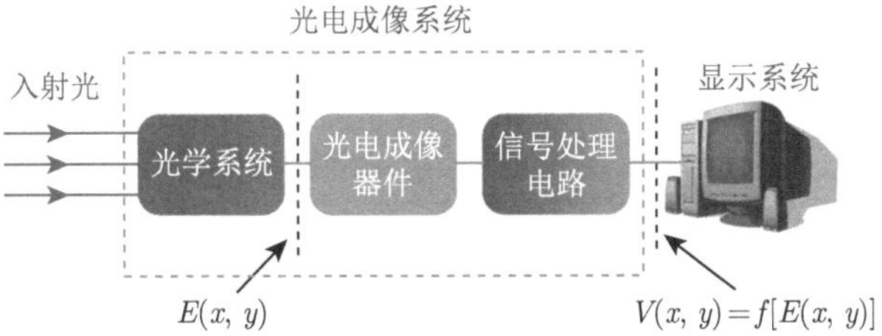

图 8.1.9 光电成像系统示意图

A. 光学元件的损伤机理

采用不同脉宽、不同能量密度、单脉冲激光辐照二氧化铪/二氧化硅 (HfO_2/SiO_2) 增反膜，其损伤形貌如图 8.1.10 所示。

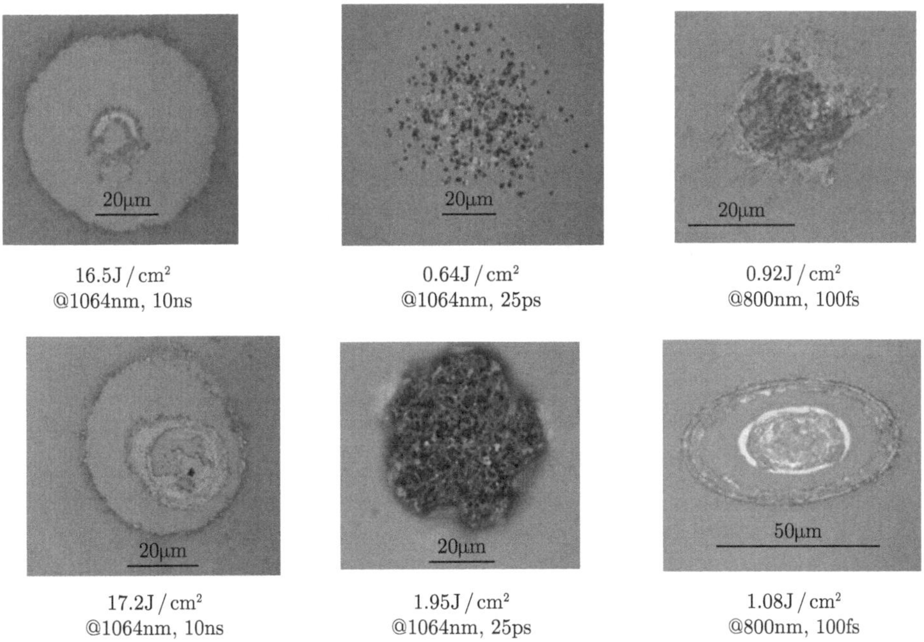

图 8.1.10 不同脉宽、不同能量密度、单脉冲激光辐照 HfO_2/SiO_2 增反膜

由图 8.1.10 可知：在阈值损伤的条件下，损伤区域中均能看到大量的损伤点，这主要是由薄膜缺陷引起的。而且不同脉宽激光作用下，损伤点的主要特征不同。当激光能量密度大于薄膜损伤阈值时，观察到薄膜的分层剥落行为，其中，ns、ps 激光损伤区域中能够观察到热损伤痕迹，而 fs 激光损伤区域轮廓清晰，没有明显的间接损伤。分析认为，当激光能量密度足够大时，缺陷诱导的损伤点被薄膜大面积剥落行为所掩盖，此时，对于长脉冲作用情形，大量的缺陷可简化为薄膜整体对激光吸收系数的提高，而对于超短脉冲，激光强度已能够充分电离薄膜材料，最终形成等离子体损伤。

B. 光电探测器的激光干扰现象

a. 饱和效应之“三光斑”现象

“三光斑”现象如图 8.1.11 所示，中间的光斑为“主光斑”，两侧的光斑称为“次光斑”。“主光斑”是由光学系统的衍射效应造成的，“次光斑”是由线阵探测器的结构特征所导致的。“次光斑”产生机理是，相机在推扫过程中，激光入射角在变化，入射光束辐照到探测器前的狭缝侧壁并被其散射，如图 8.1.12 所示，散射光经过封装窗口到达探测器，形成“次光斑”。“次光斑”现象可显著增加激光的有效干扰面积。

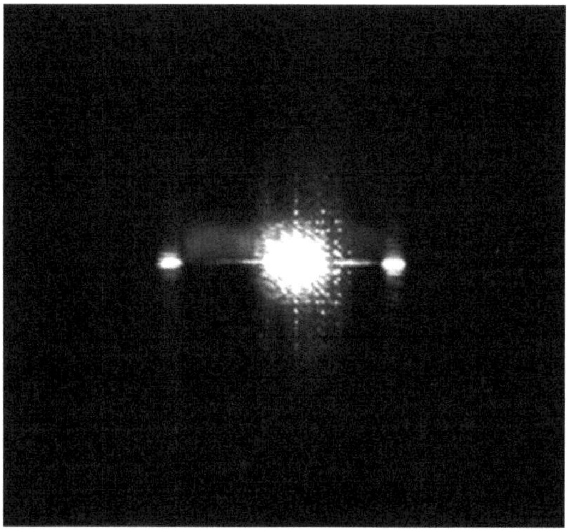

图 8.1.11　He-Ne 激光辐照 TDI CCD 相机呈现的“三光斑”现象

b. 串扰现象与机理

对于遥感成像系统来说，串扰是一个像素中的信号对其他像素所产生的耦合影响。串扰有两类，第一类串扰，串扰线上存在缺口，如图 8.1.13 所示；随着入射光强的增大，串扰线上缺口消失，呈现饱和、连续且通过光斑对称的亮线，称为第二类串扰，如图 8.1.14 所示。

图 8.1.12 探测器前的狭缝侧壁散射效应

图 8.1.13 第一类串扰现象：串扰线上存在缺口

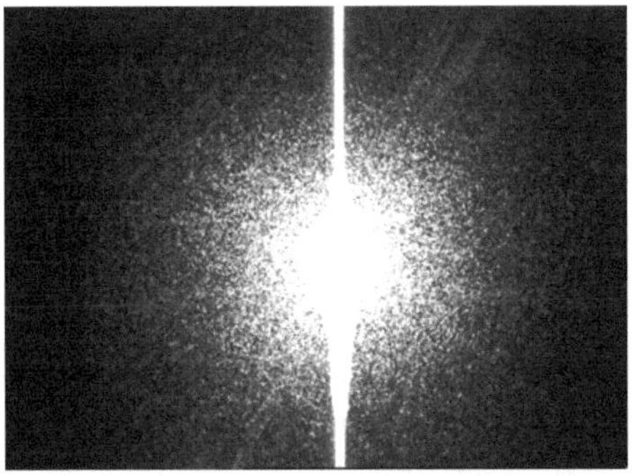

图 8.1.14 第二类串扰现象：饱和、连续且通过光斑对称的亮线

串扰线的形成依赖于从收集势阱到传输势阱的溢出电荷。相机的读出转移动作瞬间，将收集势阱清空。光生电荷再次填满收集势阱并溢出电荷需要一定的时间，而产生溢出电荷前，传输势阱得不到溢出信号，这些传输势阱在读出转移时刻对应的像素处构成串扰线的缺口，呈现第一类串扰现象。随着辐照光强增大，重

新填满收集势阱并产生溢出电荷所需要的时间变短，则在该时间内经过的传输势阱减少，缺口变小，甚至消失，呈现第二类串扰现象。

c. 过饱和现象——黑白反转现象

当辐照光强远高于其饱和串扰阈值而小于其永久损伤阈值时，电荷耦合器件 (CCD) 出现过饱和效应，其特征是白色饱和串扰区域的内部出现黑色盲区。过饱和现象产生机理是由于数据处理中采用相关双采样技术以消除基底信号的影响，而强光辐照下将引起基底信号饱和，最终出现零压输出，对应视频图像中的黑色盲区，如图 8.1.15 所示。

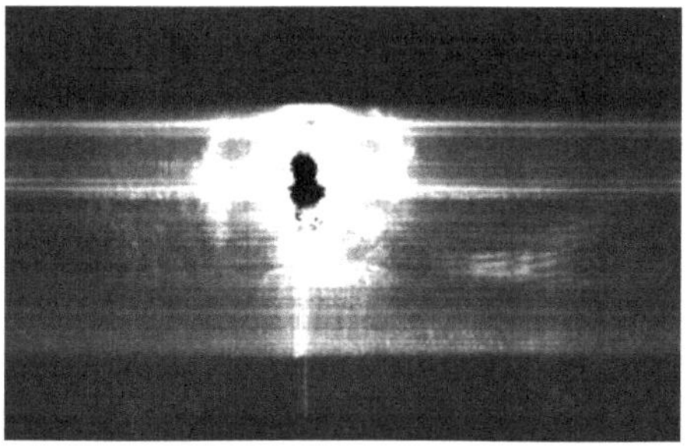

图 8.1.15 白色饱和串扰区域的内部出现黑色盲区

C. 脉冲激光对光电成像系统 CCD 探测器的损伤效应

a. 纳秒激光损伤效应

利用 33ns、1064nm 激光辐照可见光 CCD，损伤效应如图 8.1.16 所示。图中每一个光斑为一次损伤实验的损伤效应，其横坐标为该次实验中的单脉冲能量密度 (单位面积上的能量)。随着单脉冲能量密度逐渐增加，焦平面的损伤程度经历了点损伤-线损伤-面损伤 (完全失效) 的过程。点损伤指仅在光斑附近的小范围

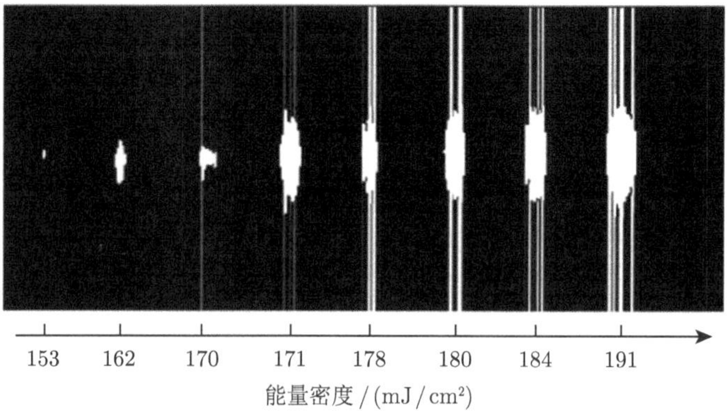

图 8.1.16 纳秒脉冲激光对 CCD 探测器的损伤效应

内出现一定的损伤像元，其点损伤阈值约 153mJ/cm^2；线损伤指在光斑范围之外出现竖直的损伤线，线损伤阈值约 170mJ/cm^2。从点损伤到线损伤，焦平面上的损伤范围越来越大，当脉冲能量达到 222mJ/cm^2 时，CCD 出现面损伤 (完全失效)，整个焦平面无图像输出。

b. 皮秒激光损伤效应

利用 25ps、1064nm 激光辐照可见光 CCD，其损伤结果如图 8.1.17 所示。各个损伤阶段与纳秒激光损伤的情况类似，其点损伤阈值约 15.6mJ/cm^2，线损伤阈值约 37.9mJ/cm^2。当脉冲能量达到 1040mJ/cm^2 时，CCD 完全失效 (面损伤)，整个焦平面无图像输出。

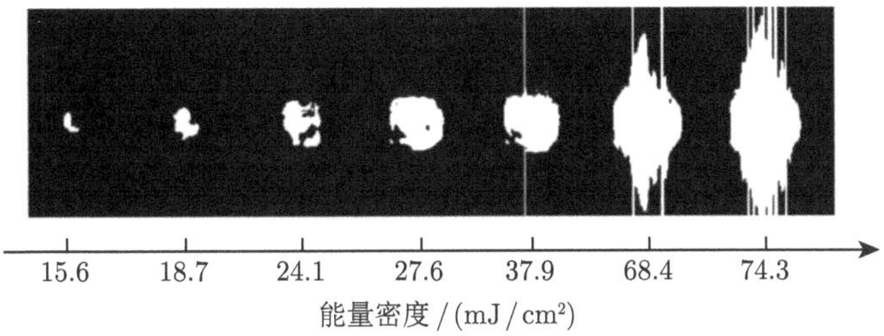

图 8.1.17 皮秒脉冲激光对 CCD 探测器的损伤效应

c. 飞秒激光损伤效应

对于飞秒激光辐照，当能量密度为 2 mJ/cm^2 时，损伤点灰度值为 170；2.5mJ/cm^2 时，损伤点灰度值达到 255，定义该能量密度为点损伤阈值。继续增大激光能量密度时的损伤图像如图 8.1.18 所示。沿着垂直 CCD 的电荷转移方向，损伤面积的扩展速度明显大于水平方向。提升激光能量密度，可见该 CCD 的线损伤阈值在 216mJ/cm^2 左右，并且即使当激光能量密度达到 588mJ/cm^2，也只使 CCD 损伤范围扩大，而没有使其完全失效。继续提高靶面激光能量密度达 1960mJ/cm^2 时，该 CCD 仍然没有失效。

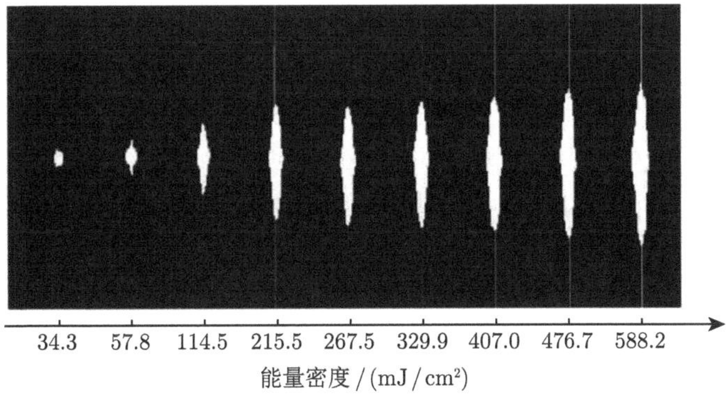

图 8.1.18 飞秒脉冲激光对 CCD 探测器的损伤效应

由三种不同脉宽激光的损伤现象可以归纳出如下规律：①激光脉宽越小，点损伤阈值越低。②线损伤阈值与脉宽之间不存在单调变化的关系，最低阈值出现在皮秒脉冲范围内。③纳秒激光使 CCD 完全失效的阈值最低，对于飞秒激光，完全失效的阈值在 1.96J/cm^2 以上。因此，为了达到最大的损伤效果，较长脉宽的激光具有一定的优势。利用飞秒激光辐照可见光 CCD，出现完全损伤的阈值高于纳秒和皮秒激光，这是因为长脉冲 (脉宽大于 10ps) 和短脉冲 (脉宽小于等于 10ps) 的作用机理不同。

d. 损伤机理分析

点损伤——分析飞秒单脉冲激光作用下 CCD 点损伤加深过程中的输出图像，可以看到损伤区域在垂直 CCD 方向上的扩展程度明显大于水平 CCD 方向，纳秒、皮秒激光损伤实验中也观察到类似现象，只是程度相对较小。通过测量驱动电极和衬底电极之间的电阻值，可以认为，CCD 点损伤是由漏电流主导的。

线损伤——引起线损伤的主要因素有两个：第一，氧化绝缘层损伤导致漏电流继续升高；第二，半导体烧蚀破坏了位于感光区域一侧的电荷转移势垒。两种因素共同导致了大量的漏电流直接进入电荷转移沟道，从而使一列像素均出现饱和，在图像中显示为白线。

面损伤 (完全失效)——进一步升高作用于靶面的激光能量密度，CCD 发生面损伤 (完全失效)，输出图像为黑屏。观察损伤形貌发现，在整个损伤区域中心形成较大的损伤坑，深度达 10μm 左右，伴随着遮光层和多晶硅导线的脱落。由于 CCD 各行、列像素在工作上的相对独立性，只有少量的多晶硅导线断开并不能使整个 CCD 失效。测量驱动电极和衬底电极之间的电阻值在百千欧量级，因此失效是由两极间电阻降低而导致驱动电压异常，从而破坏了电荷包的正常转移过程。

激光脉冲宽度不同，损伤机理也不同。皮秒和飞秒脉冲辐照下，半导体材料表面形成高浓度的自由电子层，其损伤机理为等离子体击穿效应占主导。这时，材料的非线性吸收远大于线性吸收，导致吸收深度显著减小，相应的激光损伤深度也减小。而纳秒激光辐照下，是以缺陷诱导的热损伤为主导，有利于损伤深度的延伸，可高效致盲光电器件。

2) 激光对雷达的破坏

激光对雷达的破坏主要包括两种情形，即破坏导弹的雷达导引头和破坏无人机的雷达载荷。无论是导弹的雷达导引头，还是无人机的雷达载荷，从激光攻击的角度看，其目标特性是类似的。最外层是雷达罩，保护着内部的天线。导弹的雷达罩还起着整流的作用。因此，如果用激光破坏雷达，首先考虑的是对雷达罩的破坏效应以及对雷达子系统的影响。一般而言，现用的雷达罩对常见波长的激光几乎不透，因此，欲破坏天线，必须先对雷达罩穿孔。

选择雷达罩的制造材料时，需要考虑其表面的热载荷。对于热载荷较低的情形，例如，无人机雷达和较低马赫数的导弹雷达，其雷达罩一般使用纤维增强树脂基复合材料；当导弹的马赫数较大时，雷达罩的气动热载荷很大，罩需采用耐高温的材料制作，如陶瓷。

对于纤维增强树脂基复合材料制作的雷达罩，在激光辐照下，当树脂基体的温度达到一定程度时 (200~300℃)，树脂基体分解为热解气体和碳化物。热分解形成的碳化层具有一定的导电性，从而对雷达罩的微波透射特性将产生影响。图 8.1.19 是美国海军研究所开展的激光对导弹复合材料雷达罩烧蚀效应的图片。雷达罩的微波透射特性变差，将导致雷达增益下降。如果增益衰减过大，则可能导致雷达失效。如果雷达罩的碳化对其微波透射特性的影响不是足够大，那么，若要破坏雷达，则需对雷达罩穿孔后直接破坏天线。天线的结构和材料差异很大，其中的微带贴片天线和以碳纤维层压板为主反射面的反射面天线比较容易被激光破坏。

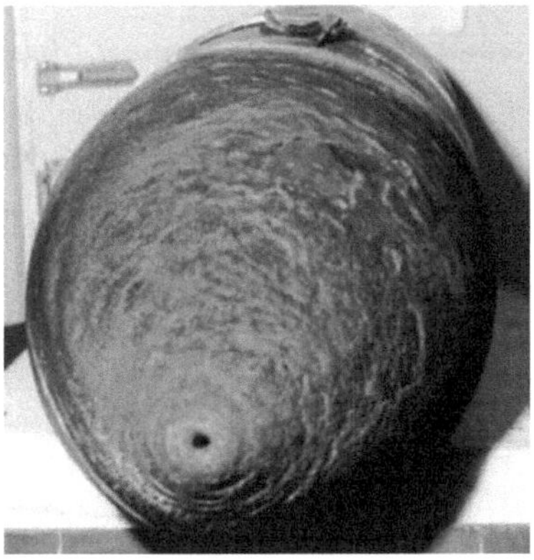

图 8.1.19 对导弹复合材料雷达罩的激光烧蚀效应

图 8.1.20 是激光对某型反射面天线的毁伤形貌。该天线为双反射面天线，副

图 8.1.20 激光对某型反射面天线的毁伤形貌

反射面由铝合金制作，主反射面采用铝蜂窝碳纤维蒙皮材料制作。辐照之后，主反射面上的白漆大面积烧蚀碳化，大面积碳纤维面板与蜂窝芯分离并鼓起，少量碳纤维丝翘起，反射面面型发生较大变形。造成上述破坏后，天线的增益下降了6dB，性能严重恶化。

对于连续或准连续激光，破坏复合材料雷达罩所需的激光功率密度一般为 100W/cm^2 量级，辐照时间应持续若干秒。若想破坏雷达罩内部的天线，则需要更长时间的持续辐照。

8.2　高功率微波系统及其对目标的毁伤 [1,19–36]

8.2.1　高功率微波系统定义与组成

1. 高功率微波系统定义

高功率微波系统是采用高功率微波实施攻击的武器。具体而言，运用高功率微波通过天线定向发射，对敌方武器装备与作战体系中的电子设备实施攻击。

高功率微波 (high power microwave,HPM),通常指频率为 1~300GHz(1GHz=10^9Hz)、功率大于 100MW(1MW=10^6W) 的电磁波。由于频率为 1~300GHz 的电磁波属于微波范畴，所以说，高功率微波就是功率很高的微波。就物理本质而言，高功率微波是电磁波，具有电磁波的共性，例如，微波在自由空间的传播速度为光速 ($c \approx 3 \times 10^8\text{m/s}$)，可以通过天线定向发射等。

产生高功率微波的装置称作高功率微波源。由于物理和技术上的限制，高功率微波源产生的是持续时间很短的高功率微波脉冲。通常，所产生的微波功率越高，则相应的微波脉冲宽度越窄。目前，微波峰值功率在 GW 级 ($1\text{GW} = 10^9\text{W}$) 水平上，微波脉冲宽度在几十纳秒至百纳秒 ($1\text{ns} = 10^{-9}\text{s}$) 范围。提高发射微波的功率和脉冲宽度，有利于增强高功率微波系统的攻击效能。高功率微波系统有时简称微波武器 (microwave weapon)。因为微波要作为武器达成攻击效果，一般要求微波具有很高的功率。

随着高功率微波及其军事应用相关研究的扩展，高功率微波的含义也在相应拓展，比如，人们将频率属于上述范围而功率为百千瓦级的连续波也纳入高功率微波范畴。

2. 高功率微波系统的组成

高功率微波系统因其类型不同，相应的系统组成也各不相同，但其核心部分均包括高功率微波源分系统和高功率微波发射分系统，此外，还有指控分系统、目标引导与跟踪分系统以及运载平台等。高功率微波系统的组成如图 8.2.1 所示。

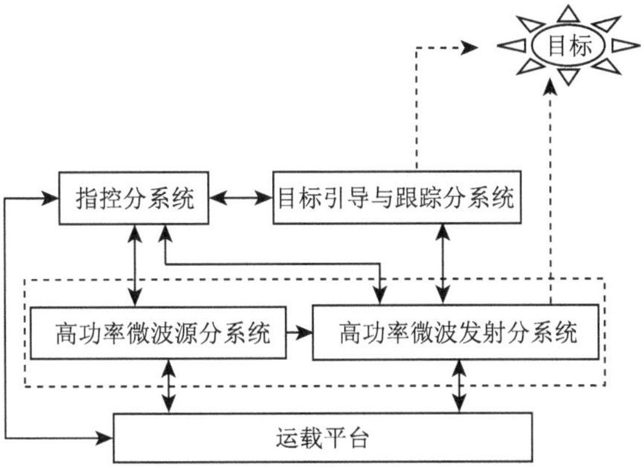

图 8.2.1 高功率微波系统的组成示意图

高功率微波由高功率微波源分系统产生，在目标引导与跟踪分系统的引导及指控分系统的控制下，通过高功率微波发射分系统实现对目标的定向攻击。

8.2.2 高功率微波进入目标的方式

高功率微波经由天线发射和空间传输后，耦合进入目标内部，使目标内的敏感电路产生扰乱甚至毁伤作用，进而导致目标性能降低、功能紊乱或失效。

高功率微波对目标作用的第一步是通过“前门”耦合 (“front-door” coupling) 和 “后门” 耦合 (“back-door” coupling) 两种主要途径进入目标系统。“前门” 耦合是指微波与目标系统的天线和传感器等直接耦合，耦合产生的感应电流通过线路进入系统，并且主要沿线路分布，此类耦合方式的过程是相对明确的，比较容易分析。而 “后门” 耦合是指微波通过一些间接的途径耦合进入目标内部，例如通过缝隙、孔洞或电缆接头等，耦合场进入系统后会传播到整个系统内部，在腔体中形成复杂的微波空间场分布，同时微波在腔体内的传播过程中，与腔体内的线路板或元器件相互作用产生耦合，进入电路或器件中产生微波效应，干扰或破坏系统内部电子设备的正常工作。任何系统，尤其是内部安装各种复杂电子设备的系统，由于通风、散热，电源和通信导线的接口，以及设备显示仪表安装等原因，使被屏蔽的设备不可能是全封闭的，不可避免地存在孔缝、电磁窗口或通道，而且高功率微波的波长在毫米至厘米量级，因此，缝隙或者孔洞的尺寸很容易大于半波长，从而电磁波很容易进入屏蔽壳内。由此可见，“后门” 耦合对系统的影响不可能完全消除，对系统的威胁很大，防护也相对困难。

8.2.3 高功率微波对目标的作用效果及机理

1. 作用效果分级

高功率微波的作用目标主要为电子系统。高功率微波对目标的作用机理主要有电效应、热效应。根据目标效应的特点分类，高功率微波对目标的作用效果可以分成不同等级。

依照高功率微波作用效果持续时间来分类，作用效果可分为：瞬时效应、暂时效应、永久效应。瞬时效应指当高功率微波脉冲作用时存在，当微波脉冲过后极短时间内就消失的一种效应；暂时效应是指高功率微波脉冲过后较长时间内效应现象仍然存在，但过一段时间器件或系统能够自动恢复正常的一种效应；永久效应是指在无人干预情况下，效应现象不会自动消失或者效应持续时间足够长，设备在特定时间内不能恢复工作的一种效应。高功率微波系统重点关注永久效应。

依照高功率微波对目标的破坏程度分类，高功率微波对电子设备的作用效果分为四类：干扰、扰乱、降级、损伤。一般来说，干扰属于瞬时效应；降级、损伤属于永久效应；而扰乱有些情况下造成暂时效应，有些情况造成永久效应，如计算机的死机、互补金属氧化物半导体 (CMOS) 器件的闭锁等。具体描述如下。

1) 干扰

干扰是指高功率微波作用使电子设备的工作状态出现超出容许范围的偏离，高功率微波脉冲之后短时间内，系统功能可以自动恢复的一种瞬时性的效应。图 8.2.2 给出了一种电子器件在高功率微波脉冲存在时，工作状态发生变化，当高功率微波脉冲停止时，器件的工作状态在极短时间 (微秒量级) 内恢复正常的现象。

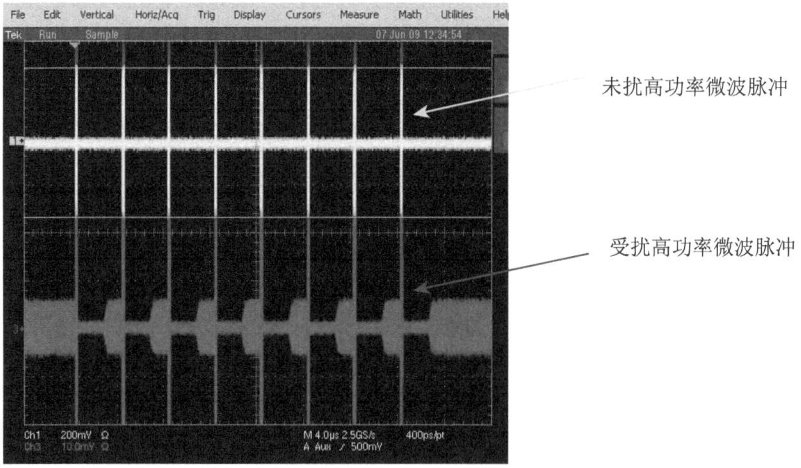

图 8.2.2　一种电子器件被干扰的输出状态

图 8.2.2 中上半部分 (1 通道) 显示的是高功率微波脉冲串。下半部分 (3 通道) 显示的是该脉冲串对受试器件输出信号的影响：在该脉冲串作用期间，受试器件的输出信号由正常时的连续状变成了非正常的断续状；一旦该脉冲串停止作用，其输出信号立即恢复为正常的连续状。

2) 扰乱

扰乱是指高功率微波作用使电子设备的工作状态出现超出容许范围的偏离，而高功率微波脉冲过后没有人为干预的条件下，电子设备功能不能自动恢复正常功能的效应。图 8.2.3 给出了计算机被扰乱的工作状态。其左图为计算机显示器出现报错信息和异常波纹；右图为计算机显示器出现信息消失 (亮屏状) 和乱码 (见右上角)。这时计算机在高功率微波脉冲作用下工作性能发生了变化，但通过人为干预可以恢复正常工作，没有发生器件的物理损伤。

图 8.2.3 计算机被扰乱的现象

3) 降级

降级是指高功率微波作用使电子设备的关键器件性能下降或非关键器件损伤，从而导致整个受试设备性能下降的一种永久性效应。图 8.2.4 给出了 GPS 接收机被攻击后性能下降的现象。由于信息处理能力下降，参与定位的卫星数量变少，图中圆形表示该 GPS 接收机所链接的参与定位的相应卫星，蓝色标示对

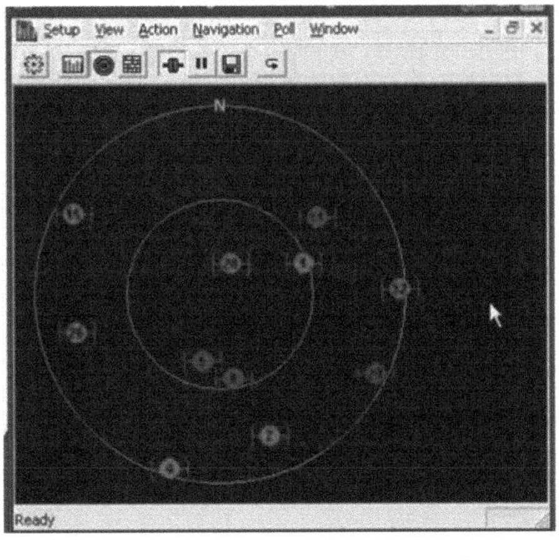

图 8.2.4 GPS 接收机受到攻击后性能下降 (后附彩图)

应卫星的链接正常，而红色标示对应卫星的链接不正常，虽然仍可以定位，但是定位精度下降，此时的电子器件的物理损伤并不明显。

4) 损伤

损伤是指高功率微波作用造成电子设备的关键器件、电子电气设备、子系统或系统的烧毁或致命损伤，正常功能不可恢复的永久性效应。前例中，当 GPS 接收机受到攻击后损伤严重时，由于信息处理能力显著下降，系统将无法定位。图 8.2.5 给出了电子显微镜下半导体器件物理损伤的情况，半导体器件中的微电路因局部电击穿和局部热熔化而导致多处局部断路。

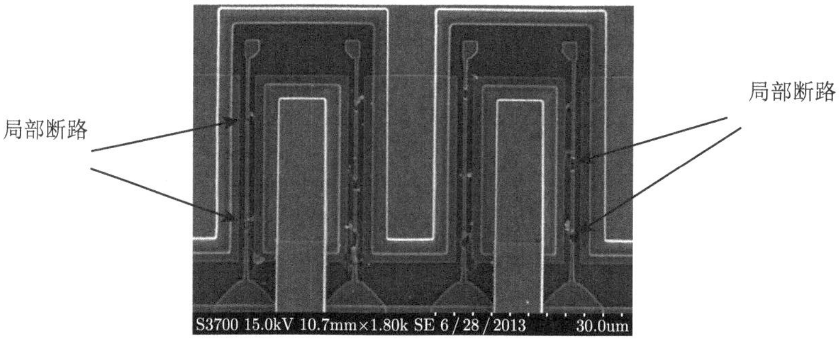

图 8.2.5　电子显微镜下半导体器件的物理损伤

2. 作用机理

高功率微波作用于电子系统的毁伤机制主要是电效应和热效应。电效应是指高功率微波在金属表面或金属导线上感应电场或磁场，使电子设备的状态产生变化的效应，如造成电路中器件状态的翻转、器件性能下降或半导体器件的结电压击穿等；热效应是指高功率微波对介质加热或感应电流在阻性器件上产生的焦耳热导致温度升高而引起电子设备工作性能变化的效应，如烧毁器件、半导体结热二次击穿等。

另外，高功率微波可能对人员 (或生物) 造成损害，其作用机理是所谓的生物效应，即高功率微波导致生物体器官功能变化，并产生应激反应。

8.2.4　高功率微波系统对电子设备的毁伤

有关高功率微波辐射对电子设备的扰乱和对电子器件毁伤效应的例子很多。其中一个极端例子是，1967 年 U. S. S. Forrest 军舰上一架飞机着陆时受到舰载雷达的照射，因屏蔽终端性能下降导致雷达信号干扰了系统常规操作，使得其向甲板上一架加满油料和满载武器的飞机开火，造成 134 个人员伤亡和军舰严重受损。另一个例子是，1987 年美国空军一架 UH.60 黑鹰直升机在飞近一个广播发射塔时遭遇了意外姿态控制操作和错误告警等现象。后续调查研究显示，姿态控制系统数字电路信号受到了高强度辐射场的干扰；而且在美国陆军发生的 5 次坠机事件中，均发现直升机飞行与大功率发射机距离太近。随着半导体工艺的突飞猛进，集成电路的单个芯片的尺寸逐渐减小，加大了设备在高功率微波环境下的易损性。

1. 高功率微波作用于计算机

为了连接信号线、馈电线以及用于观测和散热等，需要在计算机金属屏蔽结构的壁上开一些孔、缝和观测窗口等。但正是这些孔和缝成为外部电磁波进入通信系统内部的主要能量耦合路径，造成腔体内部谐振，使系统外壳电磁防护效能大大降低。图 8.2.6 给出了计算机机箱表面的电场分布图，可以看出，高功率微波照射计算机，在计算机孔缝和内部腔体形成共振现象，场增强因子达 13 倍以上，且对应的振荡模式为腔体的本征模。

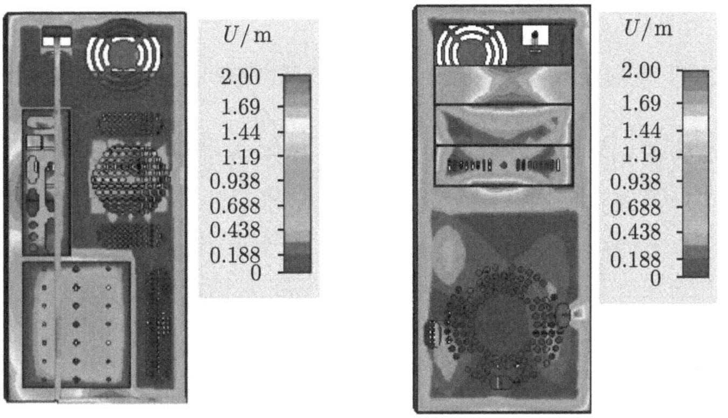

图 8.2.6 计算机机箱表面的电场分布图 (后附彩图)

高功率微波作用到计算机后，当微波功率密度 (单位面积上的微波功率) 达到一定值时，计算机被扰乱，必须采取人工干预才能恢复到正常工作状态；当微波功率密度进一步增大时，计算机的软件可被改写，系统崩溃，不能正常工作，必须重新安装系统才能工作；继续增大微波功率密度，将会损坏计算机硬件系统，使其丧失功能。

2. 高功率微波作用于电子引信

高功率微波对电子引信的作用过程包含通过天线及其通道的“前门”耦合和通过孔洞、缝隙、导线或电缆的“后门”耦合两种方式。其中，“前门”耦合的方式沿微波传输通道进行；而“后门”耦合是因为引信存在探测电路必需的孔缝和孔洞，为高功率微波进入引信电路提供了“后门”耦合的重要通道。图 8.2.7 给出了不同方向入射的微波在引信周围和内部产生的场分布。从顶端入射时，微波大部分都沿着引信外壳绕行，微波耦合效率较低，能耦合进入引信腔体内的能量很少，耦合场强以引信中心轴为对称轴呈圆柱对称分布，中心轴处耦合场最弱，往外侧逐渐增大；从侧面入射时，微波能沿探测电路的孔缝进入引信内部，微波耦合效率较高，耦合进入引信腔体内的能量较多。

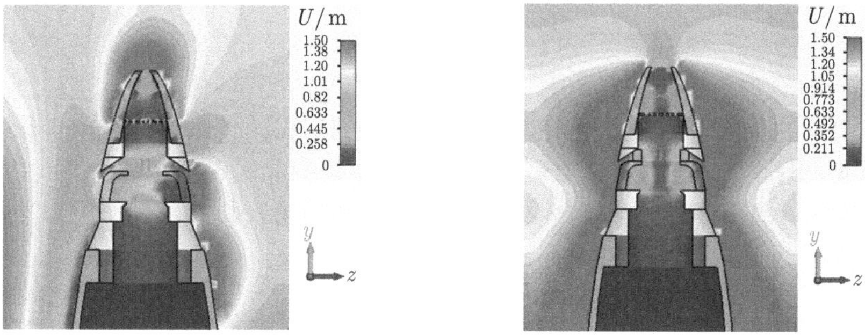

(a) 侧面入射　　　　(b) 顶端入射

图 8.2.7　不同方向入射的微波在引信周围和内部产生的场分布 (后附彩图)

高功率微波作用到电子引信后，当微波功率密度达到一定值时，电子引信被扰乱或者损伤，导致引信在没有到达预定的起爆条件下发出起爆指令，称为早炸。图 8.2.8 给出了引信在微波作用下发出发火信号的实验结果，上面的波形为引信被扰乱时输出的发火信号 (正常情况下不产生发火信号)，下面的波形为用于扰乱的高功率微波脉冲。也可能造成引信在正常的起爆条件下不能发出起爆指令，从而失去功能。这两种方式都是高功率微波系统对抗引信的有效途径。

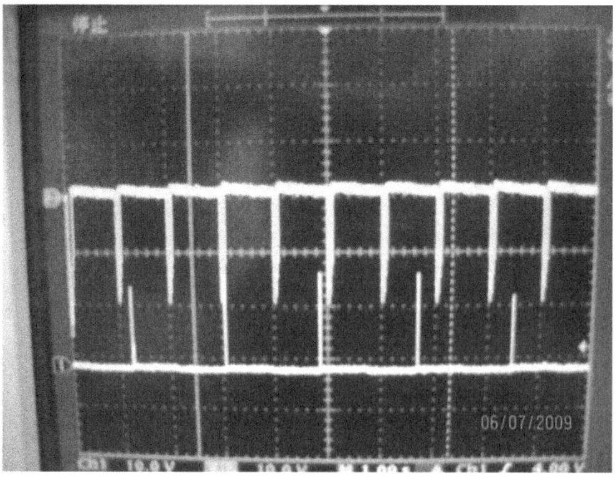

图 8.2.8　引信被扰乱时输出的发火信号

3. 高功率微波作用于卫星导航接收机

由于卫星导航信号很微弱,接收机极易受到干扰,因此卫星导航接收机都进行了抗干扰设计。图 8.2.9 给出了典型的抗干扰卫星导航接收机 (GPS) 的前端框图。随着抗干扰技术的发展,常规电子对抗的技术手段对卫星导航系统进行干扰的效果在不断降低。但无论采用何种抗干扰的卫星导航接收机,必须存在微波传输通道用于接收卫星信号。高功率微波能够通过卫星信号传输通道有效地进入抗干扰卫星接收机中,并可损坏其中的前置放大电路,造成其信号载噪比增大 20~30dB,接收机的信号处理系统不能有效处理信号,从而接收机丧失导航定位功能。

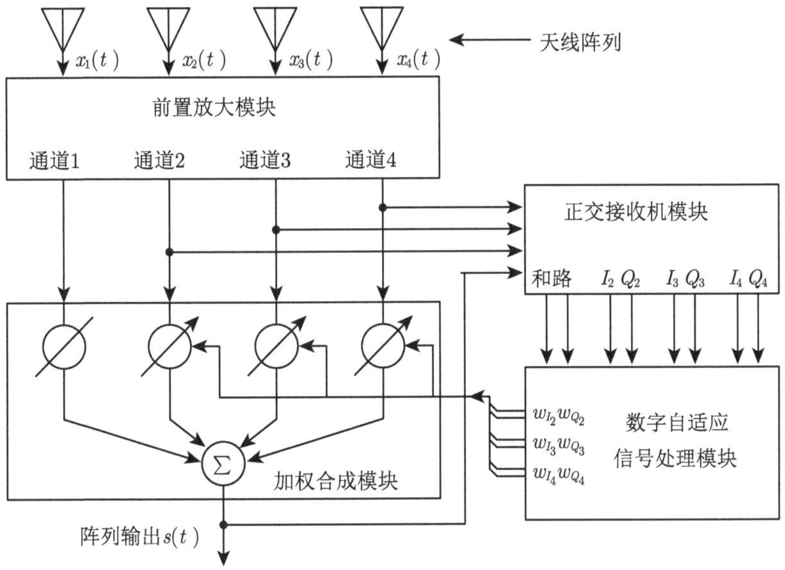

图 8.2.9 抗干扰卫星导航接收机 (GPS) 的前端框图

4. 高功率微波作用于导弹导引头

导引头必须通过各种窗口接收外界信息,这些窗口也成为高功率微波进入导引头的传输通道,进入导引头的高功率微波能够在目标处建立微波场分布,如图 8.2.10 所示。

研究表明,高功率微波对导引头进行攻击时,通过扰乱或损伤导引头的内部电子设备,例如:扰乱导引头自动伺服机构,造成力矩干扰、跟踪器滞后以及多采样率失效等多种影响;也可直接损伤导引头的接收机,使其不能正确处理信息,不能寻找到目标,从而失去工作能力。美国外场试验也证明了通过扰乱导引头可达到反导的作战效能。

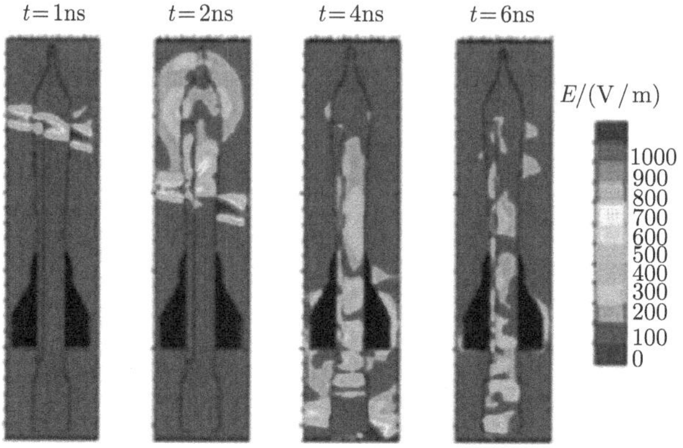

图 8.2.10　导弹全弹微波响应模拟 (后附彩图)

5. 高功率微波作用于军用飞机

飞机作为由电子系统构成的大型平台，其机体上存在大量窗口、孔缝和电缆等，高功率微波作用于飞机后，能在机体上感应强电流分布，并能进入机体内部对电子设备进行有效攻击。图 8.2.11 为型号为 VFY218 的飞机微波响应全系统模拟。

图 8.2.11　飞机微波响应全系统模拟

飞机作为大型作战平台，配备有复杂的电子系统，如 F-22 战斗机配备多功能火控雷达、平显、塔康 (战术空中导航系统的简称，英文为 TACAN(tactical air navigation systcm))、甚高频/超高频无线电台、警戒雷达、火控计算机及敌我识别系统等设备，存在着高功率微波系统攻击的多种前门和后门通道。图 8.2.12 为美国空军系统实验室进行的飞机全系统效应试验，这是微波辐照战机的系统级效应试验。试验中，微波参数和辐照部位可以调整，以期判断战机哪些部位对哪些参数比较敏感，并据此指导采取相应的攻击方式和防护措施。具体细节因保密原因尚未见报道。

图 8.2.12 美国空军系统实验室的飞机全系统效应试验

8.3 碳纤维弹原理和效应 [37−39]

供电系统是保障一个国家工农业生产和人民生活必备的重要设施。一般来说，电力从发电厂输送到最终用户需要经过四通八达且十分复杂的传输和变电网络。例如，电厂发电机输出的电力电压约为 20kV，然后通过变压器将电压升高至几百千伏，再输入供电网，以提高电力输送效率，减少传输线路上的电力损耗。电力到达最终用户之前，再通过数级变电站和变压器，将高电压降至标准工业或民用电压。

毫无疑问，电力系统也是信息化作战的关键依托。正因为电力输送系统的密布特性，电力系统自然也成为现代战争中的一个致命的薄弱环节。通过布撒导电纤维丝来破坏电网系统的碳纤维弹 (又称石墨炸弹) 是电力系统致命性攻击武器的典型代表，已在海湾战争和科索沃战争中得到实战应用。本节简要介绍碳纤维弹的毁伤破坏原理。

8.3.1 碳纤维弹简介

1. 碳纤维

碳纤维是主要由碳元素组成的一种特种纤维，分子结构界于石墨与金刚石之间，含碳的体积分数随纤维种类的不同而异，一般在 90%以上。碳纤维的显著优点是质量轻、纤度好、抗拉强度高，同时具有一般碳材料的特性，如耐高温、耐摩擦、导电、导热、膨胀系数小等。碳纤维这些优异的综合性能，使其与树脂、金属、陶瓷等基体复合后形成的碳纤维复合材料，也具有高的比强度①和比模量，并具有耐疲劳、导热和导电性能优良等特点，在现代工业中应用非常广泛。

① 比强度：材料的强度与其密度之比，单位 MPa/(g/cm^3)。

碳纤维按原材料可分为三类：黏胶基碳纤维、沥青碳纤维和聚丙烯腈 (PAN) 基碳纤维，它们均由原料纤维高温碳化而成，基本成分都是碳元素。其中，黏胶基碳纤维是最早问世的一种，是宇航工业的关键性材料；沥青碳纤维的成品率最高、最经济；聚丙烯腈基碳纤维综合性能最好、应用最广泛，是目前生产规模最大、需求量最大 (占 70%~80%)、发展最快的一种碳纤维。三类碳纤维的主要性能见表 8.3.1。

表 8.3.1 各种材质碳纤维的主要性能

种类	抗拉强度/MPa	抗拉模量/GPa	密度/(g/cm^3)	断后延伸率/%
黏胶基碳纤维	2100~2800	414~552	2.0	0.7
沥青碳纤维	1600	379	1.7	1.0
PAN 碳纤维	大于 3500	大于 230	1.76~1.94	0.6~1.2

一般而言，碳纤维具有下列共性。

(1) 强度高。抗拉强度最大可达 3500MPa 以上。

(2) 模量高。弹性模量在 230GPa 以上。

(3) 密度小，因此比强度高。碳纤维的密度是钢的 1/4，约铝合金的 1/2，其比强度比钢大 16 倍，比铝合金大 12 倍。

(4) 能耐超高温。在非氧化环境下，碳纤维可在 2000℃ 时使用，且 3000℃ 的高温下不融熔软化。

(5) 耐低温性能好。在 −180℃ 低温下，钢铁会变得比玻璃脆，而碳纤维依旧很柔软。

(6) 耐酸性能好。能耐浓盐酸、磷酸、硫酸等介质侵蚀。将碳纤维放在浓度为 50%的盐酸、硫酸和磷酸中，200 天后其弹性模量、强度和直径基本没有变化，其耐腐蚀性能超过黄金和铂金。此外，碳纤维的耐油、耐腐蚀性能也很好。

(7) 热膨胀系数小，导热系数大。可以耐急冷急热，即使从 3000℃ 的高温突然降到室温也不会炸裂。

(8) 导电性能好，电阻率①可达 $10^{-3}\Omega\cdot$cm。

(9) 剪切模量较低，断后延伸率小。

(10) 耐冲击性能差，二次加工较为困难。

2. 碳纤维弹

碳纤维弹是采用碳纤维丝作为毁伤元素对电力系统进行短路毁伤的一种软杀伤弹药。在碳纤维弹中一般使用含碳量高于 99%的碳纤维丝。碳纤维丝有时也称作石墨纤维，因此碳纤维弹也称为石墨炸弹。碳纤维弹的战术运用可使敌方发电厂和高压变电站在一段时间内中断供电，导致军事用电系统，如 C^{4}I 系统、雷达

① 电阻率：如果将某材料做成长 1cm、截面积为 1cm^2 的样品，则该样品的电阻就叫做这种材料的电阻率，单位为 $\Omega\cdot$cm；也可以用长 1m、截面积为 1m^2 的样品电阻表示，单位为 $\Omega\cdot$m。

系统、后勤保障系统等瘫痪或相当程度瘫痪，达到削弱敌方作战能力、瓦解敌方战斗意志和赢得战场主动权的目的。1991 年的海湾战争中，美国在战斧巡航导弹上首次使用碳纤维弹破坏了伊拉克的电力系统。随后，在 1999 年的科索沃战争中，再一次使用了经过改进的碳纤维弹，并取得了理想的作战效果。

8.3.2 碳纤维弹毁伤效应

碳纤维弹一般通过子母弹的形式进行大面积布撒攻击。图 8.3.1 是美军 BLU-114/B 型碳纤维弹子弹药实物照片，图 8.3.2 是碳纤维弹抛撒、子弹飞行和抛丝过程示意图。

图 8.3.1 美军 BLU-114/B 型碳纤维弹子弹药实物图

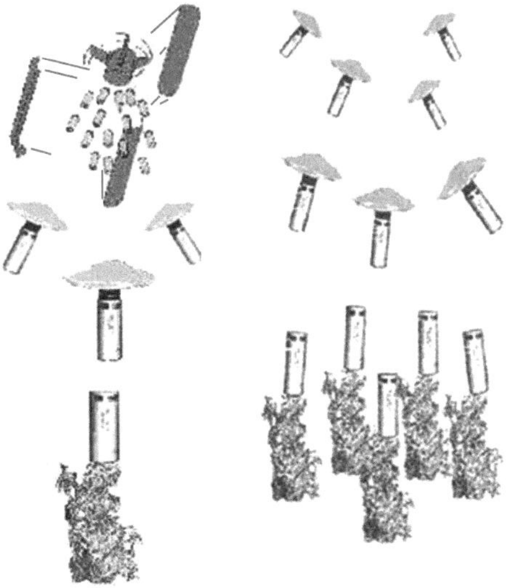

图 8.3.2 碳纤维弹抛撒、子弹飞行和抛丝过程

碳纤维弹的工作原理是，通过布撒器或其他运载工具将碳纤维弹运送到目标上空，抛下母弹，母弹下降到一定高度后解体，释放出 100~200 个小的罐体 (即子弹药)。每个小罐均带有小降落伞，降落伞打开后使得小罐减速并保持垂直；在设定的时间之后，或到达一定高度处时，小罐内的小型爆炸装置起爆，使小罐底部弹开，释放出碳纤维丝团；碳纤维丝受自然风力的作用在空中展开，互相交织，形成网状铺设。由于碳纤维丝具有强导电性，当其搭接在供电线路上时即引起电路系统短路，造成供电设施受损，难以修复。也有的碳纤维弹采用反跳装置，使子弹先触地，再弹起一定高度后撒开纤维丝，形成丝束的合理布设。

碳纤维弹对电力系统的破坏主要有以下三种方式。

(1) 相间短路。

当子弹中抛撒出来的长纤维直接搭接在电力线路或变压器接线的两相之间时，形成相间短路。这时巨大的短路电流流过导电纤维并使之气化，产生电弧，导致两相导线表面材料瞬时局部熔化，能量非常高的电弧还会造成导线熔断，使导线落地而形成对地短路。

(2) 单相或多相对地短路。

在电力系统中，为了使导线和高压线铁塔之间保持绝缘，在架空线路中必须使用绝缘子，但如果有导电纤维黏附在绝缘子上，并使导线和铁塔之间连通时，会形成单相或多相对地短路。这时在纤维短路瞬间形成的电弧可使绝缘子损坏，失去绝缘功能，成为永久对地短路点。

(3) 空气击穿短路。

如果在电力线路的各相导线及变压器接线的各相上悬挂大量导电纤维，虽然这些纤维没有直接使各相之间或相与地之间导通，但纤维随风飘荡，使得纤维与邻近相导线或与高压线铁塔、变压器外壳之间的距离小于安全距离，可引起空气击穿而短路放电。

上述各种短路现象一旦发生，就会产生各种破坏效应。首先，短路点及附近的电力设备流过的短路电流可能达到额定电流的几倍，甚至几十倍，从而引起电力设备的严重发热而损坏，甚至引起火灾。同时，在短路刚开始、电流瞬时值达到最大时，电力设备的导体将受到强大的电动力，如果结构不够坚固，还可能引起导体或线圈变形以至损坏。此外，短路时电力网的电压会突然降低，尤其短路点附近的电压下降得最多，将影响用户用电设备的正常工作。短路故障的一个最严重后果是并行运行的发电机失去同步，引起系统解列①，造成大面积停电。

① 解列：电力系统或发电设备由于保护或安全自动装置动作或按规定的要求，解开相互连接使其单独运行的操作。

8.4 信息攻击技术 [40]

8.4.1 信息攻击武器概述

战争作为人类社会重要的对抗活动，对信息的依赖程度远超出了其他活动，因而“控制信息”的思想首先表现在战争活动中，在战争中出现了信息对抗。信息攻击武器指，以信息技术为核心，以摧毁、破坏和削弱敌方信息和信息系统，并保护己方信息和信息系统为目的的各种武器及装备器材的统称。随着军事信息技术的发展与应用，军事活动将越来越依赖和运用信息系统。信息和信息系统已成为敌对双方作战的基本对象及主要目标。

按作用类型分类，信息武器可分为非杀伤性信息武器装备、软杀伤性信息攻击武器和硬杀伤性信息攻击武器。

(1) 非杀伤性信息武器装备。

非杀伤性信息武器是指对敌方目标本身不具有直接杀伤、摧毁、破坏和干扰作用，但可支援、保障己方作战力量和作战武器系统对敌实施作战行动的信息武器装备。主要包括探测类信息装备，传输与控制类信息装备以及综合性信息系统与平台。

(2) 软杀伤性信息攻击武器。

软杀伤性信息攻击武器是指对敌方目标的物质实体不具有直接的杀伤、摧毁和破坏作用，而对其功能可起到干扰、削弱和压制作用的信息攻击武器装备。其作战对象是敌方的信息武器与系统以及信息化武器，主要包括有源、无源和专用电子干扰武器、光电干扰武器、其他干扰性武器以及定向能武器。

(3) 硬杀伤性信息攻击武器。

硬杀伤性信息攻击武器是指对敌方目标及其功能具有直接杀伤、摧毁、破坏作用的信息攻击武器。其作战目标既包括敌方的信息性目标，也包括非信息性目标和人员。最主要和使用最多的硬杀伤性信息攻击武器是反辐射弹药和高功率定向能 (微波) 武器。

软杀伤性是信息攻击武器的基本特征，本节重点介绍信息干扰和网络攻击两类信息武器技术。

8.4.2 信息干扰武器

1. 干扰原理

干扰是主动信息攻击行为，可针对被干扰武器装备的接收系统的多个逻辑部位进行打击，如干扰信道、干扰传感器、干扰接收机通道、干扰检测与判断装置等。按技术领域主要有电磁干扰、光电干扰和水声干扰。

1) 电磁干扰原理

电磁干扰又称射频干扰。根据干扰的对象划分，电磁干扰主要包括雷达干扰、通信干扰、导航干扰、制导干扰、引信干扰及敌我识别干扰等。雷达干扰是干扰或破坏雷达对真正目标的探测和跟踪；通信干扰是在无线电通信传输过程中引入干扰信号，以扰乱或破坏敌方无线电通信；导航干扰即对无线电导航系统如卫星导航系统进行干扰；制导干扰是指干扰无线电指令遥控制导系统；引信干扰是对敌方武器的无线电近炸引信进行干扰；敌我识别干扰一般是利用模拟敌方的回答信号进行的欺骗干扰。

电磁干扰的基本方式按其产生方法可分为有源电磁干扰和无源电磁干扰。

(1) 有源电磁干扰。

有源电磁干扰也称积极干扰或主动干扰，即主动发射或转发电磁能量，扰乱或欺骗敌方信息接收设备，使其不能正常获得信息或被欺骗造成错觉。有源干扰按其作用性质分成压制性干扰和欺骗性干扰两类。压制性干扰即使用大功率的干扰设备对敌方电子信息设备施放强大的电磁能，来扰乱敌方信息设备对信号的正常接收和处理，使有效信号变得模糊不清或完全淹没在干扰信号里。欺骗性干扰是把假信号送进被干扰的设备，造成敌方判断错误，故也称模拟式干扰。

雷达干扰就是利用干扰设备或器材向敌雷达发射干扰电磁波，或反射、吸收敌方雷达辐射的电磁波，对敌方雷达实施压制性或欺骗性干扰，以破坏或削弱敌方雷达对目标的探测和跟踪能力的一种电磁干扰。通信干扰是指利用通信干扰设备发射专门的干扰信号，以破坏或扰乱敌方无线电通信的正常工作。

(2) 无源电磁干扰。

无源干扰也称作消极干扰，即干扰器材本身不发射电磁波，而是靠反射和吸收敌方发射的电磁波来干扰其工作。无源干扰主要作用于雷达、雷达制导等以接收反射电波来工作的各类电子设备。它也有压制性干扰和欺骗性干扰两类。例如，由专门飞机或投射系统在空中大规模高密度地投放干扰丝 (箔条①)，形成长宽数千米以至数十千米的干扰“走廊”、干扰云，就属于压制性干扰。各种飞机自身进行点投的干扰丝或反射器，形成比飞机反射还强的反射回波以摆脱雷达的跟踪，则是欺骗性干扰。

2) 光电干扰原理

光电干扰是指在光电侦察探测的基础上利用光电技术和光电器材，压制、欺骗和扰乱对方光电设备，使其不能正常工作或完全失效。光电干扰也分为有源干扰和无源干扰两大类。从技术领域来说，则可分为红外干扰、激光干扰和可见光干扰。

① 箔条主要是指具有一定长度和频率响应特性，能强烈反射电磁波，用金属或镀敷金属的介质制成的细丝、箔片、条带的总称，常用的效费比较高的箔条材料是镀铝玻璃丝和铝箔。

(1) 有源光电干扰。

有源光电干扰是指采用强光束或干扰信号，直接进入敌方光电传感设备，使之失去正常工作的能力。它既可使用像激光那样的相干光波，也可使用照明弹、灯光、陶瓷加热体等所产生的不相干辐射波实施干扰。其工作方式也可分为压制性干扰和欺骗性干扰。

光电压制性干扰的主要方法有激光压制性干扰和红外压制性干扰。激光压制性干扰是采用激光束对敌方武器系统的激光传感器进行照射，使其产生光饱和而失灵。红外压制性干扰即采用强烈的红外线光源向敌方红外自动寻的制导武器发射强大的红外线脉冲，使寻的器的信号处理功能出现混乱，丧失对目标的跟踪能力。

光电欺骗性干扰的主要手段有回答式干扰、诱饵式干扰和光斑干扰等。光电回答式干扰与雷达回答式干扰类似，当接收到敌方光波信号后，发射一个或数个经过虚假信息调制的信号应答，从而使敌光电设备收到错误信息。红外诱饵弹通过辐射强大的红外能量，制造一个与所要保护的目标相同的红外辐射源，诱骗敌方红外制导武器脱离真目标。红外诱饵弹大多数为投掷式，燃烧时能产生 1~6μm 波段强烈的红外辐射，覆盖了红外寻的装置工作的 1~3μm 和 3~5μm 波段，其有效辐射强度是被保护目标红外辐射的至少 3 倍。

(2) 无源光电干扰。

无源光电干扰利用本身并不产生光频辐射的干扰物，通过反射或吸收敌光电信号来达到干扰敌光电系统的目的。无源干扰的效果比较好，方法简单，技术容易实现。它主要实施欺骗性干扰，其干扰方式可分为涂料伪装、烟幕遮蔽、箔条诱骗及热量抑制等。

涂料伪装即在被掩护目标上涂以吸收性较强的涂料，使目标光电回波信号十分微弱，从而使敌光电系统无法有效探测目标或无法引导武器对目标进行攻击。烟幕遮蔽即利用烟雾对红外和可见光的影响，在目标遇到光电威胁时，立即施放烟幕、喷射水雾或撒布化学气熔胶，隔断目标与武器，使敌光学制导武器无法探测、跟踪目标。箔条诱骗是投放涂有发热涂料的金属箔条或镀膜箔条，在空中形成“热云”和激光“反射云团”，因这些箔条可以强烈地反射光电系统发出的红外线和激光束，所以可以诱偏跟踪的红外制导和激光制导导弹。

3) 水声干扰原理

水声干扰是运用多种干扰手段压制或欺骗敌方声制导武器或武器载体上的声呐等水声信息设备，掩护己方目标脱离危险区域，或保证己方水中兵器正常发挥作用。水声干扰与电磁干扰、光电干扰的工作方式基本相同，也可分为有源干扰和无源干扰两类。

(1) 有源水声干扰。

有源水声干扰通过发射声波干扰信号或模拟己方目标的回声及噪声信号，来压制和欺骗敌方水声探测装置。它也可分为压制性水声干扰和欺骗性水声干扰。

压制性水声干扰主要采用水声干扰器 (或称噪声干扰器) 发射大功率宽频带水声杂波信号，以淹没、遮盖敌方声呐设备收到的目标信号，使其不能有效工作。其干扰对象主要是敌方主动式声呐、被动式声呐和声制导鱼雷。其主要组成有水声侦察告警装置、信息处理装置和水声干扰发射装置。欺骗性水声干扰主要通过模拟舰艇的噪声、尾流和磁场变化等，诱骗敌方声呐，使之探测失误，使声制导鱼雷偏离预定目标。其组成包括回声重发器、噪声模拟器、潜艇模拟器和水声诱饵等。

(2) 无源水声干扰。

无源水声干扰是指本身不发射任何声波，而是通过对声波的反射和吸收对敌水声探测和制导武器进行干扰。根据其对声波的不同作用，可分为反射型和衰减型两种。反射型水声干扰是通过向水中投放干扰物质，对声波进行反射，扰乱敌方水声装置的信息探测和制导能力。衰减型水声干扰是采用消声和吸声措施来减少舰艇自身的噪声辐射和对主动式声呐声波的反射，以降低敌方水声探测和制导装置的效能。

气泡幕是潜艇常用的一种无源水声干扰手段，属反射型无源干扰。它通过向水中喷撒化学物质，经与海水发生化学反应，在海水中产生大量的不溶或难溶于水的气泡，并漂浮在一定范围的海域内，形成大片气泡“云”或气泡“幕”，起到两种干扰作用。一是气幕层能反射鱼雷的主动声自导信号，形成假目标，起到欺骗和迷惑作用；二是气幕层能屏蔽目标的辐射噪声，同时又可衰减主动声波的能量，使主被动声自导鱼雷的探测性能降低。悬浮金属颗粒也是潜艇使用的一种无源干扰物，其反射的声波信号可模拟潜艇的形态，以形成一个假目标，对敌进行欺骗性干扰。

2. 典型信息干扰武器装备

1) 电子干扰装备

干扰装备依其干扰种类、装载方式、工作模式、对象特性等的不同，有很多不同的形态和系统。例如，陆基干扰装备主要有固定式电子干扰站、车载式电子干扰机、携带式电子干扰机等，海上则主要是舰载干扰装备，空中是机载干扰装备。

美国空军的电子战系统广泛采用吊舱的形式，图 8.4.1 为机翼下的 AN/ALQ-184 电子干扰吊舱外形照片。

2) 电子干扰弹

电子干扰弹主要有通信干扰弹和雷达干扰弹。

通信干扰弹是通过安装在弹丸上的干扰装置施放电子干扰信号，破坏或切断敌人无线电通信联络，使其通信网络产生混乱的信息攻击武器。它可以由火炮、火箭、导弹等运载工具发射，有的采用子母弹形式。弹丸内装有一个或多个一次性使用的宽频带通信干扰机。干扰弹被发射到目标区上空后，逐个抛出干扰机，干扰机通过降落伞缓慢降落或以一定速度直接落地至既定高度，然后各自展开天线，分别实施悬浮式空中干扰和落地式干扰。

图 8.4.1 机翼下的 AN/ALQ-184 电子干扰吊舱

3) 箔条弹

箔条弹是一种在弹膛内装有大量箔条以干扰雷达信号的信息攻击武器。图 8.4.2 为箔条和箔条弹。

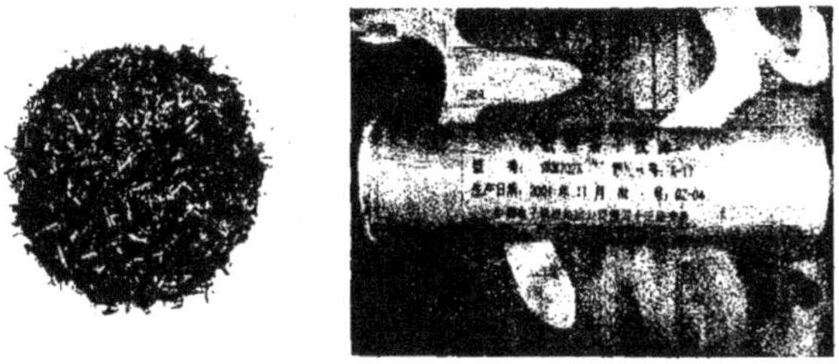

(a) (b)

图 8.4.2 箔条 (a) 和箔条弹 (b)

箔条弹最主要的投放方式是飞机，当飞机受到雷达跟踪时，在飞机所处的分辨单元里利用箔条布设雷达诱饵，利用已知的雷达工作频率，选用合适的箔条长度，以使其产生共振，并使箔条云的雷达截面积大于飞机的雷达截面积。箔条云的出现使雷达跟踪点偏离飞机，飞机借此迅速飞出该雷达分辨单元，摆脱雷达的跟踪。

4) 红外干扰机

红外干扰机能发出经过精确调制编码的红外脉冲。例如，机载的红外干扰机多采用 0.4~1.5μm 的非相干光源，主要有以下三种：

(1) 强光灯型，如铯灯、氙弧灯和蓝宝石灯等；

(2) 加热型，由电加热或燃油加热红外辐射元件产生所需的红外辐射；

(3) 燃油型，当目标受到威胁时，由发动机喷出一团燃油，延时一段时间后发出与发动机类似的红外能量。

5) 烟幕弹

烟幕弹主要由引信、弹壳、发烟剂和炸药管组成，配装在坦克、装甲车以及舰艇上，也有专门的烟幕弹车。现代烟幕弹产生的烟雾不仅可以隐蔽目标物理外形，还有隔断红外激光和微波的功能，达到隐身的目的。

8.4.3 网络攻击武器

1. 网络攻击原理

计算机网络攻击定义为：利用敌方计算机网络系统的安全缺陷，为窃取、修改、伪造或破坏信息，以及降低、破坏网络使用效能，而采取的各种措施和行动。

计算机网络存在的安全漏洞包括：拓扑结构上存在的安全漏洞、硬件本身存在的安全漏洞、网络协议固有的安全漏洞、操作系统和系统软件潜在的安全漏洞、网络管理存在的安全漏洞等，这些漏洞构成了网络遭受攻击的安全隐患。网络攻击的主要形式有身份窃取、网络欺骗、拒绝服务、利用漏洞以及恶意程序攻击等。

1) 身份窃取攻击

在计算机系统中，合法使用者的身份是由用户名及其口令来标识的，因此身份窃取攻击即通过窃取系统的有效用户名 (也称账号) 及其口令，来冒充某用户获得对系统控制权的攻击。身份窃取的方法有信号截击、嗅探 (sniffing)、网络监听、账号文件窃取等，获得后再辅以口令破解技术获取用户身份。

(1) 信号截击。攻击者往往采用在通信链路中途截击的方法，获取登录过程中在网络中传输的用户账号和密码。

(2) 嗅探。嗅探的目的是利用计算机的网络接口截获其他计算机的数据报文。嗅探程序可用来收集登录信息、访问规律，以及分析传输中的数据等。

(3) 网络监听。使用网络监听工具可以监视网络的状态、数据流动情况以及网络上传输的信息。

(4) 账号文件窃取。利用漏洞或前期植入目标主机的特洛伊木马窃取保存在目标主机中的账号文件。

2) 网络欺骗攻击

欺骗可发生在 TCP/IP 协议系统的所有层次上，物理层、数据链路层、IP 层、传输层及应用层都容易受到影响。如果低层受到损害，则应用层的所有协议都处于危险之中，主要有以下欺骗手段。

(1) 硬件地址欺骗，可被用来进行源地址欺骗。

(2) 地址解析协议 (ARP) 欺骗，可造成 ARP 缓存中的地址映射错误，达到欺骗的效果。

(3) 路由欺骗，通过伪造或修改路由表来误发非本地报文以达到攻击目的。

(4) DNS 欺骗，即域名服务器欺骗，可欺骗一个客户机使其连接到一个非法的服务器上去，也可在服务器验证一个可信任的客户机域名的 IP 地址时欺骗服务器。

(5) 信息篡改攻击，通过对所获目标信息的格式、长度等属性进行分析，掌握其规律，再以同样的方式将信息篡改并注入信道，从而达到攻击的目的。

3) 拒绝服务攻击

拒绝服务 (DoS) 攻击是指一个用户占用了太多的服务资源，使其他用户没有资源可用，则其服务请求只能被拒绝。主要通过服务过载、消息流和分布式拒绝服务等方式实现拒绝服务。其中，分布式拒绝服务 (DDoS) 技术把拒绝服务又向前发展了一步，DoS 攻击需要攻击者人工操作，而 DDoS 则将这种攻击行为自动化。DDoS 过程可以分为以下三个步骤：

(1) 入侵并控制大量主机从而获取控制权；

(2) 在这些被入侵的主机中安装 DoS 攻击程序；

(3) 利用这些被控制的主机对攻击目标发起 DoS 攻击。

4) 利用漏洞攻击

利用漏洞攻击是利用存在于网络操作系统、协议软件和网络应用软件中的程序设计漏洞实施的系统攻击。包括缓冲区溢出攻击、端口扫描等技术途径。

5) 恶意程序攻击

恶意程序攻击是指利用恶意编制并伺机植入的有害程序破坏对方计算机及网络系统，主要包括计算机病毒、特洛伊木马、逻辑炸弹等。这些有害程序一般通过移动介质、终端、网络和人工植入等途径进入计算机网络系统。

2. 典型网络攻击武器

网络攻击武器通常是指依据网络攻击原理而编制产生的用于网络攻击的逻辑武器。如图 8.4.3 所示的恶意程序就是一类网络攻击武器，其中涉及的一些途径简单介绍如下。

(1) 细菌 (bacteria)。细菌是一种独立的可自我复制的代理程序。可以在一台机器里进行多次自我复制，从而增占存储空间和处理时间。这种几何式增长夺取资源的特点使之能够拒绝对合法用户的服务。“细菌” 程序与病毒不同的是，它不需要依附于主计算机的程序。

(2) 蠕虫 (worm)。蠕虫也是独立的可进行自我复制的代理程序。蠕虫可以在网络上从一台计算机向另一台进行扩散，以一台计算机为起点，向其他主计算机蔓延，建立通信链路，并将蠕虫传递到新的计算机上。蠕虫可以像细菌一样在网络上呈几何方式增长，同时消耗资源，从而达到拒绝服务的目的。

(3) 病毒 (virus)。病毒是一种需要依附于 (或隐藏在) 主计算机程序中的非独立的、可自我复制的代理程序。这种程序一旦进入了干净的系统就依附于计算机程序上，但病毒只有在其目标程序运行时才能起作用，病毒一旦执行，就会感染其他主程序，即将其自身的拷贝插入到其他主程序中。

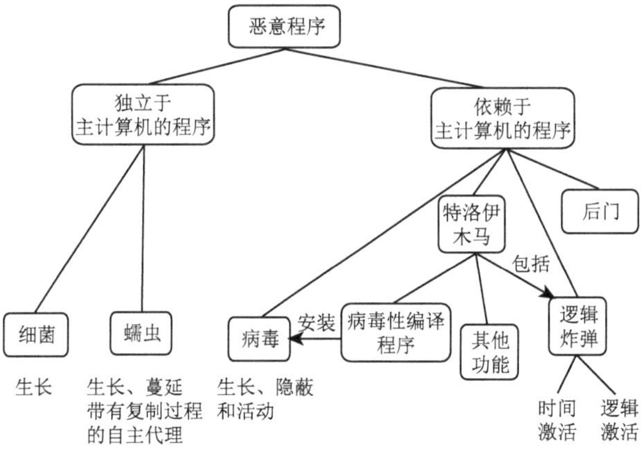

图 8.4.3　恶意程序

(4) 特洛伊木马 (Trojan horse)。特洛伊木马是一段精心编写的程序，是特指隐藏在正常程序中的一段具有特殊功能的恶意代码，即隐藏在一个合法程序中的非法程序，简称木马程序或木马，但不传染。木马程序一般分为客户端和服务器端两部分，被攻击者是服务器端，会在用户毫不知情的情况下悄悄地进入用户的计算机，进而反客为主，窃取机密数据，甚至控制系统。

(5) 逻辑炸弹 (bomb)。逻辑炸弹由时间或者逻辑条件激活后可以实施欺骗、干扰或破坏功能。

(6) 后门 (backdoor)。这个“门”中安装的逻辑只有攻击者知道并会使用，它提供了隐蔽的信息信道和系统访问权，故也称隐蔽通道。设计者一方可以通过这个通道窃取用户的资料或投放攻击性程序。

表 8.4.1 归纳了网络攻击流程及其技术实现。

表 8.4.1　网络攻击流程及其技术实现

阶段	攻击步骤	攻击目的描述	攻击技术	主要攻击手段
(攻击准备)	(1) 信息收集锁定目标	收集目标系统的相关信息，确定攻击目标和攻击目的	目标信息收集技术	物理闯入、社会工程学、网络命令或工具
	(2) 探测目标弱点挖掘	挖掘目标系统存在的系统漏洞、操作系统、开放端口、开放服务等	目标弱点挖掘技术	端口扫描器、漏洞扫描器、嗅探器
(攻击实施)	(3) 获取权限侵入目标	获取目标主机的某种权限，窃取密码，侵入目标主机，隐藏身份	目标权限获取技术	会话劫持、口令破解、身份欺骗、跳板攻击
	(4) 提升权限控制破坏	获取目标主机的管理员权限或目标网络访问控制权限，破坏目标系统正常服务，窃取、篡改目标主机信息	攻击身份欺骗技术 各类网络攻击技术	病毒、蠕虫、木马、后门攻击，逻辑炸弹、拒绝服务
(攻击善后)	(5) 创建后门巩固发展	便于渗透扩展，再次入侵，继续发动攻击，巩固控制	木马程序攻击技术	木马、后门攻击，建立隐蔽通道
	(6) 掩饰踪迹逃避取证	清除痕迹，隐藏攻击行为，获取对目标的长期控制能力	攻击行为隐藏技术	篡改日志，停用审计，修改检测标志

8.5 生化武器及其防护 [40,41]

8.5.1 化学武器

装有化学毒剂的炮弹、炸弹、火箭弹、导弹、地雷、布 (喷) 洒器等，统称为化学武器。现代战争中使用毒物杀伤对方有生力量、牵制和扰乱对方军事行动的有毒物质统称为化学毒剂，它一般都具有很强的毒性，此外还有中毒途径多、杀伤范围广、作用迅速、持续时间长、影响因素多等特点。

1. 化学毒剂与化学武器结构

化学毒剂种类很多，按作用持续时间可分为暂时性毒剂和持久性毒剂；按照基本杀伤类型可分为致死性毒剂和非致死性毒剂；按毒害发作快慢可分为速效性毒剂和缓效性毒剂。通常按照其毒理作用和临床症状进行分类，将其分为神经性毒剂、糜烂性毒剂、窒息性毒剂、全身中毒性毒剂、失能性毒剂和刺激性毒剂等。

化学武器按毒剂分散方式可分为三种基本结构。

(1) 爆炸型化学武器 (explosive chemical weapons)。

爆炸型化学武器是利用毒剂弹内的炸药爆炸时产生的能量，将毒剂分散为雾状或液滴状战斗状态，主要有化学炮弹、航弹、火箭弹、地雷等，装填的毒剂有沙林、氢氰酸、梭曼、芥子气、胶状毒剂维埃克斯等，以及西埃斯、苯氯乙酮等固体刺激剂。

(2) 热分散型化学武器 (heating disperse chemical weapons)。

热分散型化学武器借助烟火剂、火药的化学反应产生的热源或高速热气流使毒剂蒸发、升华，形成毒烟 (气溶胶)、毒雾。主要有装填固体毒剂的手榴弹、炮弹毒烟罐、毒烟手榴弹，以及装填液体毒剂的毒雾航弹等，装填的毒剂有失能剂毕兹和西埃斯、苯氯乙酮等刺激剂。

(3) 布洒型化学武器 (sprinkling chemical weapons)。

布洒型化学武器利用高压气流将容器内的固体粉末毒剂、低挥发度液态毒剂喷出，使空气、地面和武器装备染毒。主要有毒烟罐、气溶胶发生器、布毒车、航空布洒器和喷洒型弹药等，可以布洒芥子气、梭曼和维埃克斯等毒剂，形成大面积污染。

20 世纪 60 年代以来，国际上陆续研制了沙林、维埃克斯等神经性毒剂的二元化学炮弹、航空炸弹等。这种化学武器是将两种以上可以生成毒剂的无毒或低毒的化学物质——毒剂前体，分别装在弹体中用隔膜隔开的容器内，在投射过程中隔膜破裂，化学物质靠弹体旋转或搅拌装置的作用发生混合，迅速引发化学反应，生成毒剂。二元化学武器在生产、装填、储存和运输等方面均较安全，能减少管理费用，避免渗漏危险和销毁处理的麻烦，毒剂前体可由民用工厂生产。图 8.5.1 示出了几种典型的化学武器。

(a) 化学炮弹　　(b) 化学武器航空炸弹　　(c) 二元化学炮弹

图 8.5.1　几种典型的化学武器

2. 化学武器的防护

化学武器虽然杀伤力大，破坏力强，但由于使用时受气候、地形、战情等的影响也使其具有一定的局限性。化学武器的防护措施主要有：探测通报、破坏摧毁、防护、消毒、急救。

(1) 探测通报：采用各种现代化的探测手段，弄清敌方化学武器袭击的情况，了解气象、地形等情况，并及时通报。

(2) 破坏摧毁：采用各种手段，破坏敌方的化学武器及相关设施等。

(3) 防护：根据军用毒剂的作用特点和中毒途径，设法把人体与毒剂隔绝，同时保证人员能呼吸到清洁的空气。如通过构筑化学工事、采用器材防护 (戴防毒面具、穿防毒衣) 等措施，达到防护的目的。

(4) 消毒：主要是对被神经性毒剂和糜烂性毒剂染毒的人、水、粮食、环境等进行消毒处理。

(5) 急救：针对不同类型毒剂的中毒者及中毒情况，采用相应的急救药品和器材进行现场救护，并及时送医治疗。

8.5.2　生物武器

生物武器是生物战剂及施放它的武器、器材的总称，是一种大规模杀伤破坏性武器。生物战剂是指在战争中使人、畜致病，以及毁伤农作物的微生物及其毒素。生物武器经历了三代：第一代以细菌、昆虫方式投送；第二代以气溶胶方式施放；第三代是基因武器。用作生物战剂的致病微生物一般具备下列条件：致病力强、传染性大、能大量生产，所致疾病较难防治，储存、运输和施放后比较稳定。

1. 生物战剂分类与武器结构组成

1) 生物战剂的划分

生物战剂的类别主要有三种划分方法。

(1) 按对人员的危害程度，生物战剂分为失能性战剂和致死性战剂。失能性战剂是使人员暂时丧失战斗力，死亡率低于 10%，例如，布鲁氏杆菌、委内瑞拉马脑炎病毒、Q 热立克次体等。致死性战剂的死亡率高于 10%(一般为 50%~90%)，例如：炭疽杆菌、霍乱弧菌、野兔热杆菌、伤寒杆菌、鼠疫杆菌、天花病毒、黄热病毒、东方马脑炎病毒、西方马脑炎病毒、肉毒杆菌毒素等。

(2) 根据所致疾病有无传染性，生物战剂分为传染性战剂 (如鼠疫、天花、流感、霍乱等) 和非传染性战剂 (如土拉杆菌、肉毒毒素等) 两类。传染性战剂多用于攻击敌后方战略目标，非传染性战剂常用于攻击敌方战役、战术目标。

(3) 根据生物战剂微生物的形态及其病理特征，传统的生物战剂是指细菌、病毒、真菌、毒素、衣原体、立克次体等。

2) 生物武器的结构组成

生物武器由生物战剂与载体结合构成，生物战剂能使目标生物 (人、动物和植物) 致病，载体是运输投送生物战剂的工具。生物武器载体可分为战斗部型、气溶胶型、媒介物型等几种形式。

(1) 战斗部型生物武器。

指特制的生物武器战斗部，其内容纳生物战剂用于战场发射，包括炮弹、航弹、导弹等。

(2) 气溶胶型生物武器。

指生物战剂分散成微小的粒子悬浮于空中，形成微粒和空气的混合体，能随风漂移，污染空气、地面、食物，并能渗入无防护设施的工事，人员因吸入而致病。气溶胶可以通过容器、飞机、导弹等载体进行投放。

(3) 媒介物型生物武器。

指昆虫、动物和杂物被生物战剂感染或污染后，以各种形式将病原体传给人员，使人致病，媒介物也可以通过航弹等载体运输投放。

2. 生物武器的防护

生物战剂侵入人体的途径有：①生物战剂污染的空气通过呼吸道吸入人体，使人致病，如鼠疫、天花等；②人员食用被生物战剂污染的水、食物而得病，如霍乱等；③生物战剂直接经皮肤、黏膜、伤口进入人体而致病；④人员被带有生物战剂的昆虫叮咬而致病。因此，生物战主要通过防护装具进行隔离防护。

1) 单兵防护装具

三防服是具有防核武器、防化学武器、防生物武器综合性能的作战服，由上衣、裤子、护目镜和防毒面具等几部分组成。目前广泛使用的是活性炭技术，以此制成的布料抗生化攻击性能良好，但为了取得所需的防护效果，活性炭的需求量往往比较大，这就导致制成的防化服笨重厚实，穿着不适。开发中的新材料使用的是渗透性隔膜技术。

2) 集体防护器材与系统

集体防护器材是军队和居民集体用以防止毒剂、生物战剂和放射性灰尘伤害的各种器材的统称。包括设置在各种掩蔽部、地下建筑、帐篷、战斗车辆、飞机和舰艇舱室内的气密设备和供给清洁空气的设施。

现代三防掩蔽部、战斗车辆、飞机和舰艇舱室，在设计制造时都采取了气密措施，人员出入口的门带有密封胶条，进出气口装有密闭阀门。在安装有集体防护器材的工事、车、船和飞机等的里面，人员无须使用个人防护器材。

8.6 非致命武器效应与应用 [42−44]

非致命武器是指杀伤威力比较低的一类武器，有的文献将其定义为："低杀伤性武器"(less lethal weapons)，其作用原理是利用一些物质的独特性能使敌方人员暂时丧失战斗能力或使敌方武器装备、基础设施受到破坏，不能正常工作。非致命武器定位于，能使人暂时失去抵抗能力而不会产生致命性的伤害，也不会留下永久性伤残；或暂时阻止某些车辆装备和设备的正常运行而不至于造成大规模破坏，且对生态环境破坏较小。

非致命武器是一类特种武器，随着军事格局的变化和战略重点的转移，已逐步确立了非致命武器在军事装备发展中的特殊地位。尤其是近年来，小规模局部冲突、恐怖袭击、海盗活动的增加，对非致命性武器提出了更高、更广的需求。随着世界政治军事形势的不断变化，军队将面临更多种类的任务，如解救人质、反恐与维和、防止武装冲突升级等，要完成这些任务，非致命性武器将发挥越来越关键的作用。本节对此做一个简单介绍。

8.6.1 基于声光电原理的非致命武器

1. 声光武器

在枪、炮弹中加入能产生强光、闪光和巨响等的功能，即构成强光弹、强声弹等声光武器。声光武器利用爆炸后产生的高强光、巨响使敌方人员暂时产生失明、耳聋、错乱、惊恐等现象，从而丧失活动能力和反抗能力。

1) 声光手榴弹

声光手榴弹主要是利用弹药爆炸瞬间产生的强烈闪光、噪声、冲击波超压，使人员暂时失明、失聪、失去战斗力，同时避免形成大量破片，造成人员的死亡和永久性伤害。图 8.6.1 是我国研制的 98 式闪光手榴弹，由翻板击针机构、弹体、闪光剂三大部分组成。采用延时引信，延迟时间为 2.5s，确保投中目标后爆炸；采用非金属壳体，以减小破片毁伤效应。

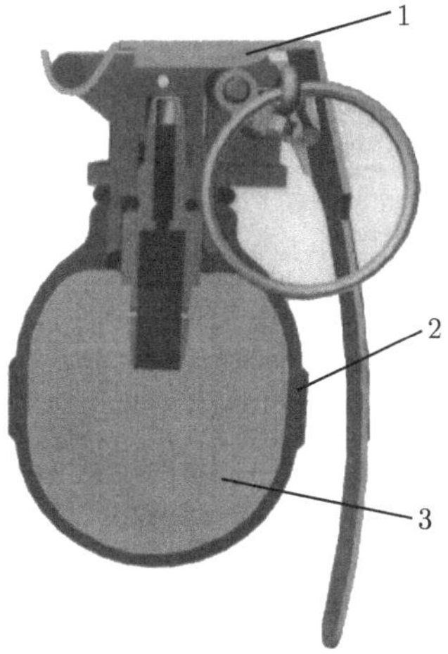

图 8.6.1 98 式闪光手榴弹结构

1-翻板击针机构; 2-弹体; 3-闪光剂

2) 次声武器

次声波的频率低 (0.001~20Hz)，波长长，传播过程中不易被介质吸收，具有很强的穿透力。在军事领域，利用人体内脏器官共振频率在次声频率范围内的特点来制造次声武器。次声武器按效应来分，主要有神经型和器官型两类。神经型次声武器主要影响中枢神经系统功能，使人员丧失战斗力；其频率为 8~12Hz，与人类大脑的 α 节律接近，产生共振时能强烈刺激大脑，使人神经错乱引起癫狂。内脏器官型次声武器的频率与人体内脏器官固有频率接近，为 4~8Hz，使人脏器产生强烈共振，破坏人的平衡感和方向感，产生恶心、呕吐及强烈不适感，损伤人体内脏器官；如果声强过高，甚至可引起死亡。

目前研制的次声武器有次声弹和次声枪，它们均由次声发射器、动力装置和控制系统组成，但真正用于实战的次声武器还不多见，技术难点主要有高声强次声发射器的设计、装置的小型化以及定向聚束传播控制等。

3) 强光手电

强光手电是一种利用强光暂时致盲的武器，用闪光灯泡闪光后经光学聚光器聚出一束很强的光束。用它照射眼睛可暂时致盲，并伴随有头脑眩晕、活动能力丧失。一段时间后，眼睛有可能恢复视力。

2. 定向能非致命武器

非致命激光束武器是以一种高度定向、高亮度的激光束作为毁伤元，直接攻击人的眼睛或武器系统光学传感器的武器装备。例如，“眩目器”是美国联合信号公司研制的一种便携式手持激光致眩武器，其作战效果是造成士兵的眼睛闪光盲，闪光盲持续时间为 10~60s。AN/PLQ-5 是美国洛克希德 · 桑德斯公司研制的激光对抗装置，总质量 15kg，作用距离 2km，主要作用是攻击武器系统的光电传感器，使之损伤或饱和失效。海湾战争中曾将改进型 AN/PLQ-5 布置到战场上。

如图 8.6.2 所示是反人员的非致命高功率微波系统：美军车载“电磁主动拒止系统”。该武器能定向发射出一种高能毫米波，人员被射中后将产生剧烈灼痛感。这种武器可以替代传统致命武器阻止对方靠近，因而能够有效避免人员伤亡，降低附带毁伤。如图 8.6.2 所示的“电磁主动拒止系统”发射的毫米波频率为 95GHz，利用天线将高能波束发射到指定地点。这种毫米波将进入到人体皮肤表层 0.4mm 深的地方 (痛感神经的深度)，能在瞬间给人带来无法忍受的烧灼感。当目标离开毫米波传播路线或操作者关掉系统时，这种烧灼感随即消失。表 8.6.1 给出了美军某电磁主动拒止系统的主要性能参数。

图 8.6.2　美军车载“电磁主动拒止系统”

表 8.6.1　美军某电磁主动拒止系统的主要性能参数

参数	取值
频率	95GHz
波长	3mm
波束的能量最大值	约 $8W/cm^2$
疼痛极限 ($2\sim8W/cm^2$) 时间	1.8 ~0.3s
疼痛到受伤 ($2\sim8W/cm^2$) 的极限时间	5.3 ~ 0.7s
达到严重受伤 ($2\sim8W/cm^2$) 的极限时间	8~ 1.5s
射程 (束宽和强度一定)	晴朗天气：0.5~1km 暴雨或者浓雾天气：小于或等于 100m
天线尺寸	2m(宽)，面积 $3.7m^2$

3. 电击武器

电击武器的作用机理主要是用高电压、低电流脉冲来干扰人体的传递系统，使肌肉发生不能控制的收缩，其输出功率很低，远低于对人体发生致命伤害的水平，所以电击武器被认为是一种比较安全的非致命性武器。电击武器主要可分为两种：电致晕武器和电致肌肉收缩武器。

1) 电致晕武器

电致晕武器一般使用 7~14W 的电能来干扰被打击目标的感官神经系统中的通信信号，用电干扰来压制神经系统，产生电致晕效应。由于电能的过分刺激使头脑发生眩晕，被打击者一般将失去对自己身体的控制，从而失去反抗能力。

2) 电致肌肉收缩武器

电致肌肉收缩武器指用较高功率的电击，不仅使被打击目标眩晕，还能引起肌肉不能自主控制的收缩反应。这种武器一般要求电击功率在 14W 以上，它不仅干扰大脑和肌肉之间的联系，而且直接引起肌肉收缩，直到目标倒地。

电击警棍即是一种常见的电击武器，还有电击枪发射电弹及电击手套等。其中，电弹是一种带电的子弹，射到人员身上可以挂住，并在较长一段时间内引起疼痛，但无生命危险。美国泰瑟国际公司生产的泰瑟枪就是一种比较典型的电击枪，其气动型可发射两枚高压电导线镖箭，接触到目标后释放高达 50000V 的电压，可穿透 5cm 厚的衣服，直接作用于人体，使目标全身痉挛，失去知觉，直至完全丧失行为能力。如图 8.6.3 所示是被美国警察部队、特种部队大量使用的 M26 型泰瑟枪，功率为 26W。

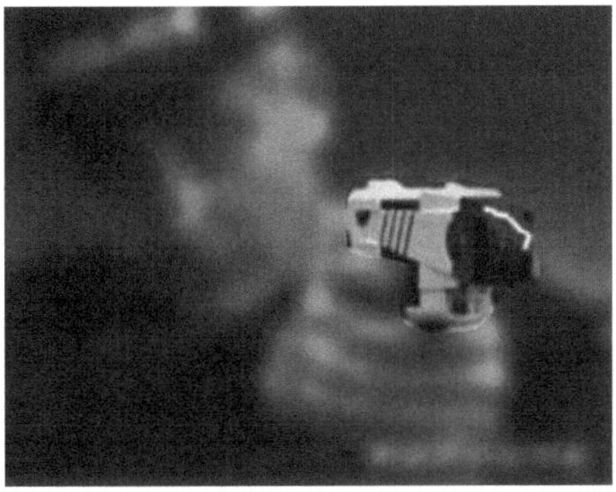

图 8.6.3 泰瑟电击休克手枪

8.6.2 反恐防暴非致命武器

1. 动能防暴武器

动能防暴武器主要通过发射橡皮弹、塑料弹、木质弹、催泪弹、烟雾弹等来制服或驱散目标，同时不至于对目标造成致命性的伤害。

1) 防暴枪

防暴枪是一种特殊的单兵武器，主要用来对付近距离目标，制服暴徒或驱散骚乱人群。警用防暴枪由于能发射霰弹、催泪弹、致昏弹等低杀伤性弹药，一直是世界各国警察、治安和执法部门使用的主要防暴装备。图 8.6.4 是我国研制的

97 式 18.4mm 防暴枪。该防暴枪可配用催泪弹、染色弹、防暴动能霰弹、催泪枪榴弹及杀伤霰弹，可用于制服 50m 远处隐蔽在建筑物内的人员，驱散 35～100m 距离内的人群。

图 8.6.4 我国的 97 式 18.4mm 防暴枪

2) 防暴发射器

防暴发射器可以发射多种类型的防暴弹，如环翼形软质橡皮弹、硬质橡皮弹、塑料弹、木质弹以及各种化学催泪弹、无毒烟雾弹和染色弹等。其中，环翼形软质橡皮弹靠旋转弹体对人体擦伤、震荡引起疼痛，对人体皮下组织无破坏作用，几天内可以自愈。硬质橡皮弹、塑料弹以及木质弹靠打在地面上反弹的动能打到人体上引起疼痛，不会引起永久性的伤残。但是，这些防暴弹不可直接向人面部射击，否则会引起永久性的伤残，或者太近距离射击也可能造成致命性伤害。为此，目前国际上还发展了可调发射压力的防暴发射器，可以针对不同距离的目标发射不同弹速的子弹，以控制杀伤威力。

3) 高压水枪和水炮

高压水枪和水炮是体积较大的非致命性武器。通过装载大量水，靠高压水泵喷出高压水流，可以是连续喷射也可以是间歇喷射，或者用泡沫聚乙烯作弹托与直径 75mm 的水球一起制成水弹，最终击倒人员。水枪和水炮还可以射出染料和催泪液体，起到驱散骚乱人群的作用，但不会引起伤残。

2. 刺激人员精神、味觉、皮肤的武器

1) 催泪弹

催泪弹又称催泪瓦斯，最常出现的成分为苯氯乙酮 (CN) 和邻氯苯亚甲基丙二腈 (CS)，其中 CS 使用更为广泛。催泪弹被世界各国警察广泛用于暴乱场合驱散示威聚集者。催泪气体在低浓度下，可使人眼睛受刺激、不断流泪、难以张开眼睛，亦可引起呕吐。当被攻击者离开催泪瓦斯攻击区，到通风良好的地方以后，症状会很快消除。

2) 化学失能剂

化学失能剂类似于古人所说的 “蒙汗药”，可使人员产生躯体功能障碍，听觉、视觉障碍，精神紊乱，麻痹瘫痪，昏迷或呕吐等症状，从而降低或暂时丧失战斗力。失能剂一般分两种：①精神失能剂，主要引起精神活动紊乱，出现幻觉，如毕兹 (BZ)；②躯体失能剂，主要引起运动功能障碍、瘫痪，视听觉失调等，如四氢大麻酚。化学失能剂可通过通风口进入建筑物、车辆和飞机内部作用于里面的人员。

3) 麻醉武器

麻醉武器是将含有麻醉药的针管或麻醉弹，利用发射注射枪或气动注射枪等方式射入人体肌肉，使其暂时麻醉，失去反抗能力的武器。常用的麻醉剂有氯胺酮等。麻醉期间，人的呼吸和心跳都正常，过后基本不产生副作用。麻醉武器一般用来对付单个犯罪嫌疑人。

4) 臭味弹

臭味弹与催泪弹类似，在平息暴乱、骚乱，制止群体械斗，反劫持和反袭击等突发事件中有着广泛的应用。它是一种作用于人体嗅觉器官的新型非致命性武器，其作用原理是通过施放令人极度厌恶、无法抗拒的恶臭气味，利用人们对恶臭气味的畏惧心理，使其陷入嗅觉恐慌，丧失抵抗意志，从而达到制服犯罪分子、驱散骚乱人群的目的。美国在研制臭味弹时还设想，在造成生理反应的同时产生心理反应，如研制出模仿化学毒剂的味道，使人恐慌；研制出模仿危险气体的气味，如乙炔的气味，会令人担心发生爆炸燃烧等。

3. 障碍、缠绕型武器

障碍、缠绕型武器主要是通过布设钉刺、钉带、蒺藜、障碍等来限制车辆的移动，通过发射缠绕人员或船只推进系统的网来限制目标的活动等。例如，“蛛网弹”是一种用于缠绕人员、限制其活动的非致命性武器。这种网弹可以被放在弹药桶里，由一种特殊的枪发射出去，将正在逃跑的目标缠住，发射距离达 10m。美国开发的一种便携式汽车“逮捕器”，是一种非常坚硬、弹性很强的网，可在瞬间封锁一条道路，让一辆重达 3t、以 45mi/h(1mi/h=1.609344km/h) 行驶的小型货车停下来，从而轻而易举地控制车内人员。这种类型的武器形式比较多，很多在日常生活或影片中都可以见到，本书在此不过多阐述。

8.6.3 针对装备的非致命武器

1. 腐蚀目标材质的非致命武器

腐蚀目标材质的非致命武器主要是通过使材料发生化学反应而破坏或降低材料的性能，达到使敌方武器装备或基础设施不能正常工作的目的。比较典型的有超级腐蚀剂和材料脆化剂。

1) 超级腐蚀剂

超级腐蚀剂指的是强酸或强碱类化合物，比如盐酸和硝酸的混合物，这些腐蚀剂的腐蚀能力极强，甚至能溶解大多数稀有金属，亦可破坏某些有机材料。这种腐蚀剂主要包括两类：一类是可破坏敌方铁路、桥梁、飞机、坦克等重武器装备，还可破坏沥青路面、掩体顶部和相关光学系统的腐蚀剂；另一类是专门腐蚀、溶化轮胎的腐蚀剂，可使汽车、飞机的轮胎即刻溶化报废。超级腐蚀剂可制成液体、粉末、凝胶或雾状，也可采取两种组分分离运输，在使用时混合，以保证安全。超级腐蚀剂可由飞机投放，也可用炮弹或由士兵施放到地面。

2) 材料脆化剂

材料脆化剂是一些能引起金属材料、高分子材料、光学材料等迅速解体的特殊化学物质。它的作用原理是，金属材料吸收这种脆化剂，可形成类似汞齐[①]的金属，致使其强度大大减弱。可对敌方飞机、坦克车辆、舰艇、铁轨及桥梁等基础设施的结构造成严重损伤而使其瘫痪。材料脆化剂可通过涂刷、喷洒或泼溅等方式施用。

2. 改变燃油性质致使发动机不能正常工作的武器

1) 燃油燃烧蚀变剂

燃油燃烧蚀变剂是一种可使发动机熄火的雾状物质，使用时，可由人工投放或空撒，当以云雾状大面积播撒在直升机航线上时，能使直升机因引擎失灵而坠毁；若播撒于海港上，能使舰船内燃机停止工作；如果播撒在地面上，可使经过的装甲车辆或汽车立即瘫痪。此类技术是借助化学添加剂来改变燃料的特性，致使发动机堵塞熄火，其作用机制可以从对柴油的典型分析来认识。

柴油机中柴油的燃烧是一种热自燃现象，其燃烧反应原理是高温下的气相氧化链锁反应。气相氧化链锁反应所产生的游离基团是维持燃烧链锁反应的活性基团，它们与燃料分子作用，不断生成新的活性基团和氧化物，同时放出大量的热，以使链锁反应持续进行。若燃油气缸中吸入了能终止其气相氧化链锁反应的负催化剂、高积碳高分子微粒，就会泯灭火焰中的活性基团，使其数量急剧减少，中断或改变燃烧的链锁反应进程，破坏发动机的正常燃烧，致使发动机停转。

2) 爆燃剂

爆燃剂是一种以水和粉状碳化钙为主要装填物的化学战剂。当水和粉状碳化钙接触反应后会产生可燃性气体——乙炔气，这种气体与空气混合后遇到火花即可爆炸，环境温度越高，爆炸越猛烈。根据这个原理设计的爆燃弹，弹体有两个单元，一个用于装水，另一个用于装粉状碳化钙。弹体爆炸后，产生的乙炔气体与空气接触，形成的混合物很容易被发动机吸入缸内，引起大规模爆炸，摧毁发动机。

3) 燃料改性剂

燃烧改性剂可污染燃料或改变燃料的黏滞性。一种是微生物油料凝合剂，可使油料变质凝结成胶状物，主要用以破坏敌方的油库等；一种是阻燃剂，可使发动机熄火。燃料改性剂可由空中投放到机场、战场、港口等上空，若通过进气口进入发动机，发动机将立即停止工作，致使飞机坠毁、车辆不能开动。

---

① 汞齐，汞与其他金属如锡或银等的合金，一般比较脆，强度比较低。

3. 改变材料黏度而限制目标行动的武器

1) 超级黏结剂

超级黏结剂是一种以聚合物为基础的黏结剂，如化学固化剂和纠缠剂等，直接作用于武器、装备、车辆或设施，使其改变或失去机动能力。作战时可用飞机播撒，或用炮弹、炸弹投射等方式，将其直接置于道路、飞机跑道、武器装备、车辆或设施上，黏住车辆和装备使之寸步难行。超级黏结剂也可在空中飘浮，用于堵塞内燃机、喷气式发动机的进口，使气缸停止运动。若落在光学仪器的窗口上，将干扰观察、瞄准系统。超级黏结剂可使用改性丙烯酸系列聚合物、改性环氧树脂类黏合剂、聚氨基甲酸乙酯聚合物等制作。

2) 黏性泡沫剂

黏性泡沫剂是最早得到实战应用的非致命性武器之一。美军在索马里维和行动中使用了一种“太妃糖枪”，可以将人员包裹起来并使其失去抵抗能力，其发射的就是黏性泡沫剂。黏性泡沫剂可通过单兵手持和肩扛武器平台进行发射，用于封锁建筑物出口或其他特定区域。漂浮性黏性泡沫剂制成的泡沫弹，发射到装甲车辆附近，可形成大量泡沫云雾，装甲车辆的发动机吸入泡沫后立即熄火，失去机动能力。这类黏性泡沫剂的组成主要有单组分系统和双组分系统。在单组分系统中，聚合物组分和发泡挥发性组分在一定的压力下混合、发泡、释放。在双组分系统中，两种组分被隔开，当泡沫弹爆炸时两种组分接触，聚合反应和发泡过程同时发生。在泡沫材料中加入鳞状金属粉末、石墨粉等添加物时，还能干扰通信、电磁辐射和红外探测等环境。

3) 超级润滑剂

超级润滑剂是利用反摩擦技术达到限制人员行动和使运输装备瘫痪的目的。它采用一种类似聚四氟乙烯及其衍生物的物质，这种物质不仅几乎没有摩擦系数而且极难清除。可通过飞机、导弹、炮弹、炸弹等载体施放到飞机跑道、公路、铁路、坡道、楼梯和人行道上，使其表面异常光滑，造成飞机不能起飞、列车无法行使、汽车无法开动以及人员行动困难，还可以将其雾化喷到空气里，当坦克、飞机等发动机吸入后，功率骤然下降，甚至熄火，可有效滞缓敌方行动。

思考与练习

(1) 什么叫高能激光系统？什么叫高功率微波系统？

(2) 试分别简述高能激光系统和高功率微波系统的组成。

(3) 简述无人机和导弹的激光破坏模式。

(4) 激光作用目标时，什么叫硬破坏？什么叫软破坏？

(5) 为了高效干扰/致盲光电装备，如何选择激光波长和体制？

(6) 依照高功率微波对目标的破坏程度分类，高功率微波对电子设备的作用效果可分为哪几类？

(7) 简述高功率微波进入目标系统的主要途径。

(8) 高功率微波作用电子系统的主要机理是什么？

(9) 请思考光电装备的激光防护措施应该有哪些？

(10) 请思考电子装备的微波防护措施应该有哪些？

(11) 请简述高能激光系统与常规武器 (枪、炮) 的区别，分析高能激光系统的优缺点？

(12) 针对高能激光系统的特点，请分析未来战场人员、卫星、飞机、坦克等应该采取的防护措施？

(13) 对于弹道导弹，在什么阶段采用何种高能激光系统打击最为有效？

(14) 在攻击敌方的电子系统时，采用什么武器最为有效?

(15) 请分析对于高功率微波系统如何避免伤及己方或友邻部队。

(16) 微波武器控制哪些环节即可实现对人员的非致命性攻击？

(17) 针对微波武器的攻击，对于电子设备来说如何做好相关防护工作？

(18) 碳纤维弹要发挥最大攻击威力哪几个环节最重要？

(19) 请从攻与防两个角度分析信息攻击武器在现代战争中的作用。

(20) 试分析信息攻击在作战流程的哪些环节发挥作用？

(21) 试设计一种专门用于抓捕人员的非致命武器，并简述其作用过程。

(22) 请分析，若生物型非致命武器不限制使用，可能带来什么后果。

(23) 调研一类非致命武器的应用和研究现状。

参 考 文 献

[1] 陈金宝, 华卫红, 习锋杰, 等. 定向能武器技术与应用 [M]. 长沙: 国防科技大学出版社, 2015.

[2] 秦致远, 许晓军, 廖为民, 等. 激光武器系统导论 [M]. 北京: 国防工业出版社, 2014.

[3] 阎吉祥. 激光武器 [M]. 北京: 国防工业出版社, 2016.

[4] 曹柏桢, 凌玉崑, 蒋浩征, 等. 飞航导弹战斗部与引信 [M]. 北京: 中国宇航出版社, 1995.

[5] 陈敏孙. 切向气流作用下激光对纤维增强树脂基复合材料的辐照效应研究 [D]. 长沙: 国防科技大学, 2012.

[6] Boley C D, Cutter K P, Fochs S N, et al. Study of laser interaction with thin targets: LLNL-PROC-411215[R]. 2009.

[7] 唐志平. 激光辐照下充压柱壳失效的三维离散元模拟 [J]. 爆炸与冲击, 2001, 21(1): 1-7.

[8] 李清源. 连续波激光对弹道导弹的毁伤效应 [J]. 强度与环境, 2005, 32(2): 29-32.

[9] 焦路光. 连续波激光对液体贮箱的辐照效应研究 [D]. 长沙: 国防科技大学, 2013.

[10] 杨世铭, 陶文铨. 传热学 [M]. 4 版. 北京: 高等教育出版社, 2006.

[11] 朱志武. 短脉冲激光对可见光 CCD 及滤光片组件的损伤效应研究 [D]. 长沙: 国防科技大学, 2013.

[12] 孙可. 强光辐射下光电成像系统中的表面散射和衍射效应研究 [D]. 长沙: 国防科技大学, 2013.

[13] 高光煌. 激光辐射伤医学防护 [M]. 北京: 军事医学科学出版社, 1998.

[14] Huddleston G K. Development of processing and fabrication techniques for laser hardened missile radomes[R]. Georgia Institute of Technology, 1977.

[15] Boley C D, Cutter K P, Fochs S N, et al. Study of laser interaction with thin targets: LLNL-PROC-411215 [R]. 2009.

[16] 罗振坤, 王秋华, 刘海峰, 等. 基于 VO_2 薄膜相变的强光限幅机制与复合防护技术 [J]. 医疗卫生装备, 2010, 31(8): 27-29.

[17] 陆启生, 江天, 江原满, 等. 半导体材料和器件的激光辐照效应 [M]. 北京: 国防工业出版, 2015.

[18] 张震. 可见光 CCD 的激光致眩现象与机理研究 [D]. 长沙: 国防科技大学, 2010.

[19] 江伟华, 张弛译. 高功率微波 [M]. 北京: 国防工业出版社, 2009.

[20] 李传胪. 新概念武器 [M]. 北京: 国防工业出版社, 1999.

[21] 凌静，车易. 美军最新高功率微波导弹成功完成首次作战试飞 [J]. 飞航导弹, 2012, (11): 1-2.

[22] Schamiloglu E, Schoenbach K H, Vidmar R. Basic research on pulsed power for narrowband high power microwave sources [C]. Proceedings of SPIE, Intense Microwave Pulses IX, 2002, 4720: 1-9.

[23] Bacon L D, Rinehart L F. A brief technology survey of high-power microwave sources [C]. Sandia National Laboratory report, 2001.

[24] Barker R J, Schamiloglu E. High-Power Microwave Sources and Technologies [M]. New York: The Institute of Electrical and Electronics Engineer, Inc., 2001.

[25] Benford J N, Cooksey N J, Levine J S, et al. Techniques for high power microwave source at high average power [J]. IEEE Trans. Plasma Sci., 1993, 21(4): 388-392.

[26] 周传明, 刘国治, 刘永贵, 等. 高功率微波源 [M]. 北京: 原子能出版社, 2007.

[27] 《高功率微波源与技术》翻译组译. 高功率微波源与技术 [M]. 北京: 清华大学出版社, 2005.

[28] Swegle J A, Benford J. High-power microwave at 25 years: The current state of development [C]. Proceedings of the 12th international conference on high-power particle beams, Haifa, Israel, 1998.

[29] Benford J, Swegle J A, Schamiloglu E. High Power Microwaves [M]. 2nd ed. New York: Taylor and Francis Group, 2007.

[30] 左群声, 陈洪元, 沈文军, 史建东. 现代军用电子设备抗高能电磁辐射研究 [J]. 电子工程信息, 2003, (5): 9-12.

[31] 谭水, 王光明, 杨洲. 高功率微波 (HPM) 雷达抗反辐射导弹研究 [J]. 飞航导弹, 2004, (7): 57-60.

[32] 周介群. 高功率微波武器 [J]. 舰载武器, 2001, 4: 33-38.

[33] 王建国, 刘国治, 周金山. 微波孔缝线性耦合函数研究 [J]. 强激光与粒子束, 2003, 15(11): 1093-1099.

[34] 朱占平. 微带缝金属腔体、电子线路的微波耦合特性分析与基本电路的微波注入效应实验研究 [D]. 长沙: 国防科学技术大学, 2011.

[35] 汪海洋. 高功率微波效应机理理论与实验研究 [D]. 成都: 电子科技大学. 2009.

[36] 总装备部电子信息基础部. 信息系统构建体系作战能力的基石 [M]. 北京: 国防工业出版社, 2011.

[37] 韩雅静, 赵乃勤, 刘永长. 石墨炸弹破坏机理及相关防护对策 [J]. 兵器材料科学与工程, 2005, 28(3): 57-60.
[38] 张若棋, 赵国民, 江厚满, 田保林. 纤维子母弹 [J]. 国防科技参考, 1999, (4): 35-36.
[39] 冯顺山, 张国伟, 何玉彬, 王芳. 导电纤维弹关键技术分析 [J]. 弹箭与制导学报, 2004, 24(1): 40-42.
[40] 谭东风, 朱一凡, 戴长华, 等. 武器装备系统概论 [M]. 北京: 科学出版社, 2015.
[41] 赵吉祥. 化学型非致命性武器初探 [J]. 科学之友, 2008, (35): 81-82.
[42] 庞维强, 樊学忠. 非致命武器在反恐中的应用进展及发展趋势 [J]. 国防技术基础, 2009, (3): 46-50.
[43] 李绍义. 非致命性武器发展趋势及对警用装备的启示 [J]. 武警工程学院学报, 2004, 20(2): 47-50.
[44] 黄吉金, 黄珊, 胡剑. 未来战场的革命性非致命武器—主动拒止系统浅析 [J]. 微波学报, 2010, (51): 716-720.

第 9 章　毁伤效能评估

毁伤效能评估是武器作战运用的关键环节，它需要在武器威力、目标易损性及弹目交会参数具有随机性甚至不确定的情况下，对某一目标的毁伤效果进行全面预测和分析，从而全面评估武器的毁伤效能或者服务于武器性能的改进。毁伤效能评估主要与武器威力 (lethality) 和目标易损性 (vulnerability) 两方面的因素有关，所以大多数情况下需要将二者进行融合分析，即 V/L 分析 (vulnerability/lethality 分析)[1]。

本章从目标易损性分析、毁伤效能分析的角度阐述武器毁伤的运用问题，参考近年来国内外相关领域的发展，归纳当前毁伤效能分析的主要思路和主流方法，给出了基于毁伤效能分析进行用弹量测算的可参考技术手段，

9.1 基本概念

9.1.1 毁伤效能评估的要素

毁伤效能评估 (DEA) 指“打前，预测打得怎样”，根据武器毁伤能力 (威力参数)、目标易损性以及武器对目标的交会条件 (包括精度) 进行分析，进而获得武器对目标毁伤效果的预测与评判结论。毁伤效能评估综合了武器威力特征、投射精度、目标易损性等技术领域，其目的是支撑作战规划并优化火力打击参数，实现对目标的高效毁伤，如图 9.1.1 所示。

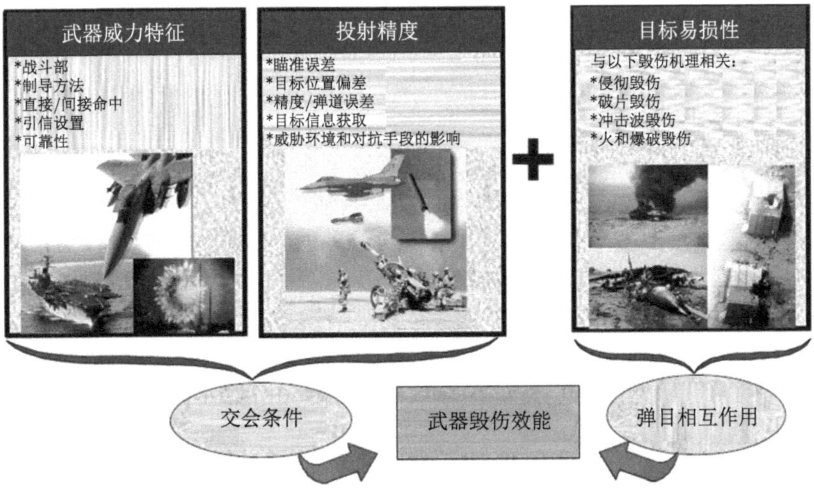

图 9.1.1　毁伤效能评估的要素

9.1.2 毁伤效能评估的历史

由于存在军事需求，世界各军事强国都进行了毁伤效能评估的研究工作。第二次世界大战以后，基于不断的局部战争实践，美军在毁伤效能评估研究上积累了很多经验，它的发展历程具有代表性，所以下面以美军为例介绍该领域的发展历程 [2]。

发展历程围绕着美军弹药效能联合技术协调组 (Joint Technology Coordination Group for Munitions Effectiveness, JTCG/ME) 的发展而展开，该组织自建立起，它的中心工作就是进行毁伤效能评估。

1963 年，陆军航空队的近距空中支持委员会 (Close Air Support Board) 发布了一个报告，报告呼吁要对当时空地常规弹药有关数据在总体上的不准确性，及其与实用的较大差距，予以重视。为解决这个问题，该委员会建议发布一种联合出版物，在其中列出目标，以及适合于毁伤这些目标的空地弹药效能数据。所以，参谋长联席会议 (简称: 参联会，Joint Chief of Staff) 要求成立一个联合工作组来修正数据并发布空地武器的《联合弹药效能手册》(Joint Munitions Effectiveness Manual，JMEM)。

陆军受命领导有关工作。先是成立了一个由国防部内的军方和地方科学家组成的特别工作组。该工作组首次研发了评估武器效能的标准化方法，而且该方法成为了一个勤务手册 (《空地非核武器联合弹药效能手册》) 草案的内容。该手册不但被军队和地方专业人员所接受，而且得到了国防部长的认可，后者要求把类似方法推广到地对地武器应用中。

在 1965 年秋天，该特别工作组被正式命名为弹药效能联合技术协调组，隶属于后勤部。直到 1966 年中期，弹药效能联合技术协调组由三个子工作组支撑：目标易损性、化学生物、空地打击。这些子工作组下又成立了相应的下级工作组。空地打击下属工作组有：武器特性、投射精度、纵火引燃效应、方法开发和发布出版。另外还成立了基本手册工作组，由国防情报署掌管，以维护出版物《武器效能/选择和要求——基本联合空地弹药手册》。

至 1967 年 1 月，弹药效能联合技术协调组引入了产品承包商，以支持联合弹药效能手册、技术手册、特别报告以及其他出版物的开发、出版。弹药效能联合技术协调组不但参与导出或验证试验数据和数学模型，也直接从战场获得数据。弹药效能联合技术协调组的战伤数据及弹药效能小队从东南亚收集战伤数据。后来，该小队业务扩展到战场装备受损情况收集，并以战场毁伤评估及报告计划的名义派出专业队伍到东南亚开展工作。收集到的数据被存放在 Wright Patterson 空军基地的生命力及易损性信息分析中心 (Survivability/Vulnerability Information Center，SURVIAC)，并服务于国防部及下属或业务联系单位的研究工作。

1967 年 9 月，地地打击组成立，用以检验和产生地对地弹药的数据。包含地对地武器数据的手册被发布出来，并随着新目标和新武器的出现而持续修订。出于完备性考虑，1976 年，弹药效能联合技术协调组成立防空工作组。1977 年，形成了红蓝对抗工作组，以解决红方武器打击蓝方目标的效能分析问题。1983 年，特战工作组成立，为特种部队提供目标易损性和武器效能分析支持。

到 1994 年,弹药效能联合技术协调组有四个主要下属工作组:空地组、地地组、防空组、易损性组 (包含了特战组),覆盖了主要的武器效应分析领域。而且,每个工作组由正式的军事行动用户工作组 (Operational Users Working Group，OUWG) 所支持。弹药效能联合技术协调组计划办公室 (JTCG/ME Program Office) 负责协调各工作组工作，而各工作组由各自的主席领导。

在 1999 年 5 月，国防部部长办公室修改了编号为 5000.2R 的国防部指示，即《重点国防采购强制程序》以及《重点自动信息系统采购计划》，以要求在采购过程中，采购代理方要提供武器效能数据供《联合弹药效能手册》使用，而且要在武器装备形成战斗力之前到位。国防部部长办公室同时也要求，武器效能数据还要被用于弹药效能联合技术协调组的多种分析方法中。

有关权力资源也从国防部部长办公室作战试验与评估主任处，直接分配给了弹药效能联合技术协调组。由二星联合后勤司令官或地方平级主责办公室批准，弹药效能联合技术协调组被一个指导委员会所领导，指导委员会成员来自参联会、国防情报局、国防威胁降低局。陆军继续作为国防部执行代理存在，它也是一个特别的工作组，并由位于马里兰州阿伯丁试验场的陆军装备体系分析行为处主任所领导。

指导委员会由隶属国防部的军地武器弹药专家组成，以在非核武器弹药的开发、部署方面确保形成客观、科学的指导意见。最初的组织机构图如图 9.1.2 所示。

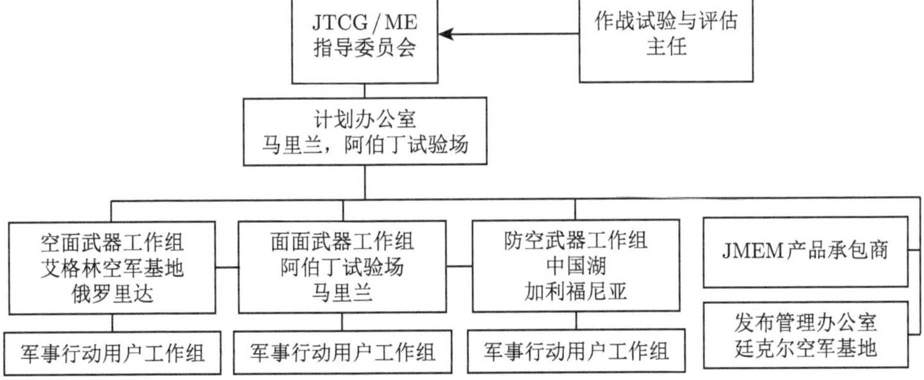

图 9.1.2 弹药效能联合技术协调组的初始组织机构示意图

弹药效能联合技术协调组的主要产品是《联合弹药效能手册》。从其组织机构图可知，每个工作组都开发了服务于其相应用户的武器效能分析工具。《联合弹药效能手册》被用于提供数据和方法，以在不同服务领域对武器效能进行标准化的比较。例如，对特定武器在特定条件下使用时，这些数据和方法能够使在五角大楼的国防部作战规划人员、军舰上的海军武器指挥官，以及在韩国的空军靶标专家，获得相似的效能估计结论。除了作战规划和实施外，标准化的数据和方法还有利于武器装备的开发与采购、储藏及管理。

鉴于目标分析的重要性，《联合弹药效能手册》提供的数据和方法对战区级作战力量的选择，作战单元领受命令的形成都至关重要。《联合弹药效能手册》包括的内容有：武器或武器系统物理特征及性能的精细数据、分析方法的数学描述 (要用到数据并形成效能估计结论)、计算效能的软件、预先计算好的效能数据。

在历史上，《联合弹药效能手册》一开始以手册的形式提供用于武器效能工程的系列数据和方法，随着时间的推移，计算机程序作为手册的补充出现，以减轻用户的计算负担、加快获取结果的速度，以及加载更真实的模型。近年来，《联合弹药效能手册》以软件系统光盘的形式出现，其中最早也是被空地打击领域所广泛应用的是联合空地武器效能评估系统 (Joint Air-to-Surface Weaponeering System，JAWS)。接着，地地工作组发布了功能类似的产品，即联合弹药效能手册/地地武器效能系统 (JMEM/SS Weapons Effectiveness System，JWES)，而防空工作组的产品是联合防空战斗效能模型 (Joint Anti-Air Combat Effectiveness Model，J-ACE)。

2005 年左右，几个作战司令部参与指导了《联合弹药效能手册》工具的开发，并使之面向以目标为中心的模型推进。从作战司令部来看，在评估武器效能时，以目标为中心更为重要，因为这样分析可以适用于所有武器类型，而不需要区分空地打击还是地地打击。此时，有关工具仍然是基于场景的，并运行于不同的计算机系统。因此整合工作被提上了日程，拟将主要工具整合形成单一产品，即联合弹药效能手册/武器效能工程系统 (JMEM Weaponeering System，JWS)。这不但导致其旗舰产品 (即指联合弹药效能手册/武器效能工程系统) 软件架构的改变，也导致了弹药效能联合技术协调组组织机构的改变，以简化武器效能评估的流程。修改的组织机构如图 9.1.3 所示。

作为整合的成果，联合弹药效能手册/武器效能工程系统集成了联合弹药效能手册/地地武器效能系统和联合弹药效能手册/空地武器效能工程系统，形成了共同的数据库，在《联合弹药效能手册》数据支持范围内，可实现任一常规武器打击任一目标的效能分析。联合防空战斗效能模型的整合工作也在计划中。

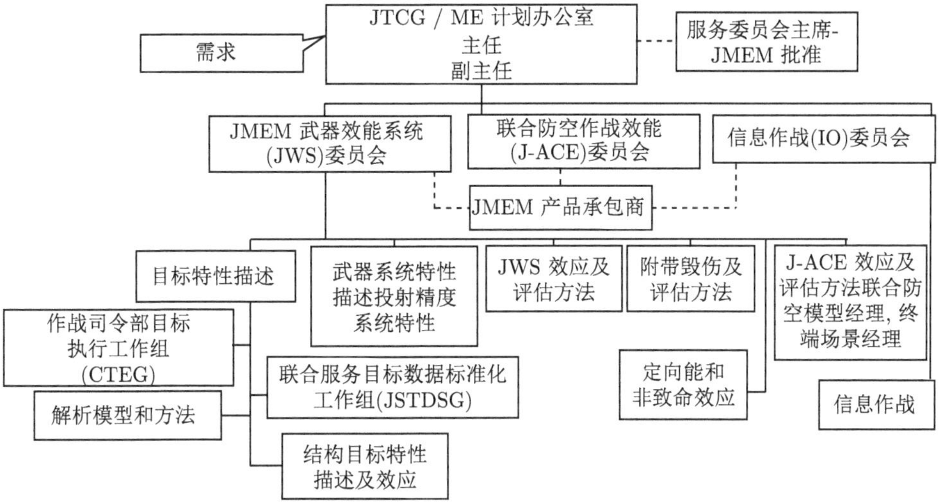

图 9.1.3 修改的弹药效能联合技术协调组组织机构示意图

9.1.3 毁伤效能评估的总体思路

如前所述，在毁伤效能评估中，必须考虑武器威力和目标易损性两方面的因素，将这两方面因素融合起来分析叫做 V/L 分析，V/L 分析被认为是进行毁伤效能评估的基础分析手段。

毁伤效能评估的目的是支撑作战规划，V/L 分析的结果最终要与弹药选型、瞄准点优化、用弹量测算等作战要素关联起来。图 9.1.4 给出了毁伤效能评估在美军火力打击闭环流程中的地位和作用，可以看出毁伤效能评估是作战规划的前序过程，能够支撑拟制或者优化符合作战毁伤意图的作战方案 [2]。

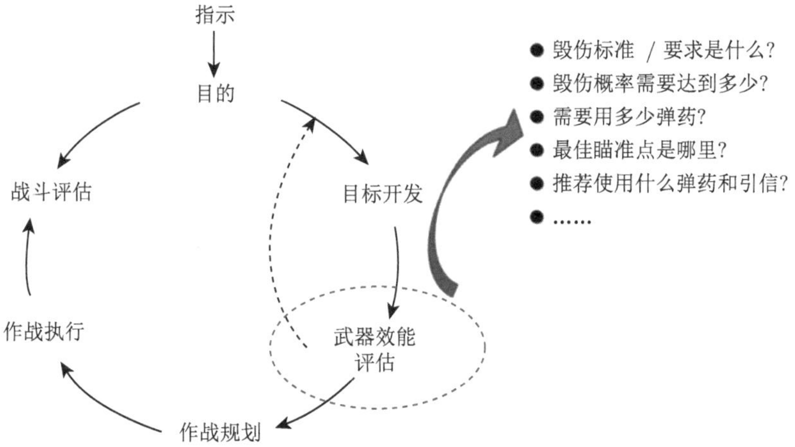

图 9.1.4 毁伤效能评估在美军火力打击闭环流程中的地位和作用

毁伤效能评估可以依靠计算机软件进行，软件的正确性是由可靠的理论模型和丰富的试验数据所保证的。在面向作战规划方面，软件的输出可能是简短的指令，内容包括：任务代号、作战单位、武器平台、弹药类型和数量、引信设置、毁伤时间、目标信息等，以便于后续的作战执行。

在 V/L 分析中，由于武器毁伤元类型、毁伤机理比较有限，所以进行武器威力分析相对比较容易，而由于目标更加复杂和多样化，进行目标易损性分析的困难性就要大一些。因此，为了达成上述毁伤效能评估的目的，在目标易损性分析与武器威力分析相融合方面存在着不同的观点和不同的途径，有的理论也在发展中。

例如，在实际应用中，关于目标易损性分析与毁伤效能评估的关系，就存在两种观点。

一种观点认为，毁伤效能评估可以是以武器为中心，也可以是以目标为中心，前者侧重于武器威力检验与评估，后者侧重于目标防护或生存力评估；这样，目标易损性分析就等同于以目标为中心的毁伤效能评估，其目的是解决目标防护或生存力评估的问题。这种观点的特点是认为目标易损性分析就是毁伤效能评估的子集。该观点是美国陆军装备部出版的《终点弹道学原理》(Elements of Terminal Ballistics，1962) 里所持有的观点 [3]。

另外一种观点认为，目标易损性是目标在广泛普遍的武器威力类型 (毁伤元类型)、参数、交会条件下所呈现出来的响应，而毁伤效能评估是在特定的武器类型 (也即特定的威力类型)、参数、交会条件下对目标的响应进行分析。显然，在这种观点下，毁伤效能评估是目标易损性分析的子集；如果已经对目标易损性进行了充分的分析，毁伤效能评估的结论就可以快速给出。这个观点是美国弹药效能联合技术协调组在长期开发《联合弹药效能手册》和毁伤效能评估实践中所持有的观点 [2]，具有代表性。

基于上述弹药效能联合技术协调组关于目标易损性的观点，实际上形成了毁伤效能评估的一个解决方案，即：对要打击的目标，先在较宽泛的毁伤元及弹目交会条件下，进行详细的目标易损性分析，并用一定的效能指标、易损面积或毁伤概率对目标易损性进行表征，然后再与具体的毁伤元及弹目交会条件相结合，最后获得弹药/战斗部的毁伤效能指标以及目标的毁伤概率等数据，完成毁伤效能评估。这个解决方案可以被称为从目标易损性分析出发的方案，本书将对这个解决方案进行详细介绍，涉及的内容有：目标易损性分析 (9.2 节)、弹目交会与毁伤效能评估 (9.3 节) 以及所使用到的软件工具 (9.4 节)。

除了从目标易损性分析出发的方案之外，在实际应用中还有一种直接从弹药/战斗部建模出发的解决方案，该流程的特点是：先对弹药/战斗部及其毁伤元进行建模，然后考虑具体应用中所涉及的毁伤元和弹目交会条件，分析毁伤元对目标的作用情况，结合目标易损性，最后获得弹药/战斗部打击目标的效能，完成毁伤效能评估。在这个方案中，目标易损性分析针对具体的毁伤元及弹目交会条件进行，目标的毁伤概率也可以通过 Monte Carlo 仿真来获得。本书将在 9.5 节对从弹药/战斗部建模出发的解决方案进行简要介绍。

另外，上述两种解决方案都会涉及共同的支撑技术，包括毁伤过程数值模拟、毁伤机制建模仿真、目标物理毁伤仿真、目标功能毁伤仿真等技术。本书将在 9.6 节对这些技术进行集中介绍。

9.2 目标易损性分析

通常将目标易损性定义为目标对毁伤的敏感性。但这个定义非常笼统，基于该定义，无法确切回答目标易损性应该如何表征和如何分析的问题。P. H. Deitz 和 A. Ozolins 在 20 世纪 80 年代末提出了易损性空间的概念，将目标对毁伤的敏感性用四个递进的层次空间来具体表述 [4]，如图 9.2.1 所示。其中，空间 1 为弹目交会初始参数空间，描述了弹药/战斗部和目标交会的状态，代表了引起目标毁伤的原因；空间 2 为部件破坏状态，描述了目标遭受打击后其各个部件的物理毁伤状态，代表了部件物理毁伤敏感性；空间 3 为目标工程性能的度量，描述了目标工程性能毁伤状态，代表了其工程性能毁伤敏感性；空间 4 为目标作战性能的度量，描述了目标作战性能毁伤状态，代表了其作战性能毁伤敏感性。图 9.2.1 中还指出了空间 1 到空间 4 的递进变换方法。

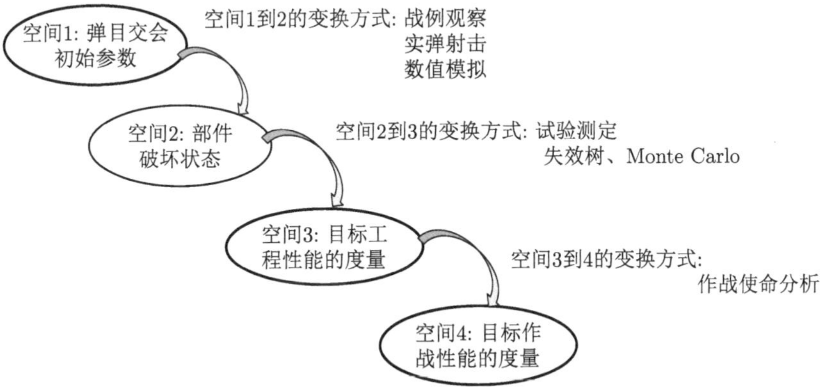

图 9.2.1 目标易损性空间示意图

图 9.2.1 的优点在于，首先，它将目标对毁伤的敏感性这一描述进行了细化和具体化，其次，它指出了目标易损性分析的基本思路：将目标分解成部件，并从毁伤元类型、威力、交会条件出发，逐步进行递进分析，目标部件的物理毁伤 → 目标整体的工程性能毁伤 → 目标整体的作战度量毁伤。在实际工作中，限于具体需求及条件限制，分析到目标整体的工程性能毁伤即可。

但是这里仍然存在一个如何量化度量易损性的问题，或者说用什么物理量、数学量来表征易损性的问题。美军认为“发展系统级易损性评估方法的一个根本难题是定义某个可以度量易损性的术语。从实验评估的角度来看，最基本的方法是射击一个目标，然后记录结果，一一列出目标各部件是否损伤或毁坏。分析人员面临的难题是如何从损伤部件列表中得到损伤的量化度量。为了在不同目标或不同武器之间进行比较，这个步骤至关重要。从概念上讲，不管部件损伤是通过分析预测的还是实验观察到的，这个问题同样存在。当第一次提出如何度量易损性这个问题时，这样的分析方法还不存在，然而人们的长远目标就是要发展这样的方法，并且实验方法和分析方法必须保持一致。”为此美军梳理了相关概念，形成了以效能指标为基准的易损性分析和毁伤效能评估方法。

在 JTCG/ME 开发 JMEM 的框架下，目标易损性分析的流程是：定义效能指标 → 划分目标部件 → 计算单毁伤元下的部件易损性 → 计算单毁伤元下的目标整体易损性 → 计算多毁伤元下的目标整体易损性 [2]。

9.2.1　效能指标

效能指标 (effectiveness index，EI) 是一种定量数据，它既可以用于表征目标易损性，也用于表征武器打击特定目标的毁伤效能。美军采用的效能指标有：易损面积 (A_V，表征目标易损性)、破片毁伤平均有效面积 (MAE_F，表征武器毁伤效能)、冲击波毁伤平均有效面积 (MAE_B，表征武器毁伤效能) 等。

效能指标的数值还与毁伤定义有关。毁伤定义有时也称毁伤标准、毁伤要求，在表 9.2.1 里列出了一些目标类型的毁伤定义示例。

表 9.2.1　毁伤定义示例

目标类型	毁伤定义
地面车辆	K 级毁伤 (摧毁，不可修复) M0 级毁伤 (机动失效，立即不能行动) M40 级毁伤 (机动失效，40min 内不能行动) F 级毁伤 (火力失效，即不能开火射击)
地面停放的飞机	PTO 级毁伤 (起飞被阻止，修复需要至少 5min) PTO4 级毁伤 (起飞被阻止，修复需要至少 4h) PTO24 级毁伤 (起飞被阻止，修复需要至少 24h) (PTO：起飞被阻止 (prevent takeoff))
人员 (站姿)	30s 内防御被阻止 30s 内进攻被阻止 5min 内进攻被阻止 12h 内补给被阻止

在不同的目标和毁伤定义情况下，效能指标的值也有所不同。例如，对美军 500lb 的 Mk-82 炸弹和 2000lb 的 Mk-84 炸弹 (二者引信皆设为撞击引爆)，对于

不同的目标和毁伤定义，其效能指标 MAE_F 如表 9.2.2 所示。

表 9.2.2 效能指标值的例子 (单位: ft^2)

目标 ▶	坦克	坦克	部队
毁伤定义 ▶	M 级毁伤	K 级毁伤	5min 内攻击被阻止
武器 ▼			
Mk-82	600	450	3000
Mk-84	1200	550	12000

获得效能指标一般需要以下要素：

(1) 毁伤定义；

(2) 目标舱段/部件的物理、几何和功能描述（结构逻辑树）；

(3) 目标关键舱段/部件的相关知识，关键部件是指对其毁伤就能使目标达到一定毁伤等级的部件（毁伤逻辑树）；

(4) 毁伤元类型 (常见有冲击波、破片等) 及威力参数；

(5) 在毁伤元作用下，目标关键舱段/部件的响应；

(6) 在给定目标、毁伤元、毁伤定义的条件组合下的合适的效能指标计算方法。

9.2.2 目标舱段/部件划分

进行目标易损性分析时需要把整个目标划分成多个舱段或部件来考虑，从部件级别出发来分析目标对毁伤的整体响应。一般来讲，从使用武器的角度看，使用方可能会比较了解武器的威力性能，但对于武器要打击的敌方目标详细信息，尤其是舱段/部件组成信息，大多数情况下却知之甚少。然而，正如我们将看到的，如果要得到目标易损性有意义的结果，是需要这些细节的。所以除了依赖情报资源外，大多数情况下，这些细节是采用替代方法来近似确定，即用一个信息资料比较详细的目标 (本方目标) 去近似代替信息资料比较缺乏的目标 (敌方非合作目标)。

1. 部件划分的精细度

在划分舱段或部件时，有个精细度的问题。有时把目标的舱段/部件结构作一定简化，只保留关键舱段/部件，这种结构划分的精细度不高；也可以进行非常精细的划分，把很多舱段/部件及其附件都考虑在内，从而达到很高的保真度。精细度较低时，结构模型比较粗略，但是分析耗时少，计算速度快；精细度较高时，结构模型的保真度较高，但是会导致分析时间消耗大，计算速度慢。所以，选择什么样的精细程度，与实际需求有关，需根据需求来平衡保真度和计算时间成本之间的关系。图 9.2.2 是目标部件划分的一个示例。

(a)目标实物图

(b) 简化模型　　(c) 精细模型

图 9.2.2　美国 M1 坦克及其舱段/部件划分建模

2. 关键/非关键和冗余/非冗余部件

除了精细度的考虑外，目标舱段/部件的划分还有关键/非关键部件、冗余/非冗余部件等问题。

关于关键/非关键部件，其中关键部件是指，该部件被毁伤会直接导致目标整体的毁伤，而非关键部件则没有这个效果。关键部件的确定显然是与毁伤定义相关的，比如，有的部件对于机动性毁伤是关键的，有的则对于火力失效是关键。同时需要注意的是，在进行易损性分析时，不能直接将非关键部件忽略，因为它们可能遮挡关键部件，以至于使得关键部件不会受到足够的损害，而导致目标整体不受损。非关键部件的一个很好的例子是装甲车辆的装甲。

关于冗余/非冗余部件，首先明确冗余/非冗余部件都属于关键部件，非冗余部件是指该部件的功能没有备份，当它被毁伤时，将导致目标整体被毁伤；相应地，冗余部件是指其功能有备份的部件 (其他部件作为备份)，必须将所有相互备份的部件全部毁伤，才能导致目标整体被毁伤。冗余部件通常成为一个组或者一个系统，该组或该系统的毁伤会导致目标整体的毁伤；但是该组或该系统内部冗余部件的毁伤顺序是不必要去关心的。例如，一架飞机可能有四个发动机，但是飞机也可以仅依靠两个发动机 (或以上) 飞行。这些发动机就是冗余的关键部件，它们组成了推进系统，该系统中少于两个部件被毁伤，并不会导致该系统的毁伤，进而不会导致目标整体毁伤；该系统中必须至少有三个部件被毁伤，才会导致系统毁伤和目标整体毁伤。

9.2.3 部件的易损性

部件的易损性就是部件对毁伤的响应特点，详细地说就是部件在较为普遍和宽泛的毁伤元类型及参数作用的条件下，部件所呈现出来的毁伤特点，该毁伤特点既可以用毁伤概率 $P_{k/h}$ 或 $P_{ki/hi}$ 来表示，其中下标 h 和 k 分别表示命中和毁伤，下标 i 是指编号为 i 的部件；也可以用易损面积 A_v 或 A_{vi} 来表示，下标 i 是指编号为 i 的部件。

1. 部件毁伤概率

以下为讨论简单起见，主要针对破片毁伤元进行讨论，如果涉及其他毁伤元，将特别说明。此时，某个部件的易损性规律可以用如图 9.2.3 所示的曲线表示出来。在该图中，横坐标是破片速度，纵坐标是毁伤概率 $P_{k/h}$，不同的曲线表示了不同的破片质量。图 9.2.3 基本上表征了该部件对破片毁伤元的易损性，在给定不同的破片速度、破片质量的情况下，都可以查图表获知该部件的毁伤概率。$P_{ki/hi}$ 是易损性评估中最基础的数据，该图在大多数情况下是根据试验或者等效分析得出的。早期的数据规律主要来源于试验，即通过从不同方向、以不同速度，向部件发射不同质量的单枚破片进行试验，来确定这些数据。

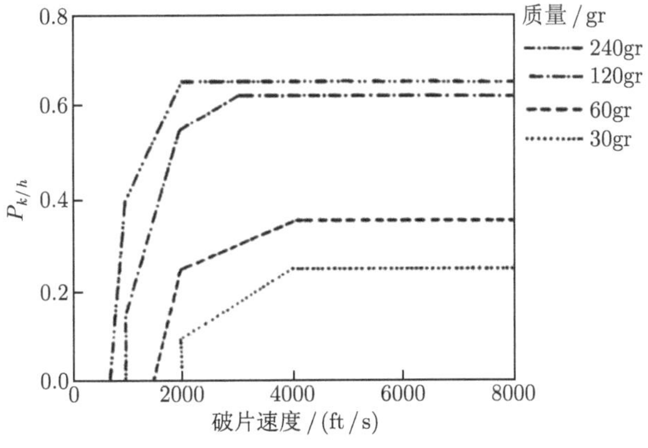

图 9.2.3 目标某部件的易损性曲线图

(100gr=6.48g, 100ft/s=30.48m/s)

如果部件的毁伤概率确定，也可以认为其生存概率确定，计算方法如下：

$$P_{s/h} = 1 - P_{k/h} \tag{9.2.1}$$

2. 部件易损面积

部件易损面积 A_v 需要根据部件的呈现面积 A_p 和毁伤概率 $P_{k/h}$ 来计算。部件的呈现面积 A_p 是指当毁伤元传播方向 (这里是破片的飞行方向) 一定时，部件在垂直于该方向的平面上所投影出来的外轮廓包围面积。如图 9.2.4 所示，当破片飞行方向垂直于纸面时，发动机的外轮廓线 (黑色实线) 所包围的面积是该发动机部件的呈现面积 A_p。

图 9.2.4　部件 (发动机) 的呈现面积 (即黑实线轮廓包围面积)

部件易损面积 A_v 定义为目标部件的呈现面积 A_p 与毁伤概率 $P_{k/h}$ 的乘积，即

$$A_v = A_p \cdot P_{k/h} \tag{9.2.2}$$

9.2.4　从部件到整体

从目标部件到整体分析时，先考虑单枚破片 (或单个侵彻体的情况)，再分析多枚破片 (或侵彻体) 的情况。

1. 目标整体毁伤概率与易损面积

根据部件的易损面积，也可以定义目标整体的易损面积 A_V，如下：

$$A_V = A_P \cdot P_{K/H} \tag{9.2.3}$$

其中，A_P 是目标整体的呈现面积，$P_{K/H}$ 是目标整体的毁伤概率。

根据定义，易损面积既考虑了目标整体或部件本身的几何和方位属性 (由呈现面积表征)，又考虑了目标整体或部件对毁伤的敏感性 (由毁伤概率表征)，它是对目标整体或部件几何与方位属性以及毁伤敏感性的抽象。所以易损面积只有数值大小的意义，没有位置、形状、方位属性，因为这些属性已经在运用呈现面积时被考虑了。图 9.2.5 说明了目标整体和部件的呈现面积与易损面积的关系。

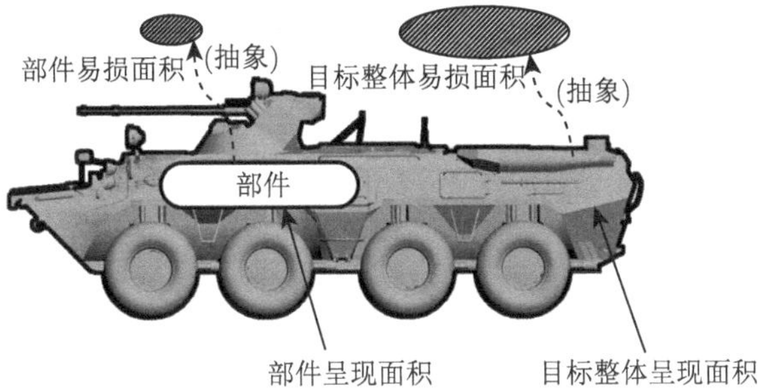

图 9.2.5 目标整体和部件的呈现面积与易损面积的关系

进一步，还可以得到以下关系。在单枚破片 (或者单个侵彻体) 打击的情况下，有下式成立：

$$P_{hi/H} = A_{pi}/A_P \tag{9.2.4}$$

其中，$P_{hi/H}$ 是在目标整体被命中下，部件 i 被命中的概率，A_{pi} 为部件 i 的呈现面积，A_P 是目标整体的呈现面积。再考虑到式 (9.2.2)，有

$$P_{ki/hi} = A_{vi}/A_{pi} \tag{9.2.5}$$

所以有

$$P_{ki/H} = P_{ki/hi} \cdot P_{hi/H} = A_{vi}/A_P \tag{9.2.6}$$

这里的大写下标符号对应目标整体的相应属性，小写下标符号对应部件。式 (9.2.6) 中 $P_{ki/H}$ 是在目标整体被命中情况下部件 i 的毁伤概率，它是部件 i 易损面积与目标整体呈现面积的比值。

2. 部件功能关系分析

从部件到整体分析时，要考虑部件之间的功能关系，以及部件对整体的影响。下面以两个简单例子来说明。

1) 目标由非冗余关键部件组成

假设目标为装甲车，它由两个非冗余关键部件组成：弹仓、发动机，而且当装甲车处于某个特定方位时 (该方位由毁伤元的攻击方向决定，这就是交会条件。此处假定是从车辆左侧水平攻击)，其几何位置如图 9.2.6 所示。

图 9.2.6 从装甲车左侧水平视角看，目标非冗余关键部件的布置

由于弹仓、发动机是非冗余关键部件，所以只要其中之一被毁伤，目标整体即被毁伤，这样它们的关系可以用如图 9.2.7 表示出来。图 9.2.7(a) 和 (b) 是一体两面的关系，具有同样的意义。

图 9.2.7(a) 是生存图，它用线路表示生存关系，部件生存代表线路连通，部件毁伤代表线路断开，如果线路能够成功连通到 “目标整体生存” 框，说明目标整体生存成立。可以看出，图 9.2.7(a) 表示的弹仓、发动机两个非冗余关键部件的生存关系是串联关系，即当所有两个部件都生存时，目标整体生存；反之，只要有一个部件毁伤 (顺序无关)，则目标整体毁伤。

图 9.2.7(b) 是失效树，它用逻辑式表示毁伤关系，部件毁伤代表逻辑值 1，部件生存代表逻辑值 0。显然，弹仓、发动机两个非冗余关键部件的毁伤逻辑关系为 “或” 的关系，也即逻辑和，符号是 OR，表示只要有一个部件被毁伤 (逻辑值为 1)，那么目标整体毁伤 (逻辑值为 1)。

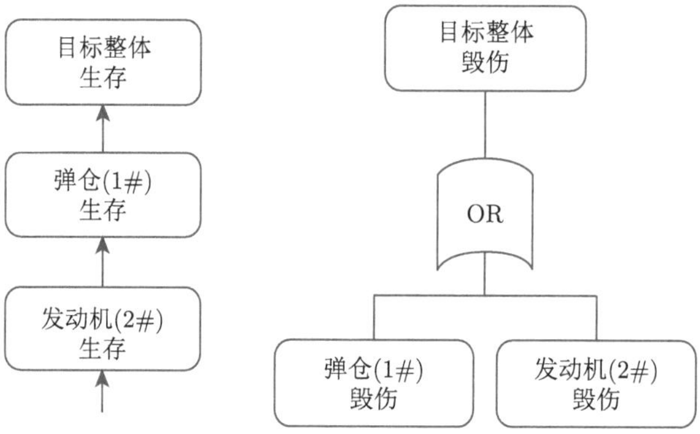

(a) 生存图　　(b) 失效树

图 9.2.7　目标非冗余关键部件的关系

根据图 9.2.7(a) 所示的生存图，目标整体生存概率是

$$P_{S/H} = P_{s1/H}P_{s2/H} \tag{9.2.7}$$

根据式 (9.2.1)，有目标整体毁伤概率为

$$\begin{aligned} P_{K/H} &= 1 - P_{S/H} = 1 - (1 - P_{k1/H})(1 - P_{k2/H}) \\ &= P_{k1/H} + P_{k2/H} - P_{k1/H}P_{k2/H} \end{aligned} \tag{9.2.8}$$

式 (9.2.8) 即为非冗余关键部件组成下，目标整体毁伤概率的严格算法。但是由于目前只分析单枚破片的情况，它还可以被化简：因为部件之间无遮挡，所以不存在单枚破片同时命中两个部件的情况，这样式 (9.2.8) 中等号右边概率的相互乘

积项就不存在了，所以可以化简为

$$P_{K/H} = P_{k1/H} + P_{k2/H} \tag{9.2.9}$$

再考虑到式 (9.2.6)，有

$$P_{K/H} = \frac{1}{A_P}\left(A_{v1} + A_{v2}\right) \tag{9.2.10}$$

并使用易损面积和呈现面积的关系，可知在此两个非冗余部件 (弹仓、发动机) 的情况下，其目标整体易损面积是

$$A_V = P_{K/H} \cdot A_P = A_{v1} + A_{v2} \tag{9.2.11}$$

根据式 (9.2.11) 可知，此时的目标整体易损面积即为两个非冗余关键部件易损面积之和。这是进行目标整体毁伤分析时相对简单的情况，也就是说将部件易损面积直接求和可以得到目标整体的易损面积。进一步，如果根据弹目的相对方位计算出目标整体的呈现面积，便可以根据式 (9.2.3) 计算目标整体的毁伤概率。

2) 目标由冗余关键部件组成

假设目标装甲车由两个关键部件组成：油箱 1，油箱 2，其中油箱 1 和 2 互为备份，所以它们是冗余部件，其几何位置如图 9.2.8 所示。

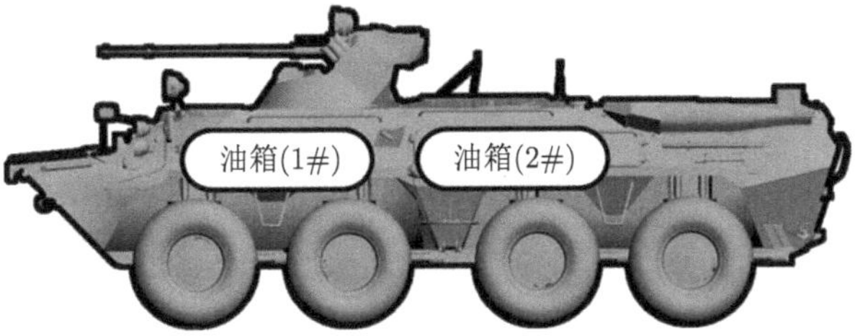

图 9.2.8 从装甲车左侧水平视角看，目标冗余关键部件的布置

此时，目标的生存图和失效树如图 9.2.9 所示。图 9.2.9(a) 中，两个冗余部件的关系是并联的关系，即当至少一个部件生存时，目标整体生存；相应地，必须将二者同时毁伤，才导致目标整体毁伤。图 9.2.9(b) 中，两个油箱的毁伤关系是逻辑“与”的关系，也即逻辑乘，符号是 AND，表示必须两个部件都被毁伤 (逻辑值为 1)，则有目标整体毁伤 (逻辑值为 1)。

这时对目标整体毁伤概率，同样可以运用概率论进行计算。根据图 9.2.9(b) 所示的逻辑关系 (逻辑乘)，得到目标整体的毁伤概率是

$$P_{K/H} = P_{k1/H} P_{k2/H} \tag{9.2.12}$$

式 (9.2.12) 是冗余关键部件组成下，目标整体毁伤概率的严格算法。但是同样由于目前只分析单枚破片的情况，考虑到部件之间无遮挡，所以不存在单枚破片同

时命中两个部件的情况，因此两个部件只要有其一能生存，则目标整体是能够生存的，这样其毁伤概率为 0。再使用易损面积和呈现面积的关系，得到此时目标整体易损面积也是 0。

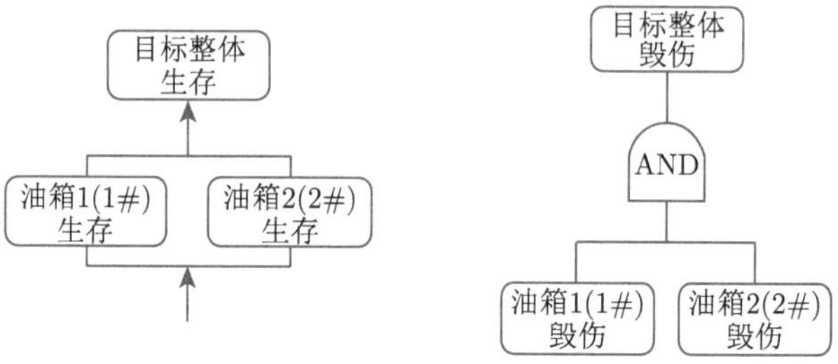

(a) 生存图　　(b) 失效树

图 9.2.9　目标冗余关键部件的关系

至此，在上述两种简单情况下，从部件易损性出发，得到了目标整体的易损性，并用易损面积进行了表征，易损面积就是一个效能指标。如果目标的呈现面积固定 (呈现面积跟目标的几何数据和方位有关，而方位又与交会条件有关)，则易损面积越大 (按定义，易损面积不会超过呈现面积)，从而目标毁伤概率越大，也就越 “易损”；反之则毁伤概率越低，越容易生存。上述结果标志着已经完成了单枚破片打击下的目标易损性分析。

这里需要说明一下，上述分析中，没有考虑部件之间互相遮挡的情况，显然，部件互相遮挡肯定会影响整体毁伤概率。一个直接的影响就是，遮蔽物的存在使得后续作用到被遮蔽部件上的破片速度和质量发生了变化，比如，破片穿透遮蔽物后因为能量的损耗而速度降低了，这时需要对应新的破片参数选择相应的易损性曲线 (毁伤概率) 进行计算。关于遮挡的处理将涉及侵彻动力学的分析过程，由于比较复杂，本章不进行详细讨论，后续内容会简单介绍这方面的处理方法。

9.2.5　多毁伤元分析

现在考虑多枚破片打击的情况。为简单起见，主要针对目标由非冗余关键部件组成的情况来讨论。根据图 9.2.7(a) 所示的生存图，单枚破片下，目标整体生存概率是

$$P_{S/H} = (1 - P_{k1/H})(1 - P_{k2/H}) \tag{9.2.13}$$

那么在 n 枚破片打击下，目标的生存概率是

$$P_{S/H}^{(n)} = (1 - P_{k1/H}^{(n)})(1 - P_{k2/H}^{(n)}) \tag{9.2.14}$$

式中，$P^{(n)}_{k1/H}$ 和 $P^{(n)}_{k2/H}$ 分别代表 n 枚破片打击下部件 1 和部件 2 的毁伤概率。注意，式中的上标 "(n)" 不是代表幂运算，其算法如下：

$$P^{(n)}_{ki/H} = 1 - (1 - P_{ki/H})^n \quad (i = 1, 2) \tag{9.2.15}$$

在 n 枚破片打击下，目标整体的毁伤概率是

$$P^{(n)}_{K/H} = 1 - P^{(n)}_{S/H} = 1 - (1 - P_{k1/H})^n (1 - P_{k2/H})^n \tag{9.2.16}$$

考虑到当 x_i 为接近于 0 的数值时，有下式成立 (Morse-Kimball 公式)：

$$\prod_{i=1}^{m} (1 - x_i) \approx \exp\left(-\sum_{i=1}^{m} x_i\right) \tag{9.2.17}$$

如果 $P_{k1/H}$ 和 $P_{k2/H}$ 都不大，在 n 枚破片打击下，目标整体的毁伤概率可以近似表达为

$$P^{(n)}_{K/H} \approx 1 - \exp\left(-n(P_{k1/H} + P_{k2/H})\right) \tag{9.2.18}$$

考虑到有式 (9.2.9)~ 式 (9.2.11)，得

$$P^{(n)}_{K/H} \approx 1 - \exp\left(-n\frac{A_V}{A_P}\right) \tag{9.2.19}$$

式 (9.2.19) 就把单枚破片打击下分析得到的 A_V，以及 n 枚破片的作用考虑到了一起，获得了 n 枚破片作用下目标整体的毁伤概率。

对于简单情况，运用式 (9.2.3)，式 (9.2.19) 还可以写成

$$P^{(n)}_{K/H} \approx 1 - \exp\left(-nP_{K/H}\right) \tag{9.2.20}$$

式中，$P_{K/H}$ 是单枚破片对目标整体造成的毁伤概率。

至此，在仅考虑破片毁伤元的情况下，就完成了针对单一交会条件下的目标易损性分析。

9.3 弹目交会与毁伤效能评估

有了目标易损性分析的结果，就可以比较简单地进行毁伤效能评估。因为在目标易损性分析中，已经在较宽泛的毁伤元类型、威力参数和交会条件下，对目标的响应进行了详细认识，并以某种效能指标表征了目标的易损性 (一般是易损面积或者整体毁伤概率)。在进行毁伤效能评估时，武器类型被确定，相应的毁伤元类型和威力参数被确定，交会条件也被确定或者限制在一定范围内，基于前述目标易损性分析的结果，就能够很快获得目标对毁伤的响应，从而获得对武器毁伤效能的指标描述 (效能指标)。下面举例说明。

9.3.1 弹目交会条件

假设装甲车辆受到某型破片弹的打击，交会条件如图 9.3.1 所示。

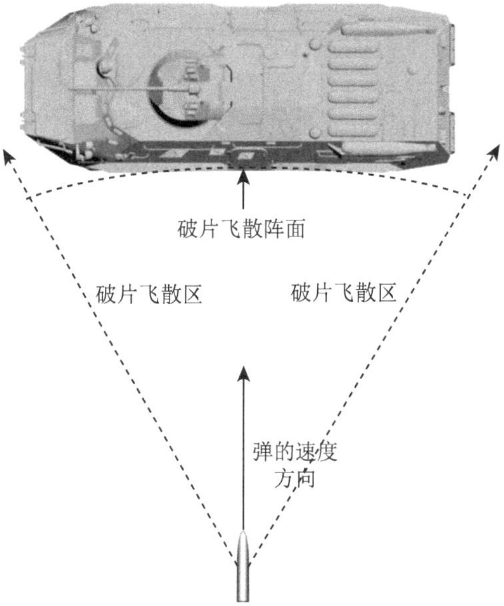

图 9.3.1 破片弹打击装甲车辆的交战图

在图 9.3.1 中，破片弹从装甲车辆的左侧接近 (这个交会条件与前序分析装甲车辆易损性时的情况是一致的)，引信是近炸引信，设它在距车体一定距离处爆炸，形成破片飞散场飞向目标。假设破片飞散时都处于同一个曲面上，即图中的长虚线所示的曲面，该曲面也称为破片阵面，可以近似认为是球面。设该曲面的面积为 S，该曲面运动到目标上，则目标的呈现面积是该曲面的子集。另外，再设在该破片阵面上的破片均匀分布，其数量密度为ρ，它是单位面积的破片数量，破片战斗部的威力参数之一。为简单起见，还假定这些破片具有相同的速度大小。

考虑到车体左侧的呈现面积是 A_P，破片数均匀分布，根据前面的假设，可以得到命中车体左侧面的破片总数 n 为

$$n = \rho S \cdot \frac{A_P}{S} = \rho A_P \tag{9.3.1}$$

9.3.2 目标整体毁伤概率

将式 (9.3.1) 代入到前面得到的式 (9.1.19)，可以得到在此交会条件下目标整体的毁伤概率为

$$P_{K/H} = 1 - \exp\left(-\rho A_V\right) \tag{9.3.2}$$

式 (9.3.2) 说明，只要给定目标易损性 (用易损面积 A_V 表征)，以及威力参数和交会条件 (用破片密度ρ 表征，它随破片飞散距离而变化，而飞散距离与交会条件有关)，就可以计算出目标的整体毁伤概率。

9.3.3 武器毁伤及效能指标

在武器运用中，对目标可能存在多种交会条件。在以武器为中心的视角看，若某武器位于坐标原点，其射向 (设为 x 向，图中标识为横向) 和与射向相垂直的方向 (设为 y 向，图中标识为纵向) 构成了坐标平面，目标位置可能在这个坐标平面的某个坐标 (x y) 处，如图 9.3.2 所示。

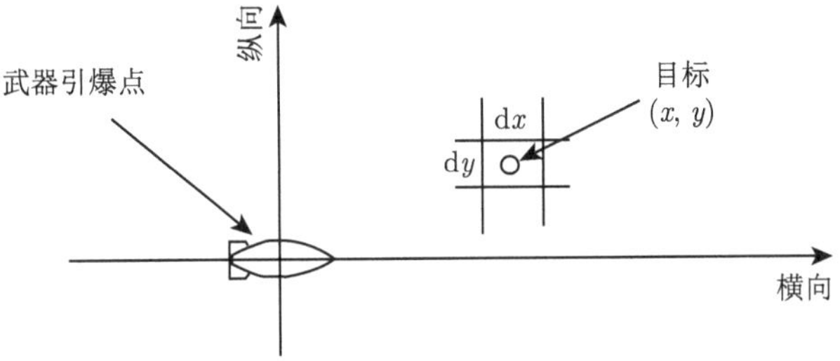

图 9.3.2 以武器为中心的视角示意图

如果在图 9.3.2 中的坐标平面上划分出大量均匀正交网格，x 方向和 y 方向的网格尺寸分别为 dx 和 dy，网格面积即为 dxdy。假定目标处于各网格的中心，这样，在不同的网格中，目标与武器的交会条件会有不同，所以得出的目标整体毁伤概率也不同。把不同网格中的目标整体毁伤概率计算出来，并填写在网格中，那么坐标平面上的正交网格就转变成一个较大的表格，如图 9.3.3 所示，这个表格称为毁伤矩阵。

0	0	0	0	0	0	0	0	0	0	0	0	0	0
0	0	0	0	0	.001	0	0	.001	0	0	0	0	0
0	0	0	0	.001	.002	.003	.003	.002	.001	0	0	0	0
0	.001	.002	.003	.004	.007	.014	.014	.007	.004	.003	.002	.001	0
0	0	0	.002	.008	.04	.227	.227	.04	.008	.002	0	0	0
0	0	0	0	.001	.002	.049	.049	.002	.001	0	0	0	0
0	0	0	0	0	0	.002	.002	0	0	0	0	0	0
0	0	0	0	0	0	0	0	0	0	0	0	0	0

图 9.3.3 毁伤矩阵

在毁伤矩阵中，每个网格都有自己的面积和目标的整体毁伤概率，把毁伤概率作为权重，对所有网格的面积进行加权求和，便可以得到一个毁伤效能指标——破片平均有效面积 (MAE_F)，如下式所示：

$$\mathrm{MAE}_F=\sum_{x=x_{\min}}^{x_{\max}}\sum_{y=y_{\min}}^{y_{\max}}P_{K/H}\mathrm{d}x\mathrm{d}y \tag{9.3.3}$$

MAE_F 是表征武器毁伤效能的一个效能指标，反映了武器的毁伤能力。该值大，表明武器的毁伤效能高，反之则毁伤效能低。表 9.2.2 所示的 MAE_F 数据就是用此类方法计算得出来的。

9.3.4 用弹量估算

上述得到的效能指标 (即毁伤平均有效面积) 和毁伤矩阵，已经可以对单枚武器的毁伤效能及其对目标的毁伤概率进行表征了，但如果考虑实战运用，单弹的毁伤效能不一定能满足作战意图的需求，则需要分析多弹打击下的毁伤效能。这时需要考虑武器精度影响下的用弹量问题。考虑精度后，可以得到在独立射击下单枚武器对目标的毁伤概率 P_D，并以此为基础估算实际需要的用弹量。下面介绍有关方法。

1. 利用毁伤矩阵计算 P_D

如图 9.3.3 所示的毁伤矩阵在地面上可能的分布如图 9.3.4 所示。武器在地面上的落点是随机的，其落点分布情况由精度确定，可以用圆概率误差 (CEP)、概率误差 (PE) 等来描述。

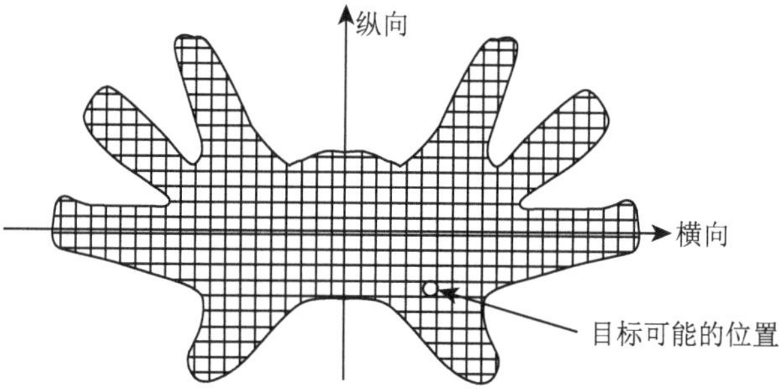

图 9.3.4 毁伤矩阵在地面上可能的分布

考虑落点的随机性后，目标位置显然不一定在图 9.3.4 中的原点位置，而是可能位于图中所示的某个位置处，这样就可以根据这个位置，基于毁伤矩阵计算出此时的 P_K。现在利用 Monte Carlo 方法，根据武器精度数据，对目标可能出现的位置进行 N 次抽样，N 是数值较大的正整数，例如 5000 或 10000，就可以得到 N 个 P_K，对这 N 个 P_K 取平均值，便得到了考虑武器精度和毁伤效能的 P_D。

2. 利用毁伤函数计算 P_D

对如图 9.3.4 所示的毁伤矩阵分布图进行简化，可以建立更简便的解析计算方法。简化方法是忽略毁伤矩阵分布的复杂模式，将其看作等效的椭圆分布，如图 9.3.5 中地面上的等值线所示。

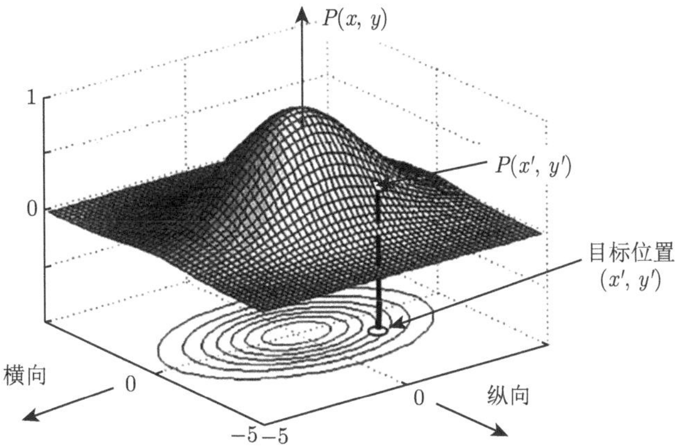

图 9.3.5 简化的毁伤矩阵分布图

根据图 9.3.5 中的简化考虑，由于不同位置仍然有不同的 P_K，这些 P_K 的集合就可以用空间的曲面表示，而曲面的方程形式如下：

$$P(x,y)=\exp\left[-\left(\frac{x^2}{W_r^2}+\frac{y^2}{W_d^2}\right)\right] \tag{9.3.4}$$

式 (9.3.4) 被称为 Carlton 毁伤函数 [2]。它具有对称性，在形式上与二维高斯正态分布函数比较相似，但是在内涵上有区别：Carlton 毁伤函数的值是概率，高斯正态分布函数的值是概率密度。

在考虑破片平均有效面积 MAE_F 的情况下，要求 Carlton 毁伤函数必须满足下式：

$$\mathrm{MAE}_F=\int_{x=-\infty}^{x=+\infty}\int_{y=-\infty}^{y=+\infty}P(x,y)\mathrm{d}x\mathrm{d}y=\int_{x=-\infty}^{x=+\infty}\int_{y=-\infty}^{y=+\infty}\exp\left[-\left(\frac{x^2}{W_r^2}+\frac{y^2}{W_d^2}\right)\right]\mathrm{d}x\mathrm{d}y \tag{9.3.5}$$

也即

$$\mathrm{MAE}_F=\pi\cdot W_rW_d \tag{9.3.6}$$

而一般有比例系数 α 存在，如下：

$$\alpha=W_r/W_d \tag{9.3.7}$$

比例系数 α 与武器在弹道末端相对于地面的入射角度有关，是可以根据交会条件进行计算的。这样，如果已知 MAE_F 和 α，Carlton 毁伤函数的两个参数 W_r 和 W_d 就可以被计算出来，从而确定 Carlton 毁伤函数的形式。

接下来，同样利用 Monte Carlo 方法，根据武器精度数据，对目标可能出现的位置进行 N 次抽样，根据位置 (x,y)，代入 Carlton 毁伤函数，也可以得

到 N 个 P_K，对这 N 个 P_K 取平均值，就可以得到考虑武器精度和毁伤效能的 P_D。

3. 根据 P_D 估算用弹量

P_D 是考虑了武器精度和毁伤效能 (目标易损性也隐含考虑在内) 的毁伤概率，在独立射击的情况下 (也即每次射击互相没有关联性)，平均毁伤一个目标所消耗的弹药数量可以用下式估算：

$$n = \frac{1}{P_D} \tag{9.3.8}$$

例如，如果根据上述方法计算出 P_D=0.39，根据式 (9.3.8) 可以算出平均毁伤这个目标所消耗的弹药数量即为 2.56，这样用弹数量至少是 3 枚。

需要说明的是，以上计算基本考虑的是目标整体上位于一个坐标位置处，可以认为是针对点目标的毁伤分析。对于面目标或目标体系，分析方法会复杂很多，在此不再赘述，有兴趣的读者可以参阅参考文献。

至此，本书从目标易损性分析出发，用效能指标易损面积表征了目标的易损性；再进行 (单枚) 武器毁伤效能分析，得到了毁伤矩阵，用效能指标 MAE_F 表征了 (单枚) 武器的毁伤效能；在毁伤矩阵的基础上，得到了武器毁伤能力的分布规律，形成了毁伤函数；针对典型目标的打击，进一步考虑武器的精度影响，实现了用弹量测算，其结果可以直接支撑作战方案的制定。由此完成了武器作战运用的毁伤效能评估全流程。

9.4 软件工具

在前面的目标易损性分析和毁伤效能分析的讨论中，我们主要是为了说明有关概念和基本流程，所以对武器威力、目标模型、弹目交会条件等进行了极大地简化：目标的部件很少，部件之间关系简单，只有毁伤上的“逻辑或”及“逻辑与”关系；而且没有考虑相互之间的遮挡，毁伤元也单一，仅考虑破片；交会关系只有一种，从目标左侧水平方向打击目标；还对破片的飞散速度、方向等条件进行了限制。在实际应用中，目标部件结构和相互关系可能非常复杂，而且相互遮挡；同时，在不同的弹目交会条件下，其相互遮挡情况还会变化，毁伤元的类型也多样，如冲击波、破片、爆炸成形弹丸 (EFP) 等，其传播、演化、对目标作用情况同样非常复杂。所以必须用计算机软件辅助才能较好地完成目标易损性分析和毁伤效能分析与评估的工作。图 9.4.1 说明了美国弹药效能联合技术协调组的毁伤效能评估流程，以及用到的软件工具情况。下面简要介绍其中部分软件。

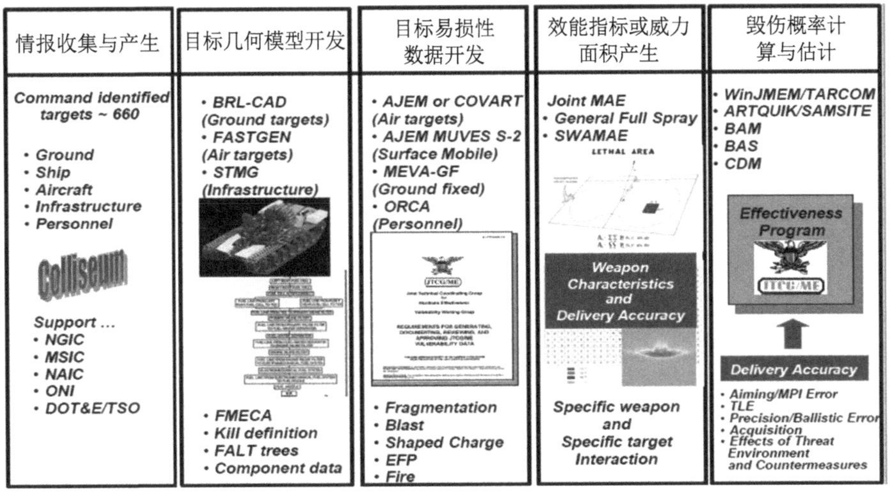

图 9.4.1 弹药效能联合技术协调组的毁伤效能评估流程及用到的软件

9.4.1 COVART 软件 [2]

美国弹药效能联合技术协调组使用的目标易损性分析软件是 COVART (Computation of Vulnerable Area Tool)，称作易损面积计算工具，它的主要作用就是计算目标的易损性面积。COVART 的特点如下。

(1) 可以读取目标复杂几何和部件模型。

目标复杂几何和部件模型可以使用 BRL-CAD 软件来构建。BRL-CAD 是美国弹道实验室研制的计算机辅助设计 (CAD) 软件，前面图 9.2.2(c) 所示的精细目标模型就是采用 BRL-CAD 构建的。目标模型可以看成许多部件实物的一个集合，这些部件可以由一些基本几何形状来表示，比如圆柱体、六面体、四面体等，它们的位置也被确定。COVART 可以直接读取 BRL-CAD 构建的目标模型数据。

(2) 考虑部件之间的复杂功能关系。

COVART 支持对部件分组，如动力/传动、武器、燃料供给系统等，可以考虑关键/非关键部件、冗余/非冗余部件。将部件之间的复杂功能关系用失效逻辑树 (failure analysis and logic tree，FALT) 表征。

(3) 考虑多样的弹目交会条件。

从理论上讲，弹目交会条件的可能性几乎是无限的。COVART 在处理这个问题时，把弹目交会条件处理成多个但有限的样本，以此来近似覆盖无限的可能性。例如，对装甲车辆、飞机等来说，毁伤元的方向可能来自于各个方向，COVART 把来袭的毁伤元方向固定，让目标以多个方位角度进行旋转，用来考虑多种弹目交会的可能性，如图 9.4.2 所示。

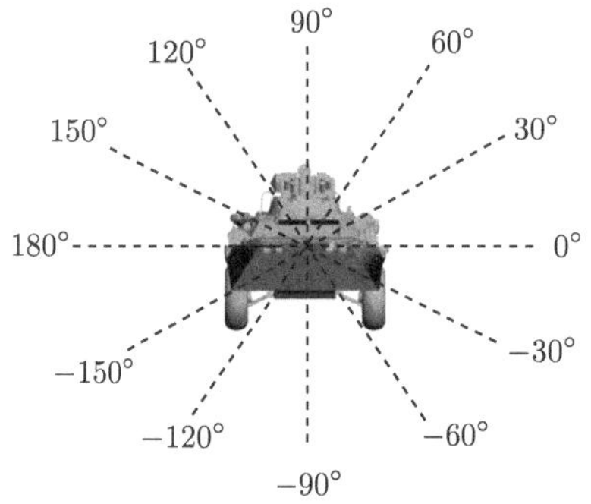

(a) 绕水平线的不同角度

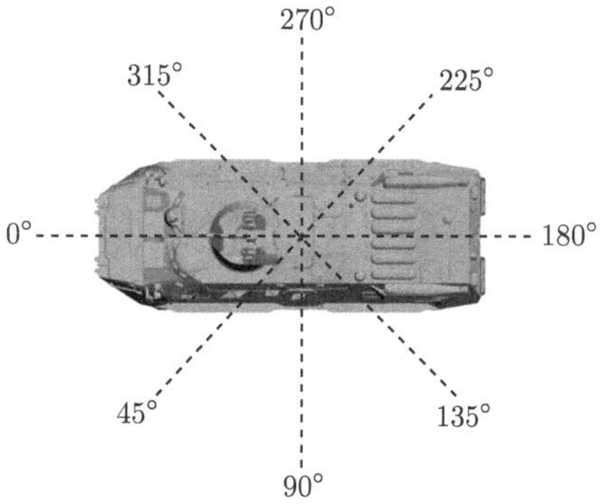

(b) 绕垂直线的不同角度

图 9.4.2 多种交会条件下的目标方位示意图

(4) 考虑部件之间的相互遮挡。

部件之间的相互遮挡必然对毁伤元的传播和对部件的作用造成影响。还是以破片毁伤元为例，COVART 是用射击线方法来处理的。

射击线方法的思想是：将每枚破片的运动用一条射击线来表示，软件跟踪射击线，记录射击线可能贯穿的部件，并同步进行侵彻及毁伤概率计算，获得射击线路径上部件的毁伤情况，使得部件遮挡情况自然得到考虑。

主要流程是：跟踪某条射击线，当射击线遇到第一个部件时，一方面根据破片质量、速度等计算对第一个部件的毁伤概率，同时还使用侵彻方程计算破片的侵彻效果，看是否击穿，如果是不能击穿，停止跟踪该射击线；如果是击穿，更新破片威力参数 (击穿后的破片剩余质量、速度)，并继续跟踪射击线，当射击线再遇到下一个部件时，重复上述的毁伤概率和侵彻效果计算，直至射击线无法击穿部件，或者是贯穿了所有的部件为止。

根据上述思想和流程，射击线方法在使用中还有两个问题要考虑：射击线的生成以及侵彻方程的选择。

COVART 使用 FASTGEN(Fast Shotline Generator) 模块来生成射击线，射击线可以是发散的 (爆炸点较近时)，也可以是平行的 (也是一种简化，假定爆炸点足够远)。图 9.4.3 是一种平行射击线模型，每条射击线 (即每枚破片的轨迹) 都位于图中网格的中心位置，方向是垂直于纸面向里的。COVART 建议网格尺寸为 4in×4in，目标的方位可以根据交会条件来选择。

在侵彻方程方面，COVART 主要是使用 THOR 侵彻方程或者快速空中目标遭遇侵彻 (fast air target encounter penetration，FATEPEN) 模型，二者都能考虑破片连续侵彻的情况 (图 9.4.4)。

随着技术进步，近年来，COVART 正在逐步被其升级版软件高级联合效能模型 (Advanced Joint Effectiveness Model，AJEM) 所取代。AJEM 是一个比

COVART 更全面的程序，但是其功能目的基本上是相同的，即生成易损性数据。AJEM 可以被描述为一个端到端模型，因为它首先生成易损性数据，然后在终端场景 (end-game scenario) 中使用易损性数据来计算效能。该模型最初是为空中目标的易损性评估而开发的，地面移动目标也可以在其框架内建模。

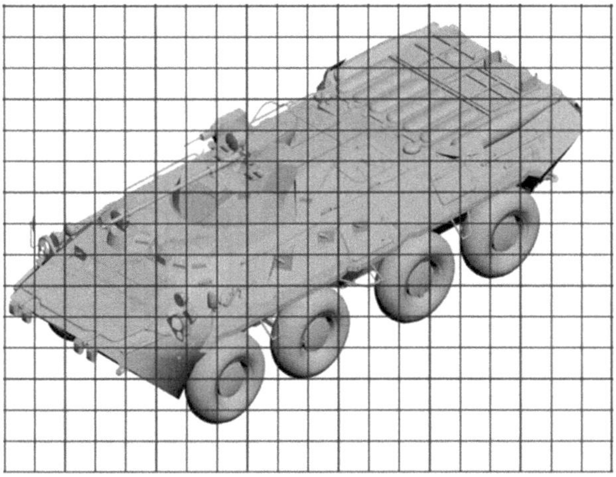

图 9.4.3 覆盖在目标上的网格 (射击线垂直于纸面向里)

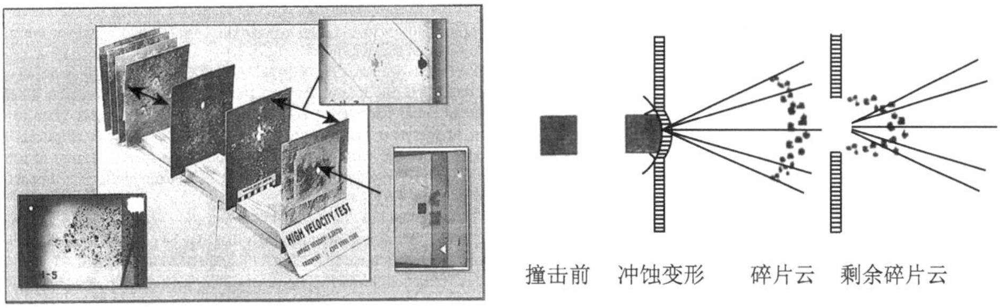

(a) 实验 (b) 示意图

图 9.4.4 破片连续侵彻靶板现象

9.4.2 GFSM 软件 [2]

GFSM(General Full Spray Materiel MAE Computations) 是基于目标易损性，针对装备目标进行全向飞散破片毁伤效能评估的软件，称作通用全向飞散破片装备有效毁伤面积计算 (软件)，也被美国弹药效能联合技术协调组所使用。它的特点是：考虑 (单枚) 武器对目标的特定交会条件，交会条件包括武器投影位置、炸高、倾角、速度等；考虑战斗部威力参数在空间的变化，比如考虑破片飞行阻力，速度衰减等，如图 9.4.5 所示。GFSM 能够计算武器毁伤元空间分布，最终形成毁伤矩阵，快速给出不同距离、方位目标的毁伤概率分布。

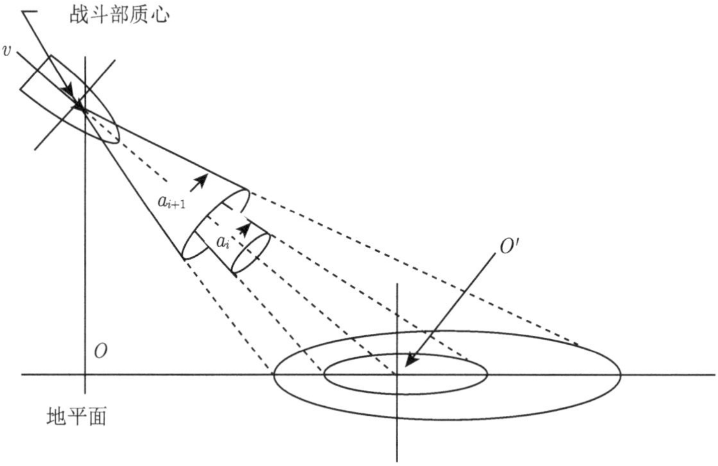

图 9.4.5　GFSM 在特定交会条件下生成破片场示意图

与 COVART 一样，GFSM 也逐步被其升级版软件联合平均效应面积模型 (Joint Mean Area of Effects Model，JMAE) 所取代。JMAE 是一个在功能上与 GFSM 类似的程序，它也可以生成一个计算平均有效毁伤面积 MAE 的毁伤矩阵，不过它比 GFSM 具有更多的功能，且在目标表征方面具有更高的保真度。

9.5　从弹药/战斗部建模出发的解决方案

9.5.1　主要技术框架

本解决方案的主要流程是，基于毁伤过程的物理机理进行数学建模，根据已知的弹目参数、交会条件和试验数据，仿真计算出未知的毁伤效果。仿真方法可以通过计算机所支持的分析方法以相对快的速度实现，并能够形成较为实用化的软件系统，在结合指挥控制系统后，可以形成对作战运用的支撑。其总体上的技术框架包括毁伤信息库构建、目标建模、武器/弹药建模、毁伤过程建模、显示与交互支持等主要环节。

图 9.5.1 给出了总体技术框架及其相互关系。

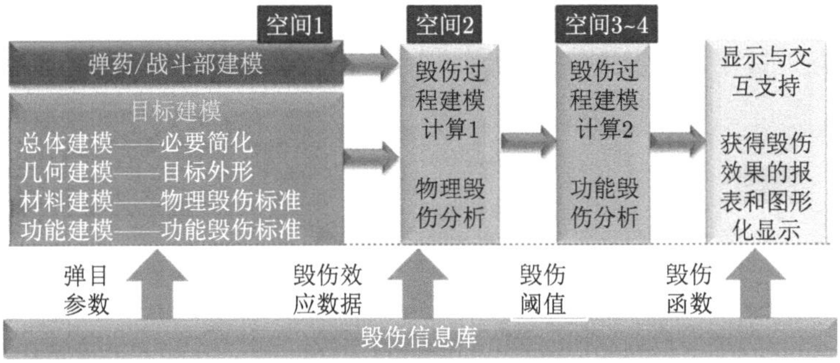

图 9.5.1 从弹药/战斗部建模出发解决方案的总体技术框架

9.5.2 弹药/战斗部建模

弹药/战斗部建模的主要内容是用数学语言详细描述弹药/战斗部的毁伤元及其产生、驱动、传播的过程，形成数学模型，可以编制成为计算机程序。下面以冲击波毁伤元为例来简要说明。

战斗部炸药在空气中爆炸，在极短的时间内转变为高温和高压的爆轰产物。由于周围空气的初始压力和密度都较低，爆轰产物急剧膨胀，强烈压缩周围空气，在空气中形成空气冲击波。

一般可用简化的 Kingery 模型对冲击波威力参数进行计算，该算法已被用于美国 CONWEP 程序 (即常规武器毁伤效应计算程序) 中，有关数据和计算结果相对比较可靠。假定已知弹药的等效 TNT 当量 W(以 kg 为单位)，设定装药距离为 R(以 m 单位)，首先需要计算比例距离 Z

$$Z = \frac{R}{W^{1/3}} \tag{9.5.1}$$

然后对 Z 取自然对数，计算临时变量 T

$$T = \ln Z \tag{9.5.2}$$

简化的 Kingery 模型认为，某个冲击波威力参数 F 都可以表示成 T 的多项式再取 e 指数的形式来计算，如下所示：

$$F = \exp\left(A + BT + CT^2 + DT^3 + ET^4 + FT^5 + GT^6\right) \tag{9.5.3}$$

对不同的威力参数，T 多项式的系数有所不同，可以根据有关数据资料来确定。

9.5.3 目标建模

目标建模是目标易损性分析的基础，主要内容是目标外形网格和舱段/部件及其分布建模。舱段/部件的选择可以参考 9.2.2 节的有关原则。

建模完成后，实现了目标的数字化，利用软件可以展示、查询目标三维结构，并可以对有关材料力学参数进行设置，如图 9.5.2 所示。

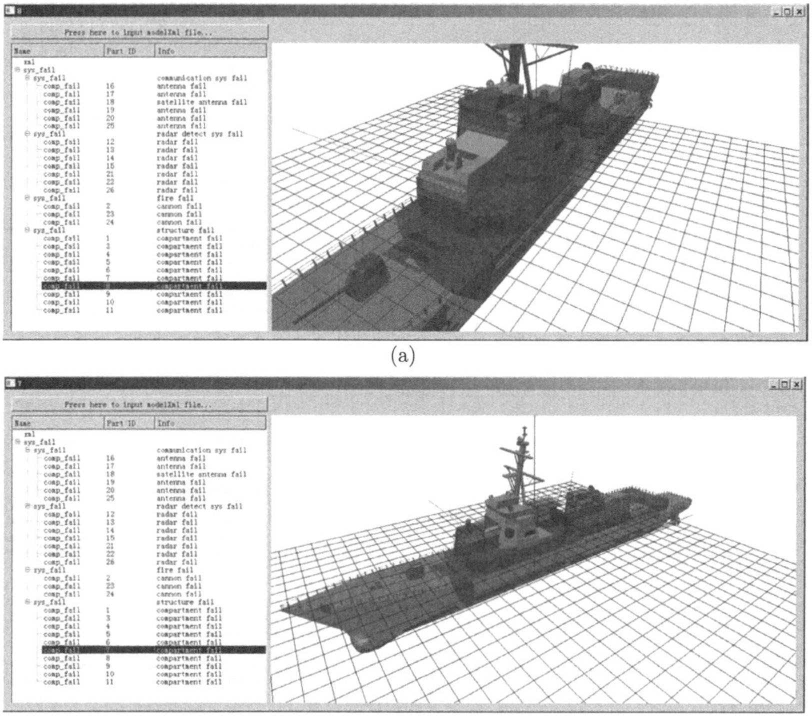

(a)

(b)

图 9.5.2　目标结构展示示意图

9.5.4　毁伤仿真分析

以冲击波毁伤为例，冲击波毁伤仿真分为敞开空间爆炸 (简称外部爆炸) 和结构内爆炸 (简称内部爆炸) 两个类型。

对于外部爆炸，基于优化的爆炸冲击波加载算法，可以在不计算冲击波流场、不计算冲击波与目标的流固耦合的情况下，快速计算冲击波在目标部件表面的载荷，给出超压峰值、超压冲量等数据。该算法首先计算目标各面元与爆炸中心的相对空间关系，判断面元与爆炸中心之间是否通视 (即是否无遮挡)，以及面元与冲击波方向之间的夹角，然后对冲击波建立虚拟射击线，以计算面元与爆炸中心的相对空间关系，利用冲击波的传播及衰减模型 (有试验数据支持)，获得冲击波在目标表面上的幅值、入射角度等数据，以此分析出目标表面上的反射超压、反射超压冲量，根据相应的毁伤阈值判据确定目标的冲击波毁伤情况，如图 9.5.3 所示，并可以用报表或图形化的方式展示出来。

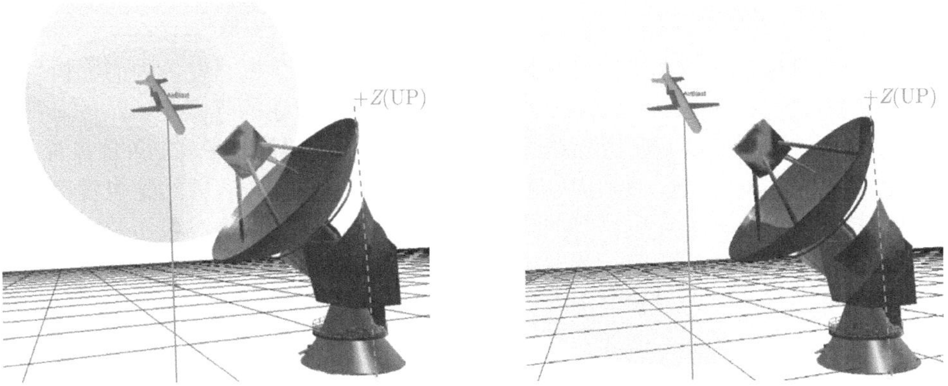

(a) 冲击波传播　　(b) 冲击波超压峰值在目标表面分布

图 9.5.3 外部爆炸冲击波毁伤仿真

对于内部爆炸，基于镜像爆源模型，利用非线性冲击波叠加规则 LAMB(low altitude multiple burst model)，可以对低海拔结构内部爆炸形成冲击波的传播和毁伤进行仿真 [5]。图 9.5.4 是飞机库内部爆炸冲击波传播的仿真情况。

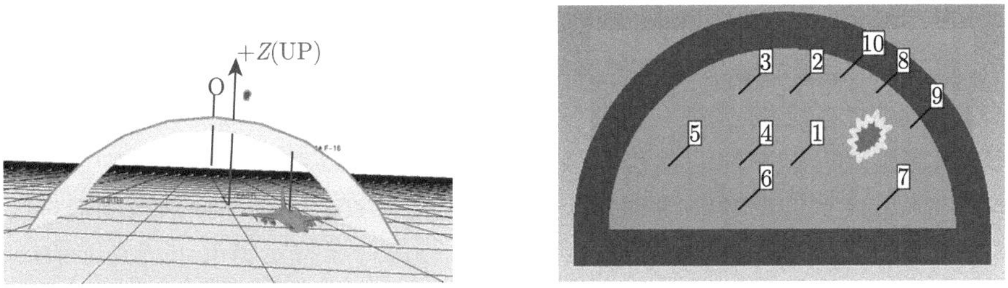

(a) 飞机库的初始情况　　(b) 爆源位置(去掉飞机)

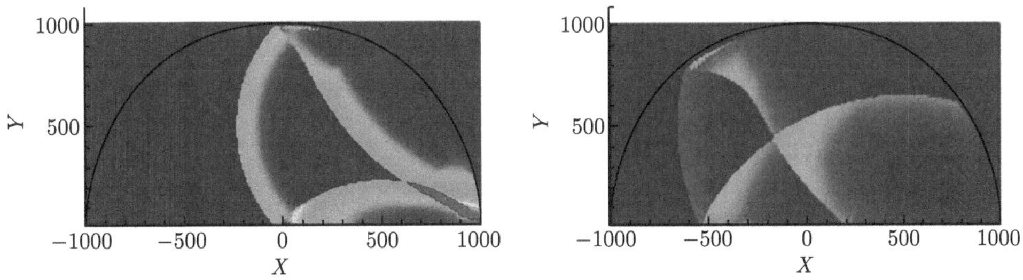

(c) 冲击波传播(5ms)　　(d) 冲击波传播(8ms)

图 9.5.4 飞机库内部爆炸冲击波传播的仿真情况

9.5.5 目标毁伤效果分析

要获得目标毁伤效果，需要从目标部件的物理毁伤分析出发，进而分析目标整体的功能毁伤，这与 9.2.4 节 2. 部件功能关系分析所述的观点是一致的。

物理毁伤分析需要物理毁伤标准。由于目标多样、毁伤元多样、条件多样，毁伤标准数据也非常复杂，而且大多数情况下缺乏试验数据，有关结论也没有得到广泛支持，所以一般是使用已有的典型标准。例如，对于冲击波毁伤效应，目前有一些简化的标准可以使用，如冲击波超压标准，即通过冲击波超压峰值来表征目标或目标部件的物理毁伤响应。也可以考虑用冲击波的冲量，还可以用更加细化的标准，如 P-I 判据，即要把超压、冲量进行联合考虑。

在功能毁伤标准方面，一般采用失效树分析方法 (fault tree analysis，FTA) 实现从物理毁伤到功能毁伤的评估。失效树是一种特殊的倒立树状逻辑因果关系图，它是用一系列事件符号、逻辑门符号来描述各种毁伤事件之间的因果关系。逻辑门的输入事件是输出事件的 “因”、逻辑门的输出事件是输入事件的 “果”。失效树的顶事件对应着目标某种等级 (或某种类型) 的毁伤，底事件就是造成目标这种毁伤的直接原因。FTA 是一种演绎分析的方法，它是先从系统的毁伤 (称为顶事件) 开始，逐级向下分析构成次系统的子系统、组件 (部件)、单元等遭受何种毁伤会造成这样的结果。该方法着重点是考虑整个系统，它既考虑某个单元的毁伤，也可考虑几个单元同时产生某种等级 (或某种类型) 的毁伤时，它们对系统的影响。这样就构成了目标的易损性结构。FTA 既可用于定性评估亦可用于定量评估。基于考虑目标结构及致命性部件模型的失效树图，既可以确定结构/部件的毁伤对系统整体毁伤的贡献 (易损性结构)，也能得到目标整体的毁伤概率。对于后者，前提是要有以部件的毁伤概率为基础。此时可以考虑 9.2.3 节 1. 部件毁伤概率中引入的易损性曲线，根据易损性曲线给出的数据确定部件的毁伤概率，或者运用仿真手段计算部件的毁伤过程，统计获得部件在特定情况下达到的毁伤概率。

失效树分析的具体方法将在 9.6.4 节详细介绍。

在获得部件或目标整体毁伤概率方面，也可以使用 Monte Carlo 仿真方法。针对目标整体的主要流程是：对毁伤元的威力参数进行随机抽样 (考虑了毁伤元威力参数的随机性)→ 对弹药/战斗部落点及弹目交会参数进行随机抽样 (考虑了落点精度及弹目交会条件的随机性)→ 基于毁伤仿真手段，结合针对特定毁伤元的阈值判据，对目标及其部件的物理毁伤情况进行分析，直接获得一次打击下的毁伤结果。可以考虑 9.2.3 节 1. 部件毁伤概率中引入的易损性曲线，根据易损性曲线给出的概率进行抽样处理 (考虑了毁伤现象的随机性)→ 基于 FTA 方法，建立目标易损性结构，从物理毁伤分析目标整体的功能毁伤，并对目标整体功能毁伤情况进行统计 → 得到目标整体的毁伤概率。

9.6 其他支撑技术

9.6.1 数值模拟和建模仿真

长期以来，常规武器毁伤仿真的概念一直较为笼统，只是大体上把利用计算机技术分析毁伤过程并获得毁伤结果的工作称之为毁伤仿真。从仿真实践可知，武器毁伤仿真事实上至少可分为两个范畴：其中之一是基于连续介质力学的基本原理，在一定初边值条件下利用计算机求解质量、动量和能量守恒方程，这种仿真在大多数情况下称作武器毁伤的数值模拟 (numeircal simulation)；之二是基于毁伤过程的物理机理，建立特定数学模型，利用计算机求解该数学模型的控制方程，这种仿真可认为是虚拟仿真领域中建模仿真 (modeling & simulation) 的一类。

显然，上述常规武器毁伤仿真的一般描述没有对数值模拟和建模仿真加以区分，但二者的差异非常明显。数值模拟对计算机软硬件平台要求高，计算周期长(数小时、数天或数周)，毁伤工况覆盖有限，侧重于局部细节的机理分析；而建模仿真对计算机软硬件平台要求相对较低，计算周期短 (数分钟或数小时)，毁伤工况覆盖宽，侧重于大场景展示和对作战运用的支持。数值模拟和武器毁伤建模仿真是相辅相成、各有侧重的。

实际作战运用对武器毁伤建模仿真提出了以下几个要求：

(1) 仿真所基于的数学模型要具有物理基础，即仿真要基于武器的毁伤机理和交会条件，并考虑到一系列研制试验、靶场试验和数值分析的已有结果；

(2) 仿真算法要具有时效性，即计算是相对快速的，能够适应于快速变化的作战环境；

(3) 计算仿真考虑实战需要，体现多弹打击、大场景展示等战场作战实际；

(4) 仿真方法要能够形成软件系统，且系统对软硬件平台的要求适度，并尽量能够与指挥控制系统相集成，直接体现对作战的支撑。

9.6.2 毁伤过程数值模拟

如果以武器毁伤相关的科学研究为目的，毁伤过程数值模拟可以采用自编程序实施，但是在工程上，由于实际情况的复杂性，毁伤过程数值模拟一般采用成熟的商用软件完成。本节主要对主流的商用软件有关情况进行简介。

1. LS-DYNA

LS-DYNA 是目前国内广泛使用的大型非线性动力有限元程序，它可以用来求解碰撞、爆炸、金属模压成型等高度非线性动力学问题。对于大变形、高应变率、摩擦和接触、流固耦合、多物质混合流动等多种非线性动力学问题可以给出满足工程需要的计算结果。LS-DYNA 以拉格朗日算法为主，兼有 ALE 和欧拉算法；以显式求解为主，兼有隐式求解功能；以结构分析为主，兼有热分析、流固耦合功能；以非线性动力分析为主，兼有静力分析功能。

LS-DYNA 最初是 1976 年在美国的劳伦斯利弗莫尔国家实验室 (LLNL) 由 Hallquist 主持开发完成的，主要目的是为武器设计提供分析工具，经多年的功能扩充和改进，成为国际著名的非线性动力分析软件。1997 年 LSTC 公司将 LS-DYNA2D、LS-DYNA3D、LS-TOPAZ2D、LS-TOPAZ3D 等程序合成一个软件包，称为 LS-DYNA(940 版)，并由 ANSYS 公司将它与 ANSYS 前后处理连接，称为 ANSYS/LS-DYNA(5.5 版)，大大增强了 LS-DYNA 的前后处理能力和通用性，成为国际著名的大型结构分析程序 ANSYS 在非线性领域中的重大扩充。

LS-DYNA 包含的单元类型众多，包括：四节点壳单元、三节点壳单元、八节点实体单元、梁单元和弹簧阻尼单元等，各种单元又有多种算法供选择，这些单元可计算大位移、大应变和大转动过程。LS-DYNA 在采用单点积分算法时，能够通过控制而较好地克服沙漏能带来的误差，在保证高计算速度的同时能够保持较好的精度。

LS-DYNA 已经提供了超过两百种材料模型，可以较好地模拟金属、岩石、混凝土、泡沫、土壤等常见材料的冲击动力学特性。并提供用户自定义材料接口，支持用户根据自己的需要进行材料模型的开发。

LS-DYNA 程序的接触算法也非常易于使用，并且功能强大。LS-DYNA 提供了几十种接触供用户选择，可以用来求解接触面的摩擦、侵彻和固结等。

正是由于 LS-DYNA 具有强大的冲击动力学的数值模拟能力，它在民用与军事领域内有广泛的应用，比如：汽车、飞机、火车等运输工具的碰撞分析；爆炸对目标的破坏作用分析；侵彻动力学分析；战斗部结构的设计分析；超高速碰撞模拟分析等。

2. AUTODYN

AUTODYN 是美国 Century Dynamic 公司开发的动力学软件，类似于 LS-DYNA，可以求解非线性动力学涉及的大变形、高应变率和流固耦合问题。广泛应用于国防工业中涉及的爆炸、碰撞、冲击波、侵彻和接触问题，并以其高精度的计算结果在军工领域取得了良好的声誉。

AUTODYN 包括 AUTODYN2D 和 AUTODYN3D 两个模块，具有拉格朗日、欧拉、ALE 和光滑粒子流体动力学等求解功能，并支持连接 Joining、相互作用 Interaction、侵蚀 Erosion、重分网格 Rezoning、重映射 Remapping 等技术。

9.6.3 物理毁伤的建模仿真方法

1. 破片毁伤仿真

破片主要打击轻装甲目标。考虑轻装甲目标 (飞机、车辆等) 的实际形状和结构，用网格对目标实体进行几何建模，不同目标的网格数据结构保持一致性和统一性，如图 9.6.1 所示。

(a) 实体　　(b) 网格

图 9.6.1 轻装甲目标建模

在材料建模方面，对目标几何结构设置若干部件，不同部件可以用不同厚度的等效钢板或等效铝板来进行材料强度等效。利用上述对目标几何和材料建模的处理方式，可以实现不同轻装甲目标的通用性建模，形成目标模型库，有利于开展多样性的毁伤仿真分析。

武器/弹药的静爆破片威力参数 (破片数量、飞散角、方向角等)，可以依靠经验公式计算，也可以利用试验数据获得，基于这些威力参数，再考虑武器弹药在弹道终点的飞行速度、方向等数据，能够对爆炸形成的初始破片飞散场进行计算，如图 9.6.2(a) 所示。进一步，计算破片与目标是否交会，如果破片与目标交会，再计算交会点位置、交会时的侵彻速度、侵彻角度，在此基础上利用经典侵彻方程计算破片对目标的毁伤情况，并统计结果，结合目标破坏的阈值判据，获得目标的毁伤效果及毁伤等级等结果，如图 9.6.2(b) 所示。

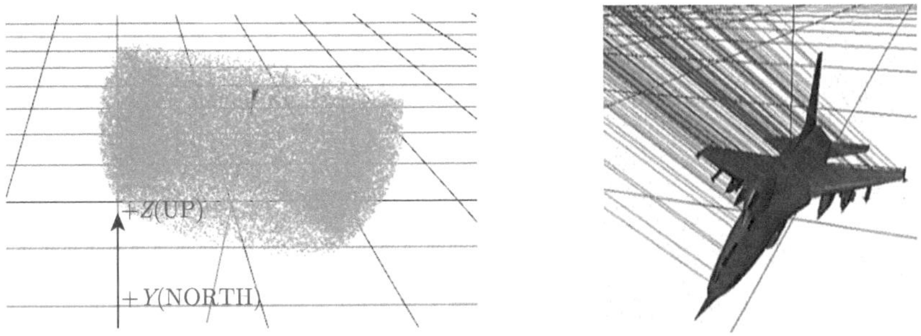

(a) 初始破片飞散场　　(b) 破片射击线及其对目标的毁伤

图 9.6.2 破片毁伤仿真

2. 侵彻弹道仿真 [6]

在钻地弹的侵彻弹道计算中，目前的主流方法是通过商用动力学软件进行数值模拟求解。但是数值模拟方法存在对软硬件平台要求高，计算时间长、缺乏灵活性等不足，而且有 95%以上的计算量消耗在计算靶体的动力学响应上，弹本身的动力学计算量不足 5%，为此发展了侵彻弹道的快速仿真方法。该方法在分析弹体侵彻阻力的基础上，直接计算弹在侵彻介质中的运动情况，给出侵彻弹道。该算法省略了靶体网格的划分，也无需考虑复杂的接触问题以及计算中靶体大变形时网格的畸变，大大节省了计算时间，提高了计算效率。计算中，弹体侵彻过程的阻力分析及计算得到的侵彻弹道如图 9.6.3 所示。

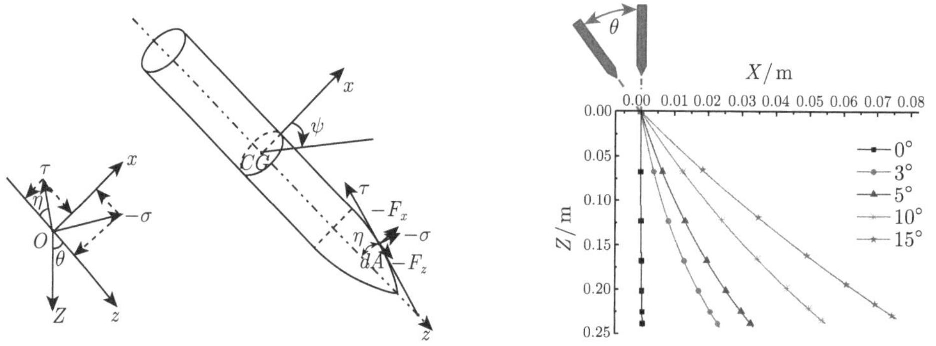

(a) 侵彻弹阻力分布模型　　(b) 不同侵彻角下的侵彻弹道(侵彻初速973m/s)

图 9.6.3　弹体侵彻过程的阻力分析及计算得到的侵彻弹道仿真结果

9.6.4　功能毁伤仿真方法 [1]

FTA 是目标功能毁伤分析领域的重要方法。FTA 在 1961 年由美国贝尔实验室的沃森 (Watson) 等在“民兵”导弹发射控制系统中最早开始应用，其后波音公司对 FTA 作了修改使其能用计算机进行处理。FTA 现已成为分析各种复杂系统可靠性的重要方法之一。FTA 法是一种图形演绎和逻辑推理相结合的分析方法。这种方法不仅能够对系统可靠性进行分析，还可以分析系统的各种失效状态。应用 FTA 法进行分析的过程，也是对系统功能结构进一步深入认识的过程。

1. 失效树的结构和组成

失效树一般由失效事件和逻辑门组成，逻辑门用于表示失效事件之间的逻辑关系。常用的失效事件和逻辑门符号如图 9.6.4 所示。在毁伤效能评估中，失效是指由毁伤导致的失效。

例如，某目标的简单功能失效树如图 9.6.5(a) 图所示，如果用事件代号替换事件名称则如图 9.6.5(b) 图所示；失效树中用代号“T”表示顶事件，用“M”表示中间事件，用“B”表示底事件，“•”和“AND”表示与门，“+”和“OR”表示或门。

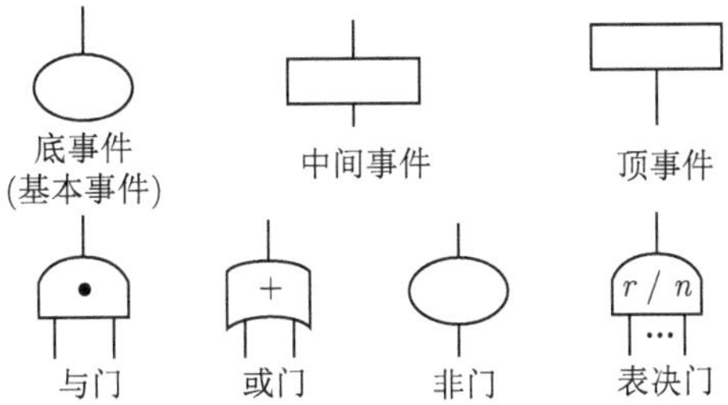

图 9.6.4 失效树的常用事件和逻辑门符号

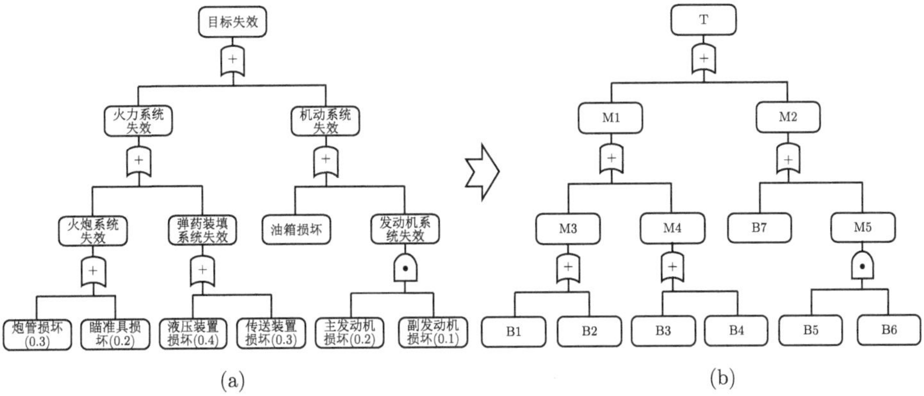

图 9.6.5 某目标失效树示例

2. 失效树的逻辑分析法

失效树的逻辑分析法是采用布尔代数对失效树进行分析，建立起从底事件到顶事件之间的逻辑关系。例如，如图 9.6.6 所示为一个失效树典型结构，对该失效

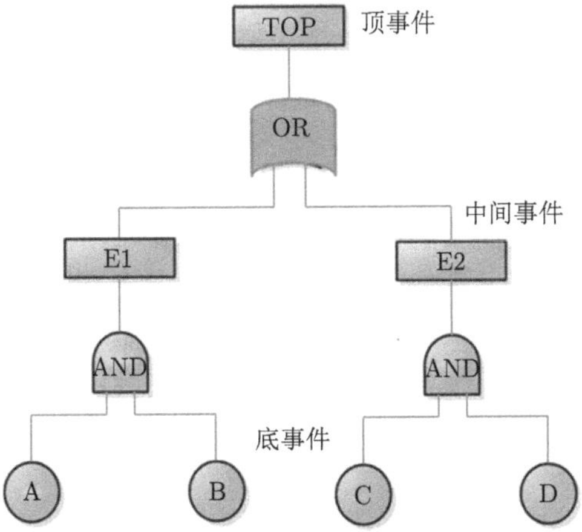

图 9.6.6 失效树典型结构

树结构进行逐层分析可以写出如下的逻辑运算关系：

$$\mathrm{E1} = \mathrm{A} \cdot \mathrm{B} \tag{9.6.1}$$

$$\mathrm{E2} = \mathrm{C} \cdot \mathrm{D} \tag{9.6.2}$$

$$\mathrm{TOP} = \mathrm{E1} + \mathrm{E2} = \mathrm{A} \cdot \mathrm{B} + \mathrm{C} \cdot \mathrm{D} \tag{9.6.3}$$

分析中，可以使用如下的布尔代数运算规则：

幂等律	X+X=X，　X·X=X
加法交换律	X+Y=Y+X
乘法交换律	X·Y=Y·X
加法吸收律	X+(X·Y)=X
乘法吸收律	X·(X+Y)=X
加法结合律	X+(Y+Z)=(X+Y)+Z
乘法结合律	X·(Y·Z)=(X·Y) ·Z
加法分配律	X·Y+X·Z=X·(Y+Z)
乘法分配律	(X+Y)·(X+Z)=X+(Y·Z)
常数运算定理	X+0=X, X+I=I, X·0=0, X·I=X (其中，I 表示全部底事件的逻辑和)

根据上述逻辑运算式及布尔代数运算规则，可以进行最小割集分析。最小割集分析能够使我们更加清楚地认识到哪些事件对整个系统的失效起到关键影响作用。设失效树由 n 个基本事件 $x_1, x_2, \cdots, x_n$ 组成，$\mathrm{B}_i = \{x_{i1}, x_{i2}, \cdots, x_{ik}\}$ 是一个失效事件集合，若集合中每个事件 $x_{i1}, x_{i2}, \cdots, x_{ik}$ 都发生时，顶事件 T 亦发生，则称 B_i 为失效树的一个割集。若 C 是其中一个割集，而 C 中任意去掉一个事件后就不是割集，则称 C 是最小割集 (minimal cut sets，MCS)，事件可以有若干个割集和最小割集。

基于最小割集的概念可知，最小割集是引起顶层失效的关键因素：一旦某个最小割集内的所有失效事件都发生，就必然导致顶层失效事件发生。所以，对一个失效树，如果能找到它的所有最小割集，就找到了所有失效的关键因素，这个过程就是最小割集分析。分析的手段是对原失效树进行逻辑运算，目的是把原失效树在逻辑上表示成特定形式：顶层事件直接由若干中间事件以或门组成，同时每个中间事件都是由若干底层事件以与门组成。这时，组成这类中间事件的所有底层事件就是一个最小割集。

以图 9.6.6 中的失效树来说明最小割集分析过程。

根据如图 9.6.7(a) 所示的原始失效树结构，自上而下进行分析，可以写出如下关系式：

$$
\begin{aligned}
\text{TOP} &= \text{IE1} + \text{IE2} \\
&= (\text{A}\cdot\text{B}) + (\text{A}+\text{IE3}) \\
&= \text{A}\cdot\text{B} + \text{A} + (\text{C}\cdot\text{D}\cdot\text{IE4}) \\
&= \text{A}\cdot\text{B} + \text{A} + (\text{C}\cdot\text{D}\cdot\text{D}\cdot\text{B}) \\
&= \text{A} + \text{A}\cdot\text{B} + \text{B}\cdot\text{C}\cdot\text{D}\cdot\text{D} \\
&= \text{A} + \text{A}\cdot\text{B} + \text{B}\cdot\text{C}\cdot\text{D} \\
&= \text{A} + \text{B}\cdot\text{C}\cdot\text{D}
\end{aligned}
\tag{9.6.4}
$$

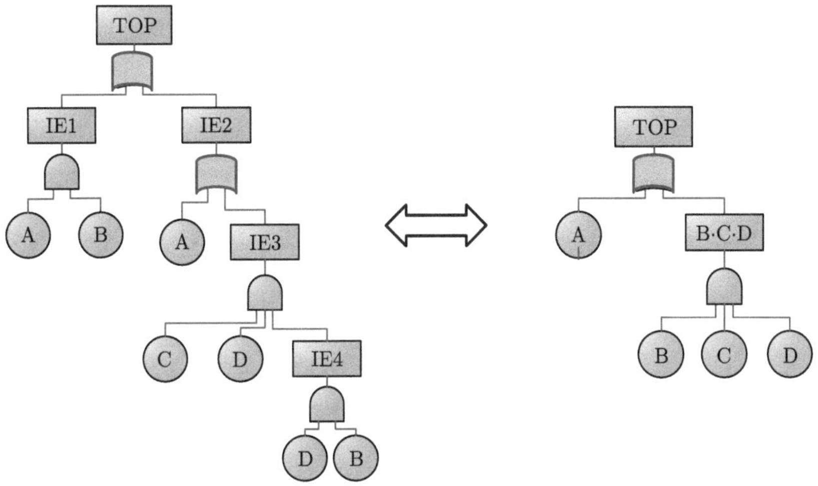

(a) 原始失效树 (b) 最小割集简化失效树

图 9.6.7 最小割集分析过程示例

通过上述分析，可以得出最小割集为两个，分别为 CS1 = A；CS2 = B · C · D，也就是说，TOP 事件由 A 事件或 (B · C · D) 联合事件发生引起，从而可以画出如图 9.6.7(b) 所示的新的简化失效树。这个例子中包含的因素并不是很多，想象一下，如果失效树中每一层都包含上千个事件的话，最小割集分析可以帮助我们找出那些最有可能发生失效的情况。

中间事件的选择有时对于分析过程的影响很大，选择不同的中间事件可能带来不同的失效树结构。对于复杂问题，失效树结构可能会非常复杂，给分析带来困难，合理选择中间事件可以在一定程度上简化分析过程。但目标功能失效树结构的构造，很大程度上取决于分析人员对目标功能失效机理的理解和认识，因此，很多情况下需要专家系统地介入，才能给出合理的易损性结构。也因此，中间事件的选择既依赖于目标相关的专家分析，也依赖于数学模型的合理构建。

总之，FTA 本身不是量化分析，但是可以辅助量化分析。通过最小割集分析，可以得到一个逻辑上等价的、顶层以下全部由或门组成的新失效树，因此可以把多个依存关系事件转化为独立事件，从而方便计算。在完成最小割集分析后，根据情况还可能进行事件不交化处理等工作，限于篇幅，本书不进行讨论，有兴趣读者可以参考文献 [7]。

3. 概率计算方法

针对与门和或门两个最主要的逻辑运算，在底事件相互独立的情况下，下面给出与事件和或事件的概率计算方法。

首先考察与事件的概率计算方法。对于一个由两个阀门并联组成的供水系统，其中任意一个阀门失效，而另一个正常工作的话，都能保证供水系统不失效。只有两个阀门同时失效才能使得供水系统失效，那么这是一个逻辑与的关系，可以画出如图 9.6.8 所示的与门失效树结构。

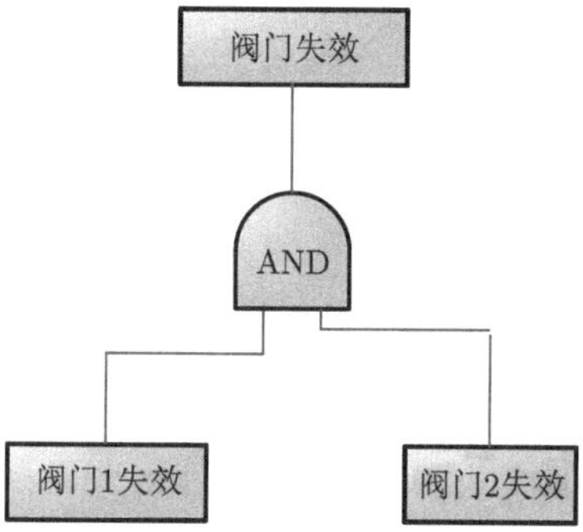

图 9.6.8 与门失效树结构

逻辑上可以写出

$$F = F1 \cdot F2 \tag{9.6.5}$$

其中，F 表示系统失效事件，F1 和 F2 分别表示阀门 1 和阀门 2 失效事件。显然，阀门 1 和阀门 2 同时失效的概率可以写成

$$P(F) = P(F1 \cdot F2) = P(F1)\,P(F2) \tag{9.6.6}$$

如果已知阀门 1 失效的概率是 0.1，阀门 2 失效概率是 0.2，那么整个供水系统的失效概率即为 0.02。

其次，考察或事件的概率计算方法，对于如图 9.6.9 所示或门失效树结构，表示 F1 或 F2 事件的发生均会引起系统的失效 F，那么应该根据或门运算。

在逻辑上可以写出

$$F = F1 + F2 \tag{9.6.7}$$

可以得到 F 事件发生的概率 $P(F)$ 为

$$P(F) = P(F1 + F2) = 1 - (1 - P(F1))\,(1 - P(F2)) \tag{9.6.8}$$

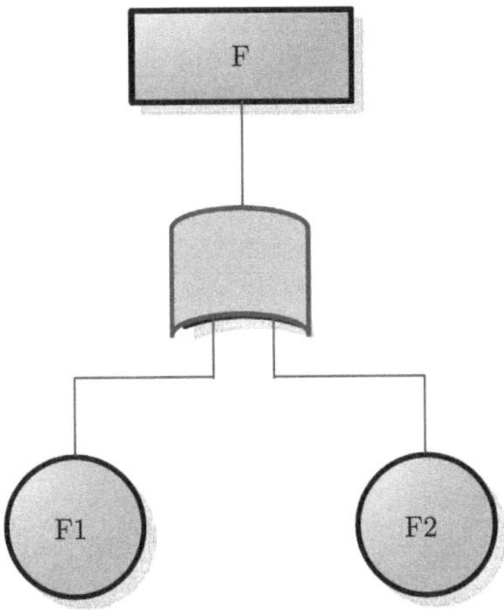

图 9.6.9 或门失效树结构

即

$$P\,(\mathrm{F1}+\mathrm{F2})=P\,(\mathrm{F1})+P\,(\mathrm{F2})-P\,(\mathrm{F1})\,P\,(\mathrm{F2}) \tag{9.6.9}$$

从式 (9.6.10) 可以看出，或事件的概率并不等于两个事件概率的和，只有在 F1 事件和 F2 事件的概率很小 (比如 $\leqslant 0.1$) 的情况下，下式才近似成立。

$$P\,(\mathrm{F1}+\mathrm{F2})=P\,(\mathrm{F1})+P\,(\mathrm{F2}) \tag{9.6.10}$$

4. 失效树分析软件介绍

对于一些较大的目标系统，其失效树规模庞大，计算极其繁杂，所以失效树数据的标准化存储以及分析软件的开发非常重要。鉴于 XML 语言对树形结构数据有良好的描述能力，以及其在网络上的通用性和标准性，建议采用 XML 文档格式存储失效树数据。失效树分析软件可以用 C++/Qt 或者 python 语言编写，它们都具有较强的 XML 文件解析和处理能力。图 9.6.10 是对某装备初步形成的功能毁伤软件分析示例 [7]。

武器毁伤效能评估是军事工程和军事指挥相结合的热点领域，也是军队信息化建设的新的增长点。随着当前国家对武器装备试验鉴定的日益重视，毁伤效能评估将充分支持武器装备的毁伤试验环节，为武器装备体系建设起到重要作用 [8]。同时也要看到，武器毁伤效能评估还是一个理论建模、计算机仿真、试验分析相结合的复杂工程领域，涉及的学科广，研究难度极大，除了一线的工程研制试验外，更需要从人才培养、基础能力建设方面来加强建设，这样才能提升我国在此领域的研究和技术水平，并真正为我军联合作战起到精准保障作用。

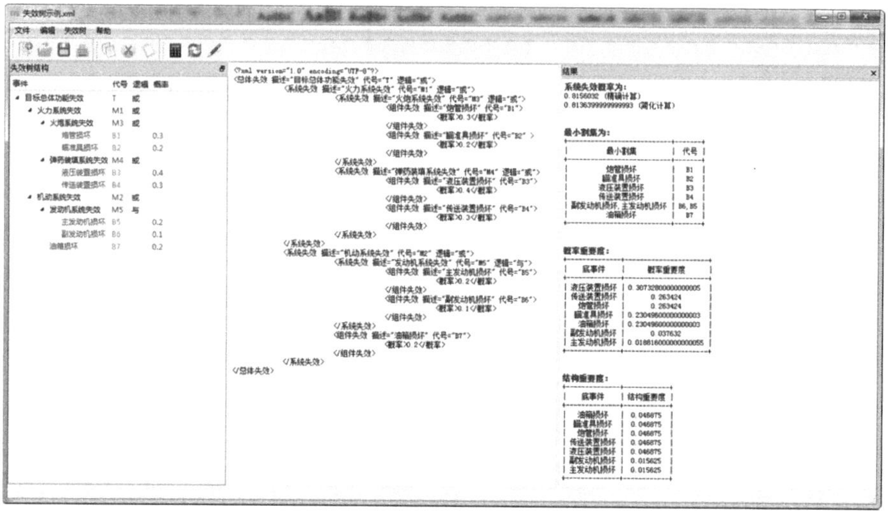

(a) 功能失效树XML文件示例

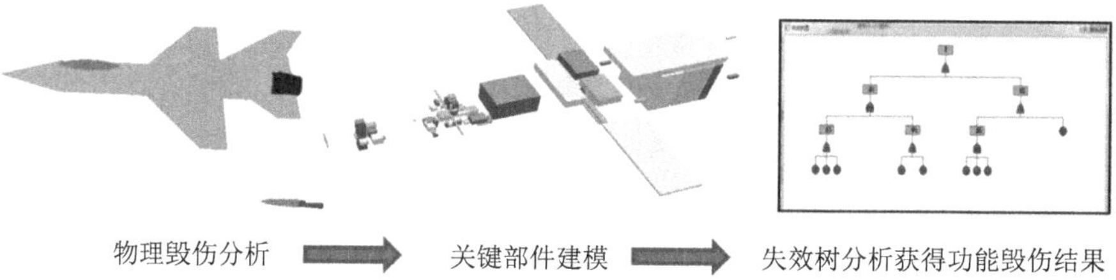

(b) 组件功能毁伤示例

图 9.6.10　某装备初步形成的功能毁伤软件分析示例

思考与练习

(1) 目标易损性和武器毁伤威力是一个什么关系？

(2) 可以如何进行易损性分析？

(3) 你认为在信息化战争条件下，毁伤效能分析有怎样的作用，如何才能实现其作用？

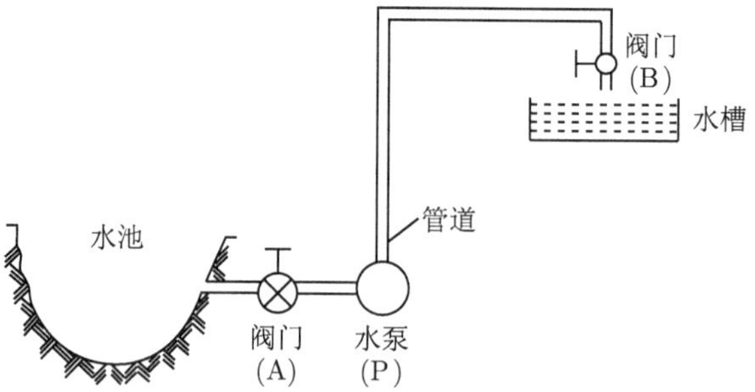

(4) Monte Carlo 方法的原理是什么？有什么作用？你还知道它的其他哪些应用呢？

(5) 举例说明你对易损性空间层次化划分方法的理解。

(6) 试画出如下图所示注水系统的失效树。基本事件：阀门 A、阀门 B、水泵 P。

(7) 已知下图所示的失效树结构，试对其进行最小割集分析。

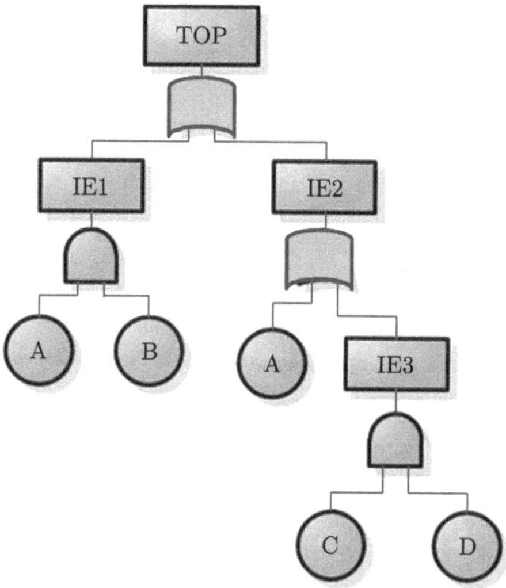

参 考 文 献

[1] 卢芳云, 蒋邦海, 李翔宇, 等. 武器战斗部投射与毁伤 [M]. 北京: 科学出版社, 2013.

[2] Driels M R. Weaponeering: Conventional Weapon System Effectiveness [M]. 2nd ed. Virginia: American Institute of Aeronautics Astronautics, Inc., 2013.

[3] 美国陆军装备部. 终点弹道学原理 [M]. 王维和, 李惠昌, 译. 北京: 国防工业出版社, 1988.

[4] Deitz P H, Reed H L, Klopcic J T, et al. Fundamentals of Ground Combat System Ballistic Vulnerability/Lethality[M]. Virginia: American Institute of Aeronautics Astronautics, Inc., 2009.

[5] Needham C E. Blast Waves[M]. 2nd ed. Heidelberg: Springer International Publishing, 2018.

[6] 王松川. 弹体斜侵彻弹道快速预测方法研究 [D]. 长沙: 国防科学技术大学, 2011.

[7] 曹烨. 目标易损性分析中的失效树与毁伤仿真结合研究 [D]. 长沙: 国防科学技术大学, 2016.

[8] 周旭. 导弹毁伤效能试验与评估 [M]. 北京: 国防工业出版社, 2014.